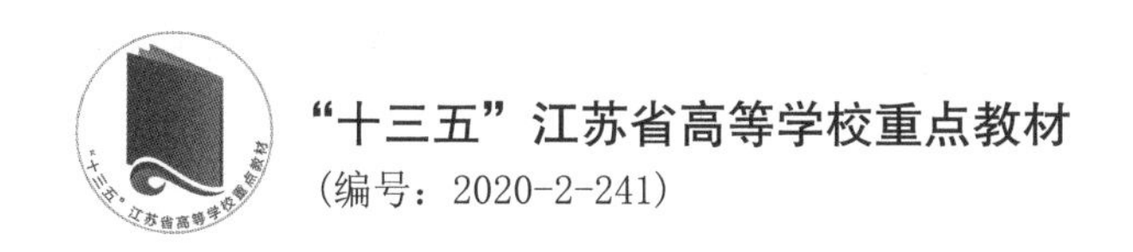

机电与微机电系统设计

聂伟荣　曹 云　陈荷娟　主 编

南京大学出版社

图书在版编目(CIP)数据

机电与微机电系统设计 / 聂伟荣，曹云，陈荷娟主编. — 南京：南京大学出版社，2021.12
ISBN 978-7-305-24810-8

Ⅰ. ①机… Ⅱ. ①聂… ②曹… ③陈… Ⅲ. ①机电系统-系统设计-高等学校-教材②微机电系统 x 系统设计-高等学校-教材 Ⅳ. ①TH-39②TM38

中国版本图书馆 CIP 数据核字(2021)第 146373 号

出版发行 南京大学出版社
社　　址 南京市汉口路 22 号　　　　邮　编 210093
出 版 人 金鑫荣

书　　名 机电与微机电系统设计
主　　编 聂伟荣　曹　云　陈荷娟
责任编辑 王南雁　　　　编辑热线 025-83595840

照　　排 南京南琳图文制作有限公司
印　　刷 江苏扬中印刷有限公司
开　　本 787×1092 1/16 印张 22 字数 535 千
版　　次 2021 年 12 月第 1 版 2021 年 12 月第 1 次印刷
ISBN 978-7-305-24810-8
定　　价 55.00 元

网址：http://www.njupco.com
官方微博：http://weibo.com/njupco
官方微信号：njupress
销售咨询热线：(025) 83594756

前　言

机电一体化系统是集机械、电子电路、信息处理与控制等一体的机电系统，主要由机械机构、传感检测、驱动传动、控制等功能要素组成。随着科学技术的发展，机电一体化系统和产品正成为人们生产、生活必不可少的一部分，从工业机器人、快递分拣机器人到心脏起搏器，从智能洗衣机、智能汽车到数控加工中心、智能制造生产线，越来越多样的、多功能的、智能的机电一体化系统和产品基于机电一体化技术被研究人员设计和开发出来。

机电一体化技术、微机电技术从 20 世纪 70、80 年代开始发展。之后，机电一体化技术和微电子技术、计算机控制技术有机结合、相互融合，机电一体化系统从设计、制造技术到工程应用均获得了迅猛发展。微机电系统作为机电一体化系统的微小型化发展方向，结合类似于集成电路芯片的独特制造技术，更是在 21 世纪新型技术领域取得了举世瞩目的成就，还发展出了纳机电系统等。机电一体化系统日趋成熟，机电一体化也逐步发展为集机械、电子、控制、计算机、信息等多学科为一体的综合性学科。

为适应双一流学科建设和高质量学生培养的发展需求，编者结合多年教学经验和科研，特别编写本教材。书中内容的选择与组织，着眼于学生基础知识的夯实与创造能力的培养，尽可能地既保证学科知识的系统性和完整性，又注重融合学科知识进行系统分析与设计的能力提升。本书的编写参考了国内外不同时期的同类教材，并立足于当前国内外机电一体化技术的新进展和研究成果，兼顾其他学科的知识点衔接，以供机械工程、兵器科学与技术、仪器科学与技术等学科本科生培养计划的课程教学、科研实践使用，同时也可满足机电一体化技术人员知识更新和扩充的迫切需求。

本教材分为机电一体化系统分析与设计（1 ~ 3 章）、机电一体化系统工程设计技术（4 ~ 7 章）、微机电系统设计及制造技术（8 ~ 10 章）三个部分。第一部分阐述机电一体化系统的系统分析与设计方法、系统建模及仿真分析方法；第二部分介绍机电一体化系统各功能要素及其接口的现代工程设计技术；第三部分介绍机电一体化系统的当代突出发展方向——微机电系统设计及制造技术，微机电系统的发展赋予机电一体化系统更为精密化、灵巧化、智能化特性。

本教材的特色主要体现在以下方面。

1. 从系统分析与设计方法、工程技术、新技术发展三个层次阐述机电一体化系统，条理清晰。机电一体化系统分析和设计方法突出系统工程思想，强调系统性、整体性；工程技术强调各功能单元关键技术的合理选用和技术集成，注重基础知识与专业知识之间的衔接，结合学科基础知识和机电工程实例分析；新技术发展重点介绍微机电系统的设计制造技术及机电一体化系统工程应用的拓展。

2. 把微机电系统设计与制造技术融入机电一体化系统中，启发学生对新技术探索应用的思想和创新意识，使学生和读者了解到微机电系统既是机电系统的微小化发展、微小尺度下的尺寸效应，以及精密机械与微电子工艺的微机电制造技术，认识微机电器件与系统独特的性能与工程应用领域。

3. 综合机电系统与微机电系统，既从技术、学科发展角度反映机电一体化技术，也适应新时代双一流学科和双一流专业建设的需要。在双一流学科和双一流专业建设中，高质量人才的培养需要在有限的学分/课时教学中纳入机电系统发展、新技术发展的内容。本教材作为综合机电与微机电系统设计及技术的教材，方便学生学习、使用，了解学科领域新技术发展，同时可为相关领域的科研技术人员提供扩展知识领域的参考。

本书由南京理工大学聂伟荣教授、曹云副教授、陈荷娟教授编写。其中聂伟荣教授负责第一和第二部分，曹云副教授负责第三部分，陈荷娟教授统筹书稿，对书稿进行了认真细致的全面审阅，并提出了极为宝贵的修改意见，对提高书稿质量给予了很大帮助，在此对陈荷娟教授致以衷心感谢。

感谢参与书稿编辑的博士研究生陆海宁，硕士研究生秦添钰、孔啸宇、王鹤、潘黎成、孙志龙、胡洋、郑慧等同学，在教材编写过程中同学们对文字、公式、图片编辑付出了很大的努力。本书引用和参考的国内外教材与相关资料均列于书后，在此对各位作者表示感谢。本书付梓还要特别感谢南京大学出版社的编辑们给予的真诚协助与大力支持。

本书获得江苏省高等学校重点教材立项建设的支持和资助，在此深表感谢。

由于编者水平有限，而机电一体化技术与系统的发展日新月异，不断有新的理论和方法产生，书中难免有偏颇不当之处，殷切希望广大读者和同行批评指正。

编　者

目　录

第一部分　机电一体化系统分析与设计

第三部分 微机电系统设计与制造技术

第一部分
机电一体化系统分析与设计

第1章 绪 论

1.1 概 述

1. 机电一体化系统

机电一体化系统是指具有机电一体化技术的一种新型的机电系统。

机电一体化(Mechatronics)又称机械电子学。“mechatronics”一词最早于1969年由日本Yaskawa电机公司提出,“mecha”取自“mechanism”,“tronics”取自“electronics”。随着科学技术发展,“mechatronics”的定义被扩展到更多领域,并开始在世界范围内被使用。表1.1为1996年前后“mechatronics”的几个代表性定义。1981年日本机械振兴协会经济研究所对机电一体化的解释为:在机械主功能、动力功能、信息功能和控制功能上引进微电子技术,并将机械装置与电子装置用相关软件有机结合而构成系统的总称。1996年国际电气电子工程师协会(IEEE)与美国机械工程师协会(ASME)将机电一体化定义为:机械工程、电子技术与智能计算机控制在工业产品和过程的设计与制造中的协同集成。

机电一体化发展至今已经成为一门有着自身体系的新型学科,对机械工程、电子工程、控制科学与工程、航空宇航、兵器科学与技术等学科的核心技术发展产生越来越重要的影响。

机电一体化的基本特征可概括为:从系统的观点出发,综合运用机械技术、微电子技术、自动控制技术、计算机技术、信息技术、传感与检测技术、电力电子技术、接口技术、信号变换技术以及软件编程技术等群体技术,以系统功能为目标,合理配置与布局各功能单元,在多功能、高质量、高可靠性、低能耗的意义上实现特定功能价值,并使整个系统最优化的系统工程技术。由此而产生的功能系统则成为一个以微电子技术为主导,在现代高新技术支持下的机电一体化系统或机电一体化产品。因此,“机电一体化”涵盖“技术”和“产品”两个方面。

机电一体化技术是基于上述群体技术有机融合的一种综合性技术,这是机电一体化与机械电气化在概念上的根本区别。机械工程技术由纯机械发展到机械电气化,仍属传统机械,主要功能依然是代替和放大人力。而机电一体化系统中的微电子装置除了可取代某些机械部件的原有功能外,还能赋予产品许多新的功能和可发展性,如自动检测、自动处理信息、自动调节与控制、自动诊断与保护等。因此,机电一体化技术不仅是人的肢体的延伸,还是人的感官与头脑的延伸。“自动化”与“智能化”特征是机电一体化与机械电气化在功能上的本质差别。

机电一体化产品是集机械、微电子、自动控制和通信技术于一体的科技产品。机电一体化产品既不同于传统的机械产品,也不同于普通的电子产品。它是机械系统和微电子系统的有机结合,赋予其新的功能和性能的一种新产品。机电一体化产品的特点是其产品功能的实现是所有功能单元共同作用的结果，这与传统机电设备中机械与电子系统相对独立、可以分别工作的情况具有本质的区别。

表 1.1　不同时期"Mechatronics"的定义

提出者	年份	定义	参考文献
Yaskawa	1969 1996	mecha(mechanism) + tronics (electronics)	[1] T. Mori, "Mechatronics," *Yasakawa Internal Trademark Application Memo*, 21.131.01, July 12, 1969. [2] N. Kyura and H. Oho, "Mechatronics-an industrial perspective," *IEEE/ASME Trans. Mechatron*, vol. 1, no. 1, pp. 10 - 15, Mar., 1996.
Harashima Tomizuka Fukada	1996	synergistic integration of mechanical engineering: electronics + intelligent computer control	[3] F. Harashima, M. Tomizuka and T. Fukuda, "Mechatronics—'What Is It, Why, and How?' An editorial," *IEEE/ASME Trans. Mechatronics*, vol. 1, no. 1, pp. 1 - 4, Mar., 1996.
Auslander Kempf	1996	application of complex decision making to the operation of physical systems	[4] D. M. Auslander and C. J. Kempf, *Mechatronics: mechanical system interfacing*. Prentice Hall, 1996.
Shetty Kolk	1997	a methodology used for the optimal design of electromechanical products	[5] D. Shetty and R. A. Kolk, *Mechatronic System Design*. PWS Publishing, 1997.
Bolton	1998	not just a marriage of electrical and mechanical systems and is more than just a control system; it is a complete integration of all of them	[6] W. Bolton, *Mechatronics: Electrical Control Systems in Mechanical and Electrical Engineering*, 2nd ed. Longman Pub Group, 1998.

机电一体化系统体现整体性，是一个由相互区别和作用的机械与电子部分有机地联结在一起、为同一目的完成某种功能的集合体。机电一体化系统包含物质流、信息流和能量流三部分，是在系统程序和电子电路的有序信息流控制下，形成物质和能量的有规则运动，在高性能、高质量、高精度、高可靠性、低功耗上实现多种功能复合的最佳功能价值，并使整个系统最终达到最优化的系统工程技术。

图 1.1 所示为典型的机电一体化系统——工业机器人。它是机械、电子、传感检测和计算机技术相互融合的综合系统。

图1.1 工业机器人

2. 微机电系统(MEMS)

微机电系统(Microelectromechanical System, MEMS)是结构尺寸或操作范围在微米量级的机电系统,是现代机电一体化系统非常重要的发展方向。微机电系统在日本被称为微机械(micromachines),在欧洲则被称为微系统技术(Micro Systems Technology, MST)。本书中使用MEMS一词指代微机电系统,根据不同的场合,也泛指微机电系统产品及制造技术。

MEMS是微机构、微传感器、微执行器、微光学器件、微电子电路、微能源或微电源等多种功能单元的集成体。由于制造技术、制造能力和集成兼容性等方面的限制,当前大多数MEMS只包含这些功能单元中的一种或几种。

MEMS具有微型化、集成化、智能化、高性能、低成本、可大批量生产等优点。从20世纪80年代开始到21世纪,MEMS发展迅速,如今已广泛应用于仪器测量、无线通信、能源环境、生物医学、军事国防、航空航天、汽车电子以及消费电子等诸多领域,并将继续对工业生产、无线通信、军事国防、航空航天等领域产生深远的影响。

图1.2所示为典型的微机电系统——微型加速度传感器和陀螺仪,它们是机械、电子、传感检测和计算机技术相互融合的综合系统。MEMS加速度传感器可在微米量级的特征尺度下完成某些传统机械传感器不能实现的功能。

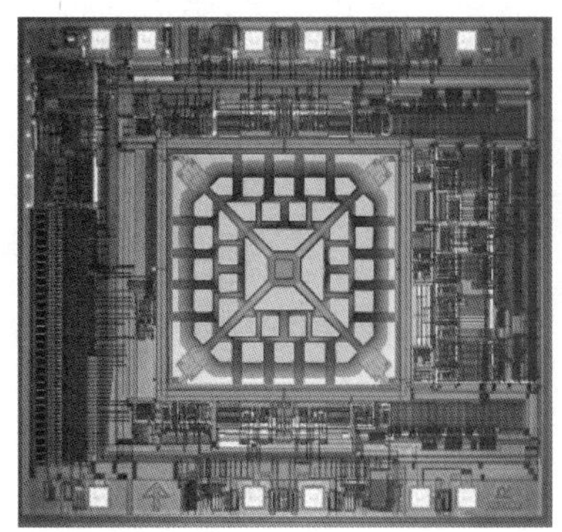

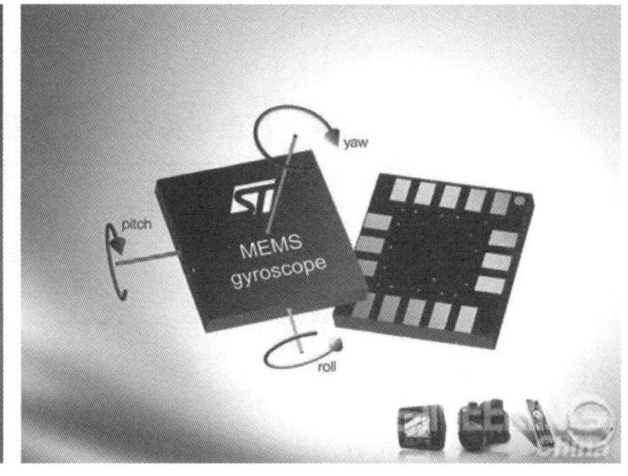

图1.2 MEMS加速度传感器

1.2 机电一体化系统的基本构成

1.2.1 系统的要素、结构和功能

系统具有输出某种产物的目的，输入、处理、输出是组成系统的三个基本要素。系统是由要素有机联系组成的整体，要素的有机联系就成为系统结构的基础。

任何系统必有内部结构与外部功能。系统的结构包含构成系统的元素以及它们之间的相互关系。各元素或子系统内部及各要素之间，通过各种接口的耦合、运动传递、物质流动、信息控制、能量转换，有机地融合为统一的整体。系统的功能与系统的结构相互对应，功能无法脱离结构而存在。

系统之外一切事物的总和，称为系统的环境。一个现实的系统只有对环境开放，才有功能可言。每个系统既有元素或子系统与外部的直接联系，也有作为整体与外部的联系。任何一个系统与环境之间或系统内部均存在着物质、能量和信息交换，在时间和空间上形成物质流、能量流和信息流。

物质流指由于物质运动而产生的物质互相转化、转换和传递的过程。能量流指能量的转化和传递，如热传递、做功等。信息流指通过信号传递与变换，将信号转变为系统所需信息的过程。

根据机电一体化定义，机电一体化系统主要解决能量流和信息流的问题，即解决能量和信息的变换（采集与处理）、传递（移动与传输）和控制问题。

1.2.2 机电一体化系统的构成和要素

机电一体化系统具有检测、构造、操作、动力和控制五个基本要素。机电一体化系统的基本组成要素可类比人体（表 1.2）。人体的基本构成是感官、大脑、四肢、内脏及躯干，对应感知（检测）、控制、操作、动力和构造。人通过感官获取外部信息，以信号的形式由神经系统传输至大脑；大脑处理接收到的信息，发送控制指令给身体各部位；四肢根据大脑的指挥实现运动功能，执行操作；内脏提供维持人体活动所需的能量和物质；躯干则将各要素有机地联系为整体。

表 1.2　机电一体化系统要素与人体的对应关系

基本要素	人体构成	机电一体化系统构成	机电一体化系统功能
检测	感官	传感器或传感系统	收集与变换环境、被控对象信息
控制	大脑	信息控制器	识别、决策、输出信号
操作	四肢	执行机构	功率、冲量放大
动力	内脏	电源	提供能量
构造	躯干	机械本体	支撑与连接

机电一体化系统包含机械本体部分、动力驱动部分、传感检测部分、执行机构部分、控制与信息处理部分。各部分之间通过接口相联系,在系统运行中各司其职,相互协调补充,共同完成目的功能(图1.3)。

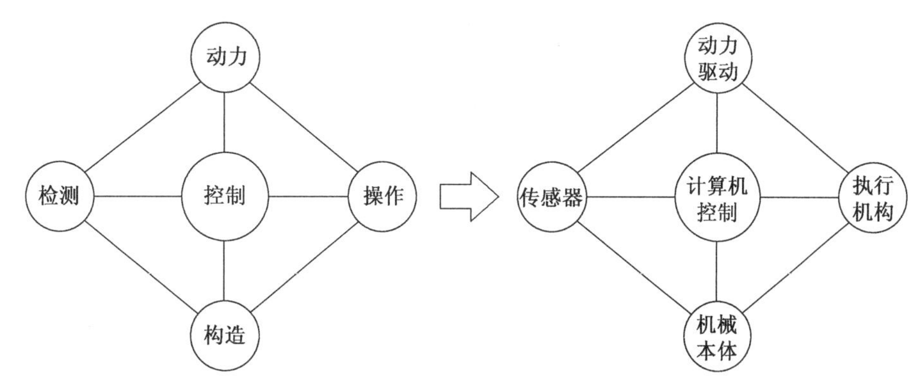

图1.3　机电一体化系统基本组成要素的关系及功能要素对应关系

(1) 机械本体部分。系统所有功能要素的机械支持结构。一般包括机身、框架、支撑、连接等,实现系统的构造功能。

(2) 动力驱动部分。为系统提供能量和动力,并依据系统控制要求将输入的能量转换成需要的形式,实现动力功能。

(3) 传感检测部分。包括各种传感器和信号处理电路,对系统运行时的外部环境和内部状态进行检测,提供进行控制所需的各种信息,实现检测功能。

(4) 控制及信息处理部分。根据系统的功能和性能要求以及传感器反馈的信息,进行处理、存储、分析和决策,控制整个系统有效运行,实现控制功能。

(5) 执行机构部分。包括执行元件和机械传动机构。执行元件通常基于电气、机械、液压动力或气动,根据控制及信息处理部分发出的指令,把电气输入转化为机械输出,如力、角度或位置,完成规定的动作,实现系统的主功能。

构成机电一体化系统的五个基本组成要素之间及内部与环境之间的接口耦合、信息处理、运动传递和能量变换,都必须遵循其基本原则进行有机结合和综合优化。在结构上,各组成要素通过各种接口和软件有机地结合在一起,构成一个内部合理、外部效能最佳的机电一体化系统(如图1.4)。

机电一体化系统的形式多种多样,其功能也各不相同。图1.5所示的机器人吸尘器是一种常见的机电一体化产品。像机器人吸尘器这样包含了机械机构、传感器、驱动电机、控制器以及信息处理器的工业及民用产品还有汽车、家电、数控机床、柔性制造系统、计算机辅助设计/制造系统(CAD/CAM)、计算机辅助工艺规划(CAPP)和计算机集成制造系统(CIMS)、工业过程控制系统以及航天飞行器、航空飞机、国防用武器系统等。

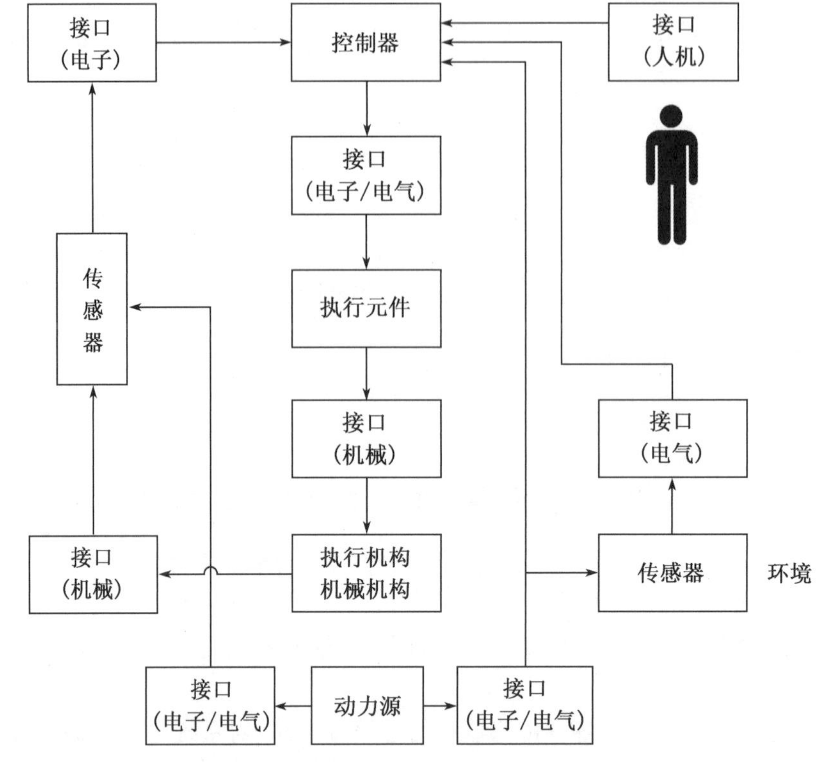

图 1.4　机电一体化系统组成要素及接口

图 1.5　机器人吸尘器

1.3 机电一体化系统的理论基础与关键技术

1.3.1 机电一体化系统的理论基础

系统论、信息论、控制论是机电一体化技术的理论基础,系统工程是机电一体化技术的方法论。

系统工程包括“系统”和“工程”,是数学方法和工程方法的汇集。1978 年,著名科学家钱学森指出:“系统工程是组织管理系统的规划、研究、设计、制造、试验和使用的科学方法,是一种对所有系统都具有普遍意义的科学方法。”

机电一体化技术是系统工程在机械电子工程中的具体应用。确定机电一体化系统目的功能与规格后,技术人员利用机电一体化技术进行设计、制造的整个过程称为机电一体化工程。实施机电一体化工程的结果,是新型的机电一体化产品(图 1.6)。

从系统工程观点出发,机电一体化技术是将机械、微电子、传感检测、控制、计算机等有关技术有机结合以实现机电一体化系统或产品整体最佳性能的综合性技术。机电一体化技术以机械电子系统或产品为对象,以数学方法和计算机等为工具,对系统的构成要素、组织结构、信息交换和反馈控制等功能进行分析、设计、制造和评估,充分发挥人力、物力和财力,通过各种组织管理技术,使局部与整体之间协调配合,从而达到最优设计、最优控制和最优管理的目标,实现系统的最优化。

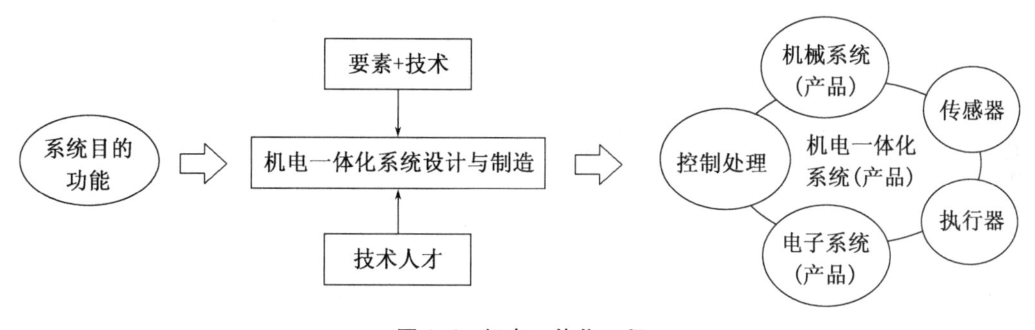

图 1.6 机电一体化工程

1.3.2 机电一体化系统的共性关键技术

机电一体化系统的共性关键技术包括:精密机械技术、传感与检测技术、计算机与信息处理技术、自动控制技术、伺服驱动技术、接口技术和系统总体技术。

(1) 精密机械技术

机械技术是机电一体化技术的基础,机电一体化产品的主功能和构造功能大都以机械技术来实现。相比传统机械技术,机电一体化系统中的机械技术对传动精密性和精确度有更高的要求。新材料、新工艺、新原理以及新结构等满足了机电一体化产品体积小、质量轻、精度高、性能优等要求。

(2) 传感与检测技术

传感器是机电一体化系统的信号接收器。其敏感系统的运动、受力、状态及参数变化等信息,以信号的形式通过传感器检测并输送到控制器的信号处理单元。传感原理、敏感元件材料、制造方法和加工工艺是影响机电一体化系统传感器性能和质量的三个重要方面。传感器的集成化、智能化将大大提升机电一体化系统或产品的自动化、智能化程度。

(3) 计算机与信息处理技术

机电一体化系统的计算机与信息处理技术,涉及信息输入、交换、识别、存取、运算、判断与决策、人工智能、专家系统和神经网络等方面的内容,主要采用单片机、可编程逻辑器件、可编程控制器、嵌入式处理器等硬件和软件进行信息处理。信息处理能力和性能直接影响系统工作的质量和效率。

(4) 自动控制技术

自动控制技术包括高精度定位控制、速度控制、自适应控制、自诊断校正、补偿和再现等。随着科学技术发展和工程应用需求的变化,在机电一体化系统设计、仿真、现场调试中研究多输入、多输出、变参量、非线性、高精度、高效能等控制系统的问题,可实现系统最优控制、最佳滤波、系统辨识、自适应控制,大大提高系统工作效率和产品质量,改善劳动条件。

(5) 伺服驱动技术

伺服驱动技术是指在控制指令指挥下,控制并驱动执行机构运动部件按指令要求进行运动的驱动技术,采用电动、气动、液压等方式,实现电信号到机械运动的转换。伺服驱动技术对系统的动态性能、控制质量和功能起决定性作用。

(6) 接口技术

机电一体化系统接口一般包括电子/电气接口、机械接口、人机接口等,是机电一体化系统设计的关键环节。电子/电气接口完成系统间电信号的连接,实现电信号的传递、转换、匹配,起到电平转换、功率放大、抗干扰隔离、A/D 或 D/A 转换、调制和解调等作用,如放大器、光电耦合器、A/D 或 D/A 转换器等。机械接口实现机械与机械、机械与电气装置的物理连接,主要用于能量和运动的传递,如联轴器、法兰、离合器等。人机接口则提供人与系统间的交互界面,实现操作者与机电系统之间的信息交换。系统通过输出接口向操作者显示系统的状态、运行参数及结果等信息;操作者通过输入接口向系统输入各种控制命令,干预系统的运行状态,以实现所要求的功能。

(7) 系统总体技术

系统总体技术是一种从整体目标出发的系统设计方法,使用系统的观点和全局角度,将总体分解成相互有机联系的若干单元,找出能完成各个功能的技术方案,再把功能和技术方案组成方案组进行分析、评价和优选。系统总体技术解决系统性能优化和组成要素之间有机联系的问题。

在机电一体化系统或产品设计中,机械、电气和电子具有不同的物理模型,电气、电子电路有强电与弱电、模拟与数字之分,加上系统的小型化、多功能化等,使得机电一体化系统或产品设计在信号传输、信息处理与匹配、抗干扰等方面存在挑战。为了开发出具有较强竞争力的机电一体化产品,系统总体设计除考虑优化设计外,还需要考虑可靠性设计、电磁兼容性设计以及标准化设计、系列化设计等。

1.4　机电一体化技术和系统的发展

机电一体化技术和系统的发展与随着科学技术的发展而发展，大体可以分为四个阶段。

第一阶段：20世纪60年代以前，也称为初级阶段。在这一时期，人们利用电子技术的初步成果来完善机械产品的性能。例如，美国于1952年成功研制出世界上第一台数控机床，并发明了可编程机器人。

第二阶段：20世纪70年代至90年代，也称为蓬勃发展阶段。这一时期计算机技术、控制技术、通信技术的发展，为机电一体化的发展奠定了技术基础；大规模、超大规模集成电路和微型计算机的迅猛发展，为机电一体化技术和系统的发展提供了充分的物质基础。最为典型的例子是机电一体化技术在汽车工业、数控机床、工业机器人领域得到了应用。

第三阶段：20世纪90年代后期至21世纪初，是机电一体化技术向智能化方向迈进的新阶段，机电一体化进入深入发展时期。一方面，引入光学、通信、微细加工等技术，出现了微机电一体化、光机电一体化等新分支；另一方面，机电一体化系统设计方法得到改进，系统分析和集成方法的研究不断深入。先进的通信和计算机网络技术以及人工智能技术，实现了机电一体化系统或产品的遥控操作、智能化操作。

第四阶段：21世纪初至今，机电一体化技术成为智能制造的核心技术，利用人工智能、大数据、网络化技术使生产数字化，提高网络化和自组织能力。

以机械技术、微电子技术、计算机技术、控制技术的有机结合为主体的机电一体化技术是机械工业发展的必然趋势，机电一体化技术的发展前景也将越来越广阔。国内外机电一体化技术将朝着绿色化、智能化、系统化、网络化、微型化、模块化方向发展，各种技术相互融合的趋势也将越来越明显。

思考题与习题

1.1　什么是机电一体化系统和机电一体化技术？可举例说明。

1.2　机电一体化系统的基本要素有哪些？如何理解机电一体化系统的结构、功能及相互关系？

1.3　试论述机电一体化系统的应用和发展趋势。

第 2 章 机电一体化系统分析与设计方法

2.1 概 述

系统论、信息论、控制论是机电一体化技术的理论基础,系统工程是机电一体化技术的方法论。进行机电一体化技术研究,无论在系统构思、规划、设计方面,还是在系统实施或实现时,都不能仅限于机械、电子、计算机或传感器等单项技术,应使用系统的观点,合理解决信息控制机构问题,有效地综合各相关技术,使系统的整体性能得到提高。

明确了机电一体化系统的"目的功能"与"规格"以后,利用机电一体化技术进行设计、制造,这一过程称为机电一体化工程。实施机电一体化工程的结果是机电一体化系统或产品(图 2.1)。

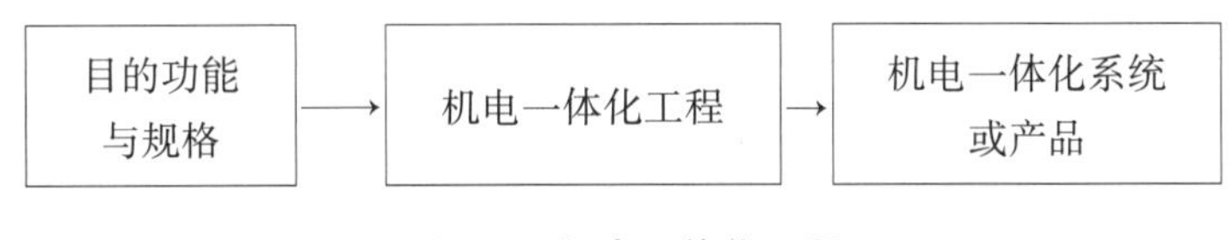

图 2.1 机电一体化工程

2.2 系统工程方法论

2.2.1 系统研究基本方式

在第 1 章中已经指出,机电一体化系统是系统工程科学在机械电子工程中的具体应用。"系统"是系统工程的一个基本概念,在系统工程中主要是研制出新的人工系统,或者是对自然系统进行人为的加工以达到预定的目标。因为系统工程对系统的研究是定量的,所以必须研究系统的模型,不仅要有网络分析模型,更重要的是力求完善地建立其数学模型,对系统进行量化分析,而量化的目的是优化地实现目标。因此,模型和量化也是系统工程的基本概念。为了优化地实现目标,必须对所建立的数学模型在不同条件和情况下进行计算机仿真,加以测试或预测,以便比较多种方案,从中选择最优的或次优的方案,做出决策后才能使系统投入运行。这里所说的"决策",是指从某些可能的状态或方案中,根据给定的目标,选择出优化的状态或方案,决策与仿真、优化是不可分的,决策是系统工程中起重大作用的一个基本概念。

系统工程一般包括:

① 系统的模型化与仿真技术(与系统分析和系统模拟等有关);

② 系统的运筹与优化技术(与运筹学、最优化理论等有关);

③ 系统设计、评价与可靠性;

④ 系统管理技术。

机电一体化系统工程的核心是机电一体化技术,涉及系统各内部因素和外部条件(图2.2)。内部因素是发展机电一体化技术的必要条件,各相关技术的发展受外部条件的影响,要与外部条件相互配合。

内部因素(虚线框内)包括:机械工程系统设计和制造技术、微机电技术、电子技术、信息处理技术。其中,机械工程系统设计和制造技术是基础技术,机械工程系统设计包括系统总体技术、精密机械技术、传感检测技术、基础元件技术、伺服执行技术、自动控制技术、材料科学技术、试验仿真技术。

外部因素(虚线框外)包括:人才、政策法规、人力和技术管理、组织管理、需求、财力以及物力。

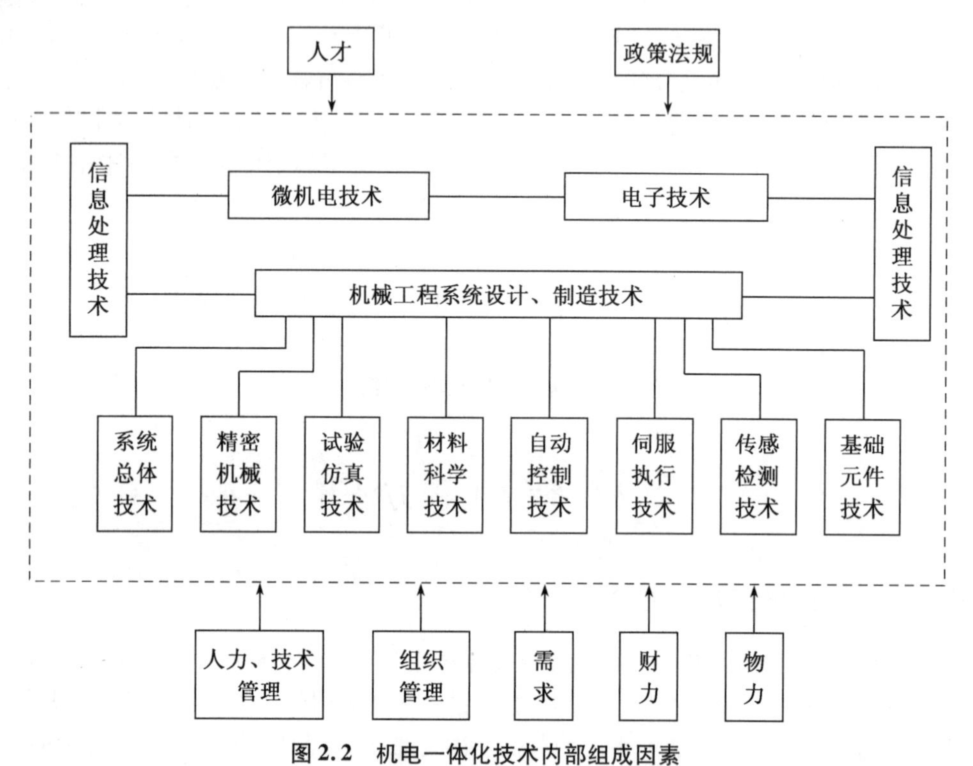

图 2.2　机电一体化技术内部组成因素

例 2.1:居民区物流运送机器人系统

问题的引出:社区内的精准递送服务要求越来越高,特别在新冠肺炎抗疫防疫常态化机制下。

对物流运送机器人系统的外部因素进行考虑,包括快递员、用户、时间、天气等各个因素。用户希望:快递员送货便捷、随叫随到、尊重隐私、信息别泄露、不要自提等。快递员希望:客户地址准确、家里有人、收货快速、别电话轰炸催单、不被安保刁难、别有恶劣天气、不要代收等。

进行实际调查,得出关于社区物流配送的一些相关数据。如某次调查对 43 个住宅社区的 40 613 人进行了用户调查。这 43 个住宅社区的共同点是:2007—2010 年建成、高层电梯住宅、封闭式物业管理、商业配套齐全、同时拥有快递柜和自提点。在关于社区物流配送的

10 项调查中,结果显示,“不愿晚间签收”和“不愿外人进入公区”两项的反馈人数最多,可见用户对自身安全和社区安全的防范度最高;选择“不愿家里被看到”的用户超过 20 000 人,说明居民相当在意个人和家庭的隐私保护。

总结问题的实质并提出解决的方法。外来人员的安全隐患是社区管理的首要问题,现在新型智慧社区正在普及,住宅多、路线多、公区面积大,业主家庭成员年龄跨度大、注重隐私,对外来人员的防范心理非常高,这些细节决定了社区内物流配送的安全性成为首选考虑。智能物流机器人的应用,可以优先解决快递供应商、物业服务商和社区居民都不能回避的安全问题。

使用物流机器人有如下优点:① 机器人可以做到不和其他人员接触,实现人与人之间的物理隔离;② 机器人只通过调度控制系统获取使用信息,可以确保收货的私密性,有效保护隐私;③ 在时间管理上,通过云端调度系统,可以对不同楼宇、不同楼层的机器人做整体化调度,最优化分配资源,最大程度提升配送效率;④ 智能物流机器人会通过大数据匹配递送信息,在用户数据管理上更安全可靠。

2.2.2　系统工程方法论

方法论是解决问题的辩证程序的总体,通过这样的程序将问题和可用的技术联系起来,求得问题的解决方案。例如,解一个物理题的程序需要:① 充分了解题意;② 明确所求的解;③ 了解给定条件;④ 有可用的定理、定律;⑤ 考虑由给定条件可推导出的其他有用条件;⑥ 选择可用的计算方法;⑦ 检查计算结果,判断答案准确性。这就是解一个物理题目的方法论。

系统工程方法论是指在处理系统问题过程中分析问题和解决问题的一般途径、手段和方式。机电一体化系统工程方法论按照系统工程方法论程序来求解问题。

应用系统工程解决问题必须遵循一定的工作步骤和共同规则。“霍尔三维结构”是广泛地应用的系统工程方法论,如图 2.3 所示。霍尔三维结构又称霍尔的系统工程,是美国系统工程专家霍尔(A.D. Hall)等人在大量工程实践的基础上于 1969 年提出的一种系统工程方法论。后人将其与软系统方法论对比,也称其为硬系统方法论(Hard System Methodology, HSM)。霍尔三维结构将特定系统工程中所需要的专业知识、处理问题的思维步骤和处理问题的工作程序阶段,分别对应“知识维”“逻辑维”和“时间维”三个维度,组成一个三维空间结构。

知识维,指处理系统问题所需要的知识。

逻辑维,指应用系统工程方法,处理各阶段系统问题的过程,该过程大致分为 7 步。(1) 摆明问题(Problem Definition),在系统调研的基础上,对系统和系统处理环境、拟解决系统问题及系统未来发展做出基本分析。(2) 确定系统目标(Selecting Objectives),选择评价系统功能的指标体系、评价准则。(3) 系统综合(System Synthesis),根据权衡研究结果,应用各种系统综合原理或法则,构造可行的系统配置和系统整体性能指标的过程,提出并形成系统可行的多个方案,系统综合是系统分析的逆过程。(4) 系统分析(System Analysis),借助各种方法和工具,对用户需求、系统可行性、风险性、系统组成方案、功能、性能、设计方法、技术途径选择、试验结果等进行分析的过程,包括建模与仿真,系统分析贯穿于系统工程的始终。简言之,系统分析是根据问题进行系统建模,以便分析、推断系统发展的各种可能

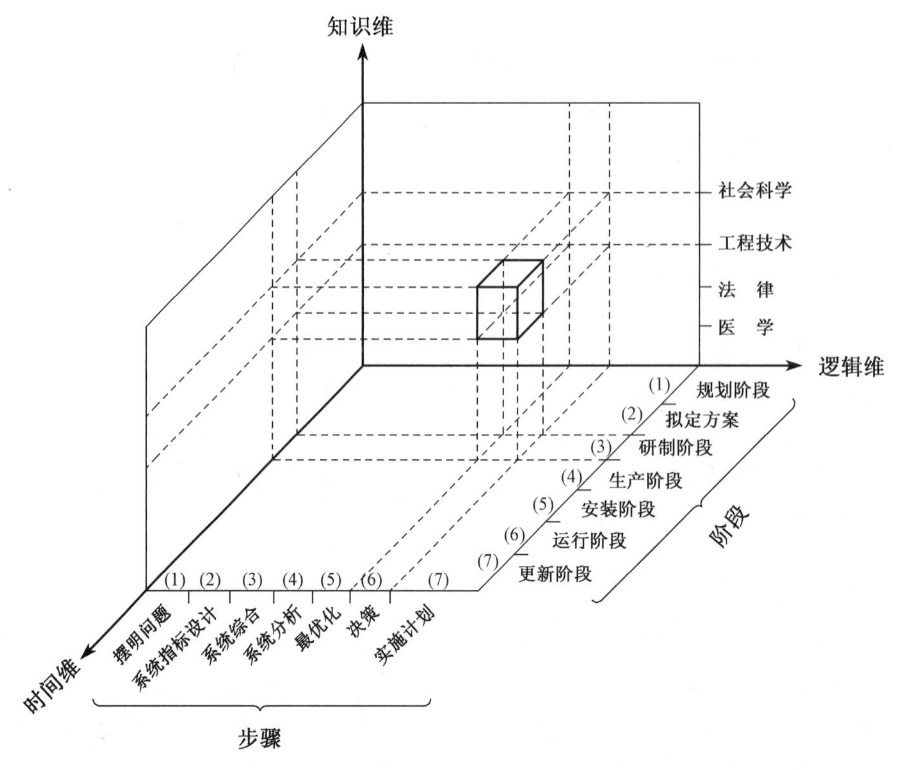

图 2.3　霍尔三维结构

结果。(5) 系统优化分析(Selecting Best System),基于系统模型,进行优化分析,对方案进行比较,判断方案优劣。(6) 决策分析(Decision Analysis),决策与优化分析的区别在于,在决策中要考虑决策者对价值及风险的偏好,通过决策分析,对优化方案进行排序,寻求满意方案,推荐给决策者,对系统方案做出最终抉择。(7) 实施计划(System Development),对所抉择的满意方案付诸实施。

时间维,指分析、处理系统的工作进程,即系统工程从开始到结束的基本过程,该过程大致分为7步。(1) 规划阶段,包括确定目标、分析了解条件及资源约束、制定规划。(2) 拟订方案阶段,即设计阶段,确定系统方案。(3) 研制阶段,依据设计方案进行系统研制,并制定生产方案。(4) 生产阶段,按照设计方案进行系统的零部件生产。(5) 安装阶段,按照系统方案,将零部件组装成系统。(6) 运行阶段,将组装成的系统投入运行,检验系统性能是否达到预期指标,并进一步提出改进方案。(7) 更新阶段,系统经过运行,提出对原系统的改进方案,对原有系统进行更新。

例 2.2:基于霍尔三维模型的智能停车系统设计

利用霍尔三维模型的理论知识,解决"停车难、反向寻车难、出口拥堵"等实际问题。并且将智能停车系统工程组成结构进行优化,用技术(知识)维、逻辑维、时间维加上体验维刻画出来,如图 2.4 所示。

(1) 技术(知识)维分析

① 通过应用射频识别技术(RFID)或图像识别技术、无线传感技术、物联网技术等,构建数据库、传感器、服务器。

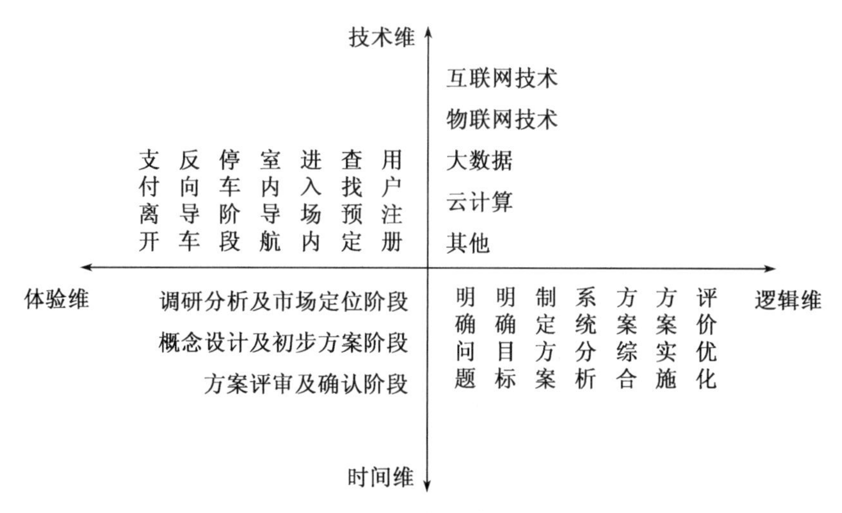

图 2.4　智能停车系统结构模型

② 用户通过卫星导航进入停车场，在停车场入口有车牌识别设备，通过识别技术自动识别车牌，并自动关联用户信息，同时开始计费。

③ 进入停车场，导航系统会自动切换成室内导航模式，并自动规划路线，节省用户找停车位的时间。

④ 完成停车后，用户进入商场消费可以通过 app 进行停车券兑换等；消费结束后，服务器将根据用户定位生成寻车路线。

⑤ 用户找到车到达停车场出口时，智能闸机可以识别车牌并自动完成支付(图 2.5)。

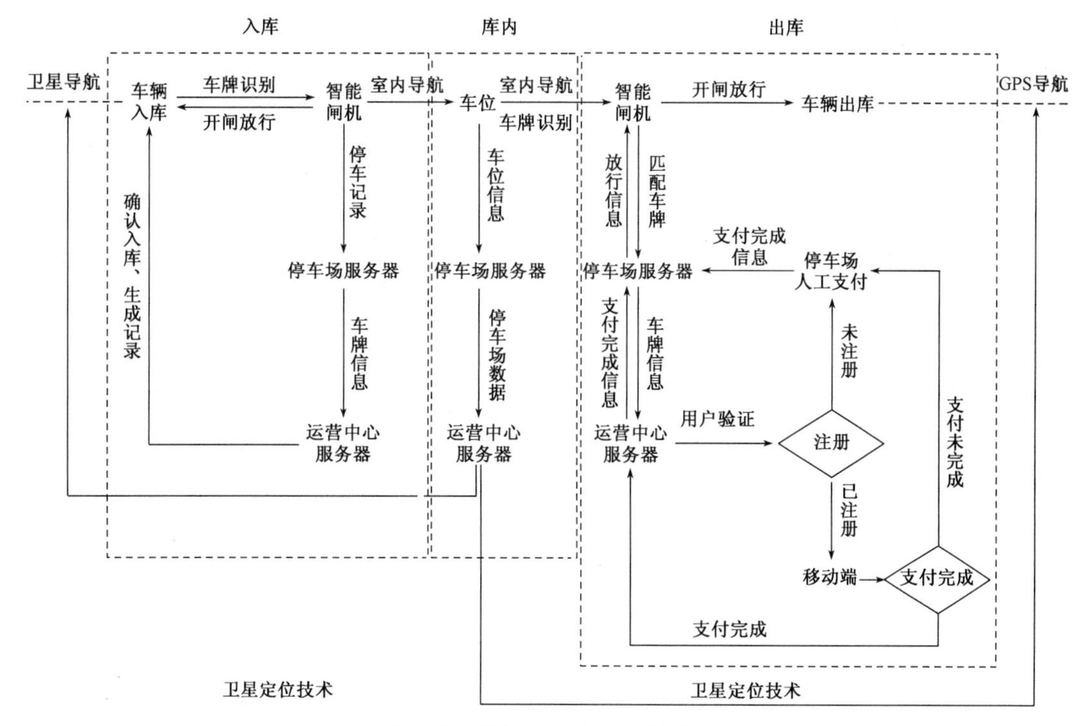

图 2.5　智能停车系统工作流程

（2）逻辑维分析

① 明确问题。通过对智能停车系统的人力、物力、环境调查，进行建设性的可行性研究。

② 明确目标。对建设智能停车场功能、建设程度等问题与专业技术人员进行访谈，使设计方案具有一定的指向性。

③ 制订方案。确定智能停车系统的核心功能，构建智能停车系统的架构并设计出对应的功能界面。

④ 方案分析。包括可行性、准确性、易用性等进行全方位的分析。

⑤ 方案综合。对方案分析的资料进行整理综合。

⑥ 方案实施。将方案落实应用，并在应用过程中适当的调整和改进，确保系统建设顺利进行。

⑦ 评价优化。智能停车系统投入使用后的持续观察、调控与完善，对出现的问题和功能的更新进行预估并准备新的方案，以推进智能停车系统的不断完善。

（3）时间维分析

时间维度是指智能停车系统建设从规划开始到结束的全过程。该系统建设的生命周期包括调研分析阶段、开发设计阶段、分析评估阶段、方案实施阶段、运营管理阶段、更新迭代阶段，是一个多层次、持续改进、不断更新的过程。

将霍尔三维模型运用于系统建设中，提高设计的效率，减少了设计中的反复与盲目。

（4）体验维分析

体验维是指用户从进入停车场前到支付离开的全过程的体验，通过分析用户停车全过程，挖掘用户需求，如图2.6所示。

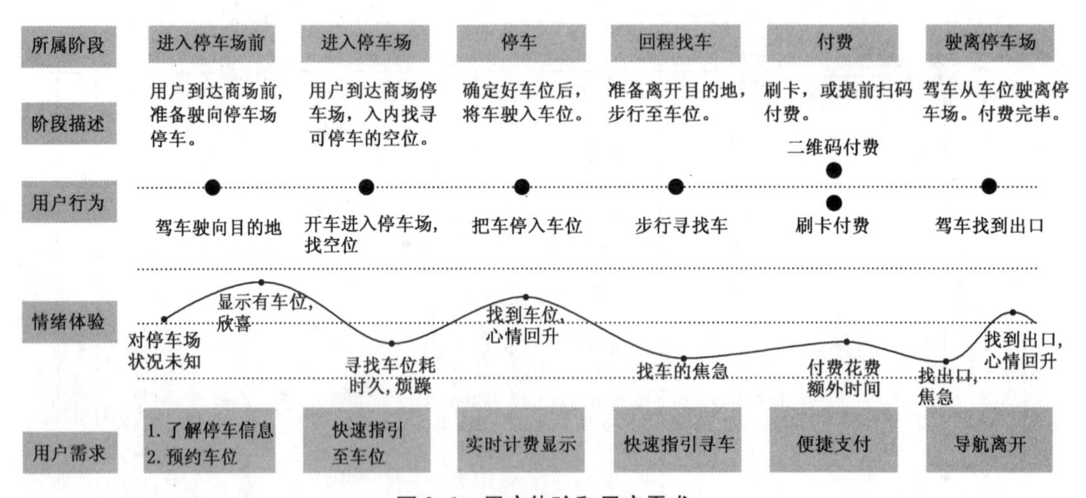

图2.6　用户体验和用户需求

2.3　机电一体化系统设计方法

2.3.1　机电一体化系统设计流程

机电一体化系统总体设计包括市场调研、产品构思、方案设计与评价、详细设计、质量规划与控制、制造工艺规划、样机试制、正式生产、用户意见反馈、修改与完善等阶段。

系统总体设计一般可归纳为五个阶段:产品规划、概念设计、详细设计、设计实施和设计定型阶段。

(1) 产品规划阶段。产品规划要求进行需求分析、需求设计、可行性分析,确定设计参数及制约条件,最后给出详细的设计任务书。

(2) 概念设计阶段。首先,根据系统的总功能要求和组成系统的功能要素,分解总功能,划分出各功能模块,确定模块间的逻辑关系,分析各功能模块的输入/输出关系;然后,确定功能模块的技术参数和控制策略,设计系统外观造型和总体结构;最后,以技术文件的形式,交付设计组讨论和审定。

(3) 详细设计阶段。根据设计目标,对各功能模块进行细部设计,绘制相应的工程图;建立过程控制系统数学模型,确定控制算法;计算各功能模块之间接口的输入/输出参数,确定接口设计的任务归属;以功能模块为单元,根据接口参数的要求对信号检测及转换模块、机械传动及工作机构、控制计算机、功率驱动及执行元件等功能模块进行选型、组配和设计;评价设计的整体技术和经济性,考核设计目标和优化系统,挑选出综合性能指标最优的设计。

(4) 设计实施阶段。首先,根据机械、电子/电气设计图纸和算法文件,制造、装配和编制各功能模块;然后调试模块;最后,安装、调试整体系统,复核系统的可靠性及抗干扰性。

(5) 设计定型阶段。定型调试成功的系统工艺,整理设计图纸、软件清单、零部件清单、元器件清单及调试记录等;编写设计说明书,详细技术资料归档。

2.3.2　设计思想、类型、准则

1. 设计思想

为获得系统(产品)的最佳性能,一方面要求设计机械系统时应选择与控制系统的电参数相匹配的机械系统参数,另一方面要求设计控制系统时根据机械系统的固有结构参数来选择和确定电参数。综合应用机械技术、微电子技术、控制技术,紧密结合、相互协调和相互补充,充分体现机电一体化的优越性。

机电一体化系统或产品的设计思想通常有:机电互补法、融合法和组合法三种。

(1) 机电互补法。又称取代法,利用通用或专用电子部件取代传统机械产品中的复杂机械功能部件或功能子系统。如用 PLC 或计算机来取代机械式变速机构等;用步进电动机来代替某些条件下的凸轮机构;用电子式传感器(光电开关、磁尺等)取代机械挡块、行程开关等。用电子技术的长处来弥补机械技术的不足,达到简化机械结构、提高系统性能的目的。

(2) 融合法。又称结合法,将各组成要素有机结合为一体,构成专用或通用的功能部件

(子系统),要素之间机电参数的有机匹配比较充分。例如,将电子凸轮、电子齿轮作为功能部件代替机械传动机构,就是结合法的具体应用。

(3) 组合法。将结合法制成的功能部件(子系统)、功能模块,像搭积木那样组合成各种机电一体化系统或产品。例如,将工业机器人各自由度(伺服轴)的执行元件、运动机构、检测传感元件和控制器等组成不同关节,可完成回转、伸缩和俯仰等不同功能,从而组合成结构和用途不同的工业机器人。在新产品系列及设备的机电一体化改造中,应用这种方法可以缩短设计与研制周期,节约工装设备费用,且有利于生产管理、使用和维修。

2. 设计类型

机电一体化系统或产品设计与一般系统设计一样,可分为开发性设计、适应性设计和变型设计。图 2.7 为机电一体化系统设计流程。

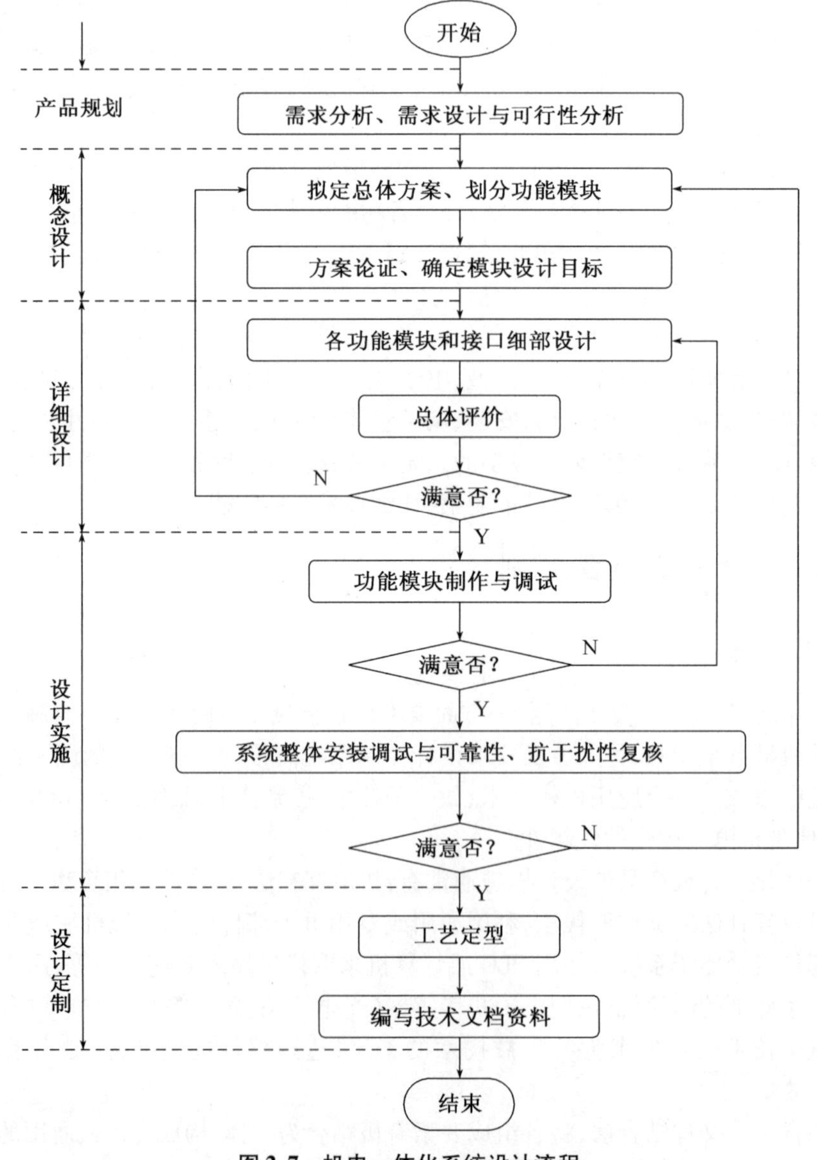

图 2.7　机电一体化系统设计流程

(1) 开发性设计。在工作原理、结构等完全未知的情况下,没有参照产品,应用成熟的科学技术或经过试验证明是可行的新技术,设计出质量和性能方面满足目的要求的新产品,这是一种完全创新的设计。最初的录像机、摄像机、电视机的设计就属于开发性设计。

(2) 适应性设计。在总的方案原理基本保持不变的情况下,对现有产品进行局部更改,或用电子技术代替原有的机械结构,或为了进行电子控制对机械结构进行局部适应性设计,以使产品的性能和质量增加某些附加价值。例如,电子式照相机采用电子快门、自动曝光代替手动调整,使其小型化、智能化;汽车的电子式汽油喷射装置代替原来的机械控制汽油喷射装置;电子式缝纫机使用计算机控制。

(3) 变型设计。在已有产品的基础上,针对原有缺点或新的工作要求,从工作原理、功能结构、执行机构类型和尺寸等方面进行一些变异,设计出新产品以适应市场需要,增强市场竞争力。这种设计也可包含在基本型产品的基础上,工作原理保持不变,开发出不同参数、不同尺寸和不同功能和性能的变型系列产品。

3. 设计准则

设计准则主要考虑“人、机、材料、成本”等因素,而产品的可靠性、实用性与完善性设计最终归结于:在保证目的功能要求与适当寿命的前提下不断降低成本。产品成本的高低70%取决于设计阶段。因此,在设计阶段可以从新产品和现有产品改型两方面采取措施,一是从用户需求出发降低使用成本,二是从制造厂的立场出发降低设计与制造成本。

2.4　机电一体化系统的产品规划

机电一体化系统设计的任务就是根据客观要求,通过创造性思维活动,借助人类已经掌握的各种信息资源(科学技术知识),经过反复的判断和决策,设计出具有特定功能的机电一体化装置、系统或产品,以满足人们的生活和生产需求。

市场调查与预测是产品开发成败的关键性一步。通过市场调查广泛收集信息,认真研究需求内容,做出需求分析;再针对用户的需求进行理论抽象,对市场未来的不确定因素和条件做出预计、测算和判断,为企业提供决策依据,即需求设计。在对市场需求与企业自身资源优势进行充分分析后,企业决策层最终确定适合自身特点的产品开发规划。因此,产品规划的主要工作是进行需求分析和需求设计,以明确设计任务。

2.4.1　需求分析

机电一体化产品设计是涉及多学科、多专业的复杂系统工程。开发一种新型的机电一体化产品,要消耗大量的人力、物力、财力,因此要想开发出市场对路的产品,对市场进行需求调查非常关键。

从产品与技术开发方面看,市场与用户的需求信息是形成一项设计任务的主要推动力量。市场调查就是运用科学的方法,系统地、全面地收集有关市场需求和营销方面的有关资料,在市场调查的基础上,通过定性经验分析或定量科学计算,对市场未来的不确定因素和条件做出预测,为企业提供决策依据。市场调查的内容很广泛(图 2.8),主要包括消费者的潜在需要、用户对现有产品的反应、产品市场寿命周期要求、竞争对手的技术挑战、技术发展的推动和社会的需求等。

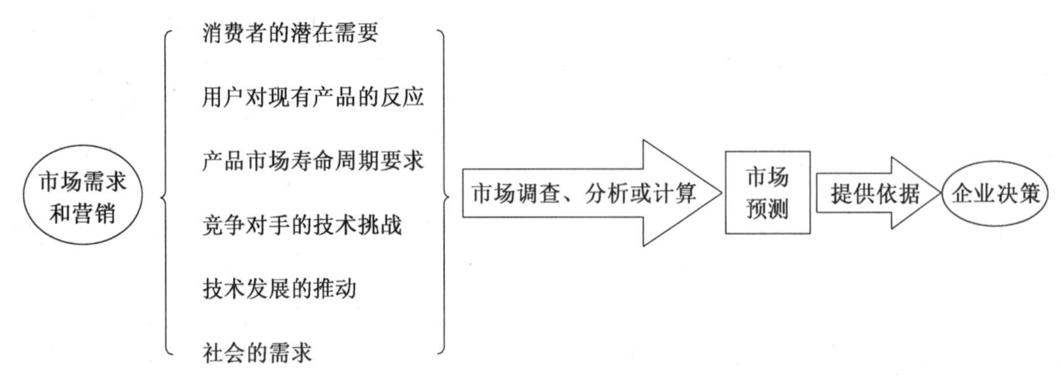

图 2.8　需求分析的过程

(1) 消费者的潜在需要。各种消费阶层,各种消费群体都会有潜在的需要,挖掘发现这种需要,创造一种产品予以满足,是产品创新设计出发点。20 世纪 50 年代,日本的安藤百福看到忙碌的人们在饭店前排长队焦急地等待吃热面条,而煮一次面条需要 20 分钟左右的时间。于是他经过努力创造出一种只需用开水一泡就可以吃的方便面条,这一发明不仅解决了煮面条时间长的问题,也引发了一个巨大的方便食品市场。随着社会进步与发展,人们迫切需要加强信息交流,今天通信技术及产品能取得巨大的成功,其主要原因是有巨大的市场需求。

(2) 用户对现有产品的反应。现有产品的市场反应,特别是用户的批评和期望,是企业必须关注和应迅速做出改进的重点。桑塔纳轿车问世后,用户对制动系统、后视镜、行李舱、座椅等提出不少意见,于是推动了桑塔纳 2000、桑塔纳 3000 轿车的问世。产品需要不断地进行改进设计,对处于失望期的产品更是如此。

(3) 产品市场寿命周期产生的阶段要求。当已有产品进入市场寿命周期的不同的阶段后,产品必须不断地进行自我调整,适应市场不断变化的要求。例如,智能手机是当下人们日常生活离不开的电子产品,其发展大致经历了这样的进程阶段:20 世纪末手机作为新型科技产品诞生,其功能仅仅局限于语音和文字通信,但随着科学技术发展,到了 2003 年前后,手机大多已经具备了连接互联网和摄影功能,2008 年前后苹果公司推出的 iPhone 4 手机则开启了全面智能手机时代,将手机功能扩展到了一个新水准上。之后智能手机不断在运算速度、内存容量、高清摄像、网络互联等功能上不断拓展,一种新产品在市场上的稳定期仅有 2 到 3 年,制造商必须不断进行改进,推出新机型,或为已有机型增添新内容,保持自己的市场占有率。

(4) 竞争对手的技术挑战。市场上竞争对手的产品状态和水平是企业情报工作的重心。美国福特汽车公司建有庞大的实验室,能同时解体 16 辆轿车。每当竞争对手的新车一上市,便马上购来,并在 10 天之内解体完毕,研究对方技术特点,特别是对领先于自己企业的技术做出详尽的分析,使自己的产品始终保持技术领先。在 20 世纪 80 年代,日本照相机企业间的竞争给人们留下深刻印象,当时两家著名公司分别推出一种时间自动和一种光圈自动的照相机,由于各具优点,双方都很快吸取了对方照相机的特点,又都推出了同时具备两种自动功能的照相机以及全自动的照相机。当时已经知道多家企业都在研究自动测距技术，都想以新技术压倒对方。而到今天，照相机的自动测距已成为人们熟悉的功能，竞争又在数码方面展开，其清晰度快速提高，价格快速下降，胶卷照相机市场日见萎缩，数码相机已统领天下。

(5) 技术发展的推动。新技术、新材料、新工艺对市场上原有产品具有很大的冲击。例如，电视机行业中的数字电视、薄型超薄型等离子电视两大新技术已经在替代传统的模拟电视。如果企业盲目在老技术水平上再扩大生产传统模拟电视，必将在市场竞争中处于被动地位。我国机床行业因为在数控技术应用上落后于国外，所以导致今天中国机床行业的困境。

(6) 社会的需求。市场是社会的组成部分，很多政治、军事和社会学问题都通过市场对产品提出需求。日本开发的经济型轿车，起初并不引人注目，但到石油危机爆发时，这类轿车成为全世界抢手货，使日本汽车工业产量一跃成为世界第一。目前，环境保护问题已成为全世界共同关注的问题，很多会给环境造成污染的产品的发展受到限制，而像电动汽车、无氟冰箱、静音空调等绿色新产品则被不断设计开发出来。

(7) 为掌握市场形势和动态，必须进行市场调查和预测，除对现有产品征求用户反映外还应通过调查和预测为新产品开发建立决策依据。上述几方面是市场调查的主要内容，并在市场调查中相互联系、不可分割、同时进行的。

2.4.2　需求设计

需求设计是指在新产品开发的整个生命周期内，从分析用户需求到以详细技术说明书的形式来描述满足用户需求产品的过程，即根据系统的用途及主要需求来确定系统的性能参数或技术指标。因此，需求设计是连接市场和企业的一个桥梁。

要求机电一体化系统设计的主要技术指标能够基本反映该系统的概貌与特征，既是设计的基本依据，又是检验成品质量的基本依据。如图2.9所示，机电一体化产品的基本性能指标主要是指实现运动的自由度数、轨迹、行程、速度、动力、稳定性和自动化程度。主要包括以下方面。

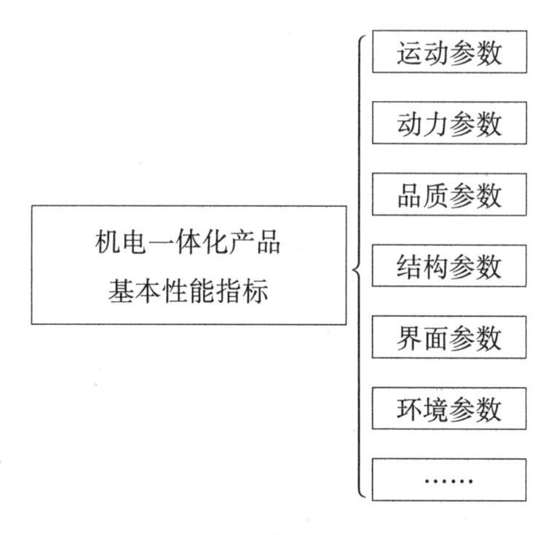

图2.9　机电一体化产品基本性能指标

(1) 运动参数。表征机器工作部件的运动轨迹、行程、速度、加速度、方向和起止点位置正确性的指标。

(2) 动力参数。表征机器为完成工艺动作应输出的动力大小的指标,如力、力矩和功率等。

(3) 品质参数。表征运动参数和动力参数品质的指标,如运动轨迹和行程的精度(如重复定位精度)、运动行程和方向可变性、运动速度的高低与稳定性、力和力矩的可调性或恒定性、灵敏度和可靠性等。

(4) 结构参数。表征机器空间几何尺寸、结构、外观造型。

(5) 界面参数。表征机器的人机对话方式和功能。

(6) 环境参数。表征机器工作的环境,如温度、湿度、输入电源等。

由于机电一体化系统所代表的设备与产品广泛分布在各个领域,所以不同系统的主要性能参数或技术指标的内容将会有很大的差异。

2.5 机电一体化系统的概念设计

概念设计是系统设计的前期工作过程,其结果是产生概念产品方案。但是,概念设计不局限于方案设计,它应包括设计人员对设计任务的理解、设计灵感的表达和设计理念的发挥。概念设计还应充分体现设计人员的智慧和经验。因此,概念设计前期工作中应充分发挥设计人员的形象思维,而在后期工作中将较多的注意力集中在构思功能结构、选择工作原理和确定原理方案等环节,与传统的方案设计无较大区别。

概念设计由于涉及内容广泛,可实现更大范围内的创新和发明。例如,很多汽车展览会展示出概念车,它就是用样车的形式体现设计者的设计理念和设计思想、展示汽车设计的方案。又如,一座闻名于世的建筑,它的建筑效果图就体现出建筑师的设计理念和建筑功能的表达,属于概念设计的范畴。

从以上分析可见,概念设计包容了方案设计的内容,但是比方案设计更加广泛、深入。同时,应看到概念设计的核心是创新设计,概念设计是广泛意义上的创新设计。

2.5.1 概念设计的内涵和特征

Palh 和 Beitz 在 1984 年出版的专著《工程设计》(*Engineering Design*)中,对概念设计表述为:“在确定任务之后,通过抽象化,拟定功能结构,寻求适当的作用原理及其组合等,确定出基本求解途径,得出求解方案,这一部分设计工作叫作概念设计。”

1. 概念产品

基于市场化的、面向企业的概念产品是产品总体特征、性能、结构、尺寸形状的描述和实现,包括产品的功能、原理、简单的装配结构和零部件形状,基本的可制造与可装配,市场竞争力与成本,可服务与维修,等信息,但不要求详细且精确的尺寸、形状、制造和装配信息,可通过功能实现、原理可行物理模拟或计算机仿真等手段,验证其主要性能特征。

图2.10所示是丰田MTRC概念车,不是即将投产的车型,向人们展示了设计人员新颖、独特、超前的构思。概念车还处在创意、试验阶段,很可能永远不投产。因为不是大批量生产的商品车,所以每一辆概念车都可以更多地摆脱生产制造水平方面的束缚,尽情地甚至夸张地展示自己的独特魅力。

图2.10 概念车实例——丰田MTRC概念车

概念产品是用以评估、验证产品对目标市场的适应性和符合需求说明书的满意度,也是用以制定、实施产品后续开发过程即生产、营销、服务等计划的技术基础。

2. 概念设计的内涵

在提出概念设计几十年以来,人们对概念设计的研究日益增加、不断深入,使概念设计的内涵更加广泛和深刻。主要体现在以下几方面。

(1) 在设计理念上融入了设计师的智慧和经验、崭新的设计哲理和创新灵感,使概念设计更具创新性。

(2) 设计内容上更加广泛,根据产品生命周期各个阶段的要求进行市场需求分析、功能分析、确定工作原理、载体选择和方案组成等。可见,概念产品是概念设计的最终结果,把握好概念设计全过程才是概念产品设计的关键。

(3) 在设计方法上更加全面地融合各种现代设计方法,寻求全局最优方案,同时使设计过程更具创新性。

总之,概念设计是方案全面创新的一个设计阶段,它集成了设计师的智慧和灵感、先进设计方法的应用,还包括设计资料和数据库的广泛采纳、多学科专业知识的综合运用等。

3. 概念设计的基本特征

如图2.11所示,概念设计具有创新性、多样性、层次性的基本特征。

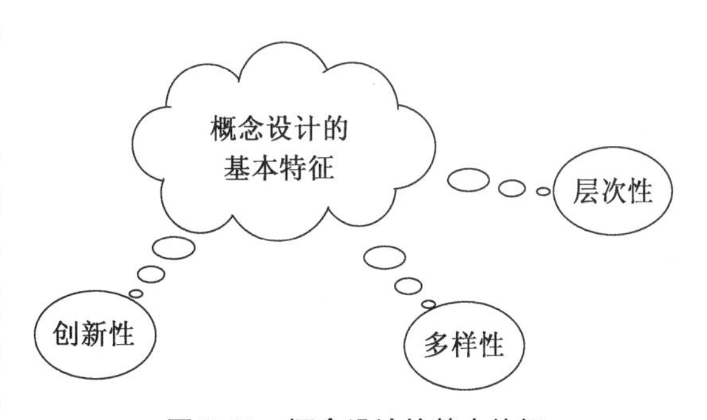

图2.11 概念设计的基本特征

(1) 创新性。创新是概念设计的灵魂,只有创新才有可能得到结构新颖、性能优良、价格低廉的富有竞争力的机电一体化产品。产品创新的核心在于构思创新产品概念。产品的概念发展与产品的设计在产品创新中具有决定性作用,从分析市场开始发展为概念产品是产品概念设计过程的主要任务与内容。概念设计阶段的创新体现在采用新的物理原理,使主功能发生根本性的变化,开发新产品,如激光加工机床、微波炉等;采用创新思维和技术成果,新思路、新构思通常与新技术、新能源、新材料、新工艺等有密切联系,如石英电子钟表是用石英晶体振荡器控制的电磁摆代替机械游丝摆制成的,采用碳纤维增强的复合材料可以做成自行车的车架和工业机器人的手臂等。

(2) 多样性。概念设计的多样性主要体现在设计步骤的多样化和设计结果的多样化。不同功能的定义、功能分解和工作原理等,会产生完全不同的设计思路和设计方法,从而在功能载体的设计上产生完全不同的解决方案。例如,采用机械传动原理或石英振荡原理分别产生机械式手表和石英手表,两种结果完全不同。

(3) 层次性。概念设计的层次性体现在两个方面。一方面,概念设计分别作用于功能层和载体结构层,并完成由功能层向结构层的映射;另一方面,在功能层和结构层中也有自身的层次关系。例如,功能分解就是将功能从一个层次向下一个层次推进,结构“自行车”的功能是代步,而自行车的子功能之一“控制行进方向”则是由“车把”来完成的。

2.5.2 概念设计的过程

产品概念设计将决定性地影响产品创新过程中后续产品的详细设计、生产开发、市场开发以及企业经营战略目标的实现。因此,机电一体化系统设计过程中,概念设计是整个设计的关键,不同的工作原理构思直接导致设计方案的迥异。例如,在烹饪食物时利用微波进入物质内部引起物质内部分子激烈运动、互相摩擦而发热的原理设计出了微波炉,利用电磁波引起铁磁性锅体产生涡流而发热的原理设计出电磁炉,而传统的燃气灶是利用明火进行加热。好的原理构思通常是机电产品创新设计思想的主要来源,可影响到产品的结构、性能、工艺和成本,关系到产品的技术水平及竞争能力。

概念设计过程的步骤及采用的方法如图 2.12 所示。首先将设计任务抽象化,确定出系统的总功能,抓住本质,扩展思路,寻找解决问题的多种方法;其次将总功能分解为子功能,直到分解为不能再分解的功能元,形成功能树;然后寻找子功能(功能元)的解,并将原理解

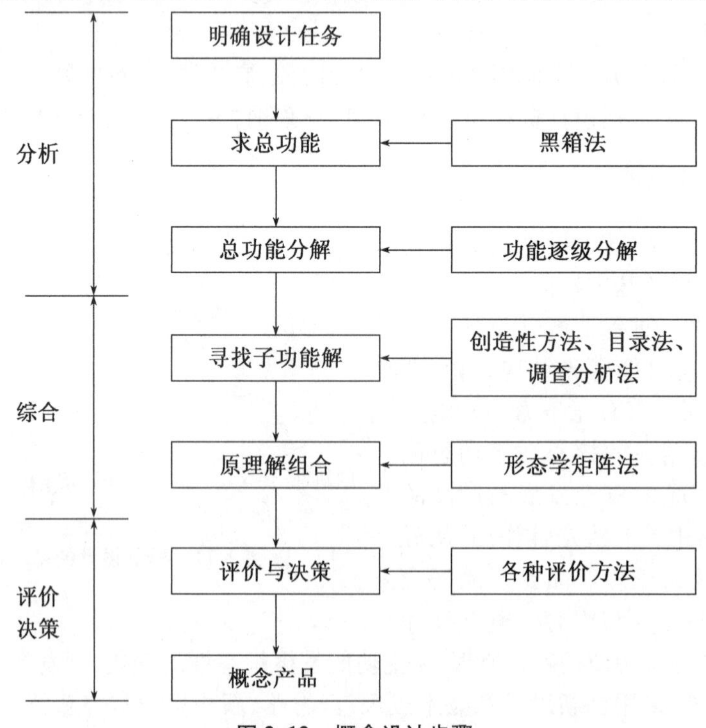

图 2.12　概念设计步骤

进行组合，形成多种原理解设计方案；对众多方案还要进行评价决策，最终选定最佳方案，形成概念产品。

2.6　机电一体化系统的评价与决策

2.6.1　系统的评价

所谓评价，一般是指按照明确目标测定对象的属性，并把它变成主观效用（满足主体要求的程度）的行为，即明确价值的过程。在这个过程中，我们要对评价的事物与一定的对象进行比较，从而决定该事物的价值。

1. 系统评价的内涵

1）系统评价的目的与任务

系统的评价是根据预定的系统目的，通过调查研究，应用科学合理的程序与方法，对被评价系统的经济、技术或综合性的价值做出判定，从多个方案中选择其中在技术上先进、经济上合理、建设上可行的系统最优方案。因此，评价是为了决策，决策需要评价。

在方案设计阶段，进行系统评价主要是对该方案在各方面能产生的后果及其影响进行评价，以便提供决策所需的定性及定量的信息资料。

在系统的运行阶段，进行系统评价主要是对系统现状进行分析和评价，以便弄清问题，对现状心中有数，以便有效地改进工作，及时调整方向，抓住机会，进行合理的决策。

在系统方案完成以后，进行系统评价主要是定量地掌握系统已经达到的目标以及与预定目标的差距，为下一步决策或其他系统的开发设计工作提供信息。

系统的评价对于决策的有效性关系极大，正确的评价可以使决策获得成功，取得较好的效益；错误的评价会导致决策失败，付出沉重的代价。

2）评价的内容

（1）技术评价。系统的开发、设计及运行的根本目的是实现特定的功能，以便为人们提供物质和精神的财富，或是带来生活的便利。技术评价就是评定该系统方案是否达到预定目标。系统结构的合理性、先进性、适用性、属性的完善性等，都属于技术评价。

（2）经济评价。经济评价主要是评价系统方案的经济效益，如投入产出比、性能价格比、成本费用分析、资金占用分析等经济可行性分析。

（3）综合评价。对机电一体化系统（产品）的综合评价主要是对其实现目的功能的结构、性能进行评价。机电一体化的目的是提高产品（或系统）的附加价值，而附加价值的高低必须以衡量产品性能和结构质量的各种定量指标为依据。具体设计时，常采用不同的设计方案来实现产品的目的功能、规格要求、性能指标。因此，必须对这些方案的价值进行综合评价，从中找出最佳方案，以便决策者做出决策。

2. 系统评价的原则、方法和步骤

1）系统评价的原则

（1）客观性原则。客观性一方面是指参加评价的人员应站在客观立场，实事求是地进

行资料收集、方法选择及对其评价结果做客观解释；另一方面是指评价资料应当真实可靠和正确。

(2) 可比性原则。指被评价的方案之间在基本功能、基本属性及强度上要有可比性。例如，将一台洗衣机和一台电视机放在一起进行对比评价，就很难指出两者之间的优劣；而一台石英电暖器和一台充油式电暖器之间就较容易从技术指标、经济性及适用性等方面进行比较，做出合理的评价。

(3) 合理性原则。指所选择的评价指标应当正确反映预定的评价目的，要符合逻辑、有科学依据。

(4) 整体性原则。指评价指标应当相互关联、相互补充，形成一个有机整体，能从多侧面综合反映评价方案。如果片面强调某一方面指标，就可能歪曲系统的真实情况，诱导决策者做出错误的决策。

2）系统评价的常用方法

价值是评价者根据评价目的及自身的观点、环境等前提条件对评价对象是否满足某种需要而做出的定量或定性的估量。因而，有些价值量可以使用绝对尺度进行度量，如成本、利润等经济指标；有些价值量只具有相对性，如技术先进性等。因此在技术评价时，往往采用定性分析和定量计算相结合的方法。常见的方法有德尔菲法（专家评价法）、评分法、层次分析法及模糊综合评价方法等。常常采用多种方法对同一系统方案进行评价，以便更客观更合理地反映被评价系统。

3）系统评价的步骤

(1) 明确系统评价的目的。尽管系统评价的总目的都是为了更好地向决策者提供尽可能合理的综合性的有用信息，但是对于具体的系统而言，其评价的目的仍然有所不同，因而评价的要求及侧重点也有所差异。一般来讲，系统评价主要有以下几个目的：一是找出系统的主要问题，促进系统更优；二是对参与评价的若干系统方案的价值进行综合评价，提供优先度信息，以便决策者合理抉择；三是决策之后，为使决策者能被有关单位及人员理解、支持，保证决策顺利执行，通过系统评价提供系统的利弊得失等重要资料，以便澄清事实、协调行动；四是为了总结经验，积累资料，以便以后开发设计出更优的系统。

(2) 分析系统、熟悉系统。要详细了解系统的基本功能、基本属性及与环境协调的程度。参与评价的各系统在定性分析的基础上，应详尽收集该系统的有关资料数据，对系统现状做到心中有数，并对未来尽可能准确预测。

(3) 建立评价指标体系。在对系统有了较为深入全面的了解之后，应根据系统特点及评价目的选择若干评价指标。评价指标应对系统评价目的各个主要方面都有所反映。当评价系统比较复杂、评价指标数量较多时，评价指标体系应当具有层状结构，以便清楚地体现评价指标与评价目的之间、评价指标与评价指标之间的相互关系，以利于评价指标的权重计算。

(4) 确定评价尺度。对于直接与被评价系统相关联的评价指标，应当确定评价尺度，将被评价系统的某种属性划分为若干个（通常为 9 级或 5 级）状态并给定每种状态的分值及内涵的说明。

(5) 确定评价方法。应根据系统特点、评价目的及资料的完备程度选用适当的评价方法，通常应当定性与定量相结合，既有数据又有文字甚至图形说明。

(6) 计算评价值。对所采用方案进行逐项评价,得出各单项评价指标值。

(7) 综合评价。综合评价有两个方面的含义,一方面,应综合各个评价指标的价值量及权重,计算评价方案的综合价值量;另一方面,应采用多种评价方法对评价系统进行全面的综合评价,分析各种评价方法的优缺点,对评价结果做综合比较说明,以供决策者科学合理的决策。

2.6.2　系统的决策

首先需要了解系统决策的概念。决策是指为了实现一个特定目标,在占有一定信息和经验的基础上,根据客观条件与环境的可能,借助于一定的科学方法,从各种可供选择的方案中,选出作为实现特定目标的最佳方案的活动。早期的决策活动主要借助于决策者个人的才智和经验。由于运筹学、系统理论、信息理论、控制论的相继问世,以及计算机广泛运用于人类的决策活动,为决策从经验到科学提供了现代的理论、方法和手段,使得决策由定性分析进入到定量化阶段。

决策活动一般具有以下特点:

① 无法控制的自然状态,如竞争对象所采取的策略、市场需求、施工中的晴天或雨天等均属于无法控制的各种状态。

② 回避毫无选择余地的所谓“选择”,否则无法实现最佳方案。

③ 有目标的决策,追求有意义的优化决策。

④ 任何决策最后要付诸实施。

1. 系统决策的过程

决策的过程随情况不同而异,但一般遵循的步骤为:发现问题、确定目标、找出各种选择的方案、对每个方案进行评估、选择其中最佳方案、执行,如图 2.13 所示。

(1) 发现问题。发现问题、提出问题是系统分析的起点,也是决策的起点,并作为决策的前提和确定目标的依据。

(2) 确定目标。目标是根据需要与可能来确定期望达到的结果,因此建立目标必须切合实际,即经过努力可以争取达到。

(3) 制订方案。根据目标,依据主客观条件,设计出供决策者选择的可实现目标的各种方案。设计方案须遵循可行性、客观性、详尽性三条原则。

(4) 评价与决策。通常最终选出一个最佳方案。一般选择用最低代价、最短时间、实现最佳效果、实现既定目标的那个方案,但有时也会在权衡各种因素后会选择风险性较小的方案。

(5) 反馈。当实际实施的结果与目标给定值之间产生偏差,就需要及时将这方面的信息输送到决策系统,以便对原方案进行修正。

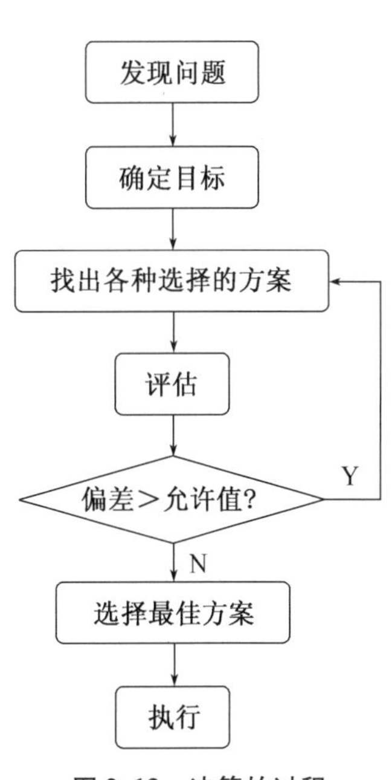

图 2.13　决策的过程

思考题与习题

2.1 简述机电一体化系统设计流程。

2.2 试述机电一体化系统设计原则与方法。

2.3 开发性设计、适应性设计、变型设计有何异同?

2.4 何谓概念设计?简述其具体设计步骤。

2.5 如何进行设计任务抽象化?其作用是什么?

2.6 为什么要进行系统的评价和决策?分别简述其步骤。

第 3 章 机电一体化系统建模与仿真

本章着重介绍机电一体化系统中连续系统的建模和仿真，涉及机械系统、电路系统、机电耦合系统，对离散时间系统模型建模仅做简单叙述。通过对典型系统建模与仿真的讨论，使读者掌握机电一体化系统的系统建模与数字仿真的一般方法。

3.1 概　述

凡是“系统”，都是一些元件或零部件按照一定方式相互联结成的集合体。机电一体化系统中，机械系统与电系统之间往往通过传感器或换能器连接，将被测物理量（位移、速度、加速度、压力、力矩、声波、液压等）转化为变化的电压或电流等电参量，系统在给定条件下（如一定的信号形式）完成某种功能。

机电一体化系统与所有系统一样，无论是系统分析还是系统设计，都需要建立系统模型，对系统进行定量描述，然后通过对模型的模拟或仿真来了解和分析真实系统的特性。

系统建模的方法很多，模型的种类也很多。通常将模型分为两大类：物理模型和数学模型。物理模型是以系统间的相似原理为基础建立的，包括系统按比例缩小的实体模型。数学模型是用数学符号描述系统的数学表达式，系统属性由变量表示。

机电一体化系统的数学模型一般按特性分类，常见的有静态模型和动态模型、确定性模型和非确定性模型、线性模型和非线性模型、时间连续模型和时间离散模型等。

对一个系统从不同角度分析，可以建立不同形式的模型。同样，一种模型可以代表多种系统。以下举例说明。

例 3.1：一个由运动质量块构成的简单机械系统。设作用在质量块 M 上的力是 $f(t)$，如图 3.1 所示。当质量块的运动速度足够小，且空气阻力的影响可以忽略不计时，根据牛顿第二定律，系统的数学模型为

$$f(t)=M\frac{\mathrm{d}^2x}{\mathrm{d}t^2} \tag{3.1}$$

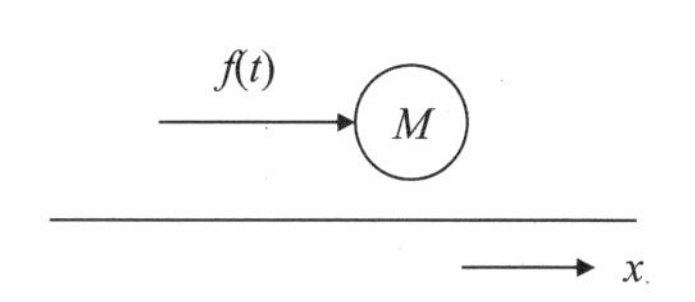

图 3.1　简单机械系统

式中，M 是质量块质量，单位为 kg；x 是位移，单位为 m。

如果力 $f(t)$ 足够大，使质量块获得很大速度，那么需要考虑空气阻力，一般空气阻力与速度的平方成正比。根据牛顿第二定律，系统的数学模型为

$$f(t)=M\frac{\mathrm{d}v}{\mathrm{d}t}+cv^2 \tag{3.2}$$

式中，v 是速度，单位为 m/s；c 是阻尼系数，单位为（N · s）/m。

如果质量块的速度大到接近光速（$v=3\times10^8$ m/s），由相对论知，此时质量 M 为变量，系统的精确数学模型为

$$f(t)=\frac{\mathrm{d}}{\mathrm{d}t}(Mv)+cv^2 \tag{3.3}$$

从上面的例子看出，系统在不同运动状态下，对系统建模考虑的影响因素不同，所建立的系统模型也不同。考虑影响因素越少，模型越简单。简单模型虽然包含较少的系统信息，模型精度较差，但容易求解。对系统建模不是对真实系统绝对完整的描述，而是在保证必要精度的前提下，尽可能地对真实系统简化，某种程度上近似反映实际系统。

例 3.2：图 3.2 为一个由电阻、电感和电容组成的 RLC 串联电路，$u_i(t)$为输入电压，$u_o(t)$为输出电压。图 3.3 为一个由质量、弹簧和阻尼器组成的机械平移系统，外力 $F(t)$为系统输入，质量块速度 $v(t)$为系统输出。

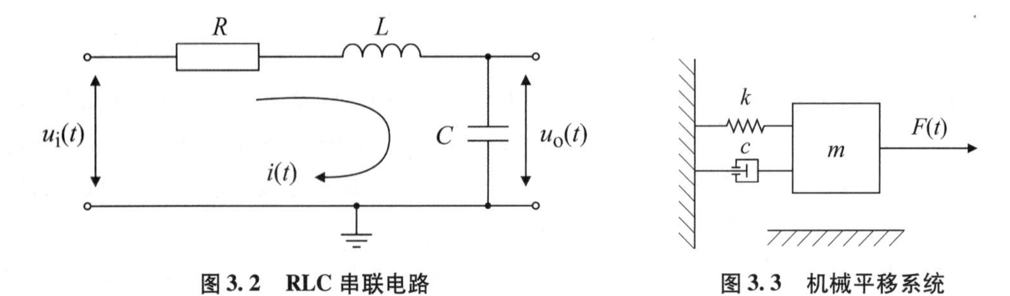

图 3.2　RLC 串联电路　　　　**图 3.3　机械平移系统**

图 3.2 所示 RLC 串联电路的数学模型为

$$L\frac{\mathrm{d}i(t)}{\mathrm{d}t}+Ri(t)+\frac{1}{C}\int i(t)\,\mathrm{d}t=u_o(t) \tag{3.4}$$

式中，L 为电感，R 为电阻，C 为电容，$i(t)$为电流，$u_o(t)$为输出电压。

图 3.3 所示机械平移系统的数学模型为

$$m\frac{\mathrm{d}v(t)}{\mathrm{d}t}+cv(t)+\frac{1}{\rho}\int v(t)\,\mathrm{d}t=F(t) \tag{3.5}$$

式中，m 为质量；c 为阻尼系数；ρ 为弹簧柔度系数。

对比式(3.4)和式(3.5)，可见两个系统的数学模型有相同的形式。这说明，一种模型可以代表多种系统。

一个系统也可以用一个结构图表示成若干个按一定方式联结的子系统，每个子系统都可以用一个方框图表示。如图 3.4 所示是一个系统的一般结构图形式，$u_1(t),u_2(t),\cdots,u_m(t)$是系统的 m 个输入，$y_1(t),y_2(t),\cdots,y_n(t)$是系统的 n 个输出。输入信号通常是控制信号、参考信号或干扰信号。

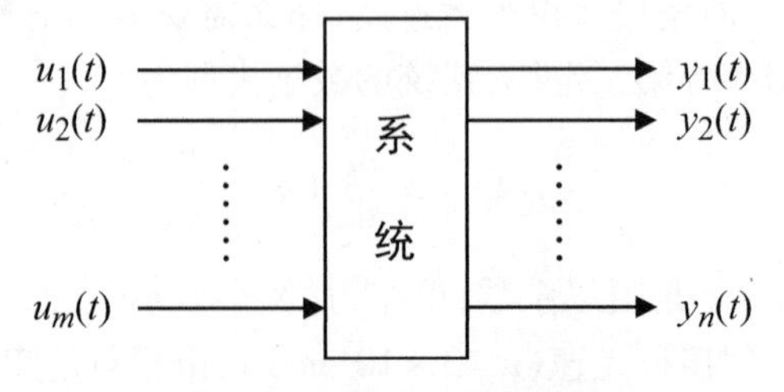

图 3.4　*m* 输入 *n* 输出系统

研究系统的动态品质与特性时，通常有两种数学模型描述法：

① 末端描述法，也称输入—输出法，如 n 阶微分方程、传递函数。

② 内部描述法，也称状态变量法，如状态空间模型。

末端描述法讨论系统端部特性，将系统看作一个“黑箱”，不研究系统内部结构，根据输入与输出的关系进行相关性分析。内部描述法将系统看作是一个“灰箱”或“白箱”，引入“状态”概念，附加一组中间变量，如位置（势能）、速度（动能）、温度（热能）、电容电压（储存电能）、电感电压（储存磁能）等，不仅考虑输入与输出关系，还考虑系统内部状态。

多数机电一体化系统是系统输出（状态和运动）完全可以用其输入来描述的确定性系统。当只需要知道少数输出变量时，用末端描述法较合适。当一个系统对于给定输入存在多种可能的输出时，这种系统为随机系统。在研究随机系统时，通常需要同时知道若干个变量和对若干个变量进行观测，并且控制这些变量，使其满足一定的设计指标，这种系统较适合应用内部描述法。

在机电一体化系统发展初期，系统功能简单，在特定的范围或条件下系统响应多数是时间的连续函数，可以用简单的连续函数分析这类系统，采用物理模拟或模拟机模拟。随着科学技术发展，特别是微电子技术、信息技术的迅速发展，机电一体化系统功能大大拓展，系统稳定性、可靠性和精度得到了很大提高，系统状态变化已经表现为不连续或离散性状，系统中常采用由微处理器控制的数字控制系统，包含模拟和数字两种信号，已无法用简单的连续函数来分析这类系统的特性，需寻求或构造能够反映更复杂的现代机电一体化系统模型。

3.2　机电一体化系统建模与仿真

一般地，建立系统模型前，先要确立模型的结构。模型结构是由一定数量的基本元件组成的，每一个元件都有其特定的性能或功能。例如，一个机械系统可以由质量、弹簧和阻尼等基本元件组成，将这些不同的基本元件以不同的方式连接起来，可以构成一系列性能和功能不同的机械系统；一个电路系统可以由电阻、电容和电感等一些电子元件组成，这些不同的电子元件也能够组合成不同的电路。采用适当的方法将基本元件之间的关系建立起来，得到系统的输入和输出关系，就获得了系统的数学模型。

3.2.1　机械系统建模

机械系统有三个基本元件：质量、弹簧和阻尼（图 3.5）。质量决定系统的惯性，弹簧决定系统的刚性，阻尼决定摩擦或衰减效应。不一定需要真正的弹簧、阻尼器和质量块，只要系统具备刚性、阻力及惯性这些性能即可。在输入力作用下，系统会产生一定响应，如位移输出。

1. 机械平移系统

机械平移系统有三种阻止运动的力：惯性力、弹簧力和阻尼力。

（1）惯性力。见图 3.5（a），根据牛顿第二定律，惯性力等于质量乘以加速度，数学模型为

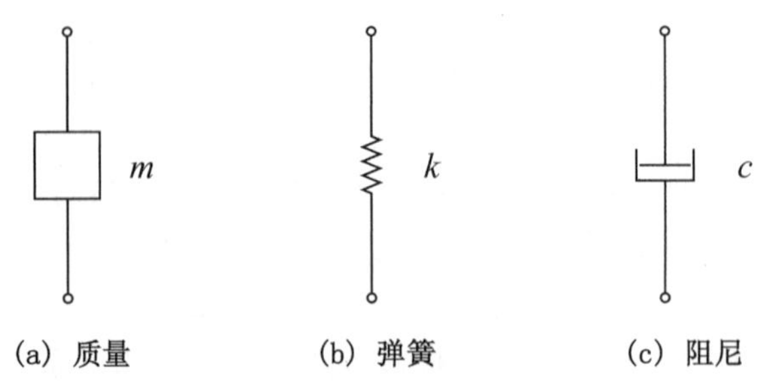

图 3.5　机械平移系统基本元件

$$F_m(t)=ma(t)=m\frac{dv(t)}{dt}=m\frac{d^2x(t)}{dt^2} \tag{3.6}$$

式中，$F_m(t)$为惯性力，单位为 N；m 为质量块的质量，单位为 kg；$a(t)$为质量块的加速度，单位为 m/s^2；$v(t)$为质量块的速度，单位为 m/s；$x(t)$为质量块的位移，单位为 m。

(2) 弹簧力。见图 3.5(b)，对于线性弹簧来说，弹簧被拉伸或压缩时，弹簧的变形量与所受的力成正比，弹簧数学模型为

$$F_k(t)=kx(t)=\frac{1}{\rho}x(t) \tag{3.7}$$

式中，$F_k(t)$为弹簧力，单位为 N；k 为弹簧刚度，单位为 N/m；ρ 为弹簧柔度，等于刚度 k 的倒数，单位为 m/N。k 值越大，弹簧力就越大，弹簧刚性越大。

(3) 阻尼力。见图 3.5(c)，当较大质量块获得较大速度时，不能忽略阻尼力的影响。在粘性摩擦系统中，阻尼力与速度 v 成正比，数学模型为

$$F_c(t)=cv(t)=c\frac{dx(t)}{dt} \tag{3.8}$$

式中，$F_c(t)$为阻尼力，单位为 N；c 为阻尼系数，单位为(N · s)/m。c 值越大，在一定速度下受到的阻尼力就越大。

质量块以速度 v 运动时，获得能量，即系统存储能量，该能量称为动能，质量块停止运动，能量被释放。动能表达式为

$$E_m(t)=\frac{1}{2}mv^2(t) \tag{3.9}$$

式中，$E_m(t)$为动能，单位为 J。

弹簧受拉时，也可存储能量，称为势能。一旦弹簧被松开并返回到初始位置时，能量被释放出来，其势能为

$$E_k(t)=\frac{1}{2}kx^2(t) \tag{3.10}$$

式中，$E_k(t)$为势能，单位为 J。将式(3.7)代入式(3.10)，得到下面关系式

$$E_k(t)=\frac{1}{2}\frac{F^2(t)}{k} \tag{3.11}$$

阻尼器是耗能元件，其消耗功率取决于速度。功率表达式为

$$P_c(t)=cv^2(t) \tag{3.12}$$

式中，$P_c(t)$ 为阻尼器消耗功率，单位为 W。

2. 机械旋转系统

机械旋转系统的基本元件是转动惯量、粘滞阻尼器和扭簧（图 3.6）。对应这三个基本元件的三种运动的力分别为外力矩 $M(t)$、阻尼力矩 $M_c(t)$ 和扭簧力矩 $M_k(t)$。

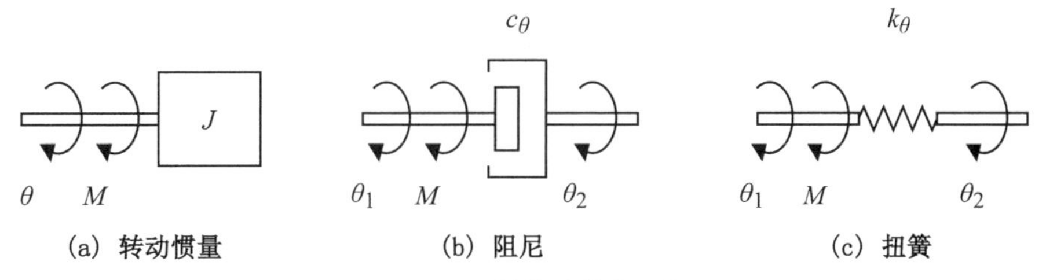

图 3.6　机械转动基本元件

(1) 外力矩

$$M(t)=J\varepsilon(t)=J\frac{\mathrm{d}\omega(t)}{\mathrm{d}t}=J\frac{\mathrm{d}^2\theta(t)}{\mathrm{d}t^2} \tag{3.13}$$

式中，$M(t)$ 为外力矩，也称扭矩，单位为 N·m；$\theta(t)$ 为旋转角度，单位为 rad；J 为转动惯量，单位为 kg·m^2；ω 为角速度，单位为 rad/s；ε 为角加速度，单位为 rad/s^2。转动惯量 J 越大，角加速度 ε 所需的外力矩 M 也就越大。

(2) 阻尼力矩

$$M_c(t)=c_\theta\left[\frac{\mathrm{d}\theta_1(t)}{\mathrm{d}t}-\frac{\mathrm{d}\theta_2(t)}{\mathrm{d}t}\right] \tag{3.14}$$

式中，M_c 为阻尼力矩，单位为 N·m；c_θ 为粘滞阻尼系数，单位为（N·m·s）/rad；$\theta_1(t)$ 和 $\theta_2(t)$ 分别为输入与输出旋转角度，单位为 rad。

(3) 扭簧力矩

$$M_k(t)=k_\theta[\theta_1(t)-\theta_2(t)] \tag{3.15}$$

式中，M_k 为扭簧力矩，单位为 N·m；k_θ 为扭簧刚度，单位为（N·m）/rad。

同样，扭簧和旋转质量是储能量元件，粘滞阻尼器是耗能元件。扭转角度为 θ 的扭簧所存储的能量为

$$E_k(t)=\frac{1}{2}k_\theta\theta^2(t)$$

将式(3.15)代入上式，得扭簧存储能量为

$$E_k(t)=\frac{1}{2}\frac{M_k^2(t)}{k_\theta} \tag{3.16}$$

旋转质量的动能为

$$E_k(t)=\frac{1}{2}J\omega^2(t) \tag{3.17}$$

粘滞阻尼器的消耗功率 P_c 为

$$P_c(t)=c_\theta\omega^2(t) \tag{3.18}$$

表 3.1 为机械系统基本元件的公式。

表 3.1 机械系统基本元件公式表

基本元件	公式	能量或消耗功率
	直线型	
质量块	$F=m\dfrac{\mathrm{d}^2x}{\mathrm{d}t^2}$	$E=\dfrac{1}{2}mv^2$
弹簧	$F=kx$	$E_k=\dfrac{1}{2}\dfrac{F^2}{k}$
阻尼器	$F=c\dfrac{\mathrm{d}x}{\mathrm{d}t}$	$P_c=cv^2$
	旋转型	
扭力矩	$M=J\dfrac{\mathrm{d}^2\theta}{\mathrm{d}t^2}$	$E=\dfrac{1}{2}J\omega^2$
扭簧	$M_k=k_\theta\theta$	$E_k=\dfrac{1}{2}\dfrac{M^2}{k_\theta}$
旋转阻尼	$M_c=c_\theta\dfrac{\mathrm{d}\theta}{\mathrm{d}t}$	$P_c=c_\theta\omega^2$

3. 机械系统建模

下面举例说明建模方法。

例 3.3: 图 3.3 所示的机械振动系统,在外力 F 的作用下,根据牛顿第二定律,系统微分方程可以写为

$$F(t)-kx(t)-c\frac{\mathrm{d}x(t)}{\mathrm{d}t}=m\frac{\mathrm{d}^2x(t)}{\mathrm{d}t^2} \tag{3.19}$$

式(3.19)的传递函数为

$$\frac{X(s)}{F(s)}=\frac{1}{ms^2+cs+k} \tag{3.20}$$

按式(3.20)得到图 3.7 所示系统方框图。

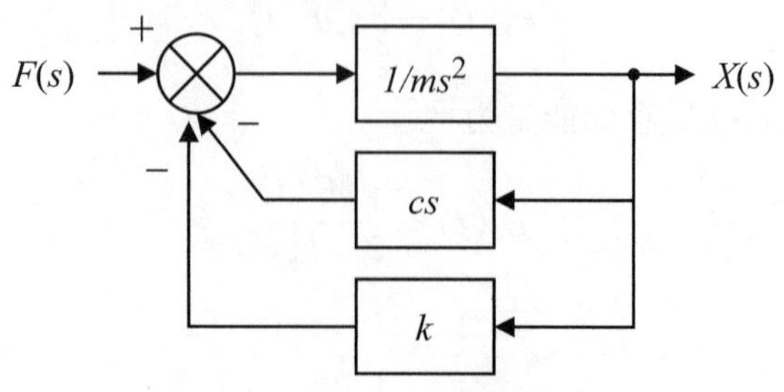

图 3.7 系统方框图

例3.4：图3.8是一个双自由度机械系统，m_1 和 m_2 是质量块质量；c_1 和 c_2 是阻尼系数；k 为弹簧刚度；x_1 和 x_2 分别为 m_1 和 m_2 的位移。系统数学模型为

$$\begin{cases} m_1 \dfrac{\mathrm{d}^2 x_1}{\mathrm{d}t^2} + (c_1 + c_2) \dfrac{\mathrm{d}x_1}{\mathrm{d}t} - c_2 \dfrac{\mathrm{d}x_2}{\mathrm{d}t} = F \\ m_2 \dfrac{\mathrm{d}^2 x_2}{\mathrm{d}t^2} + c_2 \dfrac{\mathrm{d}x_2}{\mathrm{d}t} - c_2 \dfrac{\mathrm{d}x_1}{\mathrm{d}t} + kx_2 = 0 \end{cases} \tag{3.21}$$

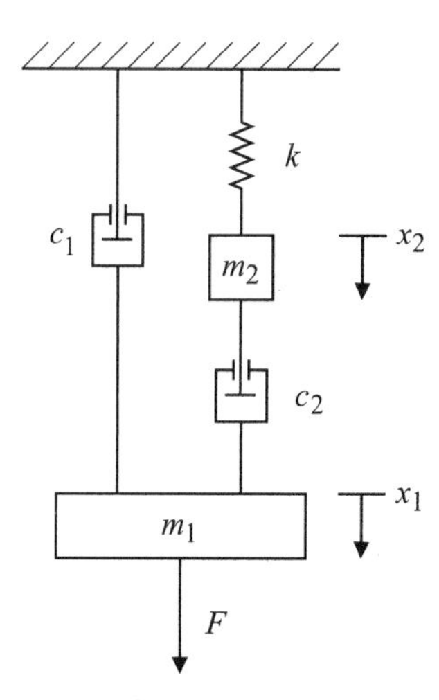

图3.8　双自由度机械系统

或

$$\begin{cases} m_1 \dfrac{\mathrm{d}v_1}{\mathrm{d}t} + (c_1 + c_2) v_1 - c_2 v_2 = F \\ m_2 \dfrac{\mathrm{d}v_2}{\mathrm{d}t} + c_2 v_2 - c_2 v_1 + k \displaystyle\int_0^t v_2 \mathrm{d}t = 0 \end{cases} \tag{3.22}$$

对式(3.22)进行拉氏变换，得

$$\begin{cases} X_1(s) = \dfrac{1}{[m_1 s^2 + (c_1 + c_2)s]} [F(s) + c_2 s X_2(s)] \\ X_2(s) = \dfrac{c_2 s}{m_2 s^2 + c_2 s + k} X_1(s) \end{cases} \tag{3.23}$$

由式(3.23)，可画出系统方框图(图3.9)，$G_1(s)$、$G_2(s)$ 为

$$G_1(s) = \frac{1}{m_1 s^2 + (c_1 + c_2)s}, G_2(s) = \frac{c_2 s}{m_2 s^2 + c_2 s + k} \tag{3.24}$$

以 $F(s)$ 为输入，分别以 $X_1(s)$、$X_2(s)$ 为输出，则系统传递函数变为

$$\frac{X_1(s)}{F(s)} = \frac{G_1(s)}{1 - c_2 s G_1(s) G_2(s)}, \quad \frac{X_2(s)}{F(s)} = \frac{G_1(s) G_2(s)}{1 - c_2 s G_1(s) G_2(s)} \tag{3.25}$$

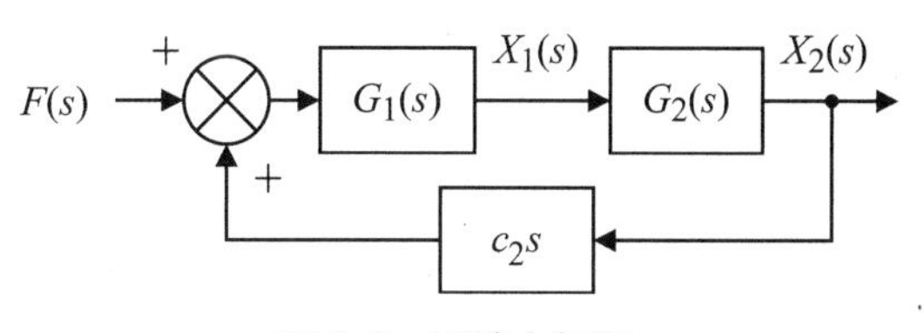

图3.9　系统方框图

从式(3.25)可见，系统由 $G_1(s)$、$G_2(s)$ 基本振动单元组成，则图3.9可变为图3.10所示系统。

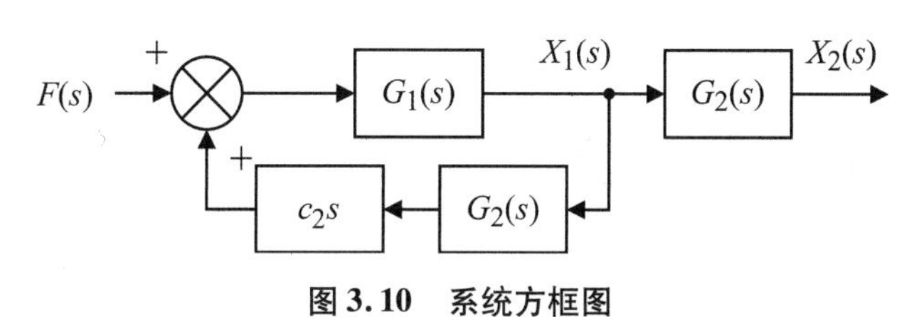

图3.10　系统方框图

由以上例子可见，同样由质量、弹簧、阻尼基本元件组成的机械系统，式(3.25)所描述的系统比式(3.20)描述的系统复杂得多。

3.2.2 电路系统建模

电路系统基本元件是电阻、电感和电容。电路系统主要有无源电路网络和有源电路网络两种。建立电路系统动态模型的物理定律是基尔霍夫定律。表3.2为电路系统基本元件公式。

表3.2 电路系统基本元件公式表

基本元件	公式	能量或消耗功率
电感	$i=\frac{1}{L}\int V\mathrm{d}t$	$E=\frac{1}{2}Li^2$
电容	$i=C\frac{\mathrm{d}V}{\mathrm{d}t}$	$E=\frac{1}{2}CV^2$
电阻	$i=V/R$	$P=V^2/R$

例3.5：图3.11为一个RC串联电路构成的无源滤波电路。输出电压u_o与输入电压u_i之间的关系为

$$\begin{cases} u_o=V_C \\ u_i=RC\frac{\mathrm{d}V_C}{\mathrm{d}t}+V_C \end{cases} \tag{3.26}$$

式中，V_C是电容两端的电压。式(3.26)为一阶微分方程。

对式(3.26)进行拉氏变换，得到RC串联电路的传递函数为

$$\frac{U_o(s)}{U_i(s)}=\frac{1}{RCs+1} \tag{3.27}$$

由式(3.27)，可画出RC串联电路系统方框图(图3.12)。

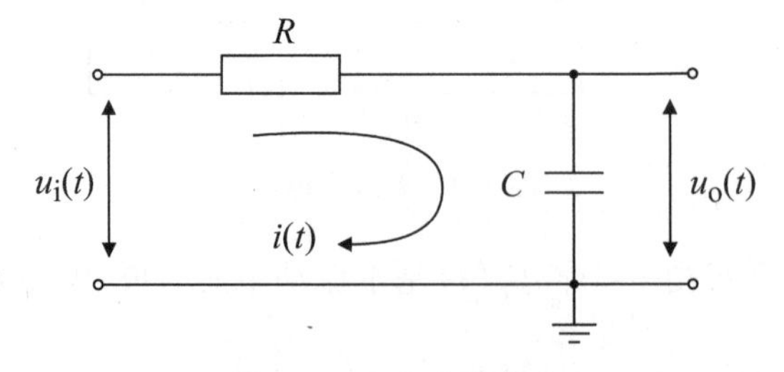

图3.11 RC串联电路

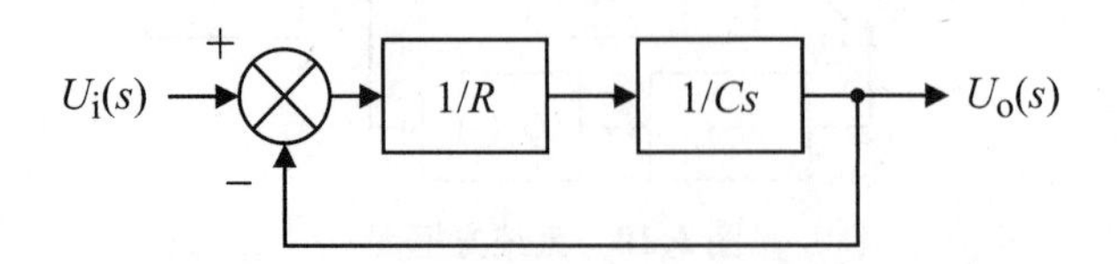

图3.12 RC串联电路方框图

例3.6:图3.2的RLC串联电路中,输出电压u_o与输入电压u_i之间关系为

$$\begin{cases} u_o = V_C \\ u_i = RC\dfrac{dV_C}{dt} + LC\dfrac{d^2V_C}{dt^2} + V_C \end{cases} \tag{3.28}$$

式(3.28)为二阶微分方程。

对式(3.28)进行拉氏变换,得到RLC串联电路的传递函数为

$$\frac{U_o(s)}{U_i(s)} = \frac{1}{LCs^2 + RCs + 1} \tag{3.29}$$

由式(3.29)得图3.13所示RLC串联电路系统方框图。

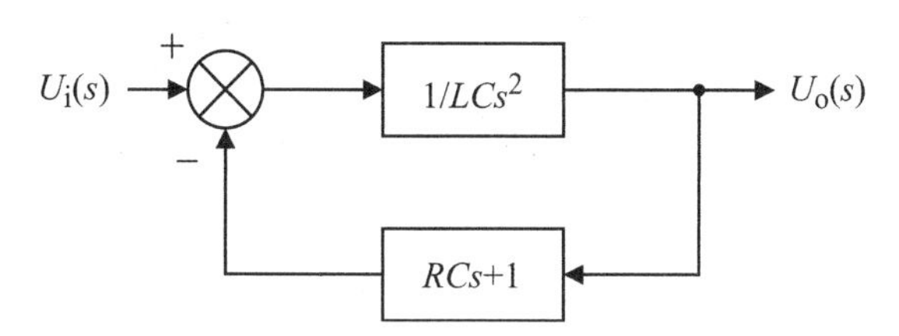

图3.13　RLC串联电路方框图

例3.7:图3.14为一个RL串联电路,输出电压u_o与输入电压u_i之间关系为

$$\begin{cases} u_o = V_L \\ u_i = \dfrac{R}{L}\displaystyle\int V_L dt + V_L \end{cases} \tag{3.30}$$

式中,V_L是电感两端的电压。

对式(3.30)进行拉氏变换,得到RL串联电路的传递函数为

$$\frac{U_o(s)}{U_i(s)} = \frac{Ls}{Ls + R} \tag{3.31}$$

由式(3.31),可画出RL串联电路系统方框图(图3.15)。

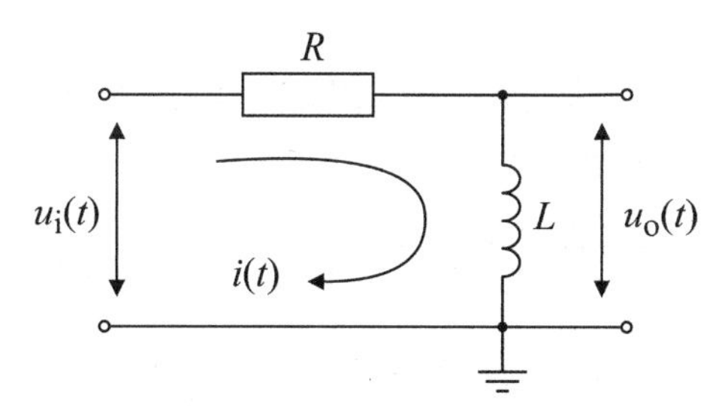

图3.14　RL串联电路

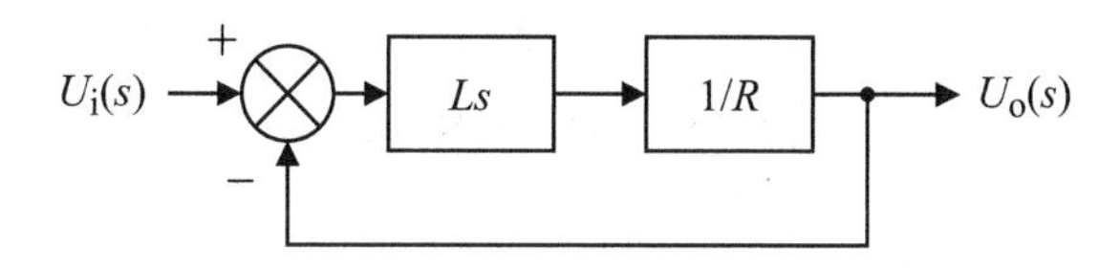

图3.15　RL串联电路方框图

例 3.8：图 3.16 为一个 RLC 串并联电路。输出电压 u_o 与输入电压 u_i 之间关系为

$$\begin{cases} u_o = V_C \\ u_i = RC\dfrac{dV_C}{dt} + V_C + \dfrac{R}{L}\int V_C dt \end{cases} \tag{3.32}$$

对式(3.32)进行拉氏变换，得到 RLC 串并联电路的传递函数为

$$\frac{U_o(s)}{U_i(s)} = \frac{Ls}{LRCs^2 + Ls + R} \tag{3.33}$$

由式(3.33)，可画出 RLC 串并联电路系统方框图(图 3.17)。

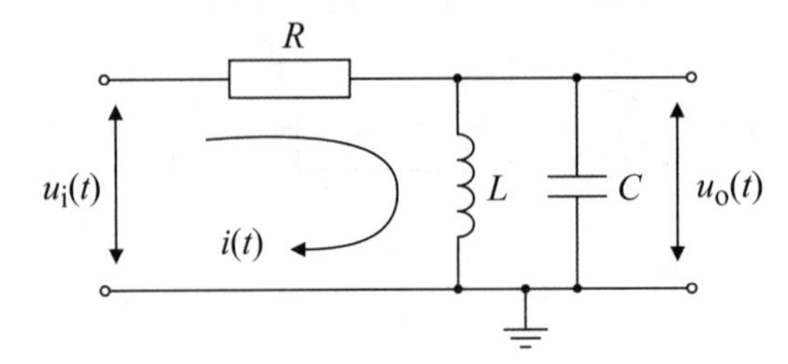

图 3.16 RLC 串并联电路

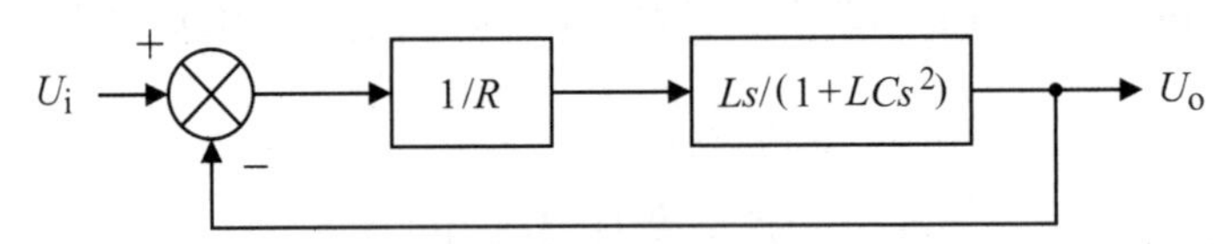

图 3.17 RLC 串并联电路方框图

3.2.3 机电模拟法

大多数机电一体化系统为线性系统。在线性系统分析中，求解系统模型的数学过程不依赖于所表示的物理系统，对于给定激励系统响应的所有物理系统来说，都可以用同样的数学模型描述。如例 3.2 所述，一种模型可以代表多种系统。具有同一类型数学模型的不同物理系统称为相似系统。

可用同一微分方程描述的对偶电路是相似系统。图 3.2 的 RLC 串联电路与图 3.18 的 RLC 并联电路为对偶电路，是对偶相似系统。

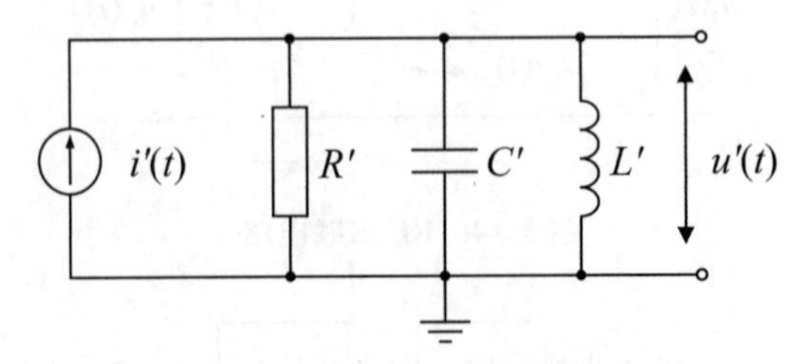

图 3.18 RLC 并联电路

描述图 3.2 的电路方程为

$$Ri + L\frac{\mathrm{d}i}{\mathrm{d}t} + \frac{1}{C}\int_0^t i\mathrm{d}t = u_{\mathrm{i}} \tag{3.34}$$

描述图 3.18 的电路方程为

$$G'u' + C'\frac{\mathrm{d}u'}{\mathrm{d}t} + \frac{1}{L'}\int_0^t u'\mathrm{d}t = i' \tag{3.35}$$

如果做变换：$R\to G'$，$L\to C'$，$C\to L'$，$u_{\mathrm{i}}\to i'$，$i\to u'$，则式(3.34)与式(3.35)相等。

电路系统和机械系统元件的性能有许多相似的地方，图 3.2 的 RLC 串联电路与图 3.3 的机械平移系统是相似系统。电阻是耗能元件，当有电流 i 流过时，消耗功率为

$$P = \frac{V^2}{R} = \left(\frac{1}{R}\right)V^2 \tag{3.36}$$

这与机械元件阻尼器相似。阻尼器也不存储能量，其消耗功率为

$$P = cv^2 \tag{3.37}$$

式(3.36)与式(3.37)两个功率表达式形式相同，电压 V 对应速度 v，阻尼系数 c 对应电导(电阻的倒数 $1/R$)。

机械系统其他基本元件也有相对应的电路系统基本元件。对于非电系统，如将研究的系统变成相似电路系统，将使问题简单化，便于非电系统建模与分析。首先，可以将一个复杂系统变成便于分析的电路图，只要确定了相似电系统的电路图就可以观察或预知系统的特性(如谐振、通频带、阻尼系数、时间常数等)。其次，可以应用电路理论方便地分析实际系统。第三，电路元件便于更换和改变数值，容易测量电压和电流等电参量。

将机械系统与图 3.2 所示的电压源电路相似，称为力—电压相似，用符号 F-V 表示；将机械系统与图 3.18 所示的电流源电路相似，称为力—电流相似，用符号 F-i 表示。

画 F-V 相似电路的规则简述如下。

一个机械系统作 F-V 相似时，首先要确定系统中的连接点、参考地和参考方向，然后根据 F-V 相似原则，画电路图。所谓连接点是机械系统中的机械元件相互连接的地方，规定同一刚体上的所有点都属于同一个连接点。机械系统的一个连接点对应于一个由电压源和无源元件所组成的闭合回路，回路中的电压源和无源元件与机械系统中相应连接点的驱动力源及元件相似，参考地则相应于电系统中的公共点—地。如果系统中各连接点的力、位移和速度确定了，则整个系统中各元件的力、位移和速度也就确定了。例如，根据图 3.2 所示的 RLC 串联电路，可以容易地写出图 3.3 机械系统的运动方程式(3.5)。

画 F-i 相似电路的规则简述如下。

机械系统的每个连接点与一个连接电源和无源元件的电路节点相对应，而接在该节点上的电源及无源元件与机械系统中相应连接点的驱动力源及元件相似。同样，刚体上的所有点都看作一个连接点。由于质量块的速度(或位移、加速度)总是相对于地球来说的，所以，与质量相似的电容器的一端始终是接地的。两个或更多个刚性连接的质量，其相似电路是两个或更多个被接在同一节点和地之间的电容器。

图 3.3 的机械系统只有一个接点，该接点有驱动力 $F(t)$ 和三个无源元件 m、k、f 组成的节点，这些元件的另一端均接地，如图 3.18 所示。

显然,从图3.3机械系统的F-V相似和F-i相似所画出的电路图3.2和图3.18是对偶的。表3.3为电路系统和机械系统相似关系。

表3.3 电路系统和机械系统相似关系

机械平移系统	力—电压相似变换	力—电流相似变换	机械平移—旋转系统变换
力,F	电压,u	电流,i	转矩,M
位移,$x=\int v\mathrm{d}t$	电荷,$g=\int i\mathrm{d}t$	磁通量,ϕ	角位移,θ
速度,$v=\mathrm{d}x/\mathrm{d}t$	电流,$i=\mathrm{d}g/\mathrm{d}t$	电压,$u=\mathrm{d}\phi/\mathrm{d}t$	角速度,$\Omega=\mathrm{d}\theta/\mathrm{d}t$
质量,m	电感,L	电容,C	转动惯量,J
粘滞阻尼系数,c	电阻,R	电导,G	旋转粘滞阻尼系数,c_θ
弹簧柔度,$\rho=1/k$	电容,C	电感,L	弹簧扭转柔度,ρ_θ
连接点	闭合回路	节点	连接点
参考壁(地)	地	地	参考壁(地)

例3.9:图3.8双自由度机械系统。应用F-V模拟方法建立系统模型。

解:图3.8双自由度机械系统中有2个刚体质量m_1和m_2,那么,该系统有2个连接点,输出变量为位移x_1和x_2,则在F-V相似电路中有两个回路。第一个回路由电压源$u_i(F)$、电感$L_1(m_1)$、电阻$R_1(c_1)$和$R_2(c_2)$组成;第二个回路由电感$L_2(m_2)$、电容$C(\rho)$和电阻$R_1(c_1)$组成,其中,电阻$R_1(c_1)$是两个回路共有,该相似电路见图3.19。

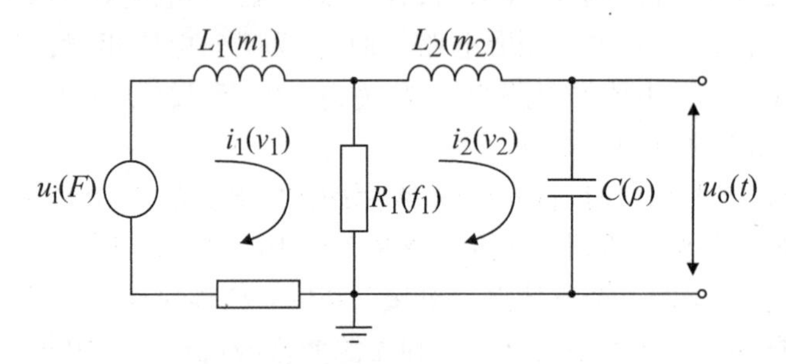

图3.19 图3.8的F-V相似电路

根据图3.19,可得到回路方程为

$$\begin{cases} L_1\dfrac{\mathrm{d}i_1}{\mathrm{d}t}+(R_1+R_2)i_1-R_1i_2=u_i \\ L_2\dfrac{\mathrm{d}i_2}{\mathrm{d}t}+R_1i_2-R_1i_1+\dfrac{1}{C}\int_0^t i_2\mathrm{d}t=0 \end{cases} \tag{3.38}$$

按表3.3做参数变换,式(3.38)就与式(3.22)完全相同。因此,图3.8的双自由度机械系统的响应可由电路来决定。

由式(3.38),可画出该电路的方框图(图3.20)。

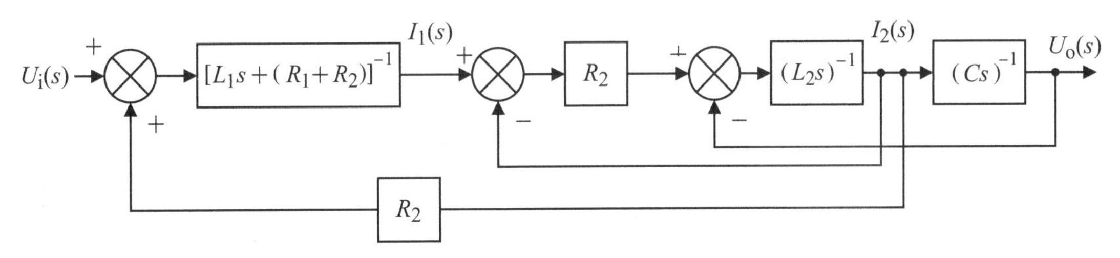

图 3.20　图 3.19 的系统方框图

例 3.10: 图 3.8 双自由度机械系统。应用 F-i 模拟方法建立系统模型。

解: 相应于双自由度机械系统 2 个坐标 x_1 和 x_2，在 F-i 相似电路中就有 2 个独立的节点。第一个节点接电压源 $i(F)$、电容 $C_1(m_1)$、电导 $G_1(c_1)$ 和 $G_2(c_2)$；第二个节点接电容 $C_2(m_2)$、电感 $L(\rho)$ 和电导 $G_1(c_1)$，其中，电导 $G_1(c_1)$ 两个回路共有。该 F-i 相似电路如图 3.21 所示。

由相似电路得方程：

$$\begin{cases} C_1 \dfrac{\mathrm{d}u_1}{\mathrm{d}t} + (G_1 + G_2)u_1 - G_1 u_2 = i \\ C_2 \dfrac{\mathrm{d}u_2}{\mathrm{d}t} + G_1 u_2 - G_1 u_1 + \dfrac{1}{L}\displaystyle\int_0^t u_2 \mathrm{d}t = 0 \end{cases} \tag{3.39}$$

于是，可以按表 3.3 做参数变换，将式(3.39)变成机械运动方程式(3.22)。

同样，由式(3.39)可画出与图 3.21 形式相同的系统方框图。

实际上，电路中的参数符号及数值可以直接用相似的机械系统参数符号标注，见图 3.19 和图 3.21 中括弧内所示参量就是相似机械参量。

一个机械平移系统也可等效为一个机械旋转系统，对应的相似量见表 3.3。

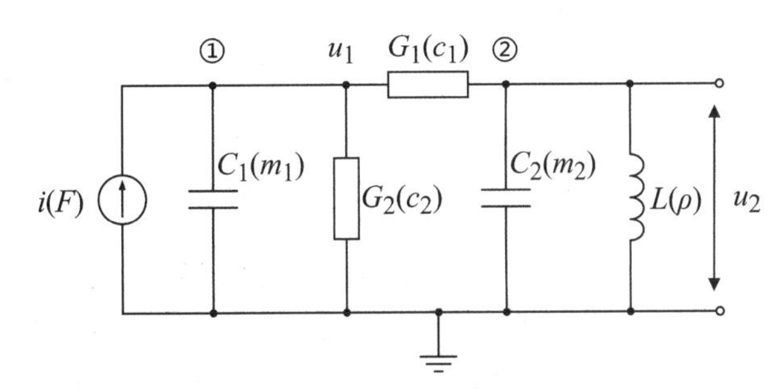

图 3.21　图 3.8 的 F-i 相似电路

3.2.4　机电一体化系统建模

1. 机械耦合装置

普通的机械耦合装置，如齿轮、摩擦轮、杠杆等也有电相似。例如，图 3.22 为无滑动摩擦的转轮对。因两轮一起移动，所以在接触点，即轮 1 上的 P_1 点和轮 2 上的 P_2 点，有相同的线速度；两轮分别承受着一对大小相等方向相反的力。各个量之间有以下关系：

$$\frac{T_1}{T_2}=\frac{r_1}{r_2}=a \tag{3.40}$$

$$\frac{\Omega_1}{\Omega_2}=\frac{r_2}{r_1} \tag{3.41}$$

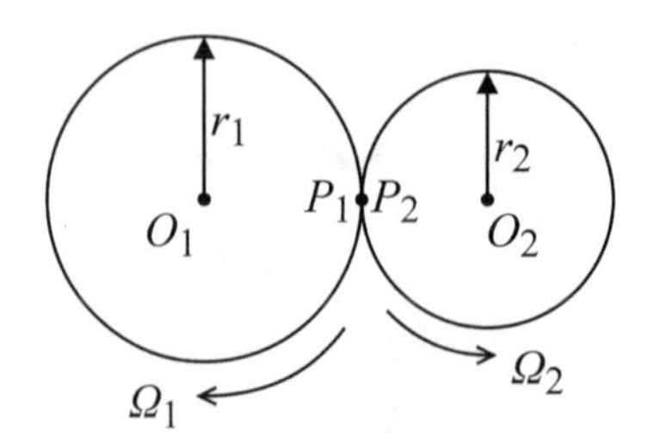

图 3.22　一对无滑动摩擦转轮

式(3.40)和式(3.41)与理想变压器初次级绕组之间的电压和电流关系相似。如将r_1: r_2视为理想变压器匝数比N_1: N_2,比值为a,则转矩与电压相似,角速度与电流相似,构成了图3.23(a)的F-V相似理想变压器。如将r_2: r_1视为匝数比N_1: N_2,则得图3.23 (b)F-i相似理想变压器,括号内为相应的机械参量。从图3.23还可看到,相似电路中初次级的电流方向及电压极性相反,这是由于两个转矩及角速度的方向因耦合而反向。在一般情况下,通过观察就可以确定耦合机械元件的运动方向,不用在电路中特别标注。

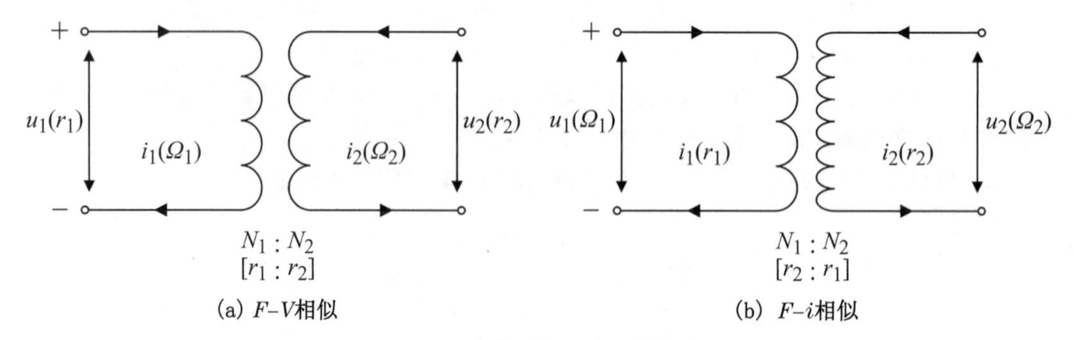

(a) F−V相似　　(b) F−i相似

图 3.23　齿轮的相似变压器电路

在应用图3.23(a)或(b)来相似一个摩擦轮或齿轮机械系统时,认为相似电路的变压器是理想变压器,其电压和电流关系由匝数比决定,不计初次级电感和互感,实际的理想变压器的电感和互感无限大。相似电路中的变压器只用来将次级电路的参数变换到初级,或者相反。

例3.11:在图3.24所示系统中,假设两轮轴无惯性,由无摩擦的轴承支撑。轮1的输入转矩为$\tau_1=T_0\sin\omega t$,轮1与轮2互相密合。试决定轮1的稳态角速度。

解:应用F-V相似,图3.25(a)是其相似电路,图中所有的电参量都用机械相似参量标出。当将次级所有元件都变换到初级时,理想变压器可去掉,如图3.25(b)所示。应用阻抗概念,轮1的稳态角速度为

$$\Omega_1=\frac{T_0}{\sqrt{(c_{\theta_1}+a^2c_{\theta_2})^2+[\omega(J_{\theta_1}+a^2J_{\theta_2})]^2}\times\sin(\omega t-\psi)}$$

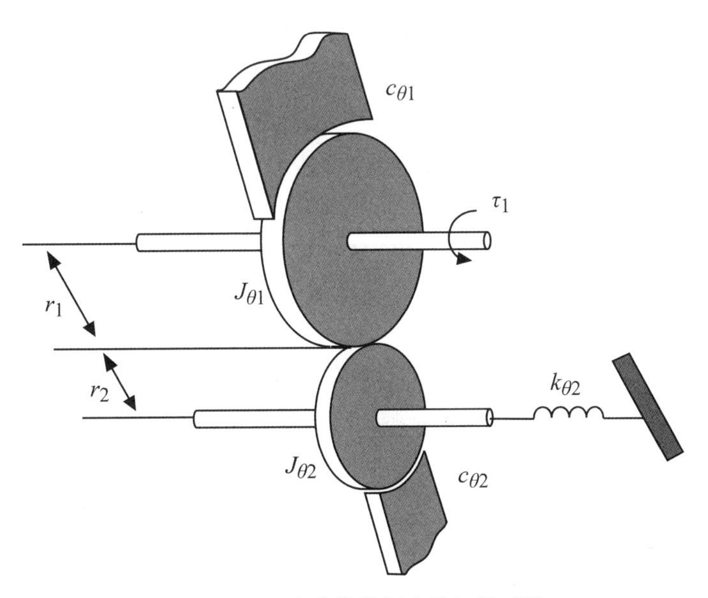

图 3.24　一个摩擦轮耦合的机械系统

式中，

$$\psi = \arctan\left[\frac{\omega(J_{\theta_1} + a^2 J_{\theta_2}) - a^2(\omega k_{\theta_2})^{-1}}{c_{\theta_1} + a^2 c_{\theta_2}}\right]$$

式中，$c_{\theta 1}$ 与 $c_{\theta 2}$ 为轮 1 和轮 2 的旋转阻尼系数，单位为(N · m · s)/rad；$J_{\theta 1}$ 与 $J_{\theta 2}$ 为轮 1 和轮 2 的转动惯量，单位为 kg · m^2；$k_{\theta 2}$ 为轮 2 的扭转弹性系数，单位为(N · m)/rad；a 为比值，$a = r_1/r_2$。

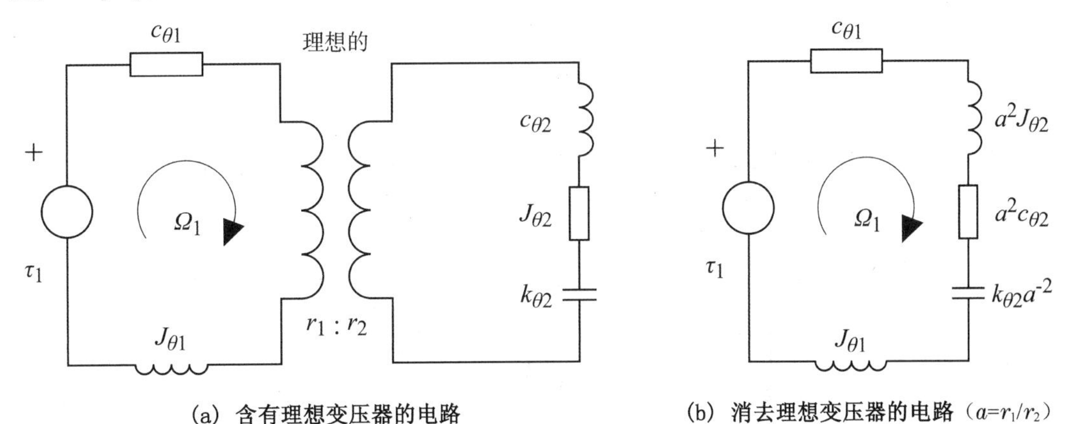

(a) 含有理想变压器的电路　　(b) 消去理想变压器的电路（$a=r_1/r_2$）

图 3.25　图 3.24 系统的 ***F-V*** 相似电路

简单杠杆是另一种相似于变压器的机械耦合装置。如图 3.26 所示，刚性支点 P 支起的杠杆。假设杠杆是无质量刚体，其左端接地，若力 f_1 作用其右端，并使它以速度 u_1 运动，则有以下关系：

$$u_1 u_2 = r_1 r_2 \tag{3.42}$$

$$f_1 f_2 = r_2 r_1 \tag{3.43}$$

式(3.40)和式(3.41)相似,与式(3.42)和式(3.43)相似,杠杆两端的速度相应于齿轮的转矩,杠杆上的作用力相应于齿轮的角速度。杠杆的电相似也是一个理想变压器,但杠杆的 *F-V* 相似却与齿轮的 *F-i* 相似相对应,反之亦然。图 3.27(a)和(b)分别为杠杆的理想变压器 *F-V* 相似电路和 *F-i* 相似电路。杠杆两端的相对运动方向可由图 3.26 确定。

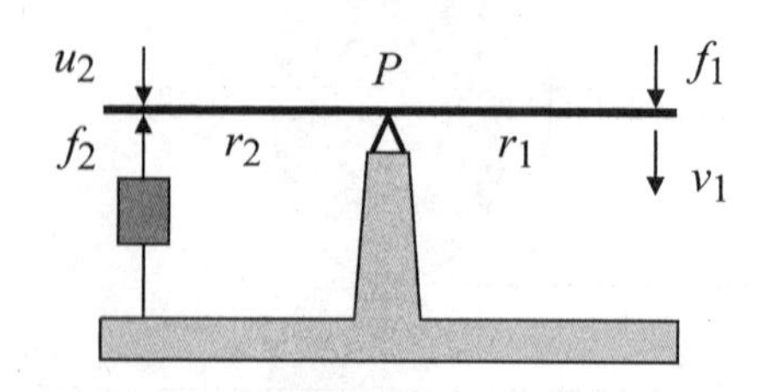

图 3.26　由刚性支点 P 支撑的杠杆

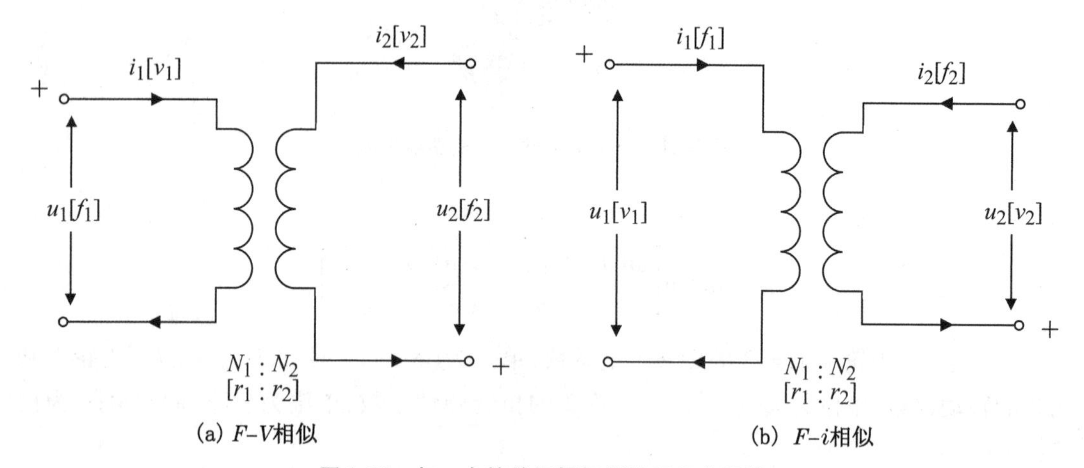

图 3.27　与一个简单杠杆相似的理想变压器

例 3.12:求图 3.28 机械系统的 *F-i* 相似电路,假设棒是无质量的刚体,连接点只限制在垂直方向上运动。

解:由于该系统为杠杆耦合,在相似电路中应有一个理想变压器。但是,这不是一个简单的杠杆,棒不是置于一个固定支点上,而是与多个支点连接。

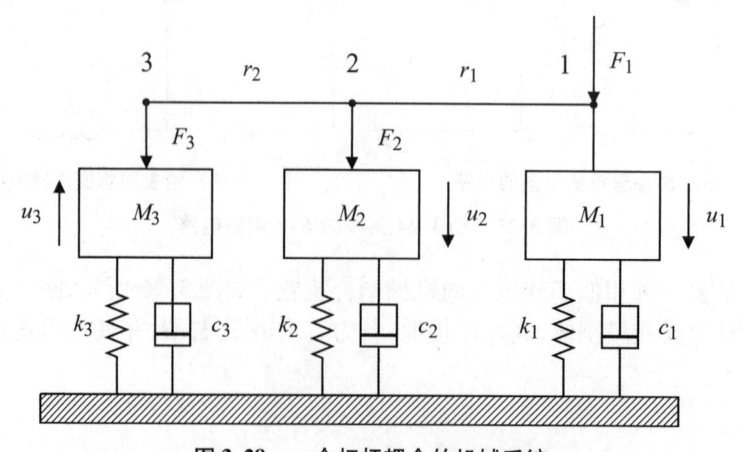

图 3.28　一个杠杆耦合的机械系统

由 F-i 相似规则可知，初级电路有一个连接电流源 F_1 和三个无源元件（电容 M_1、电阻 $1/c_1$ 和电感 k_1）的独立节点。

应用叠加原理画次级电路。首先将节点3设为固定节点，得

$$\frac{u_1}{u_2}=\frac{r_1+r_2}{r_2} \tag{3.44}$$

$$\frac{F_1}{F_2}=\frac{r_2}{r_1+r_2} \tag{3.45}$$

式(3.44)和式(3.45)表明，在 F-i 相似中初次级匝数比为

$$N_1:N_2=(r_1+r_2):r_2$$

然后，再将节点2设为固定节点，得

$$u_1/u_3=r_1/r_2 \tag{3.46}$$

$$F_1/F_3=r_2/r_1 \tag{3.47}$$

式(3.46)和式(3.47)表明，初次级匝数比应该为

$$N_1:N_3=r_1:r_2$$

如图3.29，在每个次级电路中，三个无源元件（质量、弹簧、制动器）连接到一个公共接点地上，所有电参量已用相似的机械参量表示。

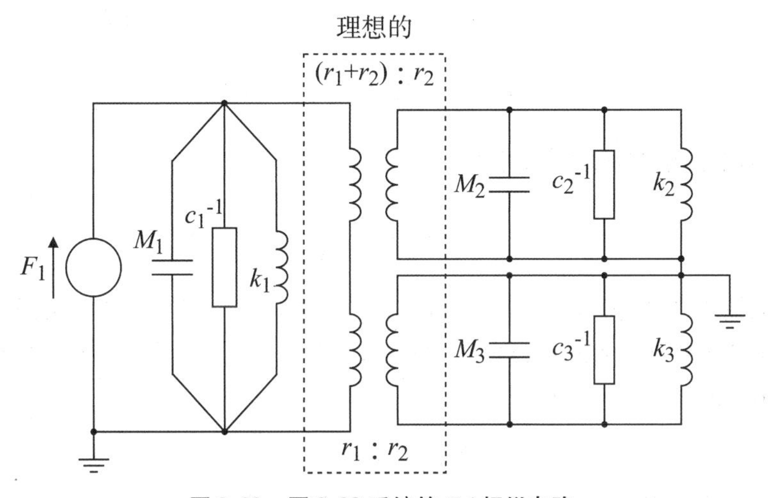

图3.29　图3.28系统的 F-i 相似电路

2. 电—机械系统

电和机械元件存在于一个组合内并相互作用的系统称为电—机械系统。通常将这种系统称为电—机械变换器或换能器，它将电能转化为机械能，或者相反。例如，送话器、扬声器、振动拾音器和各种电机都属于换能器。电—机械系统的种类很多，下面以电枢控制式直流电动机为例，说明电能转变成机械能的机电一体化系统的建模。

电机是机电系统中最重要的执行元件，电机常被用作一个终端控制部件，控制系统的位

置或速度。电机可以分为两大类:直流电机和交流电机。建立电机系统的数学模型既要考虑到电机内部的电磁相互作用,又要考虑电机驱动负载的情况。图3.30为电枢控制式直流电动机的原理图,通有电流 i_f 的激励线圈,产生一定的磁场,电枢绕组在这个磁场内自由旋转。外电压 $e_i(t)$ 加在具有电阻 R_a 和电感 L_a 的电枢绕组上。根据法拉第定律,当线圈在磁场内旋转时,线圈内将产生与线圈角速度成正比的电压 $e_m(t)$。电压 $e_m(t)$ 称作反电动势,它具有与电压 $e_i(t)$ 方向相反的极性。

图3.30中,$e_i(t)$ 为电机电枢输入电压;$\theta_0(t)$ 为电机输出转角;R_f 为激磁绕组的电阻;L_f 为激磁绕组的电感;$i_f(t)$ 为激磁绕组的电流;R_a 为电枢绕组的电阻;L_a 为电枢绕组的电感;$i_a(t)$ 为电枢绕组的电流;$e_m(t)$ 为电机感应电势;$M(t)$ 为电机转矩;J 为电机及负载折算到电机轴上的转动惯量;c 为电机及负载折算到电机轴上的粘性阻尼系数。

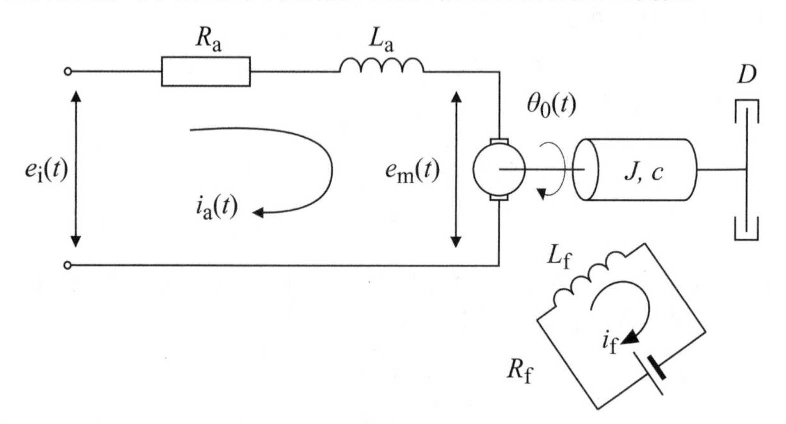

图3.30　电枢控制式直流电动机

对于电枢回路,根据基尔霍夫定律,有

$$e_i(t) = R_a i_a(t) + L_a \frac{\mathrm{d}i_a(t)}{\mathrm{d}t} + e_m(t) \tag{3.48}$$

在电机的输入端,因为电机的转矩 $M(t)$ 与电枢电流 $i_a(t)$ 和气隙磁通的乘积成正比,而磁通与激磁电流成正比,所以,激磁电流为常值时,转矩 $M(t)$ 与电流 $i_a(t)$ 成正比。设电机力矩常数为 K_T,则有

$$M(t) = K_T i_a(t) \tag{3.49}$$

由于电机感应电势与磁通和角速度的乘积成正比,所以,磁通为常值时,电机感应电势与角速度成正比。设反电势常数为 K_e,则有

$$e_m(t) = K_e \frac{\mathrm{d}\theta_0(t)}{\mathrm{d}t} \tag{3.50}$$

在电机的输出端,根据转动体的牛顿第二定律,有

$$M(t) - c\frac{\mathrm{d}\theta_0(t)}{\mathrm{d}t} = J\frac{\mathrm{d}^2\theta_0(t)}{\mathrm{d}t^2} \tag{3.51}$$

将式(3.48)~式(3.51)联立,消去中间变量 $i_a(t)$、$e_m(t)$、$M(t)$,得

$$L_aJ\frac{d^3\theta_0(t)}{dt^3}+(L_ac+R_aJ)\frac{d^2\theta_0(t)}{dt^2}+(R_ac+K_TK_e)\frac{d\theta_0(t)}{dt}=K_Te_i(t) \tag{3.52}$$

对式(3.52)进行拉氏变换,得电机系统的传递函数为

$$\frac{\theta_0(s)}{E_i(s)}=\frac{K_T}{L_aJs^3+(L_ac+R_aJ)s^2+(R_ac+K_TK_e)s} \tag{3.53}$$

由于电枢电感 L_a 通常较小,可以忽略不计,则传递函数简化为

$$\frac{\theta_0(s)}{E_i(s)}=\frac{K_T(R_ac+K_TK_e)^{-1}}{(R_aJ)(R_ac+K_TK_e)^{-1}s^2+s}=\frac{K_m}{s(T_ms+1)} \tag{3.54}$$

式中,$T_m=(R_aJ)(R_ac+K_TK_e)$,称为电机机电时间常数;$K_m=K_T(R_ac+K_TK_e)$,称为电机增益常数。

一个长度为 l 的导体垂直位于磁通密度为 B 的均匀磁场中,图 3.31(a)和(b)所示为两种简单情况,可以导出两个基本关系。

图 3.31(a)中,通过导体的电流为 i,将产生垂直向上推动导体的力 F(按左手定则),F 的大小表示为

$$F=Bli \tag{3.55}$$

也可将式(3.55)写成

$$i=\left(\frac{1}{Bl}\right)F \tag{3.56}$$

图 3.31(b)中,导体以速度 u 垂直向上运动,导体两端将感应电压为 V,V 的极性如图 3.31(b)所示(按右手定则),V 的大小表示为

$$V=(Bl)u \tag{3.57}$$

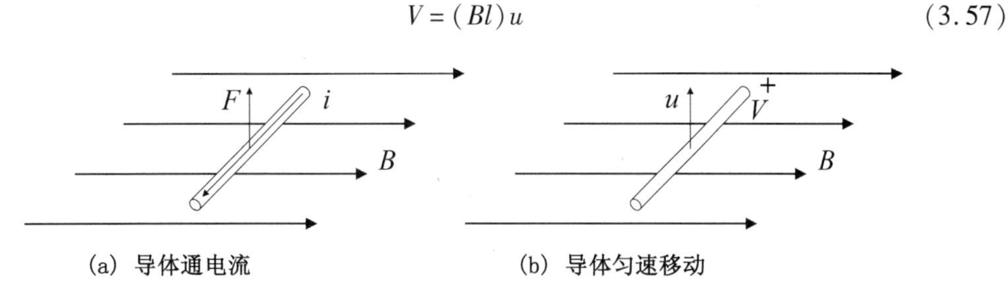

图 3.31　均匀磁场中的导体

式(3.56)和式(3.57)表明,这两个简单的系统和一个匝数比为 $Bl:1$ 的理想变压器具有相同的性质。变压器的初级具有电参量 V 和 i,次级具有机械参量 u 和 F。如图 3.32,机械参量 F 与 u 分别与电参量 i 及 V 相似,故为 F-i 型相似。式(3.56)和式(3.57)对各种频率都成立,包括零的情况〔如图 3.31(a)的直流和图 3.31(b)的均速情况〕。因此,图 3.32 的理想变压器可用于各种工作频率。

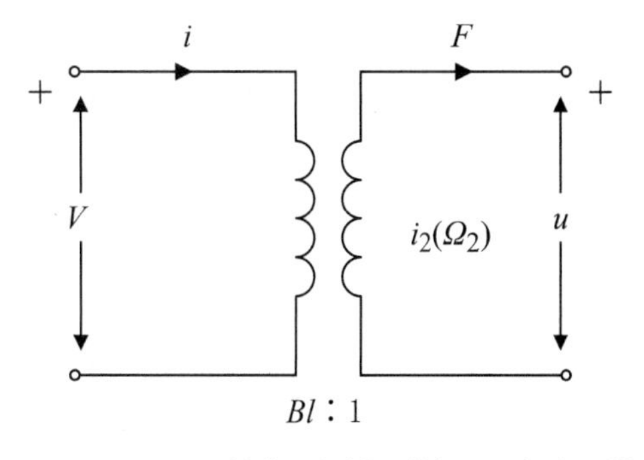

图 3.32　图 3.31 的电—机械系统相似理想变压器

例 3.13：图 3.33 所示为一个典型的电—机械系统，例如，一个扬声器或电磁继电器。在均匀磁场 B 中移动的线圈周长为 l，匝数为 n，其电感和电阻分别为 L 和 R，在线圈两端加电压 $e(t)$。试确定质量 M 的运动方程。

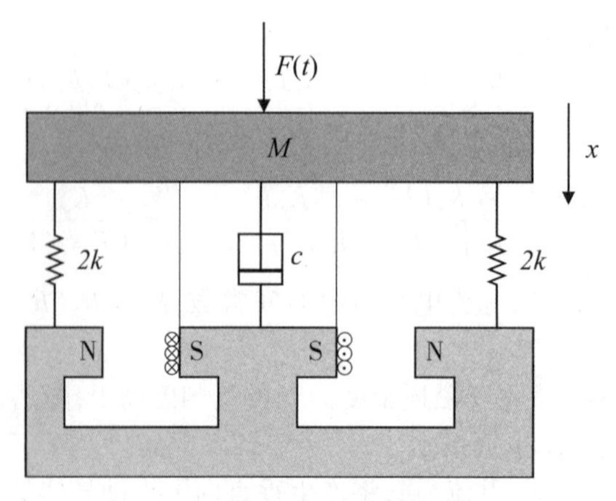

图 3.33　一个电—机械系统

解：在这个系统中，线圈元件 L 和 R 及质量块 M、c、$2k$ 等已知。电—机械耦合由线圈在磁场中移动来实现。引用图 3.32 的相似理想变压器，并在 F-i 基础上将机械元件变换成电相似元件，得到图 3.34 电路，图中的 $1/c$ 为电阻值，则应用基尔霍夫电压定理，得到初级方程为

$$L\frac{\mathrm{d}i}{\mathrm{d}t}+Ri+V=e(t) \tag{3.58}$$

式中，V 为次级线圈的感应电势；i 为次级线圈中的电流。

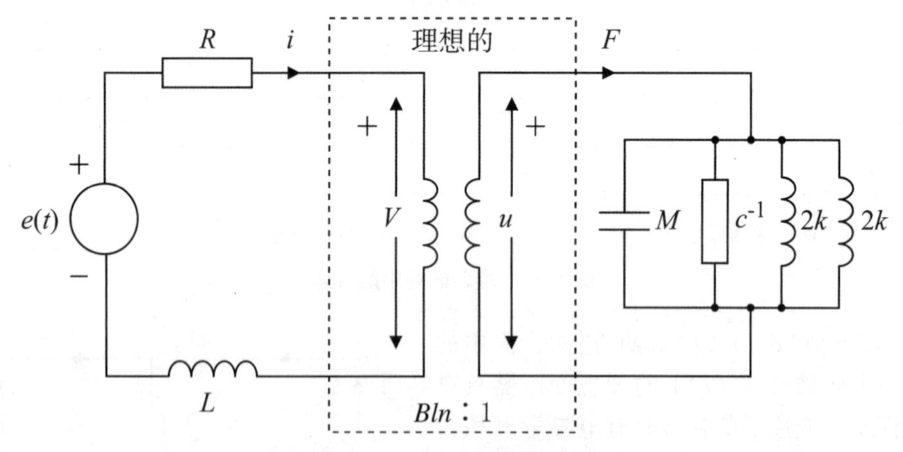

图 3.34　图 3.33 的系统相似变压器

应用电流定理，得次级方程为

$$M\frac{\mathrm{d}u}{\mathrm{d}t}+cu+\frac{1}{k}\left[\int_0^t u\mathrm{d}t+x(0)\right]=F(t) \tag{3.59}$$

式中，u 为质量块 M 速度；x 为质量块 M 位移；$F(t)$ 为作用于质量块的推力。

于是有

$$V=(Bln)u \tag{3.60}$$

$$F=(Bln)i \tag{3.61}$$

将式(3.60)和式(3.61)分别代入式(3.58)及式(3.59)得

$$L\frac{\mathrm{d}i}{\mathrm{d}t}+Ri+(Bln)u=e(t) \tag{3.62}$$

$$M\frac{\mathrm{d}u}{\mathrm{d}t}+cu+\frac{1}{k}\left[\int_0^t u\mathrm{d}t+x(0)\right]=(Bln)i \tag{3.63}$$

联立式(3.62)和式(3.63)可得到未知数 i 和 u 唯一解。如图 3.35(a)所示,若要求线圈中的电流 i,只要将所有元件都等效到初级电路,并去掉变压器。反之,若要确定质量 M 的运动状况(求 x 或 u),只要将所有元件都等效到次级,如图 3.35(b)所示。

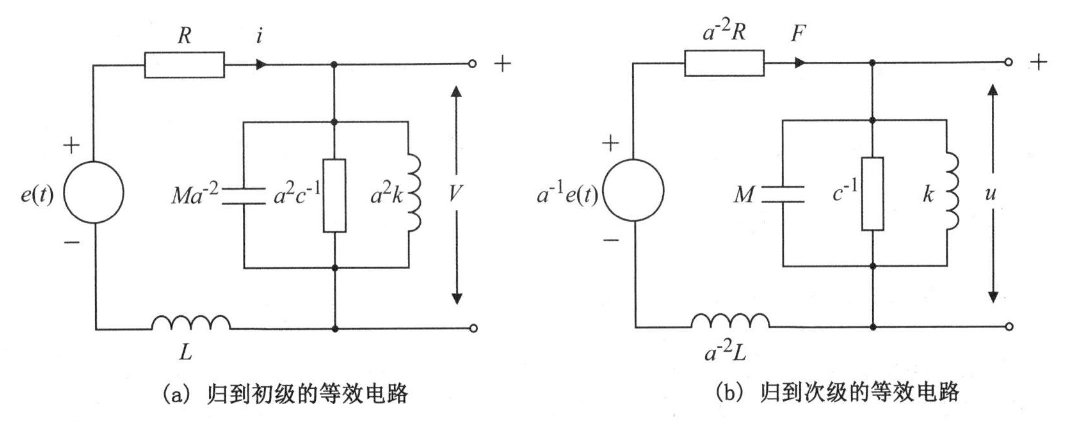

(a) 归到初级的等效电路　　(b) 归到次级的等效电路

图 3.35　图 3.34 的等效电路

3.3　机电一体化系统数字仿真

机电一体化系统分析和设计中,常采用系统实验或仿真方法来确定系统特性,以寻求改进系统性能的途径。然而在很多情形下,研究系统的目的是要预测该系统的若干特性。系统实验或仿真往往在建立系统之前进行,最好是在讨论方案阶段就能预测系统建成之后将会出现的情形,而用系统自身做实验是难以达到此目的的。人们常借助系统模型而不是系统自身进行仿真。仿真的目的在于新系统的建立和调试,实现对系统的最佳设计和最佳控制及模拟实验和训练。由于机电一体化系统越来越复杂、成本越来越高,加上要考虑安全性要求,所以数字仿真技术在机电一体化系统的系统分析、设计和调试中尤为重要。

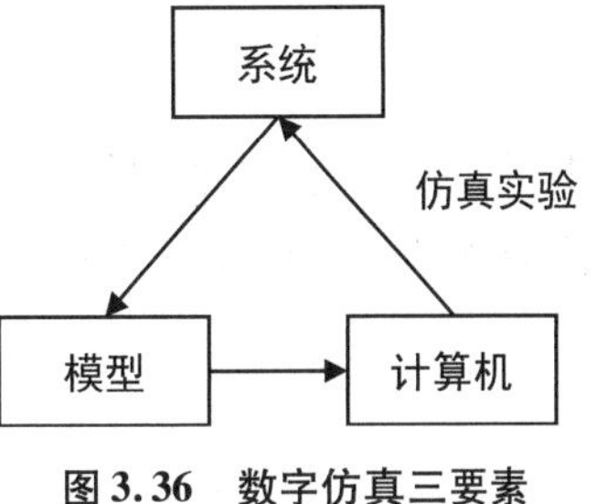

图 3.36　数字仿真三要素

数字仿真必须具备系统、模型和计算机三要素,其相互关系如图 3.36 所示,数学模型、仿真模型建立和仿真实验是联系系统、模型和计算机三者的桥梁。建立系统的数学模型后，数字仿真的主要问题是如何将用微分方程描述的系统模型转换为能在数字计算机上运算的仿真模型，通过仿真实验，初步地了解模型特性是否反映系统原型性质，可以方便地修改模型，再次仿真，直到满意为止。

表 3.4 列出了机电一体化系统分析和设计中常用的不同模型。

表 3.4　系统模型分类

模型类型	静态系统模型	动态系统模型			
		连续模型		离散模型	
		集中参数	分布参数	时间离散	随机离散
数学描述	代数方程	微分方程 传递函数 状态方程	偏微分方程	差分方程 z 变换 离散状态方程	概率分布排队论
应用举例	系统稳态解	工程动力学 系统动力学	热传导问题	数据采集系统 计算机控制系统	交通系统 市场系统 电话系统 计算机分时系统

3.3.1　机电一体化连续系统的仿真模型建立及实现

1. 机电一体化连续系统的计算机仿真实现

机电一体化系统数学模型的建立，为进行系统仿真实验研究提供了必要的前提条件，但是在计算机上对系统模型实现仿真运算、分析，还存在一个如何“实现”的问题。因为状态方程是一阶微分方程组形式，非常适宜数字计算机求其数值解（高阶微分方程的数值求解是非常困难的），所以计算机上的“实现”是根据已知系统传统函数求取该系统相应的状态空间表达式，也就是说，将系统的外部模型（传递函数描述）形式转化为系统的内部模型（状态空间描述）形式。如果机电一体化系统模型已由状态空间表达式表示，则很容易对该表达式编制相应的求解程序。

由上节知，机电一体化系统中，n 阶连续系统的数学模型一般可用 n 个一阶微分方程或状态方程来描述。实际上，一个一阶微分方程就是一个积分器。那么，一个 n 阶连续系统就可以用 n 个积分器组成的模拟系统来描述。

例 3.14：图 3.3 所示机械平移系统的动力学微分方程式(3.19)可以变为

$$\ddot{x} = \frac{\mathrm{d}^2 x}{\mathrm{d}t^2} = \frac{(F - F_k - F_c)}{m} \tag{3.64}$$

式中，$\ddot{x}$ 是质量块 m 的加速度，单位为 $\mathrm{m/s^2}$；F 是外作用力，单位为 N；$F_k = kx$，是弹簧抗力，单位为 N；$F_c = c\dot{x}$，是粘性阻力，单位为 N。$\dot{x}$ 是质量块的速度，其表达式为

$$\dot{x} = \frac{\mathrm{d}v(t)}{\mathrm{d}t} = \int_0^t \dot{x}\mathrm{d}t \tag{3.65}$$

将式(3.19)的传递函数表达式(3.20)改用积分算子 s^{-1} 表示，有

$$\dot{x}=\ddot{x}/s, x=\dot{x}/s \tag{3.66}$$

将式(3.66)代入式(3.64),得到图3.37所示的系统方框图。

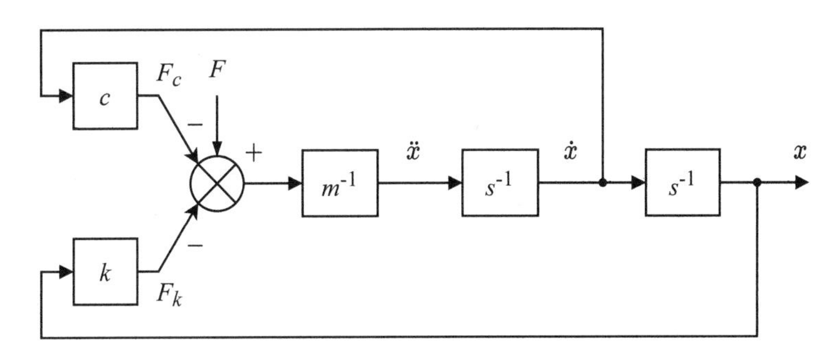

图3.37　图3.3系统基于积分算子的方框图

例3.15:单变量系统的可控标准型实现。

设系统传递函数为

$$G(s)=\frac{Y(s)}{U(s)}=\frac{c_1 s^{n-1}+\cdots+c_{n-1}s+c_n}{s^n+a_1 s^{n-1}+\cdots+a_{n-1}s+a_n} \tag{3.67}$$

对式(3.67),设

$$\frac{Z(s)}{U(s)}=\frac{1}{s^n+a_1 s^{n-1}+\cdots+a_{n-1}s+a_n}$$

$$\frac{Y(s)}{Z(s)}=c_1 s^{n-1}+\cdots+c_{n-1}s+c_n$$

再经过拉氏反变换,有

$$z^{(n)}(t)+a_1 z^{(n-1)}(t)+\cdots+a_{n-1}\dot{z}(t)+a_n z(t)=u(t)$$

$$y(t)=c_1 z^{(n-1)}(t)+\cdots+c_{n-1}\dot{z}(t)+c_n z(t)$$

引入n维状态变量$\boldsymbol{X}=[x_1,x_2,\cdots,x_n]$,并设

$$\begin{aligned}x_1&=z\\x_2&=\dot{z}=\dot{x}_1\\&\vdots\\x_n&=z^{(n-1)}=\dot{x}_{n-1}\end{aligned}$$

又有

$$\begin{aligned}\dot{x}_n&=z^{(n)}=-a_1 z^{(n-1)}(t)-\cdots-a_{n-1}\dot{z}(t)-a_n z(t)+u(t)\\&=-a_1 x_n-\cdots-a_{n-1}x_2-a_n x_1+u(t)\end{aligned}$$

$$y(t)=c_1 z^{(n-1)}(t)+\cdots+c_{n-1}\dot{z}(t)+c_n z(t)$$

得到一阶微分方程组

$$\begin{aligned}
\dot{x}_1 &= x_2 \\
\dot{x}_2 &= x_3 \\
&\vdots \\
\dot{x}_{n-1} &= x_n \\
\dot{x}_n &= -a_1 x_n - \cdots - a_{n-1} x_2 - a_n x_1 + u(t)
\end{aligned}$$

写成矩阵形式为

$$\begin{cases} \dot{\boldsymbol{X}} = \boldsymbol{AX} + \boldsymbol{BU} \\ \boldsymbol{Y} = \boldsymbol{CX} + \boldsymbol{DX} \end{cases} \tag{3.68}$$

式(3.68)为一阶微分矩阵向量形式的状态空间表达式,便于在计算机上运用各种数值积分方法求取数值解。式中

$$\boldsymbol{A} = \begin{bmatrix} 0 & 1 & 0 & \cdots & 0 \\ 0 & 0 & 1 & \cdots & 0 \\ \vdots & \vdots & \vdots & \ddots & \vdots \\ 0 & 0 & \cdots & \cdots & 1 \\ -a_n & -a_{n-1} & \cdots & \cdots & -a_1 \end{bmatrix} \quad \boldsymbol{B} = \begin{bmatrix} 0 \\ 0 \\ \vdots \\ 0 \\ 1 \end{bmatrix} \quad \boldsymbol{C} = [c_n \quad c_{n-1} \quad \cdots \quad c_1] \quad \boldsymbol{D} = [0]$$

式(3.68)表明系统内部状态变量之间的相互关系和内部结构形式。欲知各状态变量 $x_1, x_2, \cdots, x_n$ 的动态特性变化情况,关键在于求解各状态变量的一阶微分 $\dot{x}_1, \dot{x}_2, \cdots, \dot{x}_n$。因此,各积分环节的作用至关重要。传统模拟求解是由运算放大器构成积分器,而计算机求解由各种数值积分算法实现积分。数值积分算法是仿真模型的基本算法,常用的有欧拉法、梯形法、预估-校正法和龙格-库塔法。

从图 3.37 可得到以下结论。

① 对于当前时刻,用积分算子可以求得输出结果。

② 系统输入 x_0、$\dot{x}_0$ 和 m 是给定量,一般 $x_0=0$, $\dot{x}_0=0$。

③ 积分算子的输入已知或由计算得到。

④ 时间变量 t 可用 $t+\Delta t$ 表示。

⑤ 数值积分结果将作为新积分运算的输出。

构造 n 个数字积分器(即仿真模型),编写相应的计算机程序,通过计算机进行 n 次数值积分运算,实现计算机仿真。数字仿真一般有以下几个步骤。

① 根据建立的数学模型、精度和计算时间等要求,确定数值计算方法。

② 将数学模型按照一定算法,通过分解、综合、等效变换等方法转换为适于在计算机上运行的公式、方程等,即建立仿真模型。

③ 选择适当的应用软件,将仿真模型翻译为计算机可接受的程序,即编程实现。

④ 通过在计算机上运行程序,加以校核,使之正确反映系统各变量动态性能,得到可靠的仿真结果。

围绕以上步骤,随着系统仿真技术的不断发展、不断更新,各类专用仿真软件不断推出,例如 Ansys、Adams、MATLAB、Ansys Fluent 等。众多仿真应用软件已被普遍应用,由于篇幅限制,这里就不一一介绍了,读者可以参考相关书籍。

2. 数值积分法的选择

机电一体化系统的数学模型可以是状态方程描述，也可以是传递函数描述，或其他微分方程组形式描述，但均可以通过“实现”的方法化求解一阶微分方程组。本节主要以一阶微分方程为基础介绍系统仿真中常用的几种数值求解方法及其特点。

设 n 阶连续系统所包含 n 个一阶微分方程，其中第 i 个一阶微分方程为

$$\begin{cases} \dfrac{\mathrm{d}x(t)}{\mathrm{d}t} = f[x(t),t] & a \leqslant t \leqslant b \\ x(a) = x_0 \end{cases} \tag{3.69}$$

所谓数值积分法，是指在求解一阶微分方程的初值问题时，逐个求出区间 $[a,b]$ 内有限个离散点 $a \leqslant t_0 < t_1 \cdots t_n \leqslant b$ 处的近似值 $x(t_0), x(t_1), \cdots, x(t_n)$。

数值积分法很多，常用的数值积分法有：欧拉法、梯形法、预估-校正法和龙格-库塔法。

(1) 欧拉法

欧拉法又称折线法或矩形法，是最简单的一种数值方法。

将式(3.69)两边积分，得

$$\int_{t_k}^{t_{k+1}} \mathrm{d}x(t) = \int_{t_k}^{t_{k+1}} f(x(t),t)\,\mathrm{d}t$$

即

$$x(t_{k+1}) = x(t_k) + \int_{t_k}^{t_{k+1}} f(x(t),t)\,\mathrm{d}t \tag{3.70}$$

假设离散点 $t_0, t_1, \cdots, t_n$ 是等距离的，即 $t_{k+1} - t_k = h$，称 h 为计算步长或步距。

当 $t > t_0$ 时，$x(t)$ 是未知的，于是，式(3.70)右端积分无法求解。为了解决这个问题，将积分区间取得足够小，使得在 t_k 与 t_{k+1} 之间的 $f(x(t),t)$ 近似为常数 $f(x(t_k),t_k)$，则得矩形积分近似公式为

$$x(t_{k+1}) \approx x(t_k) + f(x(t_k),t_k)h \tag{3.71}$$

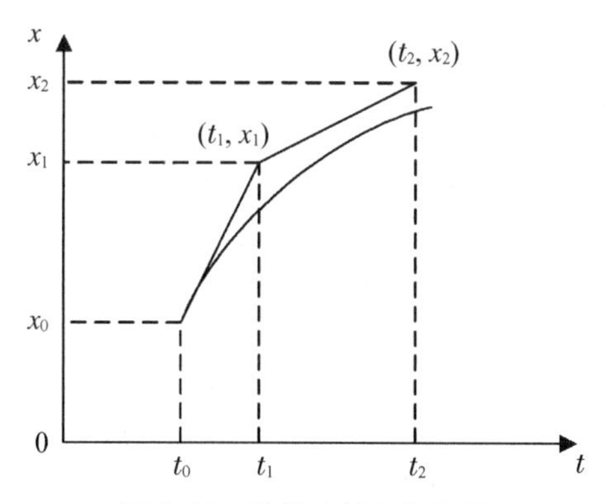

图 3.38　欧拉法的几何解释

简化得

$$x_{k+1} \approx x_k + f(x_k, t_k)h \tag{3.72}$$

式(3.72)即为欧拉公式。欧拉法的计算比较简单。图3.38是欧拉法的几何解释，$f(x(t),t)$是在$[t_k, t_{k+1}]$区间内的曲边面积用矩形面积的近似代替。

(2) 梯形法

梯形法的思想是为了提高精度，用梯形面积代替欧拉法公式中的矩形面积，图3.39是梯形法的几何解释，欧拉法中矩形面积$S_{t_k ab t_{k+1}}$带来的误差是图中abc所围阴影部分面积，而梯形面积$S_{t_k ac t_{k+1}}$带来的误差只是直线ac上部阴影部分，很显然梯形法比欧拉法精确。

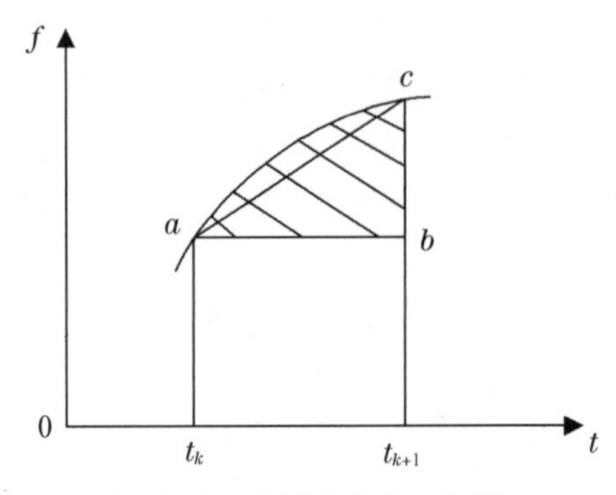

图3.39　梯形法的几何解释

梯形积分近似公式为

$$\int_{t_k}^{t_{k+1}} f(x(t),t)\,\mathrm{d}t \approx \frac{h}{2}[f(x_k, t_k) + f(x_{k+1}, t_{k+1})] \tag{3.73}$$

则

$$x_{k+1} \approx x_k + \frac{h}{2}[f(x_k, t_k) + f(x_{k+1}, t_{k+1})] \tag{3.74}$$

因为式(3.74)右边中含有未知量x_{k+1}，所以每一步都必须通过迭代来求解，每一步迭代的初值$x_{k+1}^{(0)}$由欧拉法计算得到，则梯形法的迭代公式为

$$\begin{cases} x_{k+1}^{(0)} \approx x_k + hf(x_k, t_k) \\ x_{k+1}^{(R+1)} \approx x_k + \dfrac{h}{2}[f(x_k, t_k) + f(x_{k+1}^{(R)}, t_{k+1})] \end{cases} \tag{3.75}$$

式中，$R=0,1,2,\cdots$。式(3.75)就是梯形公式。

(3) 预估-校正法

梯形法比欧拉法精确，但是梯形法的每一步需要多次迭代，计算量大，必然会影响仿真速度。为了简化计算，提高仿真速度，对式(3.75)只进行一次迭代，则得到

$$\begin{cases} x_{k+1}^{(0)} \approx x_k + hf(x_k, t_k) \\ x_{k+1}^{(1)} \approx x_k + \dfrac{h}{2}[f(x_k, t_k) + f(x_{k+1}^{(0)}, t_{k+1})] \end{cases} \tag{3.76}$$

通常称式(3.76)表示的近似方法为预估-校正法。首先，根据欧拉公式计算出x_{k+1}的

预估值 $x_{k+1}^{(0)}$；然后再对梯形公式进行校正，得到近似值 $x_{k+1}^{(1)}$。

（4）龙格-库塔法

对式(3.69)在 $t_{k+1}=t_k+h$ 时刻的解 $x_{k+1}=x(t_k+h)$ 在 t_k 附近进行泰勒级数展开，有

$$x_{k+1}\approx x_k+hx_k'+\frac{1}{2!}h^2x_k''+\cdots+\frac{h^p}{p!}x_k^p+O(h^{p+1}) \tag{3.77}$$

从式(3.77)看出，只要提高截断误差的阶次，便可提高计算精度。但是，由于计算函数 $f(x(t),t)$ 各阶导数比较复杂，不宜直接采用泰勒级数式(3.77)。在数值积分中，最常用的是四阶龙格-库塔法，其截断误差为 $O(h^5)$，精度已能满足仿真精度要求。计算公式为

$$x_{k+1}=x_k+\frac{h}{6}(k_1+2k_2+2k_3+k_4) \tag{3.78}$$

式中，

$$\begin{cases}k_1=f(x_k,t_k)\\ k_2=f\left(x_k+\dfrac{h}{2}k_1,t_k+\dfrac{h}{2}\right)\\ k_3=f\left(x_k+\dfrac{h}{2}k_2,t_k+\dfrac{h}{2}\right)\\ k_4=f(x_k+hk_3,t_k+h)\end{cases} \tag{3.79}$$

以上几种数值积分法都是基于初值附近展开成泰勒级数的原理，不同之处在于选取泰勒级数的项数不同。欧拉公式只取 h 项；梯形法与二阶龙格-库塔法相同，取 h^2 项；四阶龙格-库塔法取 h^4 项。

机电一体化连续系统的数值仿真中，如何选择合适的数值积分法以满足仿真要求是至关重要的。通常根据积分精度、仿真计算速度、积分步长选择、数值稳定性、自启动和误差估计等因素来选择数值积分法。下面围绕这些因素简述选择数值积分法的一些原则。

① 精度问题。仿真误差与数值积分法、计算机精度和计算步长选择有关。当计算方法和计算机确定以后，则仿真误差只与计算步长有关。因此，在仿真中计算步长是一个重要参数。

数值积分法的计算精度主要受三类误差影响：截断误差、舍入误差和累积误差。其中，截断误差是数值积分法本身所固有的误差 $O(h^{p+1})$。在积分步长 h 一定时，如果要减小截断误差，则必须提高积分法中的精度阶次 p；反之，在精度阶次一定时，如果减小积分步长 h，则将减小每一步的截断误差 $O(h^{p+1})$。舍入误差是由计算机的字长所决定的，字长越长，则舍入误差越小。累积误差是指截断误差和舍入误差随积分时间的增加而累积的误差，在一定积分时间条件下，积分步长越小，即计算量越大，则累积误差也越大。

对任何一个数值积分法来说，必然存在一个使总误差最小的最佳步长值。

② 计算速度问题。在积分时间一定时，计算速度由积分计算步数和每步积分计算占用的计算机运行时间所决定。积分计算步数与计算精度有关，而每步积分的计算机运行时间与积分算法有关，主要由计算导数的次数决定。例如，龙格-库塔法每步积分要计算四次导数项，每步积分占用的计算时机较多，其仿真速度较慢。因此，为了提高计算速度，在满足精度的情况下，应尽可能地选用每步计算机时较小的数值积分法；其次，选定数值积分法后，应在精度允许的范围内尽可能选用大积分步长，以减小积分计算的步数。

③ 数值解稳定性问题。数值积分法求解微分方程，实质上是通过将差分方程作为递推

公式进行的。在将微分方程差分化的过程中,应该保持原系统的特征,即要求用于计算的差分方程是稳定的。在计算机逐次计算时,会累积初始数据误差和计算过程的舍入误差等,如果该仿真的误差积累能够被抑制,不随计算时间增加而无限增大,则认为该计算方法是数值稳定的;反之,是数值不稳定的。除恒稳积分算法外,数值积分法的数值解是否稳定,取决于积分步长的选取范围是否在数值解稳定区域内。仅从稳定性角度看,采用梯形法能保证算法的稳定性。

④ 单步法与多步法选择。初值问题的数值积分法的共同特点是步进式,即每一步都根据最初点 x_k 或最初几点 $x_k, x_{k-1}, x_{k-2}, \cdots$ 来计算新的离散点 x_{k+1} 的值,逐步推进。从 t_k 推进到 t_{k+1} 只需用 t_k 时刻的数据时,称为单步法,例如,欧拉法、龙格-库塔法。相反,需用 t_k 时刻、过去时刻 $t_{k-1}, t_{k-2}, \cdots$ 的数据时,称为多步法。多步法不能从 $t=0$ 自启动,通常需要选用相同阶次精度的单步法来启动,获得所需前 k 步数据后,才能转入相应多步法。多步法利用的信息量大,因而比单步法更精确。因此,在应用数值积分法仿真连续系统时,如果要求从微分方程的初值开始的,则选用自启动的单步法;如果不要求自启动而又选用多步法时,则应该选用精度阶次相同的单步法积分算式来启动,然后再转入多步法进行计算。

⑤ 显示和隐式问题。计算 x_{k+1} 时,当公式右端的参数都为已知,则称该公式为显式算法,如欧拉法、龙格-库塔法;相反,在公式右端的参数中隐含有未知量 x_{k+1},则称该公式为隐式算法,如梯形法、预估-校正法。显式算法利用前几步计算结果即可进行递推求解下一步的结果,计算容易。隐式算法需要迭代,先用另一个同阶次显式公式估计出一个初值 $x_{k+1}^{(0)}$,并求得 f_{k+1},然后再用隐式求得校正值 $x_{k+1}^{(1)}$,若未达到所需要的精度要求,则再次迭代求解,直到两次迭代值 $x_{k+1}^{(i)}, x_{k+1}^{(i+1)}$ 之间的误差在要求的范围之内为止。可见,隐式算法精度更高,对误差有较强的抑制作用。尽管隐式算法的计算过程复杂、计算速度慢,但有时为了满足精度、数值稳定性等要求,仍然常被使用,如求解病态方程问题。

3. 连续系统的数字仿真程序

根据状态方程编写连续系统的数字仿真程序。如果连续系统的微分方程是用传递函数表示的,则要先将传递函数转换成状态空间表达式的形式。有了状态方程和输出方程之后,根据系统初始条件,确定数值积分法,选取合适的积分步长,编写仿真程序,用该仿真程序在计算机上对状态方程和输出方程求解,直到仿真时间达到预先规定的要求为止。仿真程序的一般结构见图 3.40,其主要步骤的功能如下。

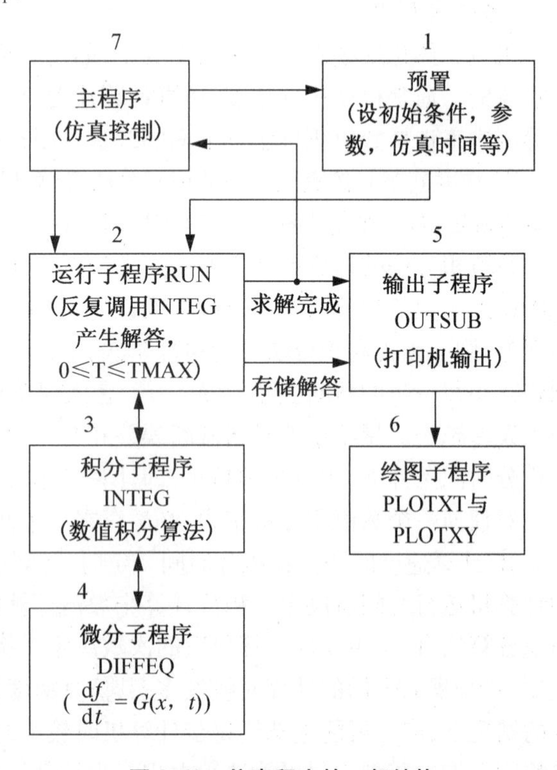

图 3.40　仿真程序的一般结构

第一步，预置系统初值。通常有三类参数：状态变量初值、可调整系统参数值、仿真参数，如时间变量上限值 T_{MAX}。

第二步，运行子程序。完成从 $t=0$ 到 $t=T_{MAX}$ 的仿真运行过程，反复调用某种数值积分法子程序（方框3），并将状态方程中的时间变量 t 增加到 $t+\triangle t$ 修正全部状态变量，最后调用方框5子程序输出仿真结果，该结果是状态变量的时间历程，也就是系统响应的估计值。当 $t=T_{MAX}$ 时，控制返回。

第三步，数值积分子程序。其功能为：实现状态方程的求积过程，即给出状态方程的数值解。该子程序包括：调用第四步子程序；按确定的数值积分法计算结果。编写该子程序时要考虑两个问题，一个是状态变量的数量（即微分方程的阶数）和输出变量，另一个是选择合适的数值积分法。

第四步，编写各状态变量的导数表达式。

第五和第六步，输出数值解和检验结果，以判断是否需要修改系统模型参数。

第七步，主程序，完成仿真逻辑控制功能。主程序只需要设置状态变量、系统参数和仿真参数的初值，调用运行子程序。对于多变量仿真过程中需要修改的变量初值的情况，需要专门设置初值子程序，在主程序中设计一个调用语句即可。

4. 连续系统结构图法仿真

应用面向微分方程的数值积分法研究和分析多环节系统，首先要求出系统传递函数，并将其转换成状态空间表达式的形式，然后进行计算机求解。当需要改变某一环节的参数时，特别是某一小闭环中的参数时，必将重新计算整个过程，这对分析参数对系统的影响很不方便。在控制系统中，为了克服这一缺点，习惯于用结构图的形式来分析和研究，于是产生了面向结构图的仿真方法。该方法只需将各环节的参数及各环节之间的连接方式输入计算机，仿真程序就会自动求出闭环系统的状态空间表达式。

机电一体化系统常常也是由许多环节组成，应用面向结构图的仿真对于分析复杂系统很有用，本节主要介绍这种仿真的建模方法、程序特点、程序结构和程序运行。

3.3.2 机电一体化连续系统按环节离散化数字仿真

将环节（或系统）的状态方程离散化为差分方程，再进行数字仿真，这种离散化方法应当保证前后两种模型基本特征相似，故称为离散相似法。

由前所述，系统的传递函数式（3.67）可以转化成状态方程

$$G(s)=\frac{Y(s)}{U(s)}=\boldsymbol{C}(s\boldsymbol{I}-\boldsymbol{A})^{-1}\boldsymbol{B}+\boldsymbol{D}$$

式中，$\boldsymbol{A}$、$\boldsymbol{B}$、$\boldsymbol{C}$、$\boldsymbol{D}$ 分别为状态方程的相关矩阵，有

$$\begin{cases}\boldsymbol{X}(t)=\boldsymbol{A}\boldsymbol{X}(t)+\boldsymbol{B}\boldsymbol{U}(t)\\ \boldsymbol{Y}(t)=\boldsymbol{C}\boldsymbol{X}(t)+\boldsymbol{D}\boldsymbol{X}(t)\end{cases}$$

离散化为如下形式

$$\boldsymbol{X}[n+1]=\boldsymbol{\Phi}(T)\boldsymbol{X}[n]+\boldsymbol{\Phi}_{m}(T)\boldsymbol{U}[n] \tag{3.80}$$

式中，$\boldsymbol{\Phi}(T) = e^{AT}$，$\boldsymbol{\Phi}_m(T) = \int_0^T e^{A(t-\tau)}\boldsymbol{B}d\tau$，或者写成

$$\boldsymbol{\Phi}(T) = e^{AT} = \sum_{k=0}^{\infty} \frac{\boldsymbol{A}^k T^k}{k!}$$

$$\boldsymbol{\Phi}_m(T) = (e^{AT} - \boldsymbol{I})\boldsymbol{A}^{-1}\boldsymbol{B}$$

e^{AT}有以下两种常用算法。

算法一：

$$e^{AT} = \boldsymbol{I} + \boldsymbol{A}T\left(\boldsymbol{I} + \frac{\boldsymbol{A}T}{2}\left(\boldsymbol{I} + \frac{\boldsymbol{A}T}{3}\left(\boldsymbol{I} + \cdots + \frac{\boldsymbol{A}T}{L-1}\left(\boldsymbol{I} + \frac{\boldsymbol{A}T}{L}\right)\right)\right)\right) \tag{3.81}$$

式中，L可根据精度要求选择，若要求计算精度为10^{-6}，则计算时可取$L=0,1,2,\cdots$直到满足计算精度为止。

算法二：

$$e^{AT} = \sum_{k=0}^{L} \frac{\boldsymbol{A}^k T^k}{k!} + \sum_{k=L=1}^{\infty} \frac{\boldsymbol{A}^k T^k}{k!} = S + R \tag{3.82}$$

式中，级数在$(L+1)$项处截断；S为e^{AT}的近似解；R为截断误差。

利用式(3.80)就可以递推计算出状态方程的数值解。值得强调的是，用z变换法、双线性变换法、根轨迹法都可以从连续系统的传递函数或者状态方程建立差分方程。

3.3.3 MATLAB/Simulink 环境下的建模与仿真

以下以MATLAB/Simulink建模仿真软件2018a为例，介绍机电一体化系统建模仿真基本方法。Simulink是MathWorks公司的产品，用于MATLAB下建立系统框图和仿真的环境，它能进行系统连接，将一系列模块连接起来，构成复杂的系统模型。

1. Simulink 模块库简介

在MATLAB命令窗口下给出Simulink命令，或单击MATLAB工具栏中的Simulink图标，打开Simulink开始页面，单击Blank Model建立新的模型窗口，点击View菜单下的Library Browser菜单项，则将打开Simulink模型库窗口(图3.41)。

从图3.41所示的界面左侧可以看出，Simulink模块库是由各个模块组构成，该界面又称为模型库浏览器。在标准的Simulink模块库中，包括信号源模块组(Sources)、输出模块组(Sinks)、连续模块组(Continuous)、离散模块组(Discrete)、数学运算模块组(Math)、非线性模块组(Nonlinear)、函数与表格模块组(Function&Tables)、信号与系统模块组(Signals&Systems)和子系统模块组(Subsystems)几个部分，还有为各个工具箱与模块集之间的联系构成的子模块组。用户可以将自己编写的模块组挂靠到模型库浏览器下。

双击各模块组图标，将进入相应的模块组窗口，显示模块构成。将鼠标指针停留在其中的模块上，将显示该模块的简要说明。

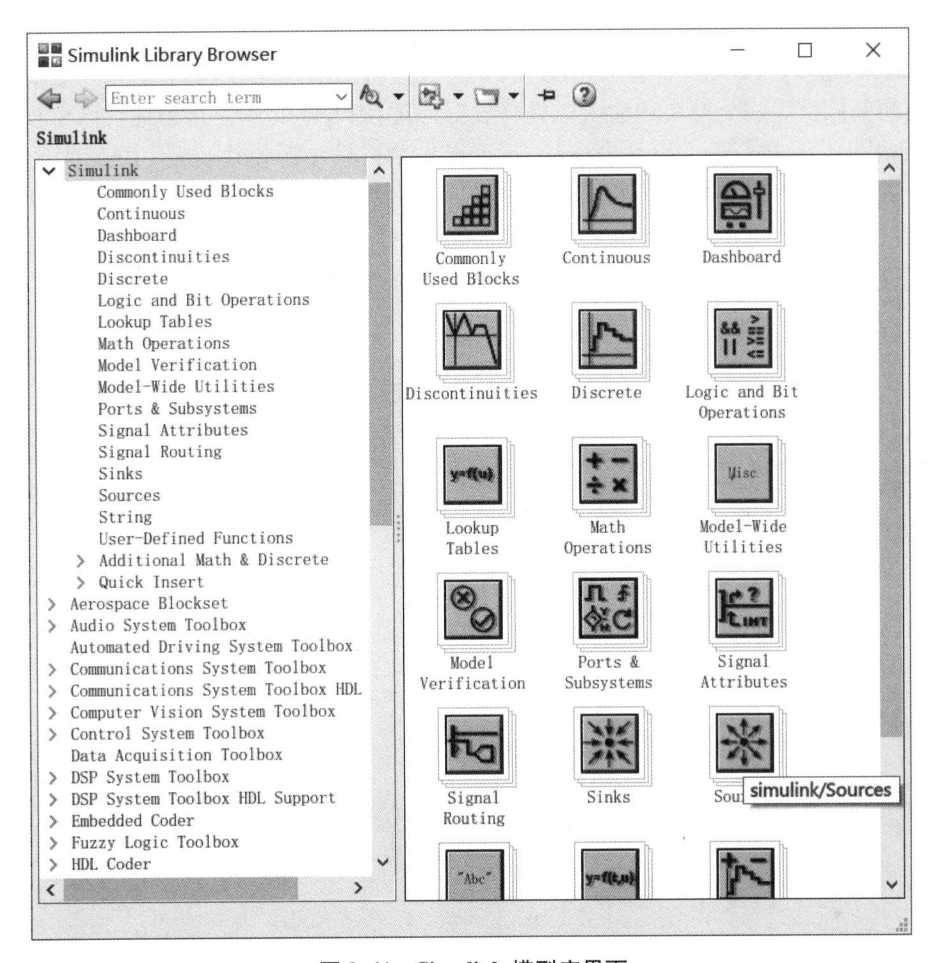

图 3.41　Simulink 模型库界面

2. Simulink 模型的建立

(1) 模型窗口的建立

在 Simulink 环境下,编辑模型的一般过程是:首先打开一个空白的编辑窗口,然后将模块库中模块复制到编辑窗口中,按仿真模型中的框图修改编辑窗口中模块的参数,再将各个模块连接起来,就可以对模型进行仿真。在 Simulink 中打开一个空白的模型窗口有几种方法:

① 在 MATLAB 的命令窗口。选择"File"的"New"项的"NewModel"菜单项。

② 单击 Simulink 工具栏中的"新建模型"图标。

③ 选中 Simulink 菜单中的"File"的"New"项的"Model"菜单项。

④ 使用 new-system 命令来建立新模型。

无论采用哪种方式,都将自动地打开一个空白窗口模型,在这个窗口下可以任意地编辑系统模型。

(2) 模块的连接与处理

在 Simulink 中很容易将两个模块连接起来,如图 3.42 所示的信号源模块组窗口界面,在每个模块的输出口都有一个符号“ > ”,表示离开该模块,而在模块的输入端也有一个符号“ > ”,表示进入该模块。如果想连接两个模块,只需在前一个模块的输出口处按下鼠标左键,拖动鼠标至后一个模块的输入口处释放鼠标键,则 Simulink 会自动地将两个模块连接起来。如果想快速进行两个模块的连接,还可以先单击选中源模块,按下 Ctrl 键,再单击目标模块,将直接建立起两个模块的连接。正确连接之后,连线带有实心的箭头。画图时,可以用折线连接,如图 3.43(a)、(b)所示,这种连接方式实用,用户可以自己控制模型的布线。如果连接不正确,则会出现如图 3.43(c)所示的连线形式。

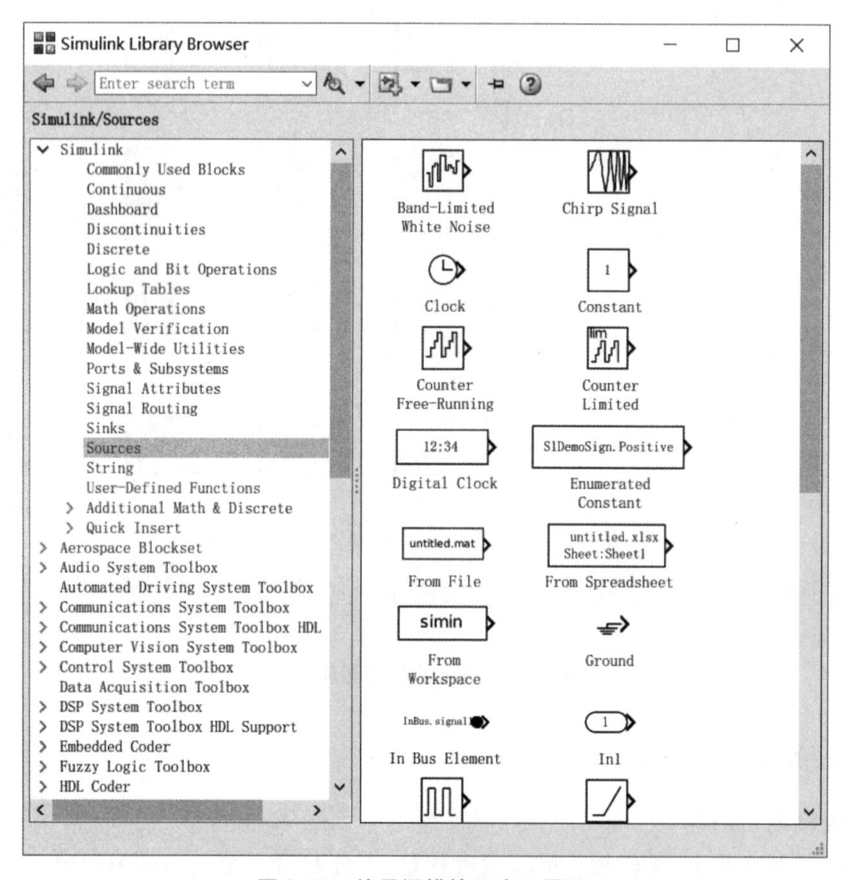

图 3.42　信号源模块组窗口界面

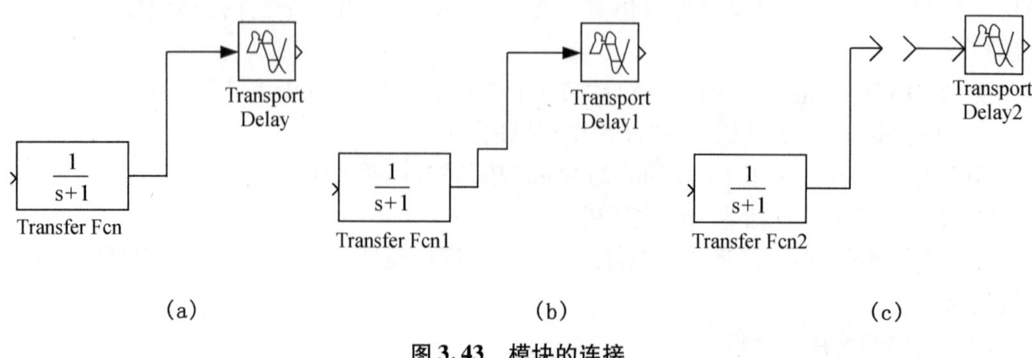

图 3.43　模块的连接

选中各模块,可以对它进行各种处理。例如,在反馈系统模型中,需要将处于反馈路径上的模块输入端和输出端掉换一下方向,则可以打开 Simulink 的“Diagram”菜单,选择其中的“FlipBlock”(翻转)子菜单,或选中模块右击鼠标键,打开快捷菜单,再打开其中的“Rotate&Flip”子菜单,从中选择“FlipBlock”来完成。若要进行模块旋转 90°的操作,可通过“Diagram”菜单中的“Rotate”菜单项来实现,连续使用旋转命令,可实现 270°旋转。“Format”菜单还提供了其他的模块或系统的修改功能,如选择“Shadow”菜单项,则给选中的模块加阴影。此外,还可以通过颜色选项修改背景颜色(Background Color)、模块标示(Foreground Color)等。

(3) 模块的参数修正

在 Simulink 环境画模块框图时,是默认参数的模块模型,需要修改该模块的参数,以满足设计要求。

例如,所设计的系统模型为

$$G(s)=\frac{s^3+7s^2+24s+24}{s^4+10s^3+35s^2+50s+24} \tag{3.83}$$

而系统传递函数模块默认模型为

$$G(s)=\frac{1}{s+1}$$

从式(3.83)可以看出,系统传递函数是一个分子多项式和一个分母多项式的比值。在 MATLAB/Simulink 环境下,多项式可以由其系数按照降幂排列构成的向量来表示,即分子多项式 $s^3+7s^2+24s+24$ 可以表示成向量[1,7,24,24]。在对话框的分子和分母编辑框中分别输入各对应值,单击“OK”按钮就完成模块参数赋值。还可以用变量的形式表示模块,在对话框的两个编辑框中分别键入“num”和“den”,则会自动将模块的参数和 MATLAB 工作空间中的 num 和 den 两个变量建立联系,但在运行仿真之前,需要在 MATLAB 工作空间中给这两个变量赋值,否则将不能进行仿真。

再例如,积分器模块的模型修改。双击积分器模块,通过适当的设置,可以构成多种积分器。填写“Initial Condition”编辑框,完成积分器初值设置,在该编辑框中填写常数或变量名,为积分器的初值设置一个输入端口,接收其他信号的输入,通过选择“Initial condition source”列表框中“external”选项,按下“OK”按钮即可。如果选择“external reset”列表框中的“rising”选项,则还可以为积分器设置复位信号,以外部信号的上升沿为准,使积分器复位。当然,也可以选择下降沿等作为复位控制信号。在新版 Simulink 中,积分器本身还可进行饱和处理。选择“Limit output”复选框,设置饱和上下限,则模块输出为饱和处理后的结果。

(4) 启动仿真环境

建立 Simulink 模型后,按下 Simulink 工具栏下的“启动仿真”按钮就可以启动仿真过程。启动仿真过程将以默认参数为基础进行仿真,用户可以通过“Simulation”工具栏下的“Model Configuration Parameters”菜单项来选择。还可以自己设置需要的控制参数。仿真控制参数选择该菜单项后,得到图 3.44 所示对话框,填写相应的数据。

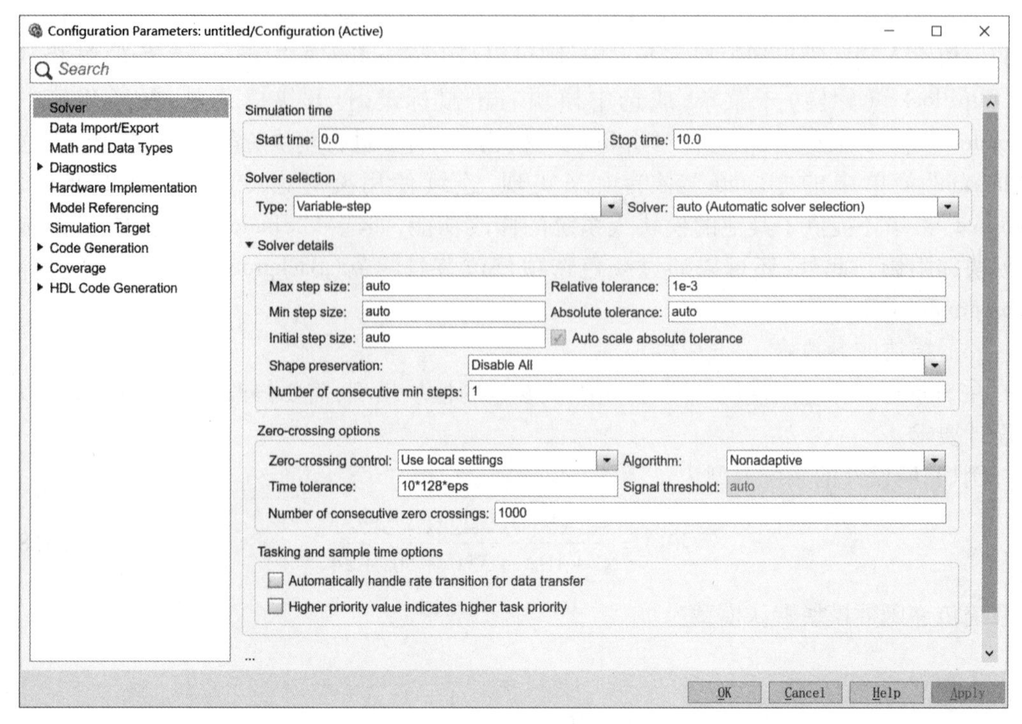

图 3.44　仿真参数设置对话框

在图 3.44 的对话框中有 10 个标签,默认标签为微分方程求解程序 Solver 设置。

① 仿真算法选择。通过该对话框可以由 Solver 操作选择不同定步长或变步长的求解算法。连续系统,选择“ode45”变步长算法;刚性问题,选择变步长的“odel5s”算法;离散系统,默认选择定步长“discrete”(no continuous states)算法,若含有连续环节,则不能采用该仿真算法,可以采用四阶 Runge-Kutta 等算法。在“Max step size”和“Min step size”编辑框中填入参数,指定定步长算法的步长,一般选择“auto”,由计算机自动选择步长。

② 仿真区间的设置。在该对话框中还可以修改仿真的初始时间和终止时间。另外,用户还可以利用“Sinks”模块组中的“Stop”模块来强行停止仿真过程。

③ 输出信号的精确处理。由于在仿真中经常采用变步长算法,所以,有时会发现输出信号过于粗糙,因此必须对求得的输出进行精确处理。单击对话框中的“Date Import/Export”,打开如图 3.45 所示的对话框,在“Output options”操作中选择“Refine output”选项,并在 Refine factor 选项中选择一个大于 1 的数值。

④ MATLAB 工作空间设置。在默认状态下,时间和输出信号都将写入 MATLAB 的工作空间,分别存入 tout 变量和 yout 变量。在实际仿真中建议保留这两个选项。如果想获得系统的状态,则还可以选中 xout。在该对话框中,还可以选择输出向量的最大长度,默认值为 1 000,即保留 1 000 组数据。若要消除约束,不选中“Limit data points to last”复选框即可。

⑤ 仿真错误警告。打开图 3.45 所示的仿真参数对话框中的“Diagnostics”(诊断)标签,如图 3.46 所示,用户可以对可能发生的错误设置出现各类错误时发出警告的等级或类型。

⑥ 其他仿真属性设置。单击图中各个标签，可以根据用户需求，分别对硬件配置、模型参考、模拟目标以及代码生成等进行设置，控制仿真过程。图 3.47 为硬件配置的相关设置。

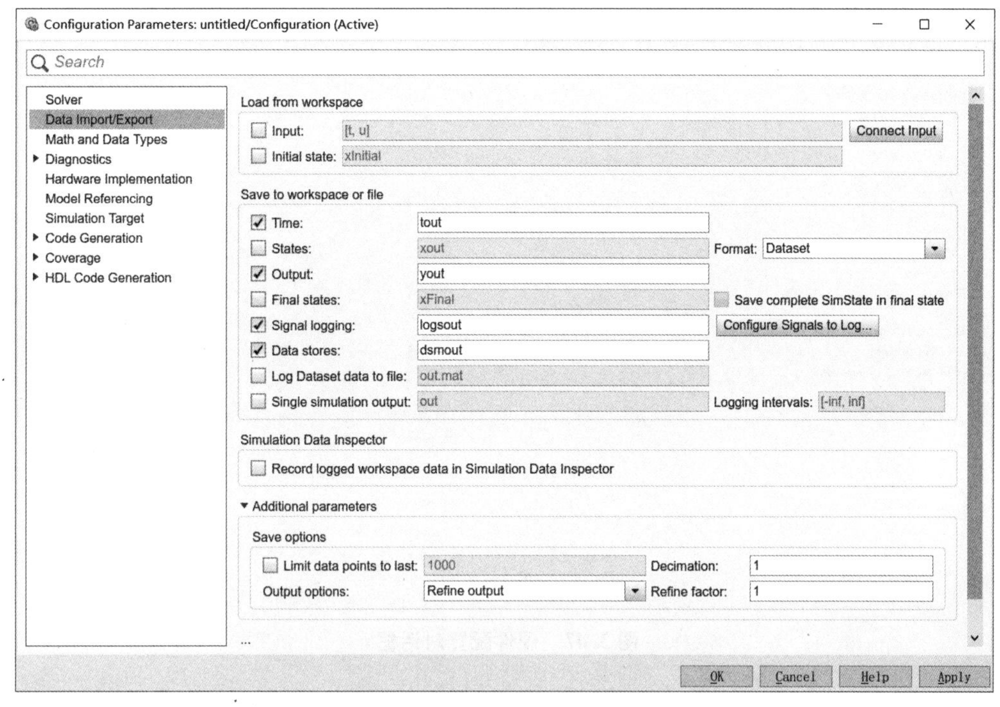

图 3.45　数据输入输出对话框

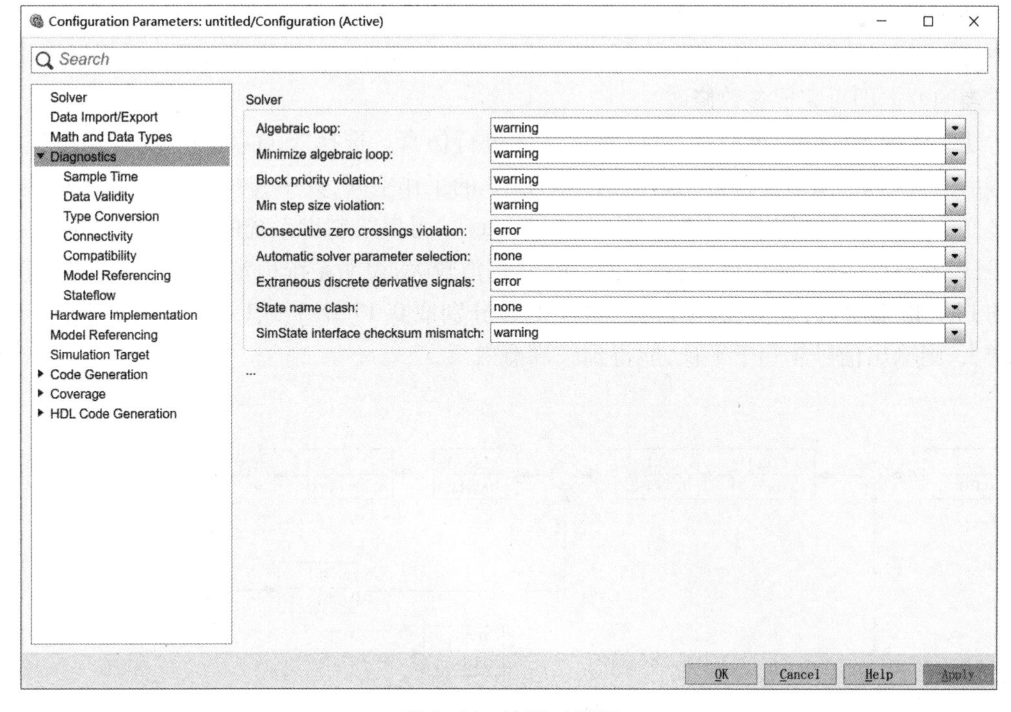

图 3.46　诊断对话框

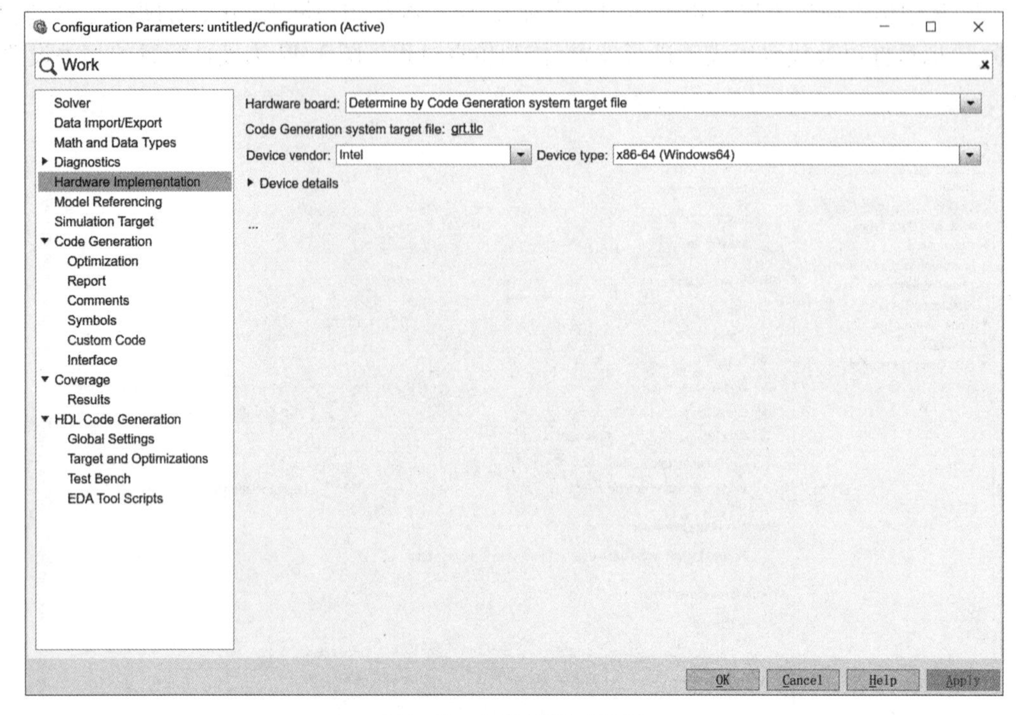

图 3.47　硬件配置对话框

3. Simulink 模型举例

例 3.16：直流电机拖动系统，如图 3.48 所示。图 3.49 为系统的 Simulink 模型，在该系统中，输入信号为阶跃信号和系统信号的叠加。在 Simulink 中，直接双击图标在对话框中填入适当的数据即可完成参数修改。

建立系统 Simulink 模型后，可以对该系统进行仿真。选择“Simulation Start”菜单项，立即得出仿真结果，该结果将自动返回到 MATLAB 的工作空间，其中，时间变量名为 tout，输出信号变量名为 yout。使用命令“ >> plot(tout, yout)”，可以绘制出系统的阶跃响应曲线，见图 3.50，当 $\alpha = 0.17$ 时，输出信号振荡并衰减，其幅值较大，说明系统稳定性较差。可以调整外环的 PI 控制器参数，即将 $(\alpha s + 1)/0.085s$ 中 α 分别取 0.17、0.5、1、1.5。可以看出，随着 α 值增大，则输出信号越趋于平稳，能得到较满意效果。

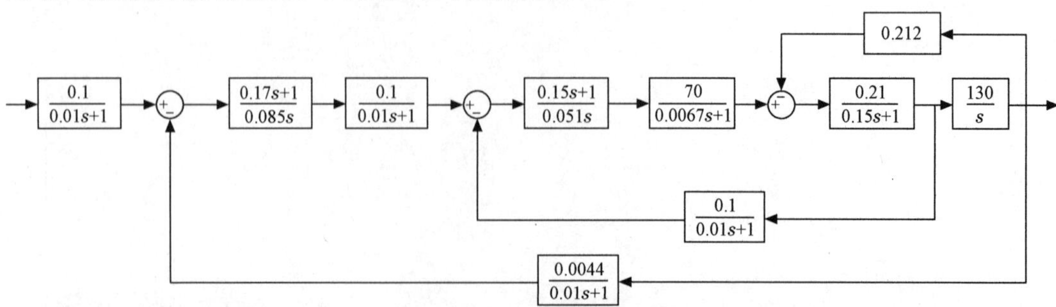

图 3.48　直流电机拖动系统

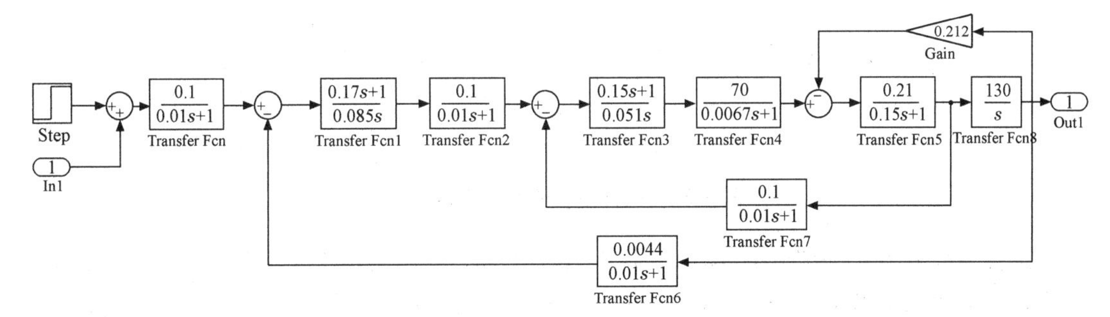

图 3.49　电机拖动系统的 Simulink 模型

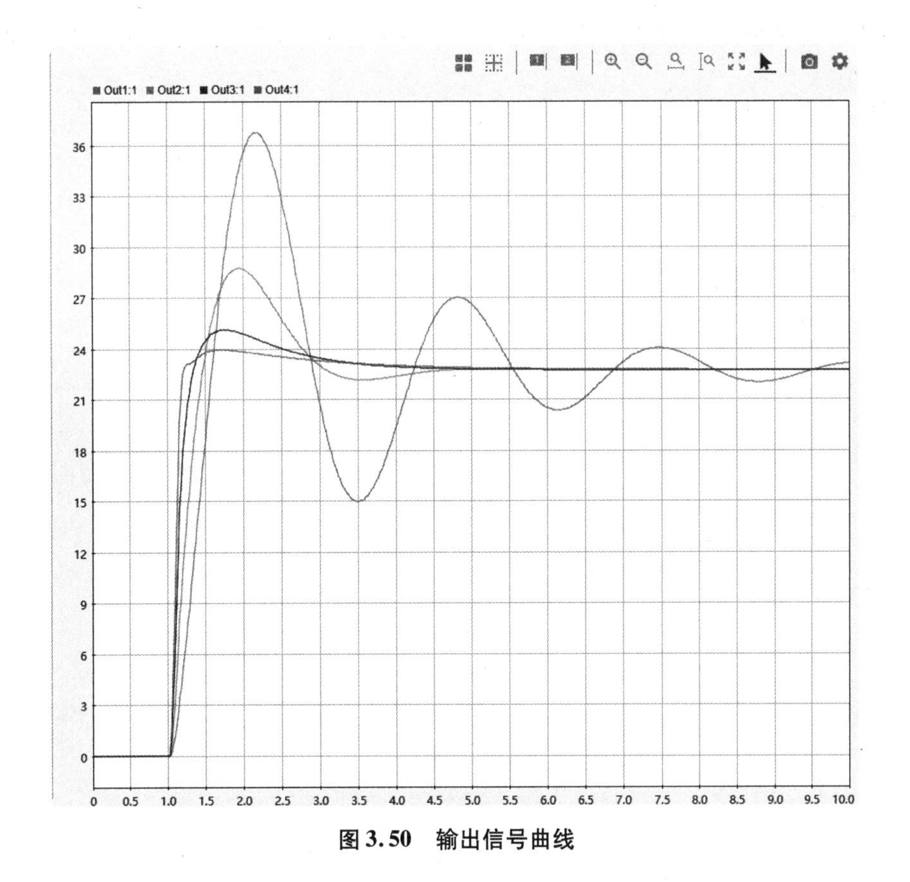

图 3.50　输出信号曲线

例 3.17:图 3.51 为已知采样系统的结构图,图 3.52 为其 Simulink 模型。

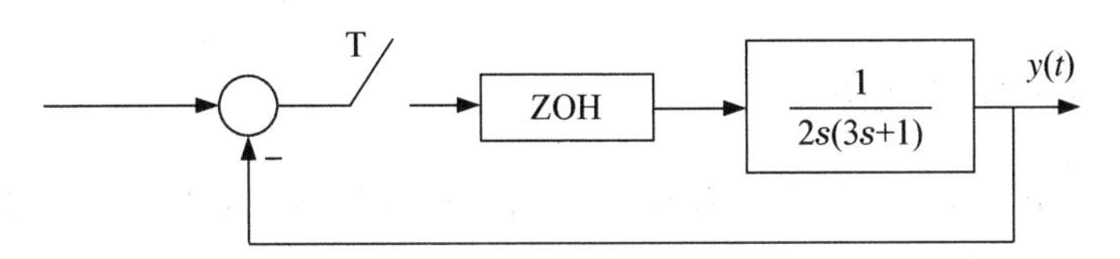

图 3.51　采样控制系统结果

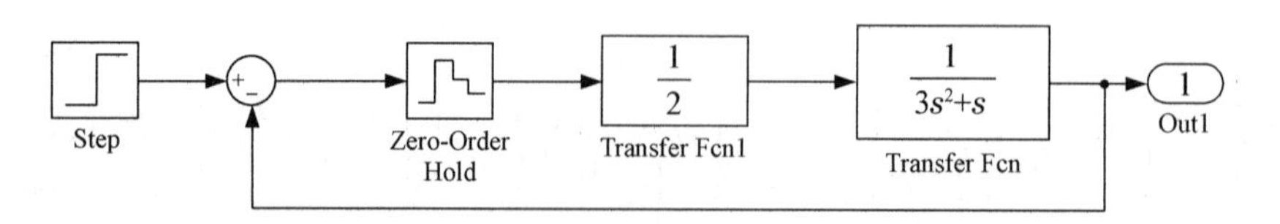

图 3.52　采样系统的 Simulink 模型

传递函数分为两个部分 g_1 和 g_2。建立系统时应尽量少采用人工运算,减少出错机会。在该系统中使用了 Discrete 模块库中的零阶保持器图标,并设置采样周期为 0.1。仿真完成后,在 MATLAB 的工作区点击 yout,进入 signal,选择 Values,选择下方属性中的单位与插值,将插值选为零阶保持,并返回在命令行窗口输入 plot(yout)得出输出信号阶跃响应曲线,如图 3.53 所示。

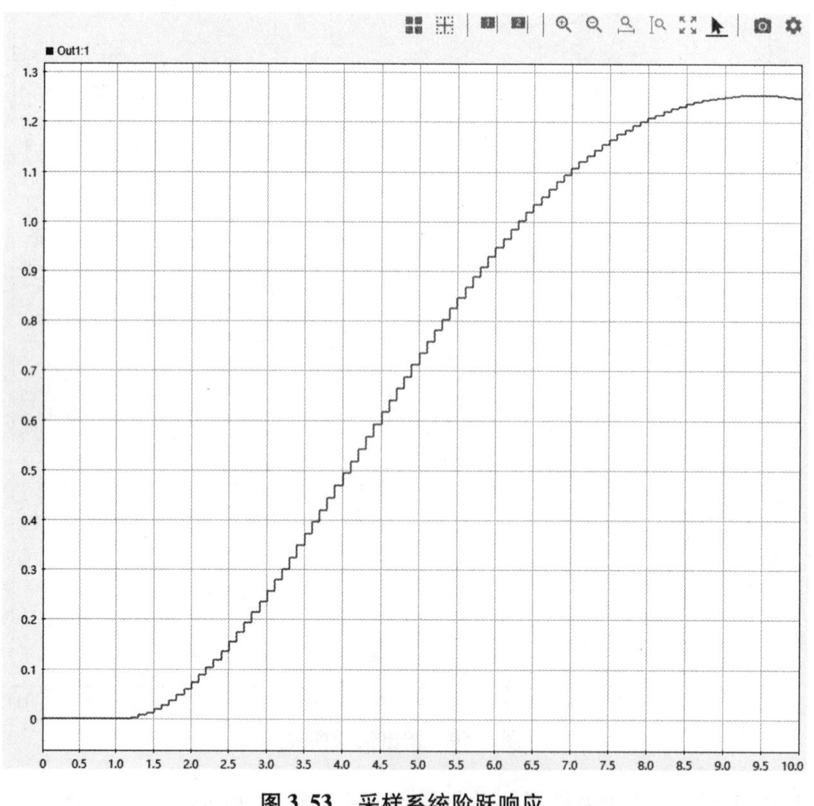

图 3.53　采样系统阶跃响应

4. 线性系统的计算机仿真

假设系统输入 $u_1(t)$信号的响应为 $y_1(t)$,$u_2(t)$输入信号的响应为 $y_2(t)$。若系统输入信号对任意常数 a、b 有

$$u(t)=au_1(t)+bu_2(t)$$

其响应可表示成：

$$y(t)=ay_1(t)+by_2(t)$$

则称系统是线性的。这一性质又称为线性系统的叠加原理。换句话说，所有满足叠加原理的系统都是线性的。

（1）线性系统数学模型表示。在 MATLAB 的控制系统工具箱中定义了常用的线性模型对象，如“tf( )”可以表示传递函数模型，“ss( )”表示状态方程模型，而“zpk( )”表示零极点模型。

例 3.18：假设已知系统的传递函数模型为

$$G(s)=\frac{s^3+7s^2+24s+24}{s^4+10s^3+35s^2+50s+24}$$

MATLAB 语句如下：

```
>> num = [1,7,24,24];den = [1,10,35,50,24];G = tf(num,den)
```

Transfer function：

$$\frac{s\Lambda^3+7s\Lambda^2+24s+24}{s\Lambda^4+10s\Lambda^3+35s\Lambda^2+50s+24}$$

用单一的变量名 G 来描述系统的数学模型。MATLAB 环境中，容易实现不同模型的转换。例如，可以用下面的命令直接获得系统的零极点模型。

```
>> G1 = zpk(G)% 显示系统的零极点模型
```

Zero/pole/gain：

$$\frac{(s+1.539)(s\Lambda^2+5.461s+15.6)}{(s+4)(s+3)(s+2)(s+1)}$$

已知线性系统的数学模型后，可以得出总模型。例如，两个串联的模型分别为 G_1 和 G_2，则总模型为 $G=G_1G_2$，并联模型和反馈模型分别由 $G=G_1+G_2$ 和 feedback(G_1,G_2)求出。

（2）线性连续系统的解析解。假设线性系统传递函数为

$$G(s)=\frac{b_1s^m+b_2s^{m-1}+\cdots+b_ms+b_{m+1}}{s^n+a_1s^{n-1}+a_2s^{n-2}+\cdots+a_{n-1}s+a_n}$$

如果 $G(s)$ 含有 n 个不同的极点 $P_i(i:1,2,\cdots,n)$，则该传递函数的部分分式展开为

$$G(s)=\frac{r_1}{s-p_1}+\frac{r_2}{s-p_2}+\cdots+\frac{r_n}{s-p_n}$$

式中，r_i 可以为实数或复数。

于是，得系统时域响应为

$$g(t)=f^{-1}[G(s)]=r_1e^{p_1t}+r_2e^{p_2t}+\cdots+r_ne^{p_nt}$$

如果 $G(s)$ 模型的第 j 个极点是 m 重的，则在部分分式展开中将含有下面各项。

$$\frac{r_j}{s-p_j}+\frac{r_{j+1}}{(s-pj)^2}+\cdots+\frac{r_{j+m-1}}{(s-pj)^m}$$

上式对应的 Laplace 逆变换为

$$r_j e^{p_j t}+r_{j+1}te^{p_j t}+\cdots+\frac{r_{j+m-1}}{(m-1)!}t^{m-1}e^{p_j t}=\left[r_j+r_{j+1}t+\cdots+\frac{r_{j+m-1}}{(m-1)!}t^{m-1}\right]e^{p_j t}$$

可见,线性系统的脉冲响应解析解可以通过部分分式展开直接得出。

如果系统的输入信号可以由一般的 Laplace 式子 $R(s)$ 给出,则同样输出信号 $y(s)=G(s)R(s)$ 的 Laplace 逆变化可以求出。

MATLAB 语言中提供了一个“residue( )”函数来对有理传递函数(num,den)进行部分分式展开,该函数的调用格式为$[R,P,K]=$residue(num,den),其中,(R,P)为各个子传递函数的增益和极点位置,而K为部分分式展开后的余项,即

$$Y(s)=\frac{\text{num}(s)}{\text{den}(s)}=\frac{b_0 s^n+b_1 s^{n-1}+\cdots+b_{n-1}s+b_n}{s^n+a_1 s^{n-1}+a_2 s^{n-2}+\cdots+a_{n-1}s+a_n}$$

例 3.19:传递函数模型为

$$G(s)=\frac{s^3+7s^2+24s+24}{s^4+10s^3+35s^2+50s+24}$$

由下面的 MATLAB 语句得出系统的阶跃响应解析解。

```
>> num = [1,7,24,24];den = [1,10,35,50,24];
 [R,P,K] = residue(num,[den,0]);[R,P],K
 ans =
     -1.0000          -4.0000
      2.0000          -3.0000
     -1.0000          -2.0000
     -1.0000          -1.0000
      1.0000           0
 K = [ ]
```

该解所表示的数学表达式为:$y(t)=-e^{-4t}+2e^{-3t}-e^{-2t}-e^{-t}+1$。因为阶跃输入的 Laplace 变换为 $U(s)=1/s$,所以,输出信号的 Laplace 变换可以写成 $y(s)=G(s)/s$。因此,在 MATLAB 语言下,用 num、[den,0]可以分别表示 $y(s)$信号分子和分母。

(3) 线性系统的分析。利用 MATLAB 的控制系统工具箱,进行系统的频域分析。如系统的 Bode 图可以由“bode( )”函数直接绘制;系统的奈奎斯特图(Nyquist plot)可以由“nyqmst( )”函数直接绘制;Nichols 图可以由“nichols( )”函数绘制;等等。

思考题与习题

3.1　求图 3.54 所示电路网络的传递函数。

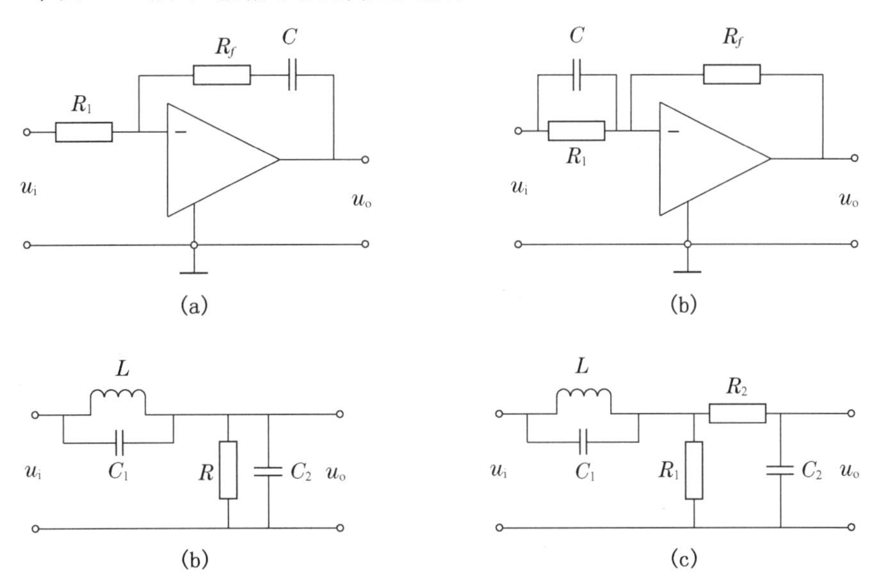

图 3.54　思考题与习题 3.1

3.2　求图 3.55 所示机械平移系统和电路系统的传递函数和系统方程,并画出它们的结构方框图。

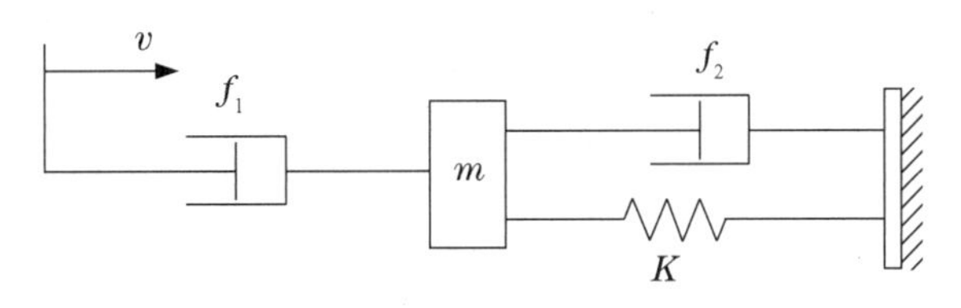

(a) 机械平移系统

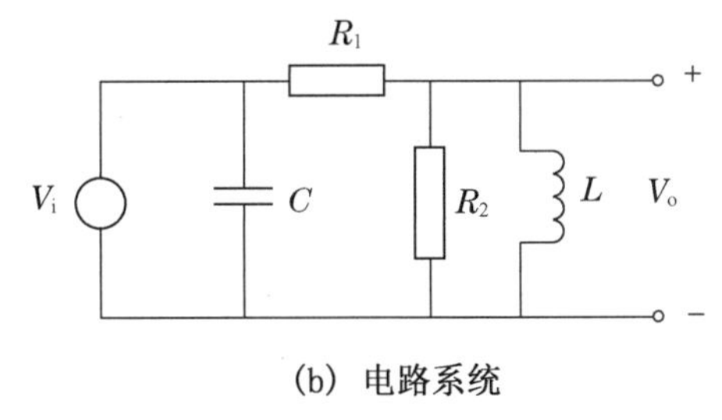

(b) 电路系统

图 3.55　思考题与习题 3.2

3.3　求图 3.56 所示系统的微分方程和传递函数，它们若是相似系统，请写出相对应的机电模拟量。

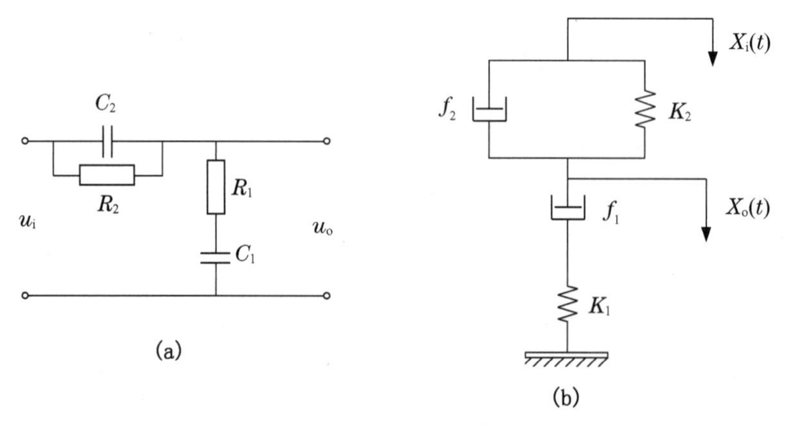

图 3.56　思考题与习题 3.3

3.4　试用 MATLAB 等应用软件，仿真图 3.57 所示系统。图中，$G_1=\dfrac{1-e^{-sT}}{s}$，$G_2=\dfrac{k}{s(s+1)}$。

(1) 若 $k=1$，采样周期 $T=0.1$ s 和 0.4 s，试问哪一种情况的系统更稳定？

(2) 若 $T=1$ s，$k=1$ 和 5，试问哪一种情况下的系统更稳定？

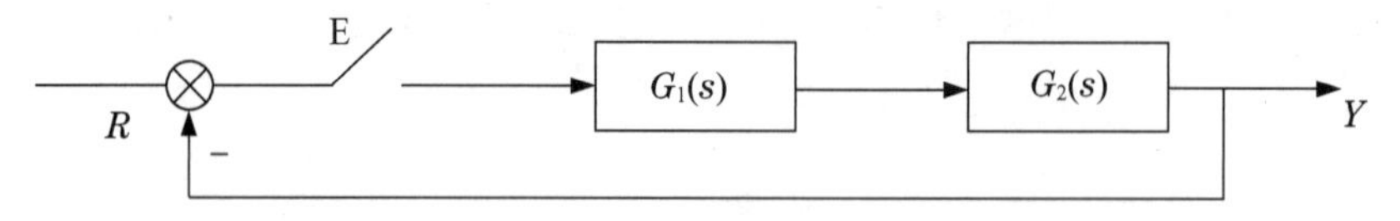

图 3.57　思考题与习题 3.4

第二部分
机电一体化系统工程设计技术

第4章 传感器与接口技术

4.1 概　述

在机电一体化系统中，工作过程的各种参数、工作状态以及与工作过程有关的相应信息都要通过传感器进行接收，并通过相应的信号检测装置进行测量，然后送入信息处理装置并反馈给控制装置，以实现系统工作过程的自动控制。机电一体化系统要求传感器能快速、准确地获取信息并且不受外部工作条件和环境的影响，同时检测装置能不失真地对信号进行放大、输送及转换。

随着现代测量、控制及自动化技术的发展，传感器技术越来越受到人们的重视，应用也越来越普遍。传感器与检测系统可对各种材料、机件、现场等进行无损探伤、测量和计量；对自动化系统中各种参数进行自动检测和控制。尤其是在机电一体化系统中，传感器及其检测系统不仅是一个必不可少的组成部分，而且已成为机电有机结合的一个重要纽带。

传感器是整个设备的感觉器官，它主要用于检测位移、速度、加速度、运动轨迹以及机器操作和加工过程参数等机械运动参数，监测整个设备的工作过程，使其保持最佳工作状态，同时还可用作数显装置。在闭环伺服系统中，传感器又用作控制环的检测反馈元件，其性能好坏直接影响到工作机械的运动性能、控制精度和智能水平。因而要求所选择的传感器灵敏度高、动态特性好，特别要求其稳定、可靠、抗干扰性强且能适应不同环境。

本章主要介绍传感器或转换器的接口电路及相关技术。

4.1.1 传感器定义

传感器(transducer/sensor)，是能感受被测量并按照一定的规律转换成可用输出信号的器件或装置，通常由敏感元件、转换元件和接口电器组成。

敏感元件(sensing element)，指传感器中能直接感受或响应被测量的部分。敏感元件的输入是被测量的非电物理量，与敏感元件输出间有一定的确定关系，如弹性敏感元件的输入为力，其输出为位移或应变。

转换元件(transducing element)，指传感器中能将敏感元件感受或响应的被测量转换成适于传输或测量的电信号部分。例如将位移转换为电容、将应变转换为电阻等。有些传感器中敏感元件和转换元件为同一个元件，如压电元件能将机械力转换为电荷量。

接口电路是将电参数转换为易于测量的电量信号，有信号检测与变换(电平转换或电量转换)电路、模拟信号处理电路、数字信号处理电路和输出电路等。

传感器种类繁多，按工作原理、用途、输出量等不同的分类方法，有物理量传感器、化学量传感器、生物量传感器、数字式传感器、模拟式传感器、结构型传感器、物性型传感器、复合传感器、集成传感器、多功能传感器、智能化传感器、微传感器、微机电传感系统等。

机电一体化系统中常用的传感器根据被测物理量的不同有：位移检验传感器，速度、加速度检测传感器,力、力矩检测传感器及温度、湿度、光度检测传感器等。

4.1.2 传感器性能特性

在机电一体化系统中需要检测和测量各种不同的被测量,传感器能否将这些被测量的变化准确地、及时地发现并不失真地转换成易于处理或输出的电信号,取决于传感器的特性,即传感器的输入与输出之间的关系,主要有静态特性和动态特性。

(1) 传感器的静态特性

静态特性是输入量为常量或变化极慢时输入与输出的关系。表征静态特性的主要参数有线性度、灵敏度、迟滞和重复性等。

线性度是指校准曲线与某一规定直线一致的程度,指校准曲线是根据校准数据所绘制出的表征传感器输入—输出关系的曲线。

灵敏度是指传感器输出量的变化值与相应的被测量的变化值之比。

分辨率是指传感器在规定测量范围内可能检测出的被测量的最小变化量。

(2) 传感器的动态特性

动态特性是与被测物理量随时间变化的响应有关的传感器特性。当输入量随时间变化时,表征传感器的动态特性主要有周期信号、瞬变信号或随机信号。

被测量不随时间变化,则测量和记录过程不受时间限制。而实际中大量的被测量是随时间变化的动态信号,传感器的输出不仅需要精确地显示被测量的大小,还要显示被测量随时间变化的规律,即被测量的波形。

4.1.3 传感器的发展

(1) 新型物性型传感器。传感器正从结构型向物性型转变,采用新原理、新材料、新工艺的新型物性型传感器不断出现。这是发展高性能、多功能、低成本和小型化传感器的重要途径。

(2) 多功能集成传感器。随着微电子学、微细加工技术和集成化工艺等方面的发展,出现了具有多种功能的集成化传感器。这类传感器的特点是,多个敏感元件可以排列成线形、面形的阵列,实现同一参数测量;或者是不同敏感元件集成一体,实现多参数同时测量;敏感元件与放大、运算和温度补偿等电路接口电路集成一体,实现多个电参数输出;等等。

(3) 智能传感器。智能化传感器不仅具有信号检测、转换功能,同时还具有记忆、存储、解析、统计处理及自诊断、自校准和自适应等功能。如进一步将传感器与计算机的这些功能集成于同一芯片上,就成为智能传感器。

4.1.4 传感器的选择和使用

1. 传感器的选用

根据被测量性质和检测环境、条件等,选择适合系统需要的传感器。在机电一体化系统设计中,选用传感器时应从以下几个方面考虑。

(1) 测试要求和条件。包括测量目的、被测物理量选择、测量范围、输入信号最大值和频带宽度、测量精度要求、测量所需时间要求等。

(2) 传感器特性。包括静态特性和动态特性，如线性度、灵敏度、响应时间、周期特性、频率特性等。

(3) 使用条件。包括安装条件、工作场地的环境条件（温度、湿度、振动等）、测量时间、所需功率容量、与其他设备的连接、备件与维修服务等。

2. 传感器的使用

使用传感器时要考虑以下方面。

(1) 线性化处理与补偿

在机电一体化测控系统中，尤其是需对被测参量进行显示时，总是希望传感器及检测电路的输入/输出特性成线性关系，使测量对象在整个刻度范围内灵敏度一致，以便读数和对系统进行分析处理。但是大多数传感器具有不同程度的非线性特性，这就导致较大范围的动态检测存在着较大的误差。在使用模拟电路组成检测回路时，为了进行非线性补偿，通常采用与传感器输入/输出特性相反特性的元件，通过硬件进行线性化处理。另外，在含有微型计算机的测量系统中，这种非线性补偿可以用软件来完成，其补偿过程较简单，精确度也很高，又减少了硬件电路的复杂性。

当输出量中包含有被测物理量之外的因素时，为克服这些因素的影响需要采取相应的措施加以补偿。例如，外界环境温度变化，将会使测量系统产生附加误差，影响测量精度，因此有必要对温度进行补偿。

(2) 传感器的标定

传感器的标定，就是利用精度高一级的标准量具对传感器进行定度的过程，从而确定其输出量和输入量之间的对应关系，同时也确定不同使用条件下的误差关系。传感器使用前要进行标定，使用一段时间后还要定期进行校正，检查精度性能是否满足原设计指标。

(3) 抗干扰措施

传感器大多要在现场工作，而现场的条件往往是不可预料的，有时是极其恶劣的环境。各种外界因素会影响传感器的精度和性能，所以在检测系统中，尤其是在微弱输入信号的系统中，抗干扰是非常重要的。常采用的抗干扰措施有屏蔽、接地、隔离和滤波等，详细设计可参考第 7 章电磁兼容性设计相关内容或其他相关书籍。

4.2　传感器的信号变换特性方程

在任何测量系统中，传感器或转换器用来测量系统的状态。传感器是一种将被测量转换为与之有确定关系的、易于处理和测量的电量信号的器件或装置。

图 4.1 为现代一般传感器组成原理图。通常将实现对敏感元件或转换元件输出信号进行检测与变换的电路称作传感器电路的前接口电路。前接口电路是由前接口和模拟信号处理电路组成。模拟信号处理电路一般包括放大、滤波、补偿等电路，其输出接后接口电路。后接口电路包括 D/A 转换电路和驱动电路等。图 4.1 中的数字信号处理电路包括数字变换电路、数字接口电路、微处理器及相关软件等。

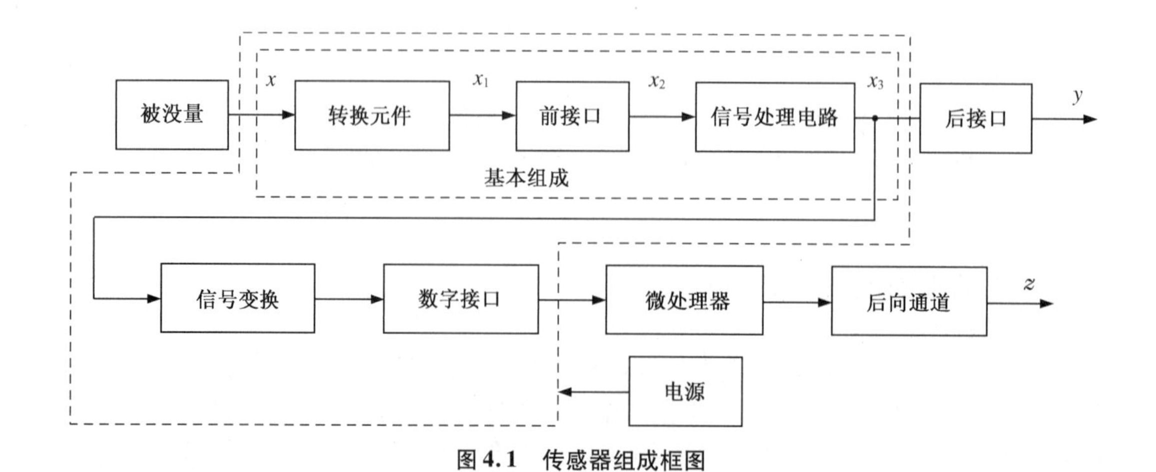

图 4.1　传感器组成框图

某些模拟信号处理电路的输出必须符合信号接口标准,比如,为便于双绞线远距离传送,规定信号转换和信号调理的电压范围为 0 ~ ±10 V,电流范围为 4 ~20 mA。

特性方程(equation of characteristic)是指传感器输入量与输出量之间关系的方程式。从图 4.1 可以看出,敏感元件接受到被测量所发出的非电物理量信号 x 变换为电量信号或非电量信号 x_1,完成敏感元件的第一次信号变换。由于噪声的存在,x 与 x_1 的变换关系可能是线性或非线性函数关系。第一次信号变换 x 与 x_1 的特性方程为

$$x_1 = f_1(x) \tag{4.1}$$

敏感元件工作原理和结构的不同,使特性方程(4.1)的输出信号 x_1 可能是电压、电流、电势、电荷等电参量,也可能是电阻、电容、电感等电参量。对于不能直接进行信号传输与处理的电参量,由图 4.1 中的前接口电路完成将电参量变换成易于传输与处理的电信号,如电压、电流等,x_1 经过前接口电路变为电参量 x_2,其特性方程为

$$x_2 = f_2(x_1) \tag{4.2}$$

x_1 与 x_2 之间的关系由前接口电路结构确定,因此,确定特性方程(4.2)时应尽量考虑前接口结构和噪声的影响。

将 x_2 送到图 4.1 中的信号处理电路(模拟信号处理电路),进行适当地放大滤波后输出。设信号处理电路输出信号为 x_3,则特性方程为

$$x_3 = f_3(x_2) \tag{4.3}$$

后接口电路是传感器外设电路,即用户接口电路,设输出信号 y,信号 x_1 变换为电信号 y 的过程称为传感器的第二次信号变换,x_3 与 y 之间的特性方程为

$$y = f_4(x_3) \tag{4.4}$$

由此可见,传感器中的信号变换与传输是多环节的。实现由信号 x 变换为电信号 x_1 的过程称为传感器的第一次信号变换,这是传感器内部敏感元件的检测过程。实现由信号 x_1 变换为电信号 y 的过程称为传感器的第二次信号变换,一般由模拟电路完成第二次信号变换。信号 y 与信号 x 之间的变换关系又称为传感器模拟通道的数学模型。依据各环节结构

原理和参数,用推理方法或实验方法建立传感器数学模型。

对于线性传感器,适合用传递函数描述,若对式(4.1)~(4.4)分别进行拉普拉斯变换,有 $\frac{X_1(s)}{X(s)}=F_1(s)$, $\frac{X_2(s)}{X_1(s)}=F_2(s)$, $\frac{X_3(s)}{X_2(s)}=F_3(s)$, $\frac{Y(s)}{X_3(s)}=F_4(s)$。

于是,得

$$\frac{Y(s)}{X(s)}=F_1(s)F_2(s)F_3(s)F_4(s)=F(s) \tag{4.5}$$

$$Y(s)=F(s)X(s)$$

对式(4.5)进行反拉普拉斯变换,有

$$y=f(x) \tag{4.6}$$

式(4.5)和式(4.6)分别为频域和时域的传感器特性方程。其中,s 为复变量,也称为复频率。

对于现代智能传感器来说,敏感元件、处理电路与微处理器相结合,是其主要硬件结构。如图4.1所示,微处理器输入端不能直接与 y 相连接,需要进行前置电路处理,即还必须经过数字变换电路和数字接口电路处理后,才能与微处理器输入端相连接。

例4.1:如图4.2为差动变压器式压力传感器,试建立其特性方程。

差动变压器式压力传感器属于结构型传感器,敏感元件为弹性膜,差动变压器为转换元件。设 $p(t)$ 为被测量压强,$x(t)$ 为弹性膜位移,$u_B(t)$ 为差动变压器输出电压。差动变压器铁芯与弹性膜固连,当弹性膜发生位移时,铁芯在差动变压器中做相对移动,于是,差动变压器初级和次级间的互感量将发生变化,两次级间的感应电压将失去平衡,从而产生输出信号 $u_B(t)$。由于两次级反向串联,故称为差动。差动变压器输出信号 $u_B(t)$ 经过交流放大、检波、低通滤波后得电压信号 $u(t)$。图4.3方框图为差动变压器式压力传感器的信号变换与传递过程。

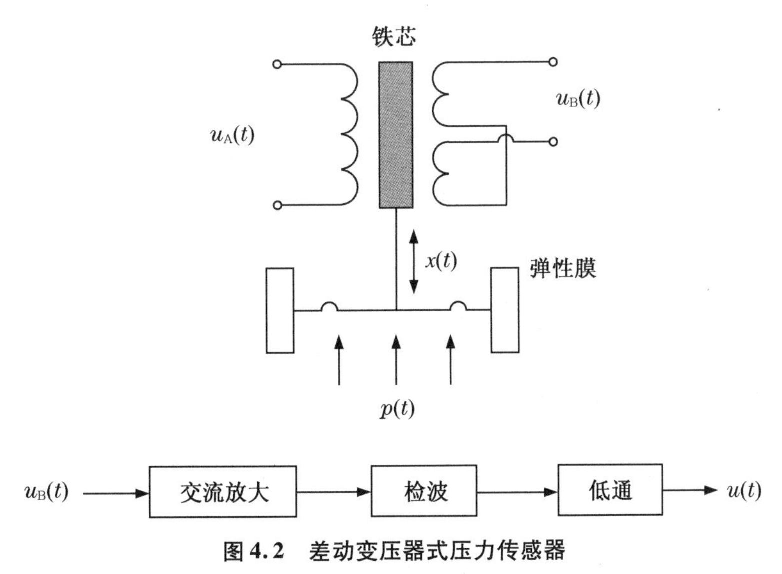

图4.2　差动变压器式压力传感器

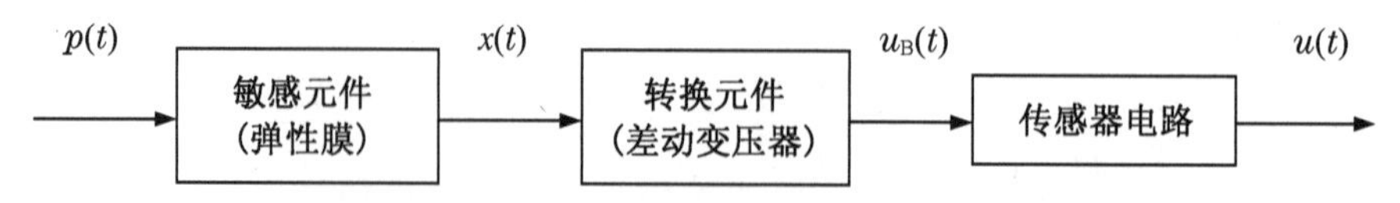

图 4.3 差动变压器式压力传感器信号变换与传递过程

首先,建立变换环节的特性方程。第一次信号变换是由铁芯、弹性膜片成的弹性—质量—阻尼系统。设弹性膜面积为 A,弹性系数为 k,根据牛顿第二定律,弹性膜受到的压力与弹性力分别为

$$F_1 = Ap(t)$$

$$F_2 = kx$$

铁芯运动时存在粘滞性阻力,设铁芯质量为 m,阻尼系数为 f,则阻尼力为

$$F_3 = f\frac{\mathrm{d}x}{\mathrm{d}t}$$

于是,得到铁芯运动方程为

$$m\frac{\mathrm{d}^2x}{\mathrm{d}t^2} + f\frac{\mathrm{d}x}{\mathrm{d}t} + kx = Ap(t)$$

对上式进行零初值下的拉普拉斯变换,则第一次信号变换特性方程的传递函数为

$$G_1(s) = \frac{X(s)}{P(s)} = \frac{A}{ms^2 + fs + k}$$

因为差动变压器是通过改变与位移相应的互感量实现信号变换的,所以,第二次信号变换应该遵循电磁运动规律。设铁芯在中间平衡位置时初级互感量 M 等于两次级互感量 M_1 和 M_2,即 $M = M_1 = M_2$。

当铁芯随位置变化偏离平衡位置时,两次级间互感量 M_1 和 M_2 发生变化,因 $M = M_1 = M_2$,故有

$$\varepsilon = -M\frac{\mathrm{d}I}{\mathrm{d}t}$$

式中,I 为线圈中的感应电流。

若设 $I = \mathrm{e}^{\mathrm{j}\omega t}$,交流放大器输入阻抗很大,差动变压器次级输出为空载,则可求得差动变压器次级输出电势方程为

$$u_{\mathrm{B}}(t) = \pm \mathrm{j}\omega\frac{2\Delta M}{R_{\mathrm{A}} + \mathrm{j}\omega L_{\mathrm{A}}}u_{\mathrm{A}}(t)$$

式中,R_{A} 和 L_{A} 分别为初级电阻和电感,$u_{\mathrm{A}}(t)$ 为初级电源电压。互感变化量 ΔM 和位移 $x(t)$ 可以用推理的方法或实验测得,ΔM 的一般线性方程为 $\Delta M = ax(t)$,其中 a 为互感系数。

于是,得到传感器特性方程为

$$u_{\mathrm{B}}(t) = \pm \mathrm{j}\omega\frac{2au_{\mathrm{A}}(t)}{R_{\mathrm{A}} + \mathrm{j}\omega L_{\mathrm{A}}}x(t)$$

令

$$B = \pm \mathrm{j}\omega \frac{2a}{R_{\mathrm{A}} + \mathrm{j}\omega L_{\mathrm{A}}}$$

则

$$u_{\mathrm{B}}(t) = Bu_{\mathrm{A}}(t)x(t)$$

设 $u_{\mathrm{A}}(t)$ 为正弦信号,即

$$u_{\mathrm{A}}(t) = U_{\mathrm{A}}\sin(\omega_0 t)$$

式中,U_{A} 是 $u_{\mathrm{A}}(t)$ 信号的幅值;ω_0 是 $u_{\mathrm{A}}(t)$ 信号的角频率。

设图4.3中的传感器电路包括交流放大、检波、低通电路,是线性变换电路,其幅值变换系数为 C,则传感器的特性方程变为

$$u(t) = BCU_{\mathrm{A}}x(t)$$

差动变压器式压力传感器特性方程的传递函数为

$$U(s) = \frac{ABCU_{\mathrm{A}}P(s)}{ms^2 + fs + k}$$

对上式进行拉普拉斯反变换,可求得输出量 $u(t)$ 与输入量 $p(t)$ 的关系。设 $P(s) = \frac{P_0}{s}$,且 $D = \frac{ABCU_{\mathrm{A}}P_0}{k}$,则 $u(t)$ 表达式为

$$u(t) = D\left[1 - \frac{1}{\sqrt{1-\zeta^2}}\mathrm{e}^{-\zeta\omega_n t}\sin(\omega_{\mathrm{d}}t + \phi)\right]$$

式中,$0 < \zeta = \frac{f}{2\sqrt{mk}} < 1$ 时,$\omega_n^2 = \frac{k}{m}$,$\omega_{\mathrm{d}} = \sqrt{\frac{k}{m}}\sqrt{1-\zeta^2}$,$\phi = \arctan\frac{\sqrt{1-\zeta^2}}{\zeta}$。

可见,初级电源为正弦交流电时差动变压器式压力传感器的输出信号为一个欠阻尼衰减振荡信号。

4.3 传感器接口电路中的噪声问题

传感器电路中存在内部和外界干扰两种噪声,这些噪声将使得信息传输质量下降。机电一体化系统的信号检测多数是小信号、弱信号检测,设计中必须考虑噪声的影响。

产生噪声的因素很多,噪声的类型和特性各不相同,下面仅从低噪放大器设计和抑制内外干扰噪声的角度叙述传感器电路的降噪问题。

4.3.1 噪声类型和特性

根据形成噪声机理不同,可将噪声分为热噪声、散粒噪声和闪烁噪声三种。

1. 热噪声

导体中由电荷的热运动而产生的噪声称为热噪声。热噪声可表示为

$$E_t^2 = 4kTR\Delta f \tag{4.7}$$

式中，E_t 为热噪声电压有效值，单位为 V；k 为玻尔兹曼常数，$k = 1.38 \times 10^{-23}$ J/K；R 为产生热噪声的噪声源电阻，单位为 Ω；T 为绝对温度，单位为 K；Δf 为传感器的频带宽度，单位为 Hz。

当 $R = 1\ \mathrm{k\Omega}$，$\Delta f = 1$ Hz，$T = 300$ K 时，$E_t = 4$ nV。常将室温下的这一热噪声电压值作为计算热噪声电压的基数。热噪声与频率无关，也称作白噪声（图 4.4）。从式(4.7)可以看出，只要元件具有一定的电阻值，存在一定的温度，就会产生一定大小的热噪声电压，而与元件的制造方法无关。因此，降低热噪声只能从降低元件的工作温度入手，例如，采用散热、恒温等方法。

2. 散粒噪声

电流是由载有电荷的载流子的定向运动形成的。微观上电流是不连续的，微观载流子到达电极时电流的起伏，这就是噪声。将这种起伏噪声称为散粒噪声或肖特基噪声。散粒噪声电流可表示为

$$I_{sn}^2 = 2qI_{DC}\Delta f \tag{4.8}$$

式中，I_{sn} 为散粒噪声电流有效值，单位为 A；I_{DC} 为宏观直流，单位为 A；q 为单位电荷，单位为 C，$q = 1.602 \times 10^{-19}$ C；Δf 为传感器的频带宽度，单位为 Hz。

当高阻抗敏感元件与电路耦合时，容易产生散粒噪声。因此，设计高阻抗敏感元件接口电路时，散粒噪声是突出问题。

3. 闪烁噪声

当电流流过具有陷阱、晶格缺陷的元件电阻体时，产生闪烁噪声。闪烁噪声与外加电压有关，可表示为

$$E_f^2 = \alpha V_{DC}^2 \frac{\Delta f}{f} \tag{4.9}$$

式中，α 为比例系数；V_{DC} 为外加直流电压，单位为 V。外加直流电压的表达式为

$$V_{DC} = I_{DC}R \tag{4.10}$$

闪烁噪声的大小一般用噪声指数表示。以十倍频程内的噪声为基准，噪声指数定义为

$$NI = 10\lg \frac{\overline{E}_f^2}{V_{DC}^2} = 20\lg \frac{\overline{E}_f}{V_{DC}}$$

式中，NI 为噪声指数，单位为 dB；$\overline{E}_f$ 为十倍频程内闪烁噪声电压的平均值，单位为 μV。

由于式(4.10)中含有电阻参数，所以，噪声指数也与电阻值有关。不同材料的电阻元件，其噪声指数范围不同，闪烁噪声频率特性曲线见图 4.4。例如，碳膜电阻的噪声指数 NI 为 $-20 \sim 0$ dB，金属膜电阻的噪声指数 NI 为 $-40 \sim 10$ dB，绕线电阻的噪声指数很小。给定噪声指数值，就可以推算出闪烁噪声电压谱密度。

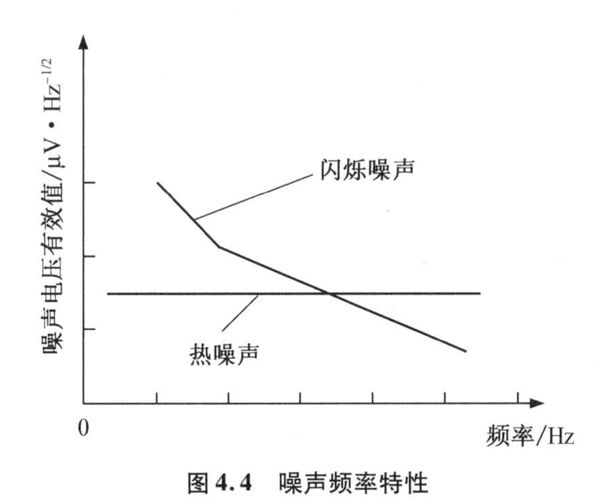

图4.4 噪声频率特性

4.3.2 理想放大器等效噪声模型

如图4.5所示理想放大器等效噪声模型,将实际放大器中的噪声等效为输入端的噪声电压和噪声电流,将放大器本身视为无噪声的理想放大器。由图4.5可见,当信号源内阻R_s很小时,噪声电流I_n在R_s上形成的电压很小,因此,噪声电压E_n是主要影响因素。于是,就存在一个与噪声电压E_n和噪声电流I_n相关的最佳信号源阻抗R_s。这就是在传感器放大器设计中要考虑的信号源与放大器之间的最佳阻抗匹配或阻抗变换的问题。

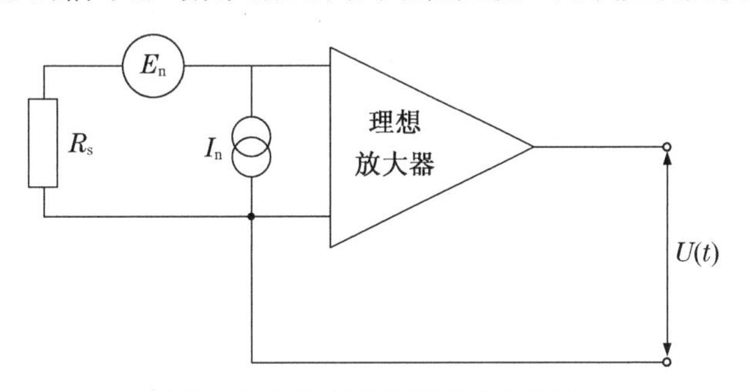

图4.5 理想放大器等效噪声模型

对场效应管的推导与晶体管相同,理想放大器的等效输入噪声电压E_n和噪声电流I_n为

$$E_n^2 = 4kTR_m\Delta f \tag{4.12}$$

式中,R_m是输入端等效电阻,$R_m \approx 1/g_m$,其中,g_m为跨导。

$$I_n^2 = 2qI_G\Delta f \tag{4.13}$$

式中,I_G为栅极泄漏电流,该电流易受偏置电压和温度的影响。

4.4 传感器模拟信号电路分析

在机电一体化系统中,常用的传感器模拟电路主要包括敏感元件接口、放大、滤波和补偿电路等,其中,敏感元件接口电路最为重要。接口电路和线性补偿电路的设计应该与敏感元件的特性相对应。信号放大、滤波具有一般信号处理电路的共性,应根据信号特性和要求设计。本节重点分析有源敏感元件和参数式敏感元件的接口电路。

4.4.1 有源敏感元件接口电路匹配条件

热电偶、光电管、压电元件等类型的敏感元件,其变换输出信号为电势、电流、电荷等有源信号,这种类型的敏感元件可等效为电压源或电流源,称为有源敏感元件。有源敏感元件的输出可与负载或放大器等信号处理电路直接连接,这种直接进行接口变换的方式称为直接接口变换方式。直接接口变换电路可等效为一负载阻抗,敏感元件等效为电压源。如图 4.6 所示,敏感元件环节的 $U_s(x)$ 为等效电压源(信号源),是敏感元件感知信号 x 的函数,Z_s 为电压源等效内阻,一般是复阻抗,可表示为

$$Z_s = R_s + jX_s = |Z_s| e^{j\phi_s}$$
$$|Z_s| = \sqrt{R_s^2 + X_s^2} \tag{4.14}$$
$$\phi_s = \arctan \frac{X_s}{R_s}$$

式中,R_s 为内阻,单位为 Ω;X_s 为内电抗,单位为 Ω;ϕ_s 为复阻抗的相位角,单位为 rad。

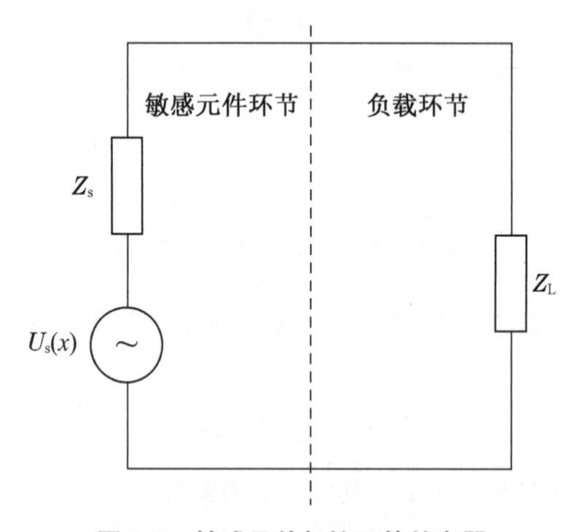

图 4.6 敏感元件与接口等效电器

同样,负载阻抗 Z_L 为

$$Z_L = R_L + jX_L = |Z_L| e^{j\varphi_L}$$
$$|Z_L| = \sqrt{R_L^2 + X_L^2} \tag{4.15}$$

$$\phi_L = \arctan \frac{X_L}{R_L}$$

式中,X_L 为负载电抗,单位为 Ω;φ_L 为负载阻抗的相位角,单位为 rad。

由于负载是信号源信息能量的吸收器,所以,负载吸收的信息能量越多,越有利于信息的传递。根据最佳信息能量传输效率原则,若两个环节之间存在最佳耦合条件或最佳匹配条件,则负载上的信号功率最大,负载上电流为

$$I_L = I = \frac{U_s(x)}{Z_s + Z_L} = \frac{U_s(x)}{Z_s} \frac{1}{1 + Z_L/Z_s} = \frac{U_s(x)}{Z_s} \frac{1}{1 + (|Z_L|/|Z_s|)e^{j(\phi_L - \phi_s)}} \tag{4.16}$$

负载功率为

$$P_L = I_L^2 |Z_L| = \frac{[U_s(x)]^2}{|Z_s|^2} \frac{|Z_L|}{1 + 2(|Z_L|/|Z_s|)\cos(\phi_L - \phi_s) + (|Z_L|/|Z_s|)^2} \tag{4.17}$$

式中,P_L 为负载功率,单位为 W。

设阻抗匹配系数为负载阻抗绝对值与信号源内阻抗绝对值之比,用符号 α_g 表示,则

$$\alpha_g = |Z_L|/|Z_s| \tag{4.18}$$

当 $\alpha_g = 1$,有 $|Z_L| = |Z_s| = |Z|$,称此条件为最佳阻抗匹配条件。

负载阻抗为零时,信号源功率为信号源短路功率,有

$$P_{KV_s}(x) = [U_s(x)]^2/|Z_s| \tag{4.19}$$

式中,$P_{KV_s}(x)$ 为信号源短路功率,单位为 W。

将式(4.18)与(4.19)代入式(4.17),得

$$P_L = P_{KV_s} \frac{\alpha_g}{1 + 2\alpha_g \cos(\varphi_L - \varphi_s) + \alpha_g^2} \tag{4.20}$$

由此可见,信号源短路功率 $P_{KV_s}(x)$ 反映了信号源的输出能力,是敏感元件输入信号 x 的函数,最大信号源短路功率对应输入信号 x 的上限值。

信息能量变换有效系数或变换效率为

$$\zeta_g = \frac{\alpha_g}{1 + 2\alpha_g \cos(\varphi_L - \varphi_s) + \alpha_g^2} \tag{4.21}$$

式中,ζ_g 为变换效率。

将式(4.21)代入式(4.20),得

$$P_L = \zeta_g \cdot P_{KV_s}(x) \tag{4.22}$$

可见,负载功率等于信号源短路功率与变换效率的乘积。变换效率 ζ_g 是阻抗匹配系数 α_g 和相位差 $(\varphi_L - \varphi_s)$ 的函数。

若设相位差不变,即 $(\varphi_L - \varphi_s)$ = 常数,则可求得最佳阻抗匹配条件下($\alpha_g = 1, |Z_L| = |Z_s| = |Z|$)的变换效率极大值 ζ_{gmax}。

令 $d\zeta_g/d\alpha_g = 0$,得

$$\zeta_{gmax} = \frac{1}{2[1 + \cos(\varphi_L - \varphi_s)]} \tag{4.23}$$

$$P_{\mathrm{Lmax}}=P_{KV_{\mathrm{s}}}(x)\cdot\zeta_{\mathrm{gmax}}=\frac{[U_{\mathrm{s}}(x)]^2}{2|Z_{\mathrm{s}}|^2[1+\cos(\varphi_{\mathrm{L}}-\varphi_{\mathrm{s}})]} \tag{4.24}$$

当相位差$(\varphi_{\mathrm{L}}-\varphi_{\mathrm{s}})=\pm180°$时,$\zeta_{\mathrm{gmax}}=\infty$,$P_{\mathrm{Lmax}}=\infty$,信号源内阻抗和负载阻抗之间表现出电抗和容抗特性,并且产生振荡,进行能量交换。

当相位差$(\varphi_{\mathrm{L}}-\varphi_{\mathrm{s}})=90°$时,$\zeta_{\mathrm{gmax}}=0.5$,$P_{\mathrm{Lmax}}=0.5P_{KV_{\mathrm{s}}}(x)$。

当相位差$(\varphi_{\mathrm{L}}-\varphi_{\mathrm{s}})=0°$时,$\zeta_{\mathrm{gmax}}=0.25$,$P_{\mathrm{Lmax}}=0.25P_{KV_{\mathrm{s}}}(x)$,此时$Z_{\mathrm{s}}$、$Z_{\mathrm{L}}$为纯电阻$R_{\mathrm{s}}$和$R_{\mathrm{L}}$,有如下关系式:

$$\alpha_{\mathrm{g}}=\frac{R_{\mathrm{L}}}{R_{\mathrm{s}}},\zeta_{\mathrm{g}}=\frac{\alpha_{\mathrm{g}}}{(1+\alpha_{\mathrm{g}})^2},P_{KV_{\mathrm{s}}}(x)=\frac{[U_{\mathrm{s}}(x)]^2}{R_{\mathrm{s}}} \tag{4.25}$$

归纳如下:

(1) 选用短路功率大的敏感元件

信号源短路功率由信号源参数$U_{\mathrm{s}}(x)$和Z_{s}确定,完全由敏感元件的自身特性决定。因此,不同特性的有源敏感元件具有不同的短路功率值。例如,热电式、电磁感应式敏感元件的短路功率一般为$10^{-4}\sim1$ W;压电式敏感元件的短路功率一般为$10^{-6}\sim10^{-4}$ W。由于短路功率反映敏感元件的输出能力,所以,设计时应尽可能选用短路功率大的敏感元件,这样才能获得大的负载功率。

(2) 负载功率与α_{g}和ζ_{g}匹配

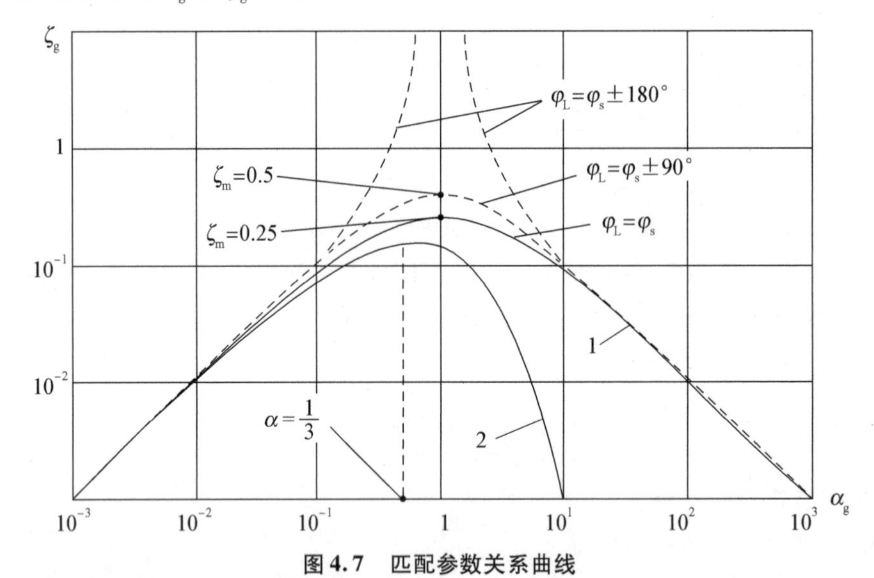

图 4.7 匹配参数关系曲线

敏感元件与负载之间的配合程度与参数α_{g}和ζ_{g}有关。根据式(4.21)得到的α_{g}和ζ_{g}间的函数关系曲线见图4.7,曲线“1”是$(\varphi_{\mathrm{L}}-\varphi_{\mathrm{s}})=0°$的曲线,即$Z_{\mathrm{s}}=Z_{\mathrm{L}}$、$Z_{\mathrm{L}}=R_{\mathrm{L}}$情况下的$\alpha_{\mathrm{g}}$与$\zeta_{\mathrm{g}}$关系曲线,从图4.7看出以下几点。

① 在$\alpha_{\mathrm{g}}=1$是曲线“1”顶点,获得最大变换效率。若用ζ_{m}表示最大变换效率,则$\zeta_{\mathrm{m}}=0.25$。通常,将$\alpha_{\mathrm{g}}=1$作为传感器设计的最佳阻抗匹配设计条件。

② 在$\alpha_{\mathrm{g}}=0.1\sim10$区域内,存在最佳匹配区间。当$\alpha_{\mathrm{g}}=0.1\sim10$,曲线“1”比较平坦,$\zeta_{\mathrm{g}}$值不超过最大变换效率0.25;当$\alpha_{\mathrm{g}}$小于1,$\zeta_{\mathrm{g}}$随$\alpha_{\mathrm{g}}$变大而变大;当$\alpha_{\mathrm{g}}$大于1,$\zeta_{\mathrm{g}}$随$\alpha_{\mathrm{g}}$变大

而变小。这是设计中满足最大变换效率的最佳匹配区间要求。若系统设计满足 $\alpha_g \sim \zeta_g$ 最佳匹配区间要求，则可以提高产品的优良率或合格率。阻抗匹配系数范围越小，产品合格率越小，但性能越好，因此可以适当减小阻抗匹配系数范围，如取曲线“1”的最佳匹配区间为 $\alpha_g = 0.5 \sim 5$。

③ 失配状态下变换效率低。称 $\alpha_g < 0.1$ 和 $\alpha_g > 10$ 的范围为失配区域。从曲线“1”可以看出，当 $\alpha_g > 10$ 时，ζ_g 与 α_g 近似呈线性上升关系；当 $\alpha_g < 0.1$ 时，ζ_g 与 α_g 近似呈线性下降。失配状态下变换效率 ζ_g 低。实际设计中，有时为了补偿因失配而造成的能量损失，可以从被测量取得更多的能量，或者采取增加环节数等措施，但这将使系统复杂化，降低系统响应速度。

最佳阻抗匹配条件和最佳匹配区间是传感器接口电路设计中必须遵循的一般原则。满足这个设计原则，关键是要解决两个传递环节之间的信号能量耦合问题。这里没有考虑噪声的存在，当考虑噪声影响时，两环节间信号、能量的传递在保证最大信噪比情况下，要兼顾阻抗匹配。

(3) 最大能量传递效率

能量传递效率 η 与变换效率 ζ_g 不同，ζ_g 是负载对等效电压源(信号源)短路功率的利用系数，而 η 则表示负载功率与等效电路总功率的比值。能量传递效率 η 为

$$\eta = \frac{P_L}{P} = \frac{I^2 R_L}{I^2(R_L + R_s)} = \frac{R_L}{2R_L} = \frac{1}{2} = 50\% \tag{4.26}$$

因此，曲线“1”的最佳阻抗匹配时的最大能量传递效率为50%。

(4) 直接接口的变换特性

负载电压为

$$V_L = U_s(x)\frac{R_L}{R_s + R_L} \tag{4.27}$$

式(4.27)反映出曲线“1”的负载电压 V_L 与信号源电压 $U_s(x)$ 之间具有良好的线性关系。

因此，对于有源敏感元件接口电路来说，采用直接接口变换电路有较好的变换特性。

4.4.2　参数式敏感元件接口电路匹配条件

参数式敏感元件是指信号变换输出量是电路参数的敏感元件，这些电参量自身不能运载信息继续传递，必须外加激励电源通过接口电路转换。当负载环节与敏感元件串接时，称为串接式接口电路(图4.8)。E_0 是外加激励直流电源，与敏感元件 $R_s(x)$ 和负载 R_L 串联连接。

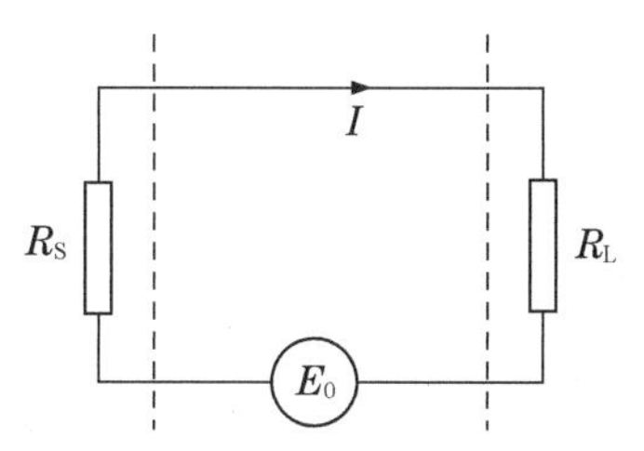

图4.8　参数式敏感元件接口等效电路

下面以电阻式敏感元件为例分析。

根据线性电路的分解原理，将电路分解为静止和工作两种状态的叠加。分解电路如图4.9所示。

当输入信号 $x=0$ 时，则电路处于静止工作状态。静止状态是外加电源 E_0 激励状态，电源供给电路能量，但不传递信息。在静止状态，$R_s(x)=R_s(0)=R_s$，$I=I_0$，$\Delta R_s=0$，$\Delta I=0$。

当 $x\neq 0$ 时，设 $R_s(x)=R_s\pm\Delta R_s$，$I=I_0\pm\Delta I$。此时，电路通过动态电流 ΔI 实现信息传递，电路处于动态工作状态，因为 $\Delta I\neq 0$，所以，$R_s(x)$ 偏离静态值 $R_s(0)$，偏差 $\Delta R_s\neq 0$。

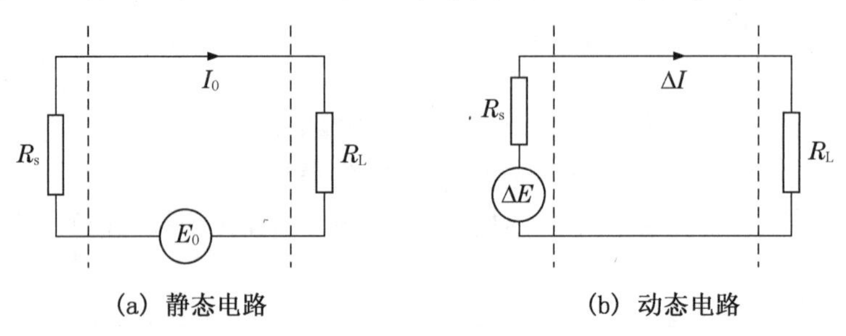

(a) 静态电路　　(b) 动态电路

图4.9　参数式敏感元件串接接口状态分解电路

(1) 静态电流 I_0 表达式

由图4.9(a)静态电路，求得静态电流 I_0 为

$$I_0=\frac{E_0}{R_s+R_L} \tag{4.28}$$

这里，静态电流 I_0 是电源激励的电流，不运载信息。

根据图4.8，得

$$I=\frac{E_0}{R_s(x)+R_L} \tag{4.29}$$

将式(4.29)两边取对数后再微分，得

$$\frac{\Delta I}{I}=\frac{\Delta E_0}{E_0}-\frac{\Delta R_s+\Delta R_L}{R_s(x)+R_L}$$

因为 E_0、R_L 为常数，所以，$\Delta E_0=0$、$\Delta R_L=0$，$\frac{\Delta I}{I}=-\frac{\Delta R_s}{R_s(x)+R_L}$。当 $\Delta I\to 0$ 时，又有 $I\approx I_0$，$R_s(x)\approx R_s(0)=R_s$，则动态电流 ΔI 表达式为

$$\Delta I=\frac{-I_0\Delta R_s}{R_s+R_L} \tag{4.30}$$

(2) 动态电流 ΔI 表达式

由图4.9(b)动态电路得

$$\Delta I=\frac{\Delta E}{R_s+R_L} \tag{4.31}$$

比较式(4.30)和式(4.31)，得等效电势 ΔE 为

$$\Delta E=-I_0\Delta R_s \tag{4.32}$$

由式(4.28)和式(4.32)可见,等效电势 ΔE 为静态电流 I_0 的激励,并且是由 $R_s(x)$ 产生的偏差 ΔR_s 产生的等效电势;由于等效电势 ΔE 也产生动态电流 ΔI,动态电流 ΔI 是信息的载体信号,故系统将实现信息传递,完成从参数信号 ΔR_s 到电量信号 ΔI 的变换任务。

下面分析动态电路最佳耦合条件。

由动态电路图4.9(b)得动态电流在负载 R_L 上产生负载功率为

$$P_L = (\Delta I)^2 R_L = \frac{(\Delta E)^2}{R_s} \frac{R_L/R_s}{(1+R_L/R_s)^2} \tag{4.33}$$

等效电势 ΔE 的短路功率 $P_{K\Delta E}$ 为

$$P_{K\Delta E} = \frac{(\Delta E)^2}{R_s} \tag{4.34}$$

令阻抗匹配系数为

$$\alpha = \frac{R_L}{R_s} \tag{4.35}$$

将式(4.34)、式(4.35)代入式(4.33),可得

$$P_L = P_{K\Delta E} \frac{\alpha}{(1+\alpha)^2} \tag{4.36}$$

而由图4.9(a)静态电路得到的直流电源 E_0 短路功率 P_{KE_0} 为

$$P_{KE_0} = \frac{E_0^2}{R_s} \tag{4.37}$$

设电阻的相对变化率为敏感元件灵敏度,用 ε 表示,即

$$\varepsilon = \frac{\Delta R_s}{R_s} \tag{4.38}$$

将式(4.34)做变换

$$P_{K\Delta E} = \frac{(\Delta E)^2}{R_s} = \frac{(I_0 \Delta R_s)^2}{R_s} = \frac{(\Delta R_s)^2}{R_s^2} R_s \left(\frac{E_0}{R_s + R_L}\right)^2 = \varepsilon^2 \frac{E_0^2}{R_s} \left[\frac{1}{1+\frac{R_L}{R_s}}\right] = \varepsilon^2 P_{KE_0} \frac{1}{(1+\alpha)^2} \tag{4.39}$$

用式(4.39)的短路功率 $P_{K\Delta E}$ 表达式代入式(4.36),则有

$$P_L = P_{K\Delta E} \frac{\alpha}{(1+\alpha)^2} = \varepsilon^2 P_{KE_0} \frac{\alpha}{(1+\alpha)^4} \tag{4.40}$$

令变换效率 ζ 为

$$\zeta = \frac{\alpha}{(1+\alpha)^4} \tag{4.41}$$

于是,得负载功率为

$$P_L = \varepsilon^2 P_{KE_0} \zeta \tag{4.42}$$

归纳如下：

① 负载功率 P_L 与直流电源短路功率 P_{KE_0} 成正比，而 P_{KE_0} 与直流电源电压的平方成正比。

增加直流电源的电压值，可增加负载上的信号功率。但是，直流电源电压值的增加受敏感元件参数 $R_s(x)$ 所容许功耗的限制，所以设计电源电压值时，必须考虑敏感元件所能承受的功耗。另外，由于负载功率与电源电压的平方成正比，电源电压的稳定性对负载功率的稳定性有很大影响，所以设计时必须选用高稳定电源。

② 负载功率与敏感元件相对灵敏度 ε 的平方成正比，增加敏感元件相对灵敏度将增加负载功率。

③ 负载功率与接口电路匹配程度系数 α 和 ζ 有关。

电路匹配程度系数 α、ζ 的关系表达式见式(4.42)，其关系曲线见图4.7曲线“2”。最佳阻抗匹配条件下，$\alpha=1/3$，最大变换效率 $\zeta_m=27/256$，最大能量传递效率 $\eta_m=25\%$。可见，参数式敏感元件的变换效率 ζ 与能量传递效率 η 低于有源敏感元件。曲线“2”顶部比曲线“1”尖锐，也就是说，参数式敏感元件的串接式接口电路变换的匹配程度比有源敏感元件接口电路更严格。

一般地，参数式敏感元件串接式接口电路存在两次匹配。第一次，为了获得尽可能大的等效作用电势 ΔE，按等效作用电势的短路功率 $P_{K\Delta E}$ 进行匹配，以求获得最大等效激励能量。第二次，按负载功率 P_L 进行匹配，以求等效作用电势 ΔE 能供给负载最大负载功率。将两次匹配条件相乘得到参数式敏感元件串接式接口电路的匹配条件，从而强化了匹配条件的严格性。

④ 参数式敏感元件串接式接口电路的输入输出关系呈非线性。

将式(4.29)变为

$$I=I_0\pm\Delta I=\frac{E_0}{R_L+R_s\pm\Delta R_s} \tag{4.43}$$

由式(4.43)可见，电流 I 与 $R_s(x)$ 成非线性关系，即电流 I 与信号 x 或 ΔR_s 成非线性关系。

⑤ 当输入信号 $x=0$ 时，$I_0\neq0$，即输出电流不会为零。可在耦合环节间加隔离电容解决这个问题。

例4.2：分析如图4.10所示分压式接口电路。图4.10中 E_0 为外激励电源，R_1 是与参数式敏感元件 $R_s(x)$ 串接的电阻。

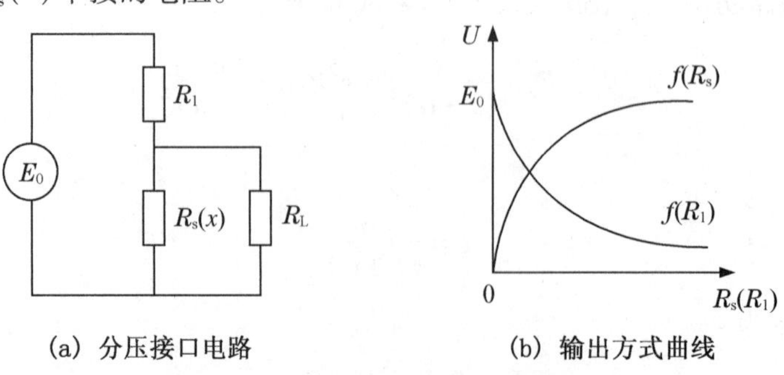

(a) 分压接口电路　　(b) 输出方式曲线

图4.10　参数式敏感元件分压接口

分压式接口电路取得分压输出信号的方式灵活，既可以从 R_1 两端输出分压信号，又可以从 $R_s(x)$ 两端输出分压信号，分压曲线形状见图4.10中 $f(R_s)$ 和 $f(R_1)$，$f(R_s)$ 和 $f(R_1)$ 趋势相反。R_L 是分压输出端的等效负载电阻，负载电压为

$$U_L = E_0 \frac{R_s(x)//R_L}{R_1 + R_s(x)//R_L} = E_0 \left[\left(\frac{R_s(x)R_L}{R_s(x)+R_L} \right) \Big/ \left(R_1 + \frac{R_s(x)R_L}{R_s(x)+R_L} \right) \right] \tag{4.44}$$

假设，负载 R_L 等于接口电路的输入阻抗，接口电路的输入阻抗近似为 $R_L \to \infty$，输出为空载状态。

接口电路输出空载电压表达式为

$$V_L = E_0 \frac{R_s(x)}{R_1 + R_s(x)} \tag{4.45}$$

下面讨论空载时分压式接口电路的信号传递特性。

从式(4.45)可见，空载输出信号电压 V_L 与敏感元件输出信号 $R_s(x)$ 之间具有非线性特性，即分压式接口电路的信号传递特性是非线性的。对式(4.45)两边取微分，并考虑当 $x=0$ 开始作小增量变化时，$R_s(x) \approx R_s(0) = R_s$，则有

$$\Delta V_L = E_0 \frac{R_1 \Delta R_s}{(R_1 + R_s)^2} \tag{4.46}$$

设敏感元件相对灵敏度 $\varepsilon = \Delta R_s / R_s$，那么，得到电路分压比为

$$b = \frac{V_{R_1}}{V_{R_s}} = \frac{IR_1}{IR_s} = \frac{R_1}{R_s} \tag{4.47}$$

式中，b 为分压式接口电路的分压比。

将 b 表达式(4.47)代入式(4.46)，得

$$\Delta V_L = E_0 \varepsilon \frac{b}{(1+b)^2} \tag{4.48}$$

则输出电压灵敏度为

$$s_V = \frac{\Delta V_L}{E_0} = \varepsilon \frac{b}{(1+b)^2} \tag{4.49}$$

式中，s_V 为分压式接口电路的输出电压灵敏度。

由式(4.49)可求得最大输出电压灵敏度条件下的最佳分压比值为

$$b_{opt} = 1 \tag{4.50}$$

式中，b_{opt} 为最佳分压比值，此时最大输出电压灵敏度为

$$s_{V\max} = \frac{1}{4}\varepsilon \tag{4.51}$$

式中，$s_{V\max}$ 为最大输出电压灵敏度。

由此可知，分压式接口电路在最佳灵敏度条件下，电路参数 $R_1 = R_s = R_s(0)$，当敏感元件产生4%的相对变化时，输出电压信号为电源电压的1%。因此，增加电源电压值可提高输出信号电压幅度，但电源电压增加同样要受到敏感元件容许功耗的限制。

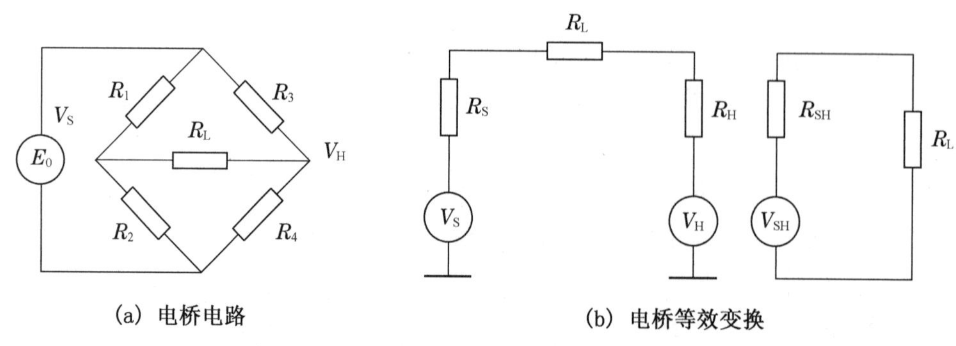

(a) 电桥电路　　　　(b) 电桥等效变换

图 4.11　电桥接口电路

例 4.3: 由电阻应变片组成惠斯顿电桥(单臂等臂电桥),如图 4.11 所示。设工作臂为 R_2,电源 $E_0 = 1$ V,$\Delta R/R = K_0\varepsilon$,系数 $K_0 = 2.0$,$\varepsilon = 1\times10^{-3}$,求电桥空载输出电压及电压灵敏度。

解: 电桥空载输出电压(即电桥电路方程)为

$$V_L = E_0\frac{K_0\varepsilon}{4+2K_0\varepsilon} = \frac{E_0K_0\varepsilon}{4} = 0.5\ \text{mV}$$

$$S_V = \frac{V_L}{E_0} = 0.5$$

例 4.4: 求例 4.3 中应变电阻构成全差动等臂电桥时的空载输出电压及电压灵敏度。

解: 根据电桥电路方程,有

$$V_L = E_0K_0\varepsilon = 2\ \text{mV}$$

$$S_V = \frac{V_L}{E_0} = 2$$

当电桥初始平衡时,在两串联支路中的桥臂阻值相等,而不同支路中的桥臂阻值不等,这种电桥称为串联对称电桥。例如,$R_1 = R_2 = R$,$R_3 = R_4 = R'$,$m = R/R' \neq 1$,m 为不同支路臂比。根据工作臂个数及分布位置的不同,串联对称电桥也可分成各种工作方式的电桥。下面仅讨论单臂串联对称电桥。

设工作臂为 $R_2(x)$。当输入信号 $x = 0$ 时,根据电桥平衡条件及串联对称定义,有

$$R_1 = R_2(0) = R \quad R_3 = R_4 = R' \quad m = R/R' \neq 1$$

当 $x \neq 0$ 时,$R_2(x) = R_2(0) + \Delta R_2 = R + \Delta R_2 = R(1+\varepsilon)$,电桥偏离平衡。

电桥空载输出电压、电压灵敏度为

$$V_L = \frac{E_0\varepsilon}{2(2+\varepsilon)} \tag{4.52}$$

$$S_V = \frac{\varepsilon}{2(2+\varepsilon)} \tag{4.53}$$

将串联对称电桥变换为等效信号源(方法如同等臂电桥),信号源电压及内阻分别为

$$V_{SH} = \frac{E_0\varepsilon}{2(2+\varepsilon)} \tag{4.54}$$

$$R_{SH} = \frac{2R(1+\varepsilon) + R'(2+\varepsilon)}{2(2+\varepsilon)} \tag{4.55}$$

可求得负载功率为

$$P_{\mathrm{L}}=V_{\mathrm{SH}}^{2}\frac{R_{\mathrm{L}}}{(R_{\mathrm{SH}}+R_{\mathrm{L}})^{2}} \tag{4.56}$$

最佳阻抗匹配条件($R_{\mathrm{SH}}=R_{\mathrm{L}}$)下的最大负载功率为

$$P_{\mathrm{Lmax}}=\frac{E_{0}^{2}\varepsilon^{2}}{4(2+\varepsilon)^{2}}\times\frac{2(2+\varepsilon)}{4[2R(1+\varepsilon)+R'(2+\varepsilon)]} \tag{4.57}$$

若忽略式(4.57)分母中的微小项 ε,并令 $R'\to 0$,则得到

$$P_{\mathrm{Lmax}}\approx\frac{E_{0}^{2}\varepsilon^{2}}{32R} \tag{4.58}$$

式(4.58)就是单臂串联对称电桥的最大负载功率表达式。

同样,可得到单臂等臂电桥最大负载功率为 $P_{\mathrm{Lmax}}\approx E_{0}^{2}\dfrac{\varepsilon^{2}}{64R}$。

如果将式(4.58)与单臂等臂电桥最大负载功率相比较,可以发现,当 $R'\to 0$ 时,前者是后者的 2 倍;当 $R'\to 0$ 时,相当于串联支路 R_3、R_4 为零,即电路短路。因此,设计单臂串联对称电桥时,为了提高负载功率,在电源功率允许下,应尽量减小不含工作臂支路的桥臂电阻。

对于并联对称电桥,单臂工作臂为

$$R_{2}(x)=R_{2}(0)+\Delta R_{2}=R+\Delta R_{2}=R(1+\varepsilon)$$

也可以求得电桥空载输出电压及电压灵敏度为

$$V_{\mathrm{L}}=\frac{E_{0}\varepsilon}{(1+m)(1+\varepsilon+m^{-1})} \tag{4.59}$$

$$S_{V}=\frac{\varepsilon}{(1+m)(1+\varepsilon+m^{-1})} \tag{4.60}$$

从式(4.59)和式(4.60)可见,影响单臂并联对称电桥空载输出的因素,除前面讨论的一些因素之外,又多了一个同一支路臂比的影响。而且,不论 m 取值如何,都将影响单臂并联对称电桥空载输出,这是电桥设计中必须注意的又一个问题。

单臂并联对称电桥在最佳阻抗匹配条件下的最大负载功率为

$$P_{\mathrm{Lmax}}=\frac{E_{0}^{2}\varepsilon^{2}}{4R(m+1)(1+\varepsilon+m^{-1})(2+2\varepsilon+2m^{-1}+\varepsilon m^{-1})}\approx\frac{E_{0}^{2}\varepsilon^{2}}{8}\times\frac{RR'}{(R+R')^{3}} \tag{4.61}$$

归纳直流电桥的设计问题如下:

① 串联对称电桥具有较好的功率传递特性。

设计时只要使不同支路臂比 $m>2$,便可充分利用电源允许功耗获得较大负载功率。同时,在尽可能保持最佳阻抗匹配条件的情况下,减小不含工作臂支路的电阻,保证电源功率利用系数在 $\varepsilon^{2}/16\sim\varepsilon^{2}/8$ 之间。

② 可根据电源功率利用系数计算电源电压值。

③ 可从匹配条件出发计算电桥结构参数。

④ 电桥输出信号电压对地不为零,即输出电压不能接地。

4.5 常用传感器接口信号放大电路

传感器接口信号放大电路亦称放大器,用于将传感器或经基本转换电路输出的微弱信号不失真地加以放大,以便进一步信号加工和处理。通常,传感器输出信号较弱,有时可小到0.1 μV,而且动态范围较宽,往往有很大的共模干扰电压。放大电路需要检测叠加在高共模电压上的微弱信号,因此要求放大电路具有高输入阻抗、共模抑制能力强、失调及漂移小、噪声低、闭环增益稳定性高等性能。

根据放大电路结构的不同,可分为直流耦合放大器和交流耦合放大器。根据放大器放大级的数量,放大器又可分为单级放大器和多级放大器。在单级放大器中,如果采用的是晶体管放大器,可以分为共射极、共基极、共集电极放大器;如果采用的是场效应管放大器,则分为共源、共栅、共漏放大器。在机电一体化的测控系统中,典型前级信号放大器有测量放大器、程控增益放大器和隔离放大器。

4.5.1 放大器的技术指标

由前所述,传感器的输出信号较微弱,需要将信号放大后处理。放大电路则是实现这一功能的基本电子电路,在测试、通信等方面有着广泛的应用。

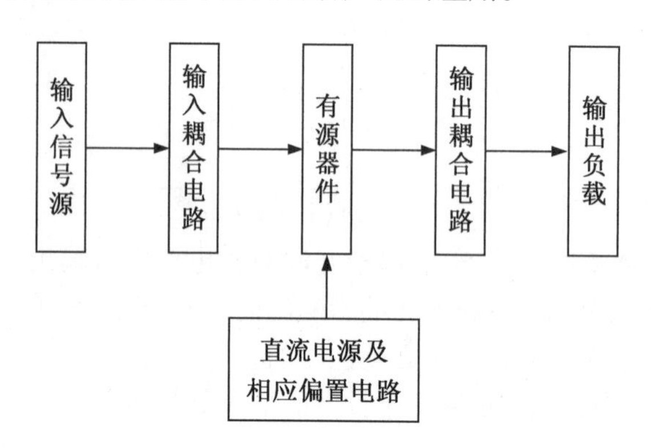

图 4.12 基本放大器结构框图

如图 4.12 所示,一个直流耦合放大器的结构应由直流电源和相应的偏置电路、输入信号源、输入耦合电路、有源器件、输出耦合电路及负载等组成。直流电源和相应的偏置电路为晶体管提供了静态工作点,以保证晶体三级管工作在放大区和场效应管工作在饱和区。输入信号源是待放大的输入信号,输入耦合电路将输入信号耦合到放大器(有源器件)上,输出耦合电路将放大后的信号耦合到负载。在输入信号的作用下,通过晶体三级管或场效应管等有源器件的控制,得到负载输出信号。

对于通用放大器而言,主要用放大器的放大倍数、输入阻抗、输出阻抗、通频带、信噪比等衡量其性能。

(1) 放大倍数

放大倍数又称为放大器增益,是衡量放大器放大能力的技术指标。通常有电压放大倍数、源电压放大倍数、电流放大倍数、源电流放大倍数等。电压放大倍数 A_u 表达式为 A_u =

U_o/U_i,式中,U_o 和 U_i 分别为输出端电压和输入端电压向量,单位为V。源电压放大倍数 A_{us} 表达式为 $A_{us}=U_o/U_s$,式中,U_s 是输入源电压向量,单位为V。电流放大倍数 A_i 表达式为 $A_i=I_o/I_i$,式中,I_o 和 I_i 分别为输出端电流和输入端电流向量,单位为A。源电流放大倍数 A_{is} 表达式为 $A_{is}=I_o/I_s$,式中,I_s 输入源电流向量,单位为A。

(2) 输入阻抗 R_i

输入阻抗是放大器输入端的交流等效阻抗,其表达式为

$$R_i=U_o/I_i$$

当输入信号为电压激励时,输入阻抗电阻值越大,表明信号源给放大电路输出的电流越小,则放大电路输入端的电压 U_i 越接近信号源电压 U_s。

(3) 输出阻抗 R_o

输出阻抗是负载开路时,输出端的交流等效阻抗,其大小反映了放大器带负载的能力。当输出信号取电压量时,输出阻抗越小,放大器带负载的能力越强。

(4) 通频带 $BW_{0.7}$

一般情况下,一种放大器只适合于放大某一频段的信号,当信号频率太高或者太低时,由于电路中电抗元件和晶体管结电容的影响,放大倍数会下降。当信号频率升高,使放大器放大倍数下降为中频放大倍数的0.707倍(下降3 dB)时,所对应的信号频率称为上限截止频率。当信号频率降低,使放大器放大倍数下降为中频放大倍数的0.707倍(下降3 dB)时,所对应的信号频率称为下限截止频率。上限截止频率与下限截止频率分别用 f_H 和 f_L 表示,它们之间的频率范围称为通频带,用 $BW_{0.7}$ 表示,$BW_{0.7}=f_H-f_L$。

4.5.2 测量放大器

在应用中,传感器输出的信号往往较弱,而且其中包含了工频、静电、电磁耦合等共模干扰信号,对这种信号的放大就需要放大电路具有很高的共模抑制比以及高增益、低噪声和高输入阻抗。一般将具有这种特点的放大器称为测量放大器或仪表放大器。

为了与传感器电路或基本转换电路相匹配,希望放大器具有较高的输入阻抗。图4.13是同相输入差分放大器,两输入信号均采用同相输入以提高输入阻抗。为保证共模抑制比,取 $R_1R_{f1}^{-1}=R_{f2}R_4^{-1}$,则放大器输出为

$$U_o=(1+R_{f2}R_4^{-1})(U_2-U_1) \tag{4.62}$$

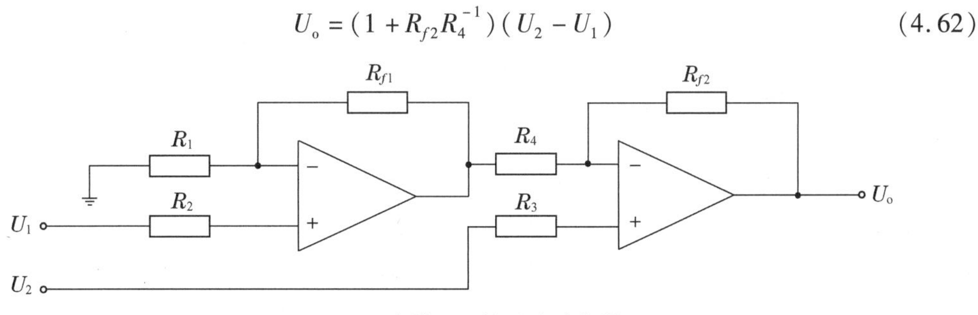

图4.13　高输入阻抗差分放大器

常用的测量放大器有高输入阻抗反相放大器、交流信号放大同相输入放大器、高共模抑制比放大器、同相输入并串联式差分测量放大器、小信号双线变送器等等。

4.5.3 隔离放大器

测量放大器必须对输入偏流提供一条返回通路,而高共模电压会损坏输入电路,因此,在输入电路与输出电路间常采用隔离放大器隔离。

隔离放大器亦称为隔离器,其输入、输出电路分别与电源在电流和电阻上无直接的电路耦合,是隔离的。采用浮离输入设计,可完全消除信号源端和放大器输出端的耦合。因而,隔离放大器是一种既具有一般通用运算放大器特性,又在其输入电路和输出电路间(包括它们所使用的电源间)无直接耦合通路的放大器,其信息传递是通过磁路或光路来实现的。隔离放大器具有以下特点。

① 具有保护系统的元件不受高共模电压(CMV)损坏的能力。

② 由于隔离放大器的前端完全是浮离的,所以没有外偏流流入引线,泄漏电流很低,解决了噪声问题,且无需对偏流提供返回通路。

③ 由于从输入端到公共端的电容和漏导很小,有高的共模抑制能力,所以能对直流或低频信号(电压或电流)进行安全准确的测量。

隔离放大器按耦合方式的不同,可以分为变压器耦合、电容耦合和光电耦合三种。

隔离放大器的主要技术指标有两类:性能指标和隔离指标。性能指标除了运算放大器和仪器放大器所要求的一般指标外,还有非线性、输入端对输出端的共模抑制、输入端对防护端的共模抑制、折合到输入端的失调电压、输入噪声等特殊指标。隔离和保护指标包括最大安全差分输入、输入对输出的共模电压、泄漏电流和过载电阻等。

隔离放大器主要应用场合有:测量处于高共模电压下的低电平信号、消除由于信号源地网络的干扰所引起的误差、避免形成地回路及其寄生拾取问题(不需要对偏流提供返回通路)、保护应用系统电路不致因输入端或输出端过高的共模电压造成损坏、为仪器仪表提供安全接口等。

4.5.4 可编程增益放大器

在多通道或多参数的模拟输入通道中,多个通道或多个参数共用一个测量放大器。由于各通道或各参数送入放大器的信号电压不同,但都要放大至 A/D 转换器输入要求的标准电压,因而对于不同通道或参数,测量放大器的增益是不同的。因此,当多个模拟信号通道的信号需要用一个放大器时,且要求增益不同时,可采用可编程放大器,由计算机控制选择增益。

程控增益放大器可由测量放大器、模拟开关及电阻网络来实现,也可采用集成程控测量放大器。

自动增益控制电路(简称 AGC 电路)是传感器接收电路中普遍采用的一种反馈控制电路。传感器的输出信号往往随着被测对象的变化,其信号强度有很大差异,变化范围可达几十微伏至几百毫伏。在这种情况下,如果传感器的输出电路采用恒定增益放大,则无法同时满足灵敏度和动态范围的要求,如要接收灵敏度高,即希望增益大,但信号强时,后级放大器将超载;反之,为保证信号强时不超载,则希望增益小,这时接收灵敏度必然降低。解决这一矛盾的办法是在传感器的输出放大电路中加入 AGC 电路。AGC 电路的作用是当输入信号强度在很大范围内变化时,保持接收电路输出电平基本恒定或在一个允许的小范围内变化。根据传感器信号转换原理,放大器输出等于输入与增益的乘积,当输入变化、输出基本不变时，只能控制放大器的增益使其大小按信号转换关系做相应变化，即输入信号强时，增益减小；输入信号弱时，增益增大。这种增益在电路中是通过反馈回路来实现的，能自动跟随输入信号强弱而变化。

反馈回路对输出电平的微小变化（由输入引起）进行取样检测，产生一个能反映输入变化的控制信号，并利用该信号去调节放大器的增益，从而抵消或削弱输入信号强度的变化、对信号动态范围压缩，使输出信号幅度稳定在一个动态范围内。

程控增益运算放大电路是数字式自动增益控制（DAGC）电路的核心部分，它在控制信号作用下改变增益，从而改变输出信号的大小，达到控制输出信号电平的目的，它直接关系到 DAGC 电路的动态范围和增益控制精度。程控增益运算放大电路既是 DAGC 系统的可控增益电路，又是信号通道，因此要求程控增益电路只改变增益而不能导致信号失真。

控制放大器增益的方式主要有以下几种。

（1）传统自动增益控制电路多采用场效应晶体管。利用其可变电阻特性，实现增益的自动连续控制。这种方法比较经济，采用多级控制，可以提高控制范围，控制特性是线性的，但是很难满足复杂系统的可靠性、控制精度等指标的要求。

（2）采用普通固定增益运算放大器加数控可调电路，将数控可调电阻放在运算放大电路的反馈回路中，通过调节回路电阻的阻值达到改变放大电路增益的目的。但是数控可调电阻的噪声一般比较大，当经过高增益运放后，可能导致出现整个电路的噪声，输出信号的信噪比严重降低。

（3）应用集成程控增益放大器 VGA（Variable Gain Amplifier）。早期的 VGA 是通过在固定增益放大器中接入开关来调节其增益，后来利用步进衰减器和固定增益放大器实现更大范围内的离散增益控制，目前，利用模拟技术，如模拟乘法器、电压可变增益衰减器（VVA）、增益内插器实现增益连续电压控制。

（4）采用可编程放大器自动调节增益。在程序控制下的测量系统，需要将被测信号调整到合适的幅度，即要求系统具有信号调节的功能，通常采用可编程增益调节。例如，可编程放大器、采样保持放大器和 A/D 转换器组合，配置适当的软件，很容易实现传感器输出信号的自动增益控制或量程自动转换；由可编程放大器和 D/A 转换器组合，可构成减法器电路，间接地提高输入信号的分辨率；可编程放大器与乘法 D/A 转换器组合，构成可编程低通滤波器，能够适当地调节信号并滤除干扰。可编程增益放大器的应用十分广泛。

4.6　传感器输出的数字变换与数字接口

现代传感器多利用微处理器进行信号处理，不仅可以提高信号处理质量、处理方法灵活方便，还可以实现复杂的功能控制。敏感元件与微处理器相结合，是智能传感器的主要硬件结构。由图 4.1 传感器的组成可见，传感器的数字信号处理电路包括数字变换电路、数字接口电路、微处理器及相关软件等。模拟信号 x_3 是微处理器前置通道电路的输入，必须经过数字变换电路和数字接口电路处理后，才能送入微处理器进行数字信号处理。因此，现代传感器接口电路设计中，还必须进行模拟信号的数字变换，解决数字信号与微处理器之间的数据传送，即数字接口问题。

通常，传感器输出信号的形态不能直接转换为数字信号。因此，在将传感器输出信号转换成数字量之前,需要根据传感器输出信号方式不同做某些预处理,下面介绍几种基本数字变换结构形式。

4.6.1 多路转换开关转换结构形式

(1) 多传感器预处理后模拟信号、单数字信号输出的多路转换开关。

多个传感器输出多路模拟信号,每路分别进行信号预处理后,由多路转换开关切换成单路信号,再经采样保持器、A/D 转换器转换成数字信号输出。

数字变换过程中,各通道信号的输入、输出关系由逻辑控制电路控制。系统结构如图 4.14 所示,模拟信号预处理包括放大、滤波等电路。信号预处理的目的是确保送入 A/D 转换器的信号幅度、频带宽度满足 A/D 转换器对输入信号幅度、转换速度、转换精度的要求。因为采样保持放大器具有一定的信号锁存功能,所以采用采样保持放大器对 A/D 转换器的输入信号起提纯、稳定的作用,从而改善 A/D 转换器的转换速度。图 4.14 所示为多路转换开关(一)的数字变换系统结构,具有工作可靠、稳定等优点。

(2) 多传感器直接输出信号输入、单数字信号输出多路转换开关。

多路传感器信号直接送入多路转换开关,切换成单路信号,再由一仪表放大器将单路输出信号处理,经采样保持、放大送 A/D 转换器转换成数字信号输出。不同通道信号输入、输出控制关系由编程逻辑电路实现控制。系统结构如图 4.15 所示,使用一个仪表放大器,电路结构简单,但仪表放大器不能使每路的共模干扰都保持平衡差动输入。另外,由于每路传感器信号未经预处理,所以,要求各传感器具有较高输出电平。图 4.15 多路转换开关(二)的数字变换系统的变换性能较差,只适宜对数字变换要求不高的场合。

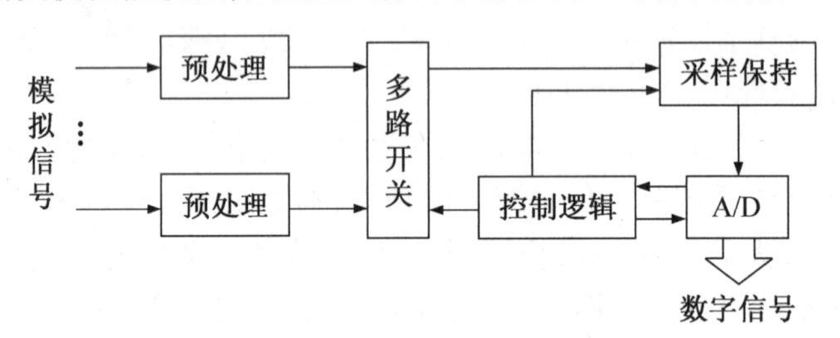

图 4.14 多路转换开关(一)系统图

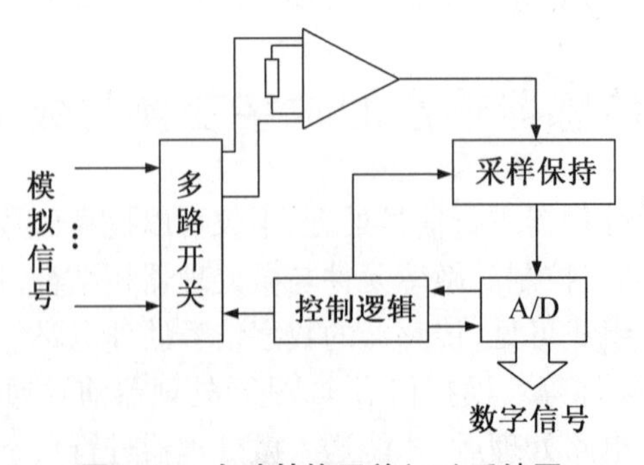

图 4.15 多路转换开关(二)系统图

(3) 多传感器预处理、采样后模拟信号输入、单数字信号输出多路模拟开关。

每路传感器信号都分别经预处理、采样保持后,由多路转换开关切换成单路信号,通过

A/D 转换器转换成数字信号输出。转换关系亦由逻辑控制电路实现。如图 4.16 所示多路转换开关(三)的数字变换系统,每路都使用采样保持放大器,对采样/保持信息有利。

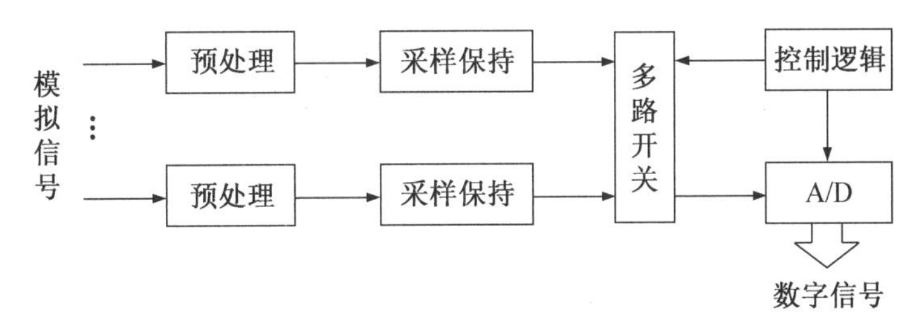

图 4.16　多路转换开关(三)系统图

(4) 预处理和 A/D 转换后多数字信号输入、单数字信号输出多路转换开关转换。

每路传感器信号都分别经过预处理、A/D 转换器转换成数字信号后,由逻辑电路根据数字信号的动态情况实现采样保持,再经多路转换开关切换成单路数字信号输出。如图 4.17 所示多路转换开关(四)的数字变换系统,对每路平行使用 A/D 转换器转换。这种数字变换系统适宜集成化,具有发展前景。

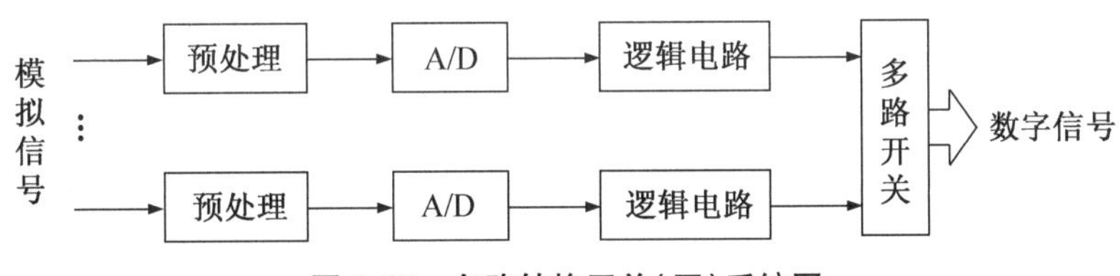

图 4.17　多路转换开关(四)系统图

上述几种基本多路转换开关的数字变换系统电路主要包括:信号预处理器、多路转换开关、A/D 转换器、采样保持放大器和逻辑控制器。其中,A/D 转换器是数字变换的核心,预处理电路(即模拟信号通道)和多路转换开关为 A/D 转换器提供合适的信号电平、频带宽度及输入方式。对于快变动态输入信号,为防止 A/D 在转换期间输入信号变化所引起的误差,可用采样保持放大器作 A/D 前级,使输入信号稳定,减小误差。数字变换系统的目的旨在为控制器提供可靠、合适、有效的二进制码数字信号。

4.6.2　开关信号与接口

如果传感器输出信号是电压比较器输出的电压跳变信号,那么,这种开关类型的信号没有必要进行数字变换,可直接连接接口电路、单片机或其他微处理器(CPU)。如图 4.18 所示,开关信号与 CPU 接口连接的最简单方法,是用三态门作接口电路,直接与 CPU 的数据总线端口连接。

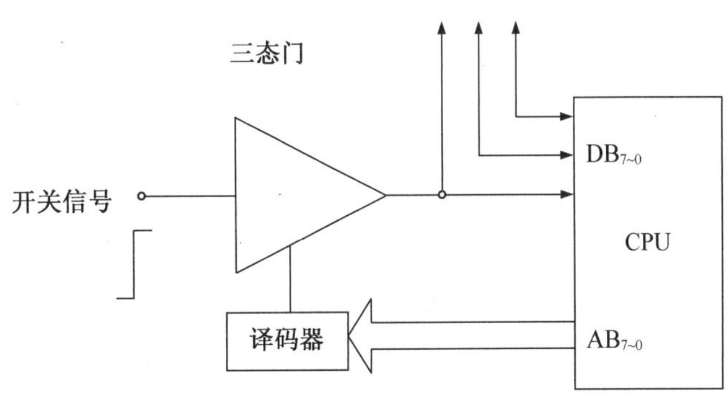

图 4.18　开关信号接口电路

思考题与习题

4.1 传感器利用的信息变换方式有哪些？试举例说明测量传感器的变换原理。

4.2 试问 A/D 转换器常用方式有哪些？试述这些方式 A/D 转换器的基本原理。

4.3 在机电一体化系统中，有哪几种常用的传感器信号放大器？分别简述它们的特点。

4.4 传感器模拟信号采样中应该注意哪些问题？怎样使传感器与计算机结合使用？

4.5 试举例分析传感器的数字接口电路。

第5章 机电一体化系统的驱动系统设计

5.1 概 述

机电一体化系统以机器或机械机构为控制对象,以微处理器为核心控制器,受控物理量有位移、速度、加速度(力),也受工艺或生产过程等影响。

驱动系统或装置,是指使受控制的机械机构运动的系统和执行机构,也称伺服系统。伺服系统是机电一体化控制系统常用的驱动系统,如图5.1中虚线框内的控制器、功率放大器、驱动系统、传感器构成了一个闭环跟踪控制系统。将驱动系统输出信号反馈给检测传感器,将经传感器信号变换和处理后的模拟信号与输入信号(规定值或确定信号)进行比较,例如时域上的幅值对比或频域上的频率对比,获得的结果一般是连续的模拟信号,需要离散化后才能输入控制器,按设计的控制策略(如减小系统误差、消除或然误差等)输出控制指令经过数/模转换,再经功率放大器放大后驱动执行机构动作,该动作信号(机械信号或电信号)将按设计要求准确地作用于被控对象。

图5.1的驱动系统一般包括驱动电动机和传动机构。常用驱动电动机有直流伺服电动机和交流伺服电动机,主要完成电动机与负载之间转矩和转速的合理匹配与传递。传动机构有机械、流体、电气、复合等多种不同工作原理传动机构。

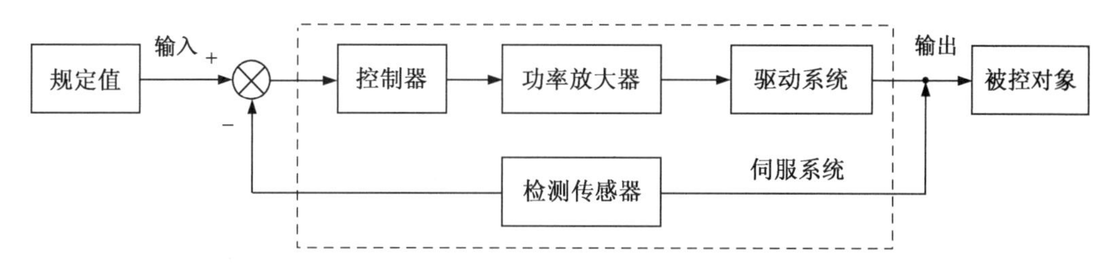

图5.1 机电一体化系统的控制系统

驱动系统设计一般在系统总体设计之后进行,一般有分析法和实验法两种设计方法。分析法是利用稳态设计计算所获得的数据和经验公式,进行理论分析并建模;实验法是以实物测试为基础来建模。一个新系统的设计,没有完整的实物系统,可以先通过理论分析确定初步方案,然后进行部分实验或试制样机,通过优化寻找到一个切实可行的设计方案。

本章以机械传动机构为例,介绍机械式驱动系统、齿轮传动机构、电动机设计要点。关于其他不同工作原理的驱动系统,如液压伺服驱动系统、气压伺服驱动系统等,读者可查阅相关教材和书籍。

5.2 机械传动机构

5.2.1 典型载荷分析

载荷是执行机构设计计算的一项重要原始数据。所谓典型载荷是指作用在机构上的机械摩擦载荷、惯性载荷、弹性载荷、外载荷以及各种环境载荷等。对具体系统来说,不一定包含以上所有负载项目,可能是以上几种典型负载的组合。

1. 摩擦载荷

当两个相互接触的物体在外力作用下,发生相对运动或具有相对运动的趋势时,在接触面间产生的切向运动阻力叫摩擦载荷。这种现象称为摩擦。

摩擦是导致系统输入能量损耗的过程,它将引起机械系统效率降低。摩擦载荷一般分为静摩擦、动摩擦。摩擦又分干摩擦、粘滞摩擦(也称湿摩擦)和边界摩擦(常称作半干摩擦)。另外,摩擦还有滑动摩擦和滚动摩擦之分。

静摩擦载荷是相互接触物体间有相对运动趋势,但仍处于静止时所呈现的摩擦力,是常数。如图5.2(a)所示,物体运动之前,静摩擦力的大小不随作用于物体上的外力而变化,一旦开始运动,静摩擦力即消失,取而代之的是较小的动摩擦力。设最大静摩擦力为 F_s,对于干摩擦情况,符合库仑定律,有

$$F_s = f_s N \tag{5.1}$$

式中,N 为法向压力,单位为N;f_s 为静摩擦系数,由实验测得,$f_s \geqslant 0.1 \sim 0.3$。

动摩擦载荷是指两运动物体的接触面对运动所呈现的阻力(或阻力矩),是常数。当外力克服了最大静摩擦力时,物体才开始运动,从而产生动摩擦载荷。设动摩擦力为 F_f,对于干摩擦情况,也符合库仑定律,有

$$F_f = fN \tag{5.2}$$

式中,f 为动摩擦系数,由实验测得,$f \leqslant 0.1 \sim 0.3$。

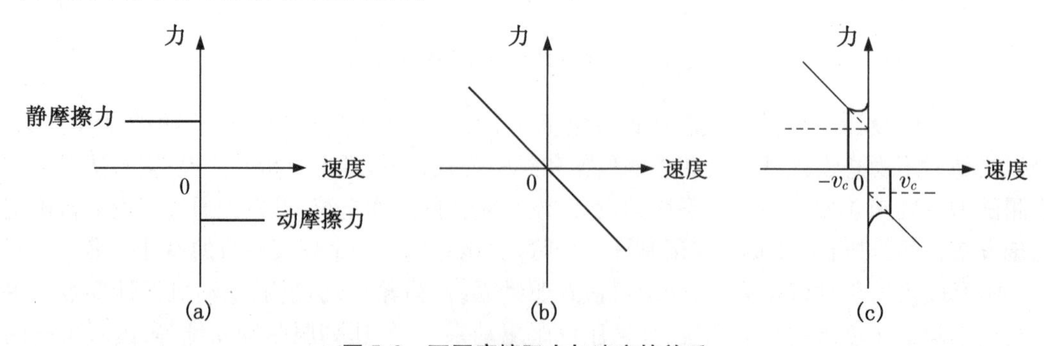

图5.2 不同摩擦阻力与速度的关系

粘滞摩擦力是与物体运动速度成比例的摩擦力,其大小与速度的绝对值成正比,方向与速度的方向相反,见图5.2(b)。粘滞摩擦力与速度的关系为

$$F_f = B\frac{dx}{dt} \tag{5.3}$$

式中,B 为粘滞摩擦系数。

实际摩擦特性较复杂,摩擦力与速度之间关系呈非线性,见图 5.2(c)。摩擦力的形式和大小取决于相互接触两物体表面的质量、结构和两表面间压力、相对速度、润滑等因素。由于大多数系统设计是基于库仑模型的控制或参数辨识,所以,对于不符合实际的预测摩擦力参数及摩擦力行为都存在误差。随着现代科学技术的发展,应用先进的智能控制策略,为解决非线性摩擦力影响的问题开辟了新的技术途径。众多研究成果提供了一系列摩擦模型及其补偿技术,主要研究问题集中于低速摩擦机构的设计和润滑的选择、带有死区的积分控制、直接力反馈、脉冲控制、库仑摩擦力的前向补偿等,通常采用稳定性理论、非线性控制、非线性系统辨识、自适应控制以及其他手段对具有摩擦力的系统进行不同方式地控制。

摩擦力模型的建立要根据具体结构确定,如图 5.3 所示为物体在导轨上滑动的机械系统,由于运动物体与导轨之间的摩擦力随速度方向而改变,所以当物体速度小于 0 时,库仑摩擦力为正;当物体速度大于 0 时,库仑摩擦力为负。根据牛顿定理,系统的运动模型为

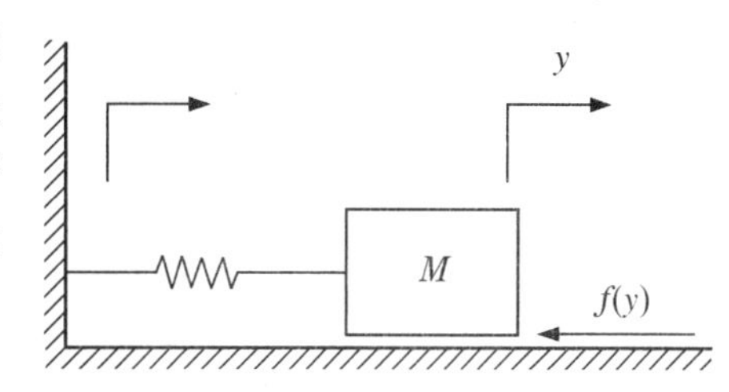

图 5.3　物体在导轨上滑动示意图

$$f(t) = m\ddot{y}(t) + f(\dot{y}) + ky \tag{5.4}$$

式中,$f(t)$ 为滑动系统所受的外力,单位为 N;$\dot{y}$ 是物体运动速度,单位为 m/s;k 为弹簧刚度,单位为 N/m;$f(\dot{y})$ 是 $\dot{y}$ 的非线性函数。

研究运动副中的摩擦力问题,主要是确定摩擦力的大小和总反力方向。

(1) 移动副中的摩擦力

移动副中摩擦力大小为

$$F_f = f_v N \tag{5.5}$$

式中,N 为正压力,单位为 N;f_v 为当量摩擦系数。f_v 值取决于接触面的几何形状和动摩擦系数,图 5.4(a)为单一平面摩擦,$f_v = f$;图 5.4(b)为槽面摩擦,$f_v = f/\sin\theta$,θ 为槽面的槽形半角;图 5.4(c)为圆柱面摩擦,$f_v = kf$,$k = 1 \sim \pi/2$,k 的大小取决于两物体接触情况,接触越均匀,k 值越大。

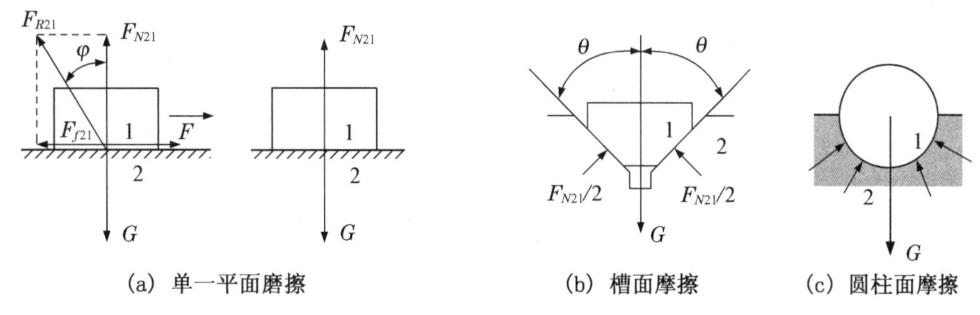

(a) 单一平面磨擦　　(b) 槽面摩擦　　(c) 圆柱面摩擦

图 5.4　接触面几何形状

(2) 转动副中的摩擦力

如图 5.5 所示,当轴颈 1 在驱动力矩 M_d 作用下,相对于轴承 2 转动时,轴承 2 作用于轴颈 1 上的摩擦力为

$$F_f = f_v N \tag{5.6}$$

式中,N 为正压力,单位为 N; f_v 为当量摩擦系数。F_f 对轴颈中心 O 所产生的摩擦力矩为

$$M_f = f_v N r \tag{5.7}$$

式中,r 为轴颈半径,单位为 m。

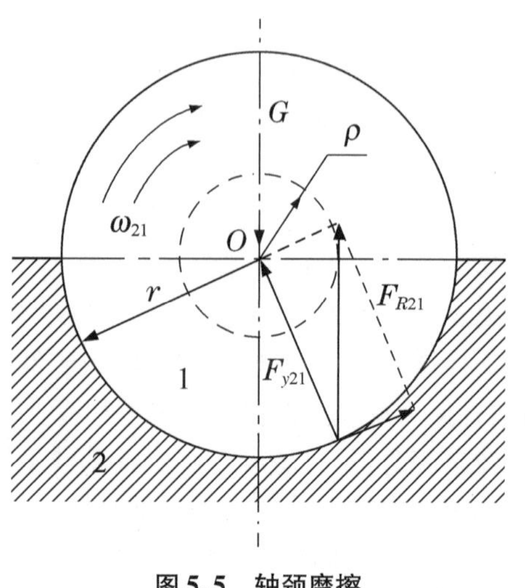

图 5.5　轴颈摩擦

机械系统中推力滑动轴承中的摩擦、螺母端面摩擦、单片及多片摩擦离合器或制动器中的摩擦等,都存在端面摩擦现象。根据端面摩擦工作情况的不同,将轴端分为新轴端和跑合轴端。相对运动较少的轴端称为新轴端,如新制成的轴端、螺母端面等。设轴端接触面上的压强处处相等,则新轴端的摩擦力矩为

$$M_f = \frac{2}{3} f G(R^3 - r^3)/(R^2 - r^2) \tag{5.8}$$

(3) 摩擦对系统的影响

实际上,只有当运动速度很慢时,摩擦力才会呈现出图 5.2(c)的复杂非线性变化。如果物体运动速度 $\dot{y}$ 很小,或$|\dot{y}| < v_c$,摩擦力呈下降特性,则摩擦力具有负阻尼系数特性,当系统工作在$|\dot{y}| < v_c$ 时,系统会出现“爬行”现象。在机电一体化系统的定位控制、低速和速度变向等控制系统中,不能忽视摩擦产生的“爬行”现象。

所谓“爬行”现象,是指机械系统在低速运行时,可能出现时启时停、时快时慢的不稳定运动或跳跃式运动。产生“爬行”的机理,一般认为是由于系统的动、静摩擦系数不一致或摩擦系数存在非线性和系统的刚度不足引起的。系统在由静止开始运动的瞬间,最大静摩擦力迅速转变为相对较小的滑动摩擦力,对系统低速运行的平稳性产生极为不利的影响。因此,在机电一体化控制系统中,要求较小的动、静摩擦力差值往往比要求较小的摩擦系数更重要。

图 5.6 为某随动系统的伺服系统结构图,输出轴为电动机轴,K_a 为放大器放大倍数,K_m 为电动机转矩系数。如果不考虑负载的惯性力矩,仅考虑摩擦力矩的影响,则电动机转矩 M_m 与偏转角 $e(t)$的关系为

$$M_m = K_a K_m e(t) = K e(t) \tag{5.9}$$

设

$$K = K_a K_m$$

当电动机启动转矩大于驱动系统最大静摩擦力矩 M_s(折算到电动机轴上的驱动系统总静摩擦力矩)时,电动机轴运动,则有

$$M_m \geqslant M_s, K e(t) \geqslant M_s, e(t) \geqslant M_s / K \tag{5.10}$$

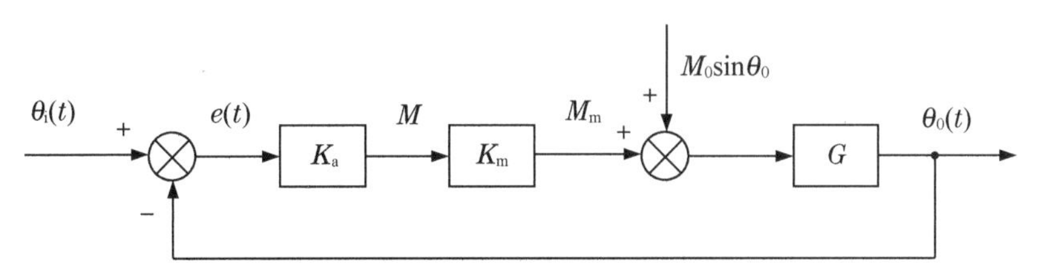

图5.6 随动控制系统结构图

设电动机轴初始处于静止状态。当输入轴以一定角速度转动,输入角满足

$$|\theta_i(t)| \leqslant M_s/K \tag{5.11}$$

那么,输出轴仍处于静止状态,也就是说,当$|\theta_i(t)| \leqslant M_s/K$时,系统对输入信号无反应,其中,“$\pm M_s/K$”角称为“死角”。

以上静摩擦的影响,将产生系统误差。系统的稳定误差与粘滞摩擦力矩和动摩擦力矩成正比,与系统的增益成反比。因此,增大系统的增益虽然可以减小系统的稳定误差,但可能会使系统不稳定。

图5.7为低速爬行的示意图。设系统输入信号为

$$\theta_i(t) = \omega t \tag{5.12}$$

$t<t_1$时,偏转角$e(t)$很小,电动机转矩M_m不足以克服输出轴静摩擦力矩,故输出保持静止状态。

$t=t_1$时,偏转角$e(t)$为

$$e(t) = \theta_i(t) - \theta_0(t) = \theta_i(t) = \omega t_1 = M_s/K \tag{5.13}$$

作用在电动机轴上的驱动力矩M为

$$M = Ke(t) = M_s \tag{5.14}$$

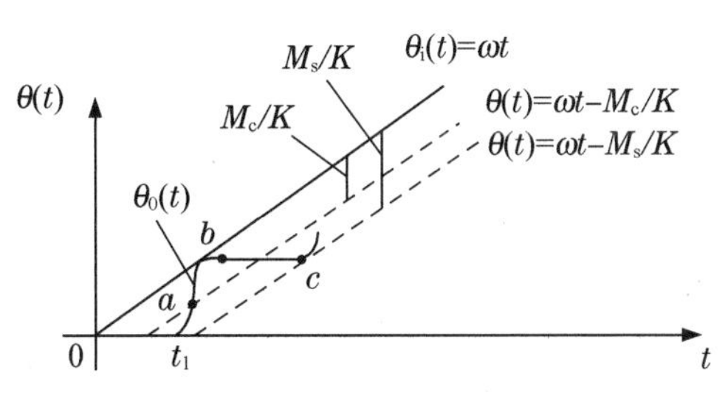

图5.7 低速爬行示意图

这时,电动机开始克服静摩擦力矩而转动。一旦电动机转动以后,摩擦力矩立即降为库仑摩擦力矩M_c,则$t=t_1^+$时,输出轴的惯性力矩M_a为

$$M_a = M_s - M_c$$

输出轴在惯性力矩M_a作用下作加速运动,偏转角$e(t)$逐渐减小,放大器(K_a)输出电压随之降低,从而,执行电动机的输出转矩减小。

当$\theta_0(t) = (\omega t - M_c/K)$时,偏转角为

$$e(t) = \theta_i(t) - \theta_0(t) = \omega t - (\omega t - M_c/K) = M_c/K$$

这时,电动机的输出转矩等于库仑摩擦力矩 M_c,惯性力矩 M_a 等于0(图5.7中 a 点)。

此后,由于偏转角 $e(t)=\theta_i(t)-\theta_0(t)<M_c/K$,所以,输出轴做减速运动,当 $d\theta_0(t)/dt=0$ 时(图5.7中 b 点),偏转角绝对值 $|e(t)|<M_s/K$,电动机转矩不足以克服静摩擦力矩,输出轴将停止不动。此时,虽然输入信号继续以恒速 ω 转动,但是,输出轴却因非线性摩擦的影响而"滞住"不动,$\theta_0(t)$ 保持不变。当 $|e(t)|>M_s/K$(图5.7中 c 点)时,电动机又将克服静摩擦力矩而启动,输出轴又作加速运动,重复上述过程。

从上面讨论可知,系统需要克服静摩擦的"粘滞"作用才能启动运行,一旦运动开始,摩擦系数将降低,维持运动所需的驱动力迅速减小,负载(输出轴)由于惯性和迅速释放能量所导致的弹性效应而向前滑行,当驱动力小于动摩擦力时又将停止。于是,由于静摩擦力和动摩擦力的交替作用而可能出现的这种现象称作"爬行"现象。"爬行"现象在低速时严重,在高速运行时不明显,或者不出现。因为高速运行时,输入信号增长较快,能发生"停滞"的时间很短,同时输出轴的能量较大,所以这种不平稳性被系统的惯性平滑了。

动、静摩擦系数的差值越小,或系统的刚度越大,发生爬行现象的速度越低,因此,减小动、静摩擦系数的差值对减小爬行是有利的。如果动、静摩擦系数的差值为0,或系统的刚度为无穷大,将不会出现爬行现象。

(4) 减小摩擦载荷措施

减小摩擦载荷有若干措施,如上所述,较有效的方法是减小动、静摩擦系数的差值或摩擦系数。由摩擦力和摩擦力矩的基本计算公式知,减小正压力、摩擦系数、作用力臂,也可以减小摩擦力和摩擦力矩。例如,为了减小摩擦系数可以用滚动摩擦代替滑动摩擦,用湿摩擦代替干摩擦;使用静压轴承也可以减小摩擦系数,静压轴承的当量摩擦系数仅为0.000 1～0.000 4,而且其动、静摩擦十分接近,可有效地防止低速爬行。

2. 惯性载荷

惯性载荷是由于一定质量的物体具有加速度或角加速度才产生的。对于直线运动,惯性载荷为惯性力。而对于转动运动,惯性载荷为惯性力矩,计算惯性力矩时,需要知道角速度、角加速度和转动惯量等参量。对回转轴来说,转动惯量可以用理论公式求得,也可以用实验方法来判定。下面简单介绍等效转动惯量的计算。

对于一个传动链装置,通常将转动惯量从一个轴折算到另一个轴,如图5.8所示。设 l 为低速轴;J_l 为低速轴转动惯量;h 为高速轴;J_h 为高速轴转动惯量;J_l 折算到高速轴 h 上的等效转动惯量为 J_{lh}。若忽略粘滞阻尼系数,传动效率为100%,则高速轴 h 到低速轴 l 的传动比为

$$i_{hl}=\Omega_h/\Omega_l>1 \tag{5.15}$$

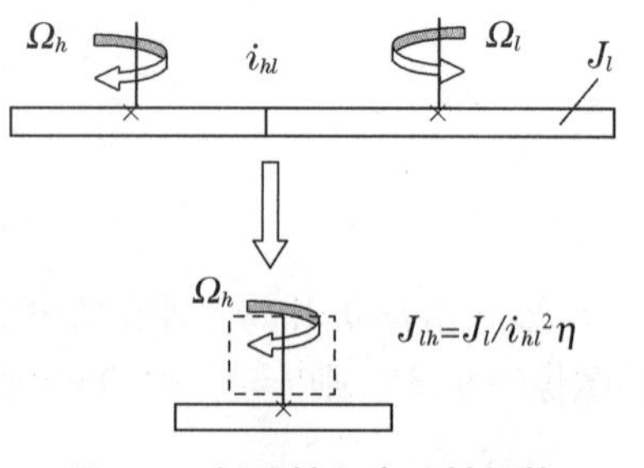

图5.8 低速轴向高速轴折算

式中,i_{hl} 为高速轴 h 到低速轴 l 的传动比;Ω_h 为高速轴 h 的角速度,单位为rad/s;Ω_l 为低速轴 l 的角速度,单位为rad/s。

由能量平衡定律,得

$$\frac{1}{2}J_l \cdot \Omega_l^2 = \frac{1}{2}J_{lh} \cdot \Omega_h^2 \tag{5.16}$$

式中,$J_{lh} = J_l / i_{hl}^2$。

同理,高速轴 h 的转动惯量 J_h 向低速轴折算的转动惯量 J_{hl} 为

$$J_{hl} = J_l \cdot i_{hl}^2 \tag{5.17}$$

又根据牛顿第二定律,惯性力 F 和惯性力矩 M 的计算公式分别为

$$\begin{aligned} F &= ma \\ M &= J\varepsilon \end{aligned} \tag{5.18}$$

因此,可以采取以下措施,减小惯性载荷(减小惯性力或惯性力矩):

① 减小运动零部件质量的方法,如为了减小质量或减小转动惯量,可采用减轻孔、空心薄壁结构,或选用密度小、强度高的材料,等等。

② 合理布置回转部分的质量,使重心尽量靠近回转轴。

③ 对于减速传动链,尽量提高传动比,可以使折算到高速轴的等效转动惯量减小;减小高速轴的转动惯量,特别是电动机转子的转动惯量,也可以起到显著的效果。

3. 环境载荷

物体运动时,除了摩擦载荷外,还可能受到外载荷作用。环境载荷是典型的外载荷,环境载荷的环境有空气、风、温度等。

外载荷的确定,要视具体情况而定,有的可以从理论上进行推导,有的需要借助实验来测得。

5.2.2　负载的力矩特性

载荷是驱动系统设计的依据。例如,对于电机的设计,分析载荷的力矩特性是为了选择合适的电动机,使其满足功率的要求。不同系统的负载及其特性不同。一般有计算法、类比法和实测法三种计算力矩特性方法。下面以电机负载为例仅对计算法进行简单叙述。

1. 负载力矩计算

确定载荷时,应该根据系统功能要求和工作环境情况,逐项分析载荷的类型和大小,然后进行载荷综合。电动机要克服的负载力矩有两种情况:① 负载的峰值力矩,它对应电动机最严重的工作情况;② 均方根力矩,它对应电动机长期连续地在变载荷下工作的情况。

(1) 负载的峰值力矩特性

设折算到电动机上的负载峰值力矩为 $M_{\mathrm{Lp}}^{\mathrm{m}}$,根据传递功率不变原则,有

$$M_{\mathrm{Lp}}^{\mathrm{m}} = \frac{M_{\mathrm{wp}}}{i_{\mathrm{t}}\eta} + \frac{M_{\mathrm{fp}}}{i_{\mathrm{t}}\eta} + \left(J_{\mathrm{m}} + J_{\mathrm{G}}^{\mathrm{m}} + \frac{J_{\mathrm{l}}}{i_{\mathrm{t}}^2\eta}\right) i_{\mathrm{t}}\varepsilon_{\mathrm{Lp}} \tag{5.19}$$

式中,M_{wp}为作用在负载轴上的力矩峰值,单位为 N · m;M_{fp}为作用在负载轴上的摩擦力矩,单位为 N · m;$\varepsilon_{\mathrm{Lp}}$为负载轴的角加速度,单位为 rad/s^2;$J_{\mathrm{m}}$ 为电动机上的转动惯量,单位为

$kg \cdot m^2$；J_G^m 为传动机构各转动零件折算到电动机轴上的转动惯量，单位为 $kg \cdot m^2$；J_l 为负载轴上的转动惯量，$kg \cdot m^2$；η 为传动机构的效率；i_t 为从电动机轴到负载轴的总传动比，它等于克服峰值力矩时电动机的转速与负载转速之比。

由式(5.19)可知，折算到电动机轴上的负载峰值力矩是总传动比的函数。式(5.19)称为负载的峰值力矩特性，对应的负载的峰值力矩特性曲线见图5.9(a)；负载随速度的变化曲线如图5.9(b)所示。

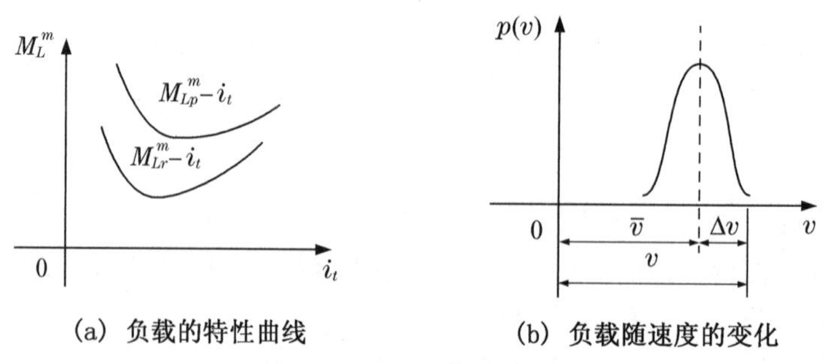

(a) 负载的特性曲线　　(b) 负载随速度的变化

图5.9　负载的峰值力矩特性

(2) 负载均方根力矩特性

折算到电动机轴上的负载均方根力矩 M_{Lr}^m 为

$$M_{Lr}^m = \sqrt{\frac{1}{T}\int_0^T \left(\frac{M_W}{i_t\eta}\right)^2 dt + \frac{1}{T}\int_0^T \left(\frac{M_f}{i_t\eta}\right)^2 dt + \frac{1}{T}\int_0^T \left[\left(J_m + J_G^m + \frac{J_L}{i_t^2\eta}\right) i_t \varepsilon_L\right]^2 dt} \quad (5.20)$$

式中，M_W 为作用在负载轴上的瞬时力矩，单位为 $N \cdot m$；M_f 为作用在负载轴上的瞬时摩擦力矩，单位为 $N \cdot m$；ε_L 为负载轴的瞬时角速度，单位为 rad/s^2；T 为载荷变化的周期，单位为 s；i_t 为从电动机到负载轴的总传动比，它等于克服均方根力矩时电动机的转速与负载转速之比。

2. 负载的等效换算

在设计驱动系统时，要根据执行元件的额定转矩（或力），进行加、减速控制及制动方案的选择，进行被控对象的固有参数设计（如质量、转动惯量等）及匹配设计。因此，要将被控对象相关部件的固有参数及所受的负载（力、力矩等）等，换算到执行元件的输出轴上，也就是要计算执行元件输出轴承受的等效转动惯量和等效负载力矩（回转运动），或计算等效质量和等效力（直线运动）。

下面以伺服进给系统为例介绍负载的等效换算方法。

(1) 求等效转动惯量

根据能量守恒定律计算。传动系统运动部件的动能总和为

$$E = \frac{1}{2}\sum_{i=1}^{m} M_i \cdot V_i^2 + \frac{1}{2}\sum_{j=1}^{n} J_j \cdot \omega_j^2 \quad (5.21)$$

式中，E 为系统总动能，单位为 J；M_i 为 i 轴上的运动零件质量，单位为 $N \cdot m$；V_i 为 i 轴上的运动零件速度，单位为 m/s；J_j 为 j 轴上的转动零件的转动惯量，单位为 $kg \cdot m^2$；ω_j 为 j 轴上的转动零件角速度，单位为 rad/s。

设等效到执行元件输出轴 k 上的总动能为

$$E^k = \frac{1}{2}[J]^k \cdot \omega_k^2$$

$$E = E^k$$

$$[J]^k = \sum_{i=1}^{m} M_i \cdot \left(\frac{V_i}{\omega_k}\right)^2 + \sum_{j=1}^{n} J_j \cdot \left(\frac{\omega_j}{\omega_k}\right)^2 \tag{5.22}$$

式中,E^k 是等效到执行元件输出轴 k 上的总动能;$[J]^k$ 是等效到执行元件输出轴 k 上的等效转动惯量。工程上常用转速 n(r/min)来计算,可将式(5.22)改写为

$$[J]^k = \frac{1}{4\pi^2}\sum_{i=1}^{m} M_i \cdot \left(\frac{V_i}{n_k}\right)^2 + \sum_{j=1}^{n} J_j \cdot \left(\frac{n_j}{n_k}\right)^2 \tag{5.23}$$

式中,n_k 为输出轴 k 上的转速。式(5.23)即为等效转动惯量计算公式。

(2) 求等效负载转矩

由于在相同时间内系统克服负载所做的功等于执行元件所做的功,所以上述系统在 t 时刻内克服负载所做的功的总和为

$$W = \sum_{i=1}^{m} F_i V_i t + \sum_{j=1}^{n} T_j \omega_j t \tag{5.24}$$

式中,W 为系统在 t 时刻内克服负载所做的总功,单位为 J;f_i 为作用于 i 轴上的力,单位为 N;T_i 为作用于 i 轴上的力矩,单位为 N·m。

同理,执行元件输出轴在时间 t 内转角为

$$\varphi_k = \omega_k t \tag{5.25}$$

式中,φ_k 为 k 轴上的执行元件转角,单位为 rad。执行元件所做的功为

$$W_k = [T]^k \omega_k t \tag{5.26}$$

式中,W_k 为 k 轴上的执行元件所做的功,单位为 J;$[T]^k$ 为等效到执行元件输出轴 k 上的等效负载转矩,单位为 N·m。

由于 $W_k = W$,有

$$[T]^k = \sum_{i=1}^{m} \frac{F_i \cdot V_i}{\omega_k} + \sum_{i=1}^{m} \frac{T_j \cdot \omega_j}{\omega_k} \tag{5.27}$$

式(5.27)即为等效负载转矩计算公式。

例 5.1:设有一进给系统如图 5.10 所示。已知:移动部件 3(工作台、夹具、工件等)的总质量 $M_A = 400$ kg;沿运动方向的负载力 $F_L = 800$ N(包含导轨副的摩擦阻力)。工作台 3 的运动速度为 V_A,电动机 1 转子的转动惯量 $J_m = 4\times10^{-5}$ kg·m²,转速为 n_m。齿轮轴部件 Ⅰ(包含齿轮)的转动惯量 $J_1 = 5\times10^{-4}$ kg·m²,齿轮轴部件 Ⅱ(包含齿轮)的转动惯量 $J_2 = 7\times10^{-4}$ kg·m²;轴 Ⅱ 的负载转矩

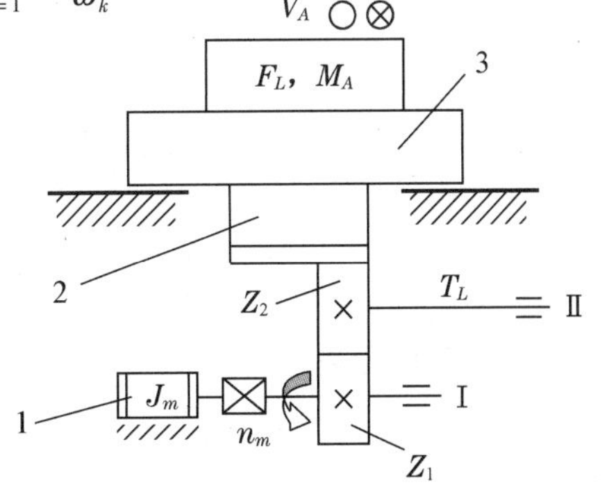

图 5.10 进给系统示意图

$T_L=4$ N · m；齿轮 Z_1 与齿轮 Z_2 的齿数分别为 20 与 40，模数为 1。忽略齿条 2 所在轴的转动惯量。求：等效到电动机轴上的等效转动惯量 $[J]^m$ 和等效转矩 $[T]^m$。

解：求等效转动惯量 $[J]^m$：

根据式(5.23)，有

$$[J]^m=\frac{1}{4\pi^2}M_A\left(\frac{V_A}{n_m}\right)^2+J_m+J_1+J_2\left(\frac{n_2}{n_m}\right)$$

式中，$V_A=\omega_2R_2$，$R_2=mZ_2/2$，$\omega_2=2\pi n_2$，$n_2=n_m/i_{12}=Z_1n_m/Z_2$。

于是，得到

$$\omega_2=2\pi n_mZ_1/Z_2$$

$$V_A=(2\pi n_mZ_1\cdot mZ_2)/2Z_2=\pi mn_mZ_1$$

$$\begin{aligned}[J]^m&=\frac{1}{4\pi^2}\times400\times\left(\frac{\pi\times n_m\times1\times120}{1\,000n_m}\right)^2+4\times10^{-5}+5\times10^{-4}+7\times10^{-4}\times\left(\frac{20}{40}\right)^2\\&=0.126\,4(\text{kg}\cdot\text{m}^2)\end{aligned}$$

求等效负载转矩 $[T]^m$：

根据式(5.27)，有

$$[T]^m=\frac{1}{2\pi}F_L\cdot\left(\frac{V_A}{n_m}\right)+T_L\cdot\left(\frac{n_2}{n_m}\right)=\frac{1}{2\pi}\times800\times\frac{\pi mn_mZ_1}{1\,000n_m}+4\times\frac{Z_1}{Z_2}=10(\text{N}\cdot\text{m})$$

5.2.3 机械传动机构选择与设计

1. 机械传动机构的设计要求

机电一体化系统中，用于传递能量及改变运动方向、速度和转矩的执行机构主要有带传动、齿轮传动、滚珠丝杠等，有线性和非线性传动机构之分。线性传动机构包括：减速装置、丝杠螺母副、蜗轮蜗杆副等。非线性传动机构包括：连杆机构、凸轮机构等，其中，齿轮传动是机电一体化系统中使用最多的一种传动。

不同用途的机械传动机构，其要求也不同，主要有两种用途的机械传动机构：① 工作机传动机构，实现运动和力(力矩)的变换；② 信息机传动机构，只要求克服惯性力(力矩)和各种摩擦阻力(力矩)及较小的负载实现运动的变换。工作机传动机构的传动精度高、工作稳定性好，对齿轮传动来说，应该具有工作可靠、传动比恒定、结构紧凑、强度大、能承受重载、摩擦力小、效率高等特点。为此，常采取以下措施：

① 采用低摩擦阻力的传动部件和导向支承件。

② 缩短传动链，以提高传动与支承刚度。

③ 选用最佳传动比，以达到提高系统分辨率、减少等效转动惯量、提高加速能力。

④ 缩小反向死区误差，如采用消除传动间隙、减少支承变形等。

⑤ 改进支承及架体的结构，以提高刚性、减少振动、降低噪声。

一种齿轮传动机构可满足一项或同时满足几项以上功能要求。如齿轮齿条传动既可将直线运动(回转运动)转换为回转运动(直线运动)，又可将直线驱动力(转矩)转换为转矩

(直线驱动力);带传动、蜗轮蜗杆及各类齿轮减速器既可进行升速或降速,也可进行转矩大小的变换。随着机电一体化技术的发展,机械传动机构在以下三方面要不断地适应。

① 精密化。为了适应产品的高定位精度,要求机械传动机构的精度越高越好。

② 高速化。因为产品的工作效率与机械传动部分的运动速度相关,所以,机械传动机构应能适应高速运动的要求。

③ 小型化、轻量化。传动机构的小型化、轻量化,是为了提供运动更高的灵敏度(响应性),减小冲击,降低能耗。与电子部件的微型化相适应,传动机构要尽量短小轻薄化。

2. 齿轮传动部件的选择

(1) 齿轮传动形式选择及传动比的最佳匹配

常用的减速器齿轮传动级数有一级、二级、三级等传动。齿轮类型有直齿圆柱齿轮、圆锥齿轮、蜗轮蜗杆等。欲实现平行轴间的传动时,选用直齿圆柱齿轮,其承载能力大,传动均匀,冲击和噪音小。有时在精密的齿轮传动链中需要使用低精度的齿轮类型(如圆锥齿轮、蜗轮蜗杆等),这时,各传动类型合理地安排显得十分重要。

如果在高精密的齿轮传动链中需要采用圆锥齿轮时,要使圆锥齿轮副远离传动链中最精确的轴,而且不能紧靠摩擦较小的部分,因为圆锥齿轮需要专用的设备加工,加工精度比直齿圆柱齿轮低,应避免用它做为高精度的传动。图 5.11 伺服传动机构的电动机到灵敏和精密的同步电动机的减速比为 1 200 : 1,采用四级传动,根据圆锥齿轮具有相交轴、高速、大负荷的特点,将圆锥齿轮安排在第 2 级;速比较大的直齿轮副安排在第 3 和第 4 级,这样大大削弱了圆锥齿轮的啮合误差,或者,因为最后一级的速比很大,也可将其放在第 3 级。由此可见,精度最低的啮合应该放在传动链最不灵敏的地方。

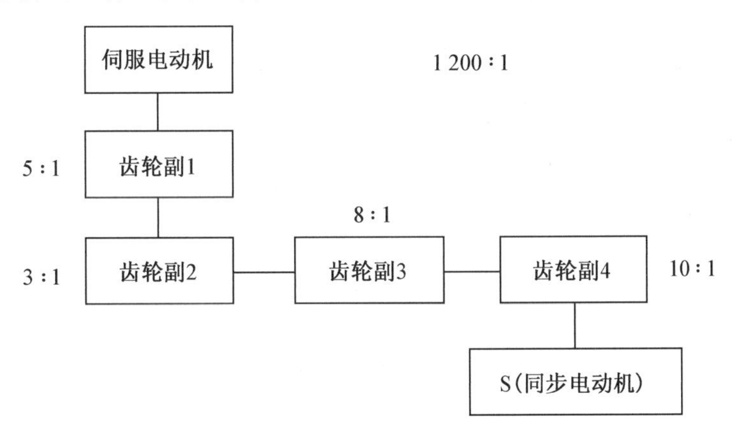

图 5.11　伺服传动机构传动链

当传动比较大和需轴交叉时,选用蜗轮蜗杆传动或交叉轴啮合。蜗轮蜗杆啮合或交叉轴啮合传动特点是平稳且无声,因其接触为线接触,故适用于高速重载处。但是,蜗轮蜗杆啮合传动的传动效率低,滑动大,效率低的啮合就不应该放在力矩大的低速处。例如,交叉轴斜齿轮的最佳位置宜置于力矩较小的高速处,因为其承载能力低,严重的滑动,性能会变差,转速不能太高。因此,在减速大的传动链中,不能将它们置于速度超过 300 r/min 或 1 000 r/min 的位置上。

齿轮传动中,啮合齿轮间隙将造成传动死区,若该死区在闭环系统中,会使系统出现不稳定。为此,要尽量采用间隙小、精度高的齿轮传动副。为了降低成本,多数情况下,采用各种调整齿隙的方法来消除或减小啮合间隙,以提高传动精度和系统的稳定性。因此,为了维修、测试、校正或便于装运而必须拆开的齿轮啮合,应采用非精密类型。这就意味着高精度的齿轮啮合不能轻易拆卸。

有时存在优先考虑的问题。例如,如果圆锥齿轮副必须变动的话,因为小齿轮易受损坏,所以,常固定大齿轮,将小齿轮作为可调整的零件。对蜗轮蜗杆来说,一般情况下固定蜗轮,调整蜗杆。至于直齿轮和斜齿轮就不存在差别或优先考虑问题。

(2) 传动级数的选择

在确定传动链的级数时,应该优先考虑采用单级传动比较大的传动机构。零件制造总是存在误差,零件数目愈多累积的误差会愈大。如果传动级数少,齿轮对数和零件数就少,则误差源就减少,从而简化了结构,提高了齿轮传动的精度。如果采用单级传动,两个齿轮的尺寸不能相差太大,相差太大不但造成结构不紧凑,同时由于小齿轮的轮齿参加啮合的次数比大齿轮的啮合次数多,造成大小齿轮轮齿的磨损程度差距很大,故单级传动比不宜过大。

(3) 传动比值的确定

在确定传动比值时,一般根据所受载荷情况来取。有两种情况:

情况一,若齿轮受力均匀,则传动比值应取整数。这是为了使相互啮合的轮齿能尽快地跑合,以求传动平稳。如减速传动比值取 $i=1,2,3,\cdots$;增速传动比值取 $i=1,1/2,1/3,\cdots$。

情况二,若载荷周期变化,则传动比值常采用不可通约的数值,如 $i=25/31,27/17,\cdots$,等等,这是为了避免载荷集中在某些轮齿上。

(4) 多级传动比分配原则

各级齿轮传动比的确定应该满足驱动部件与负载之间的位移、转矩和转速的匹配要求。设计时,首先计算齿轮传动机构的总传动比 i,然后再按照一定原则合理地分配各级传动比。总传动比 i 一般根据驱动电动机的额定转速 n_r 和负载所需要的最大工作转速 n_{Lmax} 来确定。总传动比 i 计算式为

$$i=n_r/n_{Lmax} \tag{5.28}$$

例如,用于伺服系统的齿轮减速器是一个力矩变换器(改变运动),其输入电动机为高转速、低转矩,而输出则为低转速、高转矩,实现负载的加速转动(图 5.12)。因此,不仅要求齿轮传动机构有足够的刚度,还要求其转动惯量尽量小,保证齿轮传动机构转动灵活、传动精度高和系统稳定性好。设计时,要满足在同样的加速度下,所需转矩小,或者说,在同一驱动功率下,其加速度相应为最大。

图 5.12 驱动系统的机械传动

根据负载特性和工作条件的不同,齿轮系总传动比的计算方法有多种。常采用以下两种方法计算最佳总传动比。

方法一,使负载加速度最大(或称按最大加速度选择传动比)。当系统变化剧烈,且有

高加速度要求的工作情况，应按最大加速度选择传动比。这种方法常在伺服机构中采用，以提高伺服机构的响应速度。这时可以忽略负载摩擦，只考虑影响加速度的惯性负载。如图 5.13 所示，总传动比 i 为

$$i=\frac{\theta_m}{\theta_L}=\frac{\dot{\theta}_m}{\dot{\theta}_L}=\frac{\ddot{\theta}_m}{\ddot{\theta}_L}>1 \tag{5.29}$$

式中，θ_m、$\dot{\theta}_m$ 分别为电动机的角位移、角速度；θ_L、$\dot{\theta}_L$ 分别为负载的角位移、角速度。

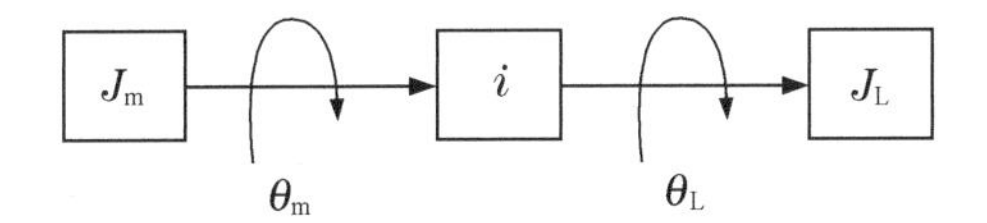

图 5.13　减速齿轮传动

负载轴的角加速度为

$$\dot{\omega}_L=\frac{\eta i M_e}{\eta i^2 J_m+J_L} \tag{5.30}$$

式中，$\dot{\omega}_L$ 为负载轴的角加速度；J_m 为电动机转动惯量；M_e 为电动机的额定力矩；J_L 为负载转动惯量；η 为传动效率。

按使负载加速度最大原则，对式(5.30)求导，并令 $\mathrm{d}\dot{\omega}_L/\mathrm{d}t=0$，则得到最佳传动比 i 的表达式为

$$i=(J_L/\eta J_m)^{1/2}=(J_L/J_m)^{1/2} \tag{5.31}$$

方法二，使输出速度最大。这一方法适合于系统经常处于近似恒速或加速度很小的传动机构。设 μ_1、μ_2 为电动机和负载的粘滞摩擦系数，忽略加速度的影响。有关系

$$M_e=[\mu_1 i+\mu_2/(\eta i)]\omega_L$$

$$\omega_L=(\eta i M_e)/(\mu_1\eta i^2+\mu_2) \tag{5.32}$$

按使输出速度最大原则，对式(5.32)求导，并令 $\mathrm{d}\omega_L/\mathrm{d}t=0$，则得到最佳传动比 i 的表达式为

$$i=(\mu_2/\eta\mu_1)^{1/2} \tag{5.33}$$

要求轮系能够满足总传动比，且结构紧凑。由于效率等原因，常采用多级圆柱齿轮传动副串联组成的齿轮机构。当计算出传动机构的总传动比后，为了使减速系统结构紧凑，满足动态性能和提高传动精度的要求，常常对各级传动比做合理的分配。传动比分配与系统性能有关。确定齿轮机构的级数和分配各级传动比时，主要从质量(或体积)、传动精度和灵敏度方面考虑。

(1) 体积最小或质量最轻原则

在小功率传动机构中，常以质量轻或体积小作为主要设计要求。

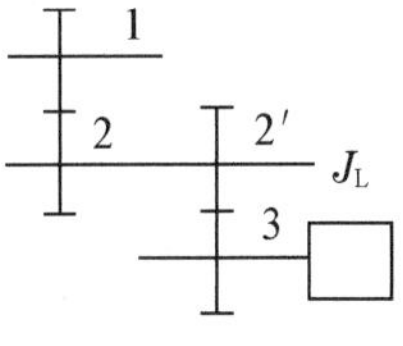

图 5.14　两级传动

以两级齿轮系为例(图 5.14)。为简化计算，假设各齿轮的模数、齿数、齿宽均相等，主动轮分度圆直径相等，所有齿轮材料相同，

各齿轮均为实心圆柱体,不计轴与轴承的体积和效率。图5.13所示齿轮系的体积为

$$\begin{aligned} V &= \pi d_1^2 b/4 + \pi d_2^2 b/4 + \pi d_1^2 b/4 + \pi d_3^2 b/4 \\ &= \pi d_1^2 b[1 + (d_2/d_1)^2 + 1 + (d_3/d_1)^2]/4 \end{aligned}$$

式中,d_1、d_2 和 d_3 分别为齿轮1、2、3的分度圆直径;b 为齿轮厚度。因为 $i = i_1 i_2$,所以有

$$(d_2/d_1)^2 = i_1^2, \quad (d_3/d_1)^2 = i_2^2 = (i/i_1)^2$$

于是,得到齿轮系的体积为

$$V = \pi d_1^2 b[2 + i_1^2 + (i/i_1)^2]/4 \tag{5.34}$$

按体积最小原则,对式(5.34)求导,并令 $dV/dt = 0$,有

$$i_1^2 = i = i_1 i_2$$

$$i_1 = i_2 \tag{5.35}$$

若按质量最轻原则分配各级传动比,可得到与式(5.35)相同的结果。

(2) 输出轴转角误差最小原则(或先小后大原则)

为了提高齿轮传动系统的传递运动精度,各级传动比应按先小后大原则分配,以便降低齿轮的加工误差、安装误差以及回转误差对输出转角精度的影响。在减速传动机构中,传动比相当于误差的放大倍数,因此,齿轮传动机构总传动比的合理分级与分配对系统的传动精度将产生十分重要的影响。假设齿轮传动系统中各级齿轮的转角误差换算到末级输出轴上的总转角误差为 $\Delta\varphi_{max}$,则

$$\Delta\varphi_{max} = \sum_{k=1}^{n} \Delta\varphi_k / i_{kn} \tag{5.36}$$

式中,$\Delta\varphi_{max}$ 为由输入轴折算到输出轴上总转角误差;$\Delta\varphi_k$ 为第 k 级齿轮所具有的转角误差;i_{kn} 为第 k 级齿轮的转轴到第 n 级输出转轴的传动比。

例5.2:在图5.14所示传动机构中,设各级齿轮副转角误差相等,均为 Δ_φ,总传动比 $i = 300$,按递增和递减两种情况设计,分别求该传动机构的总转角误差。

解:按题意,各级齿轮副的转角误差为 Δ_φ,根据式(5.36),有

$$\Delta_l = \Delta_\varphi + \frac{\Delta_\varphi}{i_4} + \frac{2\Delta_\varphi}{i_4 i_3} + \frac{3\Delta_\varphi}{i_4 i_3 i_2} + \frac{4\Delta_\varphi}{i} = \Delta_\varphi\left(1 + \frac{1}{i_4} + \frac{2}{i_4 i_3} + \frac{3}{i_4 i_3 i_2} + \frac{4}{i}\right) \tag{5.37}$$

式中,$i = i_1 i_2 i_3 i_4$。

按递增情况分配传动比,如各级传动比值为 $i_1 = 2.5$,$i_2 = 3$,$i_3 = 5$,$i_4 = 8$,按式(5.37)计算,得总转角误差

$$\Delta_l \approx 1.1008\Delta_\varphi$$

按递减情况设计,如各级传动比值为 $i_1 = 8$,$i_2 = 5$,$i_3 = 3$,$i_4 = 2.5$,按式(5.37)计算,得总转角误差

$$\Delta_l \approx 1.7600\Delta_\varphi$$

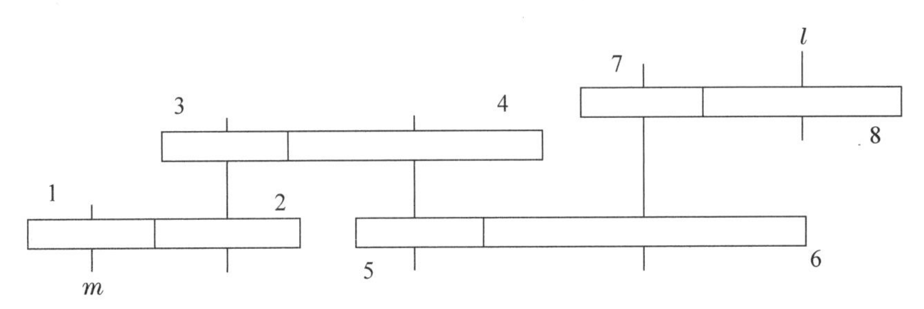

图 5.15　四级齿轮传动机构

对比以上两种情况的总转角误差 Δ_l,得到结论:

① 各级传动比分配按递减情况设计,其总转角误差 Δ_l 比按递增情况设计的大。

② 无论是按递增情况设计,还是按递减情况设计,总转角误差中,末级的误差所占的比例最大。由于各级传动比均大于 1,所以提高末级齿轮的传动精度,可以显著地减小总转角误差。若总传动比和各级传动误差一定,按递增情况设计,使 $i_4 > i_3 > i_2 > i_1$,则输出轴的总转角误差更小。这就是各级传动比设计的“先小后大原则”。

③ 在总传动比一定时,传动级数的减少也将使输出轴的总转角误差变小。

(3) 等效转动惯量最小原则

按齿轮传动机构中的构件运动方程式(5.18),得到绕定轴转动的齿轮的角加速度为

$$\varepsilon = M/J \tag{5.38}$$

从式(5.38)中可知,当构件受一定的外力矩作用时,其角加速度与构件的转动惯量成反比,转动惯量越小,角加速度越大,机构运转就越灵活。

在经常需要正反转的齿轮传动机构中,要求起动快,停止也快,这就要求齿轮传动机构运转灵敏度高。在伺服系统中,为了满足最小响应时间和提高系统运转灵敏度要求,常用等效转动惯量来衡量。在小功率传动机构中,利用等效转动惯量最小原则设计的齿轮传动机构,折算到电动机轴上的等效转动惯量最小。

等效转动惯量是一个假想的转动惯量,它满足等效构件的动能等于齿轮轴上各齿轮的动能之和的原则。下面以两级齿轮传动链为例,说明如何按最小转动惯量的原则分配传动比。

设电动机轴的等效转动惯量为$[J]^k$,各齿轮的转动惯量和转速分别为:J_1、J_2、J_2'、J_3、J_L、ω_1、ω_2、ω_3。

$$[J]^k \frac{\omega_1^2}{2} = J_1 \frac{\omega_1^2}{2} + J_2 \frac{\omega_2^2}{2} + J_2' \frac{\omega_2^2}{2} + J_3 \frac{\omega_3^2}{2} + J_L \frac{\omega_3^2}{2} \tag{5.39}$$

一般情况下,负载转动惯量 J_L 较小,特别是当总传动比很大时,将其转化到电动机轴上就更小了,故可以忽略负载的影响。将式(5.39)整理后得

$$[J]^k = J_1 + (J_2 + J'_2) \frac{1}{i_{12}^2} + J_3 \frac{1}{i_{13}^2} = J_1 + \sum_{k=2}^{k} \frac{J_k}{i_{1k}^2} \tag{5.40}$$

式中,i_{1k}为电动机到第 k 轴的传动比;J_k 为第 k 轴上的齿轮转动惯量。

现举例说明传动级数对等效转动惯量的影响。

设采用一级齿轮系，有$[J]^k = J_1 + J_2 i_{12}^{-2}$，其中

$$J_1 = mR_1^2/2 = \pi D_1^4(b\rho)/32$$

$$J_2 = \pi D_2^4(b\rho)/32 = \pi D_1^4(b\rho)i_{12}^4/32 = J_1 i_{12}^4$$

等效转动惯量为

$$[J]^k = J_1 + J_2 i_{12}^{-2} = \left(\frac{\pi D_1^4}{32} + \frac{\pi D_2^4 i_{12}^{-2}}{32}\right)b\rho = \frac{\pi D_1^4}{32}(b\rho)(1 + i_{12}^4 i_{12}^{-2}) = J_1(1 + i_{12}^2)$$

当$i = 10$时，即$i_{12} = 10$，于是得到等效转动惯量为

$$[J]^k = 101J_1 \tag{5.41}$$

同样，如果采用两级齿轮系，且使$i_{12} = 2.5$，$i_{2'3} = 4$。为简化计算，假设：所有齿轮材料、宽度相同，主动轮直径相同，忽略轴的转动惯量。那么，有关系式

$$J_1 = \pi D_1^4(b\rho)/32$$

$$J_2 = \pi D_2^4(b\rho)/32 = \pi D_1^4(b\rho)i_{12}^4/32 = J_1 i_{12}^4$$

$$J_2' = J_1$$

$$J_3 = \pi D_3^4(b\rho)/32 = \pi D_1^4(b\rho)i_{2'3}^4/32 = J_1 i_{2'3}^4$$

于是，等效转动惯量为

$$[J]^k = J_1 + (J_2 + J_{2'})i_{12}^{-2} + J_3(i_{12}i_{2'3})^{-2} = J_1(1 + i_{12}^2 + i_{12}^{-2} + i_{2'3}^2 i_{12}^{-2}) \tag{5.42}$$

将$i_{12} = 2.5$，$i_{2'3} = 4$代入式(5.42)，有

$$[J]^k = 9.97J_1 \tag{5.43}$$

比较式(5.41)和(5.43)可以看出，两级齿轮系的等效转动惯量是一级齿轮系的十分之一。由此可知，对减速传动而言，齿轮系级数越多，其等效转动惯量就越小。

仍设$i = 10$，当齿轮系传动级数为三级，则计算得到等效转动惯量$[J]^k = 6.5J_1$；当齿轮系传动级数为四级，其等效转动惯量为$[J]^k = 6.2J_1$。显然，齿轮系传动级数采用三、四级后，其等效转动惯量$[J]^k$非常接近。

由此得出结论，采用四级齿轮系的意义不大，反会使机构复杂，并且，啮合级数增加会降低传动精度、增加成本。齿轮系传动级数确定后，只有合理分配各级传动比才能使齿轮系的等效转动惯量最小。现先讨论令两级齿轮系的等效转动惯量最小的条件。

对式(5.43)求导，并令$d[J]^k/di_{12} = 0$，得到方程式：

$$i_{12}^6 - i_{12}^2 - 2i^2 = 0 \text{ 或 } i_{12}^4 - 1 - 2i_{2'3}^2 = 0$$

$$i_{2'3} = [(i_{12}^4 - 1)/2]^{-1/2} \tag{5.44}$$

将式(5.44)和齿轮系总传动比的关系式$i = i_{12}i_{2'3}$联立，得

$$\begin{cases} i_{2'3} = [(i_{12}^4 - 1)/2]^{-1/2} \\ i = i_{12}i_{2'3} \end{cases} \tag{5.45}$$

当总传动比已知时,解式(5.45)即求得各级传动比。

通过以上分析,可得出结论:

① 等效转动惯量主要取决于前几对齿轮,距电动机轴越远的齿轮影响越小。

② 传动级数通常不超过五级,因为级数增多,对等效转动惯量影响已经不大了,五级以后转动惯量可以忽略不计。

③ 应尽量减小第一个齿轮的直径,为此可以在电动机轴的轴端直接切齿。

减小转动惯量还有其他一些方法。例如,由于等效转动惯量的主要部分是大齿轮的转动惯量,所以减小大齿轮的转动惯量可以降低等效转动惯量;在小功率机构中,常在大齿轮上开环形槽或减轻孔,以减轻质量(可比实心的转动惯量减小 15% ~30%);大齿轮采用质量较轻的材料,如用胶木、塑料等,可比钢制的转动惯量减小 70%左右。

上述三项齿轮传动机构各级传动比分配原则的选择,应该根据工作条件确定。对于要求体积小或质量轻的减速齿轮传动机构,可按体积最小或质量最轻原则进行设计。对于以提高传动精度或减小回程误差为主要求的减速齿轮传动机构,可按输出轴转角误差最小原则设计。对于增速齿轮传动机构,则应该在前几级就开始增速。对于要求运动平稳、启停频繁和动态性能好的伺服减速齿轮传动机构,可按最小转动惯量和输出轴转角误差最小原则进行设计。对于负载变化的齿轮传动机构,各级传动比宜采用不可约的数值,以避免多齿同时啮合而造成严重磨损。对于传动比很大的齿轮传动机构,应该将定轴轮系的行星轮系结合使用。若同时要求传动精度高、功率大、效率高、传动平稳、体积小和质量轻,则必须综合运用上述原则进行设计。

3. 齿轮传动精度分析

齿轮传动机构的传动精度主要包括传动误差和空程误差两部分。传动误差和空程误差是全面评定齿轮传动机构精度的两个性能指标。

(1) 传动误差及产生原因

传动误差是指输入轴单向回转时,输出轴转角的实际值相对于理论值的变动量。由于传动误差的存在,使输出轴的运动有超前或滞后现象。例如,一对相互啮合的渐开线齿轮的传动比,实际上不是固定不变的。由于齿轮存在制造和装配误差,传动过程中的瞬时传动比会有微小的变动,这种变动量将造成齿轮输出轴上的转角误差,此转角误差就是传动误差。传动过程中,当忽略温度变形和弹性变形时,输出轴转角 φ_o 和输入轴转角 φ_i 的之间理想关系为

$$\varphi_o = \varphi_i / i \tag{5.46}$$

由式(5.46)看出,如果输入轴均匀回转,则输出轴将均匀回转;输入轴反向回转,则输出轴将无滞后地立即反向回转。当 $i=1$ 时,φ_o 和 φ_i 的之间关系如图 5.16(a)中的直线 1。实际上,各组成零部件都存在制造和装配误差,在使用过程中还会存在温度变形和弹性变形,当单向回转存在传动误差 $\Delta\varphi$ 时,输出轴转角 φ_o 和输入轴转角 φ_i 之关系呈非线性,见图 5.16(b)中曲线 2。

传动误差有许多误差来源。齿轮与组件的精度愈高,齿轮传动误差就愈小。对于高精度的齿轮传动,必须考虑所有产生误差的原因和影响;对于精度较低的齿轮传动,可只考虑

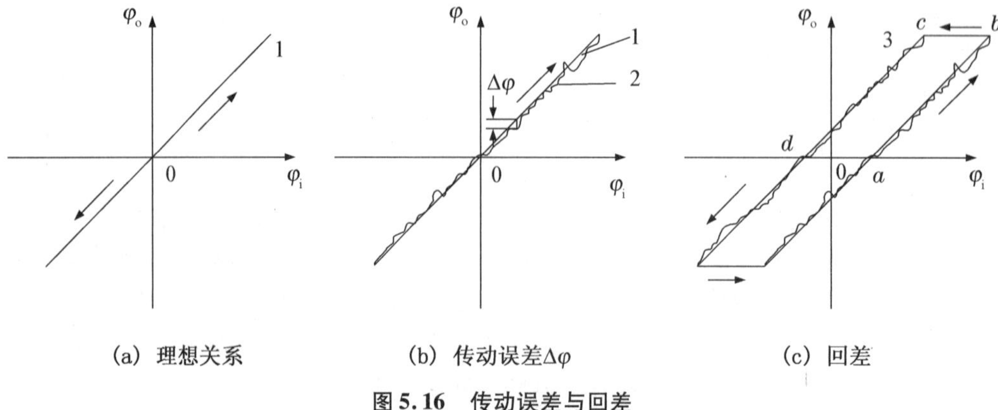

图 5.16 传动误差与回差

单个齿轮中的误差和安装误差,其他因素可忽略。单个齿轮的传动误差包括:偏心、端面跳动、齿形误差、齿距误差、齿厚误差等。机构的传动误差包括:齿轮孔与轴之间的间隙,齿轮连接处轴跳动、轴承偏心、连接器精度等。

(2) 回差及产生原因

回差是指输入轴由正向变为反向回转时,输出轴在转角上的滞后量。也可以理解为输入轴固定时,输出轴可以任意转动的转角量。回差是与传动误差既有联系又有区别的另一种误差。回差使输出轴不能立即随着输入轴反向回转,即反向回转时,输出轴产生滞后运动。输出轴转角 φ_o 和输入轴转角 φ_i 的之间关系见图 5.16(c)中的曲线 3。当主动轮从 $\varphi_i=0$ 开始正转时,φ_o 无输出;过 a 点后,两轮啮合,从动轮按速比正向转动;从 b 点开始 φ_i 反向,φ_o 又无输出,这时主动轮转过一个齿间距(从 $b\rightarrow c$);从 c 点开始两轮在齿的另一侧接触,从动轮才开始按速比反向转动;φ_i 回到零时,φ_o 不是零,主动轮继续反转到 d,φ_o 到达零。这一曲线就是常说的齿隙迟滞回线。

产生回差原因,除侧隙外,还有齿厚与中心距的偏差、轴承偏心和间隙、跳动误差和特殊的环境条件(如振动、冲击、温度变化等)。齿轮传动机构的总回差由常值回差和可变回差两部分组成。图 5.17 中,直线表示常值回差,曲线表示可变回差。

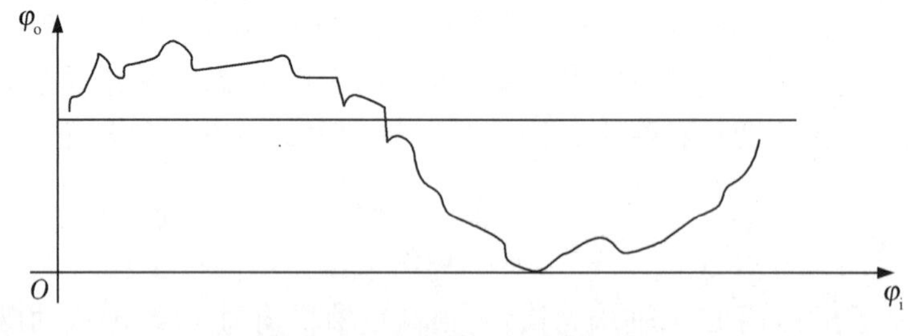

图 5.17 齿轮传动机构的回差

在定义传动误差和回差时,均是对转角而言,因此传动误差和回差的单位都是角度。对一个齿轮来说,齿轮节圆的传动误差和回差具有线值的形式,单位常用微米(μm)表示,那么其转角误差的角值 $\Delta\varphi$ 与其节圆上的线值 Δ 之间关系为

$$\Delta\varphi=3.14\Delta/r=6.28\Delta/d \tag{5.47}$$

回差并不一定只在反向时才有意义,即使是单向回转,回差对传动精度也可能有影响。例如,在单向回转中,当输出轴上受到一个与其回转方向一致的足够大的外力矩作用时,由于回差的存在,其转角可能产生一个超前量;又如在单向回转过程中,当输入轴突然减速时,如果输出轴上的惯性力矩足够大,由于回差的存在,输出轴的转角也有可能产生一个超前量。

(3) 提高传动精度的结构措施

提高传动精度的结构措施有:适当提高零部件本身的精度;合理设计传动链,减少零部件制造、装配误差对传动精度的影响;采用消隙机构,以减少或消除空程。

适当提高零部件本身的精度是指提高各传动部件本身的制造、装配精度。例如,为了减小传动误差,一般采用 5 级或 6 级精度的齿轮;为了减小空程,可选用较小侧隙或零侧隙,甚至“负侧隙”,但采用“负侧隙”后,传动效率将显著下降。对减速传动链来说,提高末级传动链的精度效果最显著。此外,提高传动机构的输出轴与负载轴之间的联轴器本身的精度,也能够提高传动精度。

有三种常用的合理设计传动链方法:合理选择传动类型、合理确定级数和分配各级传动比、合理布置传动链。图 5.18 为合理布置传动链的典型例子,$Z_A=120$,$Z_B=20$,$Z_C=1$,$Z_D=60$。设齿轮副在小齿轮轴上的角值误差为 Δ_{AB},蜗轮副在蜗轮轴上的角值误差为 Δ_{CD},令 $\Delta_{AB}=\Delta_{CD}=\Delta$,则图 5.18(a)方案中从动轴的总误差为

$$\Delta_a=\Delta_{CD}+\Delta_{AB}/i_{CD}=(1+1/60)\Delta=(61/60)\Delta$$

而图 5.18(b)方案中从动轴 B 的总误差为

$$\Delta_b=\Delta_{AB}+\Delta_{CD}/i_{AB}=(1+6)\Delta=7\Delta$$

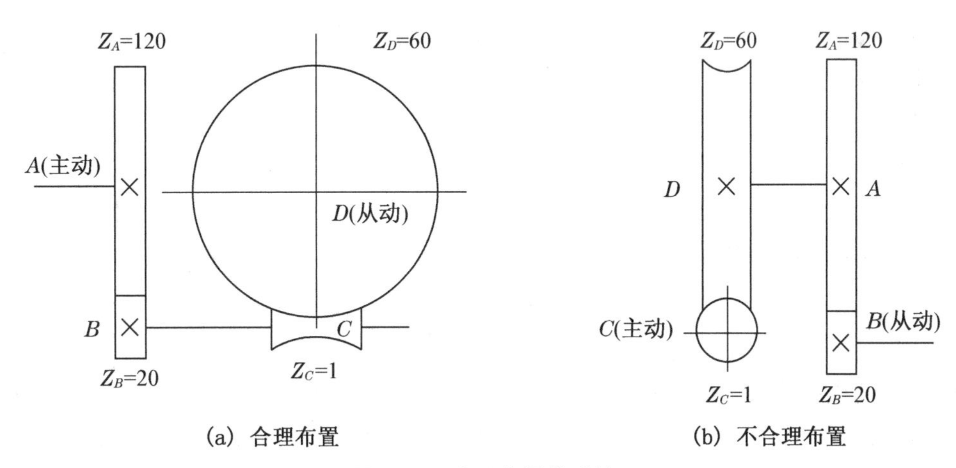

(a) 合理布置　　(b) 不合理布置

图 5.18　合理布置传动链

显然,图 5.18(a)方案的总误差小于图 5.18(b)方案的总误差,故选择图 5.18(a)方案有利于提高传动精度。

一般来说,在从动轴前选用减速链,可以减小因传动零件的制造、装配误差所引起从动轴的角值误差对从动轮的影响。

常用的消隙机构的型式很多。有中心距可调消隙、弹簧加载双片齿轮消隙和螺旋传动的消隙等,这里不作一一介绍。

5.3 直流电动机驱动系统

5.3.1 概述

伺服系统是机电一体化控制系统的主要组成部分,伺服电动机是其关键部件。对不同的机电一体化系统,伺服系统驱动部件所需功率差异较大。在确定驱动方式时,一般从输出功率与响应频率两个方面综合考虑。例如,油压驱动的伺服系统输出功率大,响应频率高;空压驱动伺服系统输出功率大,但响应频率低。

伺服电动机亦称控制电动机,其作用是跟踪指令脉冲动作、输出功率,使输出量能够准确、迅速地复现输入量的变化,伺服电动机的工作性能将影响伺服系统的调速性能、动态特性、运动精度等。伺服电动机响应频带宽,输出功率大,调速范围远远大于传统的直流或交流调速电动机,伺服电动机的性能密度大,即功能密度和比功率大。电动机的功率密度定义为

$$P_W = P/W \tag{5.48}$$

式中,P_W 为电动机的功率密度,表示单位质量的输出功率,单位为 W/N;P 为输出功率,单位为 W;W 为质量,单位为 N。

电动机的比功率定义为

$$\frac{\mathrm{d}P}{\mathrm{d}t} = \frac{d}{\mathrm{d}t}(T\omega) = T_N \left.\frac{\mathrm{d}\omega}{\mathrm{d}t}\right|_{T=T_N} \tag{5.49}$$

式中,T 为电动机的实际转矩,单位为 N·m;T_{N} 为电动机的额定转矩,单位为 N·m;ω 为电动机的角速度,单位为 rad/s。

电动机转动方程为

$$T_{\mathrm{N}} = J_{\mathrm{m}} \frac{\mathrm{d}\omega}{\mathrm{d}t} \tag{5.50}$$

式中,J_{m} 为电动机转子转动惯量,单位为 $\mathrm{kg \cdot m^2}$。有

$$\frac{\mathrm{d}P}{\mathrm{d}t} = T_{\mathrm{N}}^2 / J_{\mathrm{m}} \tag{5.51}$$

伺服电动机应能够提供足够的功率,使负载按需要的规律运动。因此,伺服电动机的输出转矩、转速和功率应能满足拖动负载运动的要求,其控制特性应保证所需调速范围和转矩变化范围。为此,在选择伺服电动机时需要做以下计算。

(1) 功率估算

选择电动机的首要依据是功率问题,通常,按峰值转矩和负载均方根转矩估算功率。

如果要求电动机在峰值转矩下以最高转速不断地驱动负载,则电动机的估算功率 P_{M} 为

$$P_{\mathrm{M}} \approx (1.5 \sim 2.5) \frac{M_{\mathrm{M}} \omega_{\mathrm{M}}}{\eta} \tag{5.52}$$

式中,P_{M} 为电动机估算功率,单位为 W;M_{M} 为负载峰值转矩,单位为 N·m;ω_{M} 为负载峰值

转速,单位为 rad/s;η 为传动效率,初步估算时取 $\eta = 0.7 \sim 0.9$。

如果电动机长期连续地工作在变载荷之下时,按负载均方根功率的电动机估算功率为

$$P_{M} \approx (1.5 - 2.5)\frac{M_{r}\omega_{r}}{\eta} \tag{5.53}$$

式中,P_{M} 为电动机估算功率,单位为 W;M_{r} 为负载均方根转矩,单位为 N·m;ω_{r} 为负载均方根转速,单位为 rad/s。

按功率估算值初步选定电动机后,额定转矩、额定转速、额定电压、额定电流、转子转动惯量、过载倍数等技术数据可由产品目录查得或经计算求得。

(2) 发热校核

伺服电动机处于连续工作时的发热条件与周期性负载的均方根力矩相对应,故初选电动机后,必须根据负载转矩的均方根值来核对电动机的发热情况。折算负载均方根转矩 M_{Mr} 为

$$M_{Mr} = \sqrt{\frac{1}{T}\int_{0}^{T}(M_{L}^{M})^{2}dt} \tag{5.54}$$

式中,M_{L}^{M} 为折算到电动机轴上的负载转矩,单位为 N·m。为了满足发热条件,要求电动机的额定转矩大于或等于折算负载均方根转矩,即

$$M_{e} \geqslant M_{Mr} \tag{5.55}$$

式中,M_{e} 为电动机的额定转矩,单位为 N·m。

(3) 转矩过载校核

转矩过载校核的公式为

$$M_{Lmax}^{M} \leqslant M_{Mmax} \tag{5.56}$$

$$M_{Mmax} = \lambda M_{e} \tag{5.57}$$

式中,M_{Lmax}^{M} 为折算到电动机轴上负载转矩的最大值,单位为 N·m;M_{Mmax} 为电动机的峰值转矩(过载转矩),单位为 N·m;M_{e} 为电动机的额定转矩,单位为 N·m;λ 为过载倍数。最大负载转矩 M_{Lmax}^{M} 的持续作用时间一定要在电动机允许过载倍数 λ 的持续时间之内。

5.3.2 直流伺服电动机与驱动

直流伺服电动机是指由直流电信号控制的伺服电动机,是直流电能和机械能相互转换的旋转机电设备,其转子的机械运动由输入信号控制,并做快速反应。直流伺服电动机具有良好的调速、较大的起动转矩、相对功率大及快速响应等优点,在机电一体化系统中得到了广泛应用,多用作执行元件,被用于功率较大系统,其输出功率范围为 1 ~ 600 W,最高达数千瓦,工作电压范围宽,通常有 6 V、9 V、12 V、24 V、27 V、48 V、110 V、220 V 等。

机电一体化系统要求直流伺服电动机具有较硬的机械特性、线性调节特性、输入输出响应快。

1. 直流伺服电动机工作原理

直流伺服电动机的品种很多,其基本结构与直流发电机的结构完全一样。按照激磁方

式分类,直流伺服电动机可分为电磁式或永磁式两类。电磁式分为他励和自励,励磁电流如果是由独立的直流电源供给(如其他的直流发电动机、整流器或蓄电池),则称为他励直流电动机;励磁电流如果是由电动机本身供给,则称为自励直流电动机。自励直流电动机按其励磁绕组的连接方法,分为并励直流电动机、串励直流电动机和复励直流电动机三种形式,以他励直流电动机和复励直流电动机在传动控制系统中最常用。下面以他励直流电动机为例介绍其工作原理和运行特性。

如图5.19,N、S为固定磁极,由永久磁钢或电磁线圈激磁产生,两级之间是由 $abcd$ 线圈组成的电枢,线圈两端与固定于轴上的开口环形铜片1、2相连,该铜片称为换向片,换向片随电枢轴转动,但与电枢轴绝缘。上下两个电刷固定不动,与换向片保持良好接触,两个电刷分别接到外电路电源的正、负端。

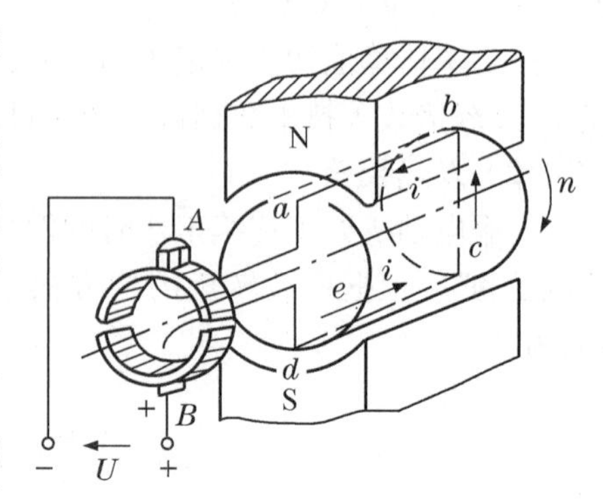

图5.19　直流电动机的工作原理

当有图示极性的直流电压接入电刷时,绕组中的电流方向将如图5.19所示。根据左手定则,导线 ab 与 cd 将受到方向相反的电磁力作用,从而产生逆时针方向的电磁力矩,使转子转动起来。当电枢正好转到水平位置时,线圈将处于磁极的中性面内(中性面上的磁感应强度等于零),因为气隙中磁感应强度为零,所以此时的电磁转矩也为零。但由于惯性,电枢将继续转动,使换向片从一个电刷接触转到与另一个电刷接触,导线 ab、cd 中电流方向改变,从而保证了电磁转矩仍为逆时针方向,维持电动机不停地以逆时针方向转动。

2. 直流电动机的运行特性

(1) 直流电动机稳态运行基本方程

稳态运行基本方程包括:电动势平衡方程、转矩平衡方程和功率平衡方程。

① 电动势平衡方程。根据基尔霍夫定律,如图5.20所示,电枢回路方程式为

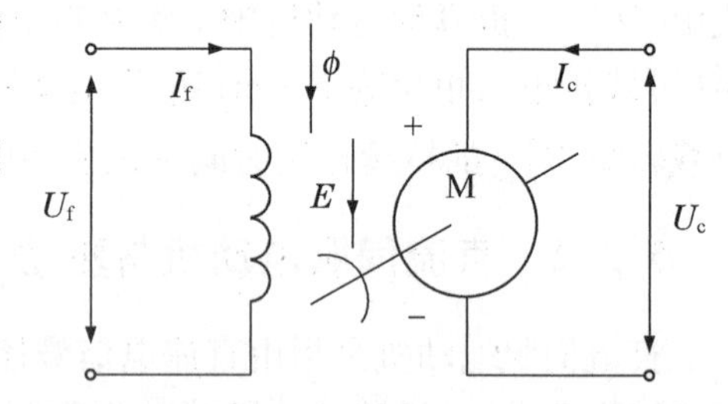

图5.20　直流伺服电动机工作原理图

$$E_a = U_c - I_c R_a \tag{5.58}$$

或

$$U_c = E_a + I_c R_a, I_c = (U_c - E_a)/R_a \tag{5.59}$$

另外,根据电动机工作原理和结构,又有

$$E_a = K_E \Phi n \tag{5.60}$$

$$K_E = pN/60a \tag{5.61}$$

式中,U_c 为电动机外加直流电压,单位为V;E_a 为电枢绕组的反电动势,单位为V;I_c 为电枢电流,单位为A;Φ 为主磁通,单位为Wb;K_E 为与电动机结构有关的常数,称为电枢常数;a 为电枢绕组并联支路数;n 为电枢转速,单位为r/min;p 为磁极对数;N 为切割磁通的电枢总

导体数;R_a 为电枢电阻,单位为 Ω。

励磁回路方程为

$$I_f = U_f / R_f \tag{5.62}$$

式中,I_f 为励磁电流,单位为 A;U_f 为励磁电压,单位为 V;R_f 为励磁电阻,单位为 Ω。

② 转矩平衡方程。直流电动机稳定运行时,作用于电动机轴上的转矩共有三个:电磁转矩 T、机械阻转矩 T_2 和空载转矩 T_0。如图 5.19 所示,转矩与转速的正方向相同,因为驱动转矩与负载转矩 T_L 平衡,所以有

$$T = K_T \Phi I_c = T_L = T_2 + T_0 \tag{5.63}$$

式中,电磁转矩 T 为驱动转矩,T_2 和 T_0 是阻转矩,T_L 是负载转矩,K_T 为电枢常数。

③ 功率平衡方程。将电动势平衡方程式(5.60)和转矩平衡方程式(5.63)两边分别乘以电枢电流 I_c 和 Ω,得到电动机的功率平衡方程为

$$\begin{aligned} U_c I_c &= E_a I_c + I_c{}^2 R_a \\ T\Omega &= T_2 \Omega + T_0 \Omega \end{aligned} \tag{5.64}$$

式中,$U_c I_c = P_1$,$E_a I_c = P_e$,$I_c^2 R_a = P_{Cua}$。而又

$$P_1 = P_e + P_{Cua} \quad P_e = P_2 + P_0 = T\Omega \quad P_2 = T_2 \Omega \quad P_0 = T_0 \Omega$$

式中,P_1 为电源输入电动机功率;P_2 为转轴输出机械功率;P_0 为包括机械摩擦损耗 P_m 和铁损耗 P_{Fe} 在内的空载损耗;P_e 为电动机向机械负载转换的电动功率;P_{Cua} 为电枢回路总的铜损耗;Ω 为机械角速度。对于他励直流电动机,其总损耗为

$$P_\Sigma = P_{Cua} + P_0 + P_s = P_{Cua} + P_m + P_{Fe} + P_s \tag{5.65}$$

式中,P_Σ 为总损耗;P_s 为附加损耗。于是,电动机的效率为

$$\eta = 1 - \frac{P_\Sigma}{P_1} = 1 - \frac{P_\Sigma}{P_2 + P_\Sigma} \tag{5.66}$$

例 5.3:一台他励直流电动机,额定电压 $U_N = 220$ V,额定转速 $n_N = 1\ 500$ r/min,电动机铁损 $P_{Fe} = 362$ W,机械摩擦损耗 $P_m = 204$ W,电枢回路总电阻 $R_a = 0.208\ \Omega$,$E_a = 205$ V,求:电磁转矩 T、输入功率 P_1 和效率 η。

解:计算电磁转矩 T:

$$T = \frac{P_e}{\Omega} = \frac{30 E_a I_c}{\pi n}$$

按题意,代入已知量,有

$$I_c = \frac{U_c - E_a}{R_a} = \frac{220 - 205}{0.208} = 72.12\ (\text{A})$$

则

$$T = \frac{30 \times 205 \times 72.12}{\pi \times 1\ 500} = 94.17\ (\text{N} \cdot \text{m})$$

计算输入功率 P_1:

$$P_1 = U_c I_c = 220 \times 72.12 = 15\ 865.4(\mathrm{W})$$

计算效率 η:

$$\eta = 1 - \frac{P_\Sigma}{P_1} = 1 - \frac{P_\Sigma}{P_2 + P_\Sigma}$$

按题意,代入已知量,有

$$P_e = E_e I_c = 205 \times 72.12 = 14\ 784.6(\mathrm{W})$$

$$P_2 = P_e - P_{Fe} - P_m = 14\ 784.6 - 362 - 204 = 14\ 218.6(\mathrm{W})$$

$$P_\Sigma = P_1 - P_2 = 18\ 565.4 - 14\ 218.6 = 1\ 646.8(\mathrm{W})$$

于是,得效率

$$\eta = 1 - P_\Sigma / P_1 = 1 - \frac{1\ 646.8}{15\ 865.4} = 89.68$$

例 5.4:一他励直流电动机,额定功率 $P_N = 96$ kW,额定电压 $U_N = 440$ V,额定电流 $I_N = 250$ A,额定转速 $n_N = 500$ r/min,电枢回路总电阻 $R_a = 0.078\ \Omega$,额定励磁电流 $I_{fN} = 5$ A,忽略电枢反应影响。试求:额定输出转矩 T_{2N}和在额定电流时的电磁转矩 T。

解:① 计算额定输出转矩 T_{2N}

$$T_{2N} = P_N / \Omega = \frac{30 P_N}{\pi n_N} = 9.55 \frac{P_N}{n_N} = 9.55 \times \frac{96 \times 10^3}{500} = 1\ 833.5(\mathrm{N \cdot m})$$

② 计算在额定电流时的电磁转矩 T

$$T = P_N / \Omega = \frac{30 P_N}{\pi n_N}$$

$$P_N = P_{eN} = E_{eN} I_N$$

$$E_{eN} = U_N - I_N R_c = 440 - 250 \times 0.078 = 420.5(\mathrm{V})$$

$$P_N = 420.5 \times 250 = 105.125(\mathrm{kW})$$

$$T = \frac{30 \times 1.05125 \times 10^5}{\pi \times 500} = 2\ 008.76(\mathrm{N \cdot m})$$

(2) 直流电动机工作特性

直流电动机的工作特性是指外加电压 U_c 等于额定电压 U_N,励磁电流 I_f 等于额定电流 I_{fN}时,电动机的转速 n、电磁转矩 T 及电动机效率 η 与电枢电流 I_c 之间的关系。

当 $U_c = U_N$,$I_f = I_{fN}$时,$n = f(I_c)$ 的关系曲线表示直流电动机的转速特性。由式(5.58)~(5.61)得到他励直流电动机的转速为

$$n = \frac{U_N}{K_E \Phi_N} - \frac{R_a}{K_E \Phi_N} I_c \tag{5.67}$$

式(5.67)为他励直流电动机的转速特性公式。当 I_c 增加时,转速 n 下降,但因为 R_a 较小,n 下降量不大。随着电枢电流的增加,由于电枢反应的去磁作用又将使每极下的气隙磁通减小,反而使转速又增加。一般情况下,电枢电阻上的电压 $I_c R_a$ 的影响大于电枢反应的去磁

作用的影响。因此,转速特性是一条略向下倾斜的直线,如图5.20中的曲线①所示。

当 $U_c=U_N, I_f=I_{fN}$ 时, $T=f(I_c)$ 的关系曲线表示直流电动机的转矩特性。按式(5.64),直流电动机的转矩特性为直流电动机的电磁转矩基本关系式:

$$T=K_T\Phi I_c$$

当 $\Phi=\Phi_N$ 时,电磁转矩 T 与电磁电流 I_c 成正比,这时, $n=0$,电磁转矩基本关系式为

$$T=K_T\Phi_N I_c=T_s$$

式中, T_s 称为起动转矩,也称堵转转矩。考虑到电枢反应的去磁作用,当 I_c 增大时, T 上升的趋势略有减小,如图5.21中的曲线②所示。

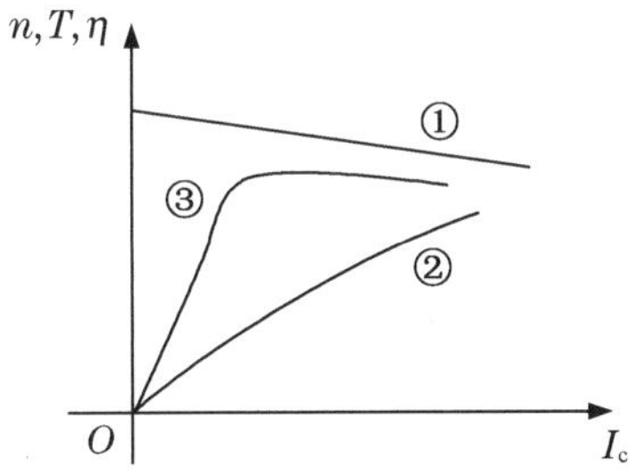

图5.21　直流电机工作特性

当 $U_c=U_N, I_f=I_{fN}$ 时, $\eta=f(I_c)$ 的关系曲线表示直流电动机的效率特性。在电动机的总损耗 P_Σ 中,可分为不变损耗 P_0 和可变损耗两部分。不变损耗(也称空载损耗)不随 I_c 变化,其表达式为

$$P_0=P_{Fe}+P_m \tag{5.68}$$

而可变损耗主要是电枢回路的总损耗 P_{Cu}, $P_{Cu}=I_c^2R_a$, P_{Cu} 与 I_c^2 成正比。效率特性曲线如图5.21中的曲线③所示。当 I_c 从零开始增大时,效率 η 逐渐增大,当 I_c 增大到一定值时,效率 η 又逐渐减小。当电动机的可变损耗等于不变损耗时,效率最高。

(3) 他励直流电动机的机械特性

机械特性是指当外加电源电压 U_c、励磁电流 I_f 和电枢回路电阻 R_a 不变时,直流电动机的电磁转矩 T 与转速 n 之间的关系,即 $n=f(T)$。机械特性是直流电动机的一个重要特性。

将式(5.62)改写为

$$I_c=T/K_T\Phi \tag{5.69}$$

再将式(5.69)代入转速式(5.67),并在电枢回路中串入一个调节电阻 R,得

$$n=\frac{U_c}{K_E\Phi}-\frac{R_a+R}{K_EK_T\Phi^2}T=n_0-\beta T \tag{5.70}$$
$$=n_0-\Delta n$$

式中, n_0 为理想空载转速, $n_0=U_c/K_E\Phi$; β 为机械特性斜率, $\beta=(R_a+R)/K_EK_T\Phi^2$; Δn 为转速降, $\Delta n=\beta T$。

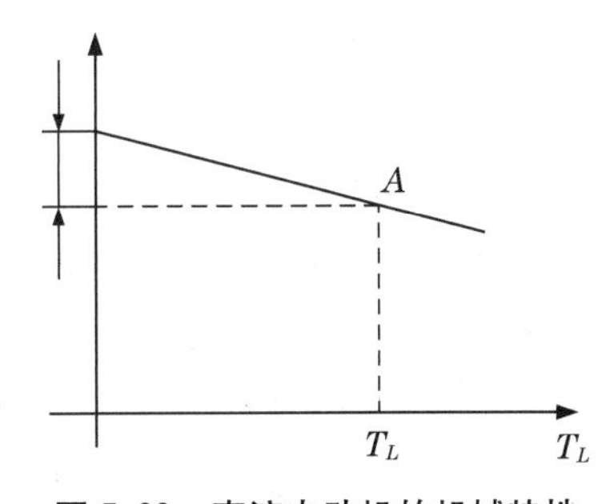

图5.22　直流电动机的机械特性

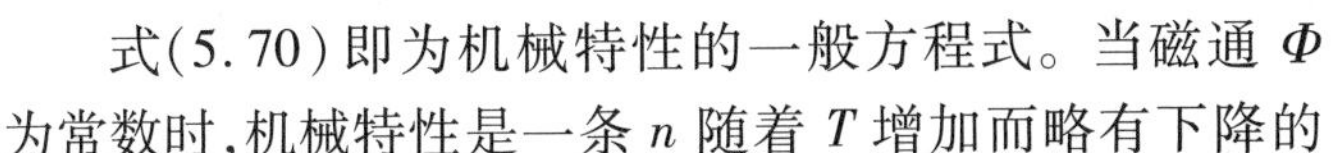

式(5.70)即为机械特性的一般方程式。当磁通 Φ 为常数时,机械特性是一条 n 随着 T 增加而略有下降的直线,如图5.21所示, A 为额定转矩工作点。实际上,在直流电动机空载运行时,虽然机械负载转矩为零,但作用于电动机轴上的空载转矩不为零,即 $T=T_0\neq0$,代入式(5.70),得

$$n_0'=n_0-\frac{R_a+R}{K_EK_T\Phi^2}T_0 \tag{5.71}$$

式中, n_0' 为直流电动机的实际空载转速。

当 $U_c = U_N, \Phi = \Phi_N$，电枢回路不串联电阻 R 时，直流电动机的机械特性称为固有机械特性，其表达式为

$$n = \frac{U_N}{K_E \Phi_N} - \frac{R_a}{K_E K_T \Phi_N^2} T = n_0 - \beta_N T \tag{5.72}$$

式中，β_N 为特性斜率，其表达式为

$$\beta_N = \frac{R_a}{(K_E K_T \Phi_N^2)} \tag{5.73}$$

由于 R_a 值很小，所以 β_N 值也很小，这表明他励直流电动机的固有机械特性较硬。

$T=0$ 时，直流电动机的转速等于理想空载转速，有

$$n = n_0 = \frac{U_N}{K_E \Phi_N} \tag{5.74}$$

此时，$I_c = 0, E_a = U_N$。

当 $T = T_N$ 时，直流电动机的转速等于额定转速，即

$$n = n_N = n_0 - \Delta n_N \tag{5.75}$$

式中，Δn_N 为额定转速降，$\Delta n_N = \frac{R_a T_N}{K_E K_T \Phi_N^2}$。一般地，$n_N \approx 0.95 n_0, \Delta n_N = 0.05 n_0$。

当 $n=0$ 时，电动机启动，此时反电动势为

$$E_a = K_E \Phi n = 0$$

电枢电流为

$$I_a = U_N / R_a = I_{st}$$

式中，I_{st}称为起动电流。由于电枢电阻 R_a 值很小，所以，起动电流比额定值大很多。

起动时刻的电磁转矩为

$$T = K_T \Phi_N I_{st} = T_{st}$$

式中，T_{st}称为起动转矩。

例 5.5：一台他励直流电动机，各参数值同例 5.4。求：① 理想空载转速 n_0；② 固有机械特性斜率 β。

解：① 求理想空载转速 n_0

$$K_E \Phi_N = \frac{U_N - I_N R_a}{n_N} = \frac{440 - 250 \times 0.078}{500} = 0.841 (\text{V/r} \cdot \text{min}^{-1})$$

$$n_0 = U_N / K_E \Phi_N = \frac{440}{0.841} = 523.2 (\text{r/min})$$

② 求固有机械特性斜率 β

$$K_T \Phi_N = 9.55 K_E \Phi_N = 9.55 \times 0.841 = 8.03$$

$$\beta = \frac{R_a}{K_E \Phi_N K_T \Phi_N} = \frac{0.078}{0.841 \times 8.03} = 0.0116$$

（4）直流电动机机械特性的测试与绘制

在设计机电一体化系统的直流电动机及执行机构时，首先应该知道所选择的电动机的机械特性 $n=f(T)$。但是，电动机产品目录及铭牌中并没有直接给出机械特性的数据，所以，需要利用电动机铭牌数据，估算出机械特性。下面介绍固有机械特性的绘制方法，机械特性可按固有机械特性绘制方法得到。

由前所述，固有机械特性是一条斜直线。那么，只要已知两个特殊点，将两点连成直线就获得固有机械特性曲线。可以选理想空载点 $(0,n_0)$ 和额定工作点 (T_N,n_N)。

按式(5.73)计算理想空载转速 n_0，有

$$n_0=\frac{U_N}{K_E\Phi_N} \tag{5.75}$$

式中，$K_E\Phi_N$ 为额定运行状态的数值，其表达式为

$$K_E\Phi_N=\frac{E_{aN}}{n_N}=\frac{U_N-I_NR_a}{n_N} \tag{5.76}$$

式中，U_N、I_N、n_N 均为铭牌额定值，还需要求得电枢回路电阻 R_a 才能得到理想空载点 $(0,n_0)$。

例 5.6：已知他励直流电动机型号为 Z2－72，铭牌上的参数为：$P_N=22$ kW，$U_N=220$ V，$I_N=115.4$ A，$n_N=1\,500$ r/min，试绘制其固有机械特性。

解：用经验公式估算 R_a

$$R_c=\left(\frac{1}{2}\sim\frac{2}{3}\right)\frac{U_NI_N-P_N}{I_N^2}=\left(\frac{1}{2}\sim\frac{2}{3}\right)\frac{220\times115.4-22\times10^3}{115.4^2}=(0.13\sim0.17)(\Omega)$$

取 $R_a=0.17\ \Omega$，有

$$K_E\Phi_N=\frac{E_{aN}}{n_N}=\frac{U_N-I_NR_a}{n_N}=\frac{220-115.4\times0.17}{1\,500}=0.133(\text{V}\cdot\text{min}\cdot\text{r}^{-1})$$

$$n_0=\frac{U_N}{K_E\Phi_N}=\frac{220}{0.133}=1\,654(\text{r/min})$$

$$T_N=9.55K_E\Phi_NI_N=9.55\times0.133\times115.4=147(\text{N}\cdot\text{m})$$

于是，得到空载点(0，1 654)和额定点为(147，1 500)，可绘制图 5.23 所示固有机械特性曲线。

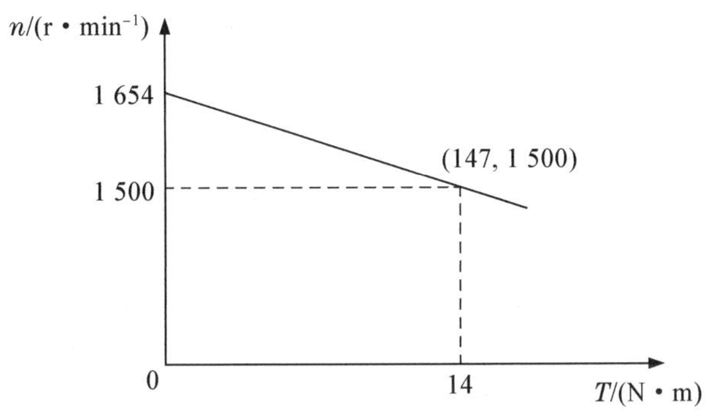

图 5.23　例 5.6 固有机械特性曲线

3. 他励直流电动机起动、调速和反转运行特性

(1) 他励直流电动机的起动特性

直流电动机从静止状态到稳定运行状态的过程称为直流电动机的起动过程或起动。直流电动机的起动性能一般从起动电流 I_{st}、起动转矩 T_{st}、起动时间 t、起动过程平稳程度和经济性(起动设备的价值及耗能情况)等多方面评价,其中,最重要的指标是起动电流 I_{st} 和起动转矩 T_{st}。

直流电动机拖动负载起动时的条件为

$$I_{st} \leqslant (2 \sim 2.5) I_N \tag{5.77}$$

$$T_{st} \geqslant (1.1 \sim 1.2) T_N \tag{5.78}$$

他励直流电动机的起动方法有三种:直接起动、降压起动、电枢回路串电阻起动。

在电动机电枢上直接加额定电压的起动方式称为直接起动。他励直流电动机的直接起动线路如图 5.24 所示,起动前应该先接通励磁回路,以建立励磁磁场(产生励磁电流 I_f),然后,接通电枢回路。

这种方式起动的瞬间,电动机转速 $n=0$,反电动势 $E_a=0$,由于机械惯性的影响,起动电流不为 0,其表达式为

$$I_{st} = \frac{U_N}{R_a} \tag{5.79}$$

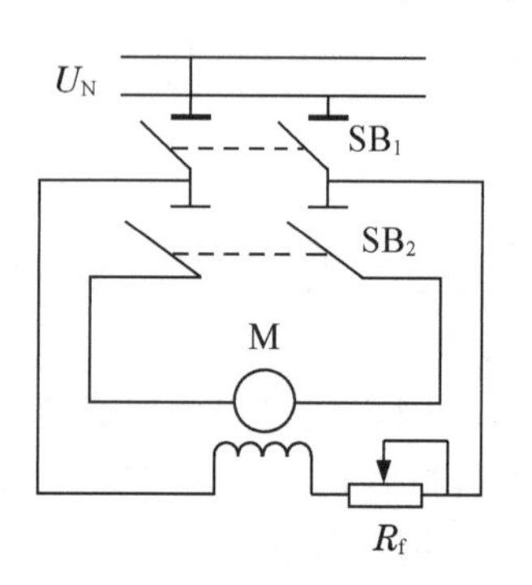

图 5.24 直接起动线路

式(5.79)中,由于电枢电阻 R_a 的数值很小,所以,I_{st} 很大,可达到 $I_{st}=(10 \sim 50)I_N$。大起动电流对电机绕组的冲击和对电网的影响很大。因此,除了小容量的直流电动机可采用直接起动外,对中、大容量的电动机不能用直接起动的方法。

起动瞬间,将加于电枢两端的电源电压降低,以减少起动电流 I_{st} 的起动方法,称为降压起动。降压起动特性见图 5.25。为了获得足够的起动转矩 T_{st},一般将起动电流限制在$(2 \sim 2.5)I_N$ 以内,起动时,电源电压 U_{st} 降低到$(2 \sim 2.5)I_N R_a$。随着转速 n 的上升,电枢电动势 E_a 逐渐增大,电枢电流 I_a 相应减小,此时再将电源电压 U_{st} 不断升高,U_{st} 升到 U_N,电动机进入稳定运行。降压起动需要一套调节直流电源的设备,故投资较大。

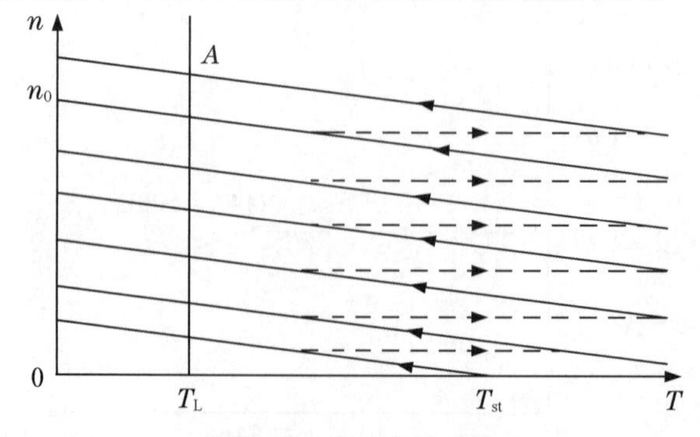

图 5.25 降压起动特性

电枢回路串电阻 R 起动——可以限制起动电流 I_{st}。起动电流 I_{st} 为

$$I_{st}=\frac{U_N}{R_a+R}=(2\sim2.5)I_N \tag{5.80}$$

当负载转矩 T_L 已知，按式(5.80)可确定所串联的电阻 R 的大小。为了保持起动过程的平稳性，希望串入的电阻 R 是平滑调节，一般采取分段切除的控制方法。可以手动起动，也可以自动起动。起动完成后，起动电阻全部切除。二级起动特性见图 5.26。

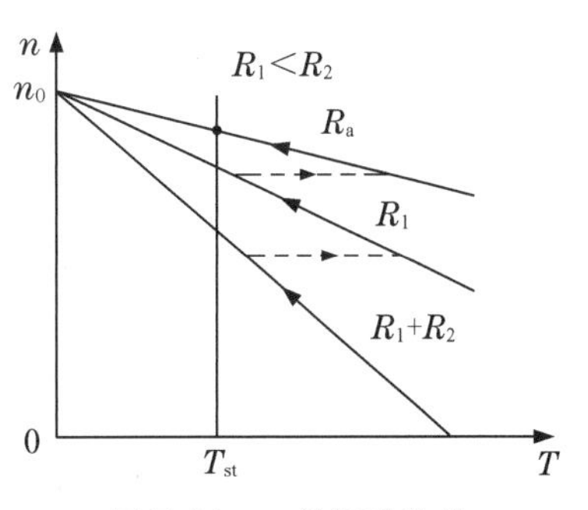

图 5.26　二级起动特性

例 5.7：某他励直流电动机额定功率 $P_N=96$ kW，$U_N=440$ V，$I_N=250$ A，$n_N=500$ r/min，$R_a=0.078\ \Omega$，忽略空载转矩 T_0，负载转矩 T_L 恒定。求：

① 采用降压起动，要求起动电流 $I_{st}=2I_N$，求电源电压下降到多少？并计算起动转矩 T_{st}；

② 采用串电阻起动，同上条件，计算串入的起动电阻值及起动转矩 T_{st}。

解：① 采用降压起动。起动电压为

$$U_{st}=I_{st}R_a=2\times250\times0.078=39(\text{V})$$

起动转矩为

$$T_{st}=2T_N=2\times9.55(P_N/n_N)=2\times9.55(96\times10^3/500)=3\ 667(\text{N}\cdot\text{m})$$

② 采用串电阻起动。电枢回路串入电阻为

$$R=\frac{U_N}{I_{st}}-R_a=0.802\ \Omega$$

起动转矩为

$$T_{st}=2T_N=3\ 667\ \text{N}\cdot\text{m}$$

(2) 他励直流电动机的调速特性

在机电一体化系统中，有许多应用要求在不同的工作条件下用不同的工作速度，以满足系统或产品的运动要求或提高质量和生产效率。以直流电动机为原动机的电力拖动系统，通过改变电动机的参数来改变系统运行转速的调速方法，即电气调速，是实现机电一体化系统运行要求的主要手段。下面着重介绍他励直流电动机的电气调速方法和调速性能。

从他励直流电动机的电枢回路电压平衡方程式

$$E_a=U_c-I_c(R_a+R)$$

及电枢电动势方程式

$$E_a=K_E\Phi n$$

得到转速公式为

$$n=\frac{U_c-I_c(R_a+R)}{K_E\Phi} \tag{5.81}$$

从式(5.81)可见，他励直流电动机的调速方法有三种可能：改变电枢回路中的串联电

阻 R、降低电枢电压 U_c 和减弱励磁磁通 Φ。

方法一，电枢串电阻调速。如果保持电枢电压 U_c 等于额定电压 U_N，励磁磁通 Φ 等于额定磁通 Φ_N，则改变电枢回路串联电阻 R 时，电动机将运行于不同的转速。当负载转矩恒定为 T_L 时，改变 R 的调速过程如图5.27所示。当 $R=0$ 时，电动机稳定运行于固有机械特性与负载特性的交点 A，此时转速为 n；串入电阻，使 $R=R_1$，电动机因惯性作用，转速不会跃变，仍保持为 n_1，但工作点却从固有机械特性曲线的 A 点移到人为机械特性曲线的 B 点，此时电枢电流 I_c 和电磁转矩 T 减小。在 $T<T_L$ 的情况下，系统将减速，由于转速 n 下降，所以，电动势 E_a 也下降，电枢电流 I_c 则随之增加，从而 T 又增加，直到 C 点，使 $T=T_L$，系统稳定运行于转速 n_2。在系统稳定运行时，$n_2<n_1$。如果串入的电阻 R 变为 R_2，且 $R_2>R_1$，过程同上，只是工作点稳定于 D 点，对应转速为 n_3。

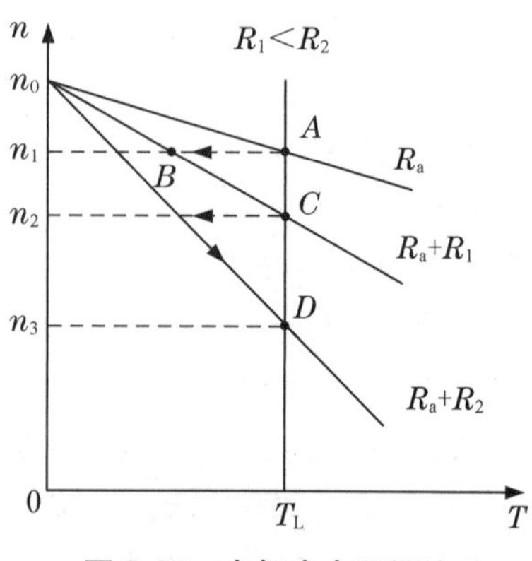

图 5.27　电枢串电阻调速

当 $R=0$ 时，即不串联电阻，电动机将稳定运行于固有机械特性的“基速”上。所谓“基速”是指运行于固有机械特性上的转速。随着串入电阻 R 值增大，转速降低。将串电阻调速称为从基速下调，从基速下调并不意味着只能加大电阻使转速降低，也可以减小电阻使转速上升，转速上升的上限值为固有机械特性上的转速值，即串电阻调速的转速永远不会超过基速。如果负载为恒转矩，串电阻调速时，电动机将运行于不同的转速 n_1、n_2 和 n_3，但电动机电枢电流 I_a 不变。

因为电磁转矩为

$$T=K_T\Phi_N I_a$$

稳定运行时，$T=T_L$，则电枢电流为

$$I_a=\frac{T}{K_T\Phi_N}=\frac{T_L}{K_T\Phi_N}$$

所以，当 T_L = 常数时，I_a 为常数。如果 $T_L=T_N$，$I_a=I_N$，则 I_a 与转速 n 无关。

串电阻调速时，由于 R 上流过很大的电枢电流 I_a，所以 R 上将有较大的损耗，转速 n 越低，损耗越大。直流电动机工作于一组机械特性上，各条特性经过相同的理想空载点 n_0，但是，斜率不同，R 越大，斜率越大，特性越软，表示电机在低速运行时稳定性会变差。串电阻调速多采用分级式，一般最大为6级。因此，这种方法只适用于对调速性能要求不高的中、小型直流电动机，大容量直流电动机不宜采用。

方法二，降低电源电压调速。保持他励直流电动机励磁磁通不变，电枢回路不串电阻 R，降低电枢电压 U_c 为不同值，则可得到一簇低于固有特性且平行的人为机械特性曲线，如图5.28所示。如果负载为恒转矩负载 T_L，当电源电压为额定值 U_N 时，电动机将运行于固有机械特性的 A 点，对应转速为 n_1。当电压降到 U_1 时，工作点 A_1，转速为

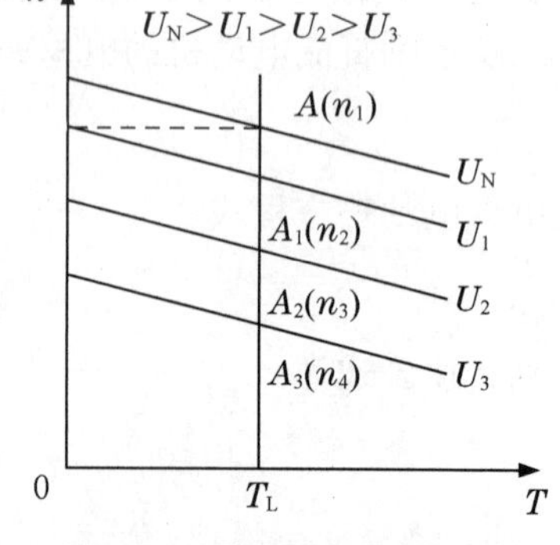

图 5.28　降低电源电压调速

n_2。电压降到 U_2 时，工作点 A_2，转速为 n_2。依次类推，随着电压降低，转速相应降低。这种调速方法也属基速下调。从图5.28可见，降低电源电压，直流电动机的机械特性斜率不变，即硬度不变，电磁转矩为

$$T = K_T \Phi_N I_a$$

稳定运行时，$T = T_L$，电枢电流 $I_a = T_L / K_N \Phi_N$，可见，I_a 同样与转速 n 无关。

与串电阻调速比较，降低电源电压调速在低速范围运行时转速稳定性和平滑性要好，电源电压连续变化时，转速也连续变化，可以实现无级调速。因此，在机电一体化控制系统中，降低电源电压从基速下调的调速方法，得到了广泛的应用。

方法三，改变励磁磁通的弱磁调速。保持电源电压不变，电枢回路不串电阻，降低他励直流电动机的励磁磁通，可使电动机的转速升高。如图5.29所示，如果负载转矩为 T_L，当 $\Phi = \Phi_N$ 时，直流电动机运行于固有机械特性曲线①与 T_L 的交点 A，此时，$T = T_L$，$n = n_1$。调节励磁回路的串联电阻 R_f，使 I_f 突然减小，则对应的励磁磁通 Φ 也将减小，但是，此时的转速 n 不能突变，电动势 E_a 为

$$E_a = K_E \Phi n$$

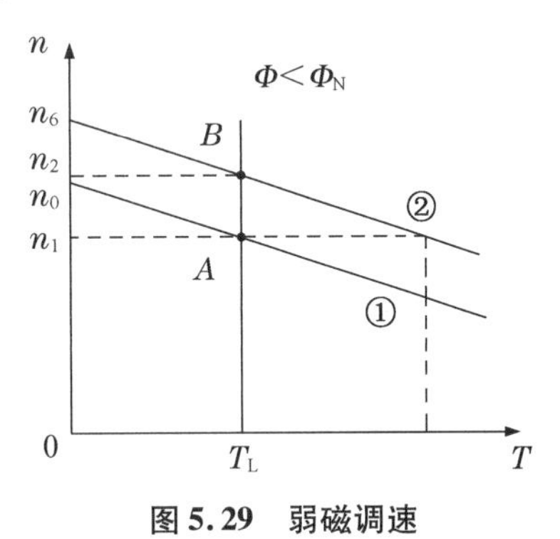

图5.29　弱磁调速

随励磁磁通 Φ 的减小，电动势 E_a 减小，电枢电流 I_c 增大。一般 I_c 的增大比 I_f 减小的数量级要大，故电磁转矩 T 变化的总趋势是增大。当 $T > T_L$ 时，直流电动机将加速，转速从 n_1 开始上升，随着 n 的上升，E_a 跟着上升，I_c 和 T 由开始的上升经某一最大值后又逐渐下降，直至 $T = T_L$，直流电动机转速升至 n_2。此时，直流电动机运行于人为机械特性②与 T_L 的交点 B。

他励直流电动机在正常运行情况下，励磁电流 I_f 远小于电枢电流 I_c。因此，励磁回路所串的调节电阻的损耗要小得多，可借助于连续调节 R_f 值，实现基速上调的无级调速。由于直流电动机转速最大值受换向能力和机械强度的限制，弱磁升速的转速调节不能使转速过高。一般按直流电动机转速最大值等于 $(1.2 \sim 1.5)n_N$ 设计，特殊直流电动机的转速最大值可达 $(3 \sim 4)n_N$。弱磁调速，不论直流电动机运行在哪个工作点，直流电动机转速与转矩必须满足

$$n = \frac{U_N}{K_E \Phi} - \frac{R_a}{K_E \Phi} I_c$$

$$T = K_T \Phi I_c = 9.55 K_E \Phi I_c$$

直流电动机的电磁功率为

$$\begin{aligned} P_e &= T\Omega = 9.55 K_E \Phi I_c \times \frac{2\pi}{60}\left(\frac{U_N}{K_E \Phi} - \frac{R_a}{K_E \Phi} I_c\right) \\ &= U_N I_c - I_c^2 R_a \end{aligned}$$

如果直流电动机拖动恒功率负载，即

$$P_e = T_L\Omega = 常数 \tag{5.82}$$

则

$$I_c = 常数 \tag{5.83}$$

他励直流电动机的输出功率决定电动机的发热程度，而电动机发热主要取决于电枢电流的大小。在他励直流电动机调速过程中，如果电枢电流 I_c 不超过额定电流 I_N，则电动机可长期稳定运行，如果在不同转速下都能保持电枢电流 $I_c = I_N$，则在运行安全条件下电动机将得到充分利用。他励直流电动机广泛采用降低电源电压基速下调和减弱磁通的基速上调的双向调速方法，从而得到较宽的调速范围，且调速损耗小，运行效率高。

在降低电枢电压调速时，磁通 $\Phi = \Phi_N$ 不变，按允许输出转矩不变原则，有关系：

$$\begin{cases} T_{al} = K_T\Phi_N I_N = T_N = 常数 \\ P_{al} = T_N\Omega = T_N \dfrac{2\pi n}{60} = \dfrac{1}{9.55}T_N n \end{cases} \tag{5.84}$$

式中，T_{al}为恒输出转矩；P_{al}为恒转矩输出时的允许输出功率。可见，降压调速情况下，当恒转矩时，允许输出的功率与转速成正比。这就是恒转矩调速方式。

在弱磁调速时，$U_c = U_N$，$I_c = I_N$，磁通 Φ 和转速 n 的关系为

$$\Phi = \frac{U_N - I_N R_a}{K_E n} \tag{5.85}$$

因为

$$T = K_T\Phi I_N = K_T \frac{(U_N - I_N R_a)}{K_E n} I_N = C/n$$

$$C = \frac{K_T(U_N - I_N R_a)}{K_E} I_N = 常数$$

所以

$$P = \frac{T}{9.55}n = \frac{C}{n}\frac{n}{9.55} = \frac{C}{9.55} = 常数 \tag{5.86}$$

可见，在弱磁调速时，当恒定负载功率时，允许输出转矩 $T_{al} = T$ 与转速 n 成反比。这就是恒功率调速方式。

恒转矩调速和恒功率调速方式，是对电动机的输出转矩和输出功率而言的。在稳定运行的情况下，电动机的电枢电流大小是由负载所决定。因此，实现恒转矩调速或恒功率调速的条件是电动机带恒转矩负载或恒功率负载。即，为了使电动机得到充分利用，恒转矩调速方式适合拖动转矩为额定值的负载；恒功率调速方式适合拖动功率为额定值的负载。有些系统的负载特性在较低转速范围内具有恒转矩特性，而在高转速范围内具有恒功率特性。这时，可以选择在转速为额定转速 n_N 以下采用降低电枢电压（或电枢回路串电阻）调速方式，在转速 n_N 以上，采用弱磁调速方式，从而获得较好的调速方式与负载的配合关系。

例 5.8：一台他励直流电动机，数据为 $U_N = 220$ V，$I_N = 41.1$ A，$n_N = 1\,500$ r/min，$R_a = 0.4\ \Omega$。在额定负载时，如电源电压下降到 110 V 时，$R = 0$，此时的转速 n 为多少？如将励磁磁通 Φ 减小 10%，设负载转矩不变，$R = 0$，此时的转速 n 为多少？

解:因为 $n=\dfrac{U_c-I_N R_a}{K_E \Phi_N}$,

$$K_E \Phi_N=\frac{U_N-I_N R_a}{n_N}=\frac{220-41.1\times 0.4}{1\ 500}=0.136(\text{V}\cdot\text{min}\cdot\text{r}^{-1})$$

所以,当 $U_c=110$ V 时,转速 n 为

$$n=\frac{U_c-I_N R_a}{K_E \Phi_N}=\frac{110-41.1\times 0.4}{0.136}=687(\text{r/min})$$

按转矩不变条件,Φ 从额定磁通下降 10%,得到

$$I_c=\frac{\Phi_N}{\Phi}I_N=\frac{1}{0.9}\times 41.1=45.7(\text{A})$$

$$n=\frac{U_N-I_c R_a}{K_E \Phi}=\frac{220-45.7\times 0.4}{0.136\times 0.9}=1\ 650(\text{r/min})$$

例 5.9:某他励直流电动机,数据为 $P_N=17$ kW,$U_N=220$ V,$I_N=90$ A,$n_N=1\ 500$ r/min,激磁电压 $U_{fN}=110$ V,额定电枢电动势 $E_{aN}=0.94U_N$。该电动机在额定电枢电压和额定磁通下拖动某负载运行,转速为 $n=1\ 550$ r/min。要求负载向下调速,最低转速 $n_{min}=600$ r/min,现采用降低电源电压调速方法。试计算负载为恒转矩负载和恒功率负载两种负载情况下调速时的电枢电流的变化范围。

解:恒转矩负载下,降压调速

$$\Phi=\Phi_N,\quad T=T_L=K_T\Phi_N I_c=\text{常数},\quad I_c=(U_N-E_a)/R_a$$

而电枢电阻

$$R_a=(U_N-E_{aN})/I_N=(220-220\times 0.94)/90=0.146\ 7(\Omega)$$

额定电压为 U_N 时,电动势为

$$E_a=\frac{n}{n_N}E_{aN}=\frac{1\ 550}{1\ 500}\times 0.94\times 220=213.7(\text{V})$$

得到

$$I_c=\frac{U_N-E_a}{R_a}=\frac{220-213.7}{0.1467}=43(\text{A})$$

即负载为恒转矩时,降压调速时的电枢电流为 43 A。

负载为恒功率时,负载功率

$$P=T_L\Omega=T_L\frac{2\pi n}{60}$$

当降低电源电压后,转速下降,当 $n_{min}=600$ r/min 时的负载功率为

$$P=T'_L\Omega_{min}=T'_L\frac{2\pi n_{min}}{60}$$

式中,T'_L 为转速 n_{min} 时的负载转矩。比较负载功率两式,并令其相等得

$$T'_L = \frac{n}{n_{min}} T_L$$

由于降压调速时，$\Phi = \Phi_N$，$T = T_L = K_T \Phi_N I_c$，所以，低速时电枢电流将加大，对应于 n_{min} 有 I_{cmax}：

$$I_{cmax} = \frac{n}{n_{min}} I_c = \frac{1\,550}{600} \times 43 = 111(A)$$

从例 5.9 可见，转速下调、恒功率负载时，电枢电流 I_c 变化范围为 43 ~ 111 A。在低速 $n_{min} = 600$ r/min 时，$I_c = 111$ A，大于额定电流 $I_N = 90$ A，这说明直流电动机不能长期在低速 n_{min} 运行，故降压调速方法不适合带恒功率负载。

例 5.10：例 5.9 中他励直流电动机额定数据不变，最高转速 n_{max} 为 1 850 r/min，采用弱磁升速调速。试计算负载为恒转矩负载和恒功率负载两种情况下调速时，电枢电流 I_c 的变化情况。

解：负载为恒转矩情况，磁通减小到 Φ' 时，设电枢电流为 I'_c。因为

$$T = K_T \Phi_N I_c = K_T \Phi' I'_c = \text{常数}$$

所以，$\Phi'/\Phi_N = I_c/I'_c$。同时有关系式

$$n = \frac{E_a}{K_E \Phi_N}, \quad n_{max} = \frac{E'_a}{K_E \Phi'} = \frac{U_N - I'_c R_a}{K_E \Phi'}$$

于是，有

$$\frac{n}{n_{max}} = \frac{\dfrac{E_a}{K_E \Phi_N}}{\dfrac{U_N - I'_c R_a}{K_E \Phi'}} = \frac{E_a}{U_N - I'_c R_a} \frac{I_c}{I'_c}$$

将例 5.9 中的数据 $n = 1\,550$ r/min，$E_a = 213.7$ V，$U_N = 220$ V，$I_c = 43$ A，$R_a = 0.146\,7\ \Omega$ 及 $n_{max} = 1\,850$ r/min 代入上式，整理后得方程式

$$0.146\,7(I'_c)^2 - 220 I'_c + 10\,972 = 0$$

解方程，得到 I'_c 的两个解为

$$I'_{c1} = 51.7\ \text{A}, \quad I'_{c2} = 1\,448\ \text{A}$$

舍去不合理解 I'_{c2}，当弱磁调速时，取恒转矩负载电枢电流的变化范围应为 $I'_{c1} = (43 \sim 51.7)$ A。

负载为恒功率情况，根据式(5.87)，升速后电枢电流不变，即

$$I'_c = I_c = 43\ \text{A}$$

由例 5.10 可见，弱磁调速时，恒转矩负载情况下，升速后电枢电流将加大；恒功率负载情况下，升速后电枢电流不变。因此，弱磁升速调速适合拖动恒功率负载。

(3) 他励直流电动机的反转特性

要使他励直流电动机反转，必须改变电磁转矩 T 方向。由 $T = K_T \Phi I_c$ 知，只要改变励磁磁通 Φ 的方向或改变电枢电流 I_c 的方向，就可以使转矩 T 改变方向，实现电动机反转。有

两种常用的改变电动机的转向方法：改变励磁电流的方向和改变电枢电压极性。

保持电枢电压极性不变，将励磁绕组反转，使励磁电流反向，励磁磁通 Φ 的方向改变，可实现改变电动机的转向。如图 5.29 所示，KM_1 为正转接触器触点，KM_2 为反转接触器触点。

保持励磁绕组电流方向不变，将电枢绕组反接，则电枢电流 I_c 的方向改变，从而，实现改变电动机的转向（图 5.30）。

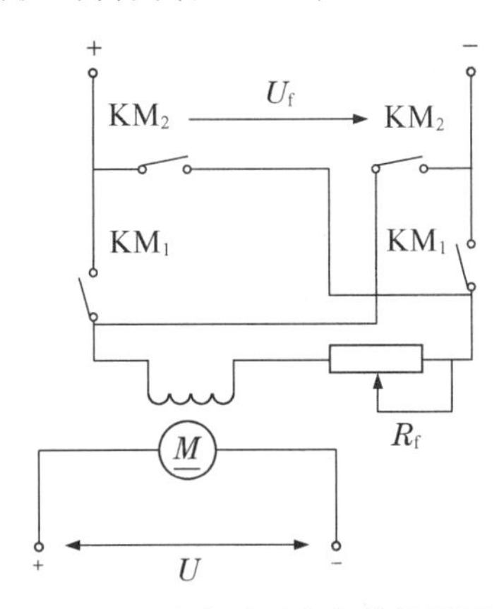

图 5.30　改变励磁方向的接线图

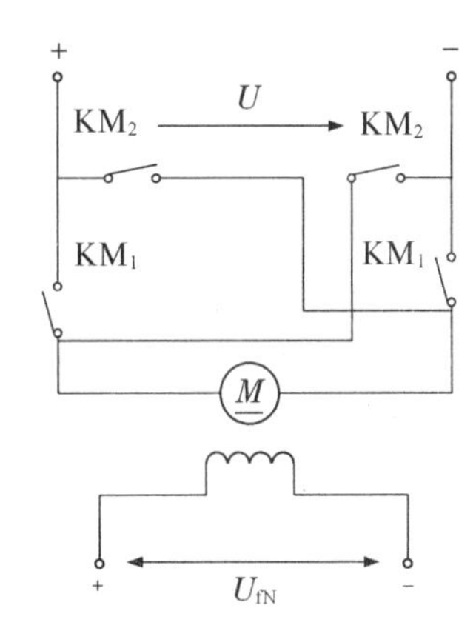

图 5.31　改变电枢电压极性的接线图

由于他励直流电动机励磁绕组匝数多，电感较大，电磁惯性也大，所以励磁电流从正向额定值变到反向额定值的过程较长，反向磁通所产生的反向转矩建立较慢，反转过程迟缓。在励磁绕组接触器触点换接的瞬间，励磁绕组瞬间断开，使绕组中产生很高的感应电动势，易引起绝缘击穿。因此，改变励磁电流方向实现反转的方法，只适用于电动机容量较大、励磁电流及励磁功率较小、反转加速度要求不高的场合。对于电动机容量较大情况，可采用改变电枢电压极性的方法实现电动机的反转。

5.3.3　直流电动机的驱动电路

一个驱动系统性能的好坏，不仅取决于电动机本身的特性，而且还取决于驱动电路的性能以及两者之间的相互配合。因此，一般要求驱动电路频带宽、效率高。

直流电动机的驱动控制，大多数采用放大器来实现。驱动放大器电路一般结构较简单，类型相似，可以分为线性放大器和开关放大器两种。线性放大器多为晶体管放大器，开关放大器有晶体管放大器或晶闸管放大器。

线性直流放大器适用于宽频带、低功率系统（小于几百瓦）。在运行范围内有较好的线性控制特性，无明显控制滞后现象，控制速度范围宽，对邻近电路干扰小。但是，线性放大器工作时产生大量的热，使工作效率降低（甚至低于 50%），还存在较严重的散热问题。为此，必须采用大功率器件、加大散热面积、用强迫风冷等措施散热。

开关式放大器的输出级功率放大器工作状态处于饱和导通或截止两种“开关状态”，即输出信号为方波形式。因为截止状态时，器件不消耗能量，且饱和导通时，器件上的压降也很小，所以输出级的损耗小，放大器工作效率高。脉宽调制放大器（PWM）是最典型的开关式放大器，适用于低速、大转矩下连续运行的较大系统。本节简要地介绍典型线性直流放大器和脉宽调制放大器的工作原理。

（1）线性直流放大器

线性直流放大器的输出电流等比于控制信号，即成线性关系。线性直流放大器由线性放大元件和功率输出级组成。

功率输出级放大器又有互补式和线性桥式两种（图 5.31），互补式输出级有正负两个电源，电路较简单，能向电动机供给两种极性的电压和电流，满足电动机的正转和反转运行要求。但是，互补式输出级需要两个电源，而且功率管的额定电压必须大于两个外加电压之和。图 5.32 所示的线性桥式输出级只有一个电源，当 V_1、V_4 导通时，对电动机正向供电；当 V_2、V_3 导通时，对电动机反向供电，功率管的额定电压等于电源电压。图 5.31 和图 5.32 所示两种输出级电路中都接了二极管，这是为了防止在电动机快速变化时产生的自感电势和反电势击穿晶体管。由于伺服放大器功率消耗较大，所以这种线性直流放大器只适用于小功率、高阻抗电枢情况。

（2）脉宽调制放大器

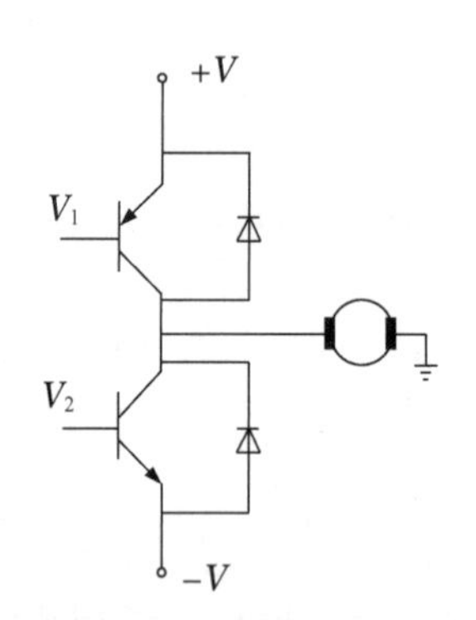

图 5.32　互补式输出级

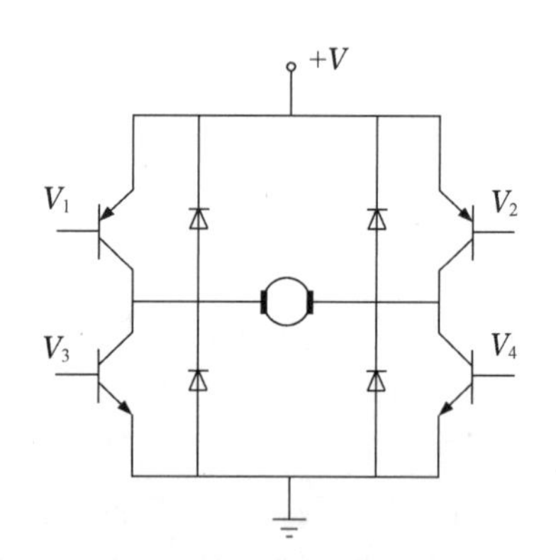

图 5.33　线性桥式输出级

脉宽调制也简称 PWM 技术，实际上是给某些相同的电路提供不同的控制信号，产生不同的占空比。为了产生 PWM 的控制信号，目前市场上有许多专用芯片，只要加上少量外围元件即能满足要求，不仅简化了设计，而且增加可靠性，成本降低，应用越来越广。

PWM 的基本原理是利用大功率晶体管的开关作用，将直流电源电压转换成一定频率的方波脉冲，将其加在直流电动机的电枢上，通过对方波脉冲宽度的控制（调制），改变作用在电枢上的平均电压，从而调节电动机的转速，其优点是功率管工作在开关状态，管耗小。

常见的有模拟式锯齿波脉宽调制器和数字式脉宽调制器。

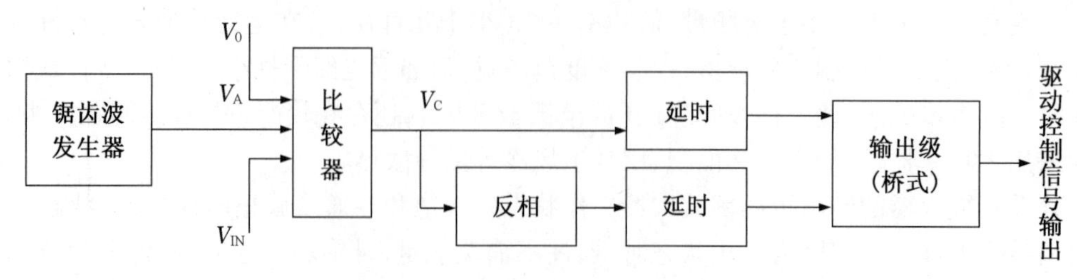

图 5.34　PWM 放大器原理框图

图 5.34 是典型的模拟式锯齿波脉冲调制器原理图，锯齿波发生器输出电压为 V_A，其频率是主电路所需要的开关调制频率（1 ~4 kHz），V_A 与直流控制信号 V_{IN}（极性和大小可随时改变）进行比较，在比较器的输出端得到周期不变、脉冲宽度可变的调制输出电压信号——方波信号。同时通过调零电压 V_0 调整比较器输出电压的正负脉冲的宽度，当 $V_{IN}=0$，调节 V_0 使比较器输出电压的正负脉冲宽度相等，比较器（运算放大器）工作在开环状态或正反馈状态，一旦有输入信号，就可以使其立即进入饱和状态；当输入电压 $V_{IN}\neq 0$ 且 V_{IN} 或正或负时（实际是极性改变），则比较器输入端的锯齿波将相应地上移或下移，比较器输出端的方波也相应地改变，在正、负饱和值之间变化，这就完成了将连续电压变成方波脉冲电压的转换。

锯齿波脉宽调制波形见图 5.35，由图中波形可见，改变直流控制电压的极性，即改变了 PWM 的极性，因而改变了电动机的转向；改变直流控制电压的大小，则调节了输出脉冲电压的宽度，从而调节了电动机的转速。因此，只要锯齿波有良好的线性度，输出的脉冲宽度将与控制电压大小成正比。

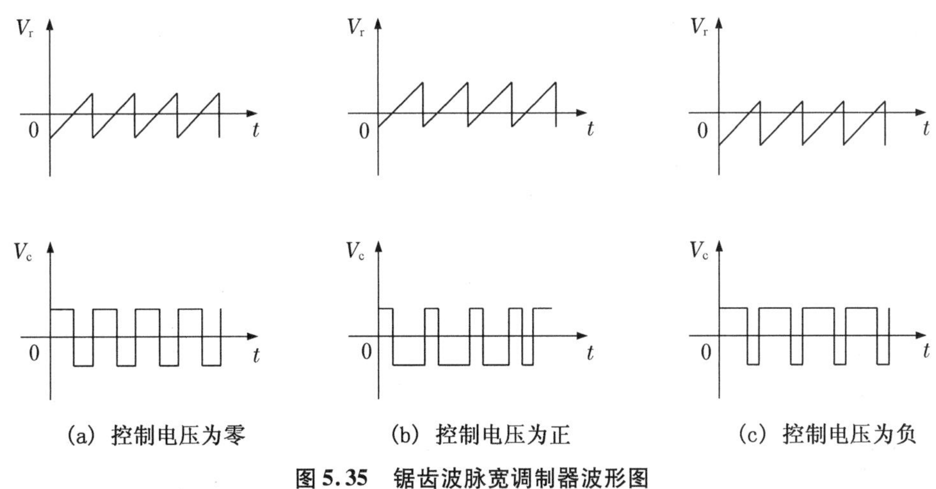

(a) 控制电压为零　　(b) 控制电压为正　　(c) 控制电压为负

图 5.35　锯齿波脉宽调制器波形图

如果输出极是桥式电路，那么，比较器的输出应该分成相位相反的两路信号，然后去控制桥式电路中的 V_1、V_4 和 V_2、V_3 两组晶体管的基极。为了防止 V_1、V_4 还没有断开时 V_2、V_3 就导通造成桥臂短路，在线路中还应加有延时电路。

数字式脉宽调制器可随控制信号的变化而改变输出脉冲序列的占空比。在数字脉宽调制器中，控制信号是数字信号，其值确定脉冲的宽度，不管脉宽如何，只要维持调制脉冲序列的周期不变就能达到改变占空比的目的。

思考题与习题

5.1　简述机电一体化系统中执行元件的分类及特点。

5.2　机电一体化系统对执行元件的基本要求有哪些?

5.3　简述伺服电动机的种类、特点及应用。

5.4　简述直流伺服电动机的驱动方式，PWM 直流驱动调速换向的工作原理。

5.5　电磁振动台的模型如图 5.36 所示。线圈中通入交流电以后,电流与永久磁铁的磁场相互作用,产生电磁力 $f(t)$,并通过弹簧 K_1 和阻尼器 b_1 对工作台产生激振,工作台又通过弹簧 K_2 和阻尼器 b_2 固连在机座上。

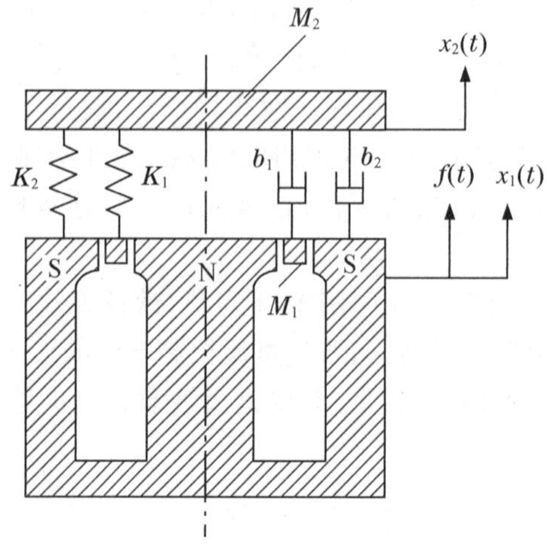

图 5.36　题 5.5 图

(1) 列写该系统的微分方程,画出该系统的传递函数方块图。

(2) 寻找由电磁力 $f(t)$ 到工作台位移 $x_2(t)$ 的传递函数 $X_2(s)/F(s)$。

5.6　有一直流电动机通过齿轮和滚珠丝杠驱动工作台运动,如图 5.37 所示。假设电动机产生的电磁转矩为 T_{em},转子转动惯量为 J_m,转角为 θ_m;第一级齿轮减速比 $n=Z_1/Z_2$;滚珠丝杠螺距为 L,扭转刚度为 K;工作台质量为 m。

(1) 写出该系统的运动微分方程;

(2) 以 T_{em} 为输入、θ_m 为中间变量、x 为输出变量,画出该系统的传递函数方框图、电模拟方程和相似电路图。

(3) 求出由 T_{em} 到 x 的传递函数 $X(s)/T_{em}(s)$。

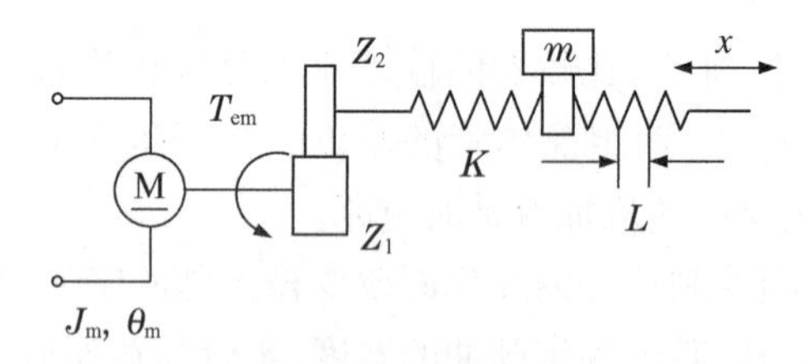

图 5.37　题 5.6 图

第6章 机电一体化系统的计算机控制技术

典型机电一体化系统的控制系统有伺服传动系统、数字控制系统、顺序控制系统、过程控制系统等。伺服传动系统和数字控制系统主要解决机电一体化系统动态控制问题，一般称为动态控制；顺序控制系统是机电一体化系统操作步骤控制，也是一种处理、加工过程的控制；过程控制是各种生产过程中所采用的工业控制系统的统称。动态控制通常采用反馈控制模式，而顺序控制是逻辑控制模式，生产过程控制则是通过生产规划和调度达到生产量最大的目标。

所谓计算机控制系统是指含有计算机且由计算机完成部分或全部控制功能的控制系统，有时也称为数字控制系统。计算机在控制系统中的应用很重要，一是离线应用，可以帮助设计人员对控制系统进行分析、设计、建模与仿真等工作；二是在线应用，计算机可以代替常规模拟控制器，成为控制系统的一部分。

计算机控制系统由硬件和软件两大部分组成。如图6.1，硬件一般由被控对象、接口电路及外围设备等组成。计算机是整个控制系统的核心，是计算机控制系统的主要部分，可以通过输入接口（电路）接收外围设备的命令，对系统的各参数进行巡回检测，执行数据处理、计算和逻辑判断、报警处理等，并根据计算结果通过输出接口（电路）发出输出命令。接口与输入/输出通道（电路），是计算机与被控对象进行信息交换的联接，计算机输入数据或向外发命令都是通过接口及输入/输出通道进行的。因计算机只能接收、发出数字量，所以对于给出模拟量的外围设备和要求模拟量的被控对象来说，在它们与计算机之间需要进行模/数、数/模转换处理。在单片微机中，接口与输入/输出通道是可以集成在一个单片机中。外围设备，则是实现人—机对话的联接。反馈单元主要是反馈回路上的传感器、变换器、各种控制开关等，执行单元有电动、液压和气动等控制形式。软件系统是指能完成各功能的计算机程序的总和。

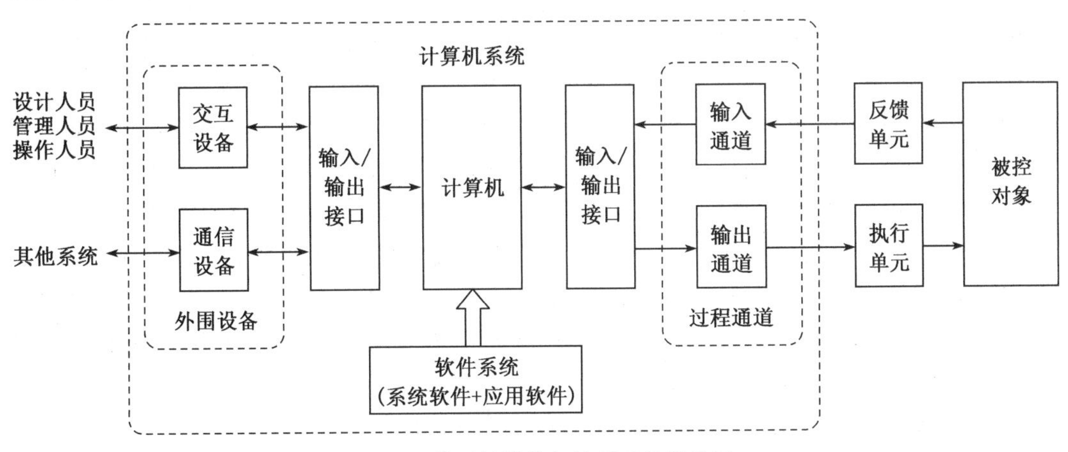

图6.1 典型的计算机控制系统结构图

由于篇幅限制，本章简要介绍机电一体化系统中数字控制器的模拟设计方法和专家系统、模糊控制系统、人工神经网络的基本知识。关于数字控制器的直接设计方法、计算机控制程序算法、可编程控制器控制技术、嵌入式控制技术等内容，可以参考其他有关的专业书籍。

6.1 数字控制器模拟设计方法

在连续控制系统中，按偏差的比例(P)、积分(I)和微分(D)进行控制的PID控制(或称PID调节)是最常用的一种控制，它具有原理简单、易于实现、鲁棒性强和适用范围广等特点。在机电一体化系统中，数字PID控制也被广泛应用。机电一体化系统控制对象的模型复杂，系统参数经常发生变化，采用PID控制的调节器，算法简单，工作量较小，其参数比例系数 K_P、积分时间常数 T_I、微分时间常数 T_D 相互独立，根据经验进行在线整定方便，便于实现多回路控制。随着计算机特别是微处理器技术的发展，软件的灵活性和不断升级，使得PID算法可以得到及时修正并日益完善。

6.1.1 PID控制的基本原理

数字PID控制是用计算机来实现模拟PID控制功能的一种算法，按控制作用的形式分为以下几种。

1. 比例控制作用

比例控制作用是指控制器的输出与输入偏差(即误差)信号成比例，简记为P，其表达式为

$$u(t)=K_P e(t) \tag{6.1}$$

式中，$u(t)$ 为控制器输出信号；$e(t)$ 为控制器输入偏差信号；K_P 为控制器的比例系数。

比例控制器能迅速反映误差，从而实施控制以减小误差，但不能消除误差，因为比例系数的加大，会引起系统的不稳定。例如，在水位控制中，由于调节机构只有两个极限位置，所以，被控参数始终是在给定值附近振荡，控制器无法处于平衡状态。如果能使阀门的开度与被控参数(水位高度)的偏差成比例，那么就有可能使输出量等于输入量，从而使水位高度趋于稳定，系统达到平衡状态。这种阀门开度与水位高度的偏差成比例的控制——调节器的输出与输入之间有一一对应的比例关系，就是比例控制(P控制)。图6.2是浮式水位调节器示意图，被控参数是水位高度 H，O 为杠杆支点，杠杆的一端固定于浮子，另一端与调节阀的阀门连接。当由于某种干扰而使水位升高时(如进水量大于出水量)，浮子随之抬高，杠杆作用使阀门的另一端下移，将进水阀门关小，当进水量等于出水量时，水位高度 H 稳定下来。反之，当由于某种干扰而使出水量突然增大时，H 下降，浮子随之下降，杠杆作用使阀门上移，进水量相应增加，直至进出水量相等，H 又达到新的稳定状态。

根据图6.2的两个相似三角形，可得到该比例调节器的表达式为

$$\frac{u}{e}=\frac{a}{b}=K_P \text{ 或 } u=\frac{a}{b}e=K_P e \tag{6.2}$$

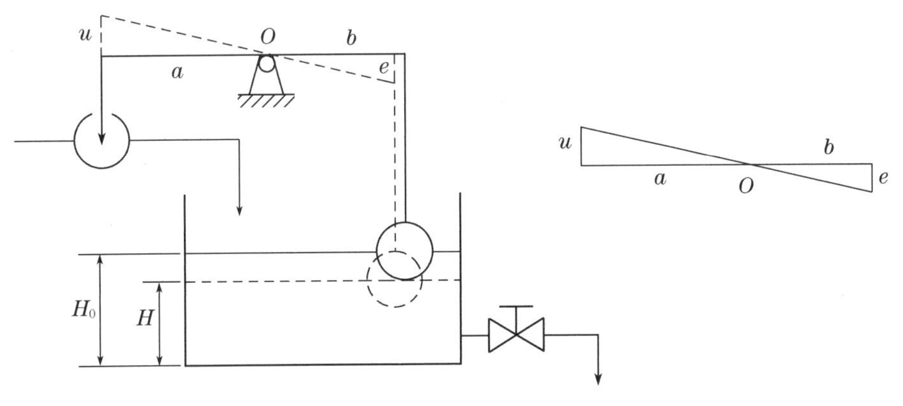

图6.2　水位调节器

由于放大倍数 K_P 是可调的,所以比例控制器也是一个可调增益的放大器,K_P 可以大于1,也可以小于1,也就是说,比例作用可以是放大,也可以是缩小,如图6.3所示。若比例调节器的输入(偏差)是0.04 MPa,而输出为0.08 MPa,则其放大倍数 $K_P=2$;如果输入(偏差)是0.04 MPa,而输出为0.02 MPa,则 $K_P=0.5$。因此,对应于一定的放大倍数,比例调节器的输入越大,输出也越大;输入越小,输出也越小。

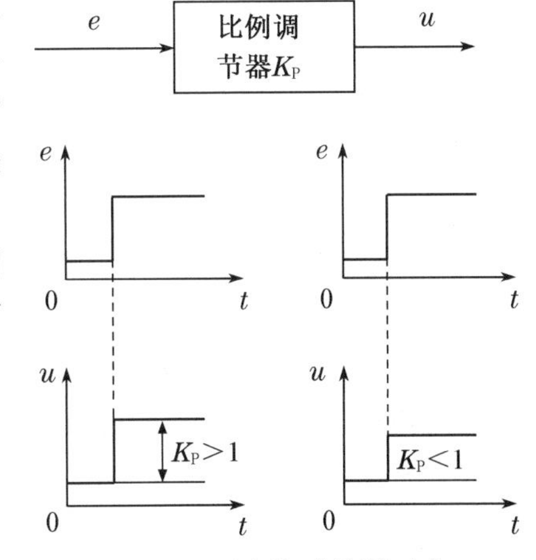

图6.3　比例调节器的动态

比例调节器的传递函数为

$$G(s)=\frac{U(s)}{E(s)}K_P \tag{6.3}$$

式中,$U(s)$、$E(s)$分别为调节器的输出量 u 和输入量 e 的拉氏变换。

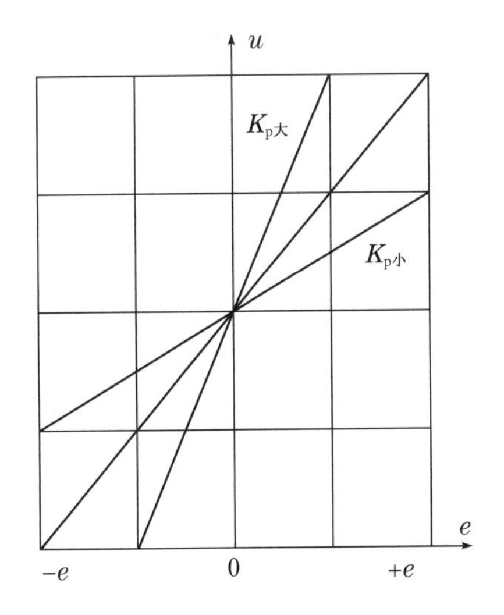

图6.4　比例调节器

从图6.2还可看出,当负荷(即出水量)增大时,调节器使调节阀门增大一定的开度,此时进水,当适应负荷增大的需要而调节结束后,被控参数 H(水位,即浮子的位置)应处在较低的位置;反之,当负荷减少时,调节阀门要关小一定开度,此时减少入水量,以适应负荷减小的需要,被控参数 H 应平衡在较高的位置上。这说明在不同的负荷下,被控参数 H 的稳态值是不同的,高负荷对应着较低水位,低负荷对应着较高水位。

在各种负荷的平衡状态下,调节阀开度与被控参数 H 之间的关系,称为比例调节器的静态特性,如图6.4所示。从图上可以看出,比例控制作用的放大倍数 K_P 就等于直线的斜率,即 $K_P=u(t)/e(t)$,斜率越大,K_P 值也越大。也就是说,在一定的被控参数 H 变化时,调节器的输出信号越大,阀门开度变化也越大,控制作用越强,故 K_P 值的大小反映了比例控制作用的强弱,它是比例调节器的一个特性参数。

在实际工作中,为了方便地确定比例作用的范围,常用比例度表示比例控制作用的特性,用符号 δ 表示比例度。所谓比例度是指比例系数 K_P 的倒数,并以百分数表示,若 $K_P = a/b$,则

$$\delta = K_P^{-1} \times 100\% = (b/a) \times 100\% \tag{6.4}$$

比例度 δ 的物理意义是当输出信号作全量程范围变化时,所需输入信号做全量程范围变化的百分数。也就是说,调节器从全关到全开时,被控参数需要改变全量程范围的百分数为比例度,其表达式为

$$\delta = \frac{(x_{max} - x_{min})^{-1} e(t)}{(u_{max} - u_{min})^{-1} u(t)} \times 100\% \tag{6.5}$$

式中,$(x_{max} - x_{min})$ 为调节器输入信号全量程,即输入量上限值与下限值之差;$(u_{max} - u_{min})$ 为调节器输出信号全量程,即其输出量上限值与下限值之差。

比例度对控制过程的影响如图 6.5 所示。当干扰出现时,有不同的控制过程。δ 小时,比例系数 K_p 大,控制作用强,过程波动大,系统不易稳定;如 δ 小到一定程度,系统将出现等幅振荡,如图 6.5(2) 所示,此时的比例度叫临界比例度;δ 很小时,就会出现发散振荡,如图 6.5(1) 所示;图 6.5(4) 是 δ 的大小适当时的情况,此时的最大偏差值和静差值都较小,控制过程稳定快,控制时间也短,一般只有两个波就趋于稳定了;若 δ 大,K_p 小,控制作用弱;若 δ 太大,则调节器输出变化很小,调节阀开度的改变也很小,被控参数变化很缓慢,就没有起到比例控制的作用,如图 6.5(5) 和(6) 所示的情况。

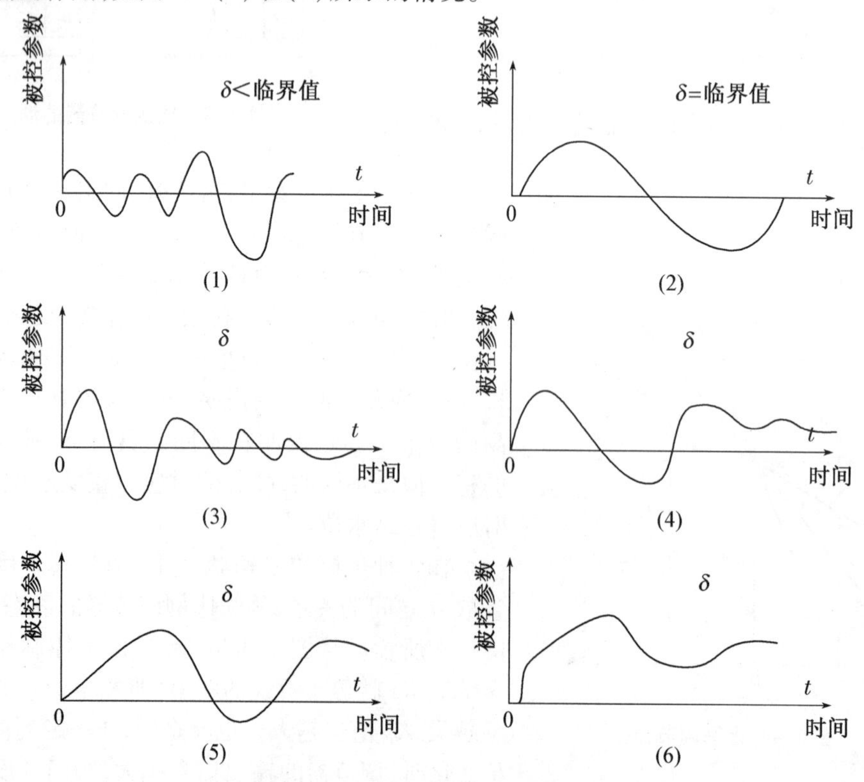

图 6.5　比例度对控制过程的影响

在图6.2中，当负荷增加时，水位下降，浮子下降，阀门开度随之增大；反之，当负荷减少时，水位上升，浮子上升，阀门开度随之减小。这一连串的动作几乎是同步进行的，在时间上无延迟，这说明比例控制作用及时、快速、控制作用强。

但是，比例控制存在静差（或称稳态误差）。通过比例控制，系统虽然能达到新的稳定，却不能回到原来给定值上。如图6.2，进水阀门的开、关受浮子控制，水位下降时，浮子才可能下降，新的水位平衡位置H将低于原来的平衡位置H_0。若要使水位重新回到原来的平衡位置H_0，则必须将阀门开大，于是，新的水位平衡位置相对于原来给定位置H_0就存在一个差值，该差值即为静差。

2. 积分控制作用

比例控制作用虽然及时、快速，但是因存在静差，被控参数不能完全回复到给定值上，故控制精度不高，有时称比例控制为“粗调”。因此，对于工艺要求较高、不允许静差存在的情况，就不能采用比例作用的调节器。为了消除静差，提高控制质量，较有效的措施是采用积分控制。

若调节器输出信号u的变化速度与偏差信号e成正比，则可以消除静差，用数学式表示为

$$\frac{\mathrm{d}u(t)}{\mathrm{d}t}=K_{\mathrm{I}}e(t) \tag{6.6}$$

式中，$\mathrm{d}u/\mathrm{d}t$为调节器输出信号u的变化速度；K_{I}为积分控制的比例常数，称为积分速度。

从式(6.6)可以看出，只要偏差e（或稳态偏差）存在，$\mathrm{d}u/\mathrm{d}t\neq0$，调节阀就会动作；偏差$e$越大，调节阀动作速度越快；当偏差$e$为零时，$\mathrm{d}u/\mathrm{d}t$也为零，即调节阀稳定下来，不再继续动作。

将式(6.6)改写，变为

$$u = K_{\mathrm{I}}\int e(t)\,\mathrm{d}t \tag{6.7}$$

式(6.7)说明调节阀的输出u与输入e对时间的积分（也可理解为输入随时间的累积数）成正比例，这种控制称为积分控制，简称I控制。

图6.6是一个采用积分调节器的控制系统，由水箱、浮子、浮子杆、杠杆、滑阀、油缸、调节阀、针形阀等组成。浮子、杠杆、滑阀组成积分调节器，属于液动式调节器，水箱的水位为被控参数。当水箱内水位等于给定水位（给定值）时，系统处于平衡状态，此时滑阀活塞正好将通往油缸的油口1和2遮住，油缸上下腔压力相等（$p_{上}=p_{下}$），油缸活塞不动。当流出量突然减小ΔQ_2时，水箱内水位上升（大于给定水位），系统平衡被破坏，积分调节器开始动作，水位上升。然后，浮子上升，杠杆以支点O为中心，顺时针转过一个角度，同时将滑阀的活塞向上提起。从而，油缸上面的油口1与进油管连通，压力油进入油缸上腔；油缸下腔则与回油管接通，向外排油，这时油缸中$p_{上}>p_{下}$，活塞下移，关小调节阀，于是，减小流入量Q直至流入量与流出量相等为止。当水位恢复到起始给定水位时，调节器停止动作，系统重新建立平衡位置。水位偏离给定水位越大、油缸上下腔压差越大，调节阀移动速度就越快，这完全符合积分动作规律，故它是一个积分调节器。

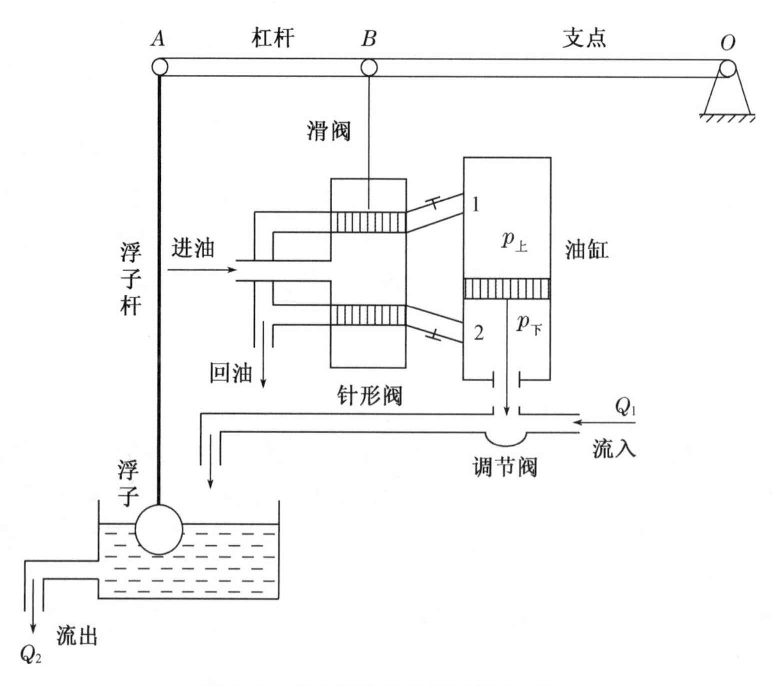

图 6.6　采用积分调节器的控制系统

图6.6的积分控制可用图6.7所示的动态特性曲线表示。曲线上某点的切线斜率表示此处阀门变化的速度，B点的斜率最大。由于积分控制作用使阀门开度的变化并不是与被控参数的偏差成正比，而是与被控参数变化的大小成正比，所以，在被控参数最大值（图中t_1）时，阀门动作最快。t_1后，由于调节阀已关小，进水量减小，被控参数开始回复，只要没有回复到给定水位值（偏差存在），阀门仍然继续关小。到t_2时刻，被控参数已回复到给定水位值，偏差为零，阀门不再继续关小。因为积分作用是随时间的积累而逐渐增强，在时间上其输出信号总是落后于输入偏差信号变化（又称相位滞后），所以积分调节器的调节作用缓慢。到t_2时刻，阀门虽然不再继续关小，但阀门可能未及时开大，以至调节过了头，被控参数又反向偏离给定水位值（水位降低），阀门又反向动作（开大）。在t_3时刻，被控参数反方向达到最大，阀门动作也达到最快（D点），被控参数回到给定水位值，则阀门开度达到反向最大。如此多次反复控制，被控参数的偏差越来越小，阀门移动的速度也越来越小，最后当被控参数稳定在给定水位值

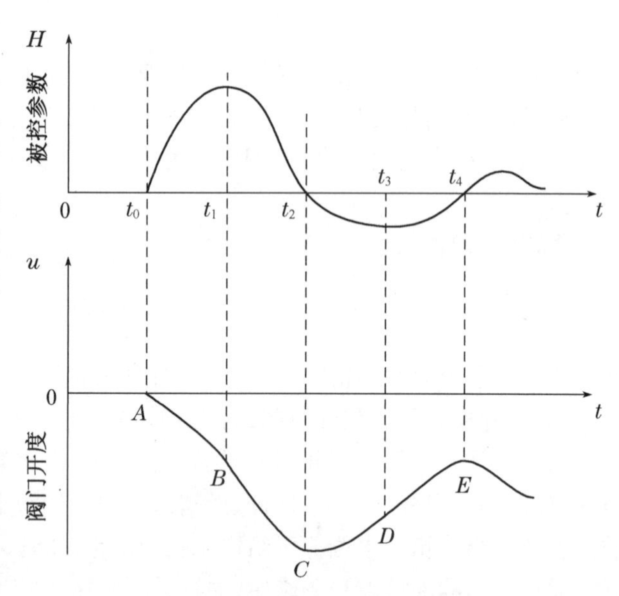

图 6.7　积分控制系统的动态特性

时，阀门移动速度为零，便停止在相应的某个位置上。

从图 6.7 可见，积分控制能消除静差（在 t_0、t_2、t_4 等时刻被控参数的偏差为零）。如果输入偏差信号 e 为阶跃信号，即在 t_0 时刻后 e 为常数，则积分作用的输出为

$$u = K_{\mathrm{I}}\int e\mathrm{d}t = K_{\mathrm{I}}\int_{t_0}^{t_1} e\mathrm{d}t = K_{\mathrm{I}}e(t_1 - t_0) = K_{\mathrm{I}}e\Delta t \tag{6.8}$$

图 6.8 为由式(6.8)得到的积分控制动态特性。存在偏差时（t_1 之前），调节器的输出为一倾斜直线段，斜率为 K_{I}，积分作用的大小等于直线段与横坐标之间的面积。显然，K_{I} 值越大，积分作用越强，故 K_{I} 是反映积分作用强弱的一个参数。与比例度类似，习惯上用 K_{I} 的倒数 T_{I} 来表示积分作用的强弱，$T_{\mathrm{I}} = 1/K_{\mathrm{I}}$，$T_{\mathrm{I}}$ 称为积分时间，T_{I} 越小，表示积分作用越强；T_{I} 越大，表示积分作用越弱。

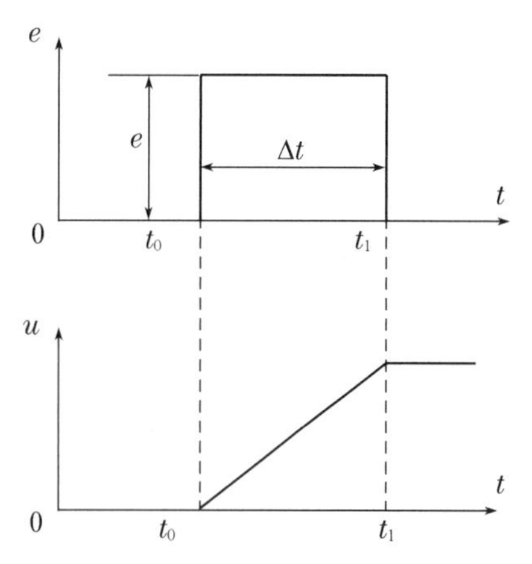

图 6.8　阶跃输入时的动态特性

由前面分析知，当被控参数突然出现一个偏差时，积分调节器不能像比例调节器一样，立即按比例改变调节阀的开度，图 6.9 是比例调节器和积分调节器两种控制过程的比较，积分调节器的积分作用不及时，控制过程缓慢，且波动会加大，从而导致系统不易稳定。另外，积分控制虽然能实现无静差控制，但是在控制过程中会出现超调现象，甚至引起被控参数的振荡。造成积分超调的根本原因是积分控制过程中只考虑被控参数变化的大小和方向，不考虑被控参数变化速度的大小（变化快慢）和方向。如图 6.10 所示，a、b 两点表示的偏差大小相同，对应于 a、b 两点调节阀移动速度的大小和方向也相同，但是 a、b 两点被控参数变化速度的大小及方向却是不一样的。在 a 点，被控参数处于上升阶段，此时流入量大于流出量，积分作用以某个速度去关小调节阀的动作是正确的；在 b 点，被控参数已处于下降阶段，此时流入量已小于流出量，调节器正确的控制动作应是开大调节阀或暂时停止调节阀，然而积分作用仍以同样大小的速度去继续关小调节阀，这就产生了超调现象。

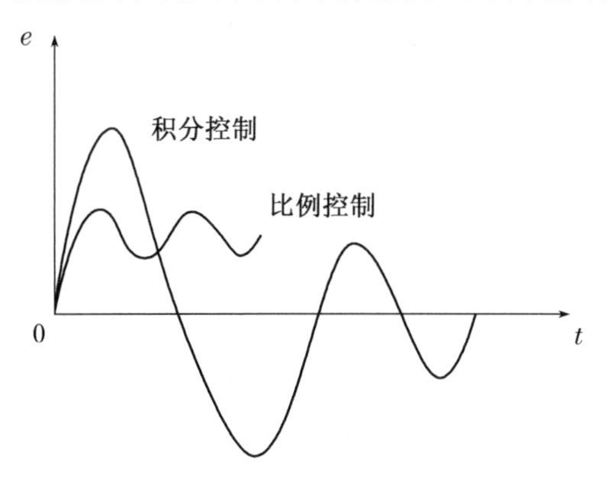

图 6.9　积分控制过程与比例控制过程的比较

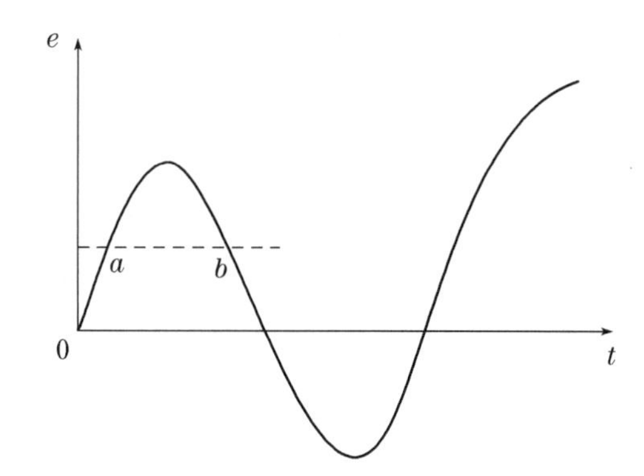

图 6.10　积分动作产生过调的原因

由此可见，积分控制作用可以消除稳态误差，但它有滞后现象，会使系统超调量增大，甚至使系统出现振荡。合理的控制方法是同时使用比例控制和积分控制。

3. 比例积分控制作用

比例控制动作及时，但是有静差；积分控制虽能消除静差，但又容易使控制过程产生振荡，且时间长，被控参数波动幅度也较大。在实际应用中总是将它们结合起来，各取所长，组成一个以比例控制为主、积分控制为辅（主要用来消除静差）的调节器，这样，既能控制及时又无静差。这种调节器称为比例积分调节器，用它实现的控制称为比例积分控制，简称 PI 控制。

PI 控制的动作规律是比例作用和积分作用两者的综合，即

$$u_{PI} = u_P + u_I = \delta^{-1} e + K_I \int e\mathrm{d}t = \delta^{-1}(e + T_I^{-1} \int e\mathrm{d}t) \tag{6.9}$$

式中，$T_I = (\delta K_I)^{-1}$。

可见，比例积分控制的输出既有比例控制及时、克服偏差的特点，又具有积分控制能克服静差的性能。表示 PI 控制的参数有比例度 δ 和积分时间 T_I，其中比例度不仅影响比例部分，也影响积分部分。

PI 控制是在比例控制（粗调）的基础上又加上一个积分控制，PI 控制积分时间 T_I 也称为再调时间或重定时间。当输入一个阶跃偏差信号，PI 调节器输出如图 6.11 所示。

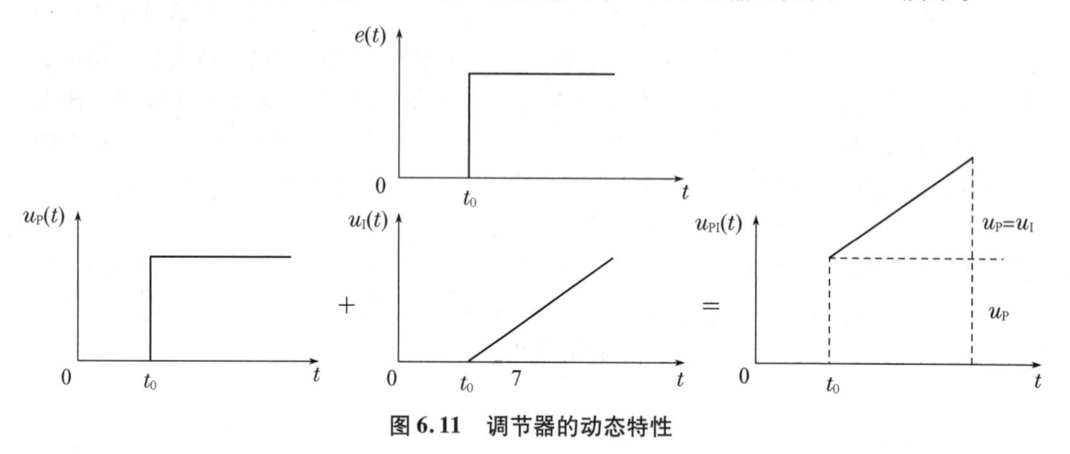

图 6.11 调节器的动态特性

如果 $u_P = u_I$，则

$$\delta^{-1} e = (\delta T_I)^{-1} \int e\mathrm{d}t$$

由已知条件，t_0 后 e 为常数，故有

$$\delta^{-1} e = (\delta T_I)^{-1} et \text{ 和 } T_I = t$$

可见，当调节器积分作用等于比例作用时，输入一个阶跃偏差信号 $e(t)$ 后，所需稳定时间等于积分时间。实际中，常用这种方法来测量 PI 调节器的积分时间。

与比例度一样，为了适应不同情况的需要，根据被控对象的特性可调整实际调节器的积分时间。PI 调节器的过渡过程曲线与参数 δ 和 T_I 有关，在同一比例度 δ 下，T_I 对控制过程有影响，如图 6.12 所示。图 6.12(a) 表示 T_I 太小，积分作用太强，即消除静态偏差能力强，

动态偏差也有所下降，被控参数振荡加剧，稳定性降低。图6.12(b)表示 T_I 合适，经2～3个波后过渡过程结束。图6.12(c)表示 T_I 太大，积分作用不明显，消除静态偏差能力弱，过渡过程时间长，动态偏差也增大，但振荡减缓，稳定性提高。图6.12(d)表示 $T_I \to \infty$，比例积分调节器不起积分作用，这时调节器只起比例调节作用，有静态偏差存在，因积分作用加强也引起振荡，对于滞后大的现象更为明显。因此，调节器的积分时间 T_I 应按被控对象的特性来选择，例如，对于管道压力、流量等滞后不大的被控对象，T_I 可选得小些；温度被控对象的滞后较大，T_I 可选得大些。

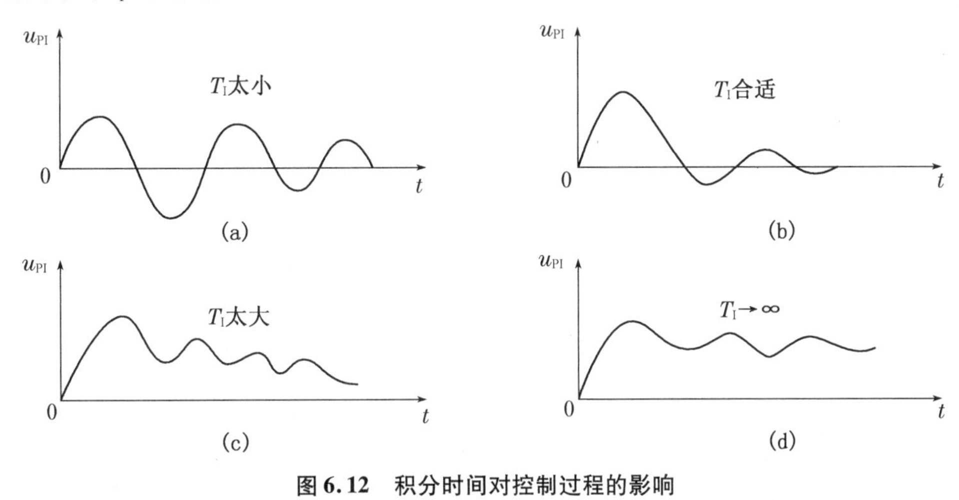

图6.12 积分时间对控制过程的影响

比例积分调节器兼有比例调节器和积分调节器的优点，因此得到了广泛的应用。

4. 微分控制作用

微分控制的主要作用是克服被控参数的滞后。为减小滞后，可根据被控参数的变化趋势来进行控制。早期，凭经验按偏差的大小来改变阀门的开度(比例作用)，同时又根据偏差变化速度的大小来修正控制。例如，当看到偏差变化速度很大时，就可估计到即将出现很大的偏差，此时过量地打开(或关闭)调节阀，可以克服这个预料中的偏差，迅速制止扰动的影响。这种根据偏差变化速度提前采取的行动，意味着有“超前”的作用，因此能比较有效地改善滞后比较大的被控对象的控制质量。

微分控制是指调节器的输出与偏差变化速度成正比，简称D，用数学式表示为

$$u(t) = T_D \frac{de(t)}{dt} \tag{6.10}$$

式中，T_D 为微分时间。

从式(6.10)看出，偏差变化速度 $de(t)/dt$ 越大，微分时间 T_D 越长，则调节器的微分作用就越大。对于一个固定不变的偏差来说，无论偏差有多大，微分调节器的输出总为零。这是微分调节器的一个突出特点。如调节器输入一个阶跃信号，见图6.13(a)，由式(6.10)知，在输入瞬间($t=t_0$)，偏差变化速度相当于无穷大，理论上，这时微分作用的输出也应无穷大，其动态特性如图6.13(b)所示，在 t_0 之后，由于输入不再变化，输出立即降到零，这种微分作用被称为理想微分作用。但实际中，图6.13(b)的控制作用是无法实现，见图

6.13(c),在阶跃输入发生时,输出突然上升到某个有限高度,然后逐渐下降到零,这是一种近似微分作用。

实际微分调节器的输出由比例作用和近似微分作用两部分组成,且比例作用的比例度固定为100%,即是一个比例度不变的比例微分调节器(PD调节器)。

当微分调节器输入一个阶跃信号时,实际微分调节器的输出为

$$u = u_P + u_D = A + A(K_D - 1)e^{-K_D T_D^{-1} t} \tag{6.11}$$

式中,u 为实际微分调节器输出;A 为实际微分调节器阶跃输入信号的幅值;K_D 为微分放大倍数。输出控制信号的变化曲线如图6.14所示。由图可见,当输入幅值为 A 的阶跃信号后,输出立即升高了 AK_D 倍,然后逐渐下降到 A,最后只有比例作用。微分调节器的微分放大倍数 K_D 在设计时确定。微分时间 T_D 是表示微分作用的另一个参数,实际的微分调节器中,K_D 是固定不变的,而 T_D 是可调节的,T_D 的作用更为重要。若令式(6.11)中的 $T_D/K_D = t$,则微分调节器的输出为

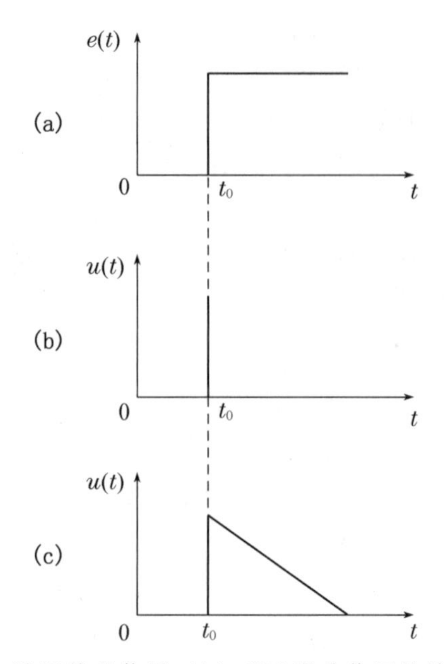

(a) 阶跃偏差信号;(b) 理论微分作用的输出;(c) 实际微分作用的输出

图6.13 阶跃输入时微分调节器的动态特性

$$u = A + Ae^{-1}(K_D - 1) = A[1 + 0.368(K_D - 1)]$$

当实际微分调节器接受阶跃输入后,其微分部分的输出开始有一跳跃,然后慢慢下降,由于微分作用,使曲线下降了63.2%,这一过程时间 $T = T_D/K_D$,称 T 为微分时间常数,改变 T_D 值,即改变微分作用的强弱。因为 T_D、K_D 可测定,所以实际微分时间 T 也是可以测定的。

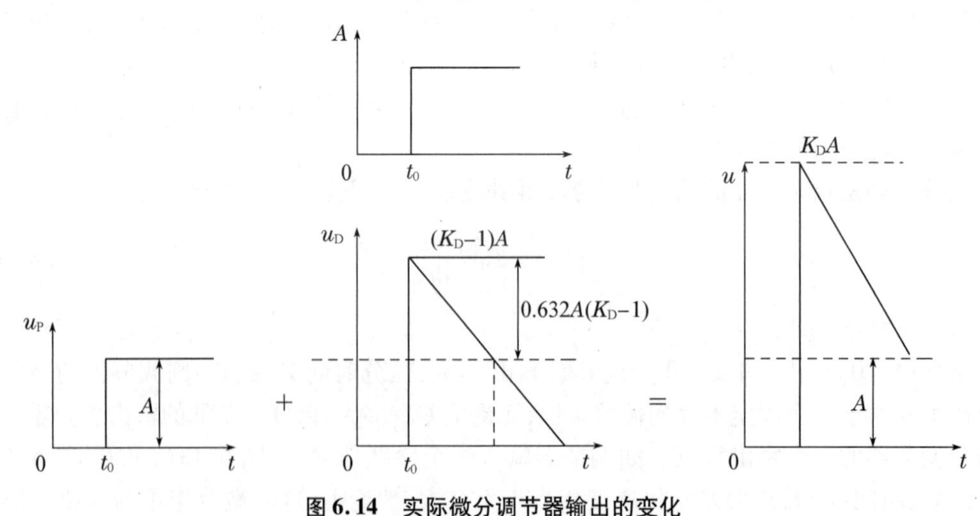

图6.14 实际微分调节器输出的变化

图 6.15 为 PD 调节器的控制过程。设在 t_0 时刻前，系统处于平衡状态。当 $t=t_0$ 时发生一阶跃扰动 f〔图 6.15(a)〕，引起偏差 e 上升，因为微分作用是与偏差的变化率成比例，所以在 t_0 瞬间，偏差上升速度最大，即微分作用最强。这个加强的控制作用使调节阀（假定装在流入侧）迅速开大一次，以制止被控参数的继续降低（即偏差继续上升）。由于被控对象总是有一定的容积和延迟，所以被控参数不能马上反映出这个控制作用；之后，随着被控参数变化速度逐渐减小，微分作用逐渐减小，使调节阀打开的幅度也逐渐减小，但仍然阻止偏差上升。到 t_1 时刻，偏差达到最大值，其变化速度为零，微分作用也为零。当偏差从高点开始下降时，即被控参数由最低点开始回升时，微分作用为负值，使调节阀开度与偏差下降速度成比例地关小，减少流入量，阻止偏差下降（即阻止被控参数回升）。

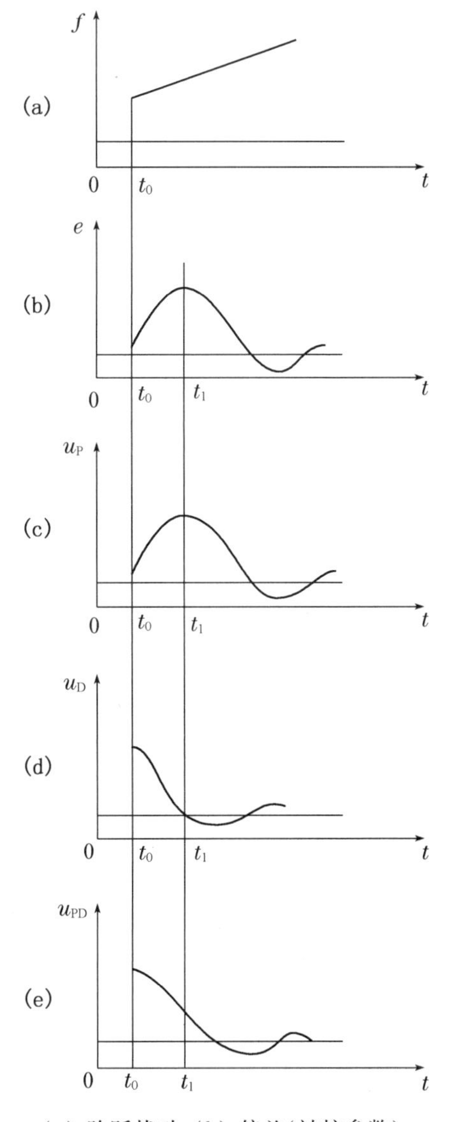

(a) 阶跃扰动；(b) 偏差（被控参数）；(c) P 控制；(d) D 控制；(e) PD 控制

图 6.15　PD 调节器的控制过程

综上所述，微分作用总是阻止被控参数的变化，力图使偏差不变。因此，适当加入微分作用，可减小被控参数的动态偏差，有抑制振荡、提高系统稳定性的效果。在比例控制系统中加入微分作用后，可以使比例度 δ 减小 20% 左右，从而降低被控参数的静态偏差，但不适当地增加微分作用，会使被控参数产生高频振荡。相反，如果微分作用太弱，就无改善系统控制质量的作用。微分作用只在动态过程中有效，微分控制可以减小超调量，克服振荡，使系统的稳定性提高，同时加快系统的动态响应速度，减小调整时间，从而改善系统的动态性能。在系统设计中，往往将微分作用与其他控制作用相结合。

图 6.16 为微分时间 T_D 对 PD 控制过程的影响，从图中可以看出，T_D 越长，微分作用越强，静态偏差则越小，这样会引起被控参数大幅度变动，使过程产生振荡，增加系统的不稳定性，如图 6.16(a)所示；T_D 越小，微分作用越弱，静态偏差则越大，动态偏差也大，波动周期就长，但系统稳定性增强，如图 6.16(c)所示；T_D 适当，不但可增加过程控制的稳定性，而且在适当降低比例度的情况下，还可减小静差，如图 6.16(b)所示。因此，微分时间 T_D 过大或过小均不合适，应取适当数值。

PD 调节器的应用有时也会受到限制，这是因为微分作用只在被控参数发生变化时起作用，而且不允许被控参数的信号中含有干扰成分，因为微分动作对干扰很敏感、反应快，很容易造成调节阀的误动作。因此，PD 调节器常用于延迟较大的温度调节中。

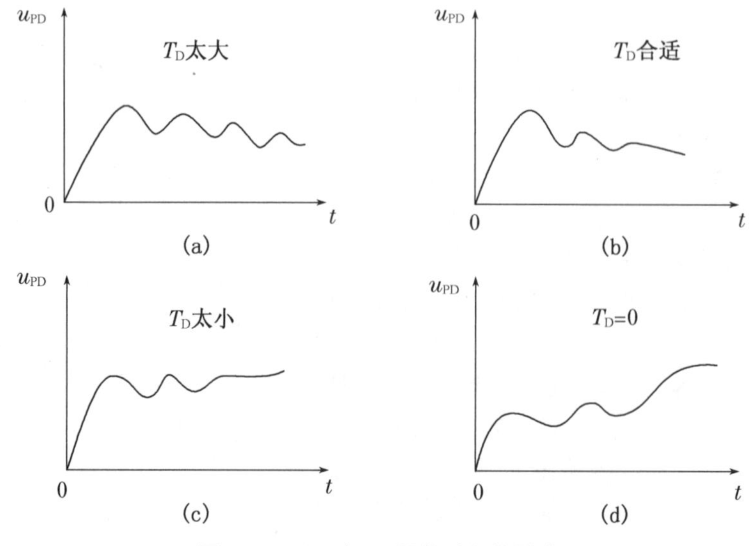

图 6.16　T_D 对 PD 调节过程的影响

(1) 比例积分微分控制

一般情况下,采用 PI 调节器基本上已能满足各项控制要求,但对大延迟对象,其控制作用仍不能满足要求。为此,还需加入微分控制。将系统偏差的比例、积分、微分线性组合构成的控制作用称作比例积分微分作用,简称 PID 控制。理想 PID 调节器的动态方程为

$$\begin{aligned} u(t) &= u_P + u_I + u_D \\ &= \frac{1}{\delta}\left(e(t) + \frac{1}{T_I}\int_0^t e(t)\,dt + T_D\frac{de(t)}{dt}\right) + u_0(t) \end{aligned} \tag{6.12}$$

其传递函数为

$$G(s) = \delta^{-1}(1 + (T_I s)^{-1} + T_D s) \tag{6.13}$$

式(6.12)表明,控制器输出 $u(t)$ 是输入偏差 $e(t)$ 的比例、积分、微分作用的组合,其中 $u_0(t)$ 是输出量的基准,即当 $t=0$ 时,$e(t)=0$,一般取 $u_0(t)=0$。

由 P、I、D 作用的基本原理知,P 控制作用是对于偏差 $e(t)$ 的即时反应,使系统朝着减小偏差的方向变化;I 控制作用是对偏差 $e(t)$ 产生积分累积,使系统消除静差,以求减小偏差,直至偏差为零;D 控制作用是对偏差 $e(t)$ 的变化做出反应,按偏差 $e(t)$ 变化趋势进行预测控制,将偏差消灭于萌芽状态之中。

当调节器输入一个单位阶跃信号时,其输出信号等于 P、I、D 三部分之和。图 6.17(b)、(c)、(d)分别画出了 P、I、D 三种作用的输出,图 6.17(e)是三种输出的综合。

在 t_0 时刻出现阶跃扰动时,调节器的微分作用和比例作用同时发生,PID 调节器输出突然发生大幅度的变化,产生一个较强的调节作用,这是在比例基础上的微分控制作用;然后,它逐渐随比例作用下降,接着又随时间上升,这是积分作用,直到残余偏差完全消失为止。

PID 调节器的参数有三个,即比例度 δ、积分时间 T_I 和微分时间 T_D。三者只要按被控对象的特性匹配设计,就能充分发挥各自的优点,较好地满足控制的要求。如果把 PID 调节器的微分时间 T_D 调到零,则为 PI 调节器;如 PID 调节器积分时间 $T_I \to \infty$,则为 PD 调节器。

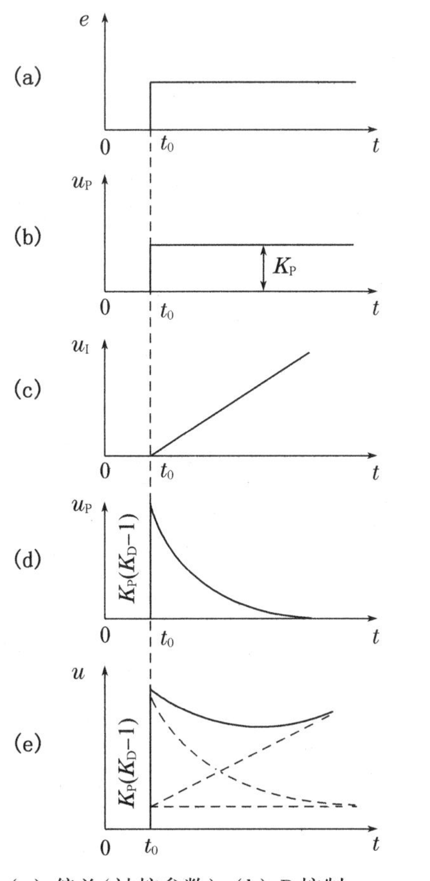

(a) 偏差(被控参数);(b) P控制;
(c) I控制;(d) D控制;(e) PID控制
图6.17 PID控制系统的动态特性

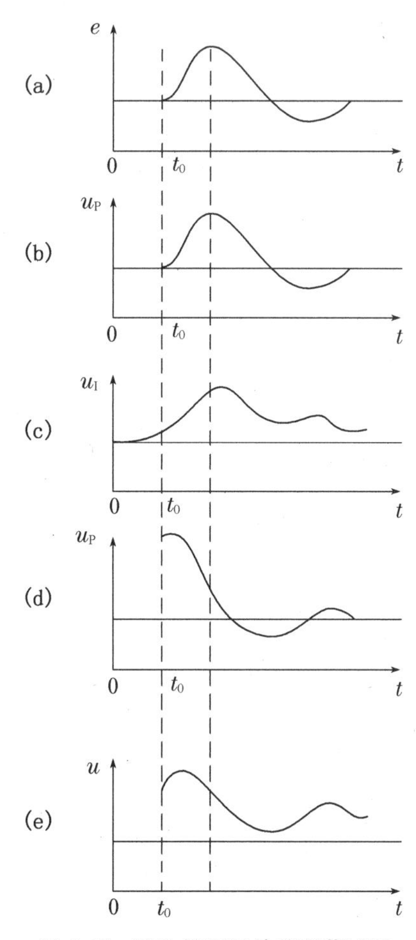

图6.18 PID控制系统的调节过程

图6.4的水位控制系统中增加PID调节器,则系统的调节过程如图6.18所示。由图可看出,在t_0时刻,偏差一出现,微分作用立即发生以阻止偏差的变化,比例作用也同时克服偏差,接着积分作用慢慢将残余偏差消除掉。

6.1.2 数字PID算法

为了用计算机实现PID控制,需要将微分方程式(6.12)离散化。设T为采样周期,$k=0,1,2,\cdots,i,\cdots$为采样序号。因采样周期T相对信号变化周期很小,所以可以用矩形面积的和近似式(6.12)中的积分,用向后差分的方法近似(6.12)式中的微分,即

$$\int_0^t e(t)\,\mathrm{d}t \approx \sum_{j=0}^{k} e(j)\Delta t = T\sum_{j=0}^{k} e(j) \tag{6.14}$$

$$\begin{aligned}\frac{\mathrm{d}e(t)}{\mathrm{d}t} &\approx \frac{e(k)-e(k-1)}{\Delta t}\\ &= \frac{e(k)-e(k-1)}{T}\end{aligned} \tag{6.15}$$

将式(6.14)、(6.15)代入式(6.12),得

$$u(k)=\frac{1}{\delta}\left[e(k)+\frac{T}{T_{\mathrm{I}}}\sum_{j=0}^{k}e(j)+T_{\mathrm{D}}\frac{e(k)-e(k-1)}{T}\right] \tag{6.16}$$

式中,k 为采样序号,$k=0,1,2,3,\cdots$;$u(k)$为第 k 次采样时控制器的输出;T 为采样周期,应使 T 足够小,才能保证系统精度;$e(k)$为第 k 次采样时刻的偏差值;$e(k-1)$为第$(k-1)$次采样时刻的偏差值。式(6.16)的输出量 $u(k)$为全量输出,它对应于被控对象(如调节阀)每次采样时刻应达到的位置,为此,式(6.16)称为数字 PID 控制器的位置型控制表达式,其控制如图 6.19 所示。

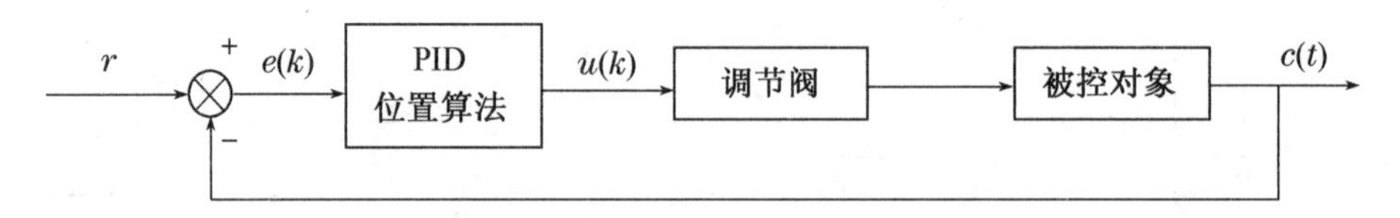

图 6.19 数字 PID 位置型控制示意图

如果按式(6.16)计算,那么输出与过去所有状态有关,计算时就需要占用大量计算机内存和计算时间,这对于实时控制的控制器来说非常不利。因此,考虑将式(6.16)改写成递推形式。根据式(6.16)写出第$(k-1)$采样时刻的输出为

$$u(k-1)=\frac{1}{\delta}\left[e(k-1)+\frac{T}{T_{\mathrm{I}}}\sum_{j=0}^{k-1}e(j)+T_{\mathrm{D}}\frac{e(k-1)-e(k-2)}{T}\right] \tag{6.17}$$

式中,$u(k-1)$为第$(k-1)$次采样时的输出值。

将式(6.16)减式(6.17),整理得

$$\begin{aligned}\Delta u(k)&=u(k)-u(k-1)\\&=\frac{1}{\delta}\left\{[e(k)-e(k-1)]+\frac{T}{T_{\mathrm{I}}}e(k)+\frac{T_{\mathrm{D}}}{T}[e(k)-2e(k-1)+e(k-2)]\right\}\end{aligned} \tag{6.18}$$

式(6.18)称为增量型数字 PID 控制器控制表达式,它表明输出量是两个采样周期之间控制器的输出增量 $\Delta u(k)$。按式(6.18)计算的采样时刻 k 的输出量 $u(k)$,只用到采样时刻 k、$k-1$ 和 $k-2$ 的偏差值 $e(k)$、$e(k-1)$、$e(k-2)$以及向前递推一次的输出值 $u(k-1)$与增量 $\Delta u(k)$。显然,这减少了计算工作量,从而节省计算机内存并缩短计算时间。例如,执行机构本身具有累积或记忆功能,步进电动机作为执行元件具有保持历史位置的功能,按式(6.18)控制规律,控制器给出一个增量信号,使执行机构在原来位置的基础上前进或后退若干步即可达到新的位置。

将式(6.18)改写成为

$$\Delta u_k=a_0e_k+a_1e_{k-1}+a_2e_{k-2} \tag{6.19}$$

其中

$$a_0=\frac{1}{\delta}\left(1+\frac{T}{T_{\mathrm{I}}}+\frac{T_{\mathrm{D}}}{T}\right)$$

$$a_1=-\frac{1}{\delta}\left(1+2\frac{T_{\mathrm{D}}}{T}\right)$$

$$a_2=\frac{1}{\delta}\left(\frac{T_D}{T}\right)$$

增量型数字 PID 控制器主要有以下优点：

① 只与最近几次采样的偏差值有关，不需要进行累加，或者说，累加工作由其他元件去完成，故不易产生误差积累，控制效果好。

② 只输出控制增量，误差动作影响小。

③ 增量型数字 PID 控制表达式中，没有出现 u_0 项，对于执行机构来说，表示其具有保持作用，故易于实现手动与自动之间的无扰动切换，或能够在切换时平滑过渡。

数字 PID 控制器可用脉冲传递函数表示，式(6.16)的 z 变换形式为

$$U(z)=\frac{1}{\delta}\left[E(z)+\frac{T}{T_I}(1-z^{-1})^{-1}E(z)+\frac{T_D}{T}[E(z)-z^{-1}E(z)]\right]$$

于是，得到数字 PID 控制器的脉冲传递函数形式为

$$\begin{aligned}D(z)&=\frac{U(z)}{E(z)}=\frac{1}{\delta}\left[1+\frac{T}{T_I(1-z^{-1})}+\frac{T_D}{T}(1-z^{-1})\right]\\&=\frac{a_0-a_1z^{-1}+a_2z^{-2}}{1-z^{-1}}\end{aligned}\tag{6.20}$$

由式(6.20)可得到其他类型的数字 PID 控制器的脉冲函数。例如，当 $T_I\to\infty$、$T_D=0$ 时，式(6.20)变为比例(P)数字控制器：

$$D(z)=K_P\tag{6.21}$$

当 $T_D=0$ 时，式(6.20)变为比例积分(PI)数字控制器：

$$D(z)=\frac{\delta^{-1}[(1+TT_I^{-1})-z^{-1}]}{(1-z^{-1})}\tag{6.22}$$

当 $T_I\to\infty$ 时，式(6.20)变为比例微分(PD)数字控制器：

$$D(z)=\frac{1}{\delta}\left[\left(1+\frac{T_D}{T}\right)-\frac{T_D}{T}z^{-1}\right]\tag{6.23}$$

6.1.3　数字 PID 控制器的实现

现代机电一体化系统要求很强的实时性，基于微处理器实现数字 PID 控制器时，受字长和运算速度的限制。常用定点运算、简化算法、查表法、硬件乘法器等方法加快运算速度。下面仅讨论简化式(6.18)的方法。

按式(6.18)计算，每输出一次 $\Delta u(k)$ 值，需做三次加法、两次减法、四次乘法、三次除法，而按式(6.19)计算，常数 a_0、a_1、a_2 可离线事先计算，每输出一次 $\Delta u(k)$ 值，只需做两次加法、三次乘法，减少了计算量，运算速度快。图 6.20 为式(6.19)表示的增量型数字 PID 控制器程序框图，在进入程序之前，先离线计算系数 a_0、a_1、a_2，存入预设存储单元，给定值 $r(k)$ 和输出反馈值 $y(k)$ 经采样后存入另一存储单元中，不仅提高了运算速度，而且也节省了内存空间。

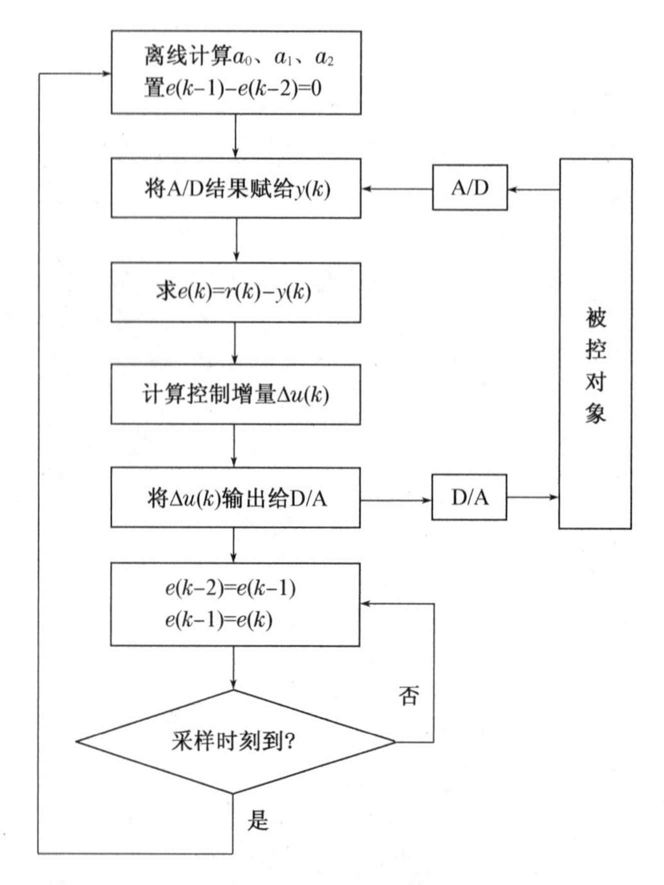

图 6.20　增量型数字 PID 控制算法流程图

6.2　数字 PID 的改进算法

由前所述,在 PID 控制器中引入积分项的目的是消除系统的静态误差。但是,积分作用过强会产生超调现象,甚至出现积分饱和现象,这是控制系统不允许的。随着数字 PID 算法的广泛应用,出现了许多改进算法,本节介绍几种常用的改进算法。

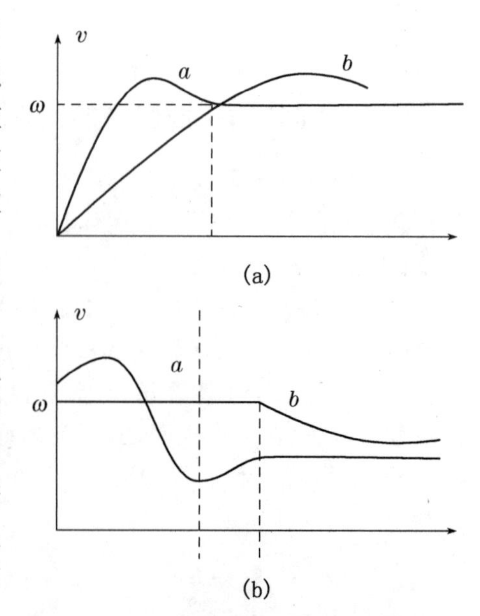

图 6.21　数字 PID 控制法的积分饱和现象

1. 积分项的改进算法

图 6.21 所示为数字 PID 控制算法的积分饱和现象。在常规的位置型数字 PID 算法中,当有较大的扰动或大幅度改变给定值时,系统的输出不可能立即跟上输入的变化,系统存在惯性和滞后,在积分项作用下,往往会产生较大的超调和长时间的波动。此时,控制器实际输出的控制量不

再是图6.21(a)所示的按式(6.16)计算出的理论值,而是图6.21(b)所示的由控制器的字长所决定的上限值。下面介绍几种防止积分饱和的方法。

(1) 积分分离法

积分分离法的目的是保证系统的精度和相对稳定性。给偏差 e_k 设定一个分离值 $\varepsilon(\varepsilon>0)$,当 $|e_k|\leqslant\varepsilon$(偏差较小)时,采用PID控制;当 $|e_k|>\varepsilon$(偏差较大)时,去掉积分作用,仅采用PD控制,使系统的超调量大幅降低。积分分离PID算法表达式为

$$u(k)=\frac{1}{\delta}\left[e(k)+K_{\mathrm{a}}\frac{T}{T_{\mathrm{I}}}\sum_{j=0}^{k}e(j)+T_{\mathrm{D}}\frac{e(k)-e(k-1)}{T}\right] \tag{6.24}$$

式中,K_{a} 为系数,其取值为

$$K_{\mathrm{a}}=\begin{cases}1, & |e(k)|\leqslant\varepsilon\\ 0, & |e(k)|>\varepsilon\end{cases}$$

图6.22为积分分离PID控制积分项的处理程序。图6.23为采用积分分离方法的比较示意图,曲线 a 表示未采用积分分离法的控制过程,曲线 b 表示采用积分分离法的控制过程,曲线 b 有显著降低超调量的效果,并可缩短调节时间。

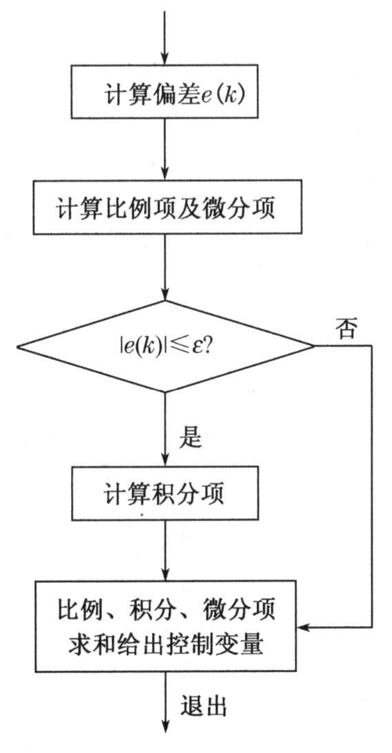

图6.22　积分分离PID算法积分项处理程序

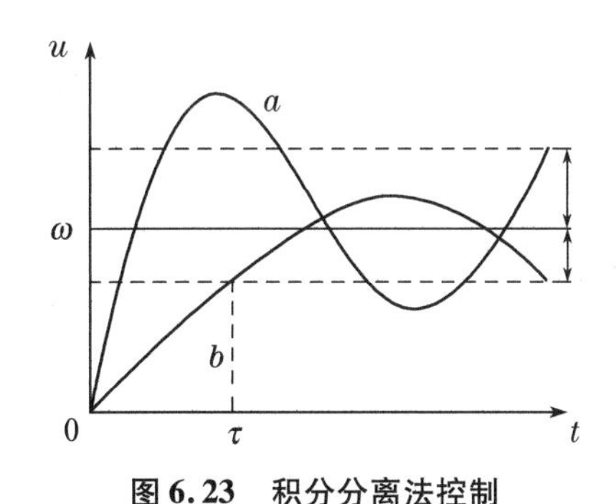

图6.23　积分分离法控制

(2) 遇限削弱积分法

遇限削弱积分法的基本思想是:当控制量进入饱和区后,只执行削弱积分项的运算而不进行增大积分项的累加。为此,在计算 $u(k)$ 时,先判断 $u(k-1)$ 是否达到饱和,若已超过 $(\mathrm{d}u/\mathrm{d}t)_{\max}$,则只累计负偏差;若小于 $(\mathrm{d}u/\mathrm{d}t)_{\min}$,则只计正偏差,其算法框图如图6.24所示。

(3) 变速积分的 PID 算法

式(6.16)中,积分系数为常数,故控制过程中积分增量不变。控制中,希望系统在偏差大时能减弱乃至取消积分作用;反之,在偏差小时能加强积分作用,以利于尽快消除偏差。为达到这一目的,提出了变速积分的 PID 算法。

变速积分 PID 算法与积分项的累加速度与偏差大小相对应,偏差大时积分累加慢,偏差小时积分累加快。引进函数 $f[e(k)]$,则

$$u_{\mathrm{I}}(k) = T(\delta T_{\mathrm{I}})^{-1}\left\{\sum_{j=0}^{k-1} e(j) + f[e(k)]e(k)\right\} \tag{6.25}$$

其中, $f[e(k)]$ 满足:

$$f[e(k)] = \begin{cases} 0, & |e(k)| \geqslant A + B \\ A^{-1}(A - |e(k)| + B), & B < |e(k)| < A + B \\ 1, & |e(k)| \leqslant B \end{cases}$$

式中, A、B 为常数。当偏差大于 $(A+B)$ 时,关闭积分器,不再进行累加;当偏差在 B 和 $(A+B)$ 这一范围内,适当减弱积分作用,累加部分当前值;当偏差小于 B 值时,做完全积分,与常规 PID 的积分项相同。

变速积分 PID 算法是一种新型的 PID 算法,它使数字 PID 积分的性能大大提高,完全可以消除常规数字 PID 算法存在的积分饱和现象,并使超调量大大减小,有很强的适应能力。

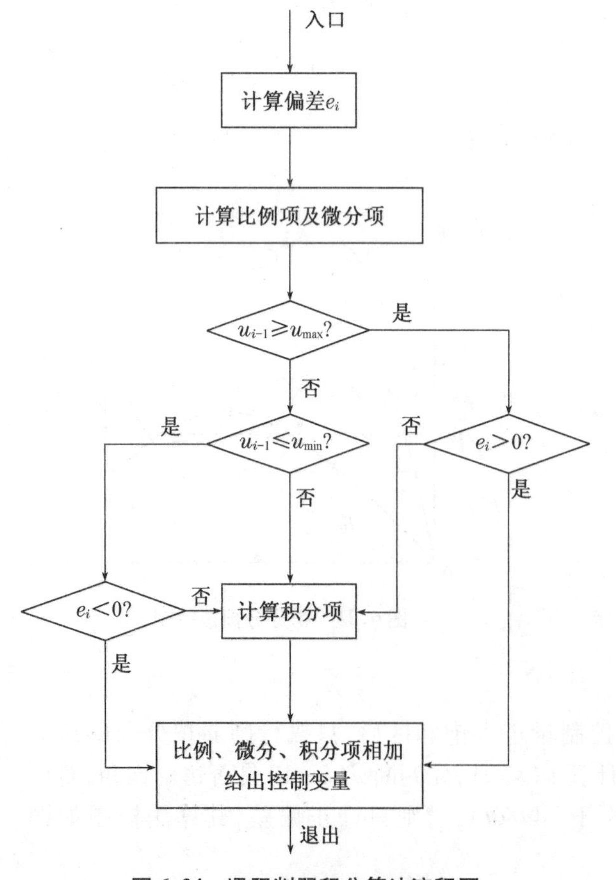

图 6.24 遇限削弱积分算法流程图

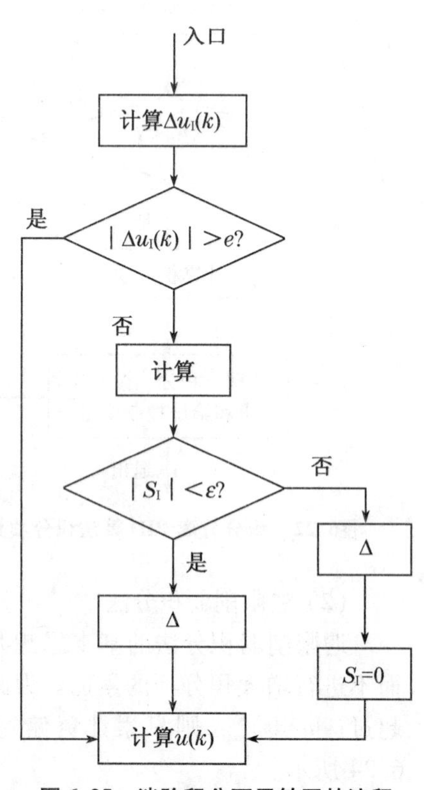

图 6.25 消除积分不灵敏区的流程

(4) 消除积分不灵敏区的方法

在模拟PID控制中积分项的作用是消除稳态误差，与之相对应，在增量型数字PID算法中，已知积分项为

$$\Delta u_I(k) = T(\delta T_I)^{-1}e(k)$$

一般采样期T很小，为毫秒级。当T_I较大时，由上式可知，积分项$\Delta u_I(k)$很小，这就是字长的影响。当$e(k)\to 0$时，由于字长的限制，此时积分项为零，即无积分作用，导致$e(k)$不为零，使系统存在误差，称这一阶段为积分不灵敏区，图6.25为其流程图。增加运算字长有利于消除其对积分不灵敏区的影响。另外，在不增加运算字长的前提下，利用软件编程也可以消除其影响，当积分项$\Delta u_I(k)$连续几次出现小于输出精度ε的情况时，将它们累加起来，而不是当成“零”舍去，令

$$S_I = \sum_{j=1}^{n} \Delta u_I(j)$$

当累加值S_I大于ε时，输出S_I值即可。

2. 微分项的改进算法

在数字PID控制算法中，高频干扰对微分很灵敏，即易引起振荡。为了抑制高频干扰，一般在PID控制中串联一个低通滤波器，也即一阶惯性环节，称这种算法为准微分PID算法，见图6.26所示。低通滤波器传递函数为

$$G_I(s) = \frac{U(s)}{U'(s)} = \frac{1}{1 + T_I(s)} \tag{6.26}$$

式中，T_I为低通滤波器时间常数。

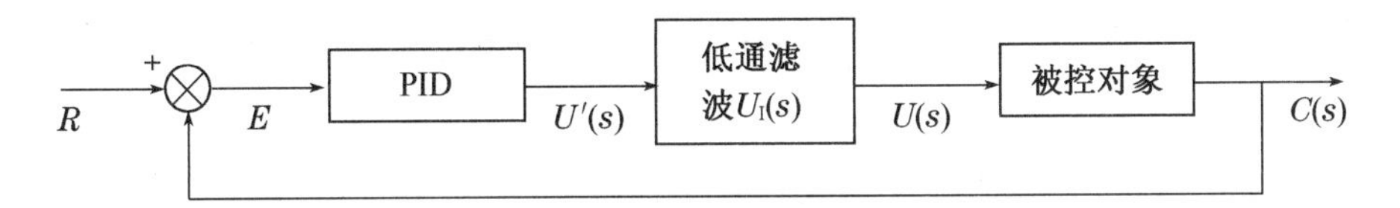

图6.26　准微分PID型控制系统框图

式(6.26)的微分方程形式为

$$T_I \frac{du(t)}{dt} + u(t) = u'(t) \tag{6.27}$$

根据式(6.12)，设$u_0(t)=0$，则

$$u'(t) = \delta^{-1}\left(e(t) + T_I^{-1}\int_0^t e(t)dt + T_D \frac{de(t)}{dt}\right) \tag{6.28}$$

于是，得离散化表达式为

$$u'(k) = T_I T^{-1}[u(k) - u(k-1)] + u(k) \tag{6.29}$$

$$u(k) = (T + T_I)^{-1}[T_I u(k-1) + Tu'(k)] \tag{6.30}$$

令 $\beta = T_I(T+T_I)^{-1}$，得

$$u(k)=\beta u(k-1)+(1-\beta)u'(k) \tag{6.31}$$

于是，离散化形式为

$$\begin{aligned} u'(k) &= \delta^{-1}\left\{e(k)+\frac{T}{K_I}\sum_{j=0}^{k}e(j)+\frac{T_D}{T}[e(k)-e(k-1)]\right\} \\ &= \delta^{-1}\left\{e(k)+K_i\sum_{j=0}^{k}e(j)+K_d[e(k)-e(k-1)]\right\} \end{aligned} \tag{6.32}$$

式中，$K_i = TK_I, K_d = T_D T^{-1}$。式(6.32)为准微分数字 PID 位置型算式。

同样，可写成增量型形式，从式(6.31)可推得

$$u(k-1)=\beta u(k-2)+(1-\beta)u'(k-1) \tag{6.33}$$

将(6.31)与(6.33)相减，得

$$\begin{aligned} u(k)-u(k-1) &= \Delta u(k) \\ &= \beta[u(k-1)-u(k-2)]+(1-\beta)[u'(k)-u'(k-1)] \end{aligned} \tag{6.34}$$

或

$$\Delta u(k)=\beta\Delta u(k-1)+(1-\beta)\Delta u'(k) \tag{6.35}$$

从式(6.32)可推得

$$u'(k-1)=\delta^{-1}\left\{e(k-1)+K_i\sum_{j=0}^{k}e(j)+K_d[e(k-1)-e(k-2)]\right\} \tag{6.36}$$

于是

$$u'(k)-u'(k-1)=\delta^{-1}\left\{e(k)-e(k-1)+K_i\sum_{j=0}^{k}e(j)+K_d[e(k)-e(k-1)+e(k-2)]\right\}$$

得

$$u'(k)=\delta^{-1}\{\Delta e(k)+K_i e(k)+K_d[\Delta e(k)-\Delta e(k-1)]\} \tag{6.37}$$

准微分数字 PID 算法与常规数字 PID 算法性能相比，其调节性能较好。常规 PID 控制中，当输入为单位阶跃序列时

$$e(k)=b(k=0,1,2,\cdots) \tag{6.38}$$

微分环节仅在第一个采样周期中起作用，微分作用很强，数字 PID 调节器输出 $u(0)$ 很大，这样就很容易引起振荡，输出控制作用见图 6.27(a)。

在准微分数字 PID 算法中，增加低通滤波器，其传递函数为

$$U(s)=(T_D s)(1+T_I s)^{-1}E(s) \tag{6.39}$$

其微分方程形式为

$$u(t)+T_I\frac{\mathrm{d}u(t)}{\mathrm{d}t}=T_D\frac{\mathrm{d}e(t)}{\mathrm{d}t} \tag{6.40}$$

对式(6.40)进行离散化，可得

$$u(k)+T_{\mathrm{I}}T^{-1}[u(k)-u(k-1)]=T_{\mathrm{D}}T^{-1}[e(k)-e(k-1)] \tag{6.41}$$

即

$$u(k)+T_{\mathrm{I}}T^{-1}u(k)-T_{\mathrm{I}}T^{-1}u(k-1)=T_{\mathrm{D}}T^{-1}[e(k)-e(k-1)]$$

整理得

$$u(k)=T_{\mathrm{I}}(T+T_{\mathrm{I}})^{-1}u(k-1)+T_{\mathrm{D}}(T+T_{\mathrm{I}})^{-1}[e(k)-e(k-1)] \tag{6.42}$$

当输入为 $e(k)=b(k=0,1,2,\cdots)$时,则有

$$u(0)=T_{\mathrm{D}}(T+T_{\mathrm{I}})^{-1}b,u(1)=T_{\mathrm{I}}T_{\mathrm{D}}(T+T_{\mathrm{I}})^{-1}b,u(2)=T_{\mathrm{I}}^{2}T_{\mathrm{D}}(T+T_{\mathrm{I}})^{-2}b,\cdots$$

在第一个采样周期,准微分数字 PID 调节器的输出比常规数字 PID 调节器的输出小得多。在后面的采样周期里,因为准微分数字 PID 调节器仍有微分作用,所以,具有较理想的调节性能〔图6.27(b)〕。

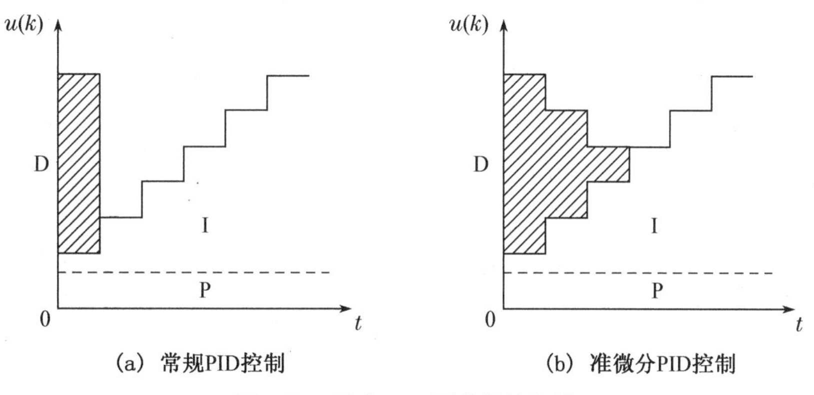

(a) 常规PID控制　　(b) 准微分PID控制

图6.27　数字 PID 调节器的作用

将微分算法运算靠近比较器,称作微分先行数字 PID 算法,有两种结构形式,如图6.28所示。图6.28(a)是对输出量微分,即只对输出量 $c(t)$微分,不对给定值 $r(t)$进行微分。这种微分先行数字 PID 算法适合于给定值频繁升降的场合,可以避免因提降给定值时所引起的超调,例如,可以避免因阀门动作频繁而引起剧烈的振荡。图6.28(b)是对输出量的偏差微分,也就是对给定值 $r(t)$和输出量 $c(t)$都有微分作用。偏差微分适用于串级控制的副控回路,因为副控回路的给定值是由主控调节器给定的,所以也应该对其做微分处理,在副控回路设置偏差微分。

PID 控制在进入正常调节后,由于输出信号 $c(t)$已接近给定值 $r(t)$,所以,偏差信号 $e(t)$的值不大。相对地,干扰值对调节作用的影响较大。为了消除随机干扰的影响,除了在系统硬件及环境方面采取措施外,在控制算法上也应采取一定措施,以抑制干扰的影响。

对于作用时间较短的快速干扰,如采样器、A/D 转换器的偶然出错等,可以采用连续多次采样求平均值的数字滤波办法加以抑制。对于一般的随机干扰,可以采用如一阶惯性滤波的数字滤波方法来减少扰动的影响。除了一般的数字滤波方法外,还可用单独修改数字 PID 控制算式中的微分项的办法来抑制干扰,因为数字 PID 算法式(6.17)和式(6.18)是对模拟 PID 控制规律的近似,其中模拟 PID 控制规律中的积分项用和式近似,微分项用差分项近似。各差分项(尤其是二阶差分)对数据误差和噪声特别敏感,一旦出现干扰,通过差分

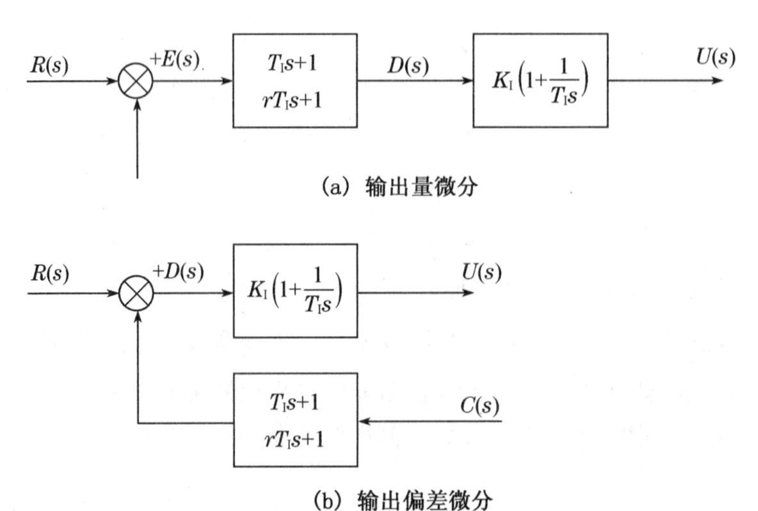

图 6.28 微分先行数字 PID 算法

计算容易引起控制量的很大变化。因此，在数字 PID 算法中,干扰是微分项控制的主要影响因素。由于微分项在 PID 调节中是必要环节,所以必须研究对干扰不过于敏感的微分项的近似算法。四点中心差分法就是最常用的一种算法(图 6.29)。

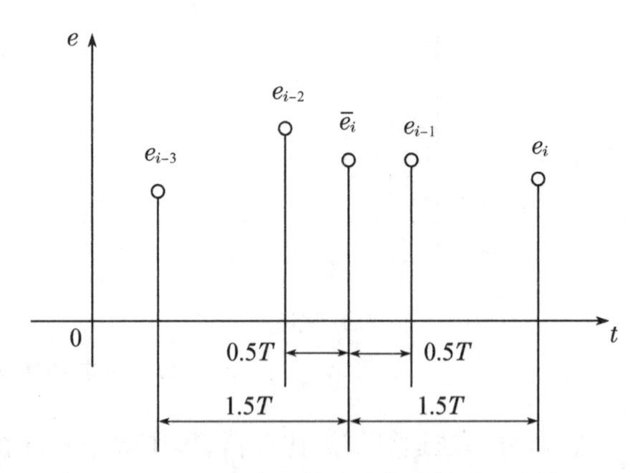

图 6.29 四点中心差分法构成偏差平均值

在四点中心差分修改算法中,一方面 T_DT^{-1} 项取值较小,另一方面差分以采样时刻 k、$k-1$ 和 $k-2$ 和 $k-3$ 的偏差值 $e(k)$、$e(k-1)$、$e(k-2)$ 和 $e(k-3)$ 的平均值为基准,即

$$\bar{e}(k)=[e(k)+e(k-1)+e(k-2)+e(k-3)]/4$$

然后,通过加权平均,构成近似微分项为

$$\frac{T_D}{T}\Delta\bar{e}(k)$$
$$=\frac{T_D}{4}\left[\frac{e(k)-\bar{e}(k)}{1.5T}+\frac{e(k-1)-\bar{e}(k-1)}{0.5T}+\frac{e(k-2)-\bar{e}(k-2)}{0.5T}+\frac{e(k-3)-\bar{e}(k-3)}{0.5T}\right]$$

整理得

$$\frac{T_D}{T}\Delta\bar{e}(k)=\frac{T_D}{6T}[e(k)+3e(k-1)-3e(k-2)-e(k-3)] \tag{6.43}$$

用式(6.43)代替式(6.18)中的微分项,即得修改后的数字 PID 控制算式。同理,用同样的方法也可以对增量型数字 PID 控制算式的微分项加以改进。

以上介绍了几种机电一体化系统中常用的数字 PID 控制器改进方法。目前,人们应用的数字 PID 控制器的改进方法很多,可以根据不同的应用场合灵活地选用,例如给定值频繁升降时对控制量进行阻尼的 PID 算法、混合过程 PID 算法、采样 PI 算法、批量 PID 算法、纯滞后补偿算法以及自动寻优参数 PID 算法等。

3. 死区非线性数字 PID 算法

在机电一体化系统中,有时不希望控制作用过于频繁,以免引起振荡。此时,可引入一种死区非线性数字 PID 算法。令

$$m(k)=\begin{cases}e(k), & |e(k)|>B\\0, & |e(k)|\leqslant B\end{cases} \tag{6.44}$$

图 6.30 为死区非线性数字 PID 控制系统,死区 B 是一个参数,可以根据正常的情况加以调整,其值由试验整定。其计算流程图如图 6.31 所示。

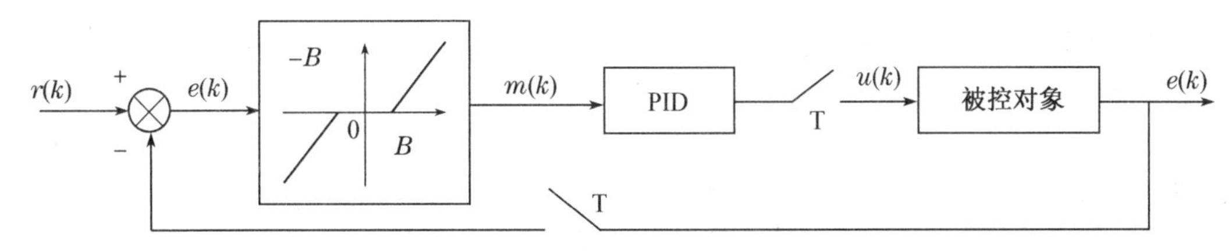

图 6.30　死区非线性数字 PID 控制系统

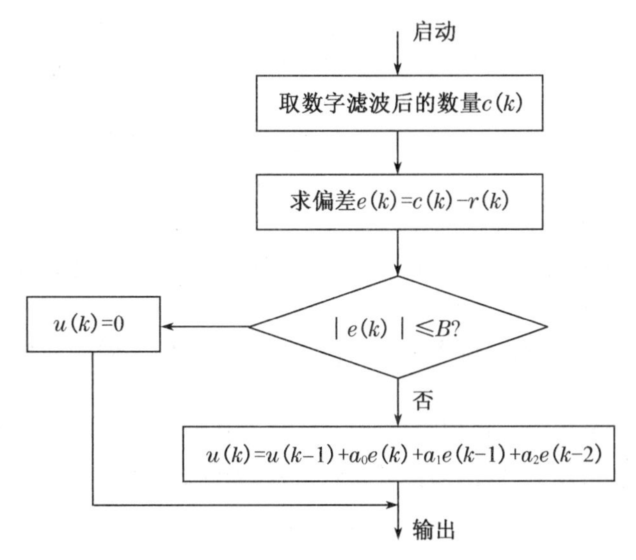

图 6.31　死区非线性数字 PID 算法计算流程

6.3 数字 PID 参数整定

将各种数字 PID 控制算法用于实际系统时,必须确定算法中各参数的具体值,如比例增益 K_P、积分时间常数 T_I、微分时间常数 T_D 和采样周期 T,以使系统全面满足各项控制指标,这一过程称为数字 PID 控制器的参数整定。

数字控制器实质上是一种采样控制系统。由于连续过程的控制回路一般都有较大的时间常数,多数情况下,采样周期与系统的时间常数相比要小得多,所以数字控制器的参数选择可以利用模拟调节器的各种整定方法。

6.3.1 采样周期选择

模拟 PID 调节器的参数整定主要是确定 K_P、T_I 和 T_D 三个参数,数字 PID 调节器参数整定则是确定四个参数 K_P、T_I、T_D 和 T。

在数字 PID 调节器参数整定中,首先要确定采样周期 T。采样周期 T 的选择要符合采样定理:$T \leqslant (2f_{max})^{-1}$,其中 f_{max} 为输入信号的最高频率。采样定理只给出了采样周期的上限,在实际应用中,不能仅按采样定理来决定采样频率,还要综合考虑各种因素来选择采样周期。影响采样周期的因素还有以下几点。

(1) 系统稳定性的影响。采样周期对系统的稳定性有直接影响,为保证系统稳定性,应在满足系统稳定条件下选择最大采样周期值。

(2) 给定值和扰动信号频率的影响。从控制系统实时性和抗干扰性能考虑,要求取较小的采样周期,这样,给定值的改变可以迅速地通过采样得到反映,而不会在实时控制中产生大的延迟。对于低频扰动,采样周期的长短对系统的抗扰性能影响不大,因为系统输出中包含了扰动信号,通过反馈可以及时抑制其影响。对于高频扰动,由于系统的惯性较大,系统本身具有一定的滤波作用,即干扰信号由进入到输出之间的开环响应频带是有限的,所以,高频扰动对系统的输出影响也较小。因此,如果干扰信号的最高频率已知,作用于系统的扰动信号频率越高,则采样频率也越高、采样周期 T 越小,以尽快抑制干扰。

(3) 计算机或微处理机精度的影响。采样周期的选择要考虑计算机或微处理机字长等因素。如果采样周期太小,前后两次采样数值之差有可能由于微处理机精度不高而反映不出来,使积分和微分作用不明显。

(4) 控制回路数的影响。控制回路数多时,为了使每个回路的控制算法都有足够的时间完成,则采样周期长;反之,控制回路数少时,采样周期短。多回路控制采样周期应满足

$$T \geqslant N\tau_s \tag{6.45}$$

式中,N 为回路数;τ_s 为采样时间。

(5) 执行机构的特性。采样周期的长短要与执行机构的惯性相适应,执行机关的惯性大,则采样周期就要相应地长,否则,也可能由于微处理机精度问题,使积分和微分作用不明显。

(6) 闭环系统的频带范围。设闭环系统要求的频带为 ω_b,则系统采样频率范围为

$$\omega_s > (25 \sim 100)\omega_b$$

式中，ω_s 为采样频率。

由以上的分析看出，各因素的要求是不同的，有些是相互矛盾的，实际应用时，应根据具体情况和主要要求进行选择。

6.3.2 扩充临界比例度整定法

扩充临界比例度整定法是在模拟调节器使用的临界比例度整定法的基础上扩充而成的，它是一种数字 PID 控制表参数整定法。其整定步骤如下。

(1) 选择采样周期 T。首先要合适的采样周期 T。一般采样周期小于为被对象纯滞后时间的十分之一。

(2) 确定比例度 δ。若系统采取比例控制，即无积分作用和微分作用，则比例度 δ 为

$$\delta = \frac{1}{K_P} \tag{6.46}$$

式中，K_P 为比例系数。逐渐降低比例度 δ，会使系统产生等幅振荡，相应的振荡周期称为临界振荡周期 T_k，则比例度为临界比例度 δ_k。记录 δ_k 和 T_k 值，画出扩充临界比例度试验曲线，如图 6.32 所示。

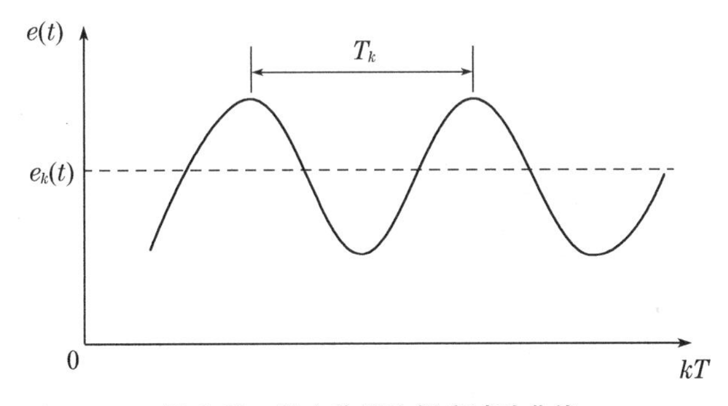

图 6.32 扩充临界比例度试验曲线

(3) 选择控制度。控制度定义为

$$控制度 = \left[\int_0^{\infty} e^2(t)\,\mathrm{d}t\right]_{数字调节器} \left[\int_0^{\infty} e^2(t)\,\mathrm{d}t\right]^{-1}_{模拟调节器} \tag{6.47}$$

式(6.47)表示控制度是以模拟调节器为基准，将数字调节器的控制效果与模拟调节器的控制效果相比较。控制效果的评价函数通常用 $\int_0^{\infty} e^2(t)\,\mathrm{d}t$ 来表示。控制度仅是表示控制效果的物理概念。一般地，当控制度为 1∶1.05 时，数字调节器与模拟调节器的控制效果相当。

(4) 参数整定。选定控制度后，通过表 6.1 可求得 T、K_P、T_I 和 T_D，使用扩充临界比例法无需事先知道被控对象的动态特性就可直接进行参数整定。

表 6.1　扩充临界比例法 PID 参数整定

控制度 δ	控制规律	$T(T_k)$	$K_P(\delta_k)$	$T_I(T_k)$	$T_D(T_k)$
1.05	PI	0.03	0.53	0.88	—
	PID	0.014	0.63	0.49	0.14
1.2	PI	0.05	0.49	0.91	—
	PID	0.043	0.47	0.47	0.16
1.5	PI	0.14	0.42	0.99	—
	PID	0.09	0.34	0.43	0.20
2.0	PI	0.22	0.36	1.05	—
	PID	0.16	0.27	0.40	0.22

6.3.3　扩充响应曲线整定法

用扩充响应曲线整定法可以代替扩充临界比例度整定法,其步骤如下。

(1) 断开数字控制器调节给定值。数字调节器不接入控制系统中,由手工操作控制,将被调量调节到给定值附近,稳定后,突然改变给定值,给被控对象一个阶跃输入信号。

(2) 画出控制系统的阶跃响应曲线。如图 6.33 所示,用记录仪记下被调量在阶跃输入作用下的变化过程。在曲线拐点(即最大斜率处)画切线,找出与时间轴及系统稳定值线(此线与横轴平行)的交点,得到滞后时间 τ、被控对象时间常数 T_τ 以及它们的比例值(T_τ/τ)。

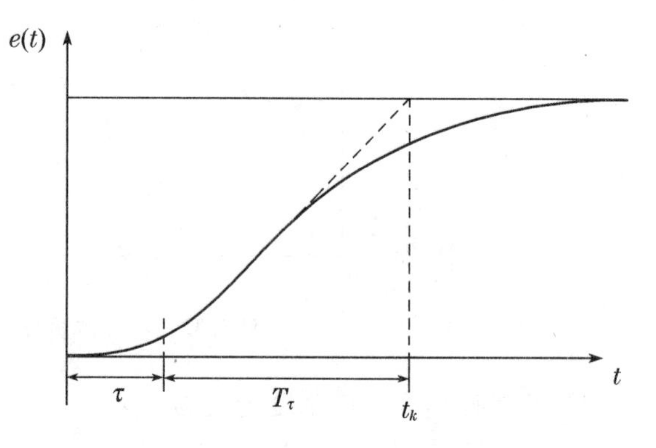

图 6.33　被调量在阶跃输入下的变化曲线

(3) 查表 6.2 由 τ、T_τ 和 T_τ/τ 可求出 PID 调节器的四个参数 T、K_P、T_I 和 T_D。

表 6.2　扩充相应曲线整定法 PID 参数整定

控制度 δ	控制规律	$T(\tau)$	$K_P(T_\tau/\tau)$	$T_I(\tau)$	$T_D(\tau)$
1.05	PI	0.1	0.84	0.34	—
	PID	0.05	1.15	2.0	0.45
1.2	PI	0.2	0.78	0.36	—
	PID	0.16	1.0	1.9	0.55
1.5	PI	0.5	0.68	3.9	—
	PID	0.34	0.85	1.62	0.65
2.0	PI	0.8	0.57	4.2	—
	PID	0.6	0.6	1.5	1

6.4　机电一体化系统的智能技术

随着“三论”——控制论、信息论、系统论科学与技术的应用，世界产业面貌发生了巨大变化，特别是 IT 产业的兴起与发展，使得工业生产力、产品质量获得了空前提高。当前，智能科学与技术已经形成体系框架，形成了智能科学这一新的学科。智能科学学科是多学科、跨学科交叉融合的结果，它由基础理论、技术方法和成果应用三大领域构成。智能化技术及其产品已不仅属于计算机应用范畴，它更是智能学科的一个组成部分，智能建筑、机器人、智能玩具等智能产品与设备正大量涌现。

机电一体化系统或产品具有一般机电产品的典型性，在技术上充分体现出各种先进技术的综合集成，它特别表现出复杂性、交叉性和拟人性三方面。智能化是机电一体化技术与传统机械自动化技术的主要区别之一，也是机电一体化技术发展的主要方向。

1. 智能化的内涵

从智能科学研究的途径来看，智能、人工智能、自然智能的关系如图 6.34 所示。智能是人们在认识与改造客观世界的活动中，由思维过程和脑力劳动所体现的能力，即灵活地、有效地、创造性地进行信息获取、信息处理、信息利用的能力。智能的核心在于知识，包括感性知识与理性知识、经验知识与理论知识。智能表现为知识的获取、处理和应用能力。

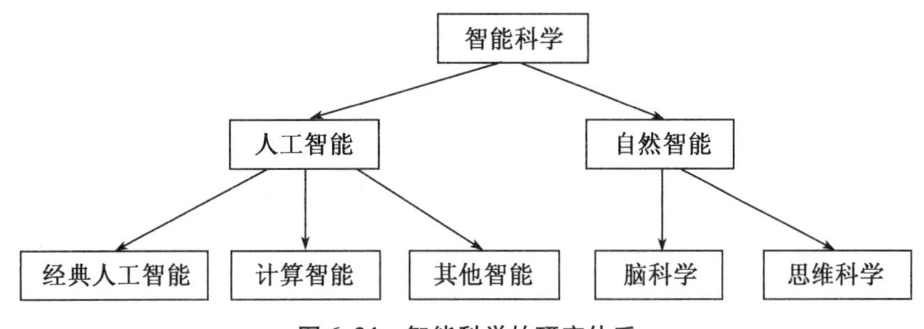

图 6.34　智能科学的研究体系

智能理论是探索人类智慧的奥秘与规律及在机器中复现人类智能的科学，是现代科学研究的前沿。目前智能理论及技术在各个领域已得到广泛的应用，但对于智能理论的研究不外乎两个方面：一是对智能的产生、形成和工作机制的直接研究；二是研究如何用人工的方法模拟、延伸和扩展智能功能，使机器成为具有感知、推理、决策的智能功能的机器系统。前者称为自然智能理论，主要是生理学和心理学研究者所从事的工作；而后者称为人工智能(artificial intelligence，AI)理论，主要是理工类研究者所从事的工作。

具有人类智能或能模拟人类智能的系统称为智能系统。机电一体化系统的“智能化”是对机电一体化系统行为的描述，是“仿人智能”。

在人工控制中，首先通过人的视觉、听觉、嗅觉等感觉器官，收集、摄取、觉察、感受各种信息，包括量的大小、多少等定量信息和量的变化快慢及其变化趋势等定性信息，以及声音、颜色、图像等信息。这些对控制有用的信息在操作者脑中进行综合，并与期望的指标比较，发现偏差并根据偏差大小及其变化趋势，做出智能控制决策，再通过反复调整相应的操作机构完成控制操作,使得被控过程逐渐趋向期望的目标。

智能系统能对一个过程或其所处环境的各种固有信息和知识进行学习,将获得的知识用于估计、分析、决策和控制,使系统处于最优状态。当它遇到未学习过的事例时,有能力作出合适处理。系统出现局部故障时可持续工作,甚至能分析和修复故障。系统有相当的灵活性和主动性,能在任务要求的范围内主动采取措施,当任务有冲突时,可指挥控制器予以解决等。

2. 智能控制及智能控制系统

从控制论中,可以总结出三个最基本而又重要的概念:信息、反馈和控制,通常称为控制论的三要素。随着科学技术的进步,信息已经变得越来越重要了。显然,在控制系统中的信息也不是那样简单或单纯,它已不单是一种信号数值的大小,还包括知识、经验等在内的多种信息;反馈已不再为单一的负反馈模式,根据控制的需要,可以暂时不加负反馈以开环形式运行,也可以根据特殊需要加正反馈等;控制也已经不是单纯地执行某一单一控制规律,而是根据动态过程需要采取多种策略组合,以进行更有效的控制。

模拟人的智能控制行为,不仅要从信息的获取、处理、综合、利用方面,而且还要从信息的反馈、控制决策方面,全面地模拟人的智能行为。为此,需要研究、设计、开发新型的模拟人感官功能的智能传感器,模拟人操作行为的智能执行器,模拟人脑控制决策功能的智能控制器。由上述的智能传感器、智能控制器、智能执行器和被控过程构成的智能信息反馈控制系统,能在控制过程中更全面有效地模拟人的智能控制行为。

随着科学技术的不断发展,信息、反馈和控制这三要素的内涵不断丰富,变化的本质特征在于智能化。从这个意义上讲,将具有智能信息处理、智能反馈和智能控制决策的控制方式,称为智能控制。智能控制研究复杂系统的不确定性,采用人工智能的方法有效地克服系统的不确定性,是系统从无序到期望的有序状态转移的方法及其规律,而实施智能控制的系统则称为智能控制系统,智能控制系统具有以下三个功能。

① 学习功能。系统对一个过程或未知环境所提供的信息进行识别、记忆、学习并利用积累的经验进一步改善系统的性能,这种功能同人的学习过程类似。

② 适应功能。这种适应能力包括更高层次的含义,除包括对输入输出自适应估计外,还包括故障情况下自修复等功能。

③ 组织功能。对于复杂任务和分散的传感信息具有自组织和协调功能,使系统具有主动性和灵活性。智能控制器可以在任务要求范围内进行自行决策,主动采取行动,当出现多目标冲突时,在一定限制下,各控制器可以在一定范围内自行解决。

智能控制也有称智能信息反馈控制,智能控制中的基本要素是智能信息、智能反馈、智能决策。智能控制系统中专家的直觉、经验等也间接地反映了人的智能,故可以将智能控制中的有用信息理解为“智能”的载体。为了获得智能信息,必须进行信息特征识别,进行加工和处理,以便获得有用信息去克服系统的不确定性。为了获得信息并进行控制决策,反馈是不可缺少的重要环节,智能反馈比传统意义下的反馈更灵活机动,它根据系统控制的需要,具有反馈或无反馈、负反馈或正反馈、反馈强或弱等功能,这些功能的特征都具有仿人工智能的特点,故称为智能反馈。智能决策是指智能控制决策,这种决策方式包括定量和定性的决策,特别是采用定量和定性综合集成的方法进行决策,这是一种模仿人脑的决策方式。

决策的过程也就是智能推理的过程。

图6.35为智能控制系统的基本结构形式。一般地，智能控制系统有智能控制器和外部环境两大部分组成，按被控对象及环境复杂性和不确定性的程度、性能指标要求等的不同，有不同的智能控制系统结构形式。智能控制器由感知信息与处理、数据库、规划与控制决策、认知学习、控制知识库、评价机构六部分组成。外部环境由广义被控对象、传感器和执行器组成，还包括外部各种干扰等不确定性因素。这种结构与传统控制系统结构主要差别在控制器结构复杂、功能适应性强（主要针对外部环境的不确定性）。

模拟人类模糊逻辑思维的模糊集合论、模拟人大脑神经系统结构和功能的神经网络理论以及模拟自然选择和遗传的进化论（遗传算法）等，已成为研究智能控制的基础理论。

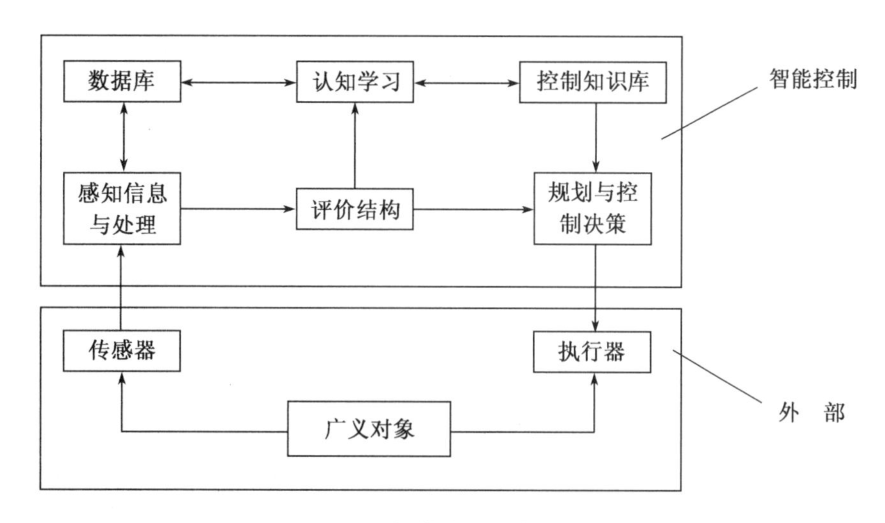

图6.35　智能控制系统的结构

智能控制理论有别于基于精确模型的传统控制理论。如果将传统控制理论的结构看作是比较→计算→控制→执行，那么智能控制理论的结构是识别→推理→决策→执行。不难看出，传统控制理论是以被控对象的精确模型为核心，进行设计、分析和研究控制系统，称之为“模型论”。相对于传统控制的“模型论”，智能控制理论可称为“控制论”，智能控制的模式识别体现智能特征，基于知识、经验的推理及智能决策表现智能行为。因此，智能控制是以模拟智能为核心的控制，它的研究重点不再是被控对象，而是控制器自身。一个好的智能控制器本身应具有多模式、变结构、变参数等特点，可根据对被控动态过程特征识别、学习、自组织的控制模式自适应地改变控制器结构和自调整参数，以获得最佳控制效果。显然，智能控制具有多变性的特点，不仅变化的种类多，变化的形式也有缓变、快变、突变等多种形式。正是由于这种多变性，构造了体现智能控制行为的输入输出间的复杂非线性关系，又正是凭借着这种复杂非线性，才使得智能控制有效地控制和克服了被控对象的复杂非线性、时变性及不确定性等，从而达到高的控制性能。

专家系统、模糊系统、神经网络以及遗传算法是实现智能化的4种主要技术，它们各自独立发展，又彼此互相渗透，在人工智能领域发展中已经有相当深入的发展。本书由于篇幅限制，对此部分不再展开介绍。

思考题与习题

6.1　什么是位置式 PID 和增量式 PID 数字控制算法？各自有何特点？

6.2　什么叫积分饱和作用？它是如何引起的？有哪些方法可以消除积分饱和？试用计算机语言编制相应的子程序。

6.3　PID 控制器的参数 K_P、T_I、T_D 对控制质量各有何影响？用扩充临界比例度整定法和扩充响应曲线整定法的步骤如何？

第7章 机电一体化系统的电磁兼容性和抗干扰设计

7.1 概　述

机电一体化系统投入实际应用环境运行时,由于系统通过电网、空间与周围环境发生了联系而受到干扰,若系统抵御不住干扰的冲击,各电气功能模块将不能正常工作,出现各种各样的状况。如微机系统往往会因干扰产生程序“跑飞”,传感器模块将会输出伪信号,功率驱动模块将会输出畸变驱动信号,使执行机构动作失常,战场上的军用系统会由于复杂电磁场影响而失去其特定功能,凡此种种,最终导致系统产生故障,甚至瘫痪。因此,机电一体化系统设计除功能设计、优化设计外,另一项重要内容是要进行系统的电磁兼容性设计和抗干扰设计。

电磁兼容性是指设备或系统在其电磁环境中能正常工作且不对该环境中任何事物构成不能承受的电磁干扰的能力。电磁兼容性是电子设备或系统的工程和质量可靠性指标。

电磁干扰的存在必须具备三个条件:① 电磁干扰源;② 电磁干扰传播途径;③ 电磁干扰敏感体。电磁干扰源指的是能产生电磁干扰(电磁噪声)的源体,电磁干扰源一般都具有一定的频率特性,其干扰特性可在频域内通过测试来获得。电磁干扰源所呈现的干扰特性可能有一定的规律,也可能没有规律,这完全取决于干扰源本身的性质。电磁干扰敏感体是指能对电磁干扰源产生的电磁干扰有响应,并使其工作性能或功能下降的受体,一般情况下,敏感体也具有一定的频率特性,即在敏感的带宽内才能对电磁干扰产生响应。电磁干扰传播途径是连接电磁干扰源与电磁干扰敏感体之间的传输媒介,起着传输电磁干扰能量的作用。电磁干扰传播途径主要有两种形式:一种通过空间场辐射传播,称为辐射形式;另一种通过导电体或导线途径传播,称为传导形式。不管是电磁干扰源还是电磁干扰敏感体,它们都有各自的频率特性,当两者的频率特性相近或干扰源产生的干扰能量足够强,同时又有畅通的干扰途径时,干扰现象就会出现。

7.1.1 电磁兼容性

电磁兼容性的英文表达为 electromagnetic compatibility,缩写为 EMC。它是指设备或系统在其电磁环境中能正常工作且不对该环境中任何事物构成不能承受的电磁干扰的能力。

电磁兼容性技术是一门工程性极强的应用技术,主要以电气、电子科学理论为基础,研究并解决各类电磁污染问题,其理论基础包括数学、电路理论、电磁场理论、天线与电波传播、信号分析、通信理论、材料科学、电子对抗等。随着电子科学技术的迅速发展,人们越来越关注如何在复杂电磁环境中提高电子电气设备或系统、机电一体化系统的生存能力,以保证达到这些系统的初始设计目的。

电磁兼容性设计是实现设备或系统规定的功能,使系统效能得以充分发挥的重要保证。必须在设备或系统功能设计的同时,进行电磁兼容性设计。

电磁兼容性设计目的是使所设计的电子设备或系统在预期的电磁环境中实现电磁兼容,使电子设备或系统满足 EMC 标准的规定,并具有以下两方面的能力:① 能在预期的电磁环境中正常工作,无性能降低或故障;② 对所运行的电磁环境不构成一个污染源。

7.1.2 电磁兼容性设计基本内容

1. 电磁兼容性设计基本内容

机电一体化系统是包含一定数量的电子元器件构成或若干个独立的设备或子系统的复杂功能系统。电磁兼容性是系统的重要性能,它通过各个层次的电磁兼容性设计实现。在机电一体化系统的设计和开发中,应该考虑系统、子系统与周围环境之间的相互骚扰和电磁干扰(EMI),以便在设计和开发过程中采取正确的防护措施,减小系统本身的 EMI。

电磁兼容性设计可以分为系统内和系统间两部分,分四个层次:系统级、子系统和设备级、线路级和部件元器件级,主要对系统之间和系统内部的电磁兼容性进行分析、预测、控制和评估,实现电磁兼容和最佳效费比。

电磁兼容性设计的基本参数有电磁敏感阈值、敏感度门限值、干扰允许值、电磁发射限值、安全裕度、失效干扰电平等。

电磁兼容性设计的依据有三点:① 设计任务书或用户提出的电磁兼容性设计要求和相应指标要求。② 相关军用标准和民用标准提出的电磁兼容性设计要求和相应指标要求。例如,根据国家军用标准 GJB 规定的设备和子系统电磁兼容性指标要求,分为传导灵敏度、辐射发射和辐射灵敏度等指标;民用产品按国际电工技术委员会 IEC、国际无线电干扰特别委员会 CISPR 等制定的标准,其中包括静电放电、辐射抗扰度、快速瞬变脉冲群、浪涌冲击干扰等指标。③ 同类产品的设计经验。对某一系统来说,总存在一些电磁兼容薄弱环节,而这些问题是用户或特定标准无法预知的,往往又是致命性的,将这些经验作为设计依据具有重要意义。

2. 电磁兼容性设计要求

(1) 电磁兼容性设计必须满足产品基本要求

设计措施不应该降低系统或子系统的技术指标(包括可靠性指标)。当电磁兼容性指标与系统、子系统技术指标有差异时,应该按其中严格的指标执行。

(2) 产品应有军用和民用之分,并执行相应的标准

由于电磁兼容性指标分为军用和民用指标,所以为了满足这些指标,设计的基准也有差别。军用产品的复杂性和重要性,决定了军用和民用指标差距会在较长时期内存在。例如避雷接地,在某些民用系统中可以将避雷接地与设备工作接地连接,以便简化接地系统,但在军用系统中,从安全性上考虑就不采用这种接法。因此,必须明确军用和民用的区别,以免产生混乱。

(3) 电磁兼容性设计应适应制造工艺水平

电磁兼容性设计涉及多种制造行业,要求电磁兼容性设计不能超越制造工艺的能力。

(4) 电磁兼容性设计应考虑经济性

由于器材、加工工艺的成本很高,所以在设计中不仅要考虑各种措施的效果,还要考虑

其经济性的综合因素。

(5) 电磁兼容性设计带有一定的不确定性

电磁兼容性设计与典型的电路设计和机械设计不同,设计数据不一定有确定值。电磁兼容性设计的方法和手段应根据电子电气设备的特点,有较大的选择范围。

(6) 电磁兼容性设计的综合性

电磁兼容性设计可以提高系统和设备的性能稳定性和工作可靠性,但在有些场合必须加以折衷协调。例如,系统与子系统的隔离措施在方案阶段已经确定,但是经过预测发现很难实现,那么就必须改变原有设计方案;电源附加的滤波电路,电源滤波器的耐压和漏电流必须满足电源的安全性要求。

(7) 电磁兼容性设计还要根据自身特点进行加固性设计

电磁兼容规范性指标具有普遍性,根据各设备和子系统、系统的特殊性要求可以补充一部分内控指标。这些规范性指标仅仅适用于设备和子系统级,对系统级、线路级的指标要求不明确,因此需要经过分析,对系统或线路提出适当的要求。更确切地说,电磁兼容性设计的最终目标是使系统在规定的条件下能够正常稳定地工作的同时能够满足有关指标要求。

3. 电磁兼容性设计方法

电磁兼容问题的处理方法一般有解决法、规范法和系统法。解决法是比较原始的手段,也是一种冒险的方法,一般尽量避免使用。规范法要求每一个设备或子系统必须满足预先规定的标准指标。用这些设备或子系统构成系统,一般80%的电磁兼容问题能够得到解决。但是,规范法有时会引起过安全设计或欠安全设计,全面实施规范法,会使系统的成本大大提高。另外,规范法是从实践实验中综合出具有一定普遍性的方法,如果结合系统分析,容易发现规范法的一些指标可能并没有涉及干扰的要害,即规范法针对性不强。系统法利用电磁兼容性预测数学模型和数据库,在各个设计阶段不断修正设计的措施,以达到最优设计。这些工作要在规范法基础上逐步建立准确的数学模型,通过测试积累一批数据才能达到要求。

电磁兼容性设计可分四个层次:① 系统级;② 子系统和设备级;③ 线路级;④ 部件元器件级。如图7.1所示,电磁兼容性设计遵循一定的设计程序和设计方法,以求达到同一系统内电磁兼容性设计的统一性。

4. 系统间电磁骚扰的控制内容

(1) 对有用信号的控制。对有用信号的控制包括:频谱管理和规定发射功率、信号类型(调制和带宽)、天线的空间覆盖范围、方向性和极化、使用时间和地点等。在设计阶段还应尽量减小镜像频率响应、谐波频谱电平以及乱真发射和乱真响应。

(2) 对人为骚扰的控制。系统间人为骚扰源主要是其他系统的发射机谐波和乱真发射、高压输电线、工程机械等的骚扰发射,这些需要按照有关的EMC标准来控制。

(3) 自然骚扰源的控制。自然骚扰源通常是无法控制的,只有在系统性能设计时加以考虑。例如接收机灵敏度指标应按内部噪声和天电噪声来确定,以及采取适当的电磁脉冲和静电放电的防护措施,等等。

5. 系统内电磁兼容性设计内容

通常,系统内电磁兼容性设计包括:印制电路板设计和有源器件的选用、布线、接地和搭接、屏蔽、滤波。

7.2 电磁干扰形式和电磁骚扰途径

7.2.1 电磁干扰概述

1. 电磁干扰的种类

电磁干扰的分类方法很多,有从干扰的来源划分,有从发生机理划分,还有从传输方式、频率范围、时域特性等分类。

按电磁干扰的来源,电磁干扰可分为自然干扰和人为干扰。自然干扰是指大自然现象所造成的各种电磁噪声干扰,分为宇宙干扰、天电干扰和雷电冲击。人为干扰是由电子设备和其他人工装置产生的电磁干扰。一般有元器件的固有噪声、电化学过程噪声、放电噪声、电磁感应噪声及非线性开关过程噪声。例如第 4 章中所述,晶体管放大器的噪声主要有基区电阻的热噪声、基极电流的散粒噪声、基极—射极间因基极电流和电位波动所形成的闪烁噪声、集电极电流的散粒噪声等。在弱信号电路中,还有一些由物理或化学原因造成的干扰源必须考虑,它们主要有:原电池噪声、电解噪声、摩擦电噪声和导线移动造成的噪声等。

按传播途径,电磁干扰可分为传导干扰和辐射干扰。传导干扰是沿着导体传播的干扰,传播通道为任何导体,如导线、传输线、电感器、电容器等,形成的干扰有不带任何信息的电磁噪声和带信息的无用信号。传导干扰传播性质为电耦合、磁耦合和电磁耦合。辐射干扰是指以电磁波形式传播的干扰。辐射干扰传播性质为近场区感应耦合和远场区辐射耦合。

2. 电磁干扰的三要素

形成电磁干扰的三要素即电磁干扰存在的三个必备条件为:电磁干扰源、敏感接收体和传输媒介(传输通道)。抑制电磁干扰的方法要对应三要素。

例如,是否构成辐射干扰,应该考虑构成辐射干扰的三要素。构成辐射干扰源有两个条件:① 有产生电磁波的源;② 有能将该电磁波能量辐射出去的条件。不是任何装置都能辐射电磁波,只有几何尺寸和电磁波的波长必须在同一量级的开放式结构才可以,各种天线是辐射电磁波最有效的设备。布线、结构、元件、部件如果满足辐射电磁波条件,将引起发射天线和接收天线作用,即产生天线效应。

7.2.2 电磁干扰的耦合途径

干扰源对电子设备的干扰是通过一定耦合形式进行的,无论是内部干扰还是外部干扰,都是通过“路”(传输线路或电路)或“场”(静电场或交变电磁场)耦合到被干扰对象(电子或电磁设备)的。

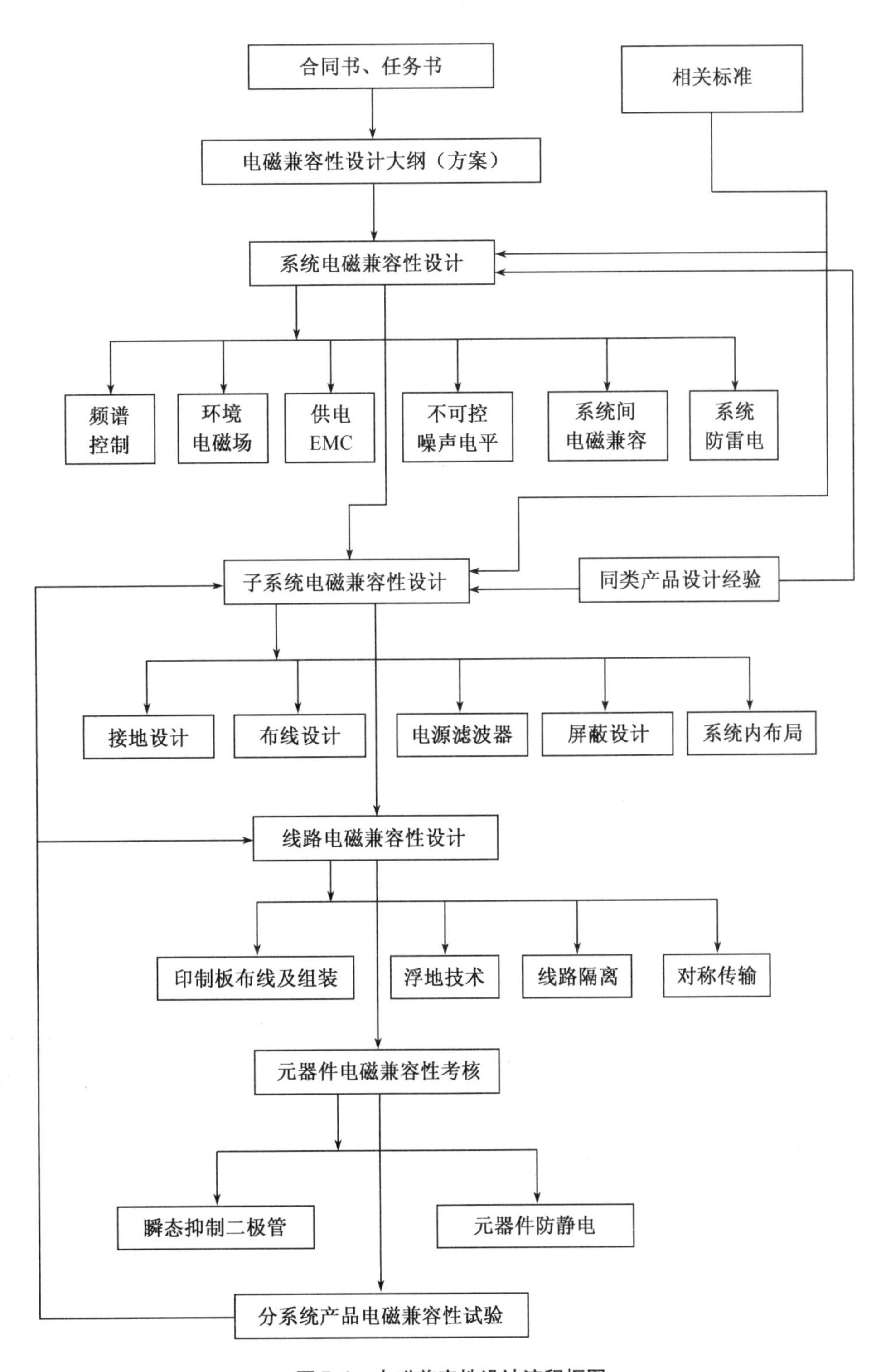

图7.1　电磁兼容性设计流程框图

按传播途径分类,电磁干扰源将电磁噪声能量耦合到被干扰对象有传导耦合和辐射耦合两种方式,如图7.2所示。

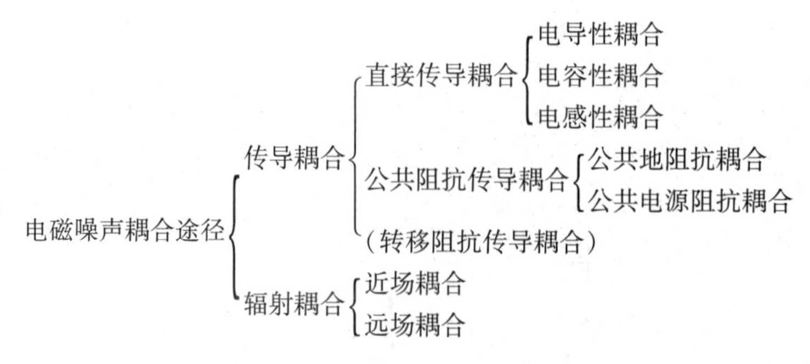

图7.2　电磁噪声耦合方式

传导耦合是指电磁噪声的能量在电路中以电压或电流的形式,通过金属导线或其他元件(如电容器、电感器、变压器等)耦合到被干扰设备(电路)。按电磁噪声耦合特点,传导耦合可分为直接传导耦合、公共阻抗耦合和转移阻抗耦合三种。

直接传导耦合是指电磁噪声直接由导线、金属框、电阻器、电感器或变压器等实际元件耦合到被干扰设备(电路)。直接传导耦合常分为电导性耦合、电容性耦合和电感性耦合三种。

电导性耦合属于点耦合。电容性耦合也称电场耦合,干扰源和接收器之间通过导线以及部件的电容互相交联而构成的传导耦合,这种耦合属于电磁耦合。电感性耦合也称互感耦合,干扰源和接收器之间通过干扰源电流产生磁场相互交联而成的传导耦合,属于磁耦合。

公共阻抗耦合是指电磁噪声通过印刷版电路和机壳接地线、设备的公共安全接地线以及接地网络中的公共地阻抗产生公共地阻抗耦合。电磁噪声通过交流供电电源或直流供电电源的公共电源阻抗时,产生公共电源阻抗耦合。

转移阻抗耦合是指干扰源发出的噪声不直接传送到被干扰对象,而是通过转移阻抗将噪声电流(或电压)转变为被干扰设备(电路)的干扰电压(或电流),它是直接传导耦合和公共阻抗传导耦合的某种特例。

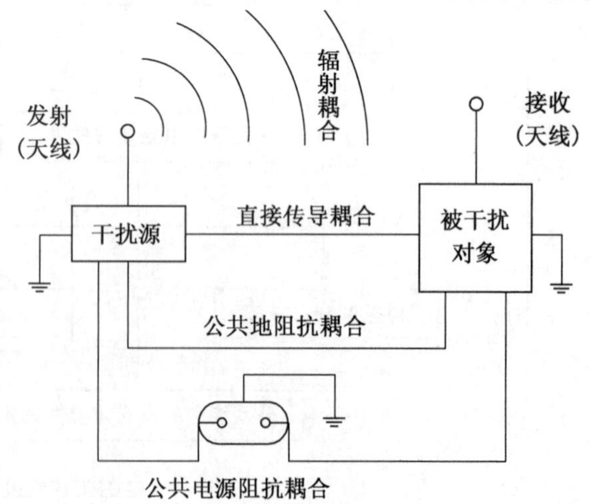

图7.3　电磁噪声传播途径示意图

辐射耦合是指电磁噪声的能量以电磁场能量的形式通过空间辐射传播,耦合到被干扰设备(电路)。根据电磁噪声的频率、电磁干扰源与被干扰设备(电路)的距离,辐射耦合可分为近场耦合和远场耦合两种情况。机电一体化系统的电磁兼容性问题大多数是“近场”或感应场的耦合问题。

综上所述,可以将电磁噪声耦合途

径归纳于图7.3。本章主要介绍与机电一体化系统部件密切相关的传导耦合,对辐射耦合仅做简单介绍。

1. 直接传导耦合

(1) 电导性耦合

电导性耦合在机电一体化系统电路设计中电导性耦合最常见,也最容易被人们忽视。人们往往容易将连接两元件或设备(系统)之间的导线、铜线和电缆当作一个电阻为零的理想导体,或者将其看作有一定阻值的纯电阻,而不视作一个阻抗元件。实际使用中,导线不但有电阻 R_t,而且存在电感 L_t、漏电阻 R_p 以及杂散电容 C_p,尤其是频率较高时,这些分布参数对信号的影响是不可忽视的。

常见的电导性耦合有:

① 公共地线阻抗产生的耦合干扰

在公共地线上有各种信号的电流,并由地线阻抗产生电压,当这部分电压构成低电平信号放大器输入电路时,公共地线上的耦合电压就被放大了,且成为干扰输出。

② 公共电源内阻产生的耦合干扰

输出电流经过电源,由电源内阻变换为电压,该电压耦合到接收器中就成为干扰电压。

③ 公共线路阻抗形成的耦合干扰

电路的电源电流的任何变化都会影响其他电路的电源电压,这就是由公共线路阻抗造成的。

图7.4为电导性传导耦合的典型电路,干扰源通过导线的电阻 R_t 直接耦合到接收器上。设 U_s 为干扰源,R_s 为干扰源内阻,则在接收器上产生的电压 U 为

$$U = \frac{R_L}{R_s + 2R_t + R_L} U_s \tag{7.1}$$

式中,R_L 为接收器负载电阻。

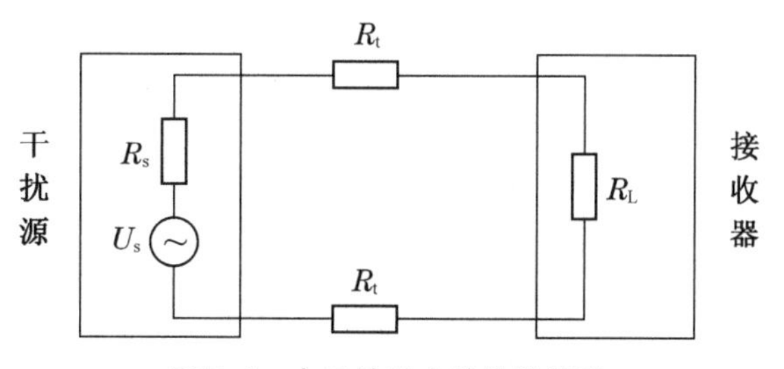

图7.4　电导性耦合的传输线路

图7.5为电导性耦合等效示意图,等效电感 L_t 和等效杂散电容 C_p 将构成一个谐振回路,其谐振频率 f_0 为

$$f_0 = \frac{1}{2\pi \sqrt{L_t C_p}} \tag{7.2}$$

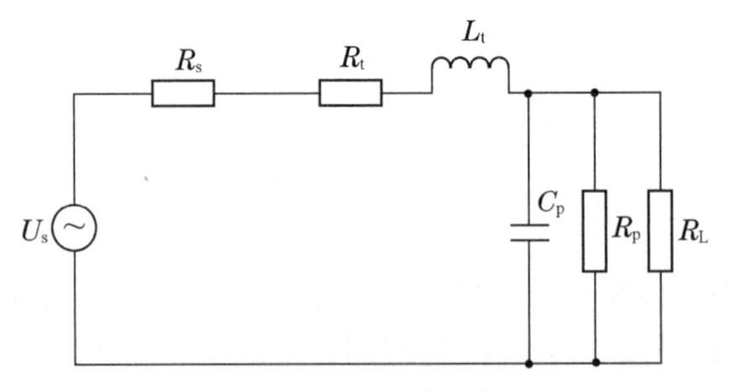

图 7.5　电导性耦合示意图

图 7.5 中的等效电阻 R_t 是频率的函数，设低频和直流等效电阻为 R_{tDC}，高频等效电阻为 R_{tAC}。在低频时，导线电阻 R_t 的计算式为

$$R_t = \frac{\rho l}{S}(\Omega) \tag{7.3}$$

式中，l 为导线长度，单位为 m；S 为导线截面积，单位为 m^2；ρ 为导线电阻率，单位为 $\Omega \cdot m$。

对于铜圆直导线，其电阻 R_{tDC} 的计算式为

$$R_{tDC} = \frac{22}{d^2} l \times 10^6 (\Omega) \tag{7.4}$$

式中，d 为导线直径，单位为 mm。

在高频时，由于集肤效应，使电流集中于导线表面，导线截面变小。导线截面用 S_{AC} 表示，则有

$$S_{AC} = \pi d\delta \tag{7.5}$$

式中，δ 为集肤深度，$\delta = 66/\sqrt{\mu_T \sigma_{Cu} f}$，其中，$\mu_T$、$\sigma_{Cu}$ 分别为铜的磁导率和电导率。铜导线的交流电阻为

$$R_{tAC} = R_{tDC}\frac{d}{4\delta} = \frac{5.5ld^{-1}}{\delta} = \frac{5}{6}d^{-1}\sqrt{\mu_T \sigma_{Cu} f} \times 10^{-7}(\Omega) \tag{7.6}$$

传输线的分布电阻、分布电感、分布电容必然影响传输线中的信号传输，分布参数的影响与传输线的长度有关。根据传输线长度与信号频率的关系可将传输线分为长线和短线。当传输线长度小于等于 1/20 信号波长或者传输延迟时间小于等于 1/4 数字信号脉冲上升时间时，传输线可视为短线，即

$$l \leqslant \lambda/20 \quad 或 \quad t_d \leqslant t_\tau/4 \tag{7.7}$$

式中，l 为传输线长度；λ 为传输线中信号波长，$\lambda = v/f$，v 是信号传输速度，f 是频率；t_d 为传输线中数字脉冲信号的传输延迟时间，$t_d = l/v$；t_τ 为传输线中数字脉冲信号上升时间。

短线可以用集中参数等效电路来分析，即将传输线看作由集中参数电阻、电感、电容组成的网络，其值大小分别等于长度上的分布参数值乘以传输线长度。

下面以数字信号通过传输线时产生振铃现象为例来说明短线可以用集中参数等效电路处理。

例 7.1：见图 7.6(a)，一对平行双线传输线连接两个反相器，反相器 Ⅰ 的输出与反相器 Ⅱ 的输入连接。设线长 $l = 30$ mm，半径 $r = 0.15$ mm，两线间隔 $s = 1$ mm，数字信号的上升时

间 $t_\tau=10$ ns，重复频率 $f_{PR}=10$ MHz，幅度 $A=5$ V。试判断该传输线是长线还是短线。

解：先判断图7.6(a)所示的平行双线是否是短线。

已知波传播速度 $v=3\times10^8$ m/s，可求得数字信号在传输线上的传输延迟时间 $t_d=lv^{-1}=1$ ns。因为数字信号的上升时间 $t_\tau=10$ ns，所以有 $t_d<t_\tau/4$，满足式(7.7)的短线条件，故传输线为短线。

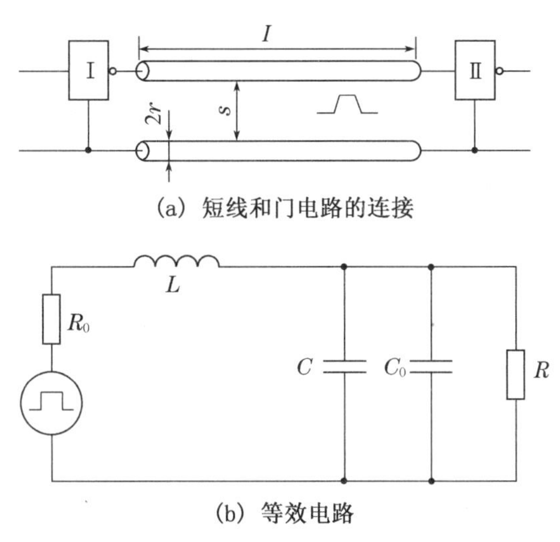

(a) 短线和门电路的连接

(b) 等效电路

图7.6　短线传输数字信号

同样可以按式(7.7)的短线另一条件 $l\leqslant\lambda/20$ 来判断。因为该数字信号的最高频率为

$$f_{max}=\frac{1}{\pi t_\tau}\approx3\ \text{MHz}$$

波长 $\lambda=10$ m，实际传输线 $l=30$ mm $=0.3$ m，符合短线条件。因此，传输线可以用集中参数网络来代替，等效电路如图7.6(b)所示，图中 $L=L_0$，$L_0=228$ mH，$C=C_0$，$C_0=4.4$ pF，其中，L_0 和 C_0 为分布电感和分布电容。

通过计算，可以获得平行双线的交流电阻 R_{AC} 在3 MHz时(最大频率 f_{max} 处)为3 Ω，而感抗 Z_L 为40 Ω，故在高频时可以只考虑传输线的电感，忽略电阻。

当传输线的长度符合条件式为

$$l>\lambda/20\ \text{或}\ t_d>t_\tau/4 \tag{7.8}$$

时，则称传输线为长线。

长线不能用集中参数网络代替。应用传输线理论，考虑阻抗匹配问题，即传输线两端的负载阻抗和源阻抗都应该与传输线特性阻抗 Z_0 相等，否则会产生反射。图7.7(a)是传输线电路，Z_s 是源阻抗，Z_1 是负载阻抗，当信号从信号源出发通过传输线到达负载阻抗 Z_1 时，如果 $Z_1=Z_0$，则没有反射，信号能量全部被 Z_1 吸收，这是匹配状态，Z_1 上的电压就是信号的入射电压 U_0；如果 $Z_1\neq Z_0$，即负载阻抗不匹配，则入射能量不能被负载全部吸收，有一部分会被反射回去，于是，就存在反射电压 U_{ref}，该反射电压 U_{ref} 将在 Z_1 上与入射电压 U_0 叠加，称反射电压与入射电压之比为反射系数，即

$$\rho=\frac{U_{ref}}{U_0} \tag{7.9}$$

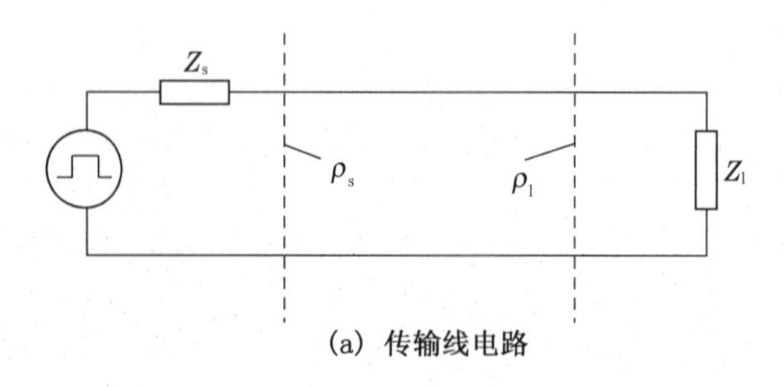

(a) 传输线电路

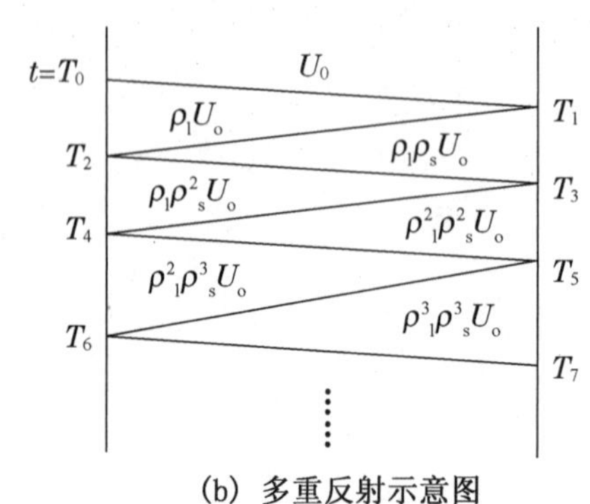

(b) 多重反射示意图

图 7.7 脉冲信号在长线中的多重反射

反射系数的取值范围为 0 ~ 1。在负载端，反射系数与负载有关，可用下式表示

$$\rho_l = \frac{Z_l - Z_0}{Z_l + Z_0} \tag{7.10}$$

式中，ρ_l 为复数。

同样，在源端，如果 $Z_s = Z_0$，则是匹配状态；如果 $Z_s \neq Z_0$，则存在反射，源端的反射系数可表达为

$$\rho_s = \frac{Z_s - Z_0}{Z_s + Z_0} \tag{7.11}$$

当源端和负载端都不匹配时，信号将在源端和负载端来回地反复反射，如图 7.7(b)所示。反射波和原信号叠加，若传输线传输的是数字脉冲信号，则多重反射将使脉冲边沿产生台阶、上冲和下冲等问题。

(2) 电容性耦合

两个电路中的导体，当它们靠得较近且存在电位差时，一个电路中的电场将会在另一个电路的导体中产生感应，反之亦然。两者相互作用、相互影响，使它们的电场都发生变化，这种交链称为电容性耦合或电场耦合。

两个导体电场耦合的程度取决于导体形状、尺寸、相互位置和周围介质的性质，即取决于两导体的分布电容。

源回路导线具有高电压和小电流时将产生电容耦合，导线间的耦合主要通过电场进行。

图 7.8(a)是电路 1 和电路 2 通过两根导线间电容引起电容性耦合的情况。两条平行的导线分别构成骚扰源电路(简称源电路)和敏感电路(称接收电路)。两平行线间的耦合

电容用 C_m 表示。设源电路的干扰源为 U_s，R_{s1} 为干扰源内阻，R_{L1} 为源电路负载，C_1 为导线1对地电容；R_{s2} 为接收电路的近端负载（离干扰源较近的接收回路负载），R_{L2} 为接收电路的远端负载（离干扰源较远处的接收回路负载），C_2 为导线2对地电容。

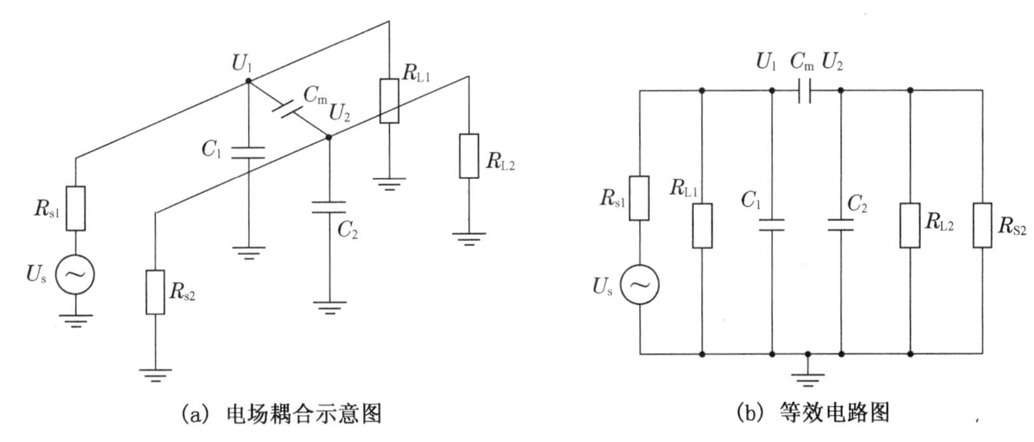

(a) 电场耦合示意图　　(b) 等效电路图

图7.8　电场耦合

电容耦合的等效电路如图7.8(b)所示，由于电容耦合，所以在接收电路导线上产生电压 U_2。设源电路导线上电压为 U_1，则有关系式

$$U_2=\frac{Z_2}{X_{Cm}+Z_2}U_1 \tag{7.12}$$

式中，$X_{Cm}=\dfrac{1}{j\omega C_m}$，$Z_2=\dfrac{X_{C2}R_2}{X_{C2}+R_2}$，$X_{C2}=\dfrac{1}{j\omega C_2}$，$R_2=\dfrac{R_{s2}R_{L2}}{R_{s2}+R_{L2}}$

当频率很低时，因为 $|X_{C2}|\gg R_2$，所以，$Z_2\approx R_2$，且 $|X_{Cm}|\gg R_2$。于是，式(7.12)变为

$$U_2=j\omega C_m R_2 U_1 \tag{7.13}$$

当频率很高时，因为 $|X_{C2}|\ll R_2$，所以，$Z_2\approx X_{C2}$。于是，式(7.12)变为

$$U_2=\frac{X_{C2}}{X_{Cm}+X_{C2}}U_1=\frac{C_m}{C_2+C_m}U_1 \tag{7.14}$$

由式(7.13)和式(7.14)可得电场耦合与频率关系曲线，见图7.9所示。

由图7.9可见，当频率为

$$\omega=\omega_t=\frac{1}{R_2(C_2+C_m)}$$

时，$|U_2/U_1|=C_m/(C_2+C_m)$，称 $|U_2/U_1|$ 为电场耦合量。当频率小于 ω_t 时，电场耦合量随频率的增加而增加；当频率大于 ω_t 时，随频率的增加电场耦合几乎不变。那么，通过减小干扰源的频率 ω、耦合电容 C_m 和接收器输入阻抗 Z_2 值可以降低电场耦合量。特别地，射频

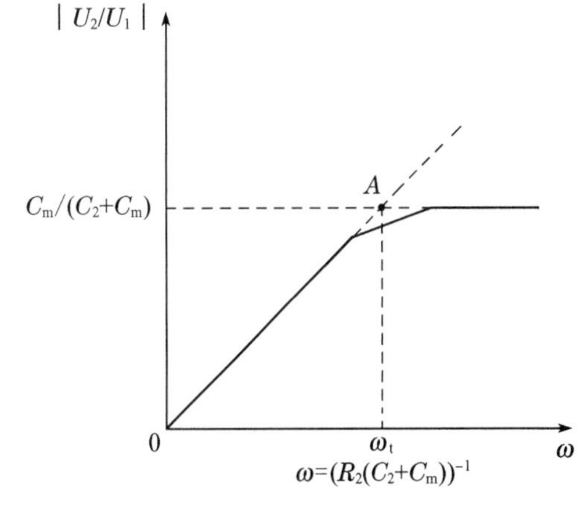

图7.9　电场耦合与频率的关系

电路多根导线的电缆中，一根导线上的噪声源可以耦合到其他导线上，因此高频信号线必须加以屏蔽。在高频放大晶体管的管脚间最容易产生分布电容，应尽量缩短管脚的引线长度。

（3）电感性耦合

电感耦合是由于干扰电源的时变电流产生的时变磁场的磁通变化引起的，变化的磁通在接收器的输入阻抗两端产生感应电压，该感应电压即为干扰电压。

电感耦合的主要形式有：线圈和变压器耦合、平行线间的耦合等。

在线圈和变压器耦合中由于铁心损耗通常使变压器类似于一个低通滤波器，抑制高频干扰。因此，电感耦合主要考虑导线之间的耦合。

见图7.10(a)，当源电路导线中有电流 I_1 流过，并且电流较大、电压较低时，源电路周围空间就会产生变化的磁场，这个变化磁场会在邻近的接收电路中产生感应电压，这样就将一个干扰电压耦合到接收电路中去了。由于这种骚扰耦合主要是通过磁场进行，所以称为电感性耦合。可以用两个电路之间的互感来分析，源电路电感为 L_1，接收电路电感为 L_2，两电路之间的互感为 M，等效电路见图7.10(b)。

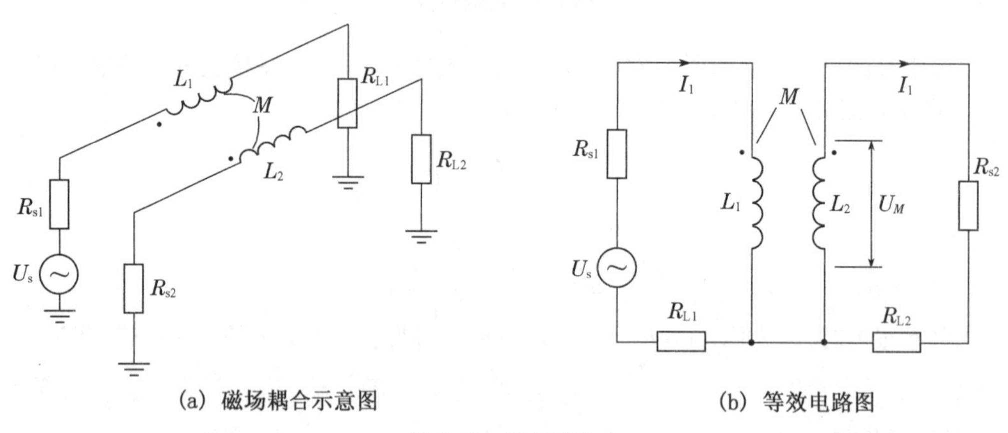

(a) 磁场耦合示意图　　(b) 等效电路图

图7.10　磁场耦合

根据电磁感应原理，得到接收电路中的感应电压 $U_M = M\dfrac{\mathrm{d}I_1}{\mathrm{d}t}$。如果 I_1 是正弦交流电流，则源电路在接收电路中产生的电动势 U_M 为

$$U_M = \mathrm{j}\omega M I_1 \tag{7.15}$$

式中，I_1 为源电路中的干扰电流；ω 为源电路中干扰电流 I_1 的角频率。

显然，源电路在接收电路中产生的电动势 U_M 与源电路中干扰电流 I_1 的角频率 ω、两电路之间的互感系数 M、源电路中的干扰电流 I_1 成正比。要减小干扰电压，设计时就必须考虑尽量减小互感系数 M。

电动势 U_M 在接收电路中产生的电流 I_2 为

$$I_2 = \frac{\mathrm{j}\omega M I_1}{(R_{s2} + R_{L2} + \mathrm{j}\omega L_2)} \tag{7.16}$$

当频率较低时，$R_{s2} + R_{L2} \gg \omega L_2$，式(7.16)可表示为

$$I_2=\frac{\mathrm{j}\omega MI_1}{(R_{s2}+R_{L2})} \tag{7.17}$$

当频率较高时，$R_{s2}+R_{L2}\ll\omega L_2$，式(7.16)可表示为

$$I_2=\frac{MI_1}{L_2} \tag{7.18}$$

由式(7.17)和式(7.18)可画出$|I_2/I_1|$与ω的关系图，见图7.11。

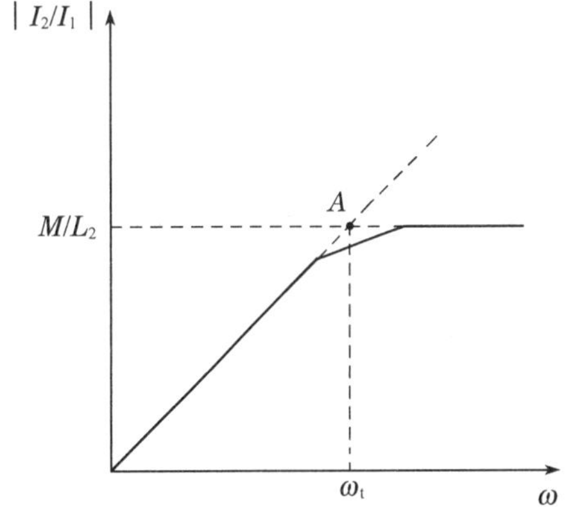

图7.11　磁场耦合与频率的关系

由图7.11可见，当频率$\omega=\omega_t=L_2^{-1}(R_{L2}+R_{s2})$时，$|I_2/I_1|=M/L_2$，称$|I_2/I_1|$为磁场耦合的耦合量。当频率小于$\omega_t$时，磁场耦合量随频率升高而增加；当频率大于$\omega_t$时(高频时)，耦合量基本不变。

(4) 电场和磁场耦合

等效电路见图7.12。通常，电场耦合和磁场耦合是同时存在的。根据以上分析电场耦合的结果相当于在接收回路中并联一个电流源，在频率较低时其大小为$\mathrm{j}\omega C_m U_1$；而磁场耦合的结果是相当于在接收回路中串联一个电压源，在频率较低时其大小为$\mathrm{j}\omega MI_1$。接收电路中两负载电阻R_{s2}和R_{L2}分别称为近端负载和远端负载。R_{s2}和R_{L2}上的噪声电压分别为

$$U_{s2}=\frac{\mathrm{j}\omega C_m U_1 R_{s2}R_{L2}}{(R_{s2}+R_{L2})}+\frac{\mathrm{j}\omega MI_1 R_{s2}}{(R_{s2}+R_{L2})} \tag{7.19}$$

$$U_{L2}=\frac{\mathrm{j}\omega C_m U_1 R_{s2}R_{L2}}{(R_{s2}+R_{L2})}-\frac{\mathrm{j}\omega MI_1 R_{L2}}{(R_{s2}+R_{L2})} \tag{7.20}$$

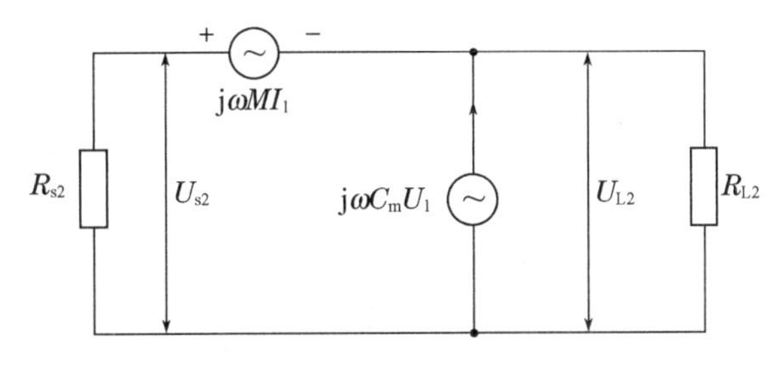

图7.12　电场和磁场耦合同时存在

式中，$U_1=R_{L1}(R_{s1}+R_{L1})^{-1}U_s$，$I_1=(R_{s1}+R_{L1})^{-1}U_s$。将$U_1$和$I_1$代入式(7.19)和式(7.20)，则得到

$$U_{s2}=\frac{\mathrm{j}\omega C_m R_{s2}}{(R_{s1}+R_{L1})(R_{s2}+R_{L2})}\left(R_{L1}R_{L2}+\frac{M}{C_m}\right)U_s \tag{7.21}$$

$$U_{L2}=\frac{\mathrm{j}\omega C_m R_{L2}}{(R_{s1}+R_{L1})(R_{s2}+R_{L2})}\left(R_{L1}R_{s2}-\frac{M}{C_m}\right)U_s \tag{7.22}$$

从式(7.21)和式(7.22)得出结论：因为在近端电感耦合产生的噪声和电容耦合产生的噪声是同相位的，在远端则是反相的，所以接收电路的近端负载上的噪声电压U_{s2}大于远端

负载上的噪声电压 U_{L2}；如果近端噪声电压 U_{s2} 和远端负载上的噪声电压 U_{L2} 同相，则说明电场耦合大于磁场耦合；如果 U_{s2} 和 U_{L2} 反相，则说明电场耦合小于磁场耦合。

（5）数字式脉冲电路的耦合

如果源电路中的信号源不是正弦波，而是数字脉冲信号，则接收电路中电容耦合产生的并联电流源为 $C_m dU_1/dt$，由互感耦合产生的串联电压源为 MdI_1/dt，只要将上述公式中的 jω 变成 d/dt，就适用于数字式脉冲电路的耦合计算。图 7.13 中，U_1 是源电路导线上的信号，其波形为方波；U_{s2} 是接收电路近端噪声电压波形，形状是尖脉冲，为方波的微分波形，因为它是电场耦合和磁场耦合产生的噪声的同相叠加，所以其相位与 U_1 相同；U_{L2} 是接收电路远端噪声电压波形，形状也是尖脉冲，在电场耦合小于磁场耦合时，该波形与 U_{s2} 反相，当电场耦合大于磁场耦合时，该波形与 U_{s2} 同相。不论如何，U_{L2} 的幅值总是小于 U_{s2} 的幅值。

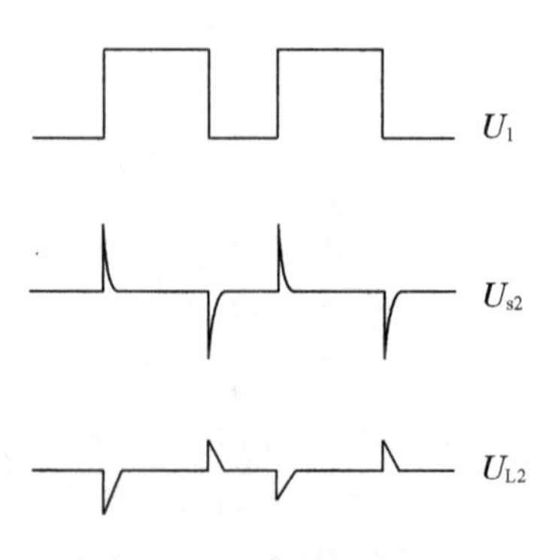

图 7.13　数字脉冲信号

（6）导线间耦合预测

在计算导线间电场耦合、磁场耦合的耦合量 U_2/U_1 和 I_2/I_1 时，必须预知导线组成的环路的自电容（C_1 和 C_2）、自电感（L_1 和 L_2）及环路间的耦合电容 C_m、互感系数 M。环路参数是由环路形状、环路间相对位置、环路周围的介质特性所决定的。

下面以由平行于大地的一对平行导线对组成的环路为例，计算环路参数。

导线几何尺寸和位置见图 7.14，环路中导线 1 和导线 2 的自电感 L_1 和 L_2 分别为

$$L_1 = \frac{\mu}{2\pi}\ln\left(\frac{2h_1}{r_1}\right) \tag{7.23}$$

$$L_2 = \frac{\mu}{2\pi}\ln\left(\frac{2h_2}{r_2}\right) \tag{7.24}$$

式中，h_1 和 h_2 分别为导线 1 和导线 2 离地面高度；r_1 和 r_2 分别为导线 1 和导线 2 的半径；μ 为磁导率，单位为 H/m。

环路间互感系数为

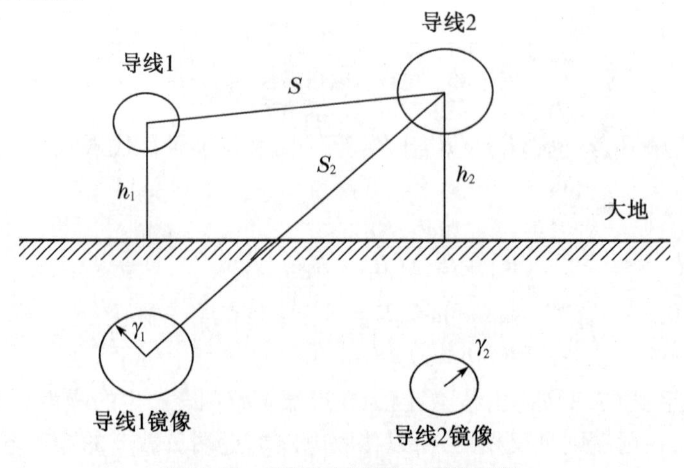

图 7.14　平行于地面的一对平行线

$$M=\frac{\mu}{2\pi}\ln\left(\frac{S_2}{S}\right) \tag{7.25}$$

式中,S_2 为导线2与另一导线镜像间的距离;S 为两导线间的直线距离。

导线1和导线2对地的电容分别为

$$C_1=\frac{(L_2-M)}{v^2(L_1L_2-M^2)} \tag{7.26}$$

$$C_2=\frac{L_1-M}{v^2(L_1L_2-M^2)} \tag{7.27}$$

式中,v 为波速,$v=(\mu\varepsilon)^{-1/2}$,单位为 m/s;$\varepsilon$ 为介电常数,单位为 F/m。

导线1和导线2间的耦合电容 C_m 为

$$C_m=\frac{M}{v^2(L_1L_2-M^2)} \tag{7.28}$$

用归一化方法简化以上环路参数计算。在归一化图中规定平行导线长为1 m,离地高度为 h,骚扰电路的源阻抗、负载阻抗和接收电路的近端负载、远端负载都等于100 Ω,导线用 AWG#22 型(直径0.64 mm),定义耦合量为

$$X=20\lg\frac{U_2}{U_1} \tag{7.29}$$

式中,X 为耦合量,单位为 dB。

图7.15给出了不同导线间隔 S 和不同导线高度 h 时的电容性耦合量与频率的关系。图7.16给出了不同导线间隔 S 和不同导线高度 h 时的电感性耦合量与频率的关系。

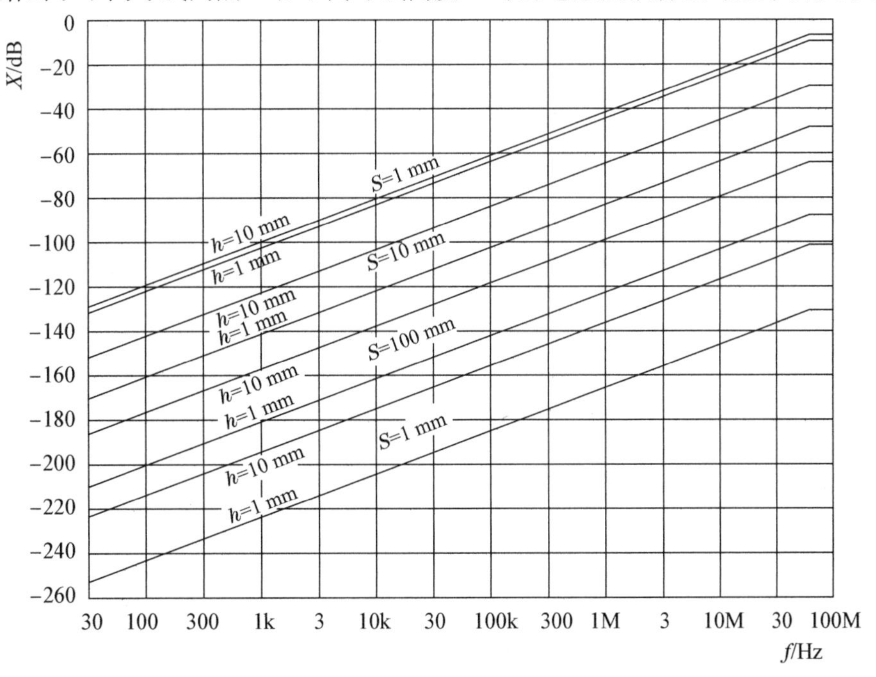

图7.15 电容性耦合量与频率的关系

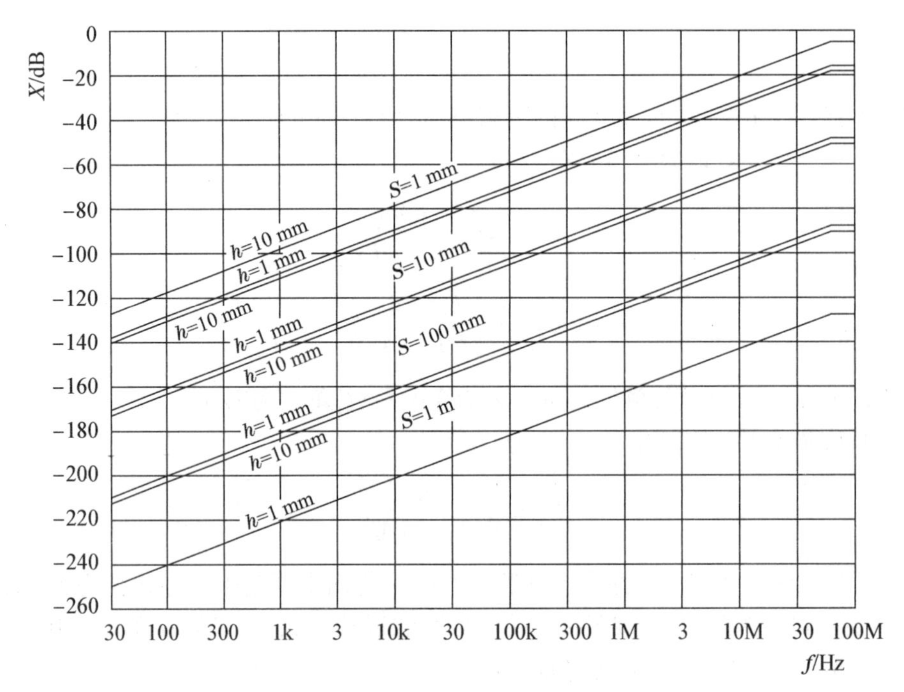

图 7.16　电感性耦合量与频率的关系

使用图 7.15 和图 7.16 的步骤如下。

① 确定干扰源的频率

如果是正弦信号，则可以直接采用信号频率；如果是数字脉冲信号，则采用 $f_{max}=1/(\pi t_{\tau})$，其中，t_{τ}是脉冲沿的上升时间。

② 确定导线间距离 S

③ 确定导线高度 h

如果两导线高度不同，则取 $h=\sqrt{h_1h_2}$；如果没有公共地面，而是两对平行线构成各自的回路，则取 $h=\sqrt{h_1h_2}/2$。

④ 归一化的电容耦合量和电感耦合量

查图 7.15 和图 7.16，如果 S 和 h 值不等于图中所标出的值，则可以采用内插法求其近似量。

⑤ 校正线直径

当导线间距大于线直径时，可以忽略线直径的影响。

⑥ 校正线长度

查图得到 $X+20\lg l$。如果 $l\geqslant\lambda/4$，则令 $l=\lambda/4$ 代替实际线长度。

⑦ 校正负载

电容性耦合：$X+20\lg[(R_{s2}R_{L2})(R_{s2}+R_{L2})^{-1}/50]$；电感性耦合：$X+20\lg[200R_{L2}(R_{s2}+R_{L2})^{-1}R_{L1}^{-1}]$ 或 $X+20\lg[200R_{s2}(R_{s2}+R_{L2})^{-1}R_{L1}^{-1}]$。

例 7.2：两条平行导线，长 $l=40$ cm，离地面高度 $h=1$ cm，两线间隔 $S=1$ mm。干扰源电路的导线上有肖特基 TTL 数字脉冲信号，幅度 $U_1=3.5$ V，上升时间 $t_{\tau}=3$ ns。接收电路中也有肖特基 TTL 门，噪声容限为 400 mV，设源电路和接收电路的所有阻抗相等，即有 $R_{s1}=R_{L1}=R_{s2}=R_{L2}=150\ \Omega$。预测接收电路中的近端噪声电压和远端噪声电压。

解：① 最高频率。由已知条件，最高频率为

$$f=\frac{1}{\pi t_{\tau}}=\frac{1}{\pi\times 3\times 10^{-6}}\approx 100\ \text{MHz}$$

② 归一化的电容性耦合量。根据已知条件和最高频率 f，查图 7.15 和图 7.16，得到归一化的电容性耦合量 X_C' 和电感性耦合量 X_L' 分别为

$$X_C'=-16\ \text{dB},X_L'=-15\ \text{dB}$$

③ 校正线长。由于 $l=\lambda/4=0.75\ \text{m}(>l=0.4\ \text{m})$，所以校正系数为 $20\lg l=-8\ \text{dB}$。

④ 校正负载。电容性耦合校正系数为

$$X+20\lg[(R_{s2}R_{L2})(R_{s2}+R_{L2})^{-1}/50]=3.5\ \text{dB}$$

电感性耦合校正系数为

$$X+20\lg[200R_{L2}(R_{s2}+R_{L2})^{-1}R_{L1}^{-1}]=-3.5\ \text{dB}$$

由归一化耦合量和线长及负载校正系数可以得到实际耦合量为

$$X_C=-20.5\ \text{dB},\quad X_L=-26.5\ \text{dB}$$

由式(7.29)得到接收电路中负载因电容性耦合和电感性耦合所得到的噪声电压分别为

$$U_{2C}=10^{X_C/20}\times U_1=330\ \text{mV},\quad U_{2L}=10^{X_L/20}\times U_1=166\ \text{mV}$$

由此可见，本例中电容性耦合大于电感性耦合，近端噪声电压 U_{s2} 为

$$U_{s2}=U_{2C}+U_{2L}=496\ \text{mV}$$

远端噪声电压 U_{L2} 为

$$U_{L2}=U_{2C}-U_{2L}=164\ \text{mV}$$

则近端噪声电压大于接收电路中肖特基 TTL 门的噪声容限值(400 mV)，可能会引起逻辑门的误动作。

通过查图 7.15 和图 7.16，可以求已知干扰源电路导线上的电压的耦合量。但是，实际导线上的电压和电路阻抗往往不易测量。如果只知电流，通过查图 7.17 的由干扰电流产生的电感归一化耦合量随频率变化的曲线，可以求得耦合量。这里定义耦合量为

$$X_L=20\lg\frac{U_2}{I_1}(\text{dB})\tag{7.30}$$

式中，U_2 为接收电路中的感应电动势，单位为 V；I_1 为骚扰源电路中的电流，单位为 A。

图 7.17 的用法与图 7.15 和图 7.16 一样。

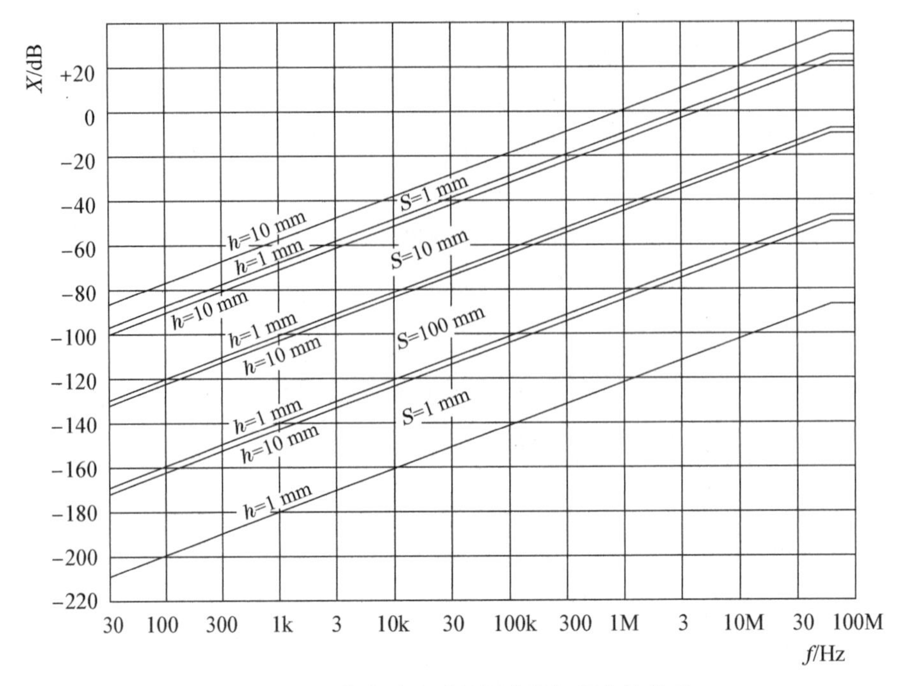

图 7.17 骚扰电流电感性耦合量与频率的关系

2. 典型传导耦合分析

传导耦合通常有公共地阻抗耦合和公共电源耦合两种模式。

(1) 公共地阻抗传导耦合

公共地阻抗耦合是指设备与设备之间的公共接地线的阻抗、电路与电路的公用信号回线阻抗所产生的干扰传递。公共地线包括机壳地线、金属接地板、接地网络和接地母线等。

理论上,地线阻抗为零,公共地之间为等电位。实际工程中,地线电阻并不为零。例如,印刷电路板上一根长 10 cm、厚 0.03 mm、宽 1 mm 的铜箔地线,其直流电阻 $R_{DC}=57.33\ \text{m}\Omega$。如果电路工作在高频下,还要考虑它的电感影响。当地线中有 1 MHz 交流电流流过,则该地线的阻抗为

$$Z=R_{AC}+\text{j}\omega L=6.62\times10^{2}\ \Omega$$

可见,公共地阻抗耦合的影响在设计中不可忽略。

图 7.18 是公共地阻抗耦合的实际电路。图 7.18(a)中电源电流的干扰分量经过地线阻抗形成压降作用到信号回路,传导到信号电流中(虚线所示)。图 7.18(b)所示等效电路图中,I_1 经过 GH 段地线阻抗耦合到 I_{b3} 中。

图 7.19 中,U_s 为干扰源电压,R_s 为干扰源内阻,R_L 为干扰源回路负载,Z_{st}为干扰源回路的连接线阻抗,R_{c1} 和 R_{c2}是被干扰回路的内阻和负载,Z_{ct}是被干扰回路的连线阻抗,Z_g 为共地阻抗。在干扰源回路中,一般有

$$R_s+Z_{st}+R_L\gg R_g$$

得回路电流 I_1 为

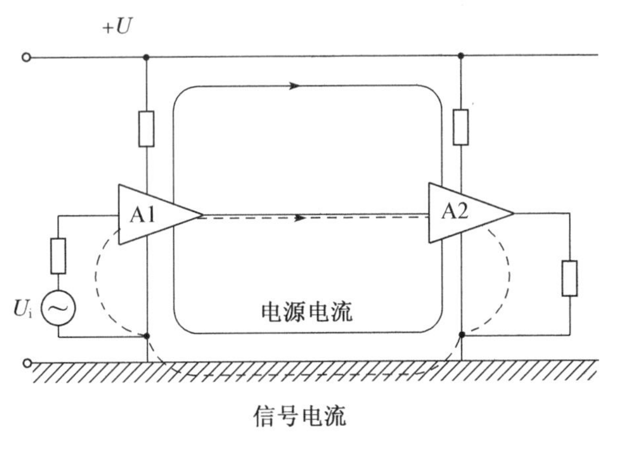

(a) 公共地阻抗耦合电路

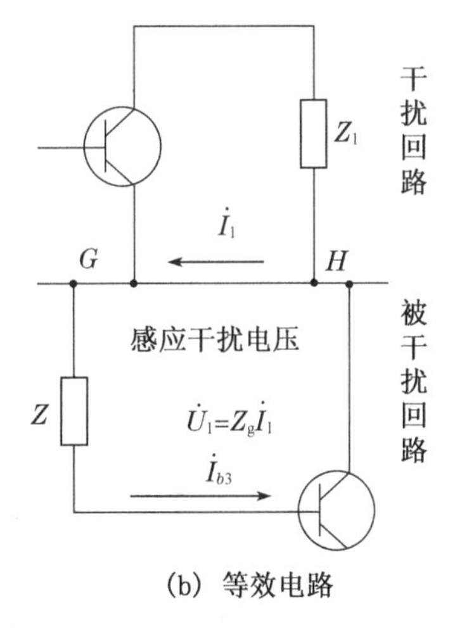

(b) 等效电路

图 7.18　公共地阻抗耦合电路

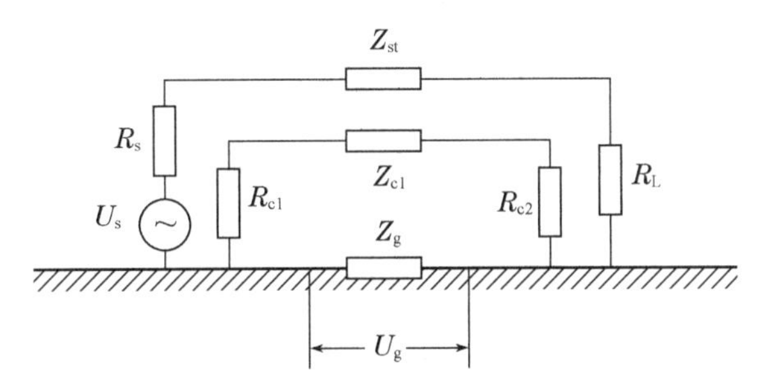

图 7.19　公共地阻抗耦合电路分析

$$I_1=\frac{U_s}{R_s+R_L+Z_{st}} \tag{7.31}$$

I_1 在共地阻抗上引起的干扰电压 U_g 为

$$U_g=I_1Z_g=\frac{Z_g}{R_s+R_L+Z_{st}}U_s \tag{7.32}$$

共地阻抗压降 U_g 在接收回路中引起负载 R_{c2}上附加的干扰电压 ΔU 为

$$\Delta U=\frac{R_{c2}}{R_{c1}+R_{c2}+Z_{ct}}U_g=\frac{R_{c2}Z_gU_s}{(R_{c1}+R_{c2}+Z_{ct})(R_s+R_L+Z_{st})} \tag{7.33}$$

式中,共地阻抗 Z_g、连接线阻抗 Z_{st}和 Z_{ct}可以根据实际导线尺寸计算。

通常情况下,接收回路是有信号源的。如图 7.18(a)中放大器 A1 是有源器件,其输入信号 U_s',在分析时假设它为零,即 $U_s'=0$。另外,在一段公共地线的两端连接着多个回路的情况下,每个回路的电流都会在公共地阻抗上引起压降,分析某单个回路的干扰电压时,应该按矢量相加来处理。

(2) 公共电源耦合

一个电源通常要为几个负载供电,这种共电源供电方式会造成传导耦合干扰,该传导耦合称作共电源阻抗耦合。

图 7.20(a)是一个共电源供电电路。当电路 2 中发生一个突变时,I_1 相应地产生了变化 ΔI,这个电流变化量 ΔI 即为干扰电流,它将会在电阻 R_0 上产生一个相应的干扰电压 ΔIR_0,导致电源端电压变化,从而该电源端电压的变化将传递到电路 2 中去。

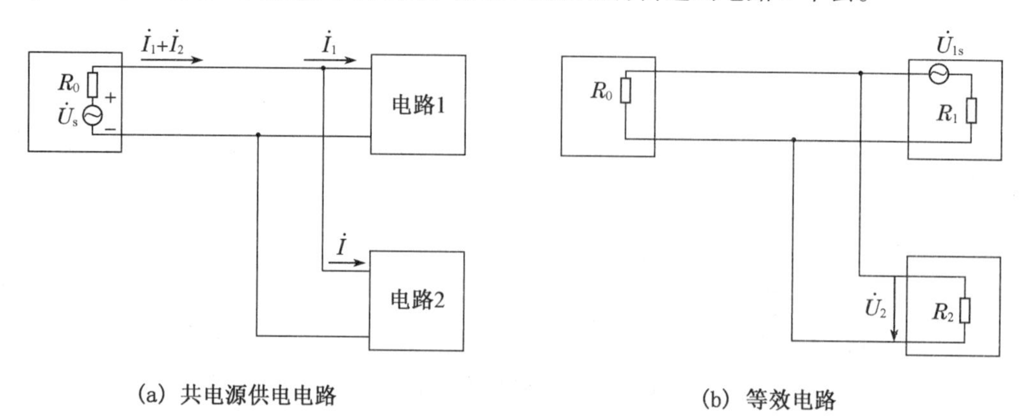

图 7.20　共电源供电电路

共电源耦合是由电源内阻抗引起的传导耦合。如不考虑电源电势的影响(假设 $U_s=0$),仅分析电路 1 中产生的干扰电压 U_{1s}的传递,可得到如图 7.20(b)所示等效电路,在电路 1 的干扰电压 U_{1s}作用下电路 2 的电压 U_2 为

$$U_2=\frac{R_2//R_0}{R_2//R_0+R_1}U_{1s}=\frac{R_2R_0}{R_1R_2+R_1R_0+R_2R_0}U_{1s} \tag{7.34}$$

由式(7.34)可见,只要任一负载电路中产生干扰信号,都会通过电源内阻耦合到其他负载电路中;若 $R_0=0$,则 $U_2=0$,即电源无内阻时,干扰就不会传导,实际中电源内阻不可能为零。

共电源阻抗可以发生在交流供电网上。例如,将电动剃须刀和电视机插在同一个交流电源插座上,开动剃须刀时就可能影响电视机画面质量。在设备内部印刷板的直流供电轨线上也同样会产生共电源阻抗干扰,例如模拟电路和数字电路共用同一对轨线供电时就可能造成数字电路对模拟电路的干扰。为了避免共电源阻抗干扰,可以采取在设备和器件的供电点处加接滤波器或加去耦电容器,给设备和器件提供一个高频噪声通道,阻止干扰传导。

3. 辐射耦合

噪声源以电磁辐射的形式向空间发射电磁波,将噪声能量通过电磁场传播,使处于近场区和远场区的接收电路存在着被干扰的威胁。任何噪声只有电磁能量进入接收电路时才能产生危害,电磁波如何进入接收电路,就是辐射耦合的问题。实际的辐射干扰大多数通过电缆导线感应,然后沿导线进入接收电路,也有一部分通过电路的连接回路感应形成干扰,还可能通过接收机的天线感应进入接收电路。因此,辐射干扰通常存在三种主要耦合途径:天线耦合、导线感应耦合和闭合回路耦合。

(1) 天线耦合

天线耦合就是经过天线将电磁波接收。对于有意接收无线电信号的接收机(如收音机、电视机、手持无线电话、手机等），都是通过天线耦合方式获得所需电信号。

一般根据不同的性能要求和用途，采用金属导体将接收机天线做成特定形状，如杆状、环状、鱼刺状等。当电磁波传播到它的表面时，由于电磁波的电场和磁场的高频振荡，在导体中引起电磁感应产生感应电流，经过馈线进入接收电路。由此可知，天线耦合实质上是电磁波在导体中的感应效应。

天线是一种经过精心设计的具有高灵敏度的导体结构，有很好的接收效果。然而，在电子设备和系统中还存在着无意的天线耦合。例如，高灵敏放大器三极管的基极管脚虚焊，则悬空的基极管脚就成为一根天线，它可以接收电磁信号；修理收音机时，若将金属导体触及高频接收电路，喇叭里就会发出格格声，甚至产生连续的声响。这是由于金属导体相当于一根天线，由其耦合作用而引起声响。因此在电磁兼容工程中对于无意的天线耦合必须给予足够的重视，因为这种耦合“天线”往往很难被发现，然而它却给高灵敏度电子设备和通信设备带来许多电磁干扰麻烦。

（2）场对导线的感应耦合

一般设备的电缆线是由信号回路连接线和电源回路供电线、地线捆绑在一起构成的，每一根导线都由输入端阻抗和输出端阻抗以及返回线构成一个通路。设备电缆线是设备内部电路暴露在机箱外面的部分，它们最容易受到干扰源辐射场的耦合而感应出干扰电压（或电流），沿导线进入设备形成辐射干扰，如图7.21所示。

在导线比较短、电磁波频率较低的情况下，可以将图7.21中导线和阻抗构成的回路看作理想的闭合环路。电磁场通过闭合环路引起的干扰属于闭合回路耦合。

对于两个设备离得较远、电缆线很长且辐射电磁场频率较高的情况（例如$l>\lambda/4$），导线上的感应电压视为均匀的，需要将其等效为分布电压源。导线中的感应电流也因电磁场的不均匀作用而沿导线方向流动。在这种情况下，电磁辐射对导线的耦合机理较为复杂，本节不做讨论。

（3）闭合回路耦合

图7.22为按正弦变化的电磁场在闭合回路中的感应耦合。图中v表示电磁波传播方向，E_x为电场强度分量，H_y为磁场强度分量，E_x和H_y互相垂直。v、E_x、H_y三者成右手螺旋关系。

设闭合回路长为l，高为h，电磁波频率为f。根据电磁感应定律，闭合环路中产生的感应电压为

$$U=\oint \boldsymbol{E}\cdot \mathrm{d}\boldsymbol{l} \tag{7.35}$$

或写作

$$U=-\frac{\mathrm{d}\varphi}{\mathrm{d}t}=-\frac{\partial}{\partial t}\iint_{s}\boldsymbol{B}\cdot \mathrm{d}\boldsymbol{S} \tag{7.36}$$

对于近场情况，$\boldsymbol{E}$和$\boldsymbol{H}$的大小与场源性质有关。当场源为电流元（电偶极子）时，电场强度$\boldsymbol{E}$大于磁场强度$\boldsymbol{H}$，近场区以电场为主，闭合回路耦合称为电场感应；当场源为电流环（磁偶极子）时，磁场强度$\boldsymbol{H}$大于电场强度$\boldsymbol{E}$，近场区以磁场为主导，闭合回路对磁场的耦合称为磁场感应。

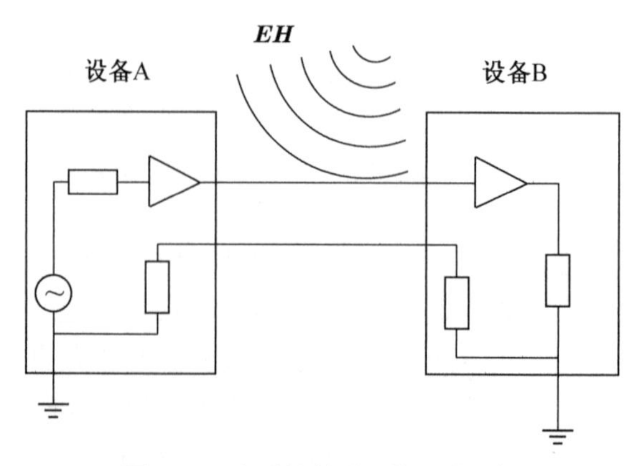

图 7.21　电磁辐射对导线回路干扰

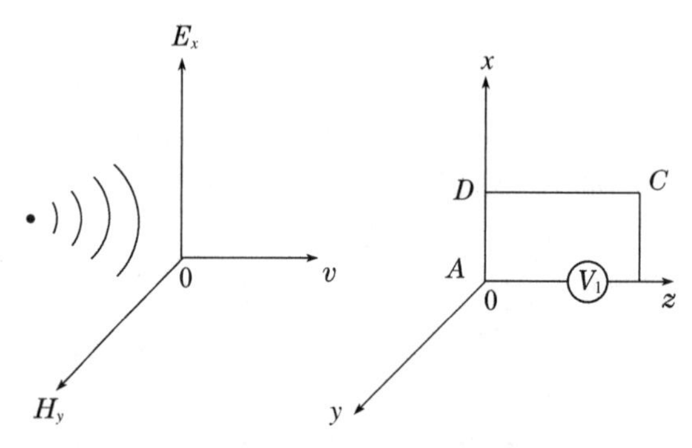

图 7.22　电磁场对闭合回路的耦合示意图

对于远场情况，电磁场可以看成平面电磁波，$\boldsymbol{E}$ 和 $\boldsymbol{H}$ 的比值处处相等。可以通过电场 $\boldsymbol{E}$ 沿闭合路径积分得到感应电压，也可以通过磁场 $\boldsymbol{H}$ 对闭合回路的面积积分得到感应电压。

设

$$E_x = e_x E_{\mathrm{m}} \mathrm{e}^{\mathrm{j}(\omega t - k\pi)} \tag{7.37}$$

$$H_y = e_y H_{\mathrm{m}} \mathrm{e}^{\mathrm{j}(\omega t - k\pi)} \tag{7.38}$$

式中，k 为传输常数，无损耗时，$k = 2\pi/\lambda$；ω 为电磁波角频率，$\omega = 2\pi f$；E_{m}、H_{m} 分别为电场强度最大值和磁场强度最大值。

感应电压为

$$U = \oint_l \boldsymbol{E} \mathrm{d}\boldsymbol{l} = \int_c^l \mathrm{d}y \int_c^h E_{\mathrm{m}} \mathrm{e}^{\mathrm{j}(\omega t - k\pi)} \mathrm{d}x$$

$$U = E_m h \sqrt{2(1 - \cos kl)} \tag{7.39}$$

在远场区有 $r \gg \dfrac{\lambda}{2\pi}$，则 $k \ll 1$，$\cos kl \approx [1 - (kl)^2/2]$。于是，式(7.39)可写为

$$U = E_{\mathrm{m}} h \sqrt{2(1 - 1 + (kl)^2/2)} = E_{\mathrm{m}} hlk$$

式中，闭合回路所围面积 S 等于 hl。又因为 $k = 2\pi f/C$，所以有

$$U = 2\pi E_m Sf/C \tag{7.40}$$

由此可见,导线所在闭合回路的感应电压与该处场强、闭合回路所围的面积和电磁场频率成正比。因此在印刷电路板布线时,应该尽量减小闭合回路导线所围面积,以降低高频辐射耦合。

7.3　电磁兼容性设计及干扰抑制技术

7.3.1　电磁兼容性控制技术

1. 电磁干扰控制决策

电磁兼容性技术在控制干扰的策略上采用主动预防、整体规划和“对抗”与“疏导”相结合的方针。人类在征服大自然各种灾难性危害中总结出的预防和救治、对抗和疏导等一系列策略,在控制电磁危害中同样是极其有效的方法。

电磁兼容性控制是一项系统工程,应该在设备和系统设计、研制、生产、使用与维护的各阶段都充分地予以考虑和实施才可能有效。科学而先进的电磁兼容工程管理是有效控制技术的重要组成部分。

在控制方法设计中,除了采用众所周知的抑制干扰传播的技术,如屏蔽、接地、搭接、合理布线等方法以外,还可以采取回避和疏导等技术处理,如空间方位分离、时间闭锁分隔、频率划分与回避、滤波、吸收和旁路等,有时这些回避和疏导技术简单而巧妙,可以代替费用昂贵而质量、体积较大的硬件措施,收到事半功倍的效果。

表 7.1 列出了电磁兼容性控制策略与控制技术方案的分类情况。

表 7.1　电磁兼容性控制策略

传输通道抑制	空间分离	时间分割	频域管理	电气隔离
滤波 屏蔽 搭接 接地 布线	地点位置控制 自然地形隔离 方位角控制 电磁场矢量方向控制	时间共用准则 雷达脉冲同步 主动时间分隔 被动时间分隔	频谱管制 滤波 频率调制 数字传输 光电转换	变压器隔离 光电隔离 继电器隔离 DC/CD 变换 电动—发电机组

在解决电磁干扰问题的时机上,应该由设备研制后期暴露出不兼容问题而采取挽救修补措施的被动控制方式,转变成在设计初始阶段就开展预测分析和设计,预先检验计算,并全面规划实施细则和步骤,做到防患于未然。将电磁兼容性设计和可靠性设计,维护性、维修性设计与产品的基本功能结构设计同时进行。电磁兼容性控制技术是现代并行工程的组成内容之一。

2. 空间分离

空间分离是对空间辐射干扰和感应耦合干扰的有效控制方法。通过加大干扰源和接收设备之间的空间距离,使干扰电磁场在到达接收设备时其强度已衰减到最小限度,从而达到抑制干扰的目的。根据电磁场的特性，在近区感应场中，场强分布按 $1/r^3$ 衰减，远区辐射场的场强分布按 $1/r$ 减小。因此，加大干扰源与接收电路的距离实际上是利用电磁场特性达到抑制电磁干扰的最有效的基本方法。

空间分离的典型应用是在系统布局时将相互容易干扰的设备尽量安排得距离远一些；在导线布线中，限制平行线间的最小间距；在印制板布线规则中，规定线间的最小间隔等。

空间分离的应用还包含在空间有限的情况下，对辐射方向的方位调整和干扰电场矢量和磁场矢量在空间相位的控制。如在飞机和导弹上有许多通信天线，它们只能安装在机身和机翼的有限空间范围内，为避免天线相互干扰，常用控制天线方向图的方位角来实现空间分离。在电子设备盒内，为了使电源变压器铁芯泄漏的低频磁场不在印制板的回路中产生感应电势，应该通过空间位置调整使印刷板子面与变压器泄漏磁场方向平行。

3. 时间分隔

当干扰非常强，不易加以抑制时，通常采用时间分隔的方法，使有用信号传输在干扰信号停止发射的时间内进行，或者当强干扰信号发射时，使易受干扰的敏感设备短时关闭，以避免遭受损害，这种方法称为时间分隔控制或时间回避控制。时间分隔控制有主动时间分隔和被动时间分隔两种形式。

在有用信号出现时间与干扰信号出现时间有确定的先后关系的情况下，采用主动时间分隔方式。如干扰信号出现在 t_1 至 t_2 时间内，而有用信号在 t_1 时间之前出现，此时应提前发送有用信号，或者加快有用信号的传输速度，使有用信号赶在干扰出现之前尽快传输完毕。如果有用信号出现在干扰信号之后，可采用延迟发射电路让干扰信号通过之后再使有用信号发射，这样就可以使接收信号的设备在时间上将干扰与有用信号区分开来，达到剔除干扰的目的。

主动时间分隔法是按照干扰信号特性与有用信号时间特性的内在规律设计的控制干扰方法。被动时间分隔法是利用干扰信号或有用信号出现的特征使其中某一信号迅速关闭，从而达到时间上不重合、不覆盖的控制要求。如果干扰信号是阵发性的，而有用信号出现时间又是不能预先确定的，这样两个信号就不能确定它们的出现时间，只能由其中一个来控制另一个，使之分隔。例如，飞机雷达工作时将发射功率很强的电磁波，对于机上其他无线电设备的工作是一个很强的干扰源，为了不使无线电报警装置接收干扰信号而发出警报，可采用被动时间分隔法，由雷达首先发送一个封锁脉冲，报警器接收到之后立即将电源关闭，这样雷达工作时，报警器就不会发出虚假警报，实现了时间分隔。当雷达关闭后，报警器又重新接通电源恢复工作。时间分隔还可以应用于系统的不同任务剖面。

时间分隔方法在许多高精度、高可靠性的系统和设备中经常被采用。例如，卫星、空间站、航空母舰、武器装备系统等。它已成为简单、经济而行之有效的控制干扰方法。

任何信号（包括有用信号和干扰信号）都是由一定的频率分量组成的。利用系统的频谱特性将需要的频率分量全部接收，将干扰的频率分量加以剔除，这就是利用频率特性来控制电磁干扰的指导思想。在这个原则下形成了很多具体的方法，如频谱管制、滤波、频串调制、数字传输、光电传输等。

7.3.2　干扰源

为了提高机电一体化系统的抗干扰性能，首先须弄清干扰源。从干扰窜入系统的渠道来看，系统所受到的干扰源分为供电干扰、过程通道干扰、场干扰等，如图7.23所示。

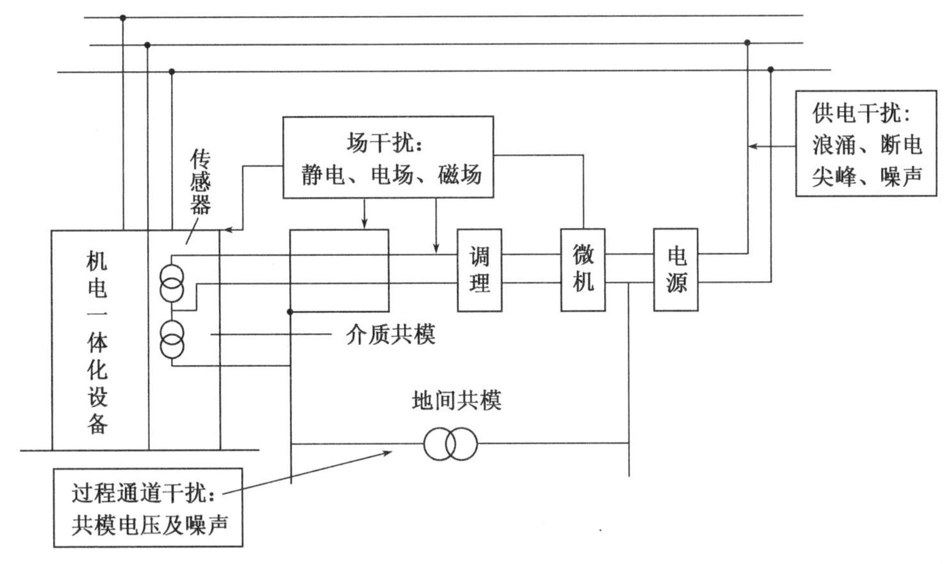

图7.23　机电一体化系统干扰源

(1) 供电电源干扰

大功率设备(特别是大电感性负载的启停)会造成电网的严重污染，使得电网电压大幅度地涨落。电网电压的欠压或过压常常超过额定电压的±15%，这种状况有时长达几分钟、几小时甚至几天。由于大功率开关的通断、电动机的启停等原因，电网上常常出现几百伏甚至几千伏的尖峰脉冲干扰。由于我国采用高压(220 V)高内阻电网，所以电网污染严重，尽管系统采用了稳压措施，但电网噪声仍会通过整流电路窜入微机系统。据统计，电源的投入、瞬时短路、欠压、过压、电网窜入噪声引起的CPU误动作及数据丢失占各种干扰的90%以上。

(2) 过程通道干扰

在机电一体化系统中，有的电气模块之间需用一定长度的导线连接起来，如传感器与微机连接、微机与功率驱动模块连接。这些连线少则几条，多则千条。连线的长短为几米至几千米不等。通道干扰主要来源于长线传输。传输线长短的定义是相对于CPU的晶振频率而定的。当频率为1 MHz时传输线长度大于0.5 m；频率为4 MHz时传输线长度大于0.3 m，视其为长传输线。当系统中有电气设备漏电、接地系统不完善或者传感器测量部件绝缘不好时，都会在通道中直接窜入很高的共模电压或差模电压，各通道的传输线如果处于同一根电缆中或捆扎在一起，各路间会通过分布电感或分布电容产生相互间的干扰。尤其是将0～15 V的信号线与交流220 V的电源线同处于一根长达几百米的管道内时，其干扰相当严重。这种电磁感应产生的干扰也在通道中形成共模或差模电压，有时这种通过感应产生的干扰电压会达几十伏以上，使系统无法工作。多路信号通常要通过多路开关和采样保持器进行数据采集后送入微机，若这部分的电路性能不好，幅值较大的干扰信号也会使邻近通道之间产生信号串扰,这种串扰会使信号产生失真。

(3) 场干扰

系统周围的空间总存在着电磁场、静电场,如太阳及其他天体辐射的电磁波,广播、电话、通信发射台辐射的电磁波,周围中频设备(如中频炉、晶闸管变送电源、微波炉等)发出的电磁辐射,等等。这些场干扰会通过电源或传输线影响各功能模块的正常工作,使其中的电平发生变化或产生脉冲干扰信号。

7.3.3 提高系统电源抗干扰能力的方法

电源是机电一体化系统的能量来源,极其重要。大量实践和统计表明,机电一体化系统或装置的故障绝大多数来自电源噪声和电源本身故障,严重的可达90%以上。通过电源窜入的干扰噪声是多途径的。如采用电力半导体器件的各种变流设备以及其他强电设备会使供电系统产生强脉冲干扰噪声,通过传输线影响微电子设备和机电一体化系统的安全稳定运行;控制装置中各类开关的频繁闭合或断开,各类电感线圈的瞬时通断,晶闸管电源及高频、中频电源等装置中开关器件的导通和截止;等等。这些干扰,不仅幅值非常很大(瞬时高达千伏级),占有频带也很宽(近似直流~1 000 MHz)。因此,不仅微电子设备需要采取抑制电磁干扰的措施,还要对其电源系统采取抑制干扰措施。由于噪声主要从电源系统进入或产生,所以抑制电源噪声更有效,要抑制这种宽频带范围的干扰,必须在交流和直流方面同时采取措施。

1. 对交流电源的抗干扰措施

频率在100 MHz以上的干扰对机电一体化系统影响不大,只需要对缓慢变化到100 MHz的干扰信号采取措施。大量实践证明,采用压敏电阻和低通滤波器可使频率范围在20~100 MHz的干扰衰减很大,采取隔离变压器和电源变压器的屏蔽层可以消除20 kHz以下的干扰。在供电系统的布置上应遵循以下原则,见图7.24。

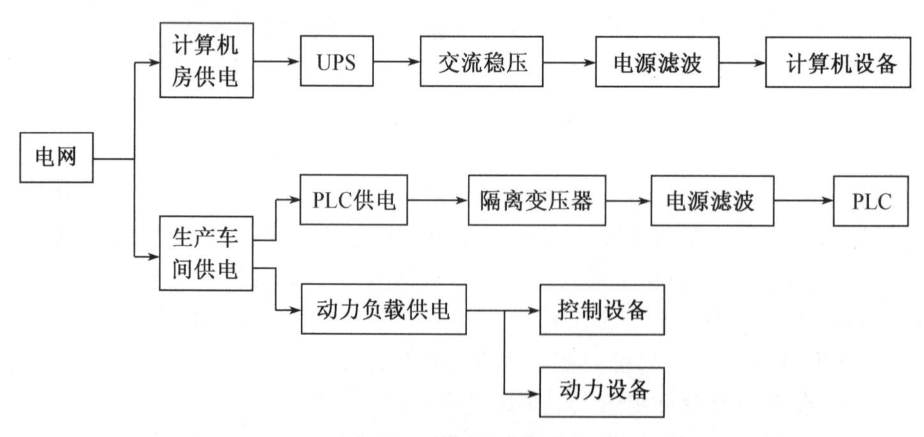

图7.24 系统的供电布置

首先,计算机(微型)控制系统的供电应该和大功率的动力负载供电分开。

电网突然停电和送电将使电网的电压和电流发生瞬时突变时,将引起脉冲噪声、高频噪声、计算机(控制)程序中断、数据丢失等严重后果,故在经常发生电网停电的地方,必须安装不间断供电电源(UPS),以保证电网停电时计算机及外设仍能正常工作。

其次,为了消除电网电压较长时间的欠电压、过电压或电压波动对控制系统造成的影响,需要安装交流稳压器。一般微处理器和计算机对电网供电有如下要求:① 允许电网电压波动为 +10% ~ -15%;② 允许电网频率波动为 ±2%;③ 允许电网电压动态恢复时间≤5 ms(当负载在25% ~100%范围内变化时)。

如果计算机(控制系统)和系统(设备)共用一个不间断供电电源(UPS)和交流稳压器,那么电源滤波器通常是由各个设备专用的。

交流电源滤波器的安装布线很重要,为了提高电源系统的抗干扰能力,可以采用多种措施,应注意以下几点。

① 滤波器应安装在机箱底部离设备电源入口近的地方并加垫板,起到抑制共模噪声和差模噪声的作用。未经滤波器的电源线应避免迂回,线太长时应加以屏蔽。

② 电源滤波器外壳必须用粗线并用最短距离接机柜外壳,并使该接点接近柜体接地点。必须严格分开滤波器的输入、输出线。输出线应采用双绞线和屏蔽线,屏蔽线应可靠接地。

③ 柜体附近的照明(特别是日光灯)或其他干扰源如电磁开关等,应有电源直接供电。

2. 合理的直流电源方案

为了抑制来自电源的干扰,除了交流电源须采取上述措施外,选择合理的直流电源也十分有效。一般应尽量采取直流稳压电源,这样不仅可以进一步抑制来自交流电网的干扰,而且还可以抑制由于负载变化所造成的电流工作电压的波动。

除上述对交流、直流电源抑制干扰的方法外,还应在安装、布线等方面采取严格的工艺措施。如布线上应注意整个系统导线的分类布置,接插件的可靠安装与良好接触,焊接质量,等等。

采用电源滤波器的目的是防止来自电源的传导干扰直接进入电子设备。如果滤波器安装不得当,即使在屏蔽柜内,电源线的干扰还会通过辐射或感应影响电子设备。正确的安装方法是将滤波器安装在入口面的壁上,而且滤波器的屏蔽壳应与箱柜壁接触良好,形成良好屏蔽,同时将地线连接在箱柜的外侧壁上,如图7.25所示。

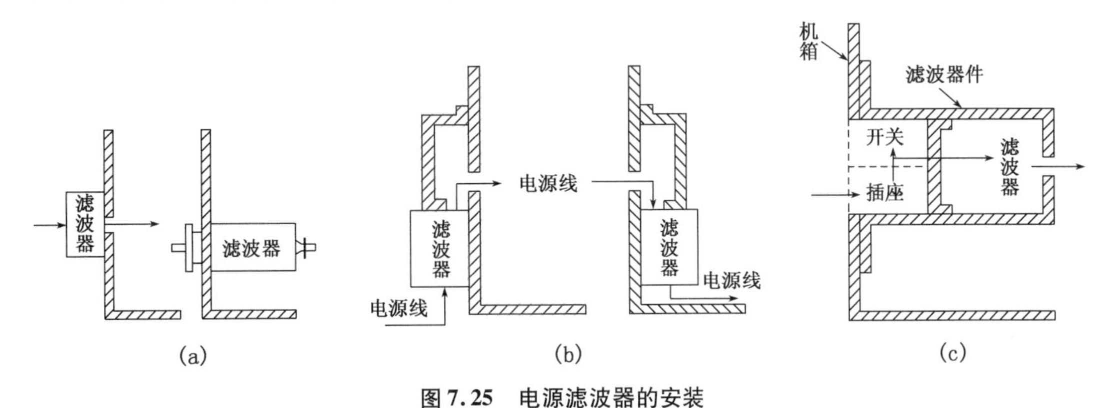

图7.25　电源滤波器的安装

7.3.4 配电方案中的常用抗干扰措施

1. 设计供电系统的抑制电源干扰电路

图 7.26 中的交流稳压器用来保证系统供电的稳定性，防止电网供电的过压或欠压。但交流稳压器并不能抑制电网的瞬态干扰，一般需加一级低通滤波器，如图 7.27 所示，图中 $L=100\ \mu H$, $C_1=0.1\sim0.5\ \mu F$, $C_2=0.01\sim0.05\ \mu F$。

这种由电容和电感组成的低通滤波器对于 20 kHz 以上的干扰抑制能力较好，市场上销售的主要是低通电源滤波器。

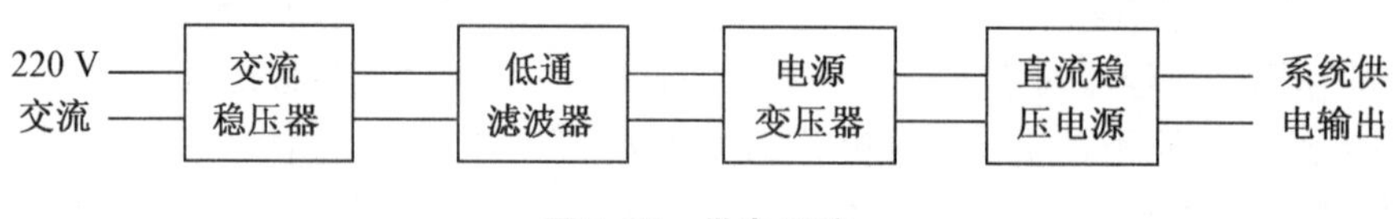

图 7.26 供电系统

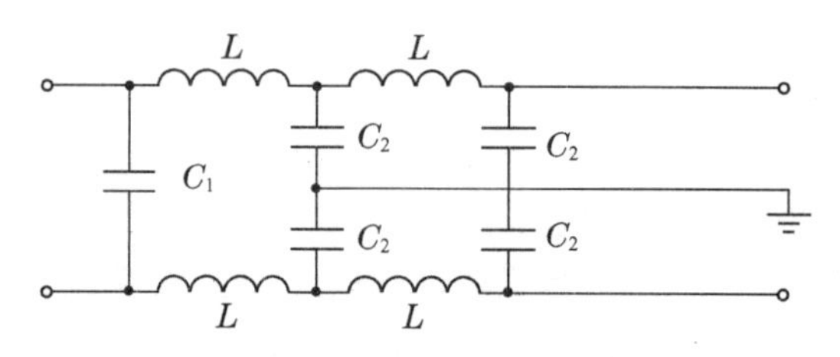

图 7.27 低通滤波器内部电路

高频干扰通过源变压器的初级与次级间的寄生耦合电容窜入系统，因此，在电源变压器的初级线圈和次级线圈间须加静电屏蔽层。如图 7.28 所示，耦合电容被分隔成 C_2、C_1，使耦合电容隔离，断开高频干扰信号，能有效地抑制共模干扰。

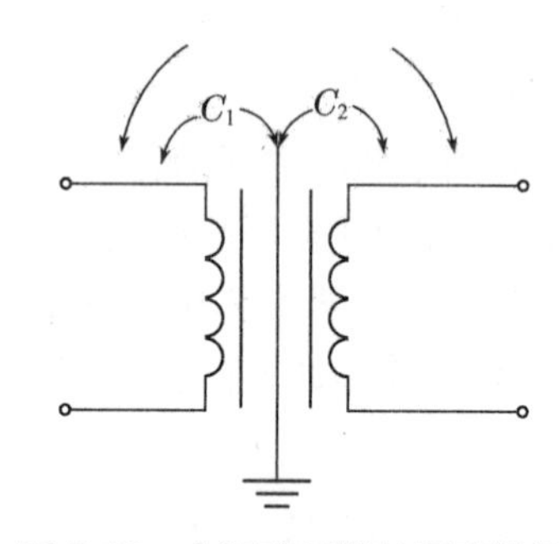

图 7.28 电源变压器的隔离措施

机电一体化系统目前使用的直流稳压电源可分为常规线性直流稳压电源和开关稳压电源两种。常规线性直流稳压电源由整流电路、三端稳压器及电容滤波电路组成。开关稳压电源是采用反激变换储能原理而设计的一种抗干扰性能较好的直流稳压电源，开关电源的振荡频率接近 1 000 kHz，其滤波以高频滤波为主，对尖脉冲有良好的抑制作用。开关电源对来自电网的干扰的抑制能力较强，在工业控制微机中已被广泛采用。

分立式供电方案就是将组成系统的各模块分别用独立的变压、整流、滤波、稳压电路构成的直流电源供电，这样就减小了集中供电产生的危险性，而且也减少了公共阻抗的相互相合以及公共电源的相互耦合，提高了供电的可靠性，也有利于电源散热。

另外，交流电的引入线应采用粗导线，直流输出线应采用双绞线。扭绞的螺距要小，并尽可能缩短配线长度。

2. 设计抗电源干扰的电源监视电路

在系统配电方案中实施抗干扰措施是必不可少的，但这些措施仍难抵御微秒级的干扰脉冲及瞬态掉电，特别是后者属于恶性干扰，可能产生严重的事故。因此在系统设计时，应根据设计要求采取进一步的保护性措施，电源监视电路的设计是抗电源干扰的一个有效方法。目前市场提供的电源监视集成电路一般具有如下功能。

① 监视电源电压瞬时短路、瞬间降压和微秒级干扰脉冲及掉电；

② 及时输出供 CPU 接收的复位信号及中断信号；

③ 电压在 4.5 ~4.8 V，外接少量的电阻、电容就可调整监测的灵敏度及响应速度；

④ 电源及信号线能与微机直接相连。

3. 设计抗电源干扰的"看门狗"

Watchdog 俗称"看门狗"，是微机系统普遍采用的抗干扰措施之一。它实质上是一个可由 CPU 监控复位的定时器，其工作原理示意图如图 7.29 所示。对于定时器 T_1 和 T_2，若它们的输入时钟相同，且设定 $T_1=1.0$ s，$T_2=1.1$ s，用 T_1 溢出脉冲 P_1，对 T_1 和 T_2 定时清"0"，那么只要 T_1 工作正常，T_2 就永远不可能超时溢出。若 T_1 因故障停止定时计数，T_2 则会收不到清"0"信号而溢出，产生溢出脉冲 P_2，一旦 T_2 发出溢出脉冲，就表明 T_1 出了故障。这里的 T_2 就是所谓的 Watchdog。

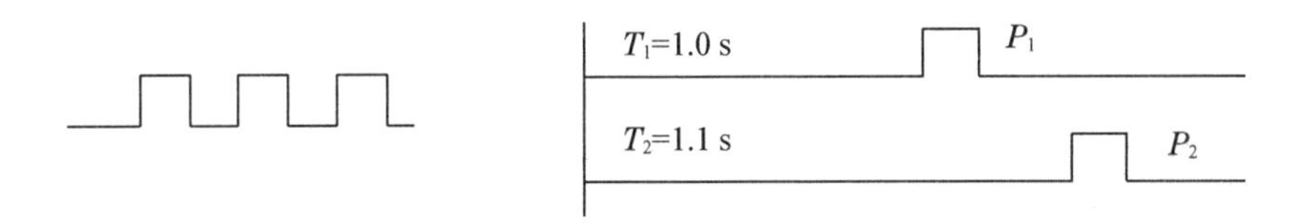

图 7.29　Watchdog 工作原理示意图

在 Watchdog 的实现中，T_1 并不是真正的定时器。其输出的清"0"信号实际上是由 CPU 产生的，其构成如图 7.30 所示。定时器时钟输入端 CLK 由系统时钟提供，其控制端接 CPU，CPU 对其设置定时常数，控制其启动。在正常情况下，定时器总在一定的时间间隔内被 CPU 刷新一次，因而不会产出溢出信号，当系统因干扰产生程序"跑飞"或进入死循环后，定时器因未能被及时刷新而产生溢出。由于其溢出信号与 CPU 的复位端或中断控制器相连，所以就会引起系统复位，使系统重新初始化，而从头开始运行或产生中断，强迫系统进入故障处理中断服务程序，处理故障。

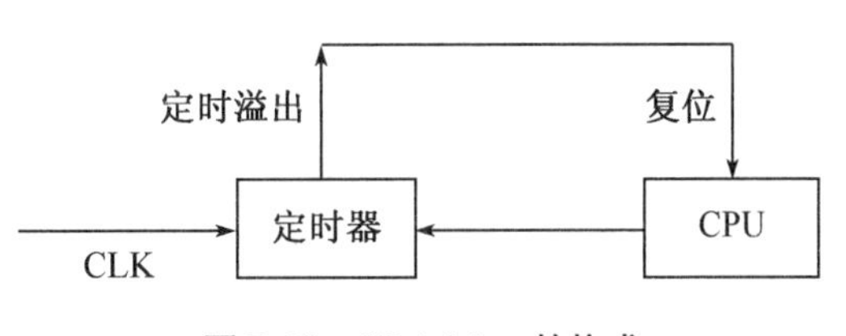

图 7.30　Watchdog 的构成

Watchdog 可由定时器以及与 CPU 之间适当的 I/O 接口电路构成，如振荡器加上可复位的计数器构成的定时器；各种可编程的定时计数器（Intel 8253、8254，Zilg 的 CTC，等等），单片机内部定时/计数器等。有些单片机（如 Intel 8096 系列）已将 Watchdog 制作在芯片中，使用起来十分方便。如果为了简化硬件电路，也可以用纯软件实现 Watchdog 功能，但可靠性差一些。

7.3.5 机电一体化系统中常用抗干扰技术

各种干扰是机电一体化系统和装置出现瞬时故障的主要原因。提高机电一体化系统的抗干扰能力必须从设计阶段开始,并贯穿在制造、调试和使用维护的全过程。抑制电磁干扰是电磁兼容性设计的核心。电磁干扰的抑制要从其三要素着手,即考虑干扰源、传播途径、接收器三个方面,切断干扰耦合途径,抑制或消除干扰影响。常用的方法有屏蔽、接地、滤波、隔离等。

1. 屏蔽方法

电磁兼容性设计目的是通过优化电路和结构方案的设计,将干扰源本身产生的电磁噪声强度降低到能接受的水平;通过各种干扰抑制技术,将干扰源与被干扰电路之间的耦合减弱到能接受的程度。屏蔽技术是达到上述目的、实现电磁干扰防护的重要手段之一。

屏蔽技术可抑制电磁噪声沿空间的传播,并可以切断电磁辐射的传输途径。通常采用金属材料或磁性材料将所需屏蔽的区域包围起来,使屏蔽体内外的“场”相互隔离。若是防止噪声源向外辐射场的干扰,则应该屏蔽噪声源,这种方法称主动屏蔽;若是防止敏感设备受噪声辐射场的干扰,则应该屏蔽敏感设备,这种方法称被动屏蔽。

对于电场、磁场、电磁场等不同的辐射场,由于屏蔽机理不同而采取的方法也不尽相同。屏蔽技术通常分为三大类:电场屏蔽、磁场屏蔽及电磁场屏蔽。

因此,电子设备设计者首先要对电子设备工作环境中的电磁干扰进行预测,根据预测的结果提出电磁兼容性设计要求。预测的内容包括对电子设备正常工作的影响;对性能指标的影响;对使用环境中的电磁干扰加以分析,并提出对设备各系统频率管理的建议等,可利用频谱分析仪、场强计等各种现代测量仪器进行电磁干扰的定量检测。

1) 屏蔽基本原理

(1) 静电场屏蔽和磁场屏蔽原理

众所周知,在用电设备中,当各个电路和元件中有电流流过的时候,在其周围空间就产生磁场,当电路和元件上的各部分具有电荷时,在其周围空间会产生电场。这种电场和磁场作用到周围的其他电路和元件上时就产生感应电流和电压,而这些邻近电路和元件上的感应电流和电压又能反过来影响原来的电路和元件中的电流和电压。这就是用电设备中电场和磁场的寄生感应干扰。它往往会影响设备的工作性能,严重的甚至使设备根本不能正常工作,故它是一种有害的静电干扰。

如上所述,静电干扰分为静电场感应作用和静磁场耦合作用。它们都可以用屏蔽方法来抑制。设带正电荷的导体 A,若其邻近有导体 B,则导体 B 将会由于静电感应而带负电,如图 7.31(a)所示。如果用金属屏蔽体将导体 A 包围起来,此时在屏蔽体的内侧就感应出与导体 A 等量的负电荷,在外侧出现等量的正电荷,电场线继续到达导体 B,而且使感应电场更为复杂见图 7.31(b)。若将金属屏蔽体接地,使屏蔽体的外侧电场消失,导体 B 就不会受到感应干扰。这就是静电屏蔽原理,图 7.31(c)。

静电场屏蔽应具备两个基本条件,即完善的屏蔽体和良好的接地。

磁场屏蔽是用来隔离磁场耦合的措施,在任何载流导线或线圈的周围都存在磁场,如图

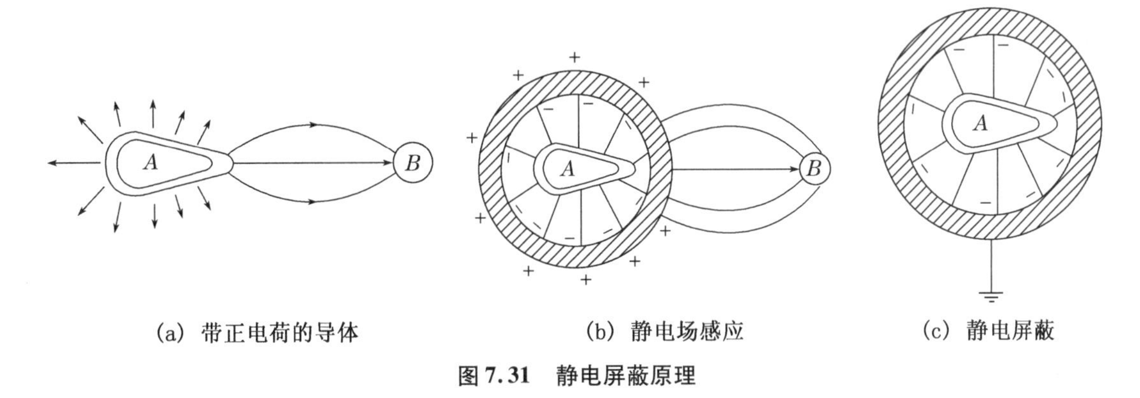

(a) 带正电荷的导体　　(b) 静电场感应　　(c) 静电屏蔽

图7.31　静电屏蔽原理

7.32(a)中,导线 A 通电流 I,导线周围存在磁场,用一系列同心圆磁力线表示。为防止该磁场对邻近元件 B 的干扰,可采用高导磁率的材料将 B 包围起来,使磁力线聚集于屏蔽体内,从而使敏感元件 B 得到保护,如图7.32(b)所示。由于磁屏蔽材料的导磁率比空气的导磁率大数十倍乃至数千倍,磁力线绝大部分都集中在屏蔽层内通过,使元件 B 免受干扰。

磁场屏蔽不同于电场屏蔽,屏蔽体不接地不会影响屏蔽效果,但是由于磁屏蔽体材料也对电场起一定的屏蔽作用,故其通常也接地。

磁场屏蔽要求屏蔽体材料的导磁率要高,同时在聚集磁力线的通路上不能有断缺或开口,要保证磁路畅通。如果屏蔽盒需要开缝,则缝要窄小,狭缝只能与磁通方向一致,不能垂直切断磁力线。否则将会影响屏蔽效果。

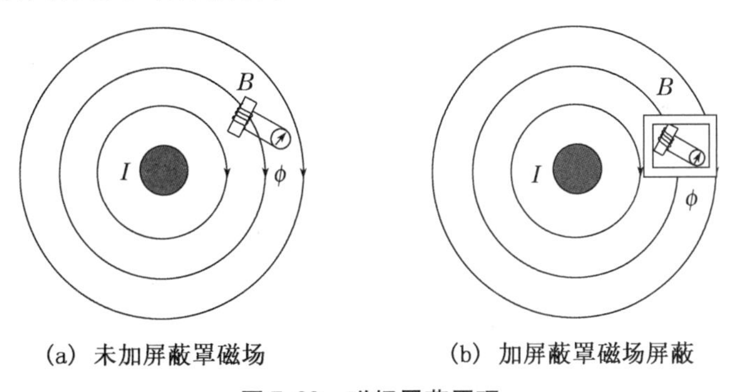

(a) 未加屏蔽罩磁场　　(b) 加屏蔽罩磁场屏蔽

图7.32　磁场屏蔽原理

(2) 电磁屏蔽原理

电磁场屏蔽就是以金属隔离的原理来控制电磁干扰由一个区域向另一个区域感应和辐射传播的方法。电磁屏蔽一般分为两种类型,一类是静电屏蔽,主要用于防止静电场和恒定磁场的影响;另一类是电磁屏蔽,主要用于防止交变电场、交变磁场以及交变电磁场的影响。下面简述交变电磁场的传播特性以说明电磁场屏蔽原理。

干扰源产生的交变电磁场总是同时包含电场分量和磁场分量,而且这两个分量的大小随传播距离以及噪声源的不同特性会有所差别。

若干扰源为高电压小电流的信号,发射时(如垂直导体、拉杆天线等)为高阻抗。在近场($r < \lambda/2\pi$)区,电磁场特性以电场为主,磁场分量可忽略。如图7.33(a)所示,电场强度比磁场强度大得多,波阻抗 Z_c 为

$$Z_c = 377\left(\frac{\lambda}{2\pi r}\right) \tag{7.41}$$

若干扰源为低电压大电流的信号，发射时（如环形导体、环形天线等）为低阻抗，在近场区波阻抗与 r 成正比，随距离 r 增加而增大，其值等于

$$Z_c = 377\left(\frac{2\pi r}{\lambda}\right) \tag{7.42}$$

Z_c 远小于波阻抗常数 377，磁场强度比电场强度大得多，故近场内这种干扰源以磁场为主，可以忽略电场分量，如图 7.33(b)所示。

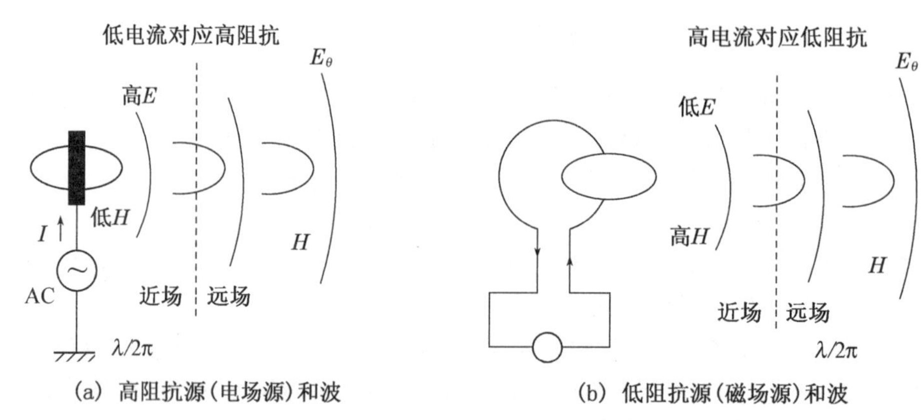

(a) 高阻抗源（电场源）和波　　(b) 低阻抗源（磁场源）和波

图 7.33　不同场源的近场远场特性

2）屏蔽方法

（1）电场屏蔽方法

电场屏蔽是抑制噪声源和敏感设备之间由于电场耦合而产生的干扰，电场有静电场和交变电场之分。利用金属屏蔽体可以对电场起到屏蔽作用，但是，屏蔽体的屏蔽必须完善和良好接地，尽量使用低电阻金属（铜、铝）做屏蔽罩，并使之与机壳（地）可靠相连，如图 7.34 所示。电场源 g 对受感器 s 的干扰电压 V 当频率 ω 很低时，V_s 很小，故其影响可以忽略；但当 ω 频率高时，其影响就不能忽视。因此电场屏蔽主要是抑制高频耦合干扰。

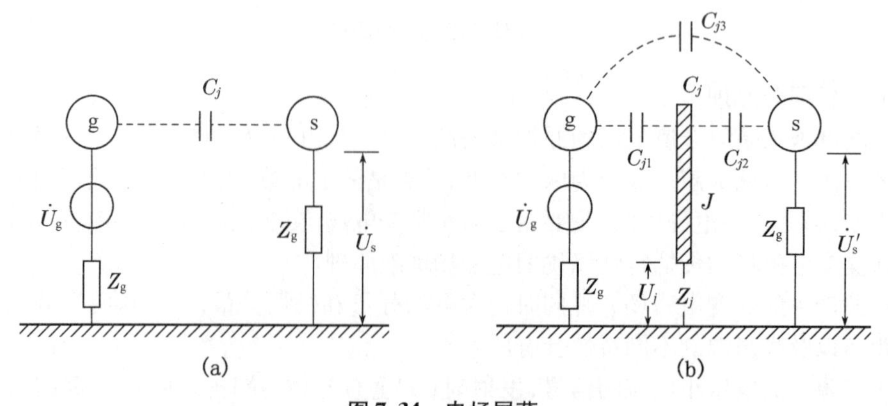

图 7.34　电场屏蔽

图7.34(b)所示为感应源g与受感器s之间加一金属隔板，则原来的耦合电容 C_j 被分成 C_{j1}、C_{j2}、和 C_{j3}。由于 C_{j3} 非常小，故忽略不计。

设金属隔板对地阻抗为 Z_j，则 U_g 在金属隔板上产生的感应电压 U_j 为

$$V_j = \frac{j\omega C_{j1} Z_j U_g}{1 + j\omega C_{j1} Z_j} \tag{7.43}$$

导体s上被感应的电压 U_s 取定于 U_j，即

$$U_s = \frac{j\omega C_{j2} Z_s U_j}{1 + j\omega C_{j2} Z_s} \tag{7.44}$$

金属板接地，由式(7.43)和式(7.44)可知，$Z_j \to 0$，$U_j \to 0$，则 $U_s \to 0$，起电场屏蔽作用。金属板不接地，则 $Z_j \to \infty$，$U_j \to U_g$，与不加金属板的情况(图7.34所示)相比，由于 $C_{j1} > C_j$、$C_{j2} > C_j$，加金属板的 U_s 将大于不加金属板的 U_s，也就是说，加屏蔽后若不接地，则不仅不能使干扰减弱，反而会使受到的干扰增大。因此当干扰源为高电压、小电流时，电场屏蔽体的接地是不能忽略的。

接地金属板的阻抗 Z_j 由两部分组成，即金属板本身阻抗和板接地阻抗。若要取得良好的电场屏蔽效果，则必须采用铜、铝等良导体做屏蔽体，同时良好接地，使屏蔽体对地阻抗减至最小。一般要求屏蔽体对地阻抗小于2 mΩ，要求高时应小于0.5 mΩ。为减小漏电容 C_{j3} 的影响，屏蔽体应将干扰源或被干扰源包围封闭；若不便包围，将屏蔽体尽可能远离干扰源，尽量减小 C_{j1} 和 C_{j2}，只有这样才能改善屏蔽效果。

无论是静电场或交变电场，电场屏蔽的必要条件是完善的屏蔽及屏蔽体良好接地。

(2) 磁场屏蔽方法

在载有电流导线的线圈或变压器周围空间都存在磁场。若电流是时变时，则磁场也是时变的，处在时变磁场中的其他导线或线圈就会受到干扰。另外，电子设备中的各种连接线往往会形成环路，这种环路会因外磁场的影响而产生感应电势，即受到外磁场干扰；若环路中有强电流，则会产生磁场发射，干扰其他设备。减小磁场干扰的方法，除在结构上合理布线、安置元部件外，就是采取磁屏蔽。

磁场屏蔽的目的是消除或抑制干扰源与敏感设备之间因磁场耦合所产生的干扰。干扰电压是由于互感的存在而产生的，当互感为零时，磁感应产生的干扰电压为零，故磁屏蔽的目的是要消除互感。对于不同频率的干扰源必须采取不同的磁场屏蔽措施。

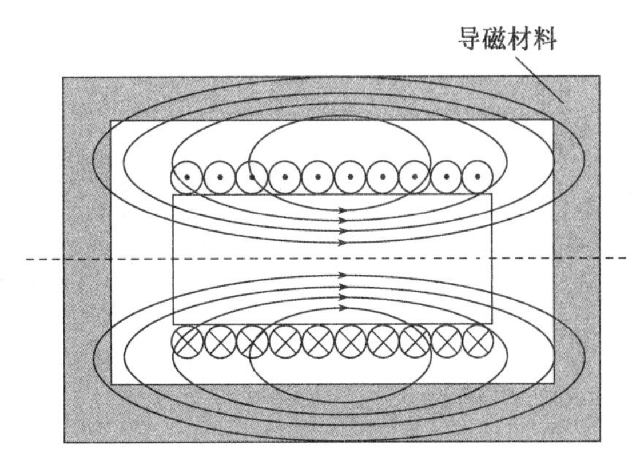

图7.35　低频磁屏蔽原理

① 低频磁场屏蔽

低频磁屏蔽和射频磁屏蔽的屏蔽原理是不同的。低频磁屏蔽是利用铁磁性物质的高磁导率、小磁阻，对磁场有分路作用的特性来实现的屏蔽。图7.35表示导磁材料制成的屏蔽体对低频线圈进行磁屏蔽的磁力线分布情况。由于铁磁材料的磁阻比空气磁阻小得多，磁力线被集中于屏蔽层中，从而

使低频线圈产生的磁场不越出屏蔽层。同理,为了保护磁场敏感器件不受低频磁场的干扰,可将该器件置于用铁磁材料制成的屏蔽壳内。磁力线主要通过磁阻小的屏蔽层,从而保护置于壳内的器件不受外界磁场影响。

低频磁屏蔽技术适用于从恒定磁场到 30 kHz 的整个甚低频段。设计中,通常需要抑制 50 Hz 电源产生的磁场干扰。低频磁屏蔽还与核磁脉冲(NEMP)防护有密切关系。

对于恒定磁场和低频段(100 kHz 以下)干扰磁场,采用高磁导率的铁磁材料(如硅钢片、坡莫合金、铁等)制成管状或杯状罩进行磁场屏蔽,对干扰磁场进行集中分流,使干扰磁场主要通过铁磁材料组成的屏蔽体,减少通过空气的磁通,起到抑制干扰的作用。这样,既可将磁场干扰限制在屏蔽罩内,也可使外界低频干扰磁场对置于屏蔽罩内的电路和器件不产生干扰。如图 7.36(a)所示线圈的磁屏蔽,使屏蔽罩外面的元件、电路不受磁场的影响,即为主动屏蔽。同样,当屏蔽体放入外磁场中,磁力线将集中在屏蔽体内通过,不至于泄漏在屏蔽壳体包围的内部空间中去,从而保证该空间不受外磁场的影响,即为被动屏蔽,如图 7.36(b)所示。

在使用铁磁性材料作屏蔽壳体时,如果需要在壳体上开缝一定要注意开缝的方向。图 7.37(a)中壳体上磁力线方向是垂直的,所以横向缝隙会阻挡磁力线,使磁阻增加,从而使屏蔽性能变坏;纵向缝隙不会阻挡磁力线,但应注意缝不能太宽。

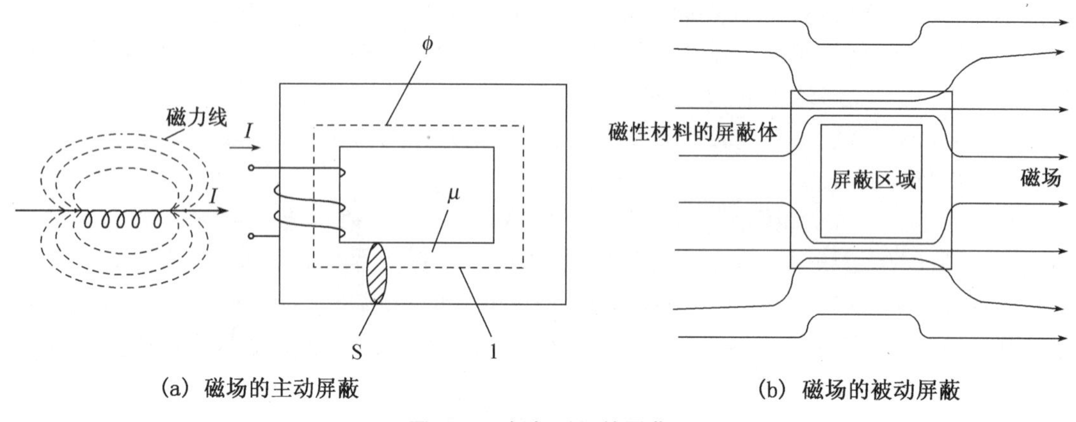

(a) 磁场的主动屏蔽　　(b) 磁场的被动屏蔽

图 7.36　低频磁场的屏蔽

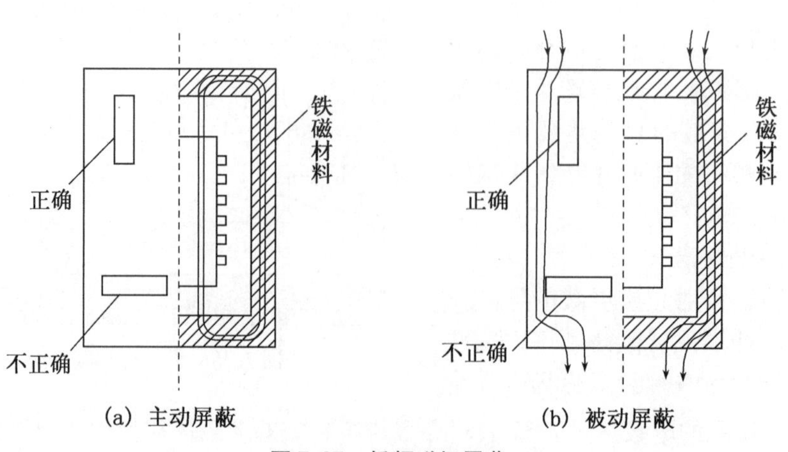

(a) 主动屏蔽　　(b) 被动屏蔽

图 7.37　低频磁场屏蔽

用铁磁材料作磁屏蔽体时还应注意以下几点。

a. 磁导率越高,屏蔽壳越厚,屏蔽效果越好。常采用厚的坡莫合金,或采用多层屏蔽,但这样会使结构笨重、价格昂贵。

b. 因为高频时铁磁材料损耗大,所以铁磁材料的屏蔽壳不能用于高频磁场。对于低频磁场干扰,除应用磁屏蔽外,还可利用双绞线予以消除。但是,由于两根导线不能完全形成螺旋形,两根导线的长度及阻抗往往不相等,所以,干扰信号往往不能完全被抵消。实验证明,双绞线的屏蔽效果与绞距及线的对称性有关,以每米 40 到 60 个绞合时效果最好。双绞线既可用于信号回路,也可用于产生干扰的主回路(防止对外界的干扰)。据试验,5 cm 绞距的双绞线其降低磁噪声的效果约为钢管屏蔽的 3 倍,如将双绞线再加以屏蔽,一般情况下,可以将干扰再降低 10% 以上。非金属材料对磁干扰不起屏蔽作用。

② 高频磁场屏蔽

高频磁场采用低电阻率的金属良导体屏蔽,如铜、铝。当高频磁场穿过金属板时由于电磁感应原理,在金属板上产生感应电动势,由于金属板的电导率很高,所以,产生很大的涡流,如图 7.38 所示,涡流又产生反磁场,与穿过金属板的原磁场相互抵消,又增强了金属板周围的原磁场。总的效果是使磁力线在金属板四周绕行而过。如果做一个金属盒将线圈包围起来,则线圈电流产生的高频磁场在金属盒内壁产生涡流,从而将原磁场限制在盒内,不至于向外泄漏,起到主动屏蔽作用。金属盒外的高频磁场同样由于涡流作用只能绕过金属盒,而不能进入盒内,起到了被动屏蔽的作用,如图 7.38 所示。由于高频电流具有集肤效应,涡流只在金属表面的薄层中流过,金属屏蔽体不需太厚,薄薄一层(0.2 ~ 0.8 mm),金属良导体能起到良好的高频磁场屏蔽作用。

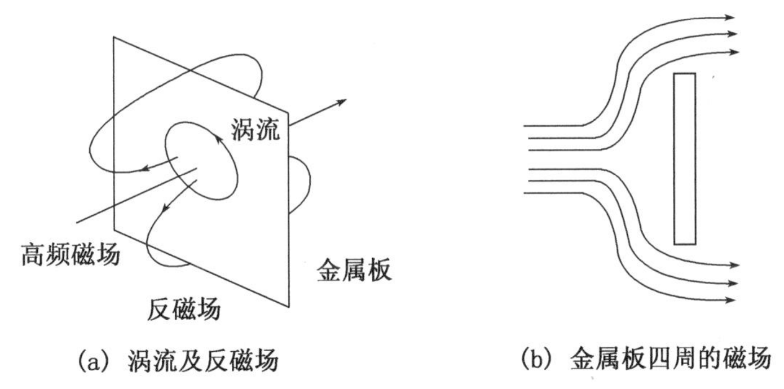

(a) 涡流及反磁场　　(b) 金属板四周的磁场

图 7.38　金属板的高频磁场屏蔽

如果需要在屏蔽盒上开缝,则缝的方向必须顺着涡流的方向,并且缝的宽度要尽可能地缩小,切口尺寸应小于波长的 1/50 ~ 1/100,开缝切断了涡流的通路则将影响金属体的屏蔽效果。如图 7.39(a)所示,金属板垂直面上的涡流是水平方向的,所以水平开缝是正确的,而垂直开缝是不正确的。

金属盒的高频磁场屏蔽效能与盒体上产生的涡流大小有关。线圈和金属盒的关系可以看成是变压器,线圈视为变压器初级,金属盒视为一匝短路线圈,作为变压器的次级,如图 7.40(a)所示。根据变压器的原理,金属盒上的涡流可用下式表示

$$i_s = \frac{\mathrm{j}\omega M i}{r_s + \mathrm{j}\omega L_s} \tag{7.45}$$

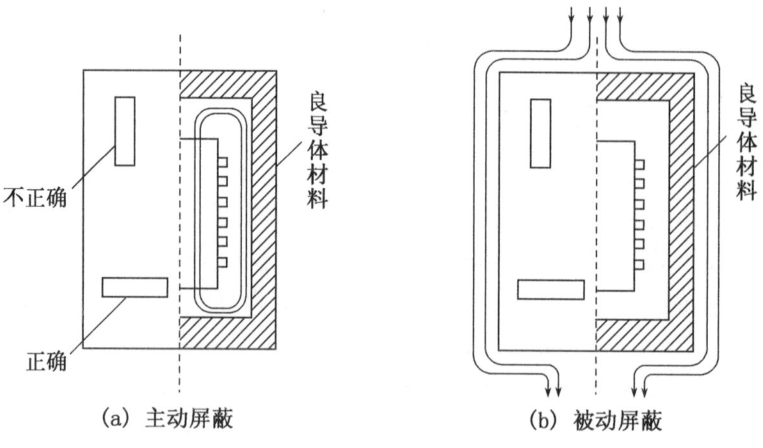

(a) 主动屏蔽　　(b) 被动屏蔽

图 7.39　高频磁场的主动屏蔽和被动屏蔽

式中，i_s 为金属盒上的涡流；i 为线圈上的电流；L_s 为金属的电感；r_s 为金属盒的电阻。

频率较高时，$\omega L_s \gg r_s$，式(7.45)可表示为

$$i_s \approx \frac{M}{L_s} i$$

频率较低时，$\omega L_s \ll r_s$，式(7.45)可表示为

$$i_s = \frac{\mathrm{j}\omega M i}{r_s}$$

由式(7.45)知，屏蔽材料的电阻 r_s 越小，则产生的涡流越大，屏蔽效果越好，所以高频磁场屏蔽应该用金属良导体，如图 7.40(b)所示。

对于磁场屏蔽来说，金属体接地与否不影响屏蔽效果。但是，一般情况下金属体接地，可同时起到电场屏蔽的作用。

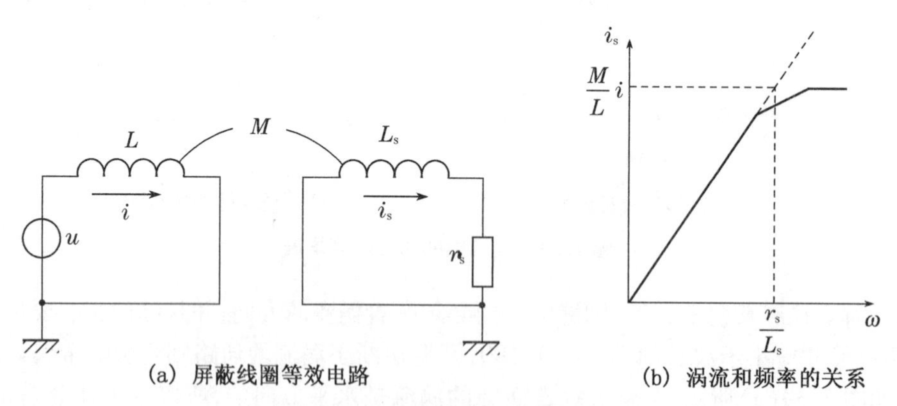

(a) 屏蔽线圈等效电路　　(b) 涡流和频率的关系

图 7.40　金属屏蔽盒上的涡流计算

(3) 电磁场屏蔽方法

电磁场屏蔽用于抑制噪声源和敏感设备距离较远时通过电磁场耦合产生的干扰。通常说的屏蔽多半是指电磁屏蔽，即电场和磁场同时加以屏蔽。

只有在频率较低时的近场干扰，电场分量和磁场分量有很大的不同。随着频率的升高，电磁辐射能力增加，产生辐射电磁场，并趋于远场干扰。远场干扰中，由于电场分量和磁场

分量同时存在,因此,需要对电场和磁场同时进行屏蔽。

高频时,即使在设备内部也可能出现电磁干扰。对于高频电磁干扰,通常采用电阻率小的良导体材料,且屏蔽体接地良好,同时实现电场屏蔽和磁场屏蔽。这种屏蔽是通过反射或吸收的办法来承受或排除电磁能量。电磁干扰穿过一种介质进入另一介质时,其中一部分被反射,就如同光通过空气与水的界面一样。电磁干扰在进入屏蔽层时,未被反射的电磁能量将进入屏蔽层,磁力线穿过导电屏蔽层时,在导体中产生感应电动势,此电动势在屏蔽体内被短路而产生涡流,涡流又产生反向磁力线,以抵消穿过屏蔽层的磁力线,从而起到磁屏蔽作用。在实际屏蔽时,有些场合不便于使用金属板,就可以用金属网代替,要求屏蔽效能高时,就可以采用双层金属网屏蔽。

低频时,因反射量很大,易于电场屏蔽。而对于磁场屏蔽,因反射量小,只能靠增加吸收量来增加总屏蔽量,即通过增加屏蔽物厚度,增加屏蔽物的导电率和导磁率,从而增加吸收量,提高磁屏蔽能力。

电磁场屏蔽与电场屏蔽不同,表现在以下两个方面。

a. 电场屏蔽的屏蔽体必须接地,而电磁场屏蔽即使不接地也有屏蔽作用。但若不接地,会增加导体间的静电耦合作用,从而增加对干扰电压的感应,所以电磁场屏蔽仍以接地为好。

b. 电磁屏蔽时必须有高频电流在导体内通过,且电流方向应能抵消干扰磁场。因而,如需在屏蔽体上开槽,其方向不应与电流方向垂直。如仅是电场屏蔽,则可在屏蔽体上任意方向开槽。利用高导电系数的材料做屏蔽体时,如将屏蔽层接地,可同时屏蔽电场和电磁干扰。

2. 接地及搭接方法

“地”可以定义为一个等位点或一个等位面,它为电路、系统提供一个参考电位。电路、系统中的各部分电流都必须经“地线”或“地平面”构成电流回路。在电路系统中,“地”可以是接“大地”,则地线的电位就是大地电位;也可以不接大地,系统地线有时与公共底板相连,有时与设备外壳和柜体框架相连,称为浮地系统,这是“系统基准地”。如飞机上的电子电气设备接飞机壳体就是浮动接地。

接地的目的有两个:① 为了保护人身和设备安全,避免雷击、漏电、静电等危害,此类地线称为保护地线,应与真正大地连接;② 为了保证设备的正常工作,如直流电源常需要有一极接地,作为参考零电位,其他极与之比较,例如,±15 V、±5 V 等。信号传输也常需要有一根线接地,作为基准电位,传输信号的大小与该基准电位比较。对设备进行屏蔽时在很多情况下只有与接地相结合,才能具有应有的效果。这类地线称为工作地线,在电路中一定要注意工作地线的正确接法,否则非但起不到应有的作用,反而会产生干扰。

接地系统又分为保护地线、工作地线、地环路和屏蔽接地 4 种。

(1) 保护地线

在设计一台设备或一个系统时,安全是首位,包括人身安全和设备安全。因此,电气设备的机壳、底盘都应该接地。常用的电源插座或配电板上都有保护地线。图 7.41 为交流单相 220 V 供电线路,图中的三根线:火线 L、中线 N、地线 PE。正常工作时,电流从火线流经负载,由中线返回,保护地线上无电流流过。若线路发生绝缘击穿或出现故障时,使火线与机壳相连,则保护地线上流过很大故障电流,使火线上的保险丝熔断,从而切断电源。因为机壳是通过保护地线与大地相连的,机壳始终保持大地电位,所以即使人接触机壳也不会发生危险。

按照直接接触安全操作电压的规定,普通环境电压应为48 V以下,潮湿环境和手持设备应在24 V以下,超过上述值即应妥善接地。

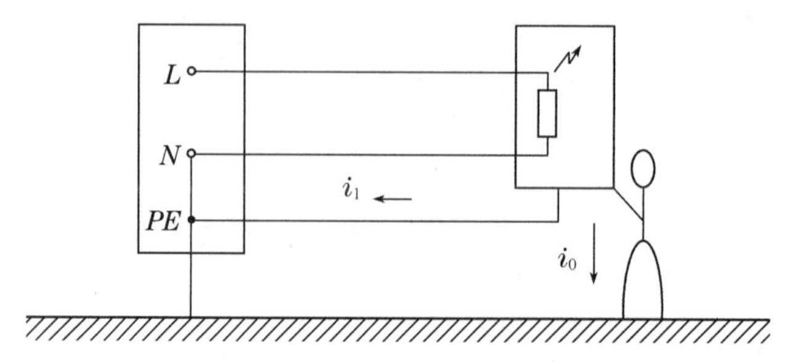

图7.41　交流单相220 V供电线路

(2) 工作地线

工作地线是给电源和传输信号提供一个等电位,但在实际电路中工作地线常常兼作电源和信号线的回流线。一般工作地线存在电阻和分布电感,但电阻很小可以忽略,而高频时就不能忽略电感的感抗了。当回流流过工作地线时就会在地线的阻抗上产生压降,地线上各点电位就不同,即任意两点间存在着一定的电位差,这样就可能产生共阻抗干扰。为了消除或抑制这种干扰,地线设计时一般遵循原则:尽量使接地电路各自形成回路,减小电路与地线间的耦合;恰当布置地线,使地回流局限在尽可能小的范围内;根据地线电流的大小,选择相应形状的地线和连接方式。常用的有单点接地法和多点接地方式。

① 单点接地

单点接地包括单点串联接地和单点并联接地。如图7.42所示为单点串联接地方式,电路1、2、3的接地点与工作地线串联后接地。设电路1、2、3的地电流分别为I_1、I_2、I_3,这些电流有可能是电路中电源的回流,若电路中的滤波去耦不充分,回流中将混有未滤除的高频成分。设各段地线的阻抗分别为Z_1、Z_2、Z_3,其主要成分是地线分布电感的感抗,可以算出各

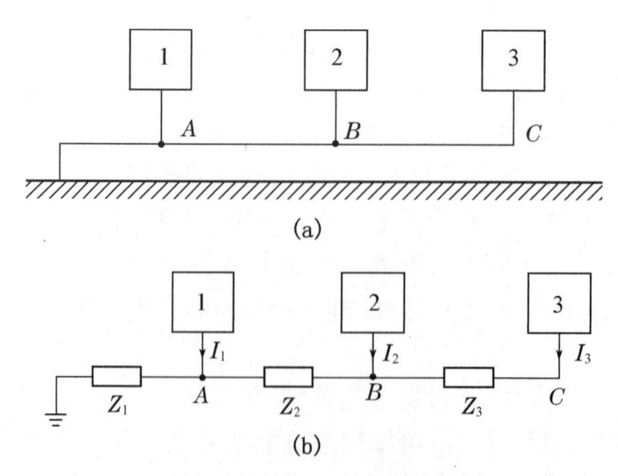

图7.42　单点串联接地方式

电路接地点 A、B、C 处的电位分别为

$$U_A = (I_1 + I_2 + I_3)Z_1$$

$$U_B = U_A + (I_2 + I_3)Z_2$$

$$U_C = U_A + U_B + I_3Z_3$$

由此可见,$U_A < U_B < U_C$,这时的地线不再是等位线,容易产生共阻抗干扰。

如图 7.43 所示,将电路 1、2、3 在同一点接地,电流 I_2、I_3 就不可能流经 Z_1,也就不会产生共阻抗干扰。这种接地方式称为单点并联接地方式。

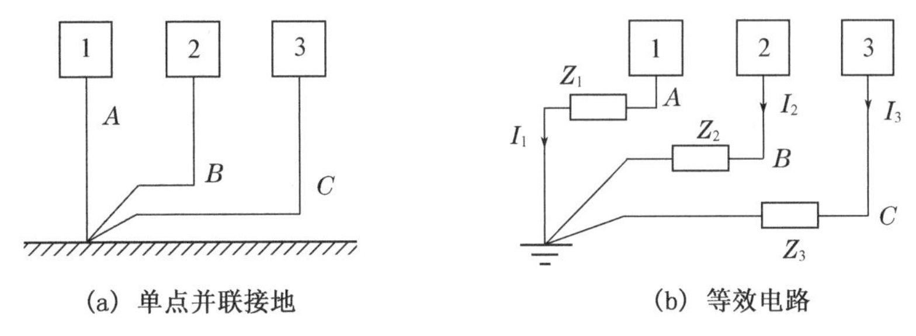

图 7.43　单点并联接地方式

在实际电路布置中常常将单点串联和单点并联方式结合起来使用。首先将容易产生相互干扰的电路各自分成小组,如将模拟电路和数字电路、小功率电路和大功率电路、低噪声电路和高噪声电路等区分开来,见图 7.44。图中,在每个组内采用单点串联方式,选择在电平最低的电路处作为小组内接地点。然后再将各小组的接地点按单点并联的方式分别连接到一个独立的总接地点。在频率较低、地线阻抗不大、组内各电路的电平又相差不大的情况下,这种方式比较简单,走线和电路图相似,所以电路布线时比较容易。

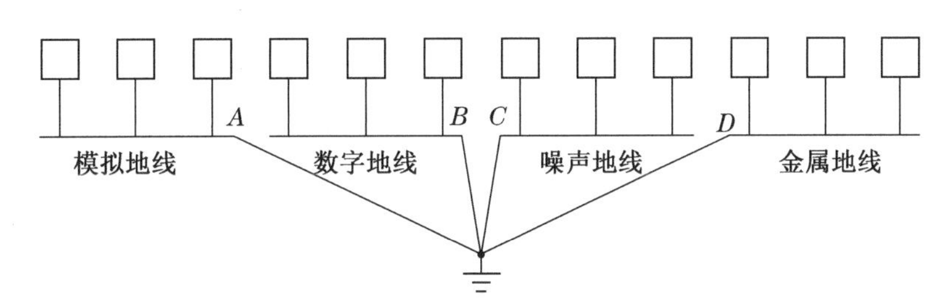

图 7.44　单点串联和并联混合接地方式

一般设备中的地线至少有三种:信号地线、噪声地线和金属件地线。

信号地线一般用于功率较小的电路,可分为模拟电路地线和数字电路地线。噪声地线用在高功率电路中,例如,晶闸管、继电器、电动机等容易产生较高噪声的电路。金属件地线指设备机壳、机架和底板等,交流电源中的保护地线应与金属件地线相连。

单点接地适用于低频电路($f < 100$ MHz),地线长度不应该超过地线中高频电流波长的 1/20,即 $l < \lambda/20$。因为高频时一方面增加了地线阻抗,容易产生共地线阻抗干扰;另一方面频率升高时地线之间、地线和其他导线之间由于电容耦合、电感耦合产生的相互串扰大大增加,所以,地线形状和长度要适宜。

② 多点接地

为了改善地线的高频特性，将电路接地点就近接到金属面上，如图7.45所示。各电路接地点到金属面的引线尽可能缩短。金属面导电性好、面积大，因而本身阻抗很小，不易产生共阻抗干扰。在设备中常用机壳作地线。

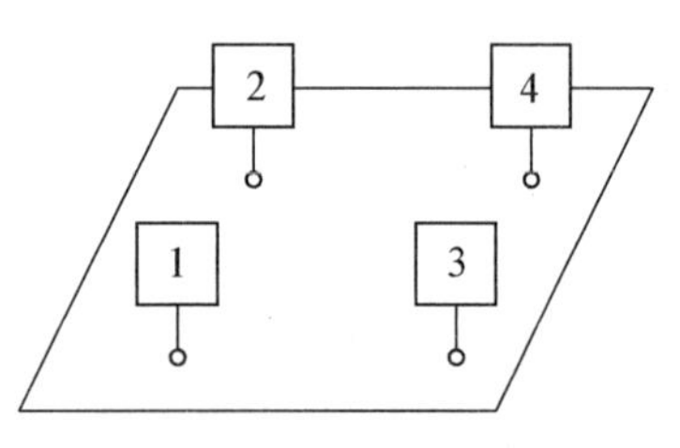

图7.45 多点接触方式

高频电路($f>100$ MHz)一般多采用多点接地方式。印制板上，作为地线的金属面一般都比较大，高频电路和低频电路都可以多点就近接地。

(3) 地环路对屏蔽的影响

地环路干扰是由于电路多点接地并且电路间有信号联系时形成的干扰，而不是指由于地线本身构成的环路。在外界电磁场的影响下由于产生感应电动势而产生电流，在地线阻抗上产生压降，导致共阻抗干扰。如图7.46所示，电路1在A点接地，电路2在B点接地，有一根信号线连接两电路，由于信号线和地之间构成了地环路$ABCD$，当A点和B点的电位不同时，就会存在一定的电位差U_{AB}，或者由于外界电磁场比较强，在地环路$ABCD$中产生感应电动势U_{AB}。U_{AB}将叠加在有用信号E_s上，并作用于负载Z_L，从而产生干扰。这种干扰是差模干扰。如果电路间的信号传输用两根导线，见图7.46(b)，则U_{AB}将加到两根导线上，由于这两根导线对地的阻抗不对称，所以，U_{AB}在两根线上产生的共模电流大小不等，最后在负载Z_L两端产生差模电压，影响电路2的正常工作，这是共模干扰。在机电一体化系统中地环路引起的干扰是必须考虑的严重问题，因为一般用来监测设备工作状态的传感器距离控制设备都比较远，两处的地电位可能差别较大，而且传感器往往装在工业现场，周围由强电设备产生较强电磁噪声，很容易产生地环路干扰。

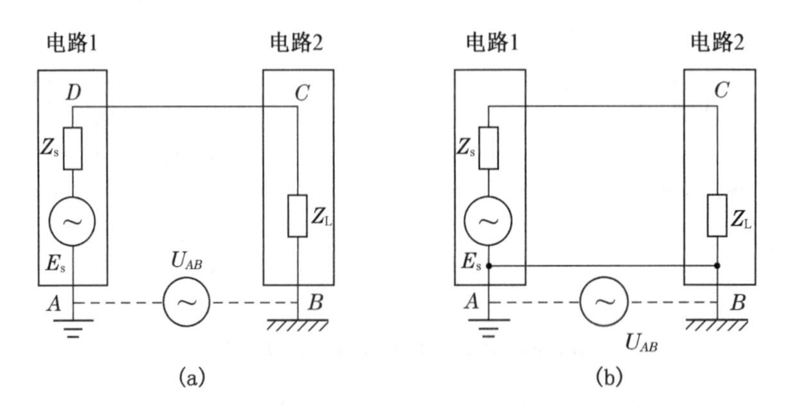

图7.46 地环路干扰

见图7.47接地回路，从直流电源或高频信号源流出的电流经接地面返回，由于接地面阻抗非常低，所以在性能设计时往往忽略。但是，对电磁干扰而言，在回路中必须考虑接地面上阻抗的存在。因此，图7.47中所示干扰回路和被干扰回路之间存在一个共有阻抗Z_i，在该阻抗上所产生的电压为

$$\dot{U}_i=Z_i\dot{I}_1+Z_i\dot{I}_2$$

对回路2来说，$Z_i\dot{I}_1$是电磁干扰压降，而$Z_i\dot{I}_2$是对负载电压降的分压，由于$R_{L2}\gg$

$|Z_i|$,因此,后者对负载电压降无影响,仅是由$\dot{I}_1$引起的电磁干扰电压对负载起作用。

例7.3:如果50 Hz、220 V交流电源的中性地线与负载地线均接于1 mm厚的钢板,在该频率下钢板所呈现的电阻为108 μΩ,负载消耗功率为1 kW,试计算接地阻抗上的电流及共模干扰电压U_1。

解:图7.48为图7.47中地电流的等效电路图。

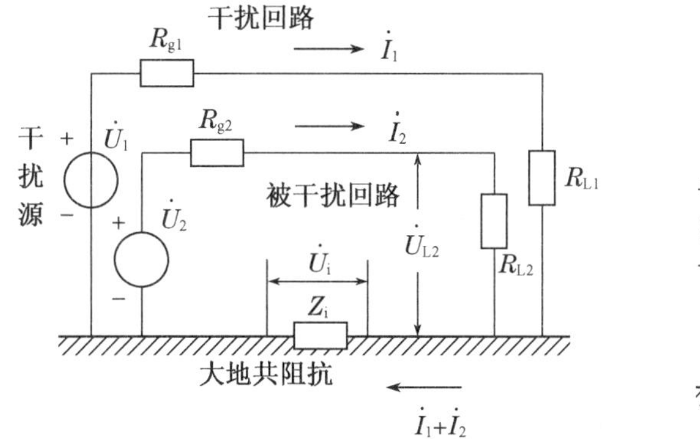

图7.47　共用接地阻抗产生的电磁干扰

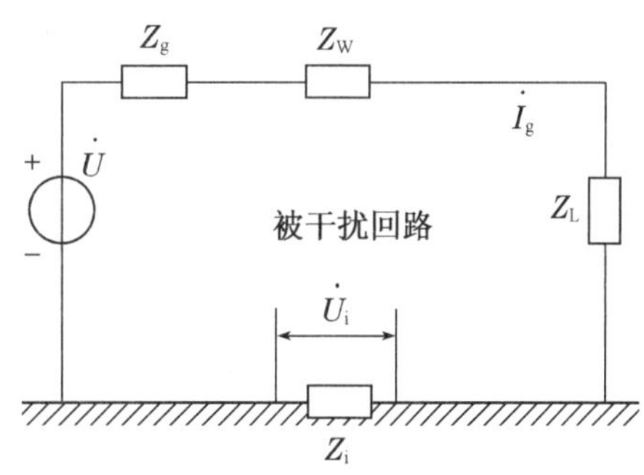

图7.48　地电流的等效电路

由等效电路图可见,流过接地面的电流相量$\dot{I}_g$(包括电源中性地线及负载地线的地电流)为

$$\dot{I}_g=\frac{\dot{U}_g}{(Z_g+Z_W+Z_L+Z_i)}$$

式中,$\dot{U}_g$为电源电压,$\dot{U}_g=220$ V;Z_g为电源内阻抗;Z_L为负载阻抗;Z_W为导线阻抗;Z_i为接地面阻抗,$Z_i=108$ μΩ。

负载阻抗

$$|Z_L|=\frac{U_2^2}{P_L}=\frac{220^2}{1\ 000}=48.4(\Omega)$$

由于$|Z_g|$、$|Z_W|$及$|Z_i|$都很小,所以,$|Z_L|$远远大于$|Z_g|$、$|Z_W|$和$|Z_i|$。于是,得

$$\dot{I}_g\approx\frac{\dot{U}_g}{Z_L}=\frac{220}{48.4}=4.54(\text{A})$$

$$U_1=I_gZ_1=4.54\times10^8=491(\mu\text{V})$$

用阻隔方法可以减小地环路对屏蔽的影响,常用的方法有变压器隔离、扼流圈隔离、光电耦合隔离和继电器隔离等。

(1) 变压器隔离

隔离变压器是最常见的隔离器件之一,是通过阻隔地回路的形成来抑制地回路干扰的,见图7.49所示。图中,电路1的输出信号经变压器耦合到电路2,而地环路则被变压器所阻隔。但是,变压器绕组之间存在分布电容,其等效电路见图7.50。因为地环路中电压信号的频率是无法改变的,而R_L减小会影响信号的传输,所以,要提高隔离变压器的抗干扰能力,其有效的办法是减小变压器绕组间的分布电容,并且,屏蔽层应该接到负载R_L的接地端。

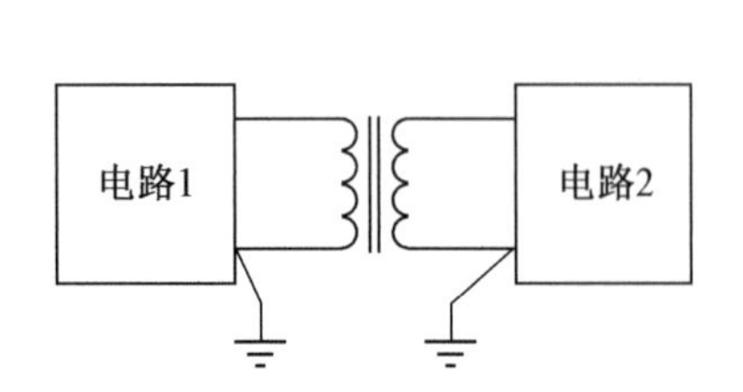

图 7.49　用隔变压器阻隔地环路

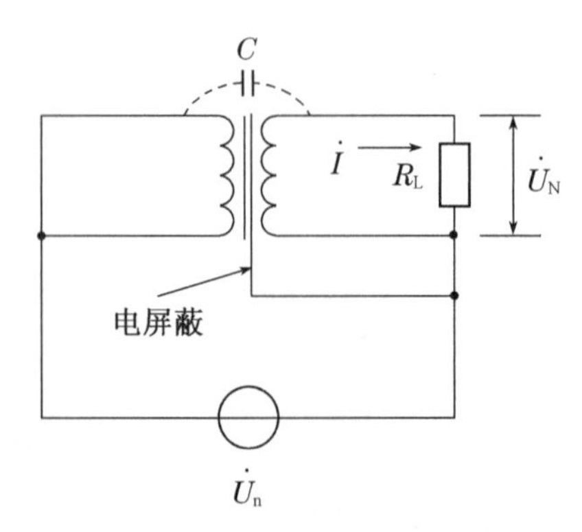

图 7.50　图 7.49 的等效电路

（2）共模扼流圈隔离

当传输信号中有直流分量或低频率成分时，就不能用隔离变压器，而需要采用扼流圈来阻隔地环路，如图 7.51 所示。扼流圈的两个绕组的绕向和匝数都相同，信号电流在两个绕组中流过时产生的磁场恰好抵消，故扼流圈未起到扼流作用，可以顺利传输直流或低频的差模信号。地线中的干扰电流流经两个绕组时产生的磁场同相相加，扼流圈对干扰电流呈现较大的感抗，因而起到阻隔地环路以减小干扰的作用。

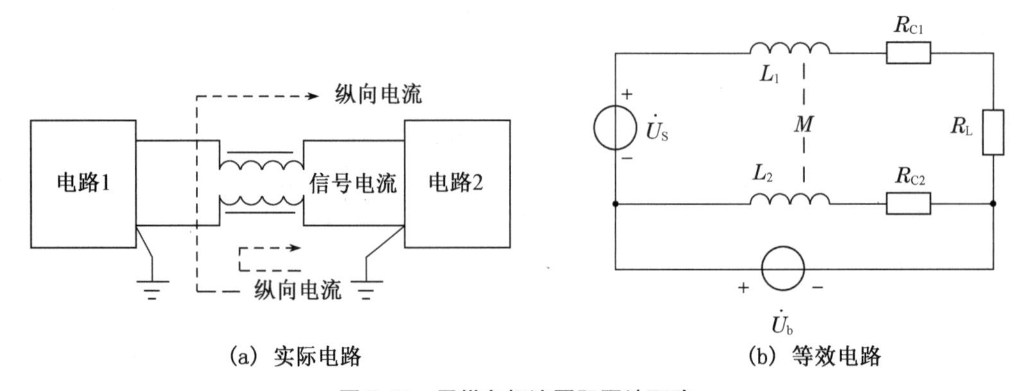

（a）实际电路　　（b）等效电路

图 7.51　用纵向扼流圈阻隔地环路

采用扼流圈不仅能传输交流信号，也能传输直流信号。扼流圈对地线中较高频率的干扰有强的抑制能力，能抑制所传输的较高频率的信号对其他电路单元的干扰。

（3）光电耦合隔离

切断两电路单元之间地环路的另一种方法是采用光电耦合器（图 7.52），其原理是发光二极管发光随电路 1 输出信号电流的变化而变化，发光二极管的光变化使光敏晶体管产生相应的电流变化并作为电路 2 的输入信号。将这两种器件封装在一起就构成了光电耦合器。

光电耦合器完全切断了两电路单元之间的地环路，故有良好的抑制地线干扰的能力。光电耦合器特别适用于数字信号传输。现代电子电气测量、控制中，常常需要用低压器件去测量、控制高电压、强电流等模拟量，如果模拟量与数字量之间没有电气隔离，那么高电压、强电流很容易窜入低压器件，并将其烧毁。线性光耦可以较好地实现模拟量与数字量之间的隔离。但是，设计时要注意由于光电转换存在较大的非线性，传输模拟信号时会产生较大的失真。

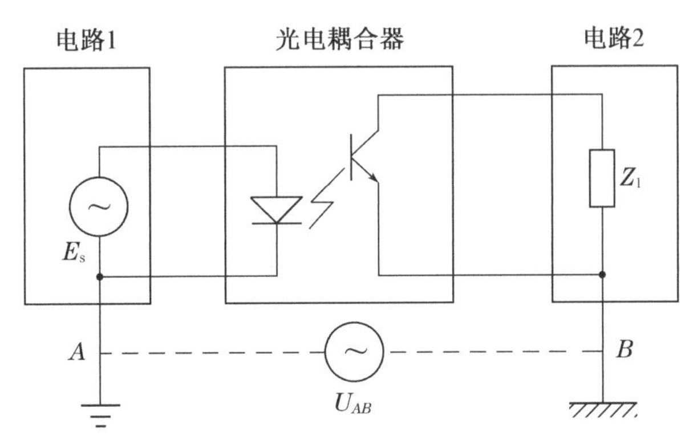

图 7.52　光电耦合器切断地环路

(4) 屏蔽接地

如前所述,为实现电场屏蔽,必须采用金属良导体作静电屏蔽层,而且要接到恒定不变的电位点(通常接大地),否则,该屏蔽层不但不起任何静电屏蔽的作用,相反还会因之加大分布电容,从而加大电容耦合。正是因为这个原因,屏蔽高频电磁场的良导体屏蔽层也应当接地。此外,对用于屏蔽低频磁场的磁屏蔽体最好也接地。常见的屏蔽体还有屏蔽线、屏蔽电缆、电源滤波器、变压器等。

通常,在信号输入的敏感电路处设置屏蔽体是为了削弱外界噪声引起的干扰,在输出端设置是为了屏蔽自身产生的干扰噪声电平。

屏蔽接地应遵守以下原则。

① 单点接地时,屏蔽电缆应为不破损的绝缘护套。当频率超过 10 MHz 时,为防止集肤效应和天线效应的影响,则应采用多点接地。

② 电源变压器或隔离变压器的屏蔽层应该接保护地线;双重屏蔽电缆的外屏蔽层接屏蔽地线。

③ 交流电源进线的屏蔽层以及线路滤波器的接地端子(或外壳)应接保护地线。

④ 单台小型装置的机箱内可设专用屏蔽接地端子,所有屏蔽层都分别接到该端子。大型控制柜可在机柜内设屏蔽接地母线,各屏蔽层就近接屏蔽接地母线,与其他接地线连接后在一处集中接地。

3. 滤波及其他抗干扰方法

滤波器是由电感、电容、电阻或铁氧体器件构成的频率选择性二端口网络,可以插入传输线中,抑制不需要的频率传播,无衰减地通过滤波器的频率段称为滤波器的频带,通过时受到很大衰减的频率段称为滤波器的阻带。

按照在电路中所处的位置和作用不同划分,滤波器分为信号滤波、电源滤波、EMI 滤波、电源去耦滤波和谐波滤波等。

按照电路中是否含有源器件划分,滤波器分为无源滤波器和有源滤波器。

按频率特性划分,滤波器分为高通、低通、带通和带阻滤波器等。

按能量损耗划分,滤波器又可分为反射滤波器和损耗滤波器等。

(1) 反射式滤波器

反射式滤波器由电感、电容等器件组成,在滤波器阻带内提供了高的串联阻抗和低的并联阻抗,使之与噪声源的阻抗和负载阻抗严重不匹配,从而将不希望的频率反射回噪声源,达到抑制干扰的目的。

低通滤波器是电磁兼容抑制技术中用得最普遍的一种滤波器,低频信号可以顺利(很小衰减)通过,而高频信号则被滤除。低通滤波器用在交直流电源系统中可以抑制电源中的高频噪声,用在放大器或发射机输出电路中可以滤除有用信号的高次谐波和其他杂散干扰。常用的有电容滤波器、电感滤波器、Γ 滤波器、电源滤波器等。

电容滤波器结构如图 7.53 所示。Z_L 为滤波器负载端阻抗,Z_s 为滤波器电源端阻抗。滤波器电容阻抗为

$$Z_c = 1/j\omega C \tag{7.47}$$

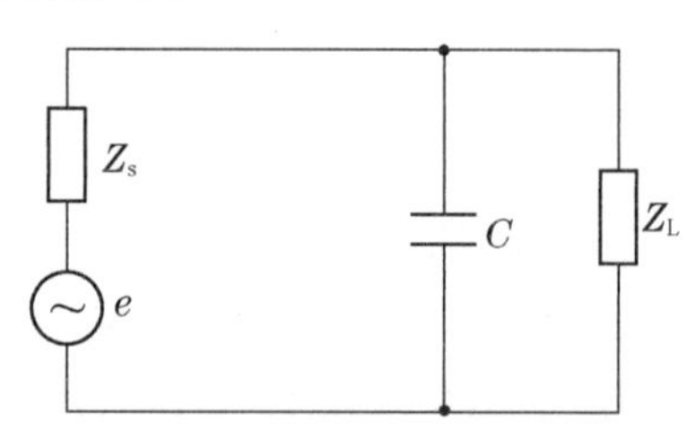

图 7.53　电容滤波器

可见,频率越高电容阻抗越小。如果电源电流中同时存在高频成分和低频成分,那么高频成分主要流过电容,而低频成分则流向负载,故电容起了滤除高频成分的作用。

电容滤波器适用于高频时负载阻抗和源阻抗较大的情况。例如,电容器可以用于滤除差模噪声,也可以用于滤除共模噪声;电容器并联在设备的交流电源进线间可以滤除电源线上的差模高频噪声;电容器并联在印刷电路板上数字集成片的正负电源引脚间,起去耦作用,给高速开关电路提供一个高频通道,以免将高频噪声传导到电源中去,这也是为了抑制差模高频噪声;电容器并联导线与地线之间则构成共模滤波器。

电容器的选择应满足

$$Z_s, Z_L > Z_c \tag{7.48}$$

电感滤波器的电感阻抗为

$$Z_L = j\omega L \tag{7.49}$$

可见频率越高,电感阻抗越大,即高频时高频成分主要降在电感上,而低频成分能通过电感到达负载。

电感器的选择应满足

$$Z_s, Z_L < Z_c \tag{7.50}$$

因此,电感滤波器适用于高频时负载阻抗和源阻抗较小的场合。

高通滤波器用于高频信号线,可以消除直流电源分量或外界低频噪声。高通滤波器可以由低通滤波器转变而成,只要将电感换成电容、电容换成电感即可,见图 7.54。

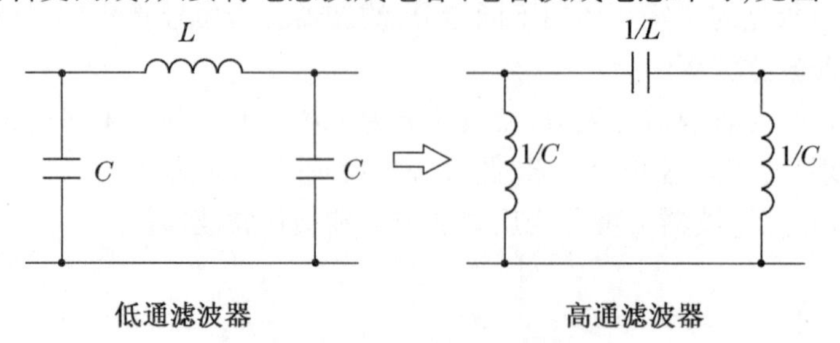

图 7.54　低通与高通的转换

带通滤波器只允许以特定频率为中心的一段窄带信号通过。

谐振滤波器是一种带通滤波器(图7.55)。由L、C串联组成的谐振滤波器,常接在晶闸管变流设备的电网供电端。用于滤除晶闸管产生的高次谐波。各支路的谐振频率为

$$f_n = \frac{1}{2\pi\sqrt{L_n C_n}} \tag{7.51}$$

分别对应第n次谐波。当L、C串联电路谐振时阻抗最小,从而给谐振波提供了通道,使之不再流入电网。

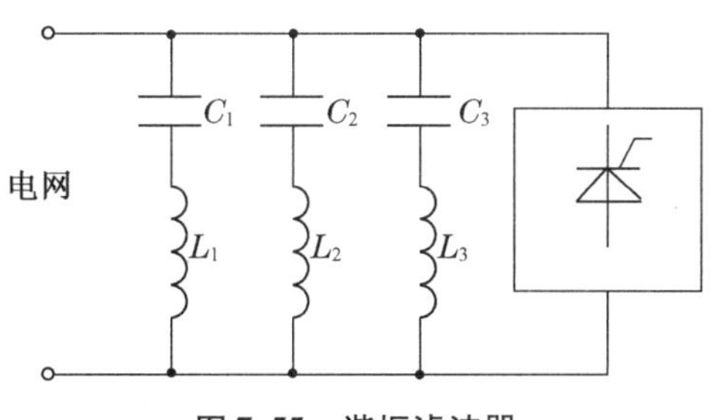

图7.55　谐振滤波器

(2) 吸收式滤波器

吸收式滤波器又称损耗滤波器,它是由有耗器件构成的,在阻带内吸收噪声的能量转化为热损耗,将不需要的频率成分损耗在滤波器内,从而起到滤波作用。铁氧体吸收型滤波器是目前发展最快的一种低通滤波器,广泛应用于各种电路中。铁氧体由铁、镍、锌氧化物混合而成,具有很高的电阻率、较高的磁导率(约为100~1 500),一般做成中空形,导线穿过其中。当导线中的电流穿过铁氧体时低频电流几乎无衰减地通过,但高频电流却会受到很大的损耗,转变成热量散发,故铁氧体和穿过其中的导线就构成吸收式低通滤波器,可以将其等效为电阻和电感的串联,电阻值和电感量随频率变化而变化。总阻抗为$Z(f)=R(f)+jX(f)$,其中$X(f)=\omega L(f)$。

图7.56是典型的铁氧体的Z、R、X随频率变化的曲线。

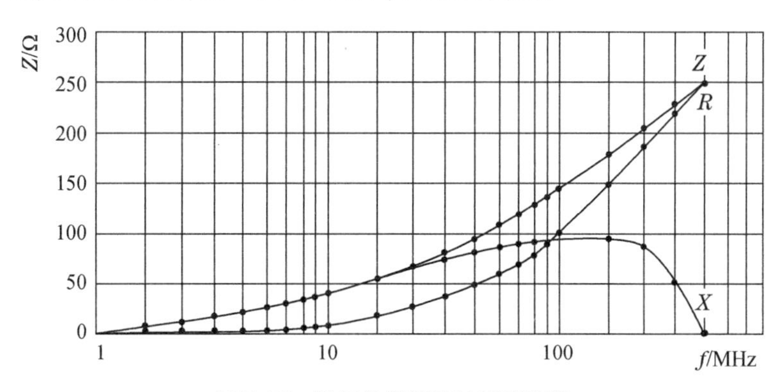

图7.56　铁氧体低通滤波器的阻抗

由图可知,总阻抗是随频率升高而增加的。低频段内,$X>R$,这时电感起主导作用;高频段内,$X<R$,这时电阻起主导作用,并且电阻随频率升高而增加,电感却下降。对于直流和低频信号,滤波器的阻抗很低,直流电阻只有零点几欧姆,故几乎无衰减地通过。对于几

十至几百兆赫的高频信号,滤波器的阻抗成百倍地增加,故对高频信号起到较大的衰减作用。

由于电感器在高频时的分布电容会使电感器的实际阻抗下降,从而降低滤波性能,而铁氧体滤波器在高频时电阻值大于感抗,主要呈现电阻性,相当于一个品质因数很低的电感器。所以铁氧体吸收式滤波器与常规的电感滤波器相比具有更好的高频滤波特性,能在相当宽的频率范围内保持较高的阻抗,从而提高了高频滤波性能。

铁氧体材料在高频段能够提供足够高的高频阻抗来减小高频干扰电流这一特性,从理论上来讲,较为理想的铁氧体能够在高频段范围内提供较高阻值的阻抗,而在其他频段上提供低值阻抗。但是在实际中,铁氧体芯的阻抗值是随着频率变化而变化的。一般情况下,在低频段范围内(低于1 MHz以下),不同材料的铁氧体给出的最高阻抗值在50~300 Ω范围内。在频率范围10~100 MHz内,会出现更高的阻抗值。

因此,铁氧体一般通过三种方式来抑制传导或辐射电磁干扰。第一种方式,是将铁氧体制成实际的屏蔽层来将导体、元器件或电路与周围环境中的杂散干扰电磁场隔离开,但这种方式不常用。第二种方式,是将铁氧体用作电容器,形成低通滤波器的特性。在低频段提供衰减较小的感性—容性通路,而在较高的频段范围内衰减较大,这样就抑制了较高频段范围内的电磁干扰。第三种方式,也是最常用的一种应用方式,就是将铁氧体制成铁氧体芯,单独安装在元器件的引线端或电路板上的输入/输出引线上,以达到抑制辐射干扰的目的。在这种应用中,铁氧体芯能够抑制任何形式的寄生电磁振荡、电磁感应、传导辐射等在元器件引线端或与电路板相连的电缆芯线中的干扰信号。

(3) 数字滤波

为消除变送通道中的干扰信号,在硬件上常采取有源或无源RLC滤波网络实现信号频率滤波。微机可以用数字滤波模拟硬件滤波的功能。

① 防脉冲干扰平均值滤波

前向通道受到干扰时,往往会使采样数据存在很大的偏差,若能剔除采样数据中个别错误数据,就能有效地抑制脉冲干扰,采用“采四取二”的防脉冲干扰平均值滤波的方法,在连续进行4次数据采样后,去掉其中最大值和最小值,然后求剩下的两个数据的平均值。

② 中值滤波

对采样点连续采样多次,并对这些采样值进行比较,取采样数据的中间值作为采样的最终数据。这种方法也可以剔除因干扰产生的采样误差。

③ 一阶递推数字滤波

这种方法是利用软件实现RC低通道滤波器的功能,能很好地消除周期性干扰和频率较高的随机干扰,适用于对变化过程比较慢的参数进行采样。一阶递推滤波的计算公式为

$$Y_n = aX_n + (1-a)Y_n - l \tag{7.52}$$

式中,a为与数字滤波器的时间常数有关的系数,a=采样周期/(滤波时间常数+采样周期);X_n为第n次采样数据;Y_n为第n次滤波输出数据(结果)。a取值越大,其截止频率越高,但它不能滤除频率高于采样频率二分之一(奈奎斯特频率)的干扰信号,对于高于奈奎斯特频率的干扰信号,应该用硬件来完成。

(4) 宽度判断抗尖峰脉冲干扰

若被测信号为脉冲信号，由于在正常情况时，采样信号具有一定的脉冲宽度，而尖峰干扰的宽度很小，因此可通过判断采样信号的宽度来剔除干扰信号。首先对数字输入口采样，等待信号的上升沿到来(设高电平有效)，当信号到来时，连续访问该输入口 n 次，若 n 次访问中，该输入口电平始终为高，则认为该脉冲有效。若 n 次采样中有不为高电平的信号，则说明该输入口受到干扰，信号无效。这种方法在使用时，应注意 n 次采样时间总和必须小于被测信号的脉冲宽度。

(5) 重复检查法

这是一种容错技术，通过软件冗余的办法来提高系统的抗干扰特性，适用于缓慢变化的信号抗干扰处理。因为干扰信号的强弱不具有一致性，因此对被测信号多次采样，若所有采样数据均一致，则认为信号有效；若相邻两次采样数据不一致，或多次采样的数据均不一致，则认为是干扰信号。

(6) 偏差判断法

有时被测信号本身在采样周期内产生变化，存在一定的偏差(这往往与传感器的精度以及被测信号本身的状态有关)。这个客观存在的系统偏差是可以估算出来的，当被测信号受到随机干扰后，这个偏差往往会大于估算的系统偏差，可以据此来判断采样是否为真。其方法是：根据经验确定两次采样允许的最大偏差 Δx。若相邻两次采样数据相减的绝对值 $\Delta y > \Delta x$，表明采样值 x 是干扰信号，应该剔除，而用上一次采样值作为本次采样值。若 $\Delta y \leq \Delta x$，则表明被测信号无干扰，本次采样有效。

(7) 程序运行失常的软件抗干扰措施

系统因受到干扰侵害致使程序运行失常，是由于程序指针 PC 被篡改。当程序指针指向操作数，将操作数作为指令码执行时，或程序指针值超过程序区的地址空间，将非程序区中的数据作为指令码执行时，都将造成程序的盲目运行或进入死循环。程序的盲目运行，不可避免地会盲目读/写 RAM 或寄存器，而使数据区及寄存器的数据发生篡改。对程序运行失常采取的对策是：① 设置 Watchdog 功能，由硬件配合，监视软件的运行情况，遇到故障进行相应的处理；② 设置软件陷阱，当程序指针失控而使程序进入非程序空间时，在该空间中设置拦截指令，使程序避入陷阱，然后强迫其转入初始状态。

7.3.6　机电一体化系统过程通道抗干扰措施

抑制传输线上的干扰，主要措施有光电隔离、双绞线传输、阻抗匹配以及合理布线等。

1. 光电隔离的长线浮置措施

利用光电耦合器的电流传输特性，在长线传输时可以将模块间两个光电耦合器件用连线“浮置”起来，如图 7.57 所示。这种方法不仅有效地消除了各电气功能模块间的电流流经公共地线时所产生的噪声电压互相串扰，而且有效地解决了长线驱动和阻抗匹配问题。

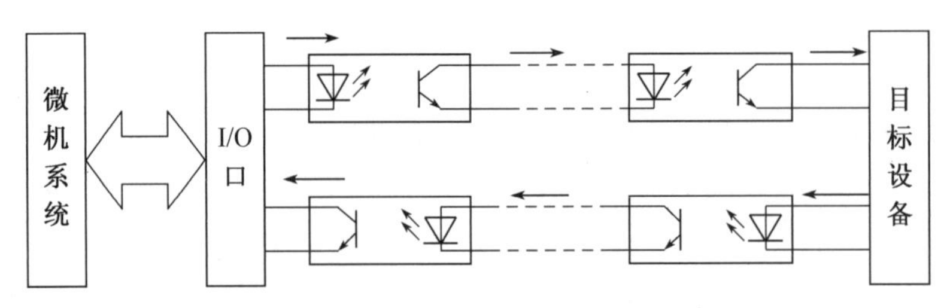

图 7.57　光电隔离的长线浮置

2. 双绞线传输措施

在长线传输中,双绞线是较常用的一种传输线,与同轴电缆相比,虽然频带较窄,但阻抗高,降低了共模干扰。由双绞线构成的各个环路,改变了线间电磁感应的方向,使其相互抵消(图 7.58),因此对电磁场的干扰有一定的抑制效果。

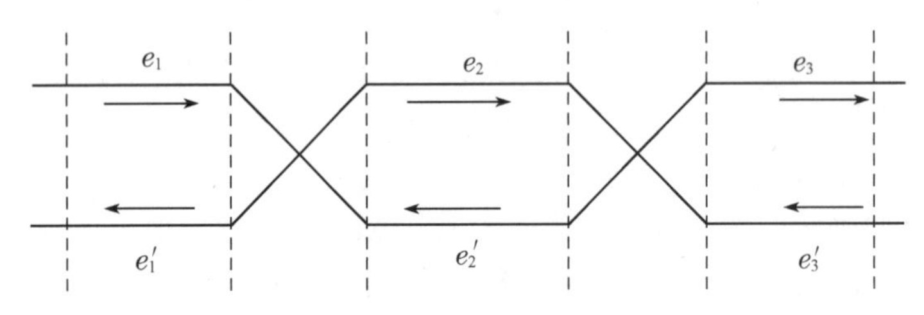

图 7.58　双绞线传输

在数字信号的长线传输中,根据传输距离不同,双绞线使用方法也不同(图 7.59)。当传输距离在 10 m 以下时,收发两端应设计负载电阻,若发射侧为 OC 门输出,则接收侧采用施密特触发器能提高抗干扰能力,如图 7.59(a)所示。

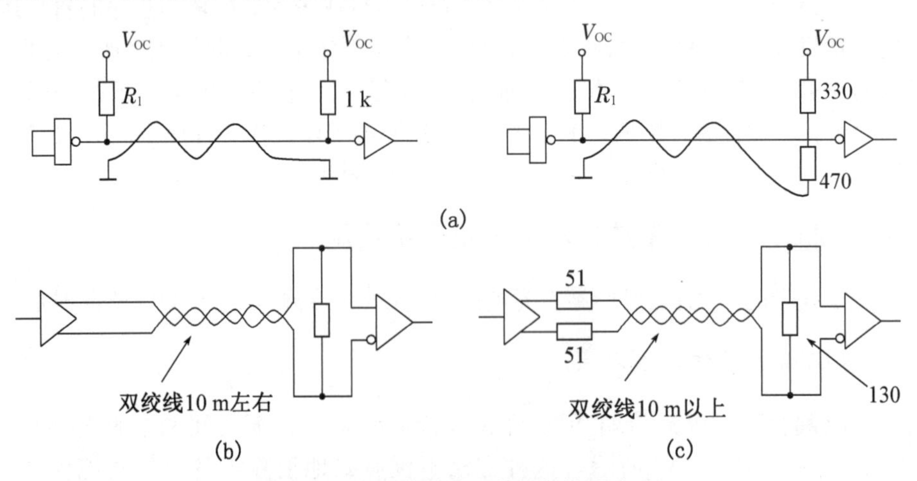

图 7.59　长线传输中双绞线的使用方法

对于远距离传输或传输线途经强噪声区域时,可选用平衡输出的驱动器和平衡接收的接收器集成电路芯片,收发信号两端都有无源电阻。选用的双绞线也应进行阻抗匹配,如图 7.59(b)、(c)所示。

当双绞线与光电隔离器件联合使用时,可按图 7.60 所示的方式连线。图 7.60(a)中的发射端为 OC 门(如 7407)与光电耦合器的连接电路。图 7.60(b)为中间开关触点通过双绞线与光电耦合器的连接电路。如果在光电耦合器的光敏晶体管的基极上接有 0.01 μF 左右的电容及 10～20 MΩ 高阻值电阻,且后面又接斯密特触发器,则会大大增强抗信号振荡与抗干扰能力,如图 7.60(c)所示。

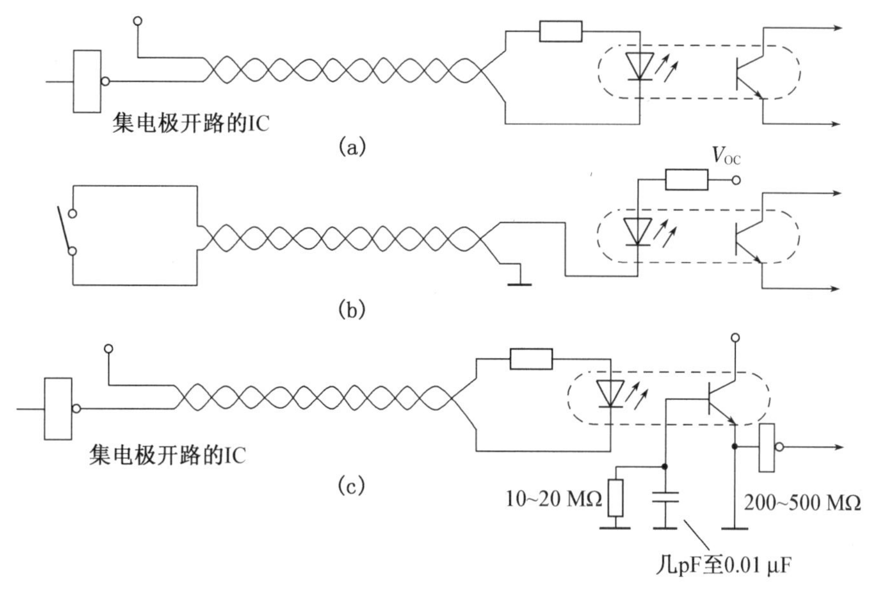

图 7.60　光电耦合器与双绞线联合使用

3. 长线传输的阻抗匹配

长线传输时,若收发两端的阻抗不匹配,则会产生信号反射,使信号失真,其危害程度与传输的频率及传输线长度有关。为了对传输线进行阻抗匹配,首先要估算出它的特性阻抗 R_p。

图 7.61 所示为利用示波器进行特性阻抗测定的方法。调节电位器阻值 R,当 A 门的输出波形失真最小,反射波几乎消失,这时的 R 值可以认为是该传输线的特性阻抗岛的值。

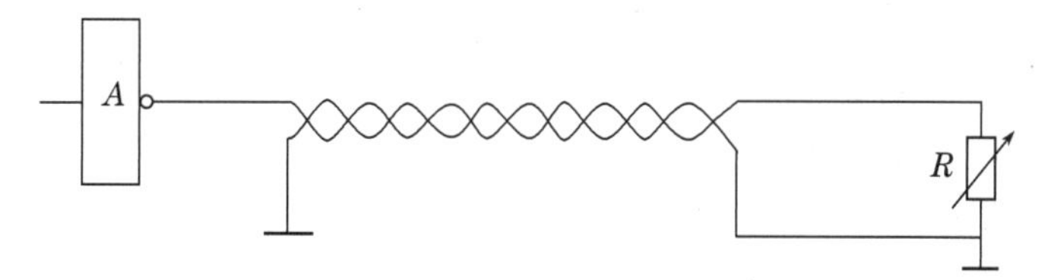

图 7.61　传输线特性阻抗测定方法

(1) 终端并联阻抗匹配

图 7.62(a)中,终端匹配电阻阻值,一般 R_1 为 220～230 Ω,R_2 为 270～390 Ω,$R_p = R_1/R_2$。由于终端阻值低,相当于加重负载,使高电平有所下降,故高电平的抗干扰能力会有所下降。

(2) 始端串联阻抗匹配

图 7.62(b)中,匹配电阻 R 的取值为 R_p 与 A 门输出低电平时的输出阻抗(约 20 Ω)之

差。这种匹配方法会使终端的低电平提高,相当于增加了输出阻抗,降低了低电平的抗干扰能力。

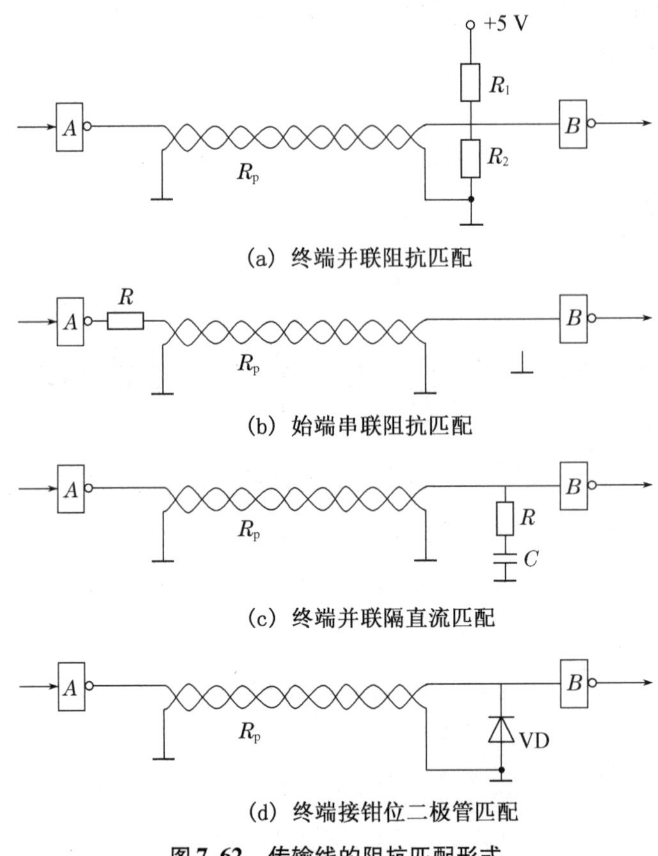

(a) 终端并联阻抗匹配

(b) 始端串联阻抗匹配

(c) 终端并联隔直流匹配

(d) 终端接钳位二极管匹配

图 7.62　传输线的阻抗匹配形式

(3) 终端并联隔直流匹配

图 7.62(c)中,当电容 C 值较大时,可使其阻抗近似为零,它只起隔离直流的作用,而不影响阻抗匹配,所以只要 $R=R_p$ 即可。而 $C\geqslant 10T/(R_1+R_p)$,其中,T 为传输脉冲宽度;R_1 为始端低电平输出阻抗(约 20 Ω)。这种连接方式能增加传输线对高电平的抗干扰能力。

(4) 终端接钳位二极管匹配

图 7.62(d)中,利用二极管 VD 把 B 门输入端低电平钳位在 0.3 V 以内,减少波的反射和振荡,并且可以大大减小线间串扰,提高动态干扰能力。

4. 长线的电流传输

长线传输时,用电流传输代替电压传输,可获得较好的抗干扰能力。例如,以传感器直接输出 0 ~ 10 mA 电流在长线上传输,在接收端可并联上 500 Ω 或 1 kΩ 的精密金属膜电阻,将此电流转换为 0 ~ 5 V(或 0 ~ 10 V)电压,然后送入 A/D 转换通道,如图 7.63 所示。

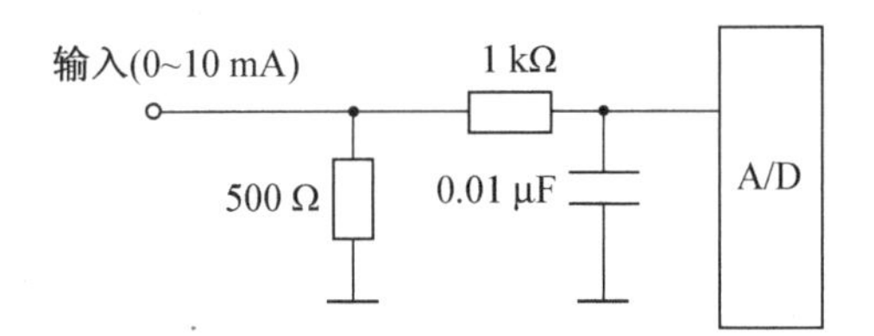

图 7.63　传感器的长线电流传输

5. 传输线的合理布局

① 强电馈线必须单独走线,不能与信号线混杂在一起。
② 强信号线与弱信号线应尽量避免平行走线,在有条件的场合下,应努力使两者正交。
③ 强、弱信号平行走线时,线间距离应为干扰线内径的 40 倍。

思考题与习题

7.1　何谓电磁干扰?电磁干扰必须具备的条件是什么?
7.2　电磁兼容性设计的目的是什么?如何进行?
7.3　电磁干扰有哪三种形式?并举例说明。
7.4　如何区别传输线的长线与短线?
7.5　在电磁辐射耦合中,如何判断干扰场源的性质?
7.6　为了抑制电容性、电感性和电磁场三种耦合形式,应分别采取何种有效措施?
7.7　常见的抑制电磁干扰措施有哪些?
7.8　如何进行电场屏蔽、磁场屏蔽?
7.9　接地系统分为几大类?举例说明。
7.10　举例说明滤波器有哪些种类。

第三部分
微机电系统设计与制造技术

第 8 章 微机电系统设计概论

8.1 微机电系统简介

由于制造技术的限制，目前多数微系统只包括微机械结构、微传感器、微执行器中的一种或几种，而没有形成一个功能完善的系统。MEMS 不仅仅局限于系统的概念，不同场合可以是“产品”，也可以是指设计这种“产品”的方法或制造技术。

对照第 1 章的图 1.3、图 1.4，微系统也具有输入、处理、输出三个基本要素，分别是微传感器、处理要素是处理电路微执行器。对应人的五大要素，也具有构造、动力、检测、控制和操作五个基本元素。典型微系统的尺寸在微米到毫米量级，其构成、功能类似一般机电一体化系统（见图 1.5 和图 5.1），但根本区别在于结构不同。MEMS 是模块化集成结构，如图 8.1 所示，由传感器、处理电路（包含模/数转换、数字信号处理、数/模转换）、执行器等模块集成而成。图 8.1 的输入信号包括光、声、电、机械、温度、生物、化学等，输出信号包括机械能、电能，与外界的接口包括通信接口、显示接口。传感器模块感知输入信号转为电信号并传递给模/数转换电路模块，经电路处理后传递给执行器模块，执行器模块根据该信号做出响应、操作或者通信。控制电路（图中未画出）将传感器、执行器和通信系统模块与外界联系起来，形成具有感知、思考、决策、通信和反应控制能力的智能系统。

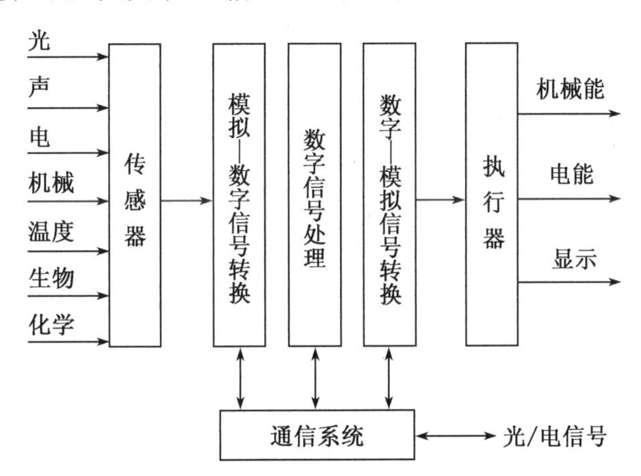

图 8.1　典型微机电系统的功能组成

8.2 微机电系统特点和分类

微系统或 MEMS 包括多个功能单元，涉及的学科和应用领域十分广泛。根据组成单元的功能不同，MEMS 大体可以分为微传感器、微执行器、微结构以及包括多个单元的集成系统。根据应用领域不同，如将 MEMS 应用于无线通信、光学、生物医学、能源等领域，就分别产生了 RF MEMS、Optical MEMS、BioMEMS 和 Power MEMS 等。实际上，几乎所有领域的微型化或应用都会产生对应的 MEMS 分支方向。

MEMS 的特点由其尺度、功能和结构决定，主要有以下特征。

① 毫米级结构尺寸。例如，结构尺寸一百至几百微米的 MEMS 加速度传感器、微马达，局部尺寸微米甚至纳米级的单分子操作器件，等等。然而，MEMS 器件的相对尺寸误差和间隙较大，例如宏观机械结构相对尺寸精度高达 1∶200 000，而 MEMS 的相对尺寸精度只有 1∶100 左右。

② 多能量域系统。能量与信息的交换和控制是 MEMS 的主要功能，能实现微观尺度下电、机械、热、磁、光、生化等领域的感知、测量和控制。

③ 微加工专门制造技术。MEMS 起源于 IC 制造技术，大量利用 IC 制造方法，力求与 IC 制造技术兼容。但是由于 MEMS 的多样性和三维结构的特点，其制造过程引入了多种新的微加工方法，使 MEMS 制造与 IC 制造的差别很大。同时，近年来 IC 领域三维集成技术又借用了 MEMS 领域的深刻蚀和键合技术，使两者共性进一步增加。

④ 新原理和新功能的尺寸微型化。MEMS 不仅宏观上尺寸小，还能够实现新原理和产生新功能。例如，微马达不仅结构与宏观马达不同，而且其静电驱动原理也不同于传统宏观马达的电磁驱动原理。

⑤ 多因素影响、多物理场耦合。宏观状态下忽略的表面积影响因素，在 MEMS 中不能忽略，物理化学场互相耦合、器件表面积与体积比急剧增大，可以显著影响表面张力和静电力。目前人们还没有掌握微尺度下的这种规律。

ADXL202 微加速度传感器（图 8.2）是 Analog Devices 公司（ADI）制造的单片双轴微加速度传感器，采用了微加工和集成电路制造技术，可以实现阵列结构〔图 8.2(a)〕和冗余结构，这对于降低制造成本、减小噪声和干扰、提高信号处理能力和可靠性具有重要作用。ADXL202 微加速度传感器的敏感器位于芯片中心，是一个利用表面微加工技术制造成悬空多晶硅梳状叉指电容，BiMOS 工艺的信号处理电路分布在结构周围。当有加速度时，作用在可动叉指的惯性力改变了可动叉指与固定叉指之间的距离，引起叉指电容变化，通过集成电路测量电容的变化得到加速度信号。

微执行器是用来驱动 MEMS 内部微结构或者对外输出动作的器件，是 MEMS 的另一个重要组成部分。微执行器可单独使用，如美国加州大学 Berkeley 分校（UCB）研制的直径为 100 μm 的微静电马达，通过静电控制输出旋转运动，也可以是 MEMS 应用系统的核心组成部分，如应用于光通信的微镜利用微执行器的动作反射光线，德州仪器公司（TI）利用表面微加工技术制造了高清晰电视和投影机的数字微镜（DMD）。

RF MEMS 是 MEMS 的重要方向之一，制成高性能的集成无源器件，如开关、谐振器、可调电容和可调电感等，可以在无线通信系统中如 CMOS 集成电路一样大量使用。

(a) 封装图

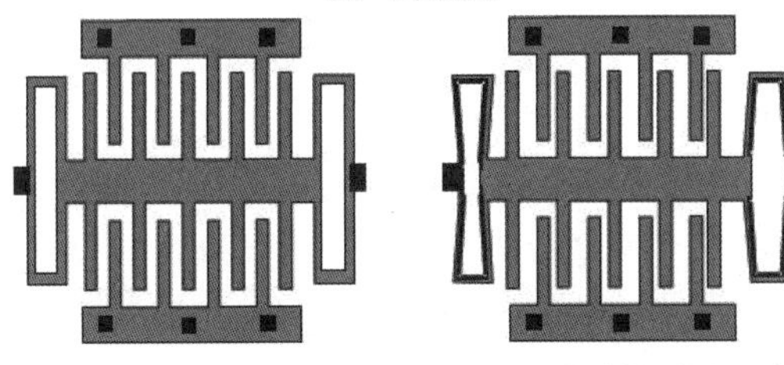

(b) 敏感结构静止状态　(c) 敏感结构测量状态

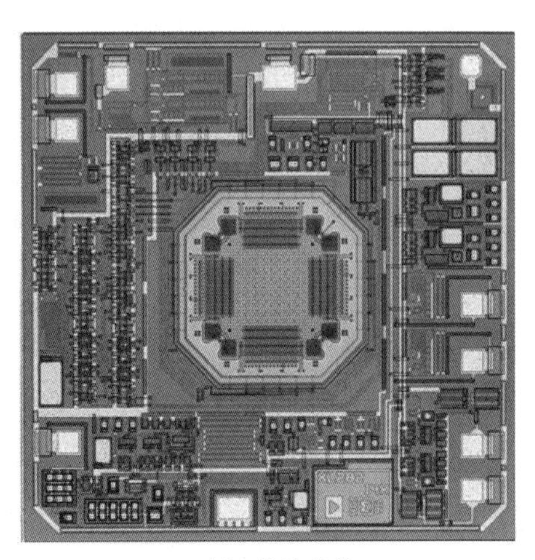

(d) 芯片结构

图 8.2　ADXL202 微加速度传感器

生物微系统(BioMEMS)和芯片实验室(lab on a chip,LOC)是 MEMS 的另一个研究热点,包括药物释放、临床诊断、微创外科手术、微型生物化学分析系统、医学美容等。

尺度的缩小将 MEMS 向纳米尺度延伸,产生了纳电子机械系统(NEMS)。很多 NEMS 不仅在尺度上进行了缩小,更利用出现的纳米尺度效应,大幅度提高灵敏度、减小体积、降低功耗。例如有些 NEMS 传感器可将灵敏度提高 10 倍,功耗减小两个数量级。采用多壁纳米碳管研制的纳米谐振器,通过谐振频率的变化可测量 3×8^{-14} 的质量,能够作为检测分子或细菌质量的分子秤。而尺度为 100 nm 的 SiC - NEMS 谐振器,频率高达吉赫兹(GHz),Q 值高达数万以上,而驱动功率只有 8^{-12} W。

8.3　尺寸效应

尺寸效应,是指当材料的尺寸减小至一定程度时其性质发生突变的效应。

在 MEMS 的尺度范围内,宏观物理定律仍适用,但控制因素发生了变化。在宏观状态下,性能受到与体积和质量相关的特性控制,两固体间的摩擦力正比于正压力而与接触面积无关,相对于宏观物体的重力,可以忽略范德瓦尔斯力。而在 MEMS 中,与体积相关的质量已经不是主要的控制因素,与表面积相关的性质(如表面力和分子间作用力)开始上升为主要因素,分子间作用力变得很重要,摩擦力与器件的质量无关而正比于它的表面积。从这种意义上说,MEMS 是研究表面的科学。表面力和体积力分界的临界长度在 1 mm 左右。

尺寸效应导致的强度和质量缩小速度差异,使微机械结构可以承受更大的过载。当物体各方向的线性尺寸都缩小 $1/s$ 时,机械强度只降低了 $1/s$,远小于质量的缩小。例如,用于炮弹引信的微型加速度传感器,可以承受 10^{-6} g 加速度的惯性力,若惯性力减小过快,将会降低加速度传感器灵敏度。尺寸效应也使得 MEMS 传感器的性能受热噪声影响大,温度的波动和分子的随机振动,将引起敏感器的随机振动(平均动能达到 8^{-15} J),微米和纳米器件对该振动更敏感,因此不可忽略热噪声的影响。例如,MEMS 加速度传感器的敏感器的微结构热运动和空气分子随机热运动,使质量块产生布朗运动,只有加速度振幅超过布朗运动幅度时才能够检测到物理量。因此，设计 MEMS 器件时必须考虑微型化的最低限度，保证使器件具有足够强度或者刚度。

微流体系统特性与宏观情况下差别很大。宏观情况下，惯性力控制流体行为，流体为湍流状态；微观情况下，粘性力控制流体行为，流体为层流状态，尺度越小，层流效应越明显。物体以线性比例缩小 $1/s$ 时，热量（等于热容量乘以体积）下降为 $1/s^3$，热传导下降为 $1/s^2$。可见微观物体的热时间常数更小，热交换（加热和散热）更迅速。

8.4 设计过程和模拟方法

MEMS 设计过程一般包括系统设计、结构设计、模型设计、工艺设计以及版图设计等几个过程。其中，MEMS 工艺设计是非常特殊和重要的设计环节，经历了由器件级向系统级发展的历程，目前，一般采用“自上而下”（top-down）的设计方法，即从系统层面开始设计，然后进行器件工艺设计、版图设计。因此，一般 MEMS 系统设计和制造包括：应用和性能指标分析、结构和器件设计、模拟仿真、工艺和版图设计、工艺模拟、制造和测试过程（图 8.3）。

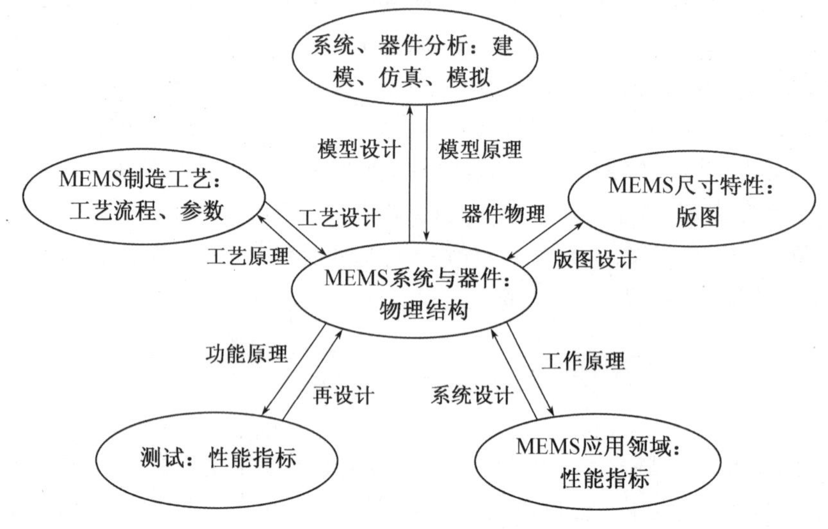

图 8.3 MEMS 的设计和制造过程

MEMS 的模型分为系统级、器件级、物理级和工艺级。系统级模型描述整个系统的动态行为，可以采用框图法或者集总参数形式的电路模型描述，表示为常微分方程的形式，然后借助各种模拟工具如 MATLAB、PSpice 等进行模拟。物理级模型描述实际器件在三维连续空间的行为，用偏微分方程表示。由于 MEMS 多领域交叉的特点，往往多个物理场和化学场形成多场耦合，即使一个简单的传感器也涉及力学、物理和电学等多种参量。这使得通常的理论分析难以得到能够描述耦合系统的方程，或因为边界条件和器件结构过于复杂而难以获得解析解。因此，MEMS 建模和分析过程中更多借助数值计算软件进行多场耦合分析，然后确定优化的设计结果。例如有限单元法（FEM）、边界元法（DEM）、有限差分法（FD）、时域有限差分法（FDTD）等。有限单元法和边界元法能够获得较为精确的物理级分析计算结果，利用综合法可以获得结构在每个能量域内行为的精确描述，但是这种方法不适合系统级的分析计算，也不能同时考虑电路和结构器件。实现这些分析需要减少系统参数，可用降阶模型。

多场耦合问题的模型包括非耦合模型、顺序耦合模型、集总或降阶模型以及分布式耦合场模型。非耦合模型是早期分析 MEMS 器件常采用的方法，它单独分析每种物理场对器件的作用而不考虑各种场之间的相互作用。非耦合模型在分析梳状叉指电容和谐振器方面被广泛应用，其分析过程忽略静电场边缘效应，通过简化静电模型计算电场、电容以及电极间的作用力，最后计算静电力引起的机械结构变形。如果多物理场（如机电）耦合系统可以简化、解耦，并能够计算耦合参数（如静电力），该系统可以用非耦合模型方便地描述。对于强耦合情况，例如扭转微镜等，由于机电耦合程度很高，非耦合法计算结果误差较大。随着有限元软件 ANSYS 和边界元软件 Coventor 等应用软件的发展，非耦合模型逐渐被更精确、更复杂的数值计算所取代。

顺序耦合也称为弱耦合或负载矢量耦合，是将不同场的建模、模拟相结合来解决耦合场的问题。分析过程每次只针对某一物理场，将前一个分析结果作为下一个分析过程的边界或者初始条件完成耦合。例如，用顺序耦合法分析机电耦合时，顺序求解静电和结构问题的解，并通过负载矢量（作用在机械结构边界上的静电力）将机电域的相互作用（耦合）联系起来。通过这一步，电场对机械结构的耦合作用表现出来，在得到机械结构的解以后，再将其代入静电场求解过程，实现机械结构与静电场的耦合。即电场会改变机械结构的初始形状，而结构的变形又会影响到电场分布和静电力的大小。经过多次迭代后，两次解的差别收敛在一个允许的区间内，完成耦合求解过程。这种方法的核心问题是收敛与否以及收敛速度，对于电容的下拉效应等突变现象难以求解。

利用顺序耦合的应用软件包括 CFD ACE +、MEMSCAD、ANSYS 等。在计算机电系统耦合过程中，使用有限元法离散化机械结构，使用边界元法离散化电场，对所有未变形的机械结构计算初始电场力，然后利用电场力作为载荷计算结构的变形和位移。结构的形变导致了电场的变化，形成了新的电场力载荷，再利用电场力对前一次变形的结构进行计算。例如，静电驱动扭转微镜与另一个极板构成电容，施加驱动电压后静电力使支承微镜的梁扭转变形，微镜平衡时静电力的扭矩与扭转梁的扭矩相等。在 FEM 计算时，静电力与扭矩是互相反馈的。初始静电力的大小由微镜的面积、极板距离、驱动电压等因素决定，而扭矩由梁的尺寸和材料决定。当静电力使微镜扭转后，微镜构成的电容极板平均间距发生了变化，静电力和所产生的扭矩都发生了变化，因此精确的计算需要多次迭代。

集总参数模型是强耦合模型，具有求解（或收敛）速度快的优点，应用范围非常广，可应用于从降阶 MEMS 模型到使用集总换能器的分布式机械系统。第一个强耦合模型是 ANSYS 5.6 版本引入的（EMTGEN 宏），目的是用来克服顺序耦合的缺点。通过把换能器的电容表示为器件单元的自由度的函数来描述静电力和机械力之间的耦合，器件单元通过将静电能转换为机械能存储静电能，反之亦然。单元具有集总参数单元的形式，电压和结构化自由度作为跨变量，电流和力作为通变量。单元的输入包括电容自由度关系，该关系可以从静电场中求解。于是单元可以通过任意一点的三个独立的平移自由度来模拟三自由度的耦合，不再需要静电域的网格划分，而是被一组换能单元代替，这些单元关联机械和电域模型，提供静电结构耦合系统的降阶模型。

强耦合分布式模型是目前解决耦合场最好的方法。在这种方法中，静电域和结构域都用分布式单元建模，通过平衡机电控制方程进行耦合。第一个二维强耦合分布式单元模型是 ANSYS 6.0 引入的,基础是虚功原理和能量守恒定律。

MEMS 制造过程时间长、成本高,不得不借助于工艺仿真而不是频繁的试验来优化设计,以降低成本、提高效率。尽管目前很多工艺仿真软件(如 TSuprem、Intellisuite、Coventer、AnisE 等)都能够提供硅各向异性刻蚀、压阻传感器灵敏度计算等经常涉及的内容,为实际制造提供预仿真优化,但由于目前对工艺机理的理解不够深入、工艺影响因素众多,很多工艺的仿真仍然与实际有较大差别。例如,三维 DRIE 深刻蚀的精确仿真仍旧比较困难。

MEMS 的器件设计和版图设计主要依赖于集成电路的设计工具,如 Cadence、Ledit、Spice 等。随着 MEMS 专用设计工具的发展,如 Intellisuite、Coventer 等已可以提供快速的版图设计,特别是 MEMS 所特有的内容。在工艺方面,这些软件可以提供 MEMS 特有工艺库,例如标准 MEMS 代工厂的工艺模块以及湿法和干法深刻蚀等;在分析方面,它们能够提供更多物理场耦合计算能力,例如可以耦合力、电、磁、光、流体等多种物理化学场;在界面和使用方面向着机械 CAD 的特点发展,即在零件操作和显示等方面提供多角度立体视图,将工艺和网格生成直接相连,提供网格生成工具。

思考题与习题

8.1 什么是 MEMS? MEMS 有哪些主要的特点?

8.2 阅读 Rich ard Feynman 的“There is plenty of room at the bottom”和“lnfinitesimal machinery”两篇论文,并查找 Feynman 的哪些设想已经成为现实。

8.3 什么是尺寸效应? 它具有什么影响?

8.4 设想一个本章没有提到的 MEMS 在智能手机方面的应用。

第9章 微机电系统制造技术

9.1　MEMS 常用材料及光刻技术

9.1.1　MEMS 常用材料

集成电路的主要材料是硅、硅的化合物和金属，例如单晶硅、二氧化硅、氮化硅、多晶硅、铝、铜、钛和钨等，而 SiGe 和 GaAs 等集成电路使用了Ⅲ～Ⅴ族半导体材料。如图 9.1(a)所示，单晶体硅具有金刚石的正四面体晶体结构，每个圆圈代表的硅原子与相邻的四个原子形成共价键连接。如图 9.1(b)所示，晶面常用密勒指数表示，即晶面与三个坐标轴交点倒数的最小整数倍，*ACH* 晶面为(111)，*ABFE* 晶面为(010)，*BCGF* 晶面为(100)，*ACGE* 晶面为(110)；晶面族表示一系列位置对等的晶面，如 *ABFE* 和 *BCGF* 是(100)族晶面，同族的晶面具有相同的性质；晶向是指晶面的法向向量，如 *DA* 为[100]，*DF* 为[111]，*AH* 为[101]，<100>表示一系列方向相同的晶向。图 9.1(c)中三幅图依次为硅微加工中常用的三个晶面(111)、(100)和(110)的原子分布图。

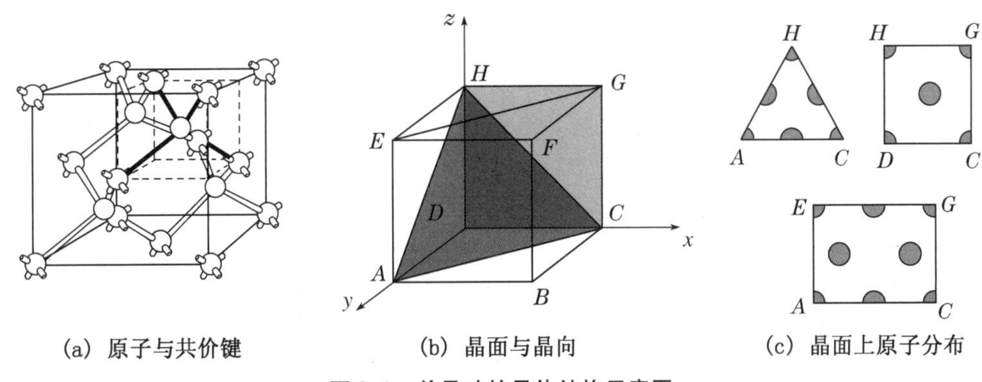

(a) 原子与共价键　　(b) 晶面与晶向　　(c) 晶面上原子分布

图 9.1　单晶硅的晶体结构示意图

纯净的硅称为本征硅，本征硅是不导电的。硅经过掺杂以后表现出一定的导电特性，成为半导体或者导体。掺杂是在硅中掺入一定浓度的砷(As)、磷(P)或硼(B)原子，这些原子进入硅的晶格以后会取代硅原子的位置，与 4 个相邻最近的硅原子形成共价键。如果掺入砷或磷原子，它们本身带有 5 个价电子，而与硅形成共价键只需要 4 个价电子，会有一个价电子游离在原子以外，形成可以导电的自由电子，这种带电子的导电硅称为 n 型硅。如果掺杂的是带有 3 个价电子的硼原子，会在晶格中出现一个可以导电的带正电空穴，这种硅称为 p 型硅。

MEMS 的主要材料也是硅。这是因为 MEMS 起源于集成电路制造技术，同时也因为硅具有一些适合 MEMS 需求的突出优点。硅的能带、半导体性、成本等因素使其适合集成电路(特别是 CMOS)的特点。例如,硅具有良好的电学特性,其电阻率可从掺杂的 0.5 Ω · cm(导体)到本征的 230 000 Ω · cm(绝缘体),能够满足大多数电子器件的要求;地球上硅储量丰富,提纯技术成熟,材料成本相对低廉。硅的良好机械性能适合制成多种 MEMS 敏感器件,能够满足微传感器和微结构对测量和材料力学特性的要求。硅的弹性近似于理想,其屈服强度是钢的 3 倍,弹性模量与钢相当,而密度仅为钢的 1/3,强度质量比超过了几乎所有常用工程材料,表 9.1 给出了几种常用材料的性能参数。硅的压阻等敏感效应适合用来对多种物理和化学量检测。不同的硅加工方法能够制造各种复杂结构。另外,MEMS 可以利用 IC 设计和制造中已经积累的丰富知识,并可以与 IC 集成,形成复杂的微系统。

表 9.1　几种常用材料的性能参数

材料	屈服强度 /GPa	努氏硬度 /(kg/mm^2)	弹性模量 /(GPa)	密度 /(kg/m^3)	热膨胀系数 /(10^{-6}/℃)
金刚石	53.0	7 000	1 035	3 500	1.0
碳化硅	21.0	2 480	450	3 200	4.2
氮化硅	14.0	3 486	322	3 100	0.8
硅	7.0	850	170(110)	2 300	2.8
钢	2.1	660	208	7 800	17.3
铝	1.7	130	70	2 700	25.0

多晶硅是 MEMS 特别是表面微加工技术中常用的结构材料。尽管多晶硅具有较大的残余应力,但是多晶硅与单晶硅具有类似的力学性质,并且在制造过程中与二氧化硅刻蚀的选择比很高,适合作为微结构的材料。二氧化硅由于淀积的原因导致力学性质较差,一般只作为牺牲层材料而不作为结构材料使用。氮化硅可以实现较低的残余应力,可以作为结构材料使用。

除了单晶硅外,MEMS 使用的材料多为薄膜材料,其性质与体材料差别很大,这主要是由薄膜材料与体材料的制造方法不同引起的。在宏观情况下,体材料的缺陷尺寸和密度很低,可忽略;而在薄膜材料中,缺陷与薄膜的尺度相比已经不能忽略。体材料通常被假设为均匀的,而在 MEMS 领域薄膜材料的均匀性假设不合适,有时会造成相当大的误差。薄膜材料的批与批之间,甚至同一薄膜内的随机因素都会造成材料的分散性,对材料性能产生较大的影响。当器件的尺度缩小到与材料缺陷密度相当的水平时,器件内材料缺陷的数量很低,甚至可以实现零缺陷的器件,这是小尺寸简单器件比大尺寸器件可靠性高的原因。

MEMS 的多样性使 MEMS 的材料已经远不止硅一种,金属(Al、Cu、Au、Pt、Ti、Ni)、玻璃、高分子、塑料陶瓷(PZT、AlN、ZnO)等多种材料都在 MEMS 领域得到了广泛的应用。这些材料有各自的优点和局限性,可以应用在不同领域。在生物医学领域,出于生物相容性、制造成本等因素的考虑,多用玻璃和塑料作为基底。高分子材料具有柔软易弯曲、透光、耐腐蚀、较好的生物相容性、易于改变性质等优点,特别是制造简单、成本低,在传感器、执行器、BioMEMS 和微流体领域广泛应用,甚至已经超过了硅成为这些领域最主要的材料。常用的高分子材料包括聚甲基丙烯酸甲酯(PMMA)、聚碳酸酯(PC)、SU-8 厚膜光刻胶、聚二甲基硅氧烷(PDMS)以及聚酰亚胺(PI)等。

MEMS 材料的发展体现在：

① 高性能。提高现有材料的性能或改进材料的制备与刻蚀技术，如降低多晶硅残余应力、改进碳化硅和金刚石等高温材料的制备工艺。

② 微尺寸效应性能。研究 MEMS 尺度下材料的新特点，如薄膜材料的力学性能和电学性能与宏观材料不同，并且随着薄膜厚度或制备方式发生变化。

③ 新材料应用。随着 MEMS 的不断发展和应用领域的不断拓宽，新材料不断涌现，如生物相容材料、高分子材料、压电材料等。

④ 材料集成方法。MEMS 与 IC 的集成方法，主要研究低温低应力多晶硅薄膜的淀积方法，以及 SiGe、GaAs 等平台上的 MEMS 器件制造方法等。

9.1.2　光刻技术

光刻技术是一种将掩模版图形转移到衬底表面的图形复制技术，即利用光源选择性照射光刻胶层使其化学性质发生改变，然后显影去除相应的光刻胶得到相应图形的过程。光刻得到的图形一般作为后续工艺的掩膜，可进一步对光刻暴露的位置进行选择性刻蚀、注入或者淀积等。

1. 光刻基本过程

光刻胶是实现光刻图形转移的材料。光刻胶也叫光致刻蚀剂，是由高分子聚合物、增感剂、溶剂以及其他添加剂组成的混合物，在一定波长的光照射下高分子聚合物的结构会发生改变。

光刻胶分为正胶和负胶。正胶经过光照的区域高分子材料发生裂解，在显影液中溶解，而未照射的区域保留；负胶经过光照的区域发生交联，在显影液中不溶解，未照射区域溶解。因此正胶曝光显影后得到的图形与掩模版上不透光的图形相同，而负胶曝光显影后的图形与掩模版上不透光的图形相反，即同样的掩模版，用正胶和负胶得到的光刻图形刚好相反（互补），如图 9.2 所示。负胶感光速度快、黏附性好、抗蚀能力强、成本低，但分辨率较低；正胶分辨率高，但是黏附性差、成本高。

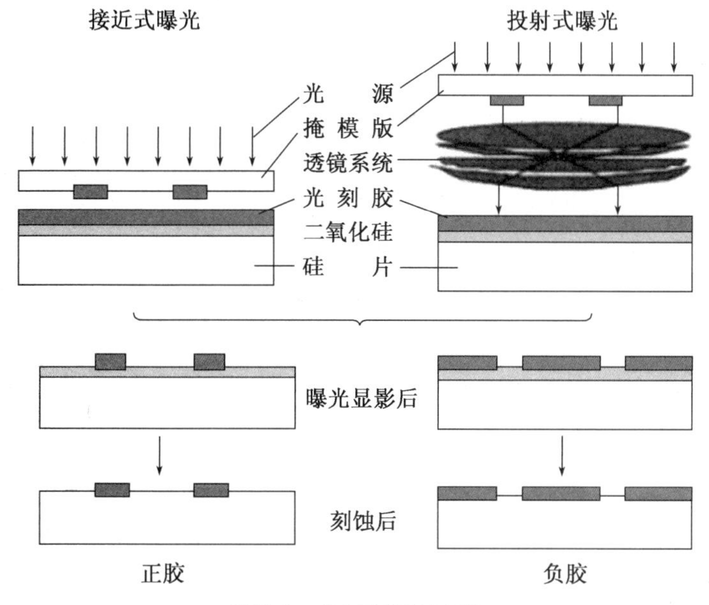

图 9.2　光刻原理示意图

光刻胶一般通过旋转匀胶的方式涂覆到硅衬底表面，即在高速旋转的硅片上滴入光刻胶，利用离心力将光刻胶涂覆均匀。光刻胶厚度 t 与硅片旋转角速度 ω 的关系为

$$t = KS\left(\frac{v}{\omega^2 R^2}\right) \tag{9.1}$$

式中，K 是常数；S 是固体在光刻胶中的比例；v 是光刻胶黏度；R 是硅片半径。

光刻胶的显影液根据胶的极性不同而不同。正胶通常用碱金属水溶液，如 NaOH、NH_4OH、TMAH 作为显影液；负胶使用有机溶剂作为显影液，如二甲苯等。去除光刻胶时，氧化层上的正胶使用硫酸∶双氧水 =3∶1 的溶液去除，金属上的正胶使用有机溶剂如丙酮去除。氧化层上的负胶也使用硫酸∶双氧水 =3∶1 溶液去除，而金属上的负胶采用氯化物溶剂去除。作为注入或刻蚀掩膜（阻挡层）的光刻胶层，由于注入的能量改变了部分光刻胶的性质，溶液难以去除干净，一般采用氧等离子体去除变性的光刻胶。

光刻的主要步骤包括：

① 匀胶。硅片真空吸附在离心式匀胶机上高速旋转，将滴在硅片表面的光刻胶涂覆均匀；

② 前烘。加热蒸发光刻胶部分溶剂，使光刻胶层初步固化；

③ 对准和曝光。将掩模版与硅片对准标记进行套准，对光刻胶曝光使部分区域发生结构改变，转移需要的图形；

④ 显影。将硅片放在显影液中溶解去除光照（正胶）或者非光照（负胶）的部分；

⑤ 后烘。加热硅片使光刻胶中的溶剂进一步蒸发，使光刻胶更加稳定，提高掩模效果。光刻以前一般还要对硅片进行粘附性处理，让硅片暴露在六甲基二硅胺烷（HMDS）蒸气中，增加光刻胶与硅片的粘附强度。

曝光可分为投影式曝光和投射式曝光。投影式曝光是将掩模版图形按照原尺寸直接曝光到光刻胶层，分为接触式和接近式，如图 9.3 所示。接触式曝光是在掩模版上施加一定的压力使其接触到光刻胶层。接近式曝光是使掩模版与光刻胶层之间有一个微小的距离。根据衍射原理，投影式曝光的最小理论线宽为

$$b_{\min} = \frac{3}{2}\sqrt{\lambda(s + z/2)} \tag{9.2}$$

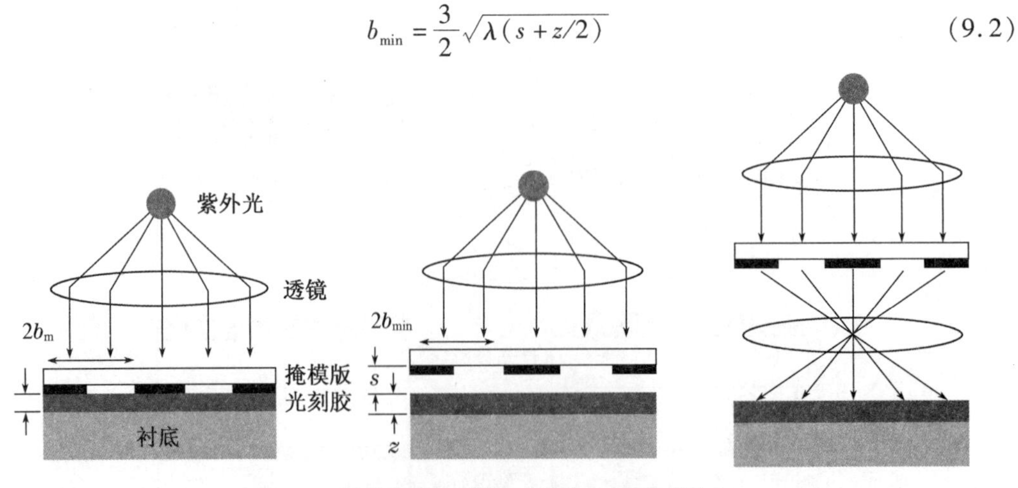

图 9.3　接触式曝光、接近式曝光和投射式曝光

式中，b_{min}是曝光能够实现的最小理论线宽；s 是掩模版与光刻胶层间距离；λ 是光的波长；z 是光刻胶层厚度。为了减小最小理论线宽 b_{min}，应该尽量减小 s、λ 和 z；z 对分辨率有很大影响，z 越大，分辨率越低。负胶的最大胶层厚度一般不超过最小理论线宽的一半，即$z_{max} \leqslant \frac{1}{2}b_{min}$；正胶的最大胶层厚度可以达到最小理论线宽，即 $z_{max} \approx b_{min}$。接触式曝光的 $s=0$，其好处是减小了最小线宽，但是由于光刻胶与掩模版直接接触，会造成掩模版损伤和污染；接近式曝光的 $s \neq 0$，虽然没有损伤和污染的问题，但是分辨率会下降。

为了提高分辨率，目前 IC 制造广泛使用投射式步进重复曝光系统，利用光学透镜系统将掩模版上的图形按照一定比例投影缩小至 1/5 或者 1/10 投射到光刻胶层上，对一个单元（1～2 cm，一般是一个芯片）曝光，然后将硅片移到下一个曝光位置，重复该过程对整个硅片进行步进式曝光。投射式曝光的最小理论线宽为

$$b_{min} = \frac{k_1}{2} \frac{\lambda}{NA} \tag{9.3}$$

式中，k_1 为常数；NA 为数值孔径，$NA = n\sin\theta_{max}$。根据图 9.4 的几何关系，有

$$\frac{NA}{n} = \frac{D/2}{\sqrt{(D/2)^2 + f^2}}, \quad F = \frac{1}{2NA} = (1+M)f, \quad DOF = k_2 \frac{\lambda}{NA^2} \tag{9.4}$$

式中，k_2 为常数；n 为折射率，空气的折射率 $n=1$；M 为放大倍数；f 为焦距；F 为光圈数；DOF 为聚焦深度；D 为透镜直径。

影响投射式曝光最小理论线宽的因素很多，一般采用准分子激光源以减小 λ，采用浸入式结构以增加 n 等。与投影式曝光相比，投射式曝光在保持掩模版与光刻胶层距离的同时可以实现更高的分辨率。

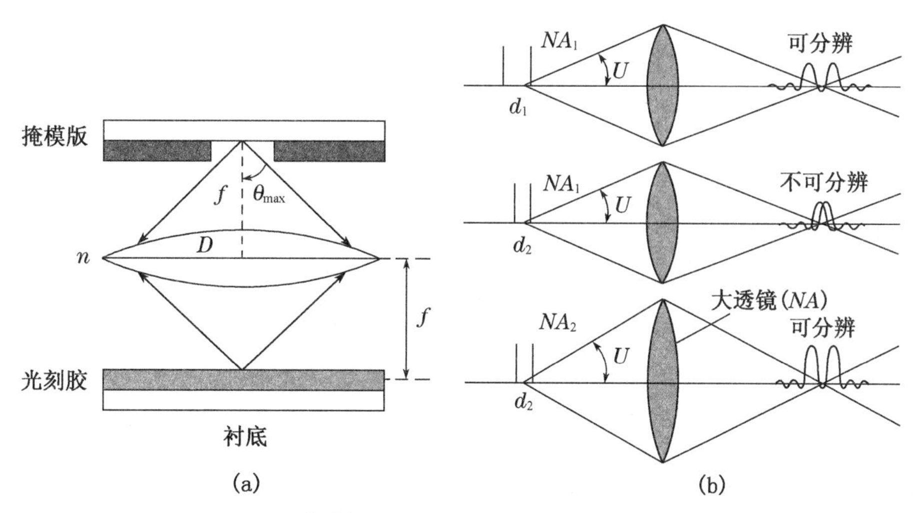

图 9.4　投射式曝光的几何关系和分辨率示意图

接近式和接触式投影曝光用光学系统将图形以 1∶1 投射到硅片上，需要掩模版的尺寸与硅片相同，掩模版上的图形尺寸和位置也必须与实际情况完全一样，这使掩模版的制造非常困难。而对于投射式曝光，例如 10 倍步进曝光机，芯片上 0.3 μm 图形对应掩模版 3 μm 图形为，降低了对掩模版制造的要求。另外，套准是对每个芯片单独进行的，由于芯片尺寸

远小于硅片尺寸,大大降低了对套准精度的要求。步进重复曝光机的缺点是设备昂贵,并且对于尺寸超过 2 cm 的 MEMS 结构无法使用。

光刻掩模版是覆盖有光刻胶和铬薄膜的石英板,制造掩模版可以使用光学图形发生器或者电子束光刻机。光学图形发生器带有可以开闭的光闸,计算机根据图形文件的内容,控制光闸对光刻胶的某一微小矩形区域曝光,然后掩模版移动到下一个需要曝光的位置,光闸重复曝光过程,直到整个掩模版上需要曝光的位置全部完成。显影后去除剩余的光刻胶和暴露的铬薄膜,就形成了由透明(石英板)和不透明(覆盖有铬)区域组成的图形。光学图形发生器制版速度快,但是对于复杂曲线需要多次使用矩形来近似,导致图形边缘类似锯齿。

步进式光刻机是集精密光学、精密机械、自动控制于一体的超精密光机电系统。目前世界上只有荷兰的 ASML,日本的 Nikon 和 Canon 等少数几家公司能够生产,价格极其昂贵。投射式光刻机常用的光源是汞灯产生的波长为 200 ~ 450 nm 的紫外光,包括 436 nm (G-line)、405 nm(H-line)和 365 nm(I-line)等几种。紫外光波长较短,能够获得较高的分辨率。为了进一步提高分辨率,光源还可采用比紫外光波长更短的准分子激光束,如波长为 248 nm 的 KrF 和 193 nm 的 ArF 准分子激光束,可以分别实现 0.25 μm 和 0.18 μm 的特征线宽。通过采用浸入式结构增加折射率,可以用于 110 nm、90 nm 和 65 nm 的工艺。采用157 nm 的远紫外准分子激光束,分辨率可以达到 45 nm。表 9.2 中列出了几种常用光刻机光源。

表 9.2 光刻机光源

光刻方法	波束源	曝光方法	波长	主要特点
X 射线	X 射线	掩膜	0.01 ~ 5 nm	无衍射,分辨率高,设备复杂,可整个硅片同时曝光
电子束	10 ~ 100 keV 电子束	扫描	37.0 ~ 3.7 pm	分辨率高,设备昂贵,产量低,电子散射
离子束	聚焦离子束	扫描	—	散射衍射小,分辨率高,离子源复杂,产量低
准分子激光	激光	投影	157 ~ 248 nm	分辨率低,光学衍射,产量高
极短紫外光	紫外光	投影	13.5 nm	分辨率高,吸收强,反射式光学系统,产量高

2. MEMS 光刻

MEMS 结构的特征尺寸一般在微米级,可以使用接近式和接触式投影曝光机。由于 MEMS 包含三维结构,MEMS 光刻经常涉及台阶光刻、厚胶光刻,以及双面光刻等 IC 制造中所没有用到的技术。在光刻胶涂覆方面,MEMS 需要解决台阶等起伏表面的均匀覆盖、厚胶涂覆、与衬底的牢固粘附,以及承受刻蚀环境的腐蚀等问题;在成像方面,MEMS 需要进行台阶和深槽结构底部的曝光、双面曝光及厚胶曝光等。

MEMS 结构有时需要在深槽底部或者台阶进行光刻,对于起伏较大的台阶,光刻胶的均匀覆盖是比较困难的。光刻胶的均匀性直接影响光刻质量,不均匀的光刻胶涂覆会使线宽增加,降低光刻质量;同时也影响抵抗腐蚀环境能力。离心式甩胶将造成深槽底部与侧壁相接处光刻胶淤积,而远离旋转中心的表面与侧壁的交界又没有光刻胶;图形起伏会使相邻图形结构产生相互影响、干扰,从而影响台阶涂覆质量。采用特殊的涂胶方法,如喷涂或电镀光刻胶,可以一定程度上解决台阶和深槽涂胶的问题。

MEMS 结构厚度达几十微米至几百微米甚至毫米,存在厚胶问题。然而,普通光刻胶单次旋涂的厚度一般只有 1 μm 左右,受黏度、平整度和牢固度的限制,即使多次旋涂也难以实现大厚度。厚胶需要特殊的光刻胶,例如 AZ4620 或者 SU－8 等,这类光刻胶黏度较大,增加了特殊的添加剂,单次旋涂可以达到 50 μm 以上的厚度。

在成像方面,尽管 MEMS 结构的特征线宽远大于目前 IC 的特征线宽,但在带有台阶或深槽的衬底上曝光成像却存在一些困难。对台阶和深槽曝光时,掩模版与光刻胶层距离增加,如果使用接触式或者接近式曝光,衍射的存在会导致分辨率下降。如果对深槽表面和底部同时曝光,光刻机聚焦深度有限,曝光图形将失真。当深槽倾斜、侧壁非常光滑时,不能保证光刻胶对侧壁的覆盖完整性,可能会使入射光被多次反射,导致光刻胶层被不同方向的反射光多次曝光,出现“鬼影”,严重影响光刻效果。

随着光刻胶厚度的增加,厚胶光刻需要的曝光剂量也更大。当光刻胶厚度增加到一定程度后,由于已经曝光的厚度层的影响,仅仅通过增加剂量(受光刻机功率的限制)或曝光时间,不能将整个厚度上的光刻胶完全曝光。因此,需要采用 UV 紫外光或 X 射线等合适的光源,以增加光线的穿透力。对于厚胶,当光线通过已经曝光交联的光刻胶层时产生折射和散射,会使厚胶光刻失真严重,特别对光刻胶层的侧壁陡直度产生很大的影响。采用聚焦深度递进的方法对厚胶进行曝光可以减小失真,它是通过一连串的快门控制总体曝光剂量,使不同的图形光强曝光在不同的焦深,这种方法能够控制曝光图形的侧壁形状。

MEMS 光刻中,为实现硅片的正、反面都制造微结构,需要双面光刻保证正、反面结构之间的相对位置,即把反面的图形与正面图形对准。实现正反面对准的技术称为双面光刻,目前商业双面光刻机采用两种方法,分别是德国 Suss 微系统公司的照相存储和荷兰 ASML 公司的激光实时对准。

图 9.5 是 Suss 公司发明的照相双面光刻的原理。首先将光刻掩模版装入光刻机,用显微镜和照相机将掩模版上的对准标记照相、存储并显示,锁定掩模版与显微镜的相对位置,

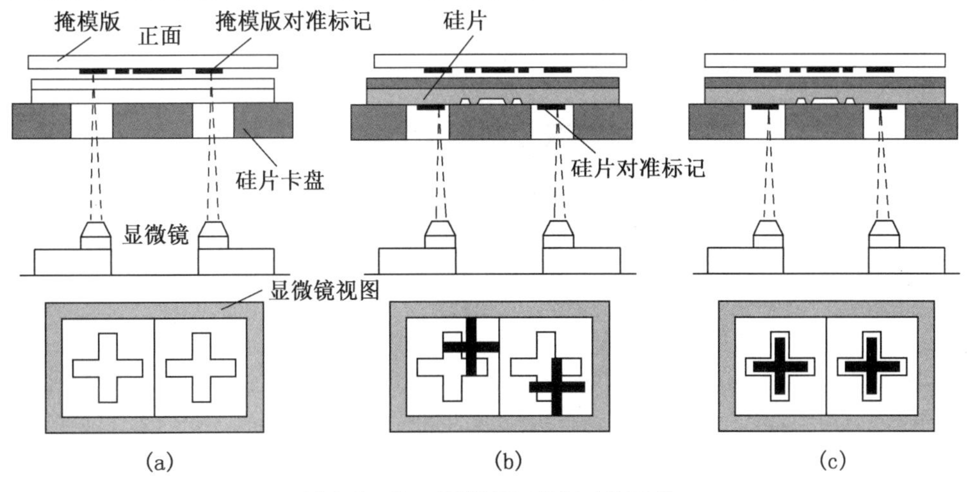

图 9.5　Suss 照相双面光刻对准原理

如图 9.5(a)所示；然后将硅片插入掩模版与显微镜之间，用显微镜将硅片表面的对准标记也显示到屏幕上，如图 9.5(b)所示，由于掩模版的位置是固定的，通过平移和旋转硅片，可将掩模版的对准标记与硅片表面的标记套准，如图 9.5(c)所示。这种方法的双面对准精度为 1 ~2 μm。

ASML 开发的三维对准技术，是在硅片的卡盘上嵌入两组由透镜组成的光学模块，用来反射对准激光束，激光束将硅片一面已有的对准标记与掩模版的对准标记套准，对硅片的另一面曝光。首先对准硅片正面的对准标记并曝光正面，如图 9.6(a)所示；然后翻转硅片使正面朝下，如图 9.6(b)所示；利用卡盘上的光学模块反射对准激光束，将其投射到硅片边缘以外的聚焦平面上，确定正面对准标记的位置，如图 9.6(c)所示；根据该套准位置确定背面曝光位置，移动曝光系统对背面进行曝光，如图 9.6(d)所示。这种方法依靠复杂的精密光学和机械系统实现双面对准，其套准误差小于 0.5 μm，并且在硅衬底背面仅用两个对准标记，光刻速度快，适合于大批量生产。

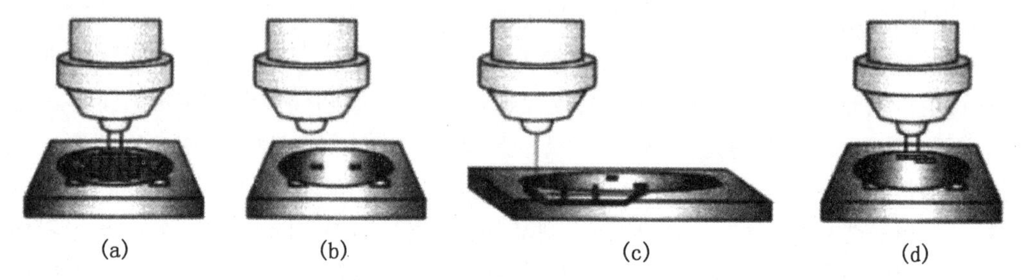

图 9.6　ASML 双面光刻三维激光对准原理

9.2　体微加工技术

MEMS 制造不仅依赖于 IC 工艺，更依赖于微加工技术。图 9.7 所示为一种电容式微型硅麦克风结构，由多晶硅波纹膜片与硅衬底刻蚀的背板构成电容的两个极板，当声压作用在膜片上时，膜片的变形改变了电容的大小，通过测量电容可以得到声音信号。这种复杂的微结构难以用 IC 工艺实现，必须采用微加工技术制造。

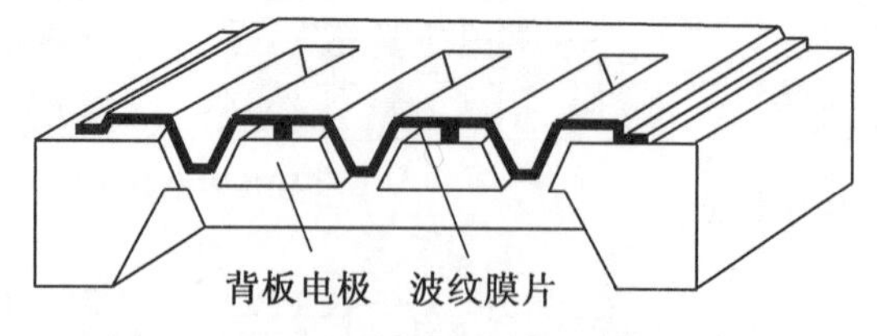

图 9.7　电容式微型硅麦克风结构示意图

微加工技术包括硅的体微加工(bulk micromachining)、表面微加工(surface micromachining)和特殊微加工技术，前两者分别用来加工背板电极和膜片。体微加工技术是指沿着硅衬底的厚度方向对硅衬底进行刻蚀的工艺，包括湿法刻蚀和干法刻蚀，是实现三维结构的重要方法。当刻蚀速度在各个方向都相同时，刻蚀为各向同性，否则为各向异性，即刻蚀速度和形状与硅片晶向有关，如图 9.8 所示。为了获得需要的结构，刻蚀只在硅片的局部区域进行，非刻蚀区域必须淀积阻挡层（掩膜层）保护，对阻挡层选择性刻蚀，使被刻蚀区域的硅暴露出来。

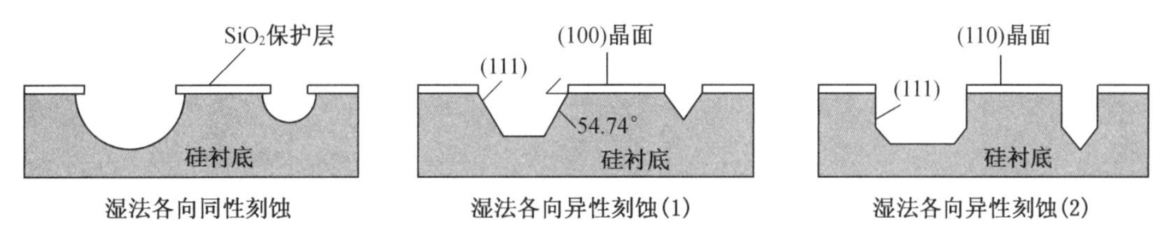

图9.8 各向同性与各向异性刻蚀

9.2.1 湿法刻蚀

湿法刻蚀是一种化学加工方法，它利用刻蚀溶液与被刻蚀材料发生化学反应实现刻蚀，只需要刻蚀溶液、添加剂、反应容器、控温装置和搅拌装置，是最简单的单晶硅刻蚀方法。常用刻蚀溶液包括：HNA（$HF+HNO_3+CH_3COOH$）、KOH、TMAH（四甲基氢氧化铵）、联氨的水溶液和EDP（乙二胺$NH_2(CH_2)_2NH_2$、邻苯二酚$C_6H_4(OH)_2$和水的混合溶液），其中第一种为酸性溶液，刻蚀为各向同性；后四种是碱性溶液，刻蚀为各向异性。

1. 各向同性刻蚀

常用的各向同性刻蚀溶液是氢氟酸（HF）、硝酸（HNO_3）和乙酸（CH_3COOH）的混合液，简称HNA。HNO_3是强氧化剂，可以将硅氧化为二氧化硅；HF水解提供氟离子（F^-），将二氧化硅变为可溶性化合物H_2SiF_6，实现刻蚀。反应过程比较复杂，总体反应式为

$$18HF+4HNO_3+3Si \rightarrow 3H_2SiF_6+4NO+8H_2O$$

乙酸用以阻止硝酸分解，使溶液更稳定。水可以替代乙酸，但由于水的极性很强，溶液中硝酸易分解，会导致溶液失效。

刻蚀速率依赖于溶液中三种成分的比例，并且和硅的掺杂浓度有关。图9.9给出了二倍刻蚀速度与成分配比的三相图。从图中某一点出发画三条与边平行的直线，交点就是对应这个刻蚀速度的三种组分的百分比；相反，知道三种组分的含量，可以得到对应的刻蚀速度，图中实线和虚线分别是用乙酸和水作为稳定剂的刻蚀速度，可见相同比例时水稀释的刻蚀速度大。HNA最高刻蚀速度可达近500 μm/min，刻蚀速度越快，刻蚀表面越粗糙，但是在高HF或者高HNO_3比例的区域，即使刻蚀速度比较慢，表面也比较粗糙。HNA刻蚀速度还受掺杂浓度的影响，随掺杂浓度下降而下降，当掺杂浓度小于$10^7\ cm^3$时，刻蚀速度比重掺杂慢，只有其1/150。搅拌可以加快刻蚀速度，并使各向同性更加均匀。综合考虑刻蚀速度与表面质量，一般室温下刻蚀速度为4～20 μm/min，常用的配比是氢氟酸：硝酸：乙酸＝5：10：16。

氮化硅在HNA中的刻蚀速度非常慢，具有很好的掩膜作用。热生长二氧化硅的刻蚀速度比硅慢，约为其1/100，可以在一定范围内作为掩膜使用。金的刻蚀速度也非常慢，可以作为掩膜或者各向异性刻蚀前金属化使用；铝的刻蚀速度很快，不能作为掩膜或者金属材料使用。

各向同性刻蚀会造成掩膜层下硅的横向刻蚀,使刻蚀尺寸与掩膜尺寸不同。各向同性刻蚀多用来去除表面损伤、圆滑(各向异性刻蚀)尖角以减小应力、干法或者各向异性刻蚀后的光洁表面,也可用来在表面微加工中释放悬浮结构,刻蚀平面、薄膜或者结构减薄等。

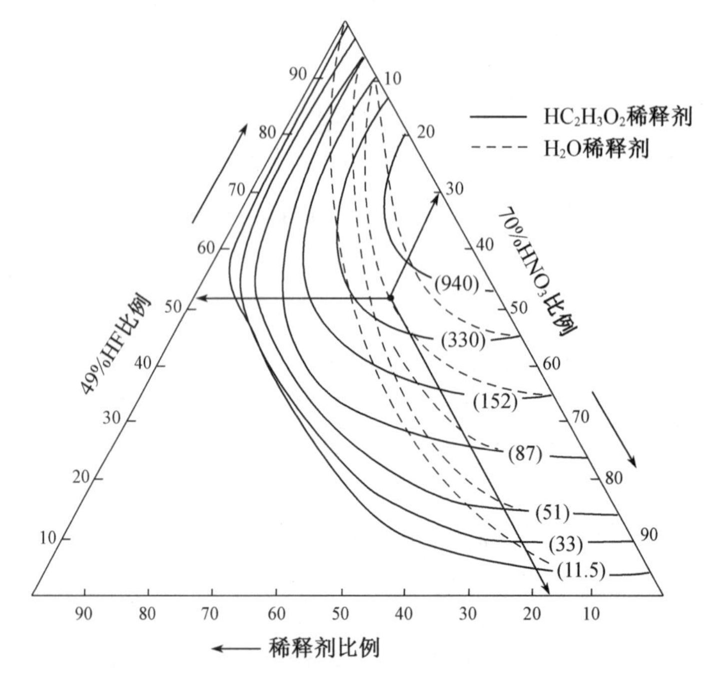

图 9.9　二倍刻蚀速度与 3 种溶液的配比相图(HF 和 HNO_3 的浓度分别是 49%和 70%)

2. 各向异性刻蚀

碱金属的氢氧化物溶液、联氨的水溶液、EDP 以及 TMAH 等碱性溶液对硅的刻蚀速度与晶向有关,属于各向异性刻蚀。联氨的水溶液刻蚀效果很好,但是被怀疑有致癌物且高浓度时容易爆炸,极少使用;EDP 刻蚀均匀稳定,可控性好,但是刻蚀速度较慢,且有剧毒并容易造成呼吸道过敏,较少使用。碱金属的氢氧化物中应用最多的是 KOH 水溶液,它的优点是反应过程简单,易于控制,成本低,可以获得比较光滑的刻蚀表面以及规则的三维结构。TMAH 无毒,与 IC 兼容,但刻蚀速度较 KOH 刻蚀稍慢。在各向异性刻蚀中,需要重点考虑的问题包括可操作性、溶液毒性、刻蚀速度、刻蚀底面的粗糙度、IC 兼容性、刻蚀停止的方式、掩膜材料及刻蚀选择比等。

碱性溶液能够进行各向异性刻蚀的原理目前还存在争议,比较流行的两种模型分别是由 Elwenspoek 和 Seidel 建立的,Seidel 认为氢氧根离子和硅反应,硅被氧化生成络合物并释放出 4 个电子,同时水被还原生成氢气:

$$Si + 2OH \rightarrow Si(OH)_2^{+2} + 4e^-$$

$$4H_2O + 4e^- \rightarrow 4OH^- + 2H_2$$

络合物 $Si(OH)_2^{2+}$ 和氢氧根进一步反应生成可溶性络合物和水:

$$Si(OH)_2^{2+} + 4OH^- \rightarrow SiO_2(OH)_2^{2-} + 2H_2O$$

总反应式可以表示为

$$Si+2OH^{-}+2H_2O \rightarrow SiO_2(OH)_2^{2-}+2H_2$$

(1) 刻蚀溶液及其特性

KOH 刻蚀的速度与衬底晶向、溶液温度、浓度以及搅拌条件等有关。刻蚀液的温度对刻蚀速度有明显的影响。随着温度的增加,刻蚀速度呈指数规律增长(纵坐标按倍数增长),如图 9.10 所示,但是温度高于 80 ℃以后容易造成刻蚀表面粗糙。KOH 浓度对刻蚀速度的影响要稍微复杂一些。当 KOH 浓度比较低时(10% ~20%,质量百分比,下同),刻蚀速度随着 KOH 浓度的增加而增加,并在 22% 时出现最大值;之后随着溶液浓度的进一步增加,刻蚀速度逐渐下降,如图 9.10 所示。使用低浓度溶液能够得到较高的刻蚀速度,但是刻蚀表面比较粗糙,并生成不溶性产物影响刻蚀,所以一般很少使用 20% 以下的 KOH。常用的刻蚀浓度是 30% ~50%,在 80 ~85 ℃时对(100)晶面的刻蚀速度为 1 ~1.4 μm/min。

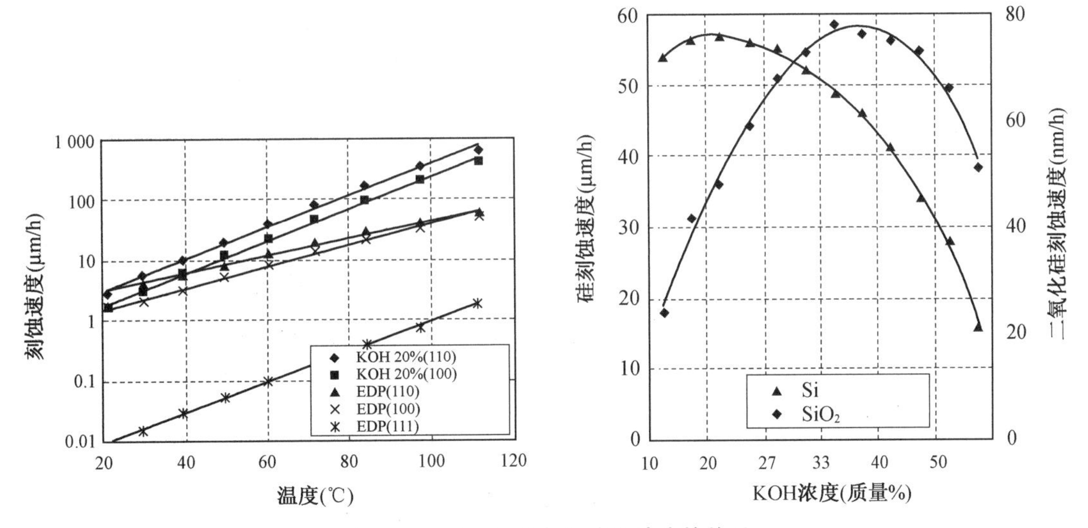

图 9.10 刻蚀速度与温度和浓度的关系

KOH 刻蚀会产生大量的氢气气泡,这些气泡停留在刻蚀表面会引起刻蚀速度不均匀、表面粗糙,甚至阻止刻蚀的继续进行,因此在刻蚀过程中必须对溶液进行搅拌。搅拌能够去除气泡,加快反应物和反应产物的输运,使反应物浓度和温度稳定,提高刻蚀的稳定性并降低刻蚀表面的粗糙度。常见的搅拌工具有磁力搅拌棒、机械搅拌轮等。与无搅拌的刻蚀相比,搅拌后表面粗糙度可以降低一个数量级。超声波也可以消除气泡,促使气泡排除和爆裂,加速反应物和生成物的输运速度,合适的超声波搅拌可以显著提高刻蚀底面的光滑程度和刻蚀均匀性,并能在一定程度上提高刻蚀速度。

KOH 对硅的各向异性刻蚀的速度一般在 1 ~1.4 μm/min,因此刻蚀 300 μm 深的结构需要 4 ~5 h;另外刻蚀温度高,KOH 溶液腐蚀性强,可以作为阻挡层(掩膜)的材料比较少。常用的阻挡层是热氧化生长的 SiO_2 及 LPCVD 淀积的 Si_3N_4,SiO_2 在 80 ℃和 33% 的 KOH 中的刻蚀速度为 8 ~10 nm/min,与硅刻蚀速度比(选择比)约为 1∶150。由于热氧化 SiO_2 的厚度一般不超过 2 μm,SiO_2 保护时硅的最大刻蚀深度不超过 150 ~200 μm。用作掩膜时,LPCVD生长的 SiO_2 的保护效果与热生长 SiO_2 的保护效果基本相同。LPCVD 生长的 Si_3N_4

(500 ~ 600 ℃)在 KOH 中的刻蚀速度约为 0.1 nm/min,与硅的选择比为 1∶10 000,是 KOH 长时间刻蚀的最佳保护层。PECVD 生长的 Si_3N_4(300 ~ 400 ℃)有很多针孔,因此保护效果不如 LPCVD 的好,但是 PECVD 可以在较低温度下淀积 Si_3N_4,能够满足金属铝淀积后的温度要求。

KOH 刻蚀的缺点是溶液中的 K^+ 离子和其他金属离子会造成 IC 污染,同时 KOH 会刻蚀金属互连铝。用 KOH 刻蚀正面带有 IC 的硅片背面时,要求掩膜材料能够在 IC 表面较好地淀积,干净地去除,不损坏 IC 器件,并能够抵抗高温 KOH 的腐蚀。因此,KOH 刻蚀带有 IC 器件的硅片是非常困难的。当 KOH 刻蚀与 IC 分别位于硅片的两面时,可采用下面的方法保护非刻蚀面的 IC:① 使用特制的卡具保护带有 IC 的一面,仅在 KOH 中露出需要刻蚀的一面。缺点是需要特制的卡具,装夹复杂,容易泄漏和损坏硅片。② 使用特殊的有机物(例如黑腊)保护 IC 或者把 IC 面和一个(111)晶片对粘起来保护电路。缺点是有机物的去除比较困难,容易损坏器件。③ 在 KOH 溶液表面平放一个带有圆孔的特富龙板,把硅片要刻蚀面朝下放在圆孔上方因为液体表面张力的作用,KOH 溶液会接触到硅片对硅片下面进行刻蚀,但是上方不接触 KOH。这种方法的优点是操作非常简单,缺点是输运反应物和反应产物都比较困难,溶液表面温度低,难以准确控制,刻蚀速度慢,均匀性较差。

为了解决 IC 兼容的问题,近年来研究和应用得比较多的是 TMAH。TMAH 分子式是 $(CH_3)_4NOH$,为无色结晶碱性化合物(常含有 3、5 等数目的结晶水),无毒无污染,极易吸潮,在空气中能迅速吸收二氧化碳,130 ℃时分解为甲醇和三甲胺。MEMS 工艺中通常使用的是 10% 和 25% 的水溶液,无色。电子级的 TMAH 不含危害电路的碱金属离子,对铝腐蚀较轻,在 TMAH 中溶解硅粉可以降低 pH 值,能够在铝表面形成不溶性的硅酸铝,可以进一步降低铝的腐蚀速度。在 90 ℃、22% 浓度下 TMAH 对(110)和(100)晶面的刻蚀速度达到 1.4 μm/min 和 1 μm/min,(100)晶面对(111)晶面的刻蚀速度比为(11 ~ 50)∶1。TMAH 的缺点是成本比 KOH 高,挥发性较强,易分解,使用温度不能太高。刻蚀一般使用 22% 浓度的 TMAH,浓度太低容易导致表面粗糙,浓度太高时刻蚀速度和对(111)面的选择比较低。典型的配比是 250 ml 25% 的 TMAH,375 ml 去离子水和 22 g 硅。二氧化硅和氮化硅在 TMAH 中的刻蚀速度一般在 0.05 ~ 0.25 mm/min,作为保护层有很高的选择比。

(2) 刻蚀结构与晶面的关系

硅的不同晶面在 KOH 中的刻蚀速度不同,常见的低指数面如(100)、(110)、(111)面在 KOH 中的刻蚀速度(即沿着垂直于晶面方向的刻蚀速度)依次为

$$(110) > (100) > (111)$$

图 9.11 所示为(100)和(110)硅片进行 KOH 刻蚀时(50%,78 ℃)不同晶面的刻蚀速度。KOH 对(111)面的刻蚀最慢,是(100)面刻蚀速度的 1/400。因此,垂直(111)晶面的方向的刻蚀速度非常低,大多数情况下可以忽略不计,即认为(111)面是 KOH 刻蚀的阻挡面,刻蚀遇到(111)面就停止下来。在 KOH 中加入异丙醇(IPA)可以进一步增加(100)和(111)面的刻蚀选择比。

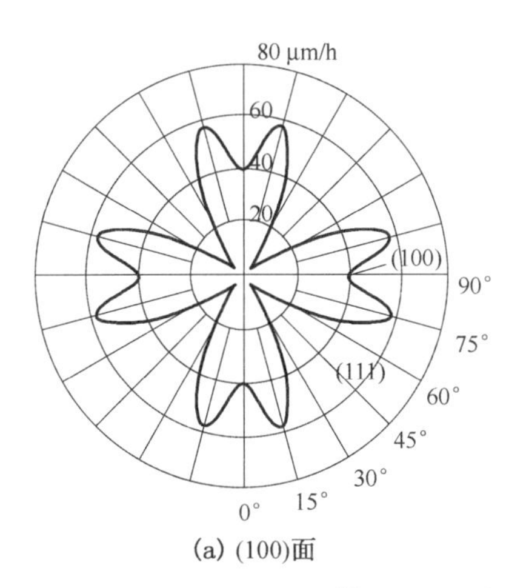

(a) (100)面

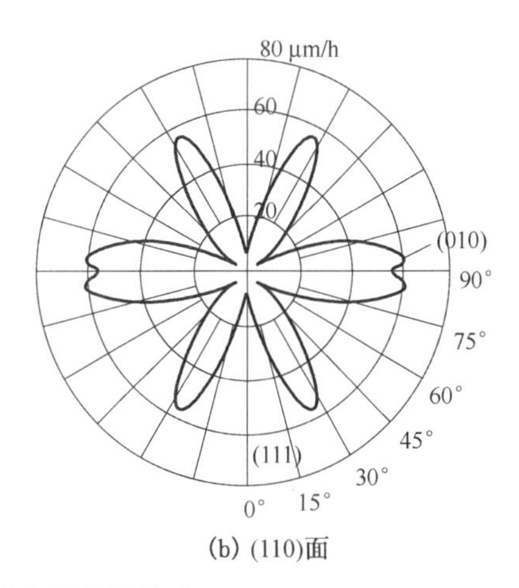

(b) (110)面

图9.11　KOH刻蚀速度与晶向的关系

不同晶面刻蚀速度不同的原因一般认为与晶面上的键密度有关。晶面上分子密度越大、分子间距越小,连接键的数量和强度就越大,键密度就越高,发生化学反应所需要的能量也越多,刻蚀速度越慢。图9.12所示为(100)硅片在KOH刻蚀时形成结构的示意图,图中每个圆点表示1个原子。*A*、*B*、*C*、*D*为掩膜窗口暴露出来的硅原子,掩膜窗口的*AB*和*CD*边平行于(110)晶向方向。当沿着垂直于(100)的方向向硅片深度方向刻蚀时,硅原子*A*、*B*、*C*、*D*首先被刻蚀,使下一层硅原子*EF*暴露出来,形成的*ADE*、*BCF*、*ABFE*和*CDEF*平面都是(111)晶面。由于沿着垂直(111)晶面方向的刻蚀可以忽略,所以这四个平面阻挡KOH的横向刻蚀,刻蚀只能沿着垂直硅片的深度方向继续进行。当这四个平面彼此相交后,所有的刻蚀方向都停止,形成了图9.12(b)中所示的粗线围成的锥形。如果平面在底部并未两两相交,刻蚀继续向深度方向进行,形成倒金字塔结构,如图9.13所示。更严谨的解释和刻蚀仿真需要用到元胞自动机理论。

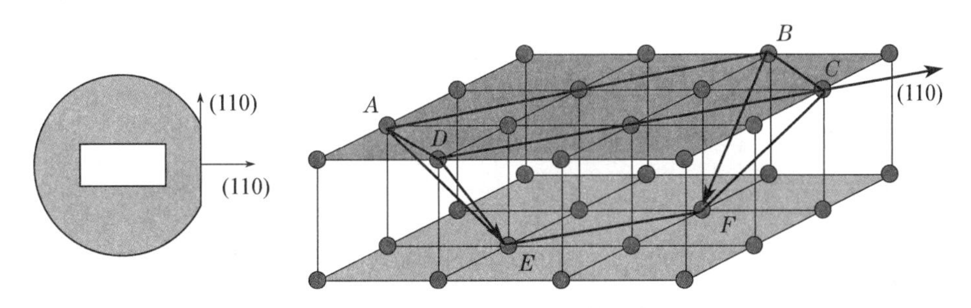

图9.12　(100)晶面刻蚀形状示意图

(100)硅片和(110)硅片中(111)晶面和表面的夹角不同,刻蚀得到的结构也不同。(100)硅片的(111)面和硅片表面的夹角为54.74°,如果刻蚀窗口为矩形且平行于硅片的切边时,即平行于(110)晶向时,(100)面的刻蚀结构是由四个与表面呈54.74°夹角的(111)面围成的倒梯形,梯形的下底面位于硅片表面,随着深度下降而收缩,如图9.13所示。如果刻蚀时间足够长且硅片厚度足够,四个倾斜的(111)面逐渐收缩且相交,最后形成倒置的三棱锥(长方形掩膜开口)或金字塔形状(正方形掩膜开口)。(110)硅片中的(111)面与硅片表面的夹角分别为90°和115.26°,因此(110)面的刻蚀结构是由四个与表面垂直的(111)

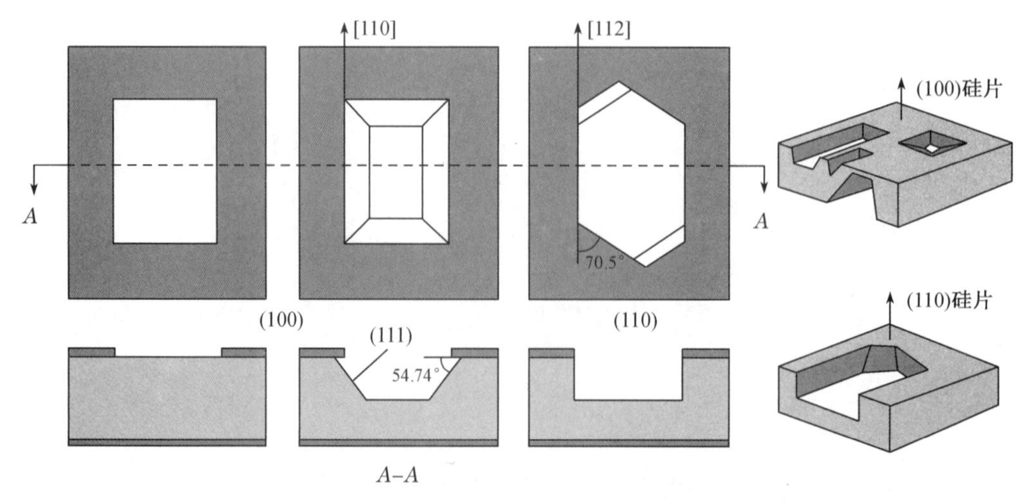

图 9.13 不同晶面硅片的刻蚀结果

面和另外两个与表面成 115.26°夹角的(111)面围成的结构,如图 9.14 所示。两个倾斜(111)面与表面的交线与垂直的(111)面与表面的交线的夹角为 109.5°和 70.5°。

在(100)硅片上,(111)面与表面相交的线是(110)方向,因此掩膜窗口应该与(110)方向平行,否则实际刻蚀结果与掩膜窗口的图形不一致。如果硅片足够厚并且刻蚀时间足够长,无论掩膜为什么形状,最后的刻蚀结果都是由四个(111)面围成的四面体,这些(111)面与表面的交线与掩膜图形的最外端相切,如图 9.14 所示。同样,当掩膜图形的边与(100)硅片上(110)方向不平行时,最后刻蚀结果是四个包围掩膜最外端的四个(111)面组成的四面体。

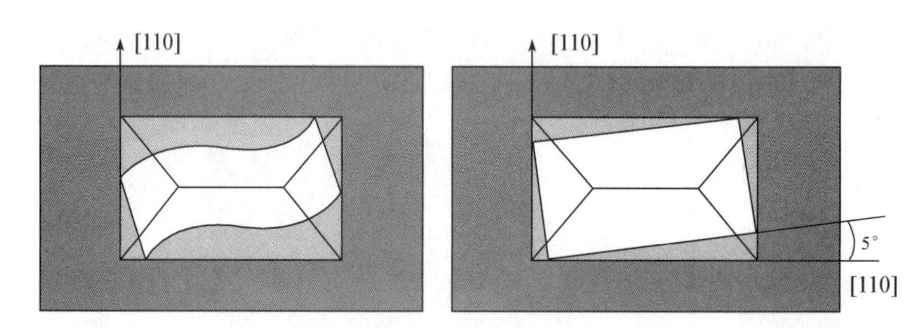

图 9.14 任意掩膜以及与[100]不平行的掩膜在(100)硅片上的刻蚀结果
(白色为掩膜窗口,浅灰色为刻蚀结果)

当两个(111)面相交形成内凹角时,刻蚀会停止在凹角处,但是当两个(111)面的夹角为外凸角时,在相交处的某些高指数面上仍会发生刻蚀,导致两个(111)面被刻蚀。利用这特性和刻蚀形状与晶向的关系,可以得到不同的刻蚀结构。图 9.15 为刻蚀二氧化硅悬臂梁结构的示意图。(1)在硅表面淀积二氧化硅层作为掩膜层,刻蚀窗口的形状如图所示。经过一段时间后,凡是(111)面内交成凹角的位置都不再刻蚀,如刻蚀面遇到的悬臂梁根部的(111)面。(2)在悬臂梁自由端,两个方向的(111)面相交为向外的凸角,刻蚀在这里的某些高指数面发生,如(311),导致(111)面被破坏,于是悬臂梁下面的硅从自由端开始向根部刻

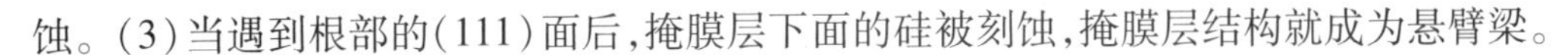

蚀。(3)当遇到根部的(111)面后，掩膜层下面的硅被刻蚀，掩膜层结构就成为悬臂梁。

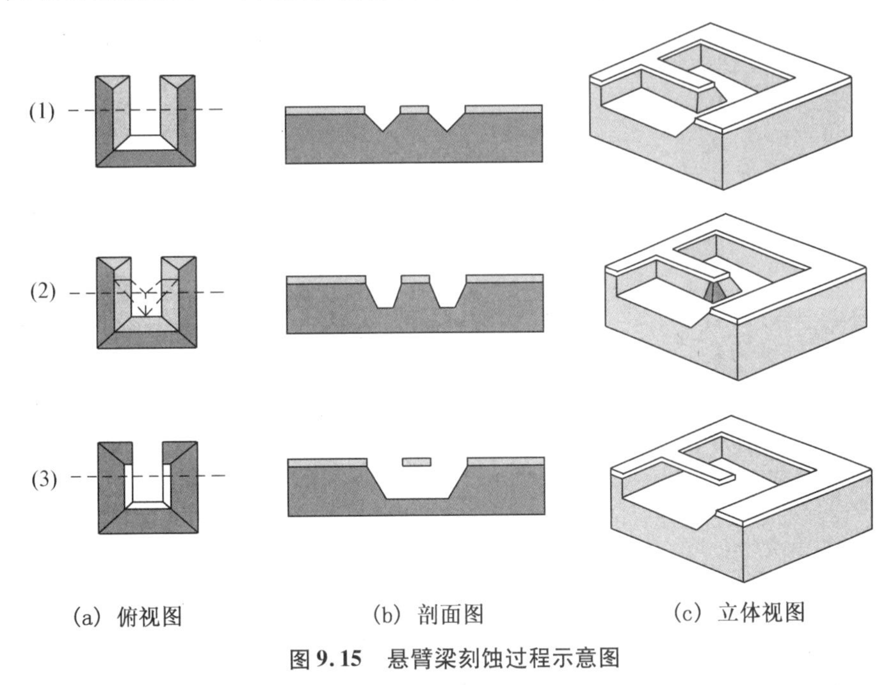

图9.15　悬臂梁刻蚀过程示意图

3. 刻蚀停止

利用KOH或TMAH进行各向异性刻蚀时，需要在得到了特定的薄膜厚度时停止刻蚀，刻蚀结构的厚度和控制的准确程度决定了器件的性能。刻蚀停止的方法包括电化学停止、浓硼停止、阻挡层停止、跌落停止等自动停止方法，以及时间测量等被动停止方法。随着SOI硅片的应用，用SOI中的埋层二氧化硅作为KOH刻蚀的阻挡层，能够准确控制硅薄膜的厚度，操作简单。

(1) 电化学自停止。p-n结在各向异性刻蚀液中存在一个钝化电位，电化学自停止利用了钝化电位。在p-n结上施加一个电压，当该电压低于钝化电位时，各向异性刻蚀正常进行；若高于这个钝化电位，则会在单晶硅表面生成氧化物，使表面被钝化导致刻蚀停止。如图9.16(a)所示，在p型硅表面注入或者外延n型薄膜，形成p-n结，将n型区接电源正极，把硅片放入接电源负极的刻蚀溶液中。开始时反向偏置的pn结阻止钝化电流的产生，p型硅衬底被刻蚀；当刻蚀液到达n型薄膜时p-n结消失，n型薄膜产生钝化电流，n型薄膜被迅速钝化，刻蚀停止。这种方法可以精确控制薄膜厚度，但是稳定性稍差，同时需要在p型单晶硅衬底上进行n型外延或磷注入(扩散)形成p-n结，并需要逐片引出电极，工艺较复杂。

(2) 浓硼自停止。浓硼自停止利用了单晶硅中掺杂浓度超过$2\times10/cm^3$的硼原子时，KOH刻蚀液与浓硼掺杂表面相遇生成钝化层而使刻蚀速度降低至$\frac{1}{100}\sim\frac{1}{50}$，从而实现刻蚀停止，如图9.16(b)所示。浓硼自停止得到刻蚀结构的厚度等于掺杂深度。这种方法不需要引入偏压，工艺简单，结构厚度由注入和扩散控制，精度高。浓硼掺杂自停止的缺点是：高浓度硼原子会使硅原子严重失配，硅的内应力很高，将影响结构的力学性能(可以适当掺杂

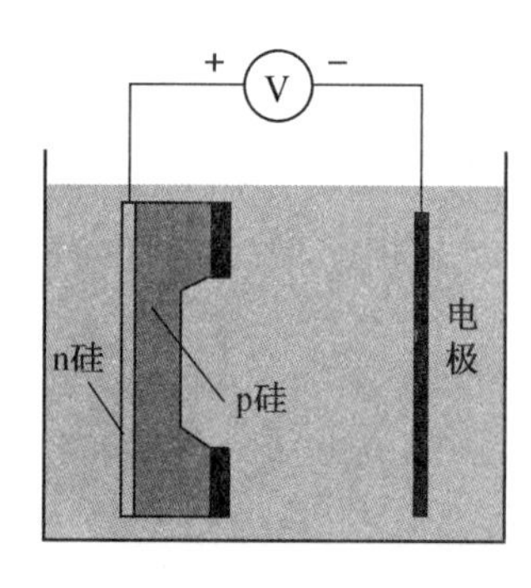

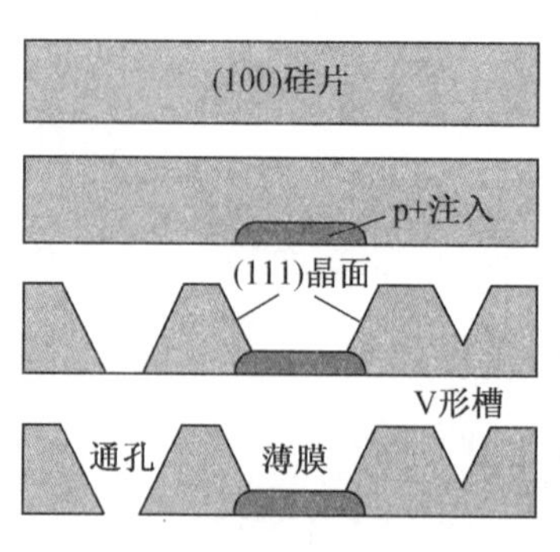

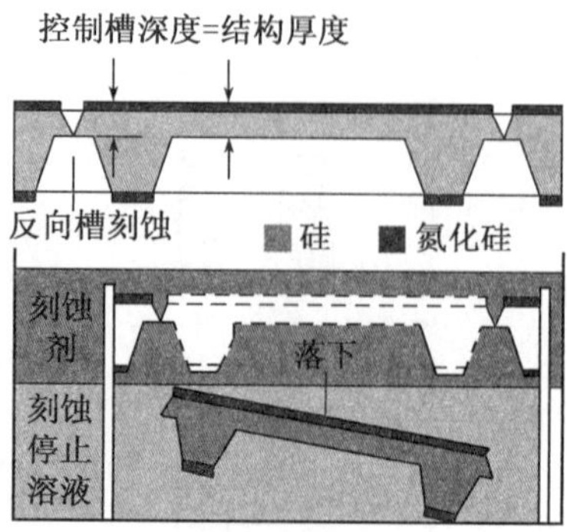

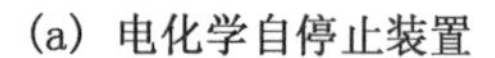
(a) 电化学自停止装置　　(b) 浓硼自停止　　(c) 跌落自停止

图 9.16　刻蚀停止的三种方法

降低原子晶格失配的其他原子以降低硅的内应力)；浓硼区的厚度有限，一般厚度为 10～20 μm，越厚掺杂难度越大；浓硼区电阻率很低，接近导电所需要的掺杂浓度，无法应用于压阻器件；高温退火后，浓硼区表面可能产生复杂且难以去除的化合残留物，会影响硅的表面质量和后续的光刻过程。

(3) 阻挡层停止。阻挡层停止是利用硅表面淀积的氮化硅等薄膜阻止刻蚀，当刻蚀液到达氮化硅薄膜时，刻蚀停止，得到氮化硅薄膜结构。由于氮化硅薄膜存在残余应力，解决薄膜淀积时的残余应力是这种方法的关键。随着 SOI 的广泛应用，其中的埋层二氧化硅作为阻挡层，这种方法从背面刻蚀硅衬底，遇到埋层二氧化硅后自然停止，再去除二氧化硅，得到器件层厚度。其优点是刻蚀过程简单，结构厚度由 SOI 硅片的器件层的硅决定，厚度范围大，精度高。

(4) 跌落自停止。图 9.16(c)所示为跌落自停止方法示意图，利用氮化硅作为保护层从正面刻蚀 V 形槽，槽的深度为需要的结构厚度，利用正面的 V 形槽作为反面刻蚀停止的触发点，然后利用氮化硅保护从背面刻蚀结构，当背面刻蚀的深槽与正面刻蚀的 V 形槽相遇时，结构脱落进入下层的非刻蚀溶液中，非刻蚀溶液需要满足密度大于 KOH 或 TMAH，以便能够处于刻蚀溶液的下方；KOH 和 TMAH 仍旧能够准确控制温度；非刻蚀溶液对硅、氮化硅以及 KOH 和 TMAH 都是惰性的，满足这些要求的溶液如 CH_2L_2。这种方法的优点是控制容易，并且正面刻蚀 V 形槽时间短，刻蚀不均匀性累积的误差较小，能够比较精确地控制刻蚀深度。

判据图形法是在硅片上预刻蚀判据图形，其深度等于结构的厚度。在刻蚀正式结构时，判据图形再次被刻蚀，当判据图形刻蚀前沿到达硅片正面时，立即终止刻蚀，这时硅结构的厚度等于判据图形预刻蚀深度。这种方法与跌落法类似，工艺简单，但主观性强、重复性差，刻蚀不均匀时误差较大，另外硅片上的通孔给后续工艺带来了困难。

KOH 各向异性刻蚀最常用的停止方法是时间测量停止法，即通过测量刻蚀深度来决定刻蚀是否继续下去，通过多次刻蚀期间的测量，得到深度的同时得到刻蚀速度，然后根据刻蚀深度的目标和刻蚀速度计算出尚需刻蚀的时间，一般经过 3～4 次测量，基本可以控制刻蚀尺寸，这种方法使用简单，但是由于刻蚀的非均匀性和硅片厚度的差异，导致测量误差大，重复性差。

4. 各向异性刻蚀的应用

硅的湿法各向异性刻蚀是最早开发的微加工技术，是早期实现单晶硅结构的主要方法，凭借工艺简单、刻蚀深度大等优点，已经在压力传感器、加速度传感器、喷嘴等产品中得到了广泛应用。图9.17(a)所示为压阻式MEMS压力传感器，压力引起敏感元件——膜片变形，导致膜片上压阻的电阻值改变，通过电桥测量电阻的改变得到压力大小。图9.17(b)为工艺流程示意图，在两个硅衬底分别外延P型掺杂层和热生长二氧化硅，如图9.17(b)中(1)和(2)所示；将(1)和(2)两个硅衬底熔融键合，在背面淀积氮化硅作为保护层，正面用KOH刻蚀，只留下掺杂层，如图9.17(b)中(3)所示；光刻并刻蚀p型层得到压阻，如图中9.17(b)(4)所示；淀积金，光刻并刻蚀金得到压阻间的连线，如图9.17(b)中(5)所示；背面淀积氮化硅保护层，光刻并刻蚀氮化硅开出KOH刻蚀窗口，如图9.17(b)中(6)所示；KOH刻蚀硅衬底，形成承载压力的薄膜，时间控制刻蚀停止，如图9.17(b)中(7)所示。硅片背面KOH掩膜窗口的光刻需要与正面对准，故需要使用双面光刻。

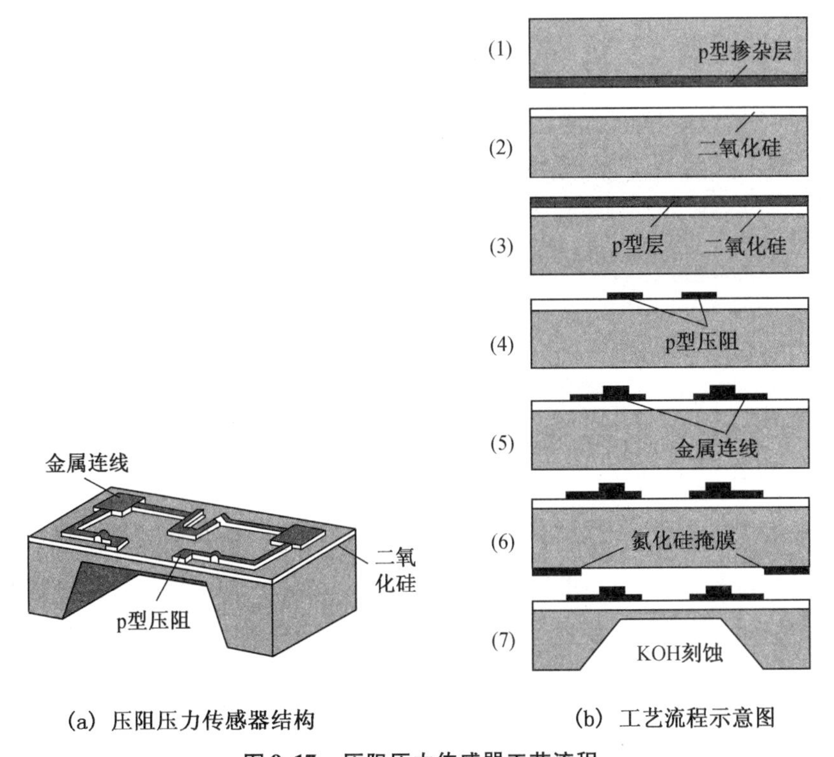

(a) 压阻压力传感器结构　　(b) 工艺流程示意图

图9.17　压阻压力传感器工艺流程

图9.18(a)是三层硅键合而成的MEMS电容加速度传感器。上下层相同，各带有一个电极，中间层为KOH刻蚀的悬臂质量块和支承弹性梁，质量块上下表面分别带有电极，与上下层电极构成差动电容。在加速度作用下悬臂质量块产生位移，使电容极板间距发生变化导致电容变化，通过测量电容的变化即可得到加速度。图9.18(b)为中间层的加工流程示意图。(1) 将硅衬底用KOH刻蚀为如图所示的结构；(2) 在衬底正反面分别淀积并刻蚀三层KOH刻蚀保护层，形成如图所示的结构，需要使用到双面光刻；(3) 使用KOH刻蚀环绕质量块的空心区域，刻蚀到一定深度后停止得到如图所示的结构；(4) 去掉第一层剩余的保护层，露出悬

臂梁区域;(5) 继续在 KOH 中刻蚀,直到一定的深度为止,得到如图 9.18 所示的结构;(6) 去除第二层剩余的保护层,继续使用 KOH 刻蚀,直到悬臂梁厚度到达需要的尺寸。这种刻蚀使用了不同的保护层厚度来实现刻蚀结构的深度差,每次刻蚀停止时的深度是由结构设计决定的;合理设计不同保护层的开口位置,可得到类似圆角的结构,以减少脆性材料的应力集中。

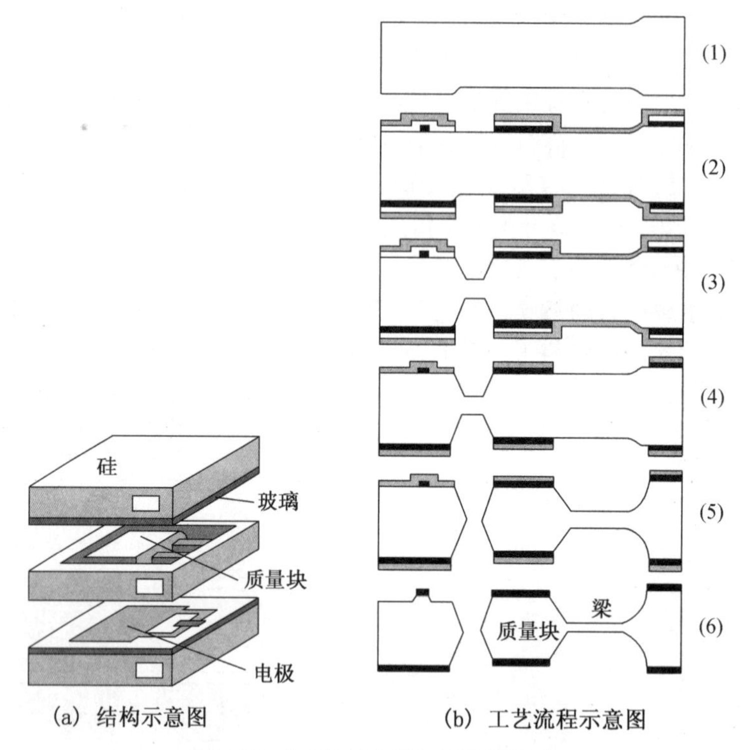

(a) 结构示意图　　(b) 工艺流程示意图

图 9.18　MEMS 电容加速度传感器

9.2.2　干法深刻蚀

干法深刻蚀是指利用反应离子深刻蚀(DRIE)进行体硅各向异性刻蚀的加工技术,是近年来发展成熟的深刻蚀技术。DRIE 刻蚀速度达 2 ~ 20 μm/min,是一般湿法刻蚀的 2 ~ 15 倍;刻蚀结构基本不受晶向的影响,可以刻蚀任意形状的垂直结构;刻蚀深宽比大于 50 甚至更高,能够穿透整个硅片;被刻蚀材料与阻挡材料的刻蚀选择比高,容易保护;自动化程度高,环境清洁,操作安全、IC 兼容性好。日前 DRIE 已成为 MEMS 主要的深刻蚀方法。DRIE 可以分为两种:由德国 Bosch 公司发明的时分复用法和日本 Hitachi 公司发明的低温刻蚀法,这两种方法都是利用氟(F)基化合物 SF_6,产生的等离子体进行刻蚀,F 等离子体刻蚀速度快,对环境污染小,但是刻蚀却是各向同性的,单靠 F 等离子体实现不同点的深刻蚀者在于把各向同性刻蚀转变为各向异性刻蚀的方法。

1. 时分复用法

(1) 深刻蚀原理和设备

时分复用(多用)法各向异性刻蚀的工作原理是轮流通入刻蚀气体 SF_6 和保护气体

C_4F_8。SF_6 所产生的等离子体能够提供刻蚀所需要的氟中性基团 F^* 和加速离子,对硅进行各向同性刻蚀,产生 SiF_4 挥发性物质,如图 9.19(a)所示;刻蚀 8~11 s 后停止通入 SF_6 气体,改为通入保护气体 C_4F_8 7~8 s,环状 C_4F_8 在高密度等离子体的作用下打开生成 CF_2 和链状基团,产生类似特富龙的保护层,淀积在所有刻蚀表面,防止硅被 F^* 刻蚀。如图 9.19(b) 所示,停止通入 C_4F_8,进入下一个刻蚀循环,继续通入 8~11 s 的 SF_6;槽底部的保护层会在加速离子轰击的物理作用下被去除,而侧壁的保护层由于离子的方向性而去除缓慢;底部保护层消失后,F^* 继续对底部的硅进行各向同性刻蚀,而侧壁由于保护层的作用不再进行刻蚀,形成了两层各向同性刻蚀结构的叠加,如图 9.19(c)所示。交替进行刻蚀和保护的过程,于是深刻蚀在刻蚀-保护的多次循环下实现。刻蚀的化学反应原理为

$$SF_6 + e^- \rightarrow S_xF_y^+ + S_xF_y^* + F^* + e^-$$

$$Si + F^* \rightarrow Si - nF$$

$$Si - nF \rightarrow SiF_x(\text{吸附})$$

$$SiF_x(\text{吸附}) \rightarrow Si - F_x(\text{挥发})$$

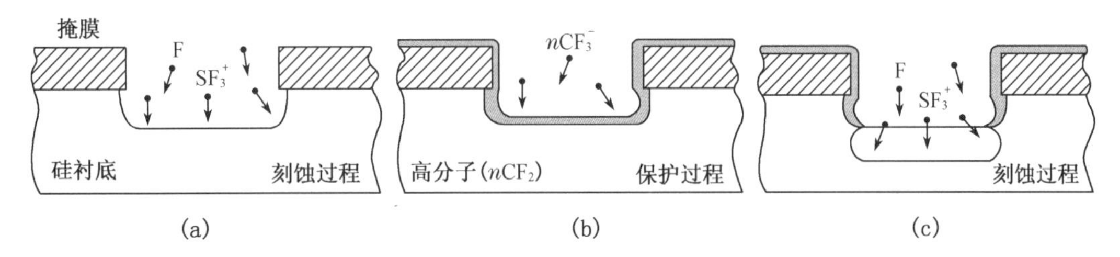

图 9.19 时分复用法各向异性刻蚀原理

由上所述,时分复用法刻蚀需要产生 SF_6 和 C_4F_8 的等离子体,同时需要对离子进行加速轰击底部,因此需要一个射频(RF)电感源提供能量产生高密度等离子体和一个平板 RF 源给离子加速提供能量。前者使用电感耦合等离子体(ICP)发生设备,后者使用电容耦合等离子体(CCP)装置。图 9.20 为时分复用法刻蚀设备示意图,RF 电感线圈环绕在石英或铝质的圆形刻蚀腔体外面,由 RF(13.56 MHz)源产生高密度等离子体。硅片安装在由氦气

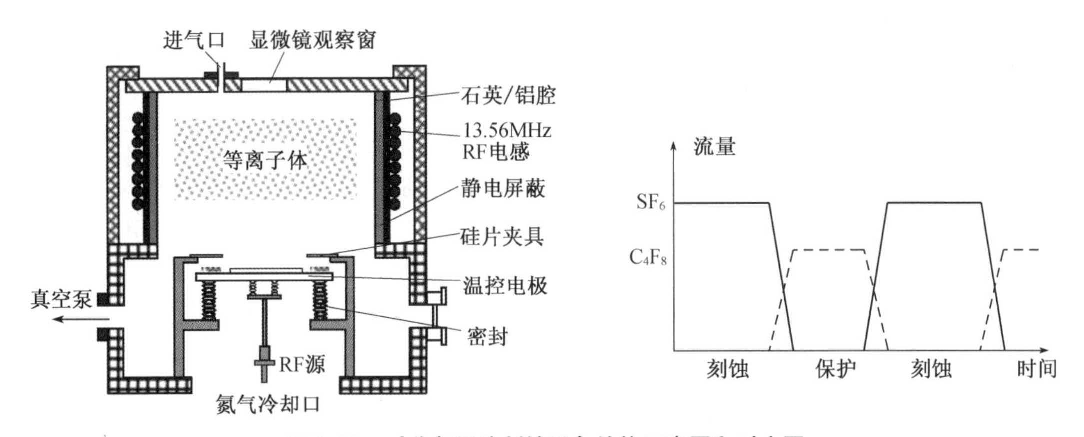

图 9.20 时分复用法刻蚀设备结构示意图和时序图

冷却的温控电极上,通过 CCP 施加 RF 偏置电压,加速离子向硅片表面运动。温控电极保持相对较低和稳定的温度(40 ℃),有利于提高光刻胶掩膜效果和提高刻蚀均匀性。时分复用法刻蚀设备需要高效的快速进气切换装置,以便能够在短时间内切换刻蚀和保护气体。切换过程中,有短暂的时间两者同时进气,以提高刻蚀的均匀性、稳定性和重复性。

(2) 工艺及工艺参数

深刻蚀的工艺参数包括刻蚀速度、刻蚀选择比、各向异性以及刻蚀均匀性等,影响这些参数的主要因素包括气体流量、电感功率、电容功率、气压、负载面积等。刻蚀是由物理溅射和离子增强化学反应引起的,其中后者决定了刻蚀速度。表 9.3 列出了主要工艺参数对刻蚀特性的影响。影响刻蚀的因素非常复杂,各个工艺参数的变化会引起性能向不同方向的变化,因此在实际使用中应该通过预刻蚀优化选择工艺参数。

表 9.3　时分复用法刻蚀工艺参数及影响

工艺参数	直接影响参数	
反应腔压力	影响驻留时间,刻蚀 F 原子和 F^*、离子能量	增加压力:开始增加 F 和 F^* 的密度,刻蚀速度增加,压力达到一定程度使离子轰击能量下降,刻蚀速度下降,掩膜刻蚀速度下降,选择比提高;保护层厚度增加,各向异性增强,当压力增加到一定水平,离子散射增强,导致侧壁保护层刻烛,各向异性减弱,等离子体扩散率下降,刻蚀均匀性下降,RIE-lag 增加
刻蚀气体流速	反应产物输运及驻留时间	流速增加:驻留时间减少,反应物和产物输运加快,刻蚀速度增加;等离子体的扩散率和均匀性下降,导致刻蚀均匀性下降,RIE-lag 增加,当流速增加到一定程度后 RIE-lag 下降;各向异性变差
电感功率	等离子体密度	电感功率增加:等离子体密度增加,刻蚀速度增加,宽刻蚀槽内离子增加比窄槽增加快,导致 RIE-lag 显著增加;低压时刻蚀均匀性稍微下降,高压时稍微提高,对选择比几乎没有影响
电容功率	离子能量	电容功率增加:离子轰击能量和方向性增加,刻蚀各向异性增加;但是掩膜保护层刻蚀加快,选择比下降;底部保护层的刻蚀加快,整体刻蚀速度上升;低流速时刻蚀速度取决于反应生成物输运速度。增加功率影响不明显
刻蚀时间	保护层厚度	刻蚀时间增加,平均刻蚀速度大,但是侧壁起伏增加
保护时间	—	保护时间增加:保护层厚度增加,刻蚀速度下降,但各向异性提高,选择比提高

时分复用法刻蚀深度可达 500 μm、深宽比大于 50∶1,典型刻蚀速度为 2 ~ 20 μm/min。刻蚀温度在 40 ℃左右,有多种掩膜材料可以选择。通常硅与光刻胶、SiO_2 和 Si_3N_4 的刻蚀选择比分别可以达到约 100∶1、200∶1 和 800∶1,因此这些材料可以作为掩膜使用。刻蚀速度受保护气体流速和电容功率的影响小。除了时分复用的工作时序外,可以独立使用 SF_6 和 C_4F_8。只通入 SF_6 时产生各向同性刻蚀,刻蚀速度为 6 μm/min 左右,与光刻胶的选择比为 150∶1,常用来横向刻蚀实现单晶硅结构的释放。单独通入 C_4F_8 时在衬底表面淀积一层类似特富龙的低表面能、无针孔的碳氟高分子材料,可用作定向液晶、防粘连固体润滑膜、疏水材料薄膜等。

反应离子刻蚀决定了深刻蚀的刻蚀速率。由于掩膜主要是被加速离子轰击刻蚀的,因此减小平板电容的功率可以减小掩膜刻蚀速率，提高选择比，但同时对底部保护层的刻蚀变慢，导致整体刻蚀速率下降。反应生成物的驻留时间影响到新反应物的输运以及和硅的接触，驻留时间越长，刻蚀速率越慢。驻留时间正比于压力和反应器体积，反比于气体流速。电容功率影响离子加速，而速度越高轰击能量越大，掩膜刻蚀越快选择比下降；压力大使离子方向性变差，侧壁保护层刻蚀越快，各向异性减弱。

硅片的刻蚀负载（刻蚀面积占总面积的比例）越大，刻蚀速度越低。刻蚀速度与刻蚀结构的深宽比有关，随着深宽比增加刻蚀速度下降，会出现 RIE-lag 现象，如图 9.21（a）所示。不同结构的刻蚀速度不同，大面积刻蚀区域的刻蚀速度比小面积刻蚀得更快，同一个结构刻蚀速度也随着深度增加而逐渐降低。这是由于 DRIE 刻蚀过程中反应物（中性基团等）是通过扩散进入深结构的底部，随着深度的增加或深宽比的增加，反应物向深孔内部扩散的速度下降，而反应产生向外的输运更加困难，使刻蚀速度下降。由于各向异性刻蚀是多次各向同性刻蚀叠加而成的，因此深刻蚀结构的侧壁不光滑，类似贝壳表面的起伏结构，如图 9.21（b）所示。起伏一般在 50～300 μm，可用于对侧壁平整度要求不高的领域。由于深刻蚀底部对离子的反射作用，有时会在刻蚀结构底部出现横向凹槽，特别是遇到二氧化硅等阻挡层时，如图 9.21（c）所示。因为电感线圈内电磁场的分布特点，靠近线圈边缘的等离子密度比线圈中部大，所以硅片边缘刻蚀速度快，中间速度慢，造成整个硅片上 5%～15% 的刻蚀不均匀性。

(a) RIE-lag

(b) 不光滑侧壁

(c) 横向刻蚀

图 9.21　时分复用法深刻蚀的缺点

利用这种时分复用的思想，可以实现二氧化硅、高分子等其他材料的各向异性深刻蚀，如高分子聚合物的深刻蚀，刻蚀气体为 O_2，保护气体为 C_4F_8。

2. 低温刻蚀法

(1) 深刻蚀原理和设备

低温刻蚀法也是利用 SF_6 产生的 F^* 等离子体与硅反应生成挥发性的 SiF_4 实现刻蚀的，与时分复用法不同的是，在通入 SF_6 刻蚀的同时通入氧气，氧气产生的等离子体在刻蚀结构内壁形成 10～20 nm 厚的 SiO_xF_y 保护层。由于离子在加速电场作用下以很高的能量轰击底部，底部的保护层被不断去除，而侧壁保护层则由于离子的方向性而去除很慢，于是 F^* 等离子体对硅底部的刻蚀可以持续进行，从而实现各向异性刻蚀，如图 9.22 所示。低温有助于保护

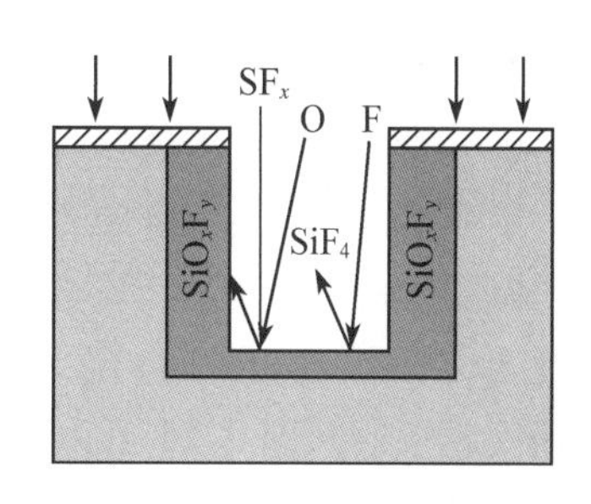

图 9.22　低温法刻蚀原理

层的形成，并能够降低 F^* 与保护层反应的化学活性，使内壁保护层刻蚀缓慢。低温法与时分复用法的区别是保护气体不同，并且不再分别通入刻蚀和保护气体，而是两者同时通入，因此保护和刻蚀是同时进行的。F^* 对掩膜材料的刻蚀是对温度敏感的化学过程，低温可以显著降低掩膜的刻蚀速度，会对厚光刻胶产生影响。

低温刻蚀的化学反应可以分为等离子体产生、保护层形成和硅刻蚀等三个部分。等离子体产生的反应原理为

$$SF_6 + e^- \rightarrow S_xF_y^+ + S_xF_y^* + F^* + e^-$$

$$O_2 + e^- \rightarrow O^+ + O^* + e^-$$

其中，F^* 和 O^* 分别对硅和保护层进行刻蚀。保护层形成的化学原理为

$$O^* + Si \rightarrow Si - nO \rightarrow SiO_n$$

$$SiO_n + F^* \rightarrow SiO_n - F$$

$$SiO_n - F \rightarrow SiF_x + SiO_xF_y$$

由于刻蚀和保护是同时进行的，因此保护层产生、底部保护层去除和硅刻蚀是一个精细的平衡过程，任何改变这个平衡的因素都会导致刻蚀形状的改变。如果保护层生成因素占主导地位，刻蚀剖面会形成倒梯形，并有可能导致刻蚀停止；如果刻蚀占主导地位，横向刻蚀将加重。

低温刻蚀设备的基本结构与时分复用法的设备类似，如图 9.23 所示。不同之处在于低温刻蚀需要液氦冷却平台，使温度降低到 -110 ℃以下，另外低温刻蚀不需要轮流通入气体，因此不需要快速切换进气装置。低温平台利用氦气多点喷射硅片背面，以达到较好的热传导和温度控制效果，同时采用高效的装夹机构提高热传导和精确的温度控制。由于刻蚀对氧气流量非常敏感，甚至于腔体被侵蚀所产生的微量氧都会影响刻蚀，因此需要能够对氧气进气量进行精确、低流量控制的设备，并且采用无氧的材料制造刻蚀腔体，例如铝。

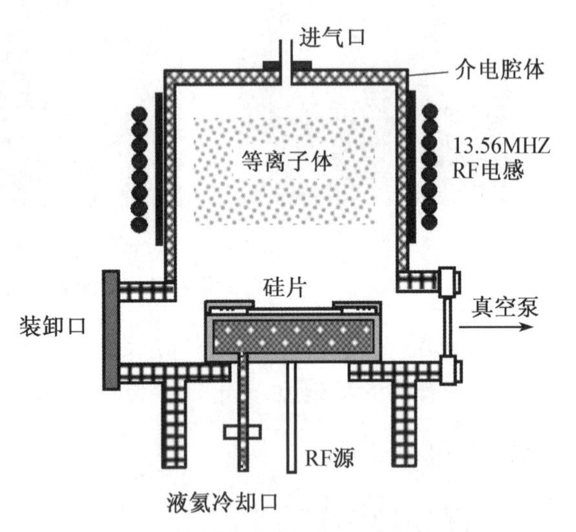

图 9.23　低温刻蚀设备结构示意图

(2) 工艺及工艺参数

影响低温刻蚀性能的主要工艺参数包括 SF_6 流量、氧气流量、电感功率、平板电容功率以及温度等。刻蚀气体 SF_6 的流量越大刻蚀速度越快，刻蚀结构的截面呈现倒梯形，直到变为纯 SiF_4 刻蚀时的各向同性刻蚀。电感线圈功率影响等离子体的密度，线圈功率越大，刻蚀速度越快。从图 9.24 可以看出，随着流量和线圈功率的增加，刻蚀速度增加；SF_6 流量对速度的影响还取决于线圈功率，在小流量的情况下刻蚀速度会达到饱和值。氧气流量是控制刻蚀形状的重要参数。随着氧气流量的增加，阻挡层的厚度增加，横向刻蚀变慢，刻蚀形

状从正梯形向倒梯形过渡。平板电容的作用与时分复用法中平板电容的作用相同，因此电容功率影响趋势也相同。图9.25给出了不同参数对刻蚀形状的影响。

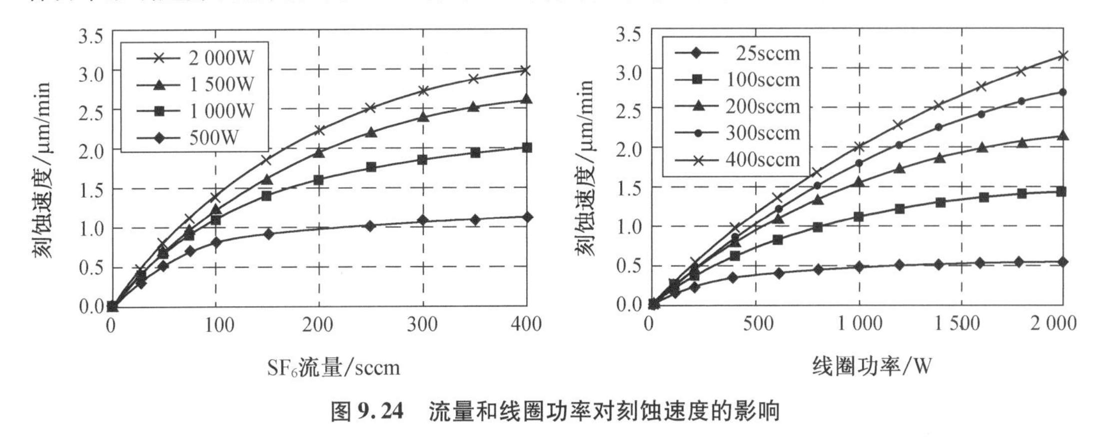

图9.24　流量和线圈功率对刻蚀速度的影响

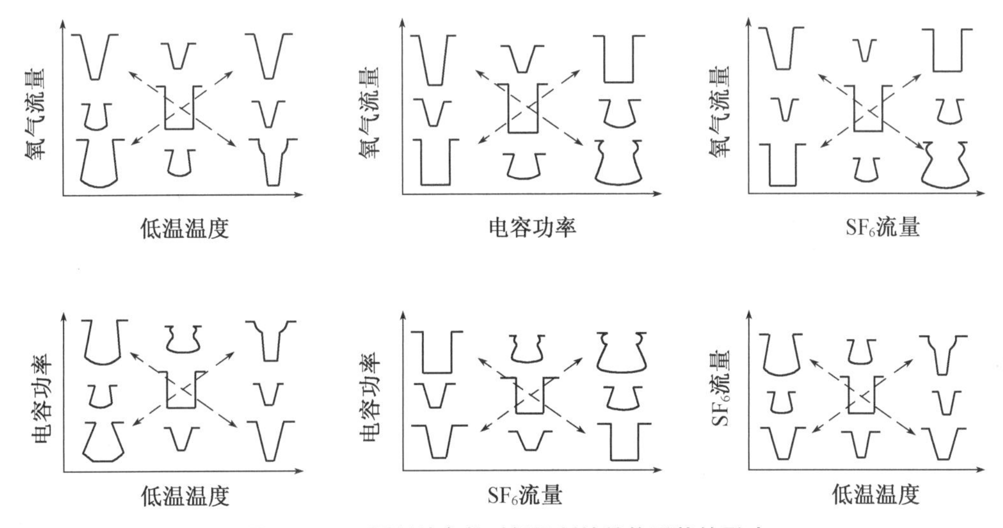

图9.25　不同刻蚀参数对低温刻蚀结构形状的影响

刻蚀温度一般不低于 -130 ℃，否则会引起 SF_6 的沉积，并且在某些情况下出现刻蚀速度与晶向有关的现象。一般情况下，刻蚀温度只用来做细微调整刻蚀形状。低温刻蚀一般使用二氧化硅作为掩膜，选择比可以高达800∶1。图9.26为低温刻蚀结构的剖面图，低温刻蚀侧壁光滑，但也会出现时分复用法中的DRIE-lag现象和横向刻蚀。

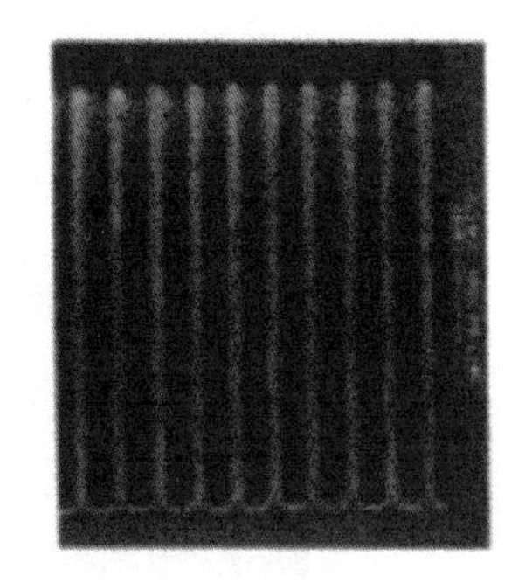

图9.26　低温深刻蚀结构

由于低温刻蚀是一个精细的平衡过程，甚至刻蚀腔体材料中的氧会影响刻蚀质量，因此需要通过多次试验调整垂直刻蚀参数。由于腔体腐蚀、自然氧化物等杂质沉积在刻蚀结构底部，在一定工艺条件下这些杂质成为低温刻蚀的掩膜，阻碍硅的刻蚀，形成了刺状的未被刻蚀的硅，呈黑色，故被称为“黑硅”。因为“黑硅”只有在接近垂直刻蚀的条件下才会出现，通过微调部分工艺参数可实现垂直刻蚀，所以可以利用“黑硅”

现象来寻找垂直刻蚀工艺参数。

表9.4比较了两种DRIE方法的特点。低温刻蚀需要复杂的低温控制系统，设备复杂、昂贵，使用和维护成本高，并且衬底升温和降温的过程也非常缓慢，刻蚀速率较低，因此低温刻蚀的普及程度没有时分复用方法广泛。时分复用法不存在由于低温引起的问题，刻蚀速度快、设备也相对简单，但是结构侧壁起伏较大，不够光滑。

表9.4 干法刻蚀的比较

参数	时分复用法	低温刻蚀法
侧壁保护	类似特富龙的氟化碳高分子膜	SiO_xF_y
侧壁粗糙度	粗糙，尤其是接近硅片表面处	光滑
电容偏压/V	50	15～20
掩膜选择比	光刻胶100∶1，二氧化硅>200∶1	光刻胶>100∶1；二氧化硅>800∶1
光刻胶处理	低温烘干，对种类和时间不敏感	高温烘干，厚度不能超过1.5 μm
特殊设备	高效真空聚，高速气流控制器（切换开关），短混合进气设备	低温控制平台，小气流氧气控制器，高效低温硅片装卡设备

3. 干法刻蚀的应用

干法深刻蚀是硅的主要刻蚀方法，已经被广泛应用于传感器、执行器、微流体器件、微生物医学仪器、微能源器件等多个领域，取得了前所未有的效果。与键合工艺结合，可以加工出复杂的三维悬空结构。干法刻蚀不仅可以刻蚀单晶硅，利用时分复用原理和不同的气体还可以刻蚀多晶硅、二氧化硅、氮化硅、金属、有机物等多种材料，成为MEMS加工的有力工具。

图9.27(a)为六自由度微型综合惯性仪，包括三轴加速度传感器和三轴微陀螺，可以同时测量三个方向的加速度和偏转角度，在汽车、导弹、导航等领域广泛应用。该惯性仪集成了微加速度传感器、陀螺和CMOS处理电路，采用了后IC工艺的加工方法，在IC完成后利用DRIE深刻蚀制造微结构，展示了深刻蚀技术的IC兼容性。图9.27(b)是DRIE深刻蚀制造的大质量块谐振式微型陀螺。

(a) 六自由度微型惯性仪

(b) 时分复用法刻蚀的微型陀螺

图9.27 深刻蚀在惯性传感器中的应用

图9.28是采用DRIE工艺制造的微光学器件。图9.28(a)是由梳状执行器驱动的微反射镜。反射镜转动时反射光线的角度改变从而实现对反射光的控制。DRIE制造的体硅反射镜具有平整的表面,可以获得较高的反射效率。图9.28(b)是梳状驱动器驱动的伸缩型垂直微镜光开关。当垂直微镜在静电驱动器的作用下后退而离开光路时,光线沿着一个通道进入与之相对的通道;当微镜进入到光路后,光被微镜反射,进入与之垂直的通道。

(a) 可调微型反射镜

(b) 光开关

图9.28　时分复用法制造的微光学设备

图9.29(a)和(b)所示为微型针尖及由该针制成的微型血液采样分析仪。针孔是穿透硅的空心孔,以便血液能够进入分析部分。图中三个斜面是(111)面,其中一个(111)面和针管相切形成了针尖。针管外圆和针孔都采用时分复用法刻蚀。为了加快刻蚀速度,针孔从双面进行刻蚀,使每面的刻蚀深度只要达到衬底厚度的一半即可。三个(111)面是在干法刻蚀后采用氮化硅掩膜,由KOH湿法刻蚀的。图9.29(c)是用低温刻蚀的微型金属模具,可以用来铸造金属或者热压成型加工高分子材料。低温刻蚀的高深宽比、高刻蚀速度、侧壁光滑、形状任意等特点使其成为电镀、铸模模具加工的重要方法。该结构深150 μm,在DRIE以前只有利用极其昂贵的LIGA才可以实现。

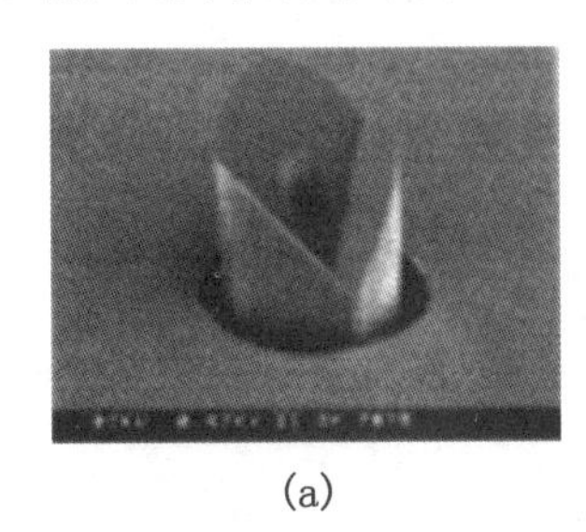

(a)

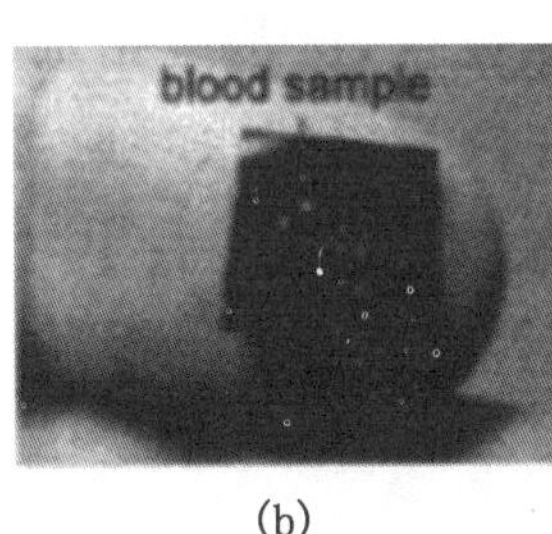

(b)

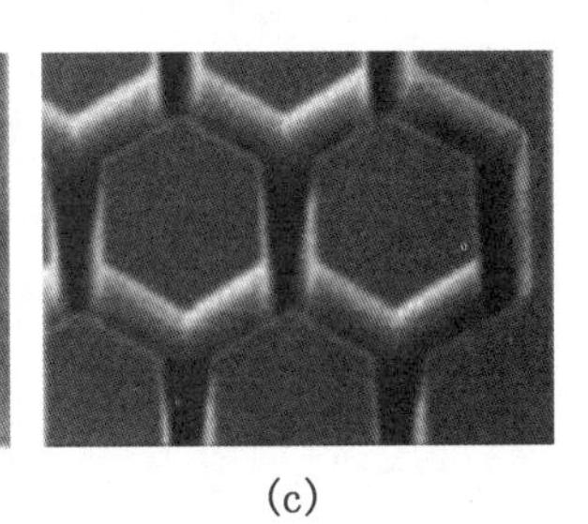

(c)

图9.29　时分复用法刻蚀的微型针头及其组成的微型血液采样分析仪,低温法加工的微型金属铸模模具

9.3　表面微加工技术

表面微加工是另一种重要的微加工技术,采用薄膜淀积、光刻以及刻蚀工艺,通过在牺牲层薄膜上淀积结构层薄膜,然后去除牺牲层释放结构层实现可动结构。表面微加工在硅衬底表面上"建造"微结构,并实现复杂的装配关系。由于薄膜淀积的限制,通常情况下表面微加工结构的厚度小于10 μm。表面微加工的优点是可以实现多层复杂的悬空结构,但是结构比较脆弱、材料性能没有体材料好，在制造过程中容易损坏，另外薄膜应力和粘连现象是需要重点解决的问题。

9.3.1 表面微加工流程

1. 表面微加工的基本过程

图 9.30 所示为表面微加工的过程，主要步骤包括牺牲层淀积、牺牲层刻蚀、结构层淀积、结构层刻蚀、牺牲层去除（释放结构）等。首先淀积几微米厚的牺牲层 SiO_2 薄膜，如 LPCVD 淀积的磷硅玻璃（PSG），然后光刻并刻蚀牺牲层 PSG，形成结构层在衬底上的支承锚点，如图 9.30(a)和(b)所示。在淀积二氧化硅牺牲层以前，往往需要淀积绝缘层，绝缘层在刻蚀牺牲层以后仍旧保留，作为多晶硅结构和衬底的电绝缘使用。绝缘层一般采用富硅氮化硅（Si : N > 3 : 4），与满足化学定量比的 S_3N_4 相比，富硅氮化硅能够实现更低的薄膜拉应力，更好地粘附在衬底表面。接下来在牺牲层上淀积结构材料，如掺磷的多晶硅，如图 9.30(c)所示。掺磷使多晶硅具有导电性，因为实际使用中往往需要结构层导电。然后光刻并干法（RIE）刻蚀结构层多晶硅，得到需要的结构，并将下面的牺牲层暴露出来，如图 9.30(d) 和(e)所示。用 HF 刻蚀牺牲层，干燥结构，得到悬浮在衬底上的微结构，如图 9.30(f) 所示。多晶硅和氮化硅在 HF 中的刻蚀速度很低，释放过程基本不影响结构层，但是由于结构层和绝缘层很薄，释放过程的时间不能太长。为了提高释放速度，需要在不影响结构层性能的位置增加刻蚀窗口，以便增大 HF 与 PSG 的接触面积。根据需要，以上过程可以多次重复，制造多层复杂结构。从工艺过程可以看出，结构由多层薄膜组合而成，垂直尺寸一般在 10 μm 以下，因此表面加工结构的基本特点是平面淀积、立体组合。

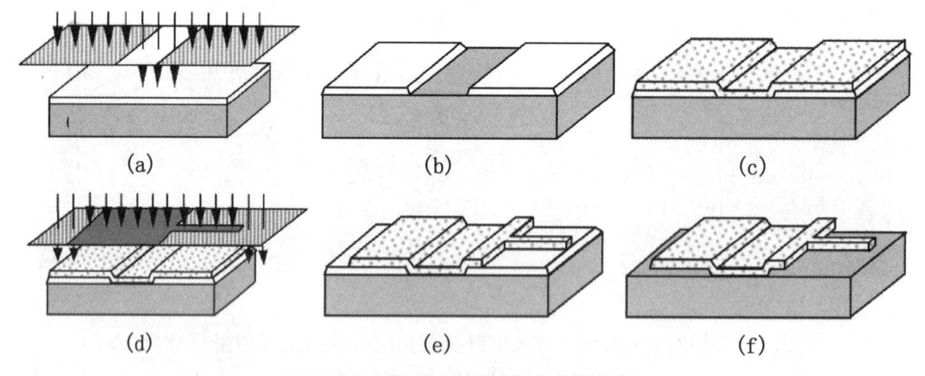

图 9.30 表面加工技术过程示意图

表面微加工使用薄膜淀积和刻蚀等 IC 制造的基本工艺，并且和 IC 制造一样只进行单面光刻，具有与 IC 工艺兼容的特点，有利于实现微机械结构与 IC 的集成。微结构的三维尺度都远超过 CMOS 器件，而且需要结构悬空和可动，对结构和力学性能要求较高，需要解决粘连、摩擦、驱动等问题。

2. 结构层与牺牲层

表面微加工结构由多层结构膜组成，结构层薄膜的力学和化学性质决定了器件的性能参数，它们与淀积方法、工艺参数、热处理以及衬底种类和晶向等都有关系。尽管表面工艺加工的微结构很少承担大的负载，但是结构层一般承担运动变形或者支承等任务，可动结构在运行中产生周期应力，这对结构层的强度以及与衬底的结合强度要求较高。因此，结构层薄膜应满足残余应力小、机械性能好、针孔缺陷少等要求。结构层淀积需要覆盖牺牲层的台阶，因此覆盖台阶的均匀性也非常重要，否则会出现部分结构强度减弱或者断裂的问题。综合考虑薄膜性能和台阶覆盖能力的要求，结构层的淀积一般采用化学淀积的方法。

多晶硅是最常用的结构层材料，这是因为多晶硅具有与单晶硅相近的力学性能。多晶硅淀积常使用硅烷分解 LPCVD（25 ~ 150 Pa，600 ℃）的方法，为了降低多晶硅的残余应力，往往需要 900 ~ 1 050 ℃ 的高温退火，这在先 CMOS 后 MEMS 工艺中会对 IC 产生很大的影响，因为超过 950 ℃时 p-n 结将发生显著的扩散。为了消除高温的影响，采用长时间600 ℃原位退火可以得到无定型的多晶硅，或者采用快速退火，以及溅射多晶硅等。除多晶硅外，金属、氮化硅、高分子材料等都可以作为结构层。由于二氧化硅的力学性能较差，一般不用作结构层材料。

牺牲层与结构层必须有较高的刻蚀选择比，即刻蚀结构层时，牺牲层尽量保持完整；刻蚀牺牲层释放结构层时不能刻蚀到结构层。结构层材料确定以后，可以选择多种材料作为牺牲层材料。常用的牺牲层材料是二氧化硅，在淀积过程中掺杂磷得到磷硅玻璃（PSG）。PSG 在 HF 中的刻蚀速度较快，掺杂浓度越高，刻蚀速度越快。一般 PSG 在 HF 中的刻蚀速度不均匀，需要在淀积后进行热处理以使刻蚀速度均匀，通常是在 950 ℃湿氧的条件下退火 30 ~ 60 min。在刻蚀牺牲层后，通常需要对牺牲层的尖角做钝化处理，以提高结构层膜厚淀积的均匀程度。磷硅玻璃、聚甲基丙烯酸甲酯（PMMA）、聚酰亚胺（PI）等高分子材料都可以作为牺牲层材料使用。

除了多晶硅和二氧化硅组合，还有多种牺牲层和结构层的组合可以作为表面加工材料使用，例如氮化硅和多晶硅、金和钛、镍和钛、多晶硅和铝、钨和二氧化硅、多晶硅和铝等。表 9.5 给出了常用的结构层和牺牲层材料的组合。

表 9.5　常用牺牲层与结构层材料

结构层	牺牲层	绝缘层	刻蚀方法
多晶硅/氮化硅/CVD 钨	磷硅玻璃（PSG）	氮化硅	HF
PECVD 氮化硅/镍/聚酰亚胺	铝	二氧化硅	磷酸醋酸硝酸 PAN
铝/金	聚酰亚胺	二氧化硅	氧等离子体
聚对二甲苯（paryicnne）	光刻胶	聚对二甲苯	丙酮
PECVD 二氧化硅/氮化硅	聚甲基丙烯酸甲酯（PMMA）	—	氧等离子体
氮化硅/二氧化硅	多晶硅	—	KOH/TMAH/EDP
PECVD 氮化硅/二氧化硅	多孔硅	—	KOH/TMAH
钛	金	氮化硅	碘酸胺

牺牲层去除是表面微加工的重要步骤。对于多晶硅和二氧化硅组合，一般采用 HF 刻蚀去除二氧化硅牺牲层。HF 对二氧化硅和多晶硅的刻蚀选择比非常高，基本不影响多晶硅结构。HF 对二氧化硅的刻蚀是各向同性的，牺牲层的各个方向都可以较好地刻蚀。牺牲层的厚度一般不超过几个微米，如果 HF 只能从结构层的边缘通过扩散进入结构层与衬底之间的缝隙，过大的结构层薄膜对扩散输运反应物 F 离子和产物不利，影响深处二氧化硅的刻蚀。对于大尺寸或封闭的结构，可以在结构层上设置工艺孔，把 F^* 从工艺孔输运到结构层与衬底之间的二氧化硅界面，并把反应物再输运出来。

在刻蚀牺牲层释放结构的过程中，HF 会损伤已经淀积好的铝金属互连，影响 IC 的性能和可靠性。最好的解决方法是首先刻蚀牺牲层，然后淀积金属铝，但是只适合铝不会淀积到结构下面的情况。通过在 HF 中添加约 20% 的异丙醇(IPA)，可以增加释放过程对铝的刻蚀选择比。

除多晶硅外，在很多领域需要一些特殊功能的材料作为结构层。例如高温和化学腐蚀严重的环境下可以使用碳化硅，它具有极高的能带、击穿场强和机械强度，摩擦系数低、热导率高、化学性质稳定，是高温、辐射和腐蚀等恶劣环境下的首选材料。

3. 粘连

粘连是指由于表面张力、静电引力以及范德瓦尔斯力(分子间作用力)等原因，在去除牺牲层过程中或在器件工作过程中，表面微加工制造的结构部分塌下来与衬底粘在一起的现象。表面工艺的后几个工序通常是结构层释放、去离子水浸泡清洗、红外灯照射干燥，在这一过程中，牺牲层原来的空间被刻蚀液所占据，在清洗时充满去离子水。当加热干燥时，刚度较小的结构在残余应力或者水的表面张力作用下发生塌陷并粘在衬底上，如图 9.31 所示。塌陷后结构层和衬底之间由于分子间作用力、静电引力、氢键桥联等作用力，导致永久粘连。微观情况下结构的表面积体积比大，表面力控制了结构的行为，表面或者环境因素的微小变化都可能引起表面吸附力的巨大变化，很容易出现粘连现象。即使释放过程中没有出现粘连，在使用过程中仍有可能出现。

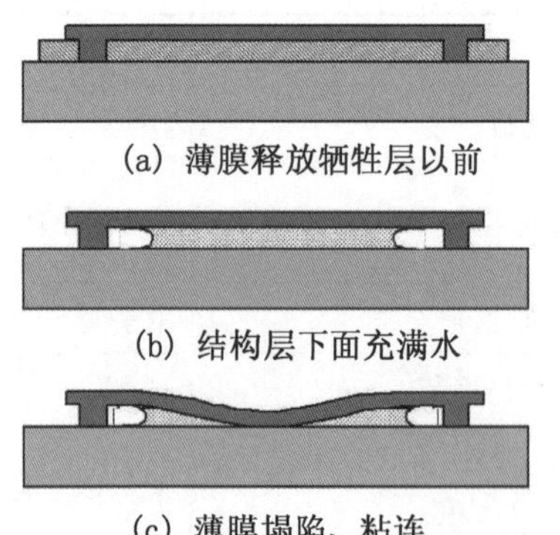

(a) 薄膜释放牺牲层以前

(b) 结构层下面充满水

(c) 薄膜塌陷、粘连

(d) 长度对粘连的影响

图 9.31 粘连现象

粘连由多种可能的因素引起，但目前相关的理论模型尚不能准确地描述粘连的特性和行为。有水存在的情况下，毛细作用力引起的表面互作用能是导致粘连的主要因素。两个相互靠近的理想平板表面，由毛细作用力引起的表面间的互作用能 $e_{cap}(z)$ 可以表示为间距

z 的函数,

$$e_{\text{cap}}=\begin{cases}2\gamma_1\cos\theta\,|_{z\leqslant d_c}\\0\,|_{z\geqslant d_c}\end{cases}\tag{9.5}$$

式中,γ_1 是水的表面张力;θ 是水在表面上的接触角。当两个平板表面的间距小于特征尺寸 d_c 的时候,水产生的毛细凝结作用会导致两个表面的粘连。特征尺寸 d_c 为

$$d_c\approx\frac{2\gamma_1 v\cos\theta}{RT\lg(RH)}\tag{9.6}$$

式中,v 是液体的摩尔体积;RH 是相对湿度;R 是气体常数;T 是热力学温度。从毛细作用力引起的表面间互作用能和特征尺寸表示式可见,当表面间距大于特征距离时,表面互作用能为0;当表面间距小于特征间距后,表面互作用能产生突变,并且不随间距的变化而变化。另外,对于给定表面,其接触角几乎不变,而 γ_1 和 d_c 都是温度的函数,并且 d_c 还是相对饱和气压的函数,因此可以通过改变温度和环境气压改变表面互作用能。

在完全无水的情况下,范德瓦尔斯力是引起粘连的主要因素,无水的情况包括释放过程不与水接触,环境为真空,或者使用疏水表面。对于接触表面为极度平整的情况(如键合时的表面),即使有水存在,范德瓦尔斯力也是主要作用力。范德瓦尔斯力引起的表面互作用能为

$$e_{\text{vdw}}=\begin{cases}0\,|_{z>d_r\text{或}z<d_{\text{co}}}\\\dfrac{A_{\text{Ham}}}{24\pi z^2}\,|_{d_{\text{co}}<z<d_r}\end{cases}\tag{9.7}$$

式中,A_{Ham}是分子的 Hamaker 常数,对于非极性分子为$(0.4\sim4)\times10^{-10}$ J;d_r 表示延迟距离(大于20 nm),不会产生明显的影响。当表面非常接近时,吸引性的范德瓦尔斯力会转变为排斥力,通用的截止距离为 $d_{\text{co}}=1.65$ nm,比原子间距稍小。

寄生电荷也能够引起表面的粘连现象。引起寄生电荷的原因包括接触电势差、摩擦起电以及氧化层的离子捕获等,带有电荷的表面存在电荷间的哥伦布作用力和表面互作用能。哥伦布作用力为

$$F_e=\frac{\varepsilon V^2}{2z^2}\tag{9.8}$$

式中,ε 是表面间隙填充材料的介电常数;V 是表面间的电势差。介电层吸附离子会产生静电引力,电荷分布可以表示为两个截面间距的函数。对于平整的表面,表面互作用能可以表示为

$$E_e(z)=\frac{\varepsilon_0 V^2}{2z}\tag{9.9}$$

式(9.9)只适合平坦表面。对于粗糙表面,由于电荷会重新分布,式(9.9)不适用。

在引起寄生电荷的因素中,接触电势差很少会超过0.5 V,因此它的贡献非常有限。摩擦起电会产生严重的影响,表面间的相互摩擦会产生电势差,当电势差足够大时,表面就会产生由静电力引起的粘连。如果在粘连以前摩擦停止了,两个没有绝缘层隔离的表面累积的电荷会逐渐释放,因此摩擦起电不会必然导致永久性的粘连。例如 Sandia 实验室的静电

马达，由于电荷积累其齿轮会粘到下表面上，但是利用聚焦粒子束轰击中和电荷后，马达仍旧可以继续工作。垂直冲击（如 RF MEMS 开关）、射线辐射（如航天器件）、摩擦起电等都会产生电荷积累，从而对器件的粘连产生的影响。

当结构表面覆盖 OH 键时，H 键桥连会增加表面的互作用能。当表面的分子具有显著的 H 键桥连时，表面必然是亲水的，会产生显著的毛细凝结现象，除非环境的相对湿度非常低。因为 H 键桥连是短程作用力（OH—O 键为 0.27 nm），所以它受表面粗糙度的影响很大。由于表面粗糙，实际上 H 键桥连只出现在亲水并且以 OH 根为结尾的表面，并且由此引起的表面互作用能很低。

粗糙度、温度和相对湿度等因素对粘连也有重要影响，随着表面粗糙度减小、相对湿度增加，以及温度降低，表面互作用能增加，发生粘连的可能性将增加。避免粘连的方法可以分为机械结构支承、改进释放方法、减小表面张力处理等三种，表 9.6 给出了几种常用防止粘连的方法。这些方法中，升华干燥、二氧化碳临界点、光刻胶支承释放、单层膜自组装、气体 HF 释放等可以避免释放后粘连；氢钝化、氢键氟化单层膜、等离子体淀积氟化碳薄膜、自组装单层膜（如二氯二甲基甲硅烷 DDS）等可以避免使用中粘连。由 DDS 形成的自组装单层膜化学性质稳定、质量好、可靠性高，不仅能够避免粘连，还可以有效降低使用过程中引起粘连的吸附能，并且能够把动态摩擦系数从 0.6 ~ 0.7 降低到 0.11。

表 9.6　防止粘连的方法

种类	方法	基本原理
机械结构支承	并列的支承凸点	淀积结构层前在牺牲层上刻蚀一些坑，淀积的结构层就会在坑处形成向下的突起，在干燥时支承结构
	侧壁月牙结构支承	防止悬臂梁变形
	临时增强被释放结构	增加刚度防止悬臂梁变形
改进释放方法	二氧化碳临界点释放	将清洗液临界变为气体，防止出现液体-气体相变
	气体 HF 释放	HF 气体腐蚀牺牲层，避免表面张力，但是释放速度很慢
	光刻胶支承释放	有机溶液置换清洗液，浸入光刻胶中，再用等离子刻蚀固化的光刻胶
	冷冻升华法	液体和结构同时冷冻，然后在真空中升华，防止出现液体-气体相变
减小表面张力	表面粗糙处理	等离子体轰击等方法使表面粗糙，减小实际接触面积
	表面厌水处理	用 NHF 溶液处理，得到氢基覆盖的厌水性表面，降低毛细现象
	表面镀膜处理	表面覆盖一层低表面能的厌水薄膜，降低毛细现象和表面张力

图 9.32 所示为采用凸起和自组装分子膜防止粘连原理示意图。凹陷和表面粗糙化也可以避免使用中粘连，但是却不能解决摩擦的问题。

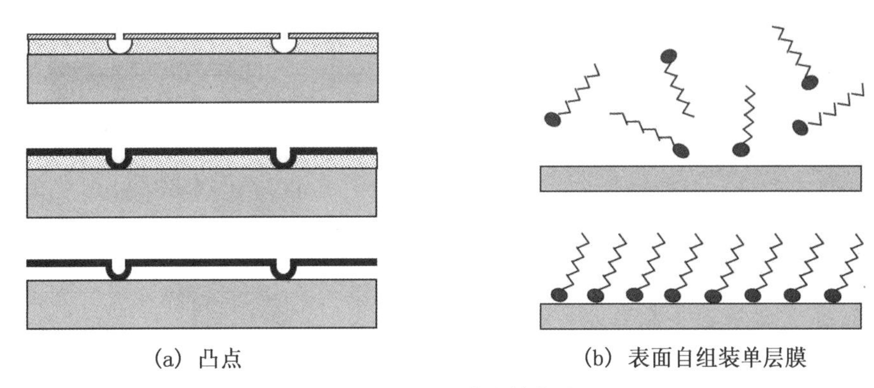

(a) 凸点　　(b) 表面自组装单层膜

图9.32　防止粘连的办法

对于已经发生粘连的微结构，一般难以用机械和力学的方法恢复。这是因为恢复结构层所需要的力大到足以破坏结构层，并且能够向微结构施加外界恢复力的结构与发生粘连的结构尺度相近，而如此小的结构难以施加足够大的外力将粘连结构分开。最近出现了激光和超声修复粘连悬臂梁的方法。微结构在发生粘连后几天时间内的恢复成功率较高，时间越长，成功率越低。一般认为激光恢复主要是利用激光的输出功率对短期粘连进行加热减小了表面张力和毛细现象而实现的。

9.3.2　薄膜的力学性质

薄膜主要的力学性质，如弹性模量、残余应力、应力梯度、泊松比、断裂强度、疲劳强度等，对表面微加工技术制造的器件性能有重要影响，如传感器的谐振频率、灵敏度和可靠性等。由于薄膜淀积工艺的多样性，薄膜材料的力学性能分散性很大，不同工艺甚至相同工艺淀积的薄膜表现出不同的力学性能。

1. 残余应力

热或力等负载作用引起的薄膜应力称为外应力；即使无任何负载，薄膜内仍旧存在的应力称为残余应力。残余应力是在薄膜淀积时形成的，包括热应力和本征应力(内应力)。热应力是由于薄膜高温淀积时与衬底的热膨胀系数不同引起的，无法避免；本征应力由非均匀变形、晶格失配等原因引起，与淀积工艺关系很大，虽然理论上可以避免，但完全消除非常困难。多晶硅、氮化硅、二氧化硅薄膜都存在残余应力，一般在10～500 MPa之间，往往比正常工作时的外应力大很多。

残余应力是薄膜最重要的力学性质之一。残余应力可能直接导致微结构的加工失败。如果内应力是压应力，会造成薄膜弯曲、皱纹等，导致加工失败。如果内应力是拉应力，会导致弯曲变形和粘连，并且如果残余应力超过薄膜的强度，会导致薄膜裂纹。如果存在应力梯度，会引起薄膜的弯曲变形或者促进粘连现象发生，使结构不能正常工作和运转；薄膜应力会导致悬臂梁弯曲、谐振结构的频率等偏离设计。

影响残余应力的因素非常复杂，例如温度、组分比例、热处理等。这些因素直接影响微观晶粒结构，从而决定了残余应力的大小。多晶硅薄膜的微观结构取决于淀积工艺参数，特别是淀积温度。LPCVD多晶硅在570 ℃以下形成的无定型(非晶)的结构；570～610 ℃形成

0.1 μm 直径的椭圆形晶粒;在 610 ~700 ℃形成柱状(110)结构,并且与衬底界面之间形成较好的成核层。无定型和柱状晶粒的多晶硅表现为压应力,椭圆晶粒表现为拉应力,而在 570 ℃以下淀积的多晶硅应力很低。图 9.33(a)所示为 LPCVD 淀积的多晶硅的残余应力随着淀积温度的变化关系,可见残余应力随着温度的升高从压应力变为拉应力,然后又变成压应力。尽管残余应力与晶粒结构的关系比较固定,拉应力可以解释为无定型多晶硅晶化后的体积缩小,但是压应力的原因至今尚不清楚。图中数据来自不同的实验,尽管这些数据并不完全相同,但是对于同一台设备,残余应力随温度变化的重复性很好。由于应力过零点时变化速度很快,很难通过控制温度实现低应力的 LPCVD 多晶硅。

高温退火可以明显改变多晶硅的残余应力状态。如果无定型薄膜在退火后发生了晶化,退火后的薄膜表现为拉应力。对于已经晶化的薄膜,1 000 ℃以下的退火只能稍微改变应力,但是在惰性气体保护下更高温度(1 050 ~1 100 ℃)的退火(包括快速退火)可以明显降低残余应力,甚至接近 0 应力。图 9.33(b)所示为 620 ℃下淀积的柱状晶粒多晶硅在不同温度退火时残余应力的变化情况。当温度升高到 105 ℃时,只需要 30 min 就可以使残余应力降低到很低的水平。多晶硅淀积时的原位磷掺杂可以改善应力均匀性,但是会增加应力。

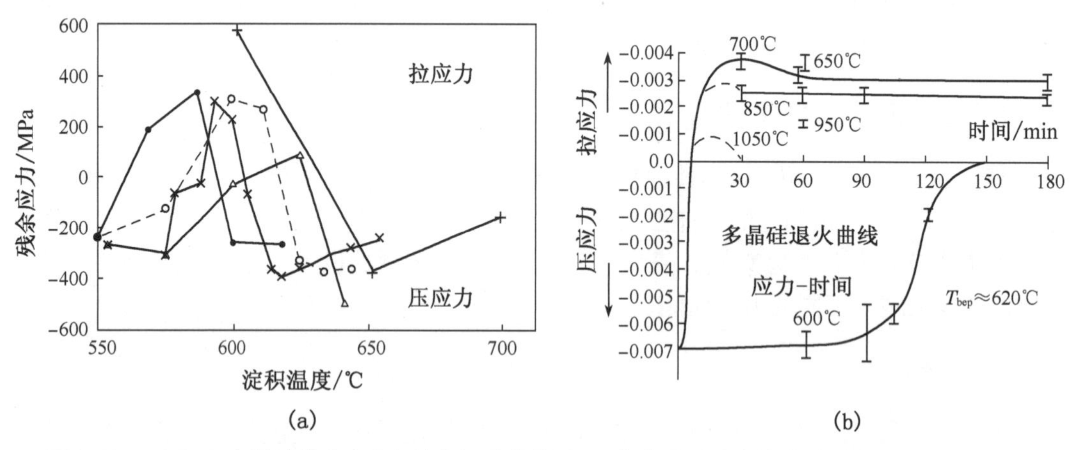

图 9.33　LPCVD 多晶硅残余应力与淀积温度的关系(a)与多晶硅残余应力随退火温度的变化(b)

二氧化硅可以采用多种方式和多种气体淀积,因此二氧化硅薄膜的残余应力比较复杂。通常 PECVD 淀积的二氧化硅表现为压应力。在一次热循环过程中,随着温度的逐渐升高,本征应力从压应力逐渐向拉应力变化,当温度降低时,再向压应力变化,图 9.34 所示为 20 μm 厚的 PECVD 二氧化硅的残余应力在一次热循环过程中随着温度实时变化的情况。当二氧化硅厚度不同时,变化趋势是一致的,但是随着厚度的降低,残余应力变化幅度越来越小。图 9.34(b)所示为对应图(a)的残余应力分解为热应力和本征应力后随温度变化的情况。

热应力是与热膨胀系数的差异和温度变化值相关的,温度回到初始点后热应力不发生变化,而本征应力却有很大的变化,随着厚度的增加变化程度增加。当厚度达到某一特定值时,残余应力降低到很低的水平。

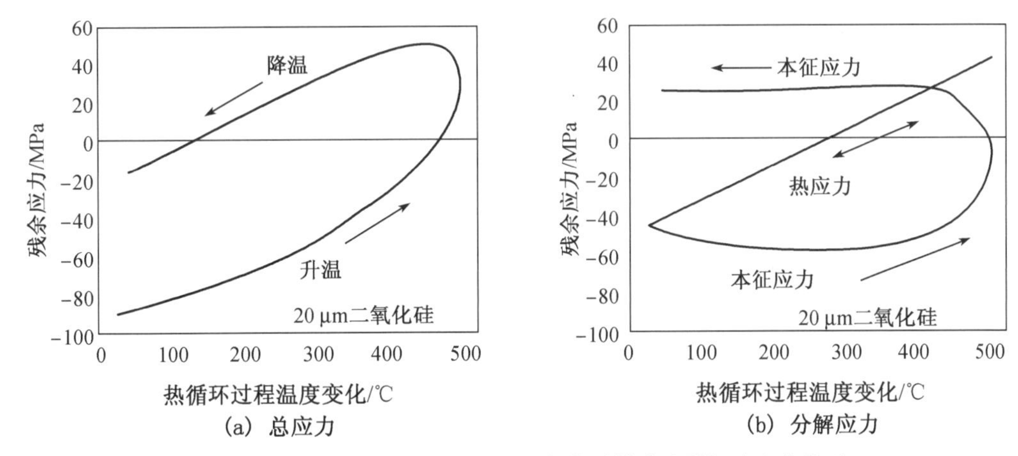

图 9.34 热循环过程中 PECVD 二氧化硅的应力随温度变化关系

图9.35所示为PECVD和TEOS淀积的二氧化硅经过不同的热循环温度后的残余应力。PECVD二氧化硅在400 ℃以下的温度经过热循环处理后残余压应力基本保持不变;经过500~800 ℃的温度循环后残余应力下降较多,可以达到50 MPa左右的压应力;随着温度的升高,压应力逐渐增加。对于TEOS淀积的二氧化硅,残余压应力随着处理温度的升高而增加,因此热处理不能降低残余应力。

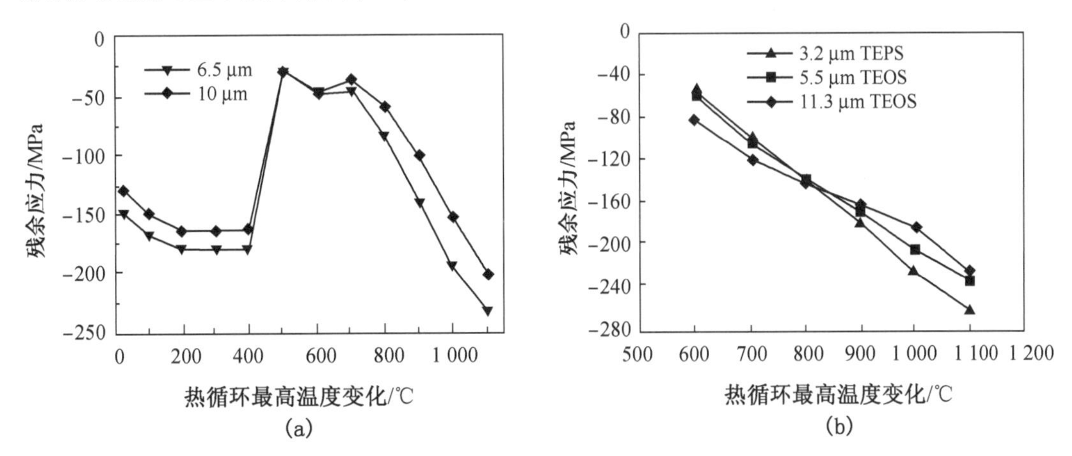

图 9.35 PECVD(a)和TEOS(b)二氧化硅残余应力随热循环温度的变化关系

LPCVD淀积的氮化硅薄膜具有很大的拉应力,在1 000 MPa左右,导致当膜厚度超过200 nm时容易出现裂纹。氮化硅淀积可以采用SiH_4+NH_3或$SiH_2Cl_2+NH_3$,一般认为前者产生的残余应力比后者小。氮化硅的残余应力可以通过N和Si的含量比例进行调整,即增加硅的含量使其超过化学定量比成为富硅氮化硅。图9.36为LPCVD淀积氮化硅时薄膜残余应力随着氮和硅含量的变化。随着硅含量的增加,应力从拉应力变为压应力,随着硅含量的进一步提高,又变成拉应力。当氮、硅比例接近1时,残余应力很小。例如当N∶Si从1.2减小到1时,残余应力造成的残余应变从3×10^{-3}降低到0.35×10^{-3}。另外,降低反应过程的压力可以降低残余应力,但是淀积速度随之下降;增加到100 MPa以下,对于PECVD淀积的富硅氮化硅,甚至可以实现接近0的残余应力。

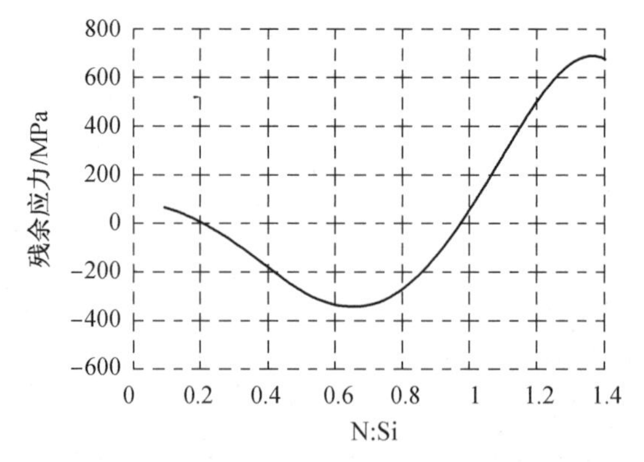

图 9.36 残余应力随 N∶Si 含量的变化

常用的降低残余应力的方法包括退火处理、掺杂以及薄膜应力补偿方法等。对于残余应力重复性较好，热开销允许，并且退火可以改变应力状态的情况，可以采用热退火以降低或消除薄膜的残余应力。对于不能通过退火消除残余应力的情况，可以采用多层不同工艺或不同材料的薄膜（表现为不同的残余应力性质）进行互相补偿，使应力减小，例如多层不同温度淀积的拉压相间的多晶硅，或者二氧化硅和氮化硅组成的复合薄膜。尽管这些方法可以在一定程度上降低残余应力，但是实现低应力甚至零应力的薄膜仍旧是 MEMS 领域的难点之一。

2. 薄膜力学性质的测量

尽管宏观材料力学特性的测量方法很多，但这些方法却难以移植到薄膜的力学性质测量上，原因是薄膜微机械结构尺寸小，结构的夹持、施加作用力和测量变形都比较困难，因此薄膜性能的测量需要特殊的方法。MEMS 的特点是能够在器件周围实现用于力学性质测量的微结构，并实现原位测量，然而由于薄膜本身的不一致性和不同的测量方法有不同的假设条件和测量精度，各种测量方法得到的数据之间存在着较大的不一致性。

薄膜性质的测量方法大体可以分为静态测量和动态测量。静态测量主要测量结构在外界负载作用下发生的伸长或弯曲，通过比较无负载时的情况，计算薄膜内应力、弹性模量或泊松比等。静态测量可以进一步分为拉伸法和弯曲（偏转）法。拉伸法包括单轴拉伸法和双轴拉伸法，通过对微结构施加轴向拉力进行测量。拉伸法的难点在于精确测量拉伸力和结构变形的大小、如何夹持被测量的微结构，以及保证拉伸过程中不出现弯矩。偏转法测量梁或桥式结构受应力作用后发生的偏转。除了测量残余应力引起的曲率半径外，多数拉伸和偏转法都需要对被测量结构施加作用力。

残余应力的测量通常都基于变形原理，已经发展出多种利用可动微结构测量局部残余应力的方法，如测量频率变化、压力作用下的薄膜变形以及多种释放结构的变形等。局部应力测量还利用到了 X 射线、拉曼光谱分析、红外分析以及电子衍射等复杂设备。薄膜在残余应力或外加压力下弯曲变形，通过测量弯曲量，可以间接测出薄膜材料的弹性模量和残余应力，以及塑性膜的屈服强度和弯曲断裂强度等，薄膜弯曲试验是被广泛使用的薄膜力学性能测试技术。薄膜结构一般为悬臂梁或者双端固支的桥式结构，分别在悬臂梁末端和桥结构中点加载。悬臂梁是静态法中最常用的测量结构，已被用于氮化硅、二氧化硅、Cr、Au 等薄膜弹性模量的测量。表面微加工技术能够准确地控制悬臂梁的厚度和悬空高度,有利于准确测量悬臂梁结构的力学参数。

由于 MEMS 结构中的力和位移都非常小,因此高精度的力和位移的测量是 MEMS 力学参数测量的先决条件。常用的施加作用力的方法包括静电执行器、AFM 探针和纳米压痕机等。静电执行器要求梁或桥与衬底之间构成两个电极,比较适合表面加工的结构。例如利用梳状叉指电容执行器能够产生380 μN 的拉伸力,分辨率达到4 nN。结构在外力作用下的变形多利用光学仪器或台阶仪测量,或者在测试结构上制造游标结构,通过游标对准不同位置直接读出变形大小。

原子力显微镜(AFM)探针不仅能够对微观结构施加作用力,还能够原位测量作用力的大小和结构的变形,连续记录位移随载荷的变化关系,即载荷位移曲线。测量过程不需要夹持微悬臂梁,可排除基体的影响得到纯弯曲形变,简化理论分析过程。

纳米压痕法能够测量梁的弹性和塑性变形以及弹性模量和屈服强度。纳米硬度计由一个纳米压头和观察压痕的显微镜组成,依靠电磁力将标准维氏金刚石压在结构表面,然后利用 AFM 测量压头在结构表面产生的压痕,计算结构的力学性质。系统施加的压力为毫牛顿量级,压痕深度在几十至几百纳米,测量分辨率分别在 10 μN 和 1 nN 左右。由于多晶硅薄膜的淀积参数不同,即使都采用纳米压痕法进行测量,得到的弹性模量分散性也很大,为181 ~203 GPa。

图9.37 为几种静态测量方法示意图。图9.37(a)用来测量薄膜的残余应力,在淀积薄膜以前测量衬底的初始曲率半径 r_0,淀积薄膜后测量带有薄膜的曲率半径 r。曲率半径和残余应力的关系满足 Stoney 公式

$$\frac{1}{r}=\frac{1}{r_0}=\frac{6(1-\nu_s)\sigma_f t_f}{E_s t_s^2} \tag{9.10}$$

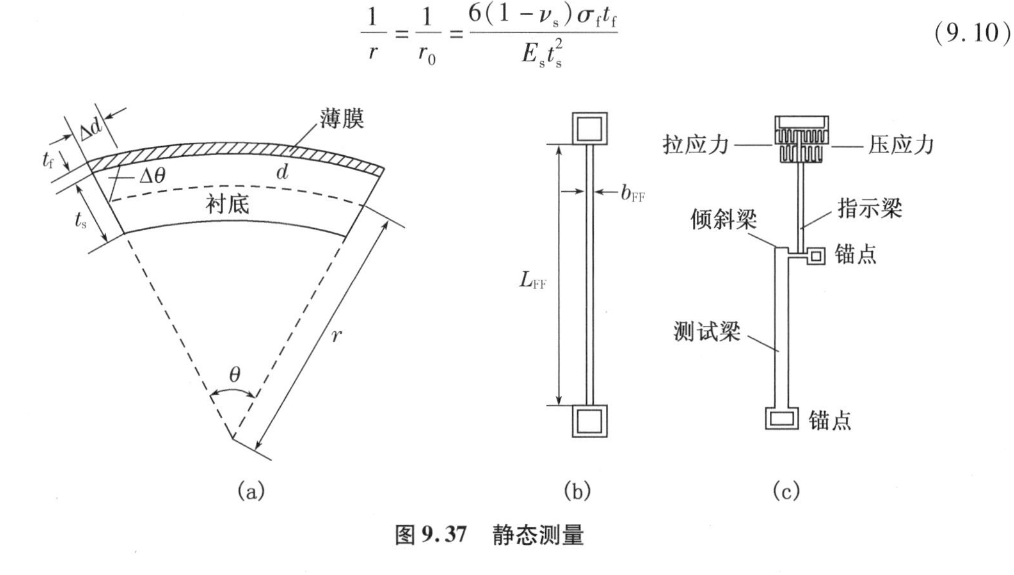

图9.37　静态测量

式中,r_0 和 r 分别为变形前后的曲率半径;下标 f 和 s 分别表示薄膜和衬底;t 和 E 分别表示厚度和弹性模量;σ 和 ν 分别表示残余应力和泊松比。

对图9.37(b)所示的双端固支梁施加压力,当达到临界值时梁发生失稳。失稳时的临界应力为

$$\sigma_{\mathrm{cr}} \approx \frac{EI}{L_{\mathrm{FF}}^{2}} \tag{9.11}$$

如果多个双端固支梁组成长度递增的阵列，根据发生失稳的梁的长度和施加的压力即可确定弹性模量。

图 9.37(c)用来测量残余应力，残余应力引起的变形是利用指示梁与固定结构形成的游标测量的。

静态测量弯曲法中最常用的是测量悬臂梁的弯曲和双端支承梁的弯曲，如图 9.38(a)所示，在集中作用力 F 或均布力 q 的作用下，测试梁的挠度曲线方程分别为

$$\omega(x)=\frac{F}{6EI}(3x^{2}L-x^{2}),\quad \omega(x)=\frac{qx^{2}}{24EI}(6L^{2}-4Lx+x^{2}) \tag{9.12}$$

测量测试梁的挠度即可获得材料的弹性模量。

图 9.38(c)和(d)为测量断裂强度的结构，质量块由折叠梁和测试梁支承，通过探针给质量块施加静态力，测试梁断裂时质量块的位移由游标结构测量。图 9.38(b)所示的受均布载荷作用的圆形膜片也是静态测量常用的结构，其中心位移为

$$w_{\mathrm{c}}=\frac{3qR^{4}(1-\nu^{2})}{16Et^{3}} \tag{9.13}$$

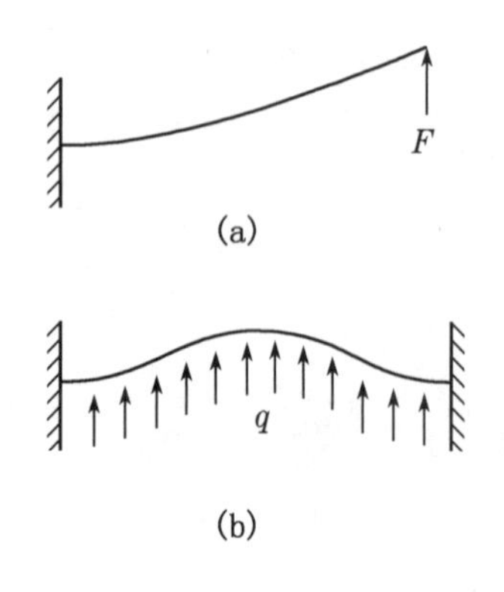

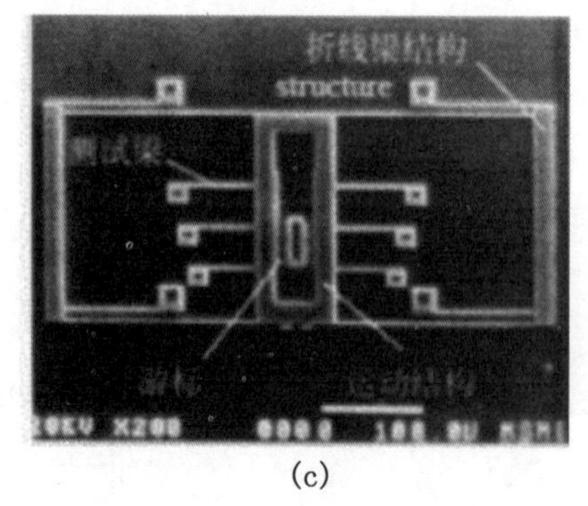

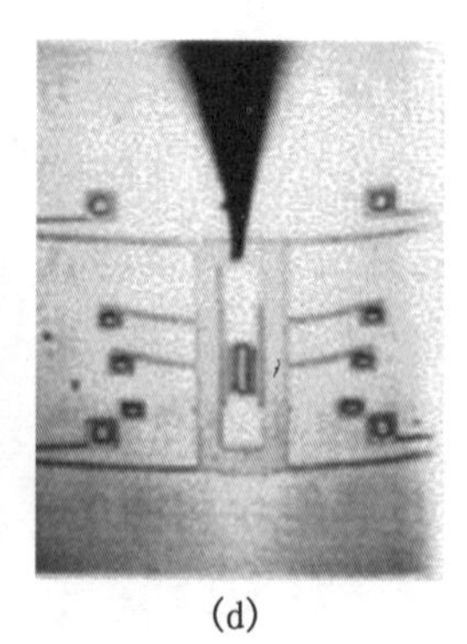

(c) (d)

图 9.38　弯曲静态测量

动态测量是利用结构的谐振频率计算参数。由于结构的谐振频率与弹性模量、残余应力等有关，通过测量梁或桥式结构的自然谐振频率可以计算薄膜的力学参数。悬臂梁结构被释放以后，由于一端自由，其内部应力被释放，改变了悬臂梁的长度，所以谐振频率发生了变化。对于桥式结构，由于内部残余应力的作用，谐振频率发生偏移，通过测量谐振频率的偏移量即可计算残余应力的大小。用谐振法测量时，空气对微结构产生的阻尼会极大地影响结构的谐振频率，因此谐振法测量一般需要在真空中进行。

图 9.39 为动态法测量残余应力和疲劳强度的结构。图 9.39(a)为叉指换能器结构，通过叉指换能器激励可动质量块的振动，当谐振器存在残余应力时，应力改变了谐振器的等效刚度，从而改变了谐振频率。无残余应力和有残余应力时，结构的谐振频率 f_0 和 f_1 分别为

$$f_{0}\approx\frac{1}{2\pi}\sqrt{\frac{4Ew^{3}}{ML^{3}}},\quad f_{1}\approx\frac{1}{2\pi}\sqrt{\frac{4Ew^{3}}{ML^{3}}+\frac{24\sigma_{r}tw}{5ML}} \tag{9.14}$$

式中，E 为谐振结构的弹性模量；M 为可动部分的总质量；L、t 和 w 分别为支承弹性梁的长度、厚度和宽度。图9.39(b)所示为扇形静电换能器组成的谐振结构，扇形谐振质量块在换能器的驱动下谐振摆动。质量块的根部带有摆动限位结构和三角形的切口，如图9.39(c)所示。切口使质量块摆动过程中应力集中在切口部位，通过测量断裂时的谐振次数，可以计算材料的疲劳强度。

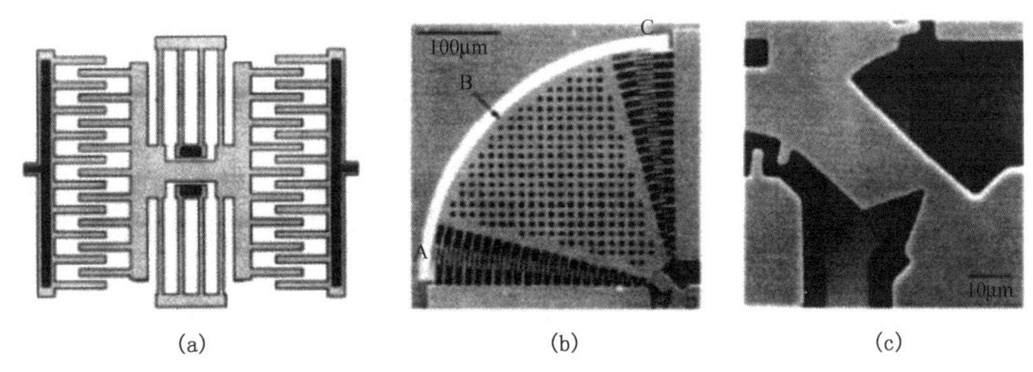

图9.39　残余应力和疲劳强度的动态测量

平板电容具有下拉效应，极板在产生下拉效应以前，电容值与极板的变形、偏置电压等有关，通过测量电容可以得到相应的力学参数。产生下拉效应时的电压取决于结构的力学参数和尺寸，因此通过电压可以得到力学参数。基于下拉效应的测量方法类似于微电子中对 MOSFET 器件电参数测试时采用的 E-Test 法，对 MEMS 器件机械参数的测量方法称作 M-Test 法。常用的测试结构包括悬臂梁、双端支承梁和扇形结构等如图9.40所示。M-Test 法对 MEMS 器件几何尺寸非常敏感，除了用于器件弹性模量和残余应力的测量外，也可以用于在线监测和调控器件薄膜结构的厚度、间隙大小等。

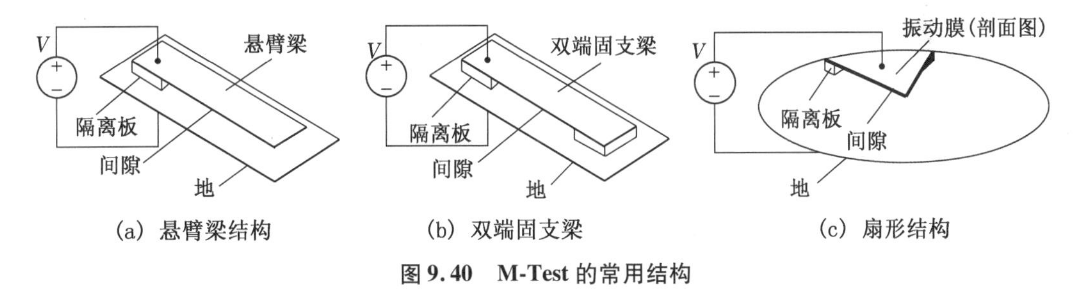

图9.40　M-Test 的常用结构

9.3.3　表面工艺的应用

表面微加工技术已经在 MEMS 领域得到广泛应用，如 DMD 微镜、ADXL 系列加速度传感器等都采用表面微加工技术制造。

图9.41(a)所示为 MIT 晃动马达，其制造工艺流程见图9.41(b)。

① 在硅衬底上热生长1 μm 的二氧化硅绝缘层，再淀积1 μm 富硅氮化硅共同作为绝缘层。然后淀积重掺磷的多晶硅0.35 μm，光刻并刻蚀形成屏蔽。淀积2.3 μm 的二氧化硅作为第一层牺牲层，光刻并刻蚀套筒形状，深度1.8 μm。套筒槽内剩余的0.5 μm 二氧化硅使定子和转子之间产生竖直方向的高度差。

② 光刻并刻蚀二氧化硅开出定子的锚点窗口，暴露出下层的氮化硅。淀积 2.5 μm 的重掺磷的多晶硅层，光刻并刻蚀出定子和转子。

③ 淀积二氧化硅作为第二层辆牲层，定子和转子表面上的厚度为 0.5 μm，侧壁上的厚度约为 0.3 μm 形成了马达内部的轴承间隙。

④ 光刻并刻蚀二氧化硅牺牲层，形成轴承的锚点，刻蚀到下面的屏蔽层。淀积 1 μm 厚的重掺磷多晶硅作为结构层，光刻并刻蚀形成轴承。

⑤ 将器件放在 HF 中刻蚀牺牲层二氧化硅，释放结构。

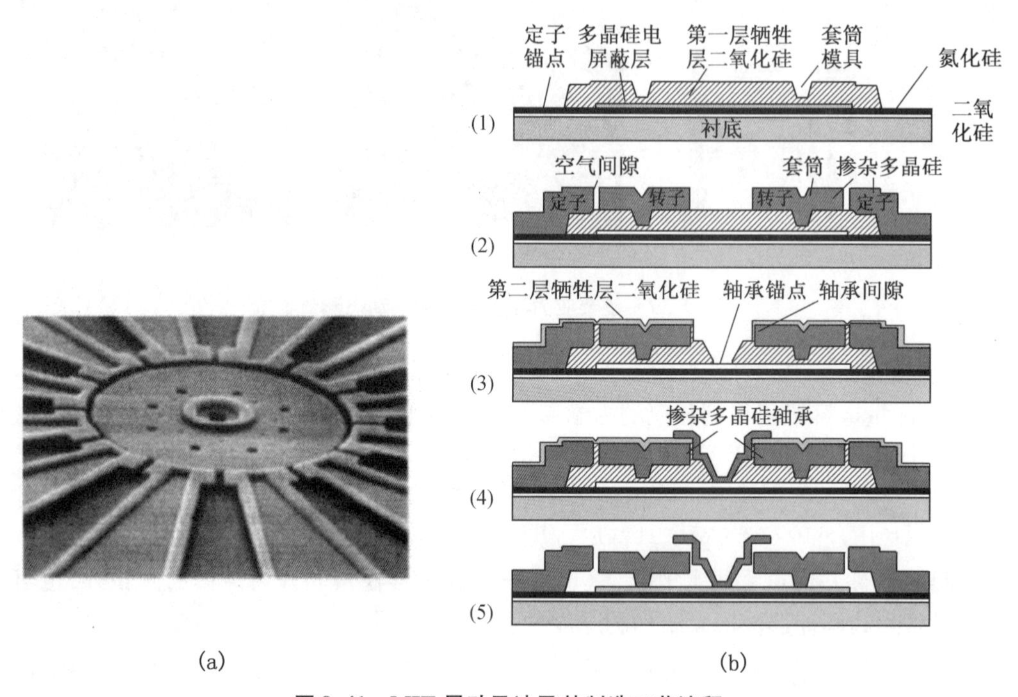

(a)　　　　(b)

图 9.41　MIT 晃动马达及其制造工艺流程

图 9.42(a)和(b)分别为美国 Sandia 国家实验室制作的微型反射镜和齿轮传动系统。该系统包括梳状静电驱动器、连杆传动机构、齿轮齿条传动机构以及由铰链连接的微型反射镜。系统连杆分为两组，每组中的一个连杆由梳状静电驱动器驱动，作往复运动，推动另一

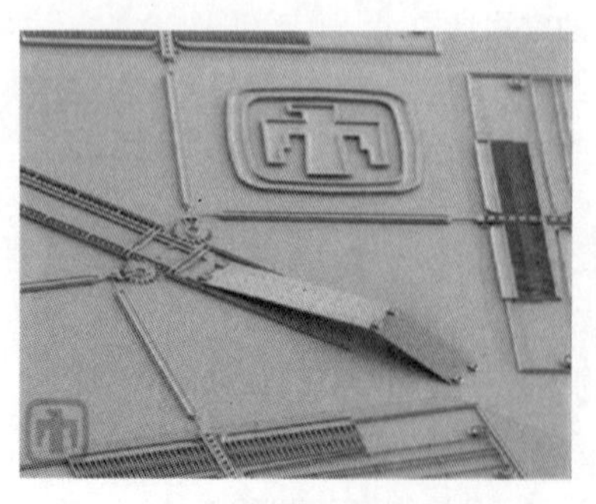

(a) 微型反射镜

(b) 齿轮传动系统

图 9.42　表面微加工技术制造的反射镜及其传动系统

个连杆带动齿轮转动,类似活塞运动。齿条将齿轮的转动转变为直线运动,齿条的末端推动一个由铰链连接的微型反射镜转动,使齿轮转动过程中反射镜与平面的夹角发生改变,从而改变入射光的反射角度。系统全部采用表面微加工技术制造,设计复杂、工艺难度大,体现了非常高的表面加工技术水平。

图9.43(a)和(c)分别为表面微加工技术制造的铰链和利用该结构实现的微型光反射镜。制造过程采用了两层牺牲层和两层结构层,如图9.43(b)所示。(1)淀积二氧化硅作为第一层牺牲层,然后淀积第一层多晶硅结构层"多晶硅1",光刻并刻蚀多晶硅形成能够折起的铰链形状;淀积第二层二氧化硅牺牲层,光刻并刻蚀二氧化硅到衬底,形成下一层多晶硅在衬底的固定点;(2)淀积第二层多晶硅作为固定铰链的"多晶硅2",光刻并刻蚀多晶硅结构层;(3)在BHF中释放两层牺牲层,得到可以自由转动的铰链。利用该铰链作为基本结构,能够实现多种器件,例如图9.42(a)和图9.43(c)中的反射镜支承结构。

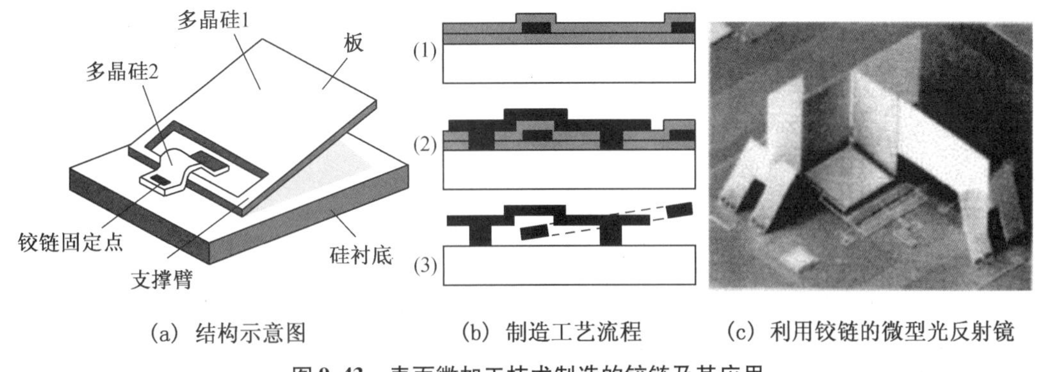

(a) 结构示意图　　(b) 制造工艺流程　　(c) 利用铰链的微型光反射镜

图9.43 表面微加工技术制造的铰链及其应用

9.4 键　合

9.4.1 键合

键合(bonding)是指用一定的外界手段使两层或多层硅片(或其他材料)在接触面结合为一体的方法。键合可以降低单个晶片加工的复杂程度,实现复杂的沟道、腔体以及SOI,也是重要的封装方法。键合分为直接键合、阳极键合、中间层键合。除了硅的键合外,高分子材料和玻璃等也能够实现键合。

1. 直接键合

直接键合一般是高温键合过程,通常用于硅-硅之间的键合,也可以用于硅-玻璃和硅氧化物之间的键合。直接键合时硅片间无其他介质,不施加电场、压力,主要靠硅片间接触时的相互作用,一般要加热以增加键合强度。按加热温度不同,直接键合可分为低温键合(450 ℃以下)和高温键合(即熔融键合,800 ℃以上)。

直接键合时两个硅片表面的OH基之间形成共价键,要求两表面光滑和平坦,一般表面粗糙度小于1 nm,并且直径为100 mm的硅片起伏不超过2 ~5 μm,这对硅片要求非常高。

键合包括表面处理、接触、热处理三个过程。表面处理是将硅片浸入双氧水和硫酸的混合液形成亲水层，或者用氧等离子体处理增加表面活性。然后把两个硅片在洁净的环境下接触，并在硅片中间施加比较小的力，接触区域像波一样从加力点向四周扩展，完成整个硅片的接触过程。最后在 1 100 ℃以下进行热处理增加键合强度。通常 300 ℃以下的热处理键合强度增加不明显；温度在 300 ~ 800 ℃时键合强度明显增加，但是可能因为水汽的存在而出现空隙；当温度在 800 ℃以上时可以使强度增加一个数量级；在 1 000 ℃以上时，键合强度基本可以达到单晶硅的强度水平。在 800 ℃以上进行热处理，几分钟后强度就达到了饱和值，而低温处理时键合强度随着处理时间的增加而增加。直接键合的机理可以用硅烷醇键在高温下生成硅氧烷键来描述，如图 9.44 所示，发生的反应过程为

$$\text{Si—OH} + \text{OH—Si} \rightarrow \text{Si—O—Si} + H_2O$$

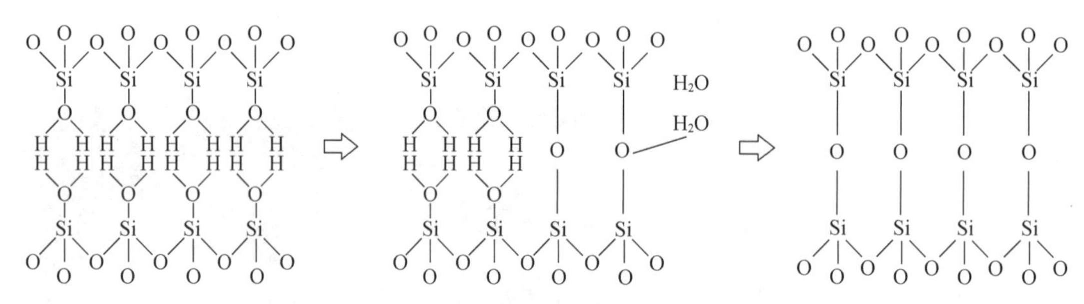

图 9.44　直接键合原理示意图

归纳起来，直接键合可以用于硅和带氧化层的硅、两个带氧化层的硅、两个硅以及硅和带有薄氮化硅薄膜的硅等材料之间的键合。衡量键合效果的标准包括间隙和键合强度。空气间隙和灰尘会严重影响键合质量，甚至导致键合失败。检测空气间隙可以使用 X 射线成像、红外成像和超声成像，在照片中可以判别空气间隙。扫描电子显微镜和投射电子显微镜是观察微观间隙的有力工具。键合强度一般使用力学方法测量，包括拉力、剪力破坏法和劈尖法。劈尖法是常用的方法，它利用一个已知尺寸的刀片插入键合界面，用红外成像测量裂缝长度，然后计算出键合强度。

2. 阳极键合

阳极键合又称为静电键合，是在 200 ~ 500 ℃下对晶片施加一定的电场强度完成的键合，如图 9.45 所示。阳极键合一般用于硅-玻璃的键合，也可以用于金属-玻璃的键合。键合的玻璃（如 Corning 7740 玻璃等）一般具有较高的钠离子浓度，键合温度低于玻璃的熔点温度，属于中温键合。键合时玻璃接阴极，硅接阳极，电源电压为 200 ~ 1 000 V，硅片和玻璃加热到 300 ~ 400 ℃时玻璃成为导体，钠离子向阴极迁移，在靠近接触面的玻璃侧形成固定空间电荷区，在硅一侧形成映像电荷区。由于大部分电压加在这个区域，界面处电场强度非常高，强电场产生的作用力使硅和玻璃的接触距离被大幅度缩小。在温度作用下，两个界面发生类似直接键合的反应形成共价键，在接触界面形成二氧化硅膜，使键合强度增加。与直接键合相比，阳极键合温度低、残余应力小，对键合环

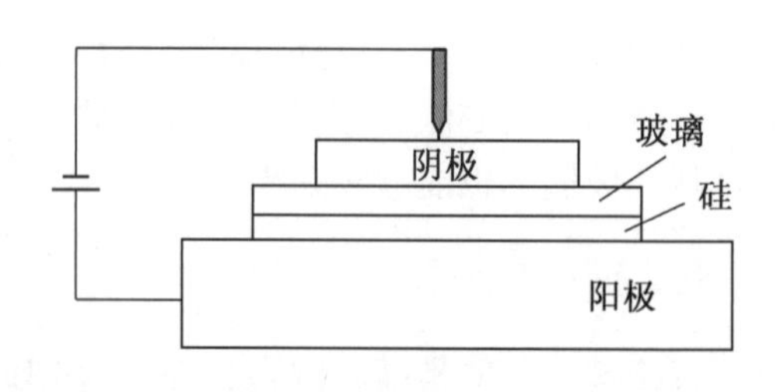

图 9.45　阳极键合

境和硅片表面粗糙度及波度要求低，一般粗糙度小于 1 μm 均可以实现阳极键合。由于键合的过程需要钠离子的扩散，硅表面的氧化层厚度不能超过 200 nm。

阳极键合要求玻璃与硅的热膨胀系数接近，否则温度下降后因热膨胀系数不同产生的应力足以损坏晶片。由于键合过程施加了电场，可能会损坏原有的电子器件。为了键合两块硅片，可以在一个硅片上溅射一层玻璃，然后与另一个硅片键合。这种方法的优点在于玻璃薄膜引起的热膨胀应力较小，使用的电压比较低，有助于保护电路。

3. 中间层键合

中间层键合需要一定的中间层介质帮助增加强度的键合过程。中间层键合所能够键合的材料种类很多，可以分为低温共熔键合、高分子层键合、低熔点玻璃键合、热压键合等。它们的特点列于表 9.7。其中低温共熔键合可以用于硅金属的键合。在阳极键合中，通过二氧化硅、Al 和溅射的玻璃作为中间层，可以有效地提高键合的强度。

表 9.7 中间层键合

名称/中间层	方式	温度	优点	缺点
低温共熔/金	在一个硅衬底溅射金，利用金比较软的性质	363 ℃	金常用，温度低	大面积键合困难，有蠕变、松弛等现象
低熔点玻璃键合/PSG Corning 75 系 硼掺杂氧化硅	1～2 μm LPCVD PSG		键合效果好	
	喷涂，丝网印刷	1 100 ℃	温度较低，效果较好	温度高
	APCVD	415～650 ℃	温度低	对磷污染敏感
高分子层键合/SU8，甲酰亚胺	涂胶，光刻，键合	130 ℃以下	温度低，效果尚可	机械性能差，蒸气压高，不能密封
热压键合/金	两个硅片都淀积 1 μm 金，接触，加温度和压力	300～350 ℃ 1.5 MPa	温度较低	强度一般，工艺复杂

4. 键合的应用

键合技术在压力传感器、加速度传感器、微流体器件、生物医学器件、封装等领域得到了广泛的应用，特别是比较成熟的硅-玻璃键合技术。

图 9.46 所示为利用 KOH 刻蚀与阳极键合加工的差压传感器和加速度传感器。图(a)的差压传感器利用 KOH 刻蚀的上层硅片与下层硅片通过键合形成内腔，内腔与外部压力差使膜片变形，通过测量膜片上应变电阻测量膜片两面压力差。图(b)的加速度传感器把带有 KOH 刻蚀质量块的硅衬底与玻璃通过阳极键合为一体，当有加速度作用的时候，质量块带动梁弯曲，使敏感电阻的阻值变化来测量加速度。这种结构的优点可以保护质量块，在正反方向分别有玻璃和过载保护阻止质量块的过度变形，避免梁折断。

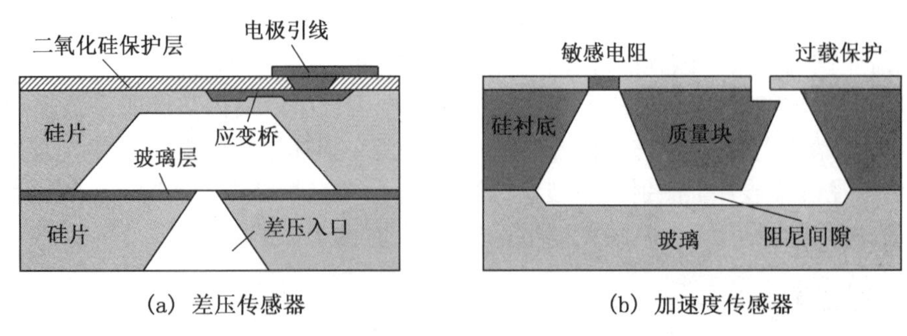

(a) 差压传感器　　(b) 加速度传感器

图 9.46　键合的差压传感器和加速度传感器

图 9.47 是 MIT 开发的微型火箭的硅引擎。硅有较好的机械强度和很高的功率体积比,通过键合可以加工复杂的内腔形状。微型引擎采用了多达六层硅进行直接键合,大大简化了每层的加工复杂性,实现了其他微加工方法无法实现的复杂内腔结构。

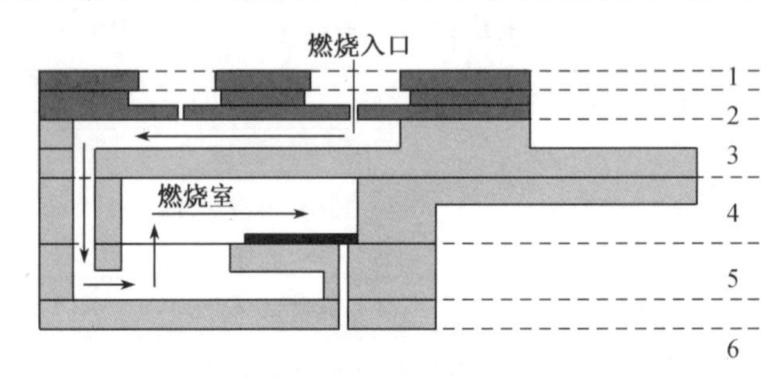

图 9.47　采用键合技术加工的微型火箭引擎

9.5　LIGA 技术

LIGA(德语 Lithographie, Galvanformung, abformug 的缩写,即光刻、电镀、铸塑)是德国 Karlsruhe Research Center 在 1985 年发明的制造高深宽比结构的方法。LIGA 使用 X 光厚胶、高能同步 X 射线发生器以及电镀等设备,批量制造高深宽比的金属和塑料结构。如图 9.48 所示,LIGA 的基本工艺顺序是:在导电衬底上涂覆厚光刻胶(厚度从几微米到几毫米),用 X 射线曝光显影后得到三维光刻胶结构,如图 9.48(a)和(b)所示;利用导电层作为电镀种子层,利用 X 射线光刻胶作为电镀的模具,电镀铜、金、镍或者镍合金等金属填充光刻胶结构的空腔,如图 9.48(c)所示;去掉光刻胶得到与光刻胶结构互补的三维金属结构,如图 9.48(d)所示;三维金属结构既可以作为需要的最终器件,如图 9.48(e)所示;也可作为精密铸塑的模具使用,如图 9.48(f)所示,浇铸或者热压制造大量的与光刻胶结构完全相同塑料器件。LIGA 加工的衬底必须导电,或在绝缘体衬底上淀积导电层。LIGA 可以制造多种高分子材料、金属以及 PZT、PMNT、三氧化二铝、氧化锆等陶瓷材料。

LIGA 能够实现高深宽比三维结构的原因在于 X 射线光刻与铸塑相结合。短波长 X 射线能量高(1GeV),聚焦深度大,穿透能力强,可以光刻深宽比超过 100 的结构,是紫外光的 10 倍。高能 X 射线需要同步器和线性加速器,光刻胶一般使用聚甲基丙烯酸甲酯(PMMA),厚度可达几毫米,而 X 射线光刻后 PMMA 的侧壁粗糙度小于 50 nm,横向最小尺

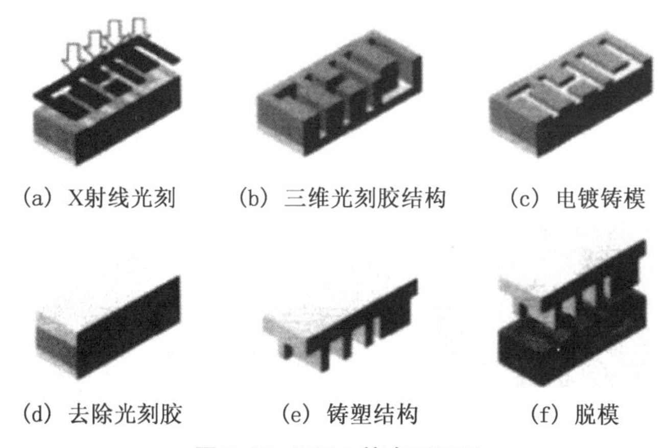

图9.48　LIGA 技术原理图

寸 200 nm,能够实现 50～500 的高深宽比结构。厚的 PMMA 光刻胶除了可以直接在衬底上涂覆外,还可以将预先制备好的厚 PMMA 层,用聚合物胶粘接或者键合在衬底上,曝光时,被 X 射线照射的 PMMA 区域分子链裂解,被显影剂溶解,PMMA 底层的最低曝光剂量为 4 kJ/cm,而顶层剂量不能超过 14～20 kJ/cm^3,以免非曝光区域受到影响。

为了实现悬空结构,可以在导电衬底上首先淀积一层牺牲层(厚度小于 5 μm),光刻刻蚀后形成需要的图形,然后再进行 LIGA 的工艺过程。全部完成后刻蚀去除牺牲层,形成悬空可动的金属结构。利用这种方法 LIGA 能够实现悬空的梳状电容、加速度传感器、静电马达以及齿轮等。

LIGA 使用的光刻是 IC 工艺,而电镀和铸塑技术是传统机械加工工艺,因此 LIGA 是连接 IC 制造与机械加工的桥梁。LIGA 既可以像 IC 一样大批量、并行加工(同时加工多个器件),又可以像机械加工一样得到三维复杂结构。LIGA 加工结构表面质量好,完全垂直衬底,加工材料便宜,适合大批量生产,利用 LIGA 已经成功地实现了多种微系统与结构,包括封装、微马达、微执行器、微齿轮泵、微陀螺、压力传感器以及生物医学 MEMS 领域的微泵、微阀、DNA 序列分析芯片和生物传感器等,采用 LIGA 技术制造的光谱仪、光纤连接器、加速度传感器、陀螺等已经商品化。图 9.49(a)所示为 LIGA 技术加工的光阻结构。

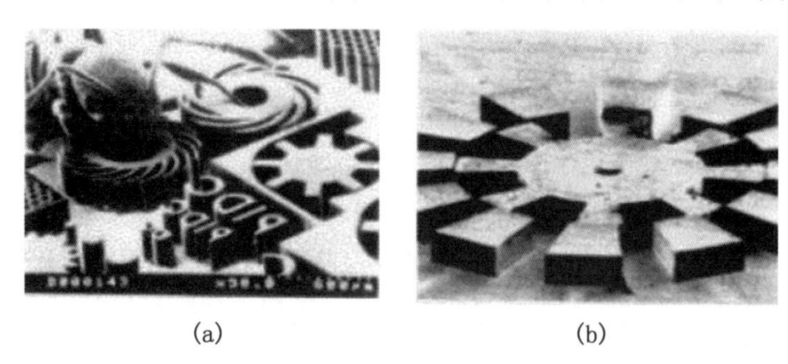

(a)　　(b)

图9.49　LIGA 加工的光阻结构和 UV-LIGA 制造的静电马达

尽管 LIGA 技术有很多优点,但是昂贵的同步 X 射线机严重阻碍了 LIGA 技术的广泛使用。后来,以 IBM 公司发明的 EPON SU－8 为代表的紫外光厚胶的出现,促进了准 LIGA 工艺的发展。准 LIGA 借用了 LIGA 的思想,但是使用紫外光进行光刻,也称为 UV-LIGA,极大地降低了对设备的要求，SU－8 是一种树脂型光刻胶，单层甩胶厚度可以达到 2 550 μm，并且可以通过多次甩胶实现厚光刻胶层；另外，SU－8 具有的高透光率，适合紫外光曝光，因此 SU－8 能够加工三维结构，图 9.49(b)为 UV-LIGA 制造的静电马达，准 LIGA 工艺的发展促进了三维微结构加工技术的发展。

9.6 MEMS 与 IC 的集成技术

MEMS 微机械结构与 IC 的集成有三种方法：混合集成、半混合（键合）集成和完全单片集成。混合集成是将 MEMS 和 IC 分别制造在不同的管芯上，然后封装在一个管壳中，将带凸点的 MEMS 裸片以倒装焊形式或者引线键合方式与 IC 芯片相互连接，形成系统级封装（system in package），如图 9.50 所示。半混合是利用硅圆片级的键合实现微机械和 IC 的集成。完全单片集成是指微机械结构与 IC 制造在一个芯片上，是 MEMS 领域重要的研究和发展方向。

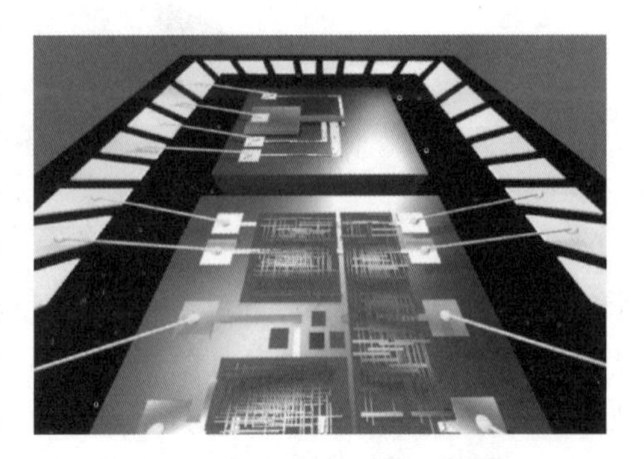

图 9.50　多芯片封装示意图

将微机械与 IC 单片集成有很多优点。首先，处理电路靠近微结构，减小了寄生电容和分布电容，对电容等信号的检测能够实现更高的精度；其次，集成系统体积减小，功耗下降；第三，器件数量减少，封装管脚数降低，可靠性提高，微机械结构与处理电路集成的研究开始于 20 世纪 90 年代初的 UC Berkeley，在一个管芯上集成了基于表面微加工技术制造的多晶硅梳状谐振器和 NMOS 放大器。随后微机械与电路的集成成为 MEMS 领域重要的发展方向，并相继出现了如 ADI 公司的集成加速度传感器，集成微陀螺，Motorola 公司的集成压力传感器，TI 公司的集成数字微镜等完全集成的 MEMS 产品，尽管将微机械结构与 IC 集成有很多优点，但是由于微机械结构的制造工艺与 IC 工艺的兼容性较差，目前完全集成尚有很大的难度。

MEMS 与 IC 兼容要求制造过程中两者不能产生任何负面的相互影响。MEMS 工艺对 IC 工艺的影响可能包括几个方面：首先，微加工的高温工艺会影响 IC 器件的性能，从而增大热开销，例如在表面微加工中淀积多晶硅后需要高温退火消除残余应力，可能影响到 IC 的有源区，造成 pn 结的再分布。其次，微加工的工艺过程会对 IC 材料和器件产生影响，例如 KOH 刻蚀时必须保护 IC 的金属互连铝和钝化层 PSG，而这往往又比较困难。第三，制造设备的相容性问题，目前 IC 制造工厂为了保护巨额投资和成熟工艺不受影响，严格禁止经过微加工后的硅圆片进入 IC 制造线以免造成污染，这使得只能通过先 IC 后 MEMS 的工艺顺序实现集成。第四，MEMS 材料与 IC 相容性较差，例如重金属材料和对 IC 产生腐蚀的材料等是 IC 禁止使用的。由于 IC 生产线的巨额投入和标准 IC 工艺的稳定性，IC 工艺已成为事实上的标准，即 MEMS 工艺必须适应 IC 工艺，而不可能改变 IC 工艺和设备来适应 MEMS 工艺，这些因素导致 MEMS 与 IC 集成时可供选择的材料和工艺非常有限，以至于完全集成难度很大。

9.6.1　MEMS 与 CMOS 的集成方法

为了实现集成并避免互相影响，MENS 与 IC（CMOS）工艺的顺序必须仔细设计，如图 9.51 所示，常用的工艺包括 IC-MEMS-IC 交叉工艺、先 MEMS 后 IC 工艺和先 IC 后 MEMS 工艺，这些工艺顺序严重限制了 MEMS 工艺的灵活性。

先 IC 后 MEMS 的顺序是 MEMS 与 IC 集成使用比较多的方法，即首先在硅片上制造集成电路，然后将 IC 保护起来，在预留的区域完成 MEMS 工艺；或者在制造集成电路的同时将 MEMS 需要的薄膜等淀积好，最后刻蚀释放，这种方法的优点是制造 IC 时与普通 IC 工艺没有区别，不需要在高低起伏的 MEMS 结构上进行要求极其苛刻的 IC 光刻。主要问题是 MEMS 工艺受到 IC 器件的限制，特别是热开销的限制。当温度达到 950 ℃时 p-n 结会发生明显的扩散。对于已经金属化的 IC，温度超过 450 ℃会引起铝硅发生反应，因此在完成了金属互连以后进行 MEMS 制造时，最高温度不能超过 450 ℃，在没有完成金属互连的 CMOS 硅片上制造 MEMS 时，最高温度不能超过 950 ℃。这对选择 MEMS 工艺增加了很多限制，例如 MEMS 工艺中 LPCVD 淀积低温二氧化硅、多晶硅、氮化硅所需要的温度分别为 450 ℃、610 ℃和 800 ℃，而磷硅玻璃的致密化和多晶硅去除残余应力退火则分别需要950 ℃ 和 1 050 ℃。

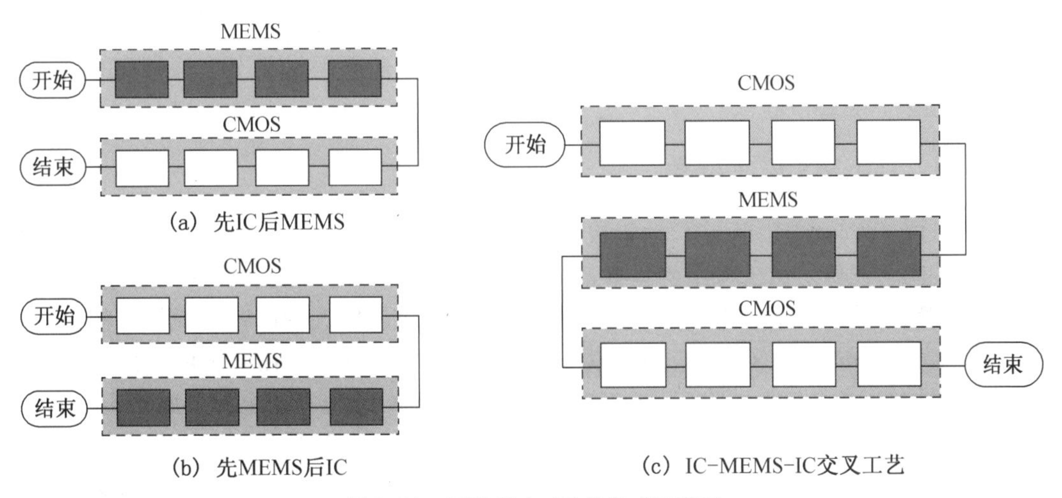

图 9.51　MEMS 与 IC 的集成工艺局

解决温度开销的问题可以从两个方面入手：一是在 MEMS 工艺中不使用高温过程，二是提高 IC 部分的耐高温能力。MEMS 的高温工艺主要是薄膜淀积和退火。对于退火，可以使用快速退火的方法，在几秒钟内将温度升高到 1 000 ℃，并在 1 min 内完成退火，这样可以减少高温对 IC 的影响，特别是由高温引起的 p-n 结扩散再分布。对于薄膜淀积，使用 PECVD 可以降低薄膜淀积所需要的温度，例如 PECVD 氮化硅只要 300 ℃左右，但是 PECVD 氮化硅薄膜的台阶覆盖均匀性较差，针孔较多。为了提高 IC 的耐高温能力，可以在制造铝互连以前制造 MEMS 部分，或者使用钨（熔点 3 410 ℃）和重掺杂的多晶硅作为金属互连的材料。由于钨的耐高温能力远远超过铝，在完成钨金属互连后仍旧可以使用高温工艺，但是最高温度仍旧会受到 p-n 结扩散温度的限制。在制造 p-n 结时，如果事先考虑到高温退火对 p-n 结的影响，可以修改 p-n 结工艺参数，在一定程度上补偿高温的影响。显然，这是一个非常复杂烦琐的过程,甚至需要修改 IC 的设计规则和模型。

为了解决先 IC 后 MEMS 带来的热开销的问题,出现了先 MEMS 后 IC 的工艺方法,首先在硅片上刻蚀凹陷区域,在凹陷区内制造 MEMS 微结构,然后用保护层填平凹陷区域并进行 CMP 平整,将平整后的硅片作为 CMOS 的原始硅片使用。平整后的硅圆片首先进行高温退火,以消除多晶硅和填平材料以及 CMP 过程引起的残余应力,保证后续的 IC 高温工艺不会对微结构产生影响。先 MEMS 后 IC 的合理性在于先制造的微结构一般能够承受 IC 工艺的高温过程,因此可以使用复杂的多晶硅结构。由于 MEMS 往往会改变硅圆片的表面形貌,例如体微加工会在硅圆片表面刻蚀深结构,表面微加工会产生起伏结构,键合会增加硅圆片厚度等,显然这些是 IC 工艺无法接受的,因此需要填平和 CMP 等工艺消除 MEMS 的影响,使 MEMS 加工后的硅圆片与普通硅圆片相同。另外,由于 IC 工艺中的场氧等过程需要很高的温度,先完成的 MEMS 结构必须能够承受高温的影响。先 MEMS 后 IC 的前提是 IC 制造厂允许经过 MEMS 加工的硅圆片进入生产线作为 IC 的初始硅圆片,这在目前主流的代工厂是不允许的。

IC-MEMS-IC 是指交叉工艺,可以将高温工艺完成后再进行 MEMS 和剩余的 IC 工艺。交叉工艺可以减少工艺步骤,但是总体设计时间更长。尽管打断 CMOS 工艺进行 MEMS 制造后再返回到 CMOS 工艺不是优先选择,目前在制造声表面波器件过程中溅射 ZnO 后再溅射金属铝的方法却被广泛采用。即使 CMOS 制造线允许 MEMS 后的硅圆片进入,采用交叉工艺也必须仔细设计工艺步骤以减少交叉进出的次数,一般不超过 2 次。最成功的例子是 ADI 公司开发的 iMEMS 技术。

9.6.2 iMEMS 集成技术

ADI 公司开发的 iMEMS 技术是集成加速度传感器 ADXL 的制造平台,采用 IC MEMS 相互交叉的工艺顺序。微机械结构为多晶硅材料,电路为 CMOS 或者 BiMOS 工艺制造,并集成薄膜电阻对放大器增益进行控制,实现可调增益放大器。在 iMEMS 流程中,首先完成除了金属互连以外的所有 IC 工艺,并为微机械部分预留位置;然后在微机械部位淀积并刻蚀多晶硅结构层,高温退火消除多晶硅应力;最后再回到 IC 工艺完成全部金属互连。

图 9.52 所示为利用 iMEMS 工艺制造 ADXL 集成加速度传感器的工艺过程。

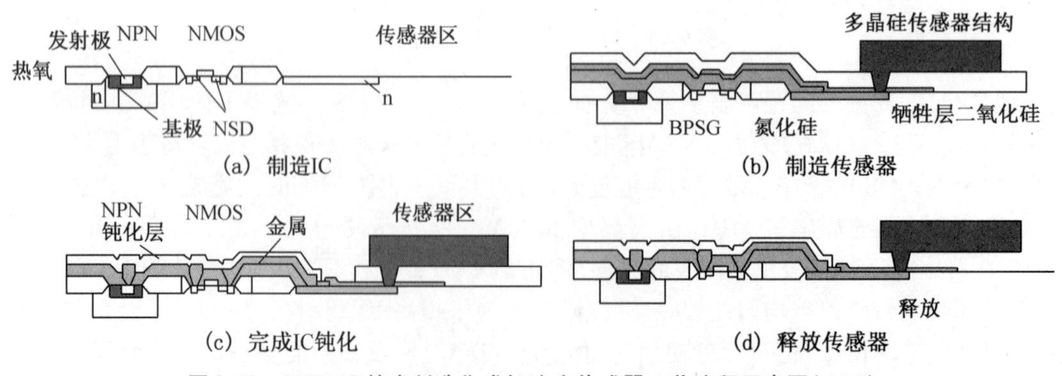

图 9.52 iMEMS 技术制造集成加速度传感器工艺流程示意图(ADI)

（1）完成除金属互连以外的 BiMOS 电路，预留出微机械结构的位置，并在微机械结构与衬底连接的位置进行 n 注入，形成导电区和结构的支承锚点。（2）在 IC 区域依次淀积硼磷硅玻璃（BPSG）和氮化硅作为电路的保护层，并进行平面化，然后淀积 1.6 μm 的二氧化硅作为牺牲层，光刻、刻蚀牺牲层形成微机械结构在衬底固定的锚点。采用热解硅烷在 550～600 ℃ LPCVD 淀积多晶硅结构层，厚度 2 μm，淀积后在 950 ℃退火 4 h（或 1 100 ℃退火 3 h）消除结构层残余应力，保留 10～100 MPa 的拉应力以使结构处于平整状态；光刻并刻蚀多晶硅层，完成微机械结构的制造。（3）光刻并刻蚀牺牲层，形成后续释放过程中光刻胶支承结构区；RIE 去除 IC 区域的氮化硅，光刻并刻蚀 BPSG 二氧化硅开金属引线孔，淀积并刻蚀金属引线，淀积薄膜电阻，钝化后完成 BiMOS 电路。（4）用光刻胶保护 CMOS 区域，用 HF 刻蚀牺牲层二氧化硅释放多晶硅微机械结构。为了防止释放过程中粘连，使用光刻胶支承结构层的释放方法，最后用氧等离子体去除光刻胶。由于多晶硅材料的性能决定了微机械的性能，因此多晶硅必须具有良好的机械强度、较低的残余应力和较小的应力梯度。为了保持释放后结构的平整，多晶硅层需要具有较低的残余拉应力，防止发生翘曲。如果多晶硅全部是无定型或者全部晶化都会产生压应力，因此淀积以后需要部分具有无定型成分，通过晶化过程的致密和无定型区域晶粒的生长产生一定的拉应力，同时，利用退火降低残余应力水平。因此，淀积和退火温度决定了多晶硅的性能。图 9.53 所示为 ADXL202 加速度传感器部分微机械结构照片，可见结构保持了很好的平整性，图中的刻蚀孔用来加速释放过程。

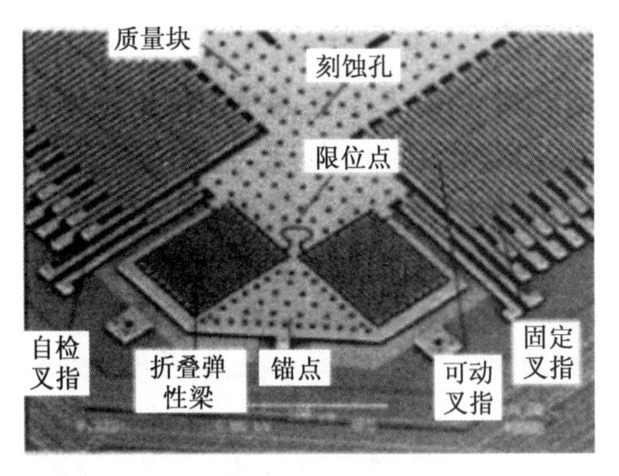

图 9.53　ADXL202 加速度传感器部分微机械结构

9.6.3　CMOS-MEMS

iMEMS 工艺是表面微加工与 IC 的集成方法，所制造的结构厚度仅有几个微米，有时无法满足使用的要求。高深宽比结构与 IC 的集成是 MEMS 集成领域的重要问题。由于 DRIE 刻蚀可以用光刻胶、二氧化硅或者金属铝作为掩膜，并且具有很高的刻蚀选择比，因此 DRIE 实现 CMOS 兼容要比 KOH 等湿法刻蚀容易得多。

利用二氧化硅和单晶硅的 DRIE 刻蚀以及 RE 横向刻蚀，可以制造包含金属和介质层的复合层结构 1，这种方法称为 CMOS-MEMS 工艺，其制造工艺流程如图 9.54(a) 所示。

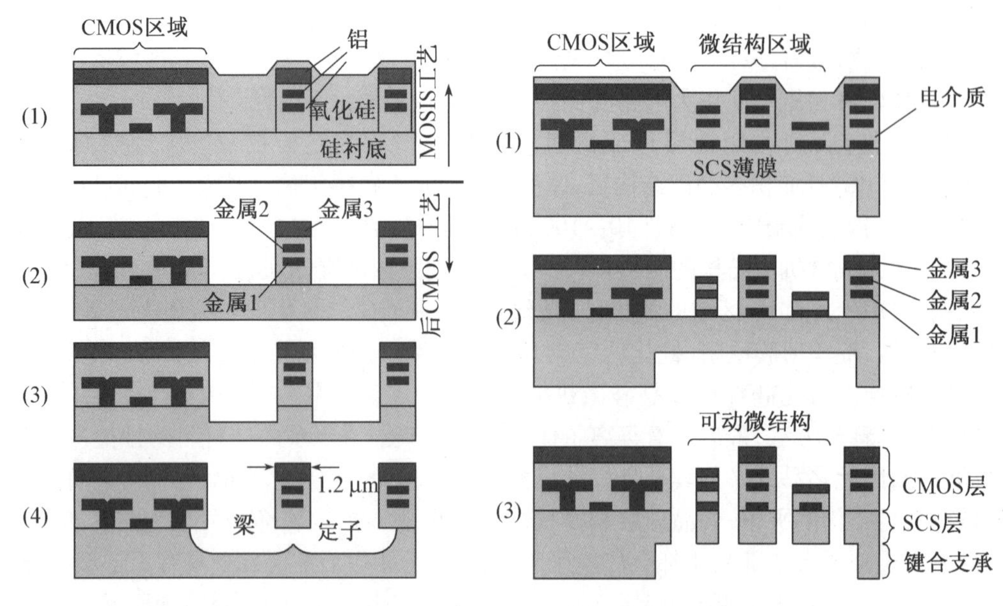

(a) 制造复合介质金属结构的CMOS-MEMS　　(b) 制造单晶硅的CMOS-MEMS

图 9.54　CMOS-MEMS 工艺流程

(1) 完成 CMOS 工艺并淀积钝化层,把最上层金属铝作为后续 MEMS 深刻蚀的保护层。(2) 去除要 DRIE 刻蚀区域的钝化层,利用 RIE(CHF_3/O_2,47∶3 sccm,25 mT,200 W,刻蚀速度 44 nm/min)对绝缘层二氧化硅进行垂直刻蚀,没有金属的位置所对应的二氧化硅被去除,直到硅衬底表面停止。该过程二氧化硅与铝的刻蚀选择比约为 11∶1。(3) 利用 DRIE 刻蚀单晶硅到一定深度。(4) 利用 SF_6 的各向同性刻蚀对单晶硅横向刻蚀,释放结构。这种方法可以实现长度几百微米,厚度 5 μm 的金属介质复合结构,其密度约为 2 300 kg/m^3,弹性模量为 62 GPa,略低于二氧化硅的弹性模量。

这种方法的优点是制造工艺简单,只进行介质层和硅的 DRIE 深刻蚀,以及硅的横向刻蚀,掩膜材料为金属、光刻胶或介质层,没有高温工艺过程,不会损坏 CMOS 器件,与 CMOS 完全兼容。同时,多层金属能够形成多种互连形式,并通过介质层实现完全电绝缘,从而获得良好的电路特性。该工艺的主要缺点是复合层的材料为氮化硅、二氧化硅和金属铝等,其力学性能没有多晶硅和单晶硅好,因此不适合对力学性能要求很高的情况。另外,由于多层复合结构存在残余应力,且多层结构包含不同的材料,因此,当结构和工艺不对称时,残余应力梯度引起复合层结构向上或向下的离面翘曲。当制造过程的对准误差使金属与梁不能完全对准时,还会引起面内翘曲。这些翘曲可以通过翘曲匹配或者温度控制进行补偿,或者通过增加梁的宽度、减小梁的长度而部分缓解。

这种 CMOS-MEMS 工艺适合制造梳状叉指电极,可以用于加速度传感器和静电驱动器,但是这种结构仍旧是平面形式的。图 9.54(b)所示为利用改进的 CMOS-MEMS 工艺制造单晶硅结构的方法。改进的 CMOS-MEMS 工艺利用 DRIE 先从硅片背面进行局部深刻蚀,然后再从正面对介质金属复合层和剩余的单晶硅进行 DRIE 深刻蚀,可以形成单晶硅和复合层组成的高深宽比悬空结构。由于刻蚀过程不会影响到 CMOS 电路,减薄的单晶硅 DRIE 刻蚀能够实现较小的结构间距,因此能够实现 CMOS 兼容的三维高深宽比结构。另外,由于介质层厚度远小于单晶硅层的厚度,厚的单晶硅层对抑制残余应力有好处。

DRIE 刻蚀结构还可以利用湿法刻蚀释放,如图 9.55 所示。其基本过程是:首先在需要 DRIE 刻蚀的区域注入浓硼形成后续释放结构;然后完成标准 IC 工艺,淀积 LTO 作为 MEMS 工艺过程的保护层。溅射 Ti/Ni 种子层,光刻胶作为模具,电镀 Ni 作为刻蚀掩膜,DRIE 刻蚀浓硼掺杂区,最后利用 EDP 去除 DRIE 结构的下部,释放 DRIE 刻蚀结构。这种方法中,结构的形状由浓硼掺杂和 DRIE 决定,避免使用 SOI 等结构,但是浓硼注入的深度有限,结构最大厚度一般在 10 μm 左右,并且只使用 1 次光刻,结构不能太复杂。

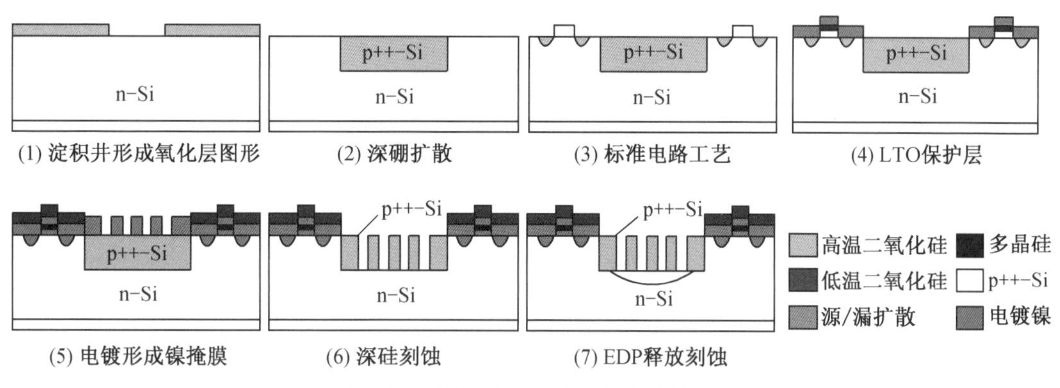

图 9.55　BiCMOS 与 DRIE 集成示意图

9.6.4　MEMS 代工制造

为了降低制造成本、适应 MEMS 发展的需要,多家研究机构和公司基于 Berkeley 在 20 世纪 80 年代中期的牺牲层技术开发了表面微加工工艺模块,为多用户提供标准的 MEMS 加工服务(代工)。代工服务使 MEMS 研究不需要购买和维护昂贵的制造设备,只要根据代工厂的设计规则进行设计,就可以利用稳定的制造工艺实现设计。目前世界范围内有几十家公司和研究机构提供代工服务,其中典型代表包括 ADI 公司的 3 层多晶硅、0.8 μm BiCMOS 技术(iMEMS),北卡罗来纳微电子中心(MCNC,现为 Cronos)的 13 层多晶硅 MUMPS,Sandia 国家实验室的 5 层多晶硅和 CMOS 的 Summit 技术,SMSC 的 3 层多晶硅 +2 μm CMOS 技术,MEMSCAP 的 3 层多晶硅 poly MUMPs 技术,以及 MOSS 的 2 层多晶硅、0.35 μm CMOS 技术。MEMSCAP 还提供基于电镀镍的 metalMUMPS 和基于 SOI 衬底的 SOIMUMPS,最近 Carnegie Mellon 大学开始提供基于 CMOS-MEMS 技术的代工服务。这些 MEMS 代工厂一次流水时间少于 60 天,可以完成制造、切割、封装、测试等工作,1 cm^2 的芯片的费用约 3 000 ~4 000 美元。

MUMPs 是 MEMS 代工技术的代表,它起源于 UC Berkeley 开发的表面微加工技术,以多晶硅作为结构层和地电极(因此 3 层多晶硅实际只有 2 层结构),PSG 二氧化硅作为牺牲层,氮化硅作为多晶硅与衬底的绝缘层材料。图 9.56 所示为 MUMPs 工艺流程示意图。

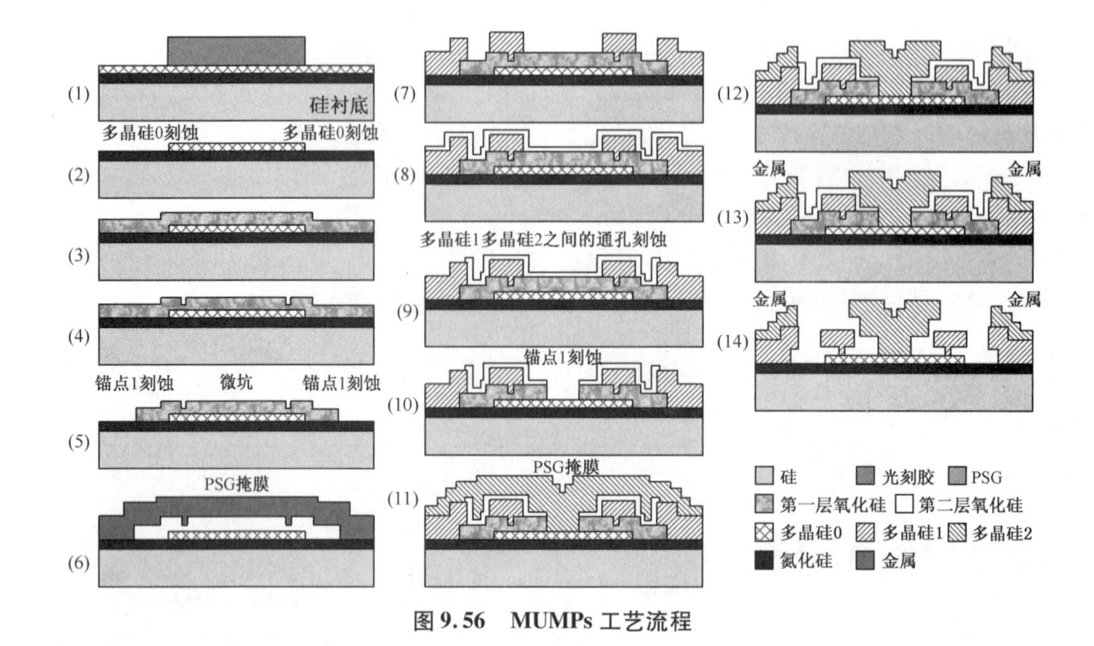

图 9.56　MUMPs 工艺流程

思考题与习题

9.1　阅读 Kurt Peterson 的论文“SiLicon as a Mechanical Mαterial”，总结作者提出的硅加工方法，并简要说明使用单晶硅作为机械结构材料的优点和缺点。

9.2　衍射对正胶和负胶曝光会产生什么样的影响？制造难以刻蚀的金属如 Au 和 Pt 时所采用的剥离技术为什么使用正胶？

9.3　分析厚胶光刻中曝光衍射和散射、分辨率下降，以及曝光剂量不够的解决办法。

9.4　分析说明硅直接键合时，界面自然氧化层的氧在 1 000 ℃退火以后的去向。

9.5　阳极键合时，如果硅片表面带有 200 nm 厚的氧化层，对阳极键合有什么样的影响？如果增加玻璃中钠离子的浓度，对键合工艺参数和键合强度有什么样的影响？

9.6　估算在无应力的硅片表面 1 050 ℃热氧化后，氧化层内的残余应力大小。该应力与热氧化层的厚度是否有关？

9.7　在 KOH 刻蚀中，{100} 面和 {111} 面的刻蚀选择比不是无穷大，而是 400 : 1。因此刻蚀 {100} 面时侧壁不是精确地与 {111} 平行，而是成一个角度。

（1）计算该角度的大小。

（2）如果要在 {100} 面刻蚀 45°的侧壁，刻蚀选择比应为多少？

9.8　用 KOH 从硅片正面刻蚀穿透一个 500 μm 厚的 {100} 硅片，背面开口大小为 20 μm × 20 μm。

（1）计算正面掩模版开口的尺寸。设 {100} 面和 {110} 面的刻蚀速度相同，{111} 面的刻蚀速度为 0。

（2）如果硅刻蚀的速率与干氧和湿氧二氧化硅掩膜的刻蚀速度之比分别为 200 : 1 和 150 : 1，掩蔽 500 μm 硅刻蚀需要的二氧化硅厚度各为多少？如果利用 1 200 ℃氧化，哪种氧化方法需要的时间更短？

（3）如果氮化硅掩膜的刻蚀速率为1.5 Å/min，实现500 μm完全掩蔽时氮化硅的厚度为多少？

9.9　如果想把基于时分复用技术的DRIE刻蚀的侧壁起伏从150 nm降低到50 nm，需要调整哪些参数？这种调整会带来哪些影响？时分复用DRIE刻蚀深结构与硅表面夹角90°，如何调整刻蚀过程使刻蚀达到85°？

9.10　厚500 μm的硅片初始曲率半径为$r = +300$ m。单独沉积一层300 nm的二氧化硅，曲率半径变为$r = +400$ m；单独淀积一层600 nm的氮化硅，曲率半径变为$r = +200$ m。

（1）分别计算二氧化硅和氮化硅薄膜的应力。

（2）如果欲通过淀积氮化硅将带有200 nm的二氧化硅的硅片补偿为完全平整（r为无穷大），氮化硅的厚度应该为多少？

9.11　用文字说明图9.57压力传感器的上层结构的制造工艺流程。

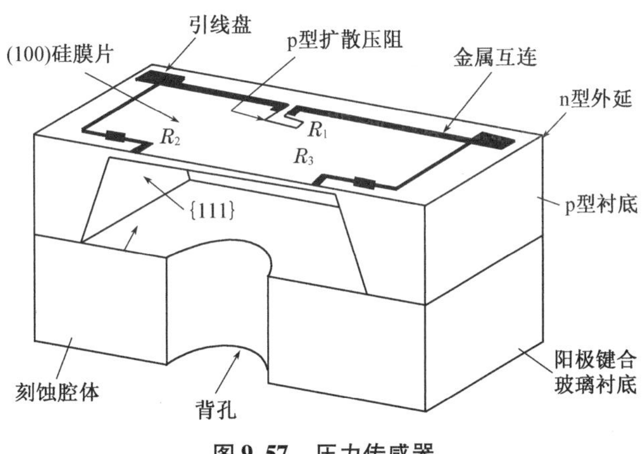

图9.57　压力传感器

9.12　设计如图9.58所示的微型静电马达的制造工艺流程，并画图表示。

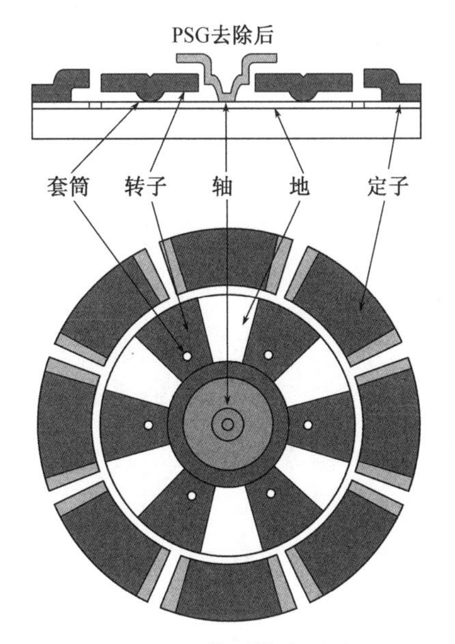

图9.58　微型静电马达

第 10 章 微机电传感器和执行器

10.1 MEMS 压力传感器

压力传感器是机械量传感器的一种。机械量传感器是指被测量物理量为力学或机械量的传感器,包括压力传感器、触觉传感器、加速度传感器、陀螺仪(角速度传感器)、流量传感器等多种。机械量传感器多利用微结构将被测力学量转换为结构的应力、变形或者谐振频率等参数的改变,再将这些变化转换为电学量,因此微结构的材料性能对传感器影响很大,一般首选性能优异的单晶硅。

体微加工技术和表面微加工技术都可以实现压力传感器,第一个体微加工的压力传感器于 1963 年问世,1985 年出现了表面微加工的压力传感器。体加工利用单晶硅优异的机械性质,例如极低的缺陷、理想的弹性、优异的重复性、几乎零残余应力等。表面微加工中结构材料多为氮化硅或多晶硅,材料的性能对工艺的依赖性非常强,存在残余应力,并且多晶硅压阻系数较小。体微加工中湿法刻蚀膜片厚度的一致较差,因此控制膜片厚度是体微加工的重点。表面微加工技术在横向尺寸和厚度取决于光刻和薄膜淀积,重复性较好,重点是控制薄膜的应力。硅微压力传感器被广泛应用于汽车工业、生物医学、工业控制、能源以及半导体工业等众多领域。不同的应用领域对压力传感器的要求不同,因此尽管压力传感器已经非常成熟,但是在无线测量、集成压力传感器、应用闭环控制、污染不敏感、生物医学可植入应用,以及用于恶劣环境下的 SiC 和金刚石压力传感器仍旧是目前重要的研究内容。

10.1.1 MEMS 压力传感器工作原理及模型

压力测量的频率一般在 0 ~ 1 kHz,属于静态测量的范畴。典型的硅微压力传感器一般采用周边固支的圆形或正方形膜片,将压力采集并转换为膜片的变形,通过测量膜片变形引起的电学参数的变化来检测压力。为了保证良好的线性,膜片被限制在小变形范围内,其尺寸参数是关键因素;但是由于膜片较薄,受压很容易产生大变形而进入非线性区,必须确定传感器的线性范围。计算膜片在压力作用下的变形是设计压力传感器的基础,一般情况下,由于计算过程比较复杂,可进行适当的简化。

如图 10.1 所示,周边固支的圆形膜片受均匀压力(压强为 q)作用时,膜片的小变形可以表示为

$$\omega_0(r)=\frac{qa^4}{64D}\left(1-\frac{r^2}{a^2}\right) \tag{10.1}$$

式中,r 是柱坐标的径向变量;a 是膜片的半径;$D=Eh^3[12(1-\nu)]$ 是膜片的弯曲刚度。对于(120)和(100)晶向,硅的弹性模量 E 分别为 169 GPa 和 130 GPa。最大的变形发生在膜片中心,为

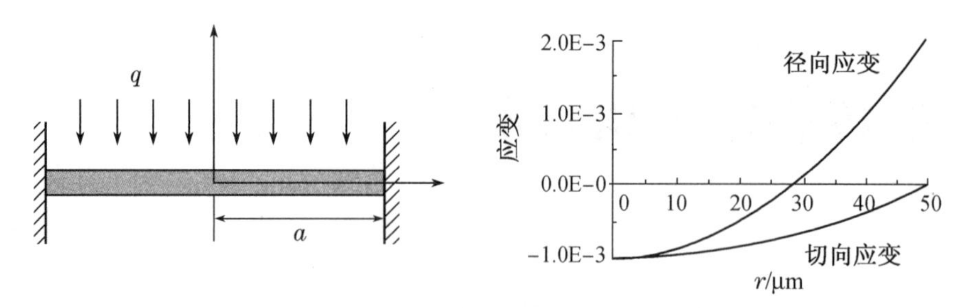

图 10.1　圆形膜片和应变

$$\omega_{\max}=\frac{qa^4}{64D} \tag{10.2}$$

圆形膜片下表面的径向和切向应变为

$$\varepsilon_r=-\frac{3qa^2(1-\nu^2)}{8Eh}\left[1-3\frac{r^2}{a^2}\right],\ \varepsilon_\theta=-\frac{3qa^2(1-\nu^2)}{8Eh}\left[1-\frac{r^2}{a^2}\right] \tag{10.3}$$

径向和切向应力分别为

$$\sigma_r=\frac{3qzr^2}{4h^3}\left[(1+\nu)-(3+\nu)\left(\frac{r}{a}\right)^2\right],\ \sigma_\theta=\frac{3qzr^2}{4h^3}\left[(1+\nu)-(1+3\nu)\left(\frac{r}{a}\right)^2\right] \tag{10.4}$$

式中，z 表示轴向坐标，在中性面上 $z=0$。

根据式(10.2)，直径 100 μm、厚度 2 μm 的硅膜片在 6.896×10^5 Pa 的压力作用下产生的应变分布如图 10.1 所示，由于对称性，膜片只画出了一半。从图中可以看出，径向应变从中心的受压状态(负应变)变化为边缘的受拉状态(正应变)，并且应变绝对值的最大值在膜片边缘；而切向应变均为受压状态，最大值出现在膜片中心位置。

方形膜片的小变形比圆形膜片要复杂得多，需要 Timshenko 法求解。利用瑞利-李兹法，可得到矩形膜片变形的一阶近似分量为

$$\omega_{11}(x,y)=\frac{49qa^4}{8}\frac{[(x/a)-(x/a)^2]^2[(y/b)-(y/b)^2]^2}{7D_{11}+4(D_{12}+2D_{66})s^2+7D_{22}s^4} \tag{10.5}$$

式中，$s=a/b$ 表示矩形的长宽比，

$$D_{11}=\frac{E_1h^3}{12(1-\nu_{21}\nu_{12})},\ D_{12}=\nu_{21}D_{11},\ D_{22}=\frac{E_2}{E_1}D_{11},\ D_{66}=\frac{G_{12}h^3}{12} \tag{10.6}$$

应变和应力可以分别通过下面的公式求得。

$$\varepsilon_{xx}=-z\frac{\partial^2\omega}{\partial x^2},\ \varepsilon_{yy}=-z\frac{\partial^2\omega}{\partial y^2},\ \varepsilon_{xy}=-2z\frac{\partial^2\omega}{\partial x\partial y} \tag{10.7}$$

$$\sigma_{xx}=-\frac{Ez}{1-\nu^2}\left(\frac{\partial^2\omega}{\partial x^2}+\nu\frac{\partial^2\omega}{\partial y^2}\right),\ \sigma_{yy}=-\frac{Ez}{1-\nu^2}\left(\frac{\partial^2\omega}{\partial y^2}+\nu\frac{\partial^2\omega}{\partial x^2}\right) \tag{10.8}$$

$$\sigma_{xy}=-\frac{Ez}{1+\nu}\ \frac{\partial^2\omega}{\partial x\partial y} \tag{10.9}$$

经过计算可以知道，y 方向的应变与 x 方向的应变关于 $x=y$ 对称，最大应力发生在膜片边缘的中点位置，应力状态为拉应力。从边缘中点到膜片中心，应变从拉应变变为压应变。

10.1.2　MEMS 压阻式压力传感器

压阻式压力传感器由承载膜片和膜片上的应力敏感压阻构成，当膜片在压力作用下变形时改变压阻阻值，通过电桥测量阻值变化可以得到压力的大小。通常体微加工压阻式压力传感器采用 KOH 刻蚀的(100)硅膜片，通过注入将压阻制造在膜片上表面，利用反偏的 p-n 结将压阻与衬底绝缘。在温度不高的情况下，这种方案制造简单、设计成熟、性能较好，但是随着温度升高，p-n 结的漏电流增大。刻蚀后的膜片衬底与玻璃等键合，形成密封腔或压力腔，如图 10.2(a)所示。

除了体微加工技术外，表面微加工技术也可以制造压阻传感器，如图 10.2(b)所示。结构层材料为氮化硅或多晶硅，二氧化硅作为牺牲层材料，压阻为多晶硅。表面加工可以制造尺寸很小的压力传感器，实现较高的空间分辨率，但是膜片的最大变形受到牺牲层厚度的限制，不能很大，从而限制了传感器的量程范围。

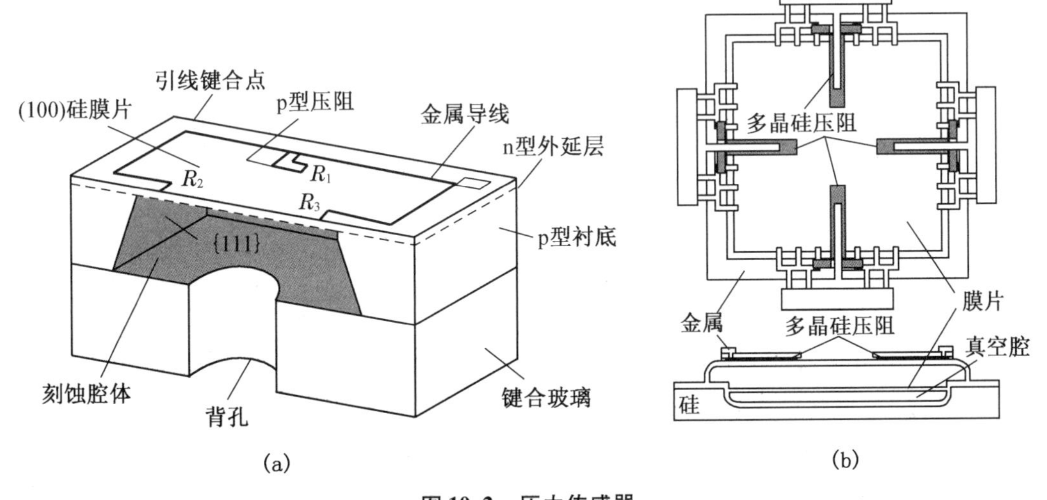

图 10.2　压力传感器

MEMS 压阻式压力传感器的设计除了需要确定膜片的尺寸、厚度等参数外，还要确定压阻的位置、方向、长度等。利用式(10.5)~(10.9)可以计算圆形或者矩形膜片的应力分布，显然压阻应该布置在应力最大的位置以实现高灵敏度。由于电阻的变化与径向和切向应力以及压阻系数都有关系

$$\frac{\Delta R}{R}=\pi_l\sigma_l+\pi_t\sigma_t \tag{10.10}$$

p 型压阻的压阻系数中 π_{11} 和 π_{12} 远远小于剪切压阻系数 π_{44}，因此 p 型(100)硅片上沿着(120)方向的压阻其长度和宽度方向的压阻系数分别为

$$\begin{aligned}\pi_l&=(\pi_{11}+\pi_{12}+\pi_{44})/2\approx\pi_{44}/2\\ \pi_t&=(\pi_{11}+\pi_{12}-\pi_{44})/2\approx-\pi_{44}/2\end{aligned} \tag{10.11}$$

可见 π_l 与 π_t 符号相反。将式(10.11)简化后代入式(10.10)可得

$$\frac{\Delta R_{\mathrm{i}}}{R_{\mathrm{i}}}=\frac{\pi_{44}}{2}(\sigma_{1}-\sigma_{\mathrm{t}}) \tag{10.12}$$

将式(10.12)代入到电桥表达式(4.45),得

$$U_{\mathrm{o}}=\frac{U_{\mathrm{i}}\pi_{44}}{2}\left[\frac{1}{4}\sum_{i=1}^{4}\sigma_{1}-\frac{1}{4}\sum_{i=1}^{4}\sigma_{\mathrm{t}}\right] \tag{10.13}$$

为了在电桥测量中获得最大的灵敏度,位于电桥对臂的两个压阻分别平行和垂直膜片边长放置,如图10.3所示。这样与边长垂直的压阻在应力作用下电阻增加,而与边长平行的压阻在应力作用下减小,使每个压阻对输出的贡献都是增加的。考虑位于圆形膜片边缘沿着(120)晶向的p型压阻,其中一个平行于半径,另一个垂直于半径方向,利用式(10.4)和式(10.12),传感器的灵敏度为

$$S=\frac{U_{\mathrm{o}}}{q}=\frac{U_{\mathrm{i}}}{q}\frac{\Delta R}{R}=-\frac{3\pi_{44}a^{2}(1-\nu)}{8h^{2}}U_{\mathrm{i}} \tag{10.14}$$

采用电桥测量压阻式压力传感器的灵敏度与电源电压 U_{i} 成正比,一般在10~100 mV/Pa左右。

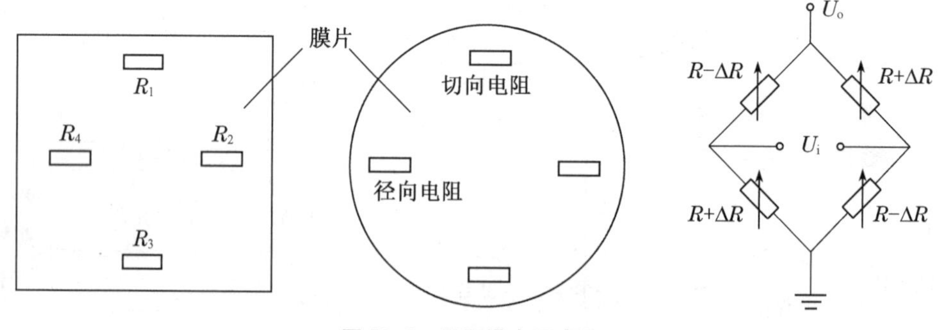

图10.3 压阻排布示意图

硅的晶向和掺杂都会影响压阻系数,因此在使用式(10.12)时需要确定硅的晶向和掺杂类型及浓度。由于压阻上每一点的应力都不同,精确计算需要对整个长度上压阻的变化量式(10.12)进行积分,即

$$\frac{\Delta R}{R}=\frac{1}{l}\int_{L}^{L-l}\frac{\Delta R}{R}\mathrm{d}x \tag{10.15}$$

式中,l 是压阻的长度;L 是膜片的直径或边长。于是根据式(10.12)和式(10.15)可以得到电阻变化引起的电桥输出变化与电阻长度的关系。图10.4(a)为直径100 μm、厚度2 μm的圆形膜片上电阻长度与输出电压的关系,可见是非单调的。压阻的最优长度为12 μm,当电阻长度超过12 μm时,增加电阻长度会降低输出电压。这是因为应力从边缘向中心减小,电阻越长,平均应力越小。图10.4(b)为模拟的边长100 μm、厚度2 μm的方形膜片上输出电压随压阻长度的变化,可见最优压阻长度为10 μm。电阻一般为折线形,在满足匹配电阻的同时,又将压阻限制在应力最大、最灵敏的区域,以实现灵敏度最大。折线的横向连接部分使用金属连接或高浓度掺杂区(压阻系数很小),忽略其压阻效应。将压阻布置在应力最大点有助于增加灵敏度,而增加压阻宽度或者膜片厚度会降低灵敏度。

MEMS 压阻式压力传感器的缺点是尺寸一般较大、灵敏度较低、温度系数大，有些情况下需要进行温度补偿。由于压阻测量的是折线所在面积的平均应力，当压阻面积很大时，测量的空间分辨率不高。因为制造误差，组成电桥的压阻阻值可能不同，加之电路一致性的问题，使得传感器没有受到载荷的情况下就会产生输出，需要调零。另外 MEMS 压阻式压力传感器的零点漂移随着温度变化，属于非系统误差。

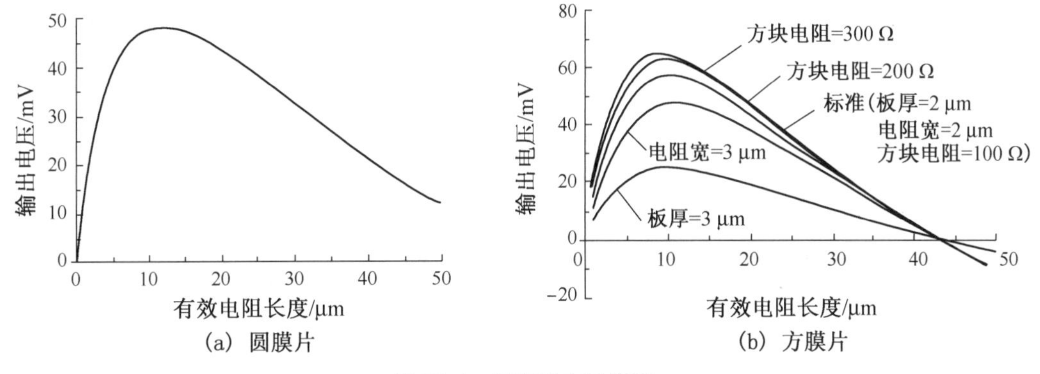

(a) 圆膜片　　(b) 方膜片

图 10.4　压阻排布示意图

尽管表面工艺可以制造 MEMS 压阻式压力传感器，但是目前商品化的硅压力传感器几乎都采用体微加工技术制造，膜片通常采用 KOH 湿法刻蚀，厚度依靠电化学自停止、浓硼掺杂自停止或者埋层二氧化硅等方法控制，并通过键合实现密封腔。图 10.5 为两种常见的 MEMS 压阻式压力传感器的结构和制造工艺流程，分别使用了氧化层绝缘的单晶硅压阻和 p-n 结反偏绝缘的 p 型单晶硅压阻，膜片分别为单晶硅结合二氧化硅以及单晶硅。基于 SOI 的高温压力传感器的制造过程与图 10.5(b)类似，压阻为刻蚀形成，与衬底绝缘依靠绝缘层二氧化硅。

图 10.5(a)所示为 p-n 结绝缘的 MEMS 压阻式压力传感器的制造流程，膜片为单晶硅。首先在 p 型衬底上外延 n 型外延层，衬底背面淀积氮化硅作为刻蚀掩膜层，外延层上淀积薄的绝缘层，隔着绝缘层在 n 型外延层内注入形成 p 型压阻，如图(1)所示；去除注入掩膜层，退火激活注入压阻，形成图(2)所示的结构；淀积并刻蚀金属(如铝)作为互连，如图(3)所示；对背面进行双面光刻，刻蚀氮化硅开出膜片刻蚀窗口，正面采用刻蚀保护装置进行保护，背面进行 KOH 刻蚀。刻蚀采用电化学自停止的方法，刻蚀 p 型衬底后自动停止到 n 型外延层，如图(4)所示；最后利用阳极键合将玻璃与硅衬底键合，形成 MEMS 压阻式压力传感器的背腔。背腔内真空或者开一个参考压力导入孔，以形成绝对压力传感器或差压传感器。

图 10.5(b)所示为采用氧化层绝缘的传感器制造流程，传感器膜片为单晶硅结合二氧化硅。如图(1)和(2)所示，在 1 个硅衬底上注入形成 p 型掺杂层，另一个衬底热生长二氧化硅绝缘层；将这 2 个衬底键合，保护二氧化硅层所在衬底的背面，利用 KOH 刻蚀去除 p 型掺杂层的衬底，如图(3)所示；光刻并刻蚀 p 型掺杂层，形成压阻，如图(4)所示；正面淀积金属，光刻并刻蚀金属形成导电互连，背面淀积氮化硅作为掩膜，双面光刻并刻蚀氮化硅开出 KOH 刻蚀窗口，如图(5)所示；利用刻蚀保护装置保护正面器件，在 KOH 中刻蚀硅衬底，实现特定的硅膜片厚度后停止。这种结构利用绝缘层二氧化硅实现压阻与衬底的绝缘，没有 p-n 结漏电，可以工作在 300 ℃以下的高温环境。利用 SOI 衬底制造的压力传感器其流程与

图 10.5(b)基本相同。

利用溶硅法可以制造氮化硅薄膜上的单晶硅压阻压力传感器。在硅表面注入高浓度硼形成压阻,然后淀积氮化硅薄膜,从反面进行 KOH 刻蚀,刻蚀后只剩下掺杂浓硼的单晶硅压阻和氮化硅薄膜。通过硅玻璃键合后,氮化硅薄膜作为承载膜片。这种方法既可以实现高灵敏度的单晶硅压阻器件,又可以精确控制氮化硅的膜厚和残余应力。为了实现较大的线性范围和小量程测量,膜片还可以采用硬芯结构或者波纹膜片,这两种膜片在小量程时具有较好的线性,但是制造过程要复杂一些。

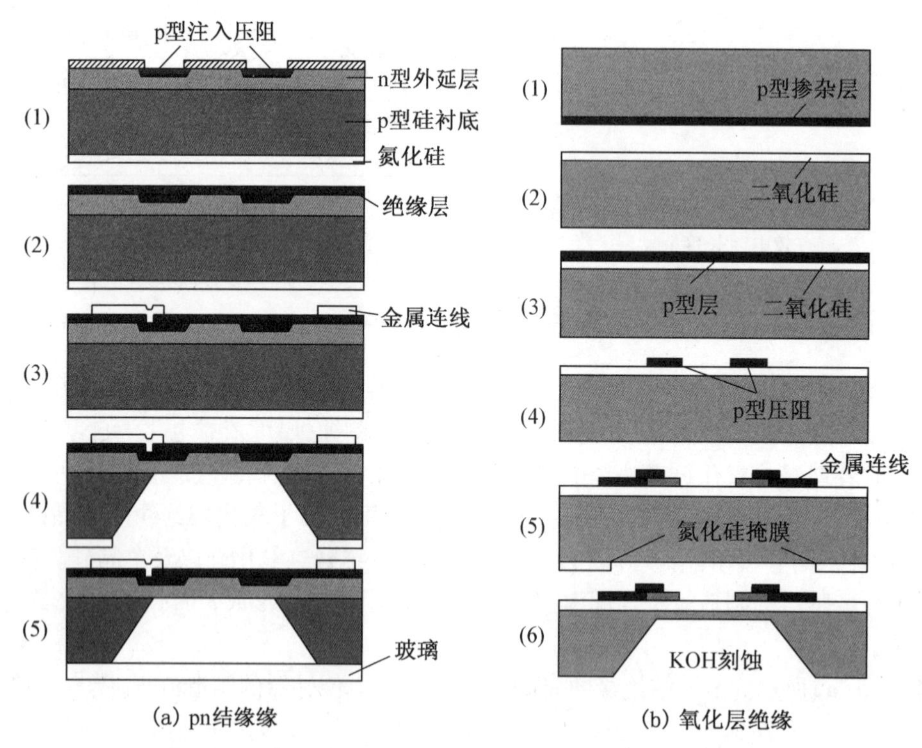

图 10.5 单晶硅压阻和压力传感器的结构和制造工艺流程

10.1.3 MEMS 电容式压力传感器

MEMS 电容式压力传感器出现于 20 世纪 70 年代末,其基本原理是将压力转换为电容极板的变形,再通过测量电容的变化来测量压力,如图 10.6 所示。由于压力作用的特点,MEMS 电容式压力传感器一般采用平板电容的方式,通过压力改变极板间距。

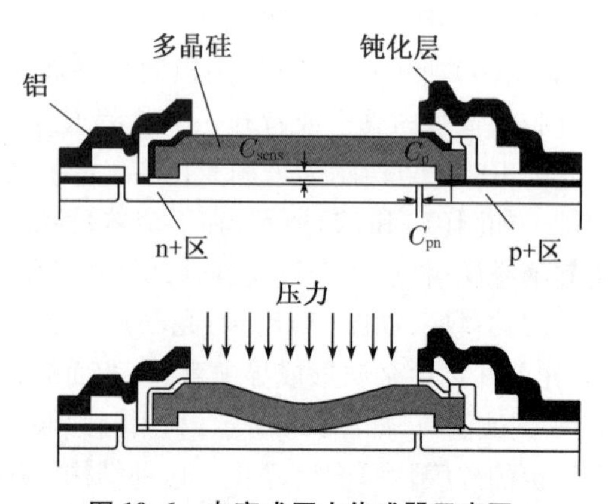

图 10.6 电容式压力传感器示意图

平板电容在变形前的极板间距是均匀的,忽略边缘效应的电容值表示为 $C=\varepsilon A/g_0$。在压力作用下,膜片变形导致极板间距不均匀,可以通过积分膜片变形得到电容,小变形膜片的电容表达式可以由圆形膜片变形公式

(10.1)导出

$$C = \iint \frac{\varepsilon}{g_0 - \omega(r)} \mathrm{d}S = \int_0^{\pi} \int_0^{r} \frac{2\varepsilon r \mathrm{d}r \mathrm{d}\theta}{g_0 - \omega(r)}$$
$$= \int_0^{\pi} \int_0^{r} \frac{2\varepsilon r}{g_0 - qa^4[1-(r^2/a^2)^2]/(64D)} \mathrm{d}r \mathrm{d}\theta \qquad (10.16)$$

式中,g_0 是极板的初始间距;a 是极板半径。利用式(10.16)计算电容和灵敏度都非常复杂,而有限元法更适合分析电容式压力传感器的特性。电容传感器的灵敏度对膜片的半径厚度比 a/h 的依赖程度很高,并且还依赖于极板间隙。

MEMS电容式压力传感器由于不需要使用压阻,膜片尺寸缩小,能够在比较小的面积内制造阵列式传感器。电容降低了传感器的温度系数,受温度影响很小。MEMS电容式压力传感器的满量程输出相对变化率可达50%,远大于压阻式传感器的2%,能够获得更高的灵敏度,一般电容传感器的灵敏度比压阻传感器高一个数量级。MEMS电容式传感器在理论上没有直流功耗,适合能量有限的场合使用。电容传感器的主要缺点是电容的变化是非线性的,电容小、输出阻抗大、寄生电容等都为电路处理带来了困难,需要将电路尽可能放在离电容近的地方;另外,上下极板的间隙很小,制造的难度较大,同时也限制了传感器的量程范围。

图10.7所示为ISSYS利用Michigan大学开发的溶硅工艺制造的MEMS电容式压力传感器。该传感器仅从硅片的一面制造膜片,并利用了浓硼掺杂和硅-玻璃键合技术。(a)用二氧化硅作为掩膜,利用KOH刻蚀一个正方形硅杯,硅杯的深度决定了极板间距;(b)去除二氧化硅掩膜,淀积并刻蚀新的二氧化硅掩膜,硅杯内部需要二氧化硅掩膜;(c)硼掺杂形成浓度大于 $7\times10^{19}/\mathrm{cm}^3$ 高浓度p型区p++;(d)光刻,去除硅杯底部的二氧化硅掩膜,对硅杯底部进行浓硼注入和退火;(e)淀积介电层,光刻后刻蚀介电层,形成硅杯底部的介电层,作为后续的隔离使用;(f)将硅芯片与玻璃阳极键合,并用TMAH将硅片整体刻蚀,由于浓硼掺杂区不被TMAH刻蚀,形成了传感器的膜片。

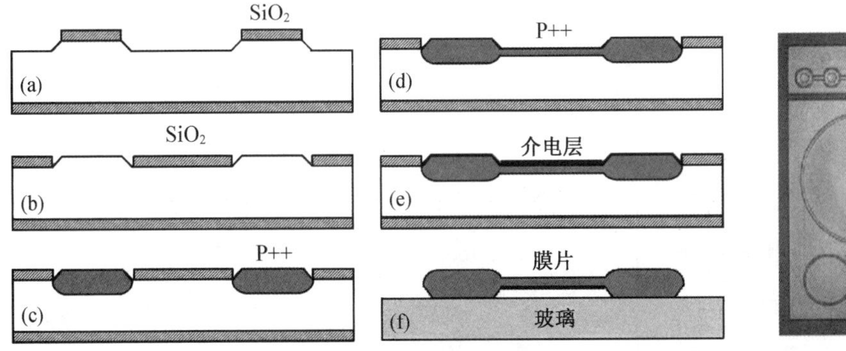

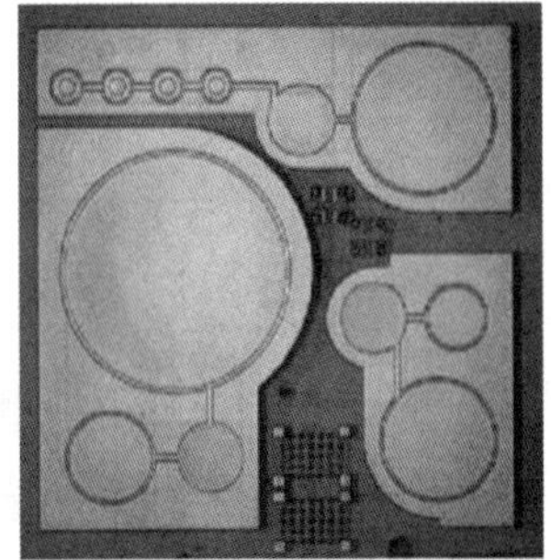

图10.7 溶硅制造的单面加工电容式压力传感器

溶硅技术制造的压力传感器的电容与电镀的平面电感组成射频谐振电路,可构成无线传输电容压力传感器,用于人体内或汽车轮胎等的压力测量。无线传输采用振荡电路和调制,利用电磁辐射将信号发射,在体外接收后解调。传感器尺寸2.6 mm×1.6 mm,电容约为4 pF,电感1 μH。在50 mmHg的满量程压力下,谐振频率在76~70 MHz间变化,灵敏度约为120 kHz/mmHg。

图 10.8 所示为 MEMS 差动式电容压力传感器结构和制造流程。参考电容不承受压力，测量电容的极板作为压力承载膜片，两个电容进行差动输出。电容的下电极是硅衬底上注入高浓度砷形成的导电层，上电极是掺磷多晶硅，中间的间隙由二氧化硅牺牲层形成。如图 10.8(b)所示，首先在 p 型(100)衬底上选择性注入 $2\times10^{16}/cm^2$ 的高浓度硼，作为膜片刻蚀的自停止层，退火消除注入损伤，如图(1)所示。外延 20 μm 厚、浓度为 $10^{15}/cm^3$ 的 p 型单晶硅，如图(2)所示。注入硼(p 型)作为后续高浓度砷注入(n 型)的沟道阻挡层，LO 淀积 3 μm 二氧化硅并刻蚀作为注入的掩蔽层，对膜片区注入 $10^{15}/cm^2$ 的高浓度砷作为下电极。因为在外延层下已经注入了硼阻挡层，硼会与注入的砷补偿，将砷注入形成的 n 型区限制在表面一定深度。淀积 0.15 μm 厚的低应力氮化硅，刻蚀氮化硅和接触孔如图(3)所示，再淀积 0.7 μm 的二氧化硅作为电极极板间距的牺牲层，如图(4)所示。淀积 0.1 μm 的低应力氮化硅作为电极板间介质层，淀积 1.5 μm 的非掺杂低应力多晶硅，注入浓度为 $10^{16}/cm^2$ 的磷；再次淀积 1.5 μm 厚的多晶硅，退火使掺杂重新分布，两次淀积的多晶硅形成上极板，高浓度注磷层作为电极，如图(5)所示。淀积氮化硅作为保护层，KOH 刻蚀背面，直到注入的高浓度硼停止，如图(6)所示。用 HNA 去除浓硼自停止区，如图(7)所示，该区域与低掺杂浓度区的刻蚀选择比高达 100∶1，去除氮化硅掩膜，正面 RIE 刻蚀多晶硅孔，如图(8)所示。用 BHF 横向刻蚀二氧化硅牺牲层 15 μm。淀积和刻蚀铝引线，淀积 5 μm 的聚对二甲苯并用铝作为掩膜在氧等离子体中刻蚀。去除剩余的二氧化硅，使聚对二甲苯支承多晶硅电极，如图(9)所示。切割后在氧等离子中去除聚对二甲苯，释放电极，如图(10)所示。电容约为 3.5 pF，量程范围约 70 kPa，电容的相对变化量为 25%，温度系数 $100\times10^{-6}/℃$。

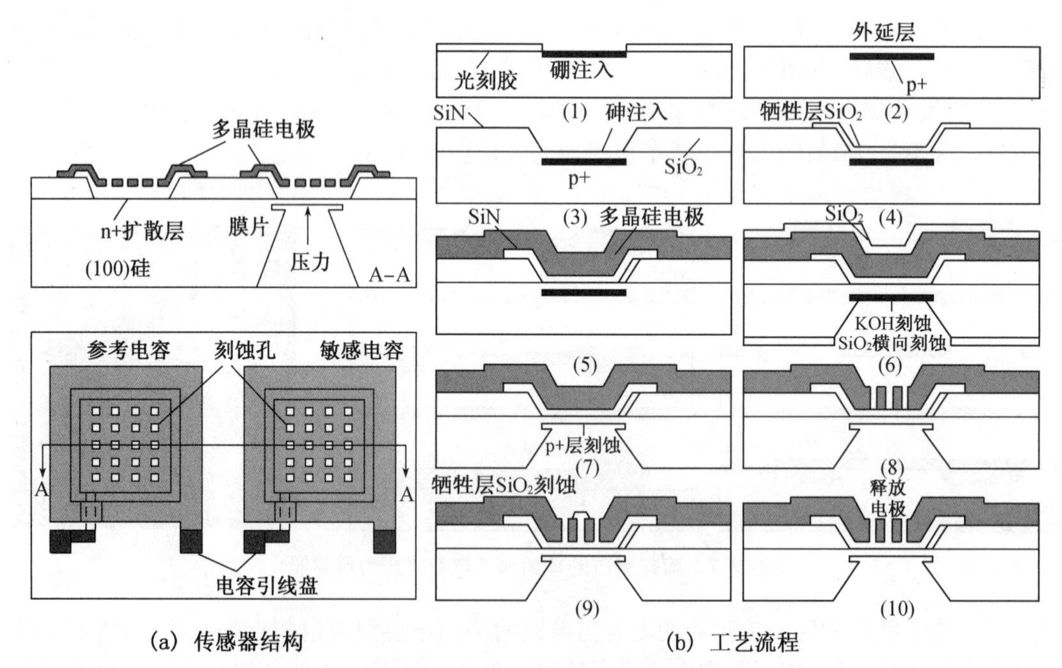

图 10.8　差动式电容压力传感器结构及制造工艺流程

电容的测量范围一般由电容的上极板(受压膜片)与下电极板发生下拉时的压力决定，但是即使上下极板相互接触，随着压力的增加，接触面积仍旧随之增加，所以只要极板间能够保持绝缘传感器仍可以工作,这种极板接触的状态称为接触模式。接触模式能够将测量范围扩大一倍以上。

除了上面介绍的MEMS电容式压力传感器外,还有多种不同设计的MEMS电容式压力传感器,主要变化集中在使用超薄的介电层,使用硬芯或者波纹膜片,以及不同的电极结构等。图10.9所示为硬芯平板电容压力传感器的结构示意图。

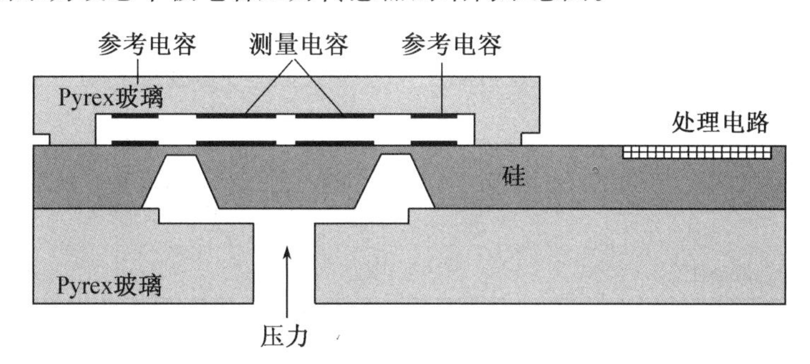

图10.9　硬芯电容压力传感器

10.2　MEMS加速度传感器

MEMS加速度传感器是产量仅次于压力传感器的力学量传感器,一般把加速度传感器和陀螺仪等依靠惯性原理进行测量的传感器称为惯性传感器。MEMS加速度传感器广泛应用于汽车领域的安全气囊、悬挂系统、车身稳定控制,军事领域的制导、引信、卫星姿控导航,消费电子领域的照摄像机稳定装置、洗衣机减振、玩具,计算机领域的虚拟现实、硬盘保护、笔记本电脑防盗等,工业领域的机器人测控、机床振动测量、电梯控制等,以及医学领域的心脏起搏器、运动与睡眠状态监视和环境能源领域的地震预警、石油勘探等。这些应用各不相同,对MEMS加速度传感器的性能要求也各不相同,表10.1所示为汽车和导航级应用的性能对比。

MEMS加速度传感器的基本结构包括质量块、支承梁,以及位移或应力测量器件,其基本原理是加速度产生的惯性力引起质量块位移,通过测量质量块位移或由此引起的支承梁应力得到加速度。根据敏感器件的不同,MEMS加速度传感器可以分为压阻式、压电式、电容式、隧穿式、热传导式谐振式以及光学式等。体微加工技术制造的MEMS加速度传感器,可以利用平板电容或者压阻检测,平板电容和封装可以通过硅-玻璃或者硅-硅键合实现。这种方法制造简单、质量大、噪声小,但是难以和电路集成。采用表面微加工技术制造的多晶硅质量块及弹性梁,容易实现与CMOS电路的集成,但是质量块小,噪声大。

表10.1　加速度传感器的性能指标

性能指标	汽车用	导航级
量程范围/g	±50(安全气囊)	±1
	±2(车身稳定系统)	
频率范围/Hz	0～400	0～100

（续表）

性能指标	汽车用	导航级
分辨率	<100 mg（安全气囊）	<4 μg
	<10 mg（车身稳定系统）	
交叉轴灵敏度/%	<5	0.1
非线性度/%	<2	<0.1
最大冲击（1 ms）/g	>2 000	>10
温度范围/℃	-40～85	-40～85
零点温度系数/（mg/℃）	<60	<0.05
灵敏度温度系数/（ppm/℃）	<900	±900

10.2.1 MEMS 加速度传感器工作原理及模型

MEMS 加速度传感器的设计包括微机械结构的设计和换能器的设计。微结构设计主要包括弹性结构设计和阻尼设计。弹性结构直接决定了弹性刚度，间接决定了灵敏度、带宽、噪声、交叉轴灵敏度等几乎所有性能；阻尼不仅和工作环境的压力有关，还和弹性结构以及质量块的尺寸、形状、运动方式等有关。特别对于微结构，阻尼对器件的性能影响非常大，因此，很多加速度传感器都在较大的运动面积上开阻尼孔，以降低阻尼的影响。弹性结构设计需要利用弹性力学方程获得弹性结构的弹性刚度系数，阻尼设计利用流体力学的阻尼方程计算阻尼系数与结构形状、气体压强黏度等的关系。由于阻尼和结构有直接关系，因此设计中必须将弹性结构和阻尼同时耦合考虑，这为 MEMS 加速度传感器的设计带来了困难。有限元法可以对结构进行复杂条件下的模拟和仿真、计算结构的静态和动态特性，已经成为设计过程不可缺少的工具。

静态或者频率很低时，单位加速度引起的弹性结构的变形量定义为结构的静态灵敏度

$$S_1 = \frac{x_{\text{static}}}{a} = \frac{M}{K} = \frac{1}{\omega_0^2} \tag{10.17}$$

式中，x_{static} 为结构变形，a 为加速度大小，M 为质量块的质量，K 为弹性结构的刚度系数，ω 为系统的固有谐振频率。从式（10.17）可以看出，减小弹性刚度系数和增加质量可以降低谐振频率，增加静态灵敏度。同时，降低阻尼、增加质量和弹性刚度系数可以提高 Q 值。弹性结构的单位位移引起的传感器结构单位变形的输出电压为

$$S_2 = \frac{V}{x_{\text{static}}} \tag{10.18}$$

于是传感器的静态灵敏度为

$$S = S_1 S_2 \tag{10.19}$$

对于电容式传感器，如果最大输出电压设为电容传感器下拉电压 V_{SD} 的一半，则 $S = \frac{V_{SD}M}{2Kx_{\text{static}}}$，其中下拉电压与电容支承结构的刚度 K 和电容面积 A 的关系是 $V_{SD} = \sqrt{8Kx_{\text{static}}/(27\varepsilon_0 A)}$。

MEMS加速度传感器的基本分辨率是由质量块的布朗噪声等效加速度决定的。由于微结构分子做布朗运动会产生随机振动，当布朗运动引起的振幅与加速度产生的振幅相等时，就无法分辨质量块的运动是由布朗噪声引起的，还是由加速度引起的。因此，加速度传感器的基本分辨率就是布朗噪声等效加速度。布朗力 $F_B = \sqrt{4kTD}$（单位 $\mathrm{N}/\sqrt{\mathrm{Hz}}$）引起质量为 M 的质量块的位移 x_B 为

$$x_B = \frac{\sqrt{4kTD}}{k + \mathrm{j}\omega D - \omega^2 M}\ (\mathrm{m}/\sqrt{\mathrm{Hz}}) \tag{10.20}$$

式中，k 是玻耳兹曼常数；D 为阻尼系数；T 是热力学温度。将 $Q = \omega_0 M/D$ 和 $\omega_0 = \sqrt{K/M}$ 代入，可以得到布朗噪声等效加速度 a_{bena}（单位为 $\mathrm{m \cdot s^{-2}}/\sqrt{\mathrm{Hz}}$）为

$$a_{\mathrm{bnea}} = \frac{\sqrt{4kTD}}{M} = \sqrt{\frac{4kT\omega_0}{QM}} \tag{10.21}$$

从式(10.21)可以看出，增加机械结构的 Q 值和质量可以降低噪声。增加弹性结构的弹性刚度系数，系统的谐振频率 ω_0 提高，但是随着 ω_0 的增加，噪声等效加速度随之增加，分辨率下降。

决定MEMS加速度传感器总分辨率的还包括电路噪声，电路噪声取决于电容测量电路的电容分辨率 $\Delta C_{\min}$ 和加速度传感器的灵敏度 $S = \Delta C/a$。于是电路噪声等效加速度为 $a_{\mathrm{cena}} = \dfrac{\Delta C_{\min}}{S}$，单位 $\mathrm{m \cdot s^{-2}}/\sqrt{\mathrm{Hz}}$。MEMS加速度传感器的总体分辨率取决于布朗噪声等效加速度和电路噪声等效加速度

$$a_{\mathrm{reslution}} = \sqrt{a_{\mathrm{bnea}}^2 + a_{\mathrm{cnea}}^2} \tag{10.22}$$

传感器的动态分析可以用图10.10所示的加速度传感器的二阶质量-弹簧阻尼系统进行类比。图中质量块被机械结构支承，表现为弹簧刚度系数。振动阻尼 D 代表机械结构的损耗和压膜阻尼等，其中压膜阻尼是决定因素。对于微型结构，压膜阻尼非常复杂，并且有可能改变弹簧刚度。

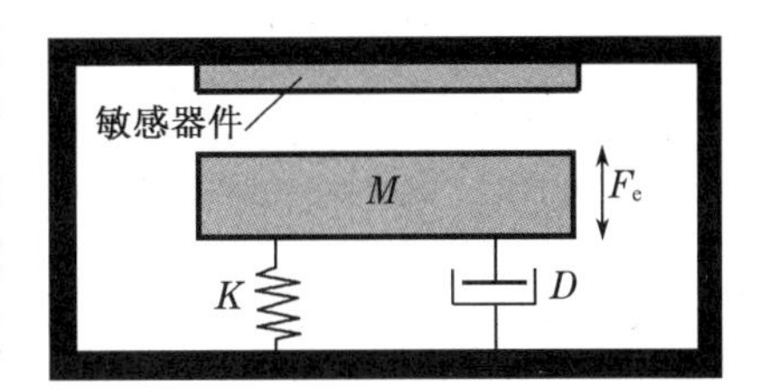

图10.10　加速度传感器模型

根据牛顿第二定律，系统的运动方程可以表示为

$$M\frac{\mathrm{d}^2x}{\mathrm{d}t^2} + D\frac{\mathrm{d}x}{\mathrm{d}t} + Kx = -M\frac{\mathrm{d}^2y}{\mathrm{d}t^2} + F \tag{10.23}$$

式中，M 是质量块的质量；阻尼系数 D 包括机械支承结构的阻尼性和压膜阻尼；K 是弹性刚度系数，包括机械支承结构的弹性和压膜效应的贡献，其中压膜的贡献可以对比宏观的空气弹簧来理解；x 表示质量块相对传感器框架的位移；y 表示框架的绝对位移；F 表示使质量块保持在特定位置的反平衡力。对于开环（被动式）的加速度传感器系统，$F_e = 0$；对于闭环（主动式）加速度传感器，外部加速度（框架的加速度）可以通过测量 F_e 获得，F_e 作用在质量块上，使质量块的相对位移 x 保持不变。

实际上MEMS加速度传感器系统的运动方程都是高阶的，特别是对于微型结构，因为

压膜阻尼与频率有关,在高频时会产生附加的弹性刚度。在低频时,其弹性效应和阻尼效应可以近似为常数。近似地,外界加速度与质量块的相对位移之间的传递函数可以表示为

$$\left|\frac{X(s)}{Y(s)}\right|_{s=\mathrm{j}\omega}=\frac{1}{\sqrt{(\omega-\omega_0)^2+\omega^2\omega_0^2/Q^2}} \tag{10.24}$$

式中,$X(s)$是质量块相对位移x的拉普拉斯(Laplace)变换;$Y(s)$表示外界加速度的拉普拉斯变换。典型幅频特性和相频特性如图10.11所示。

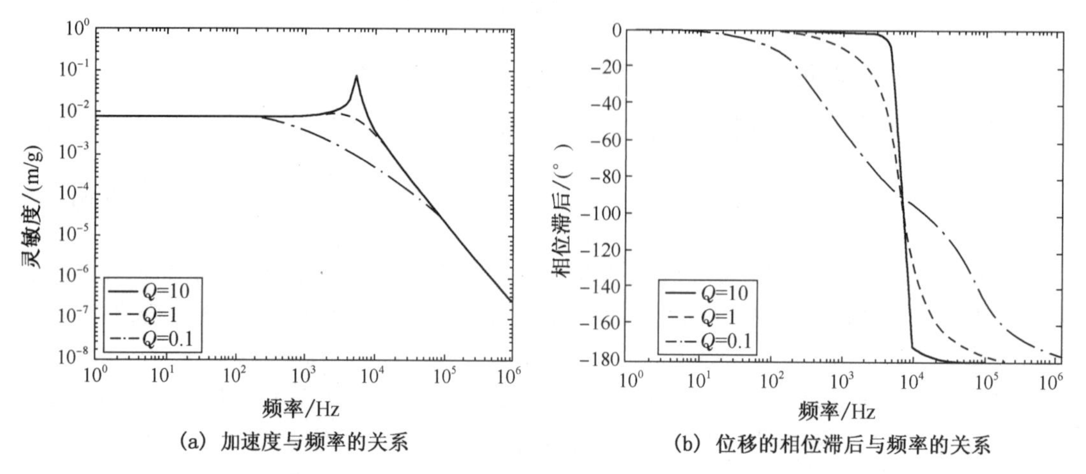

(a) 加速度与频率的关系　　(b) 位移的相位滞后与频率的关系

图10.11　加速度传感器的性能随频率的变化关系

MEMS加速度传感器的传递函数为

$$H(s)=\frac{X(s)}{a(s)}=\frac{1}{s^2+\frac{D}{M}s+\frac{K}{M}}=\frac{1}{s^2+\frac{\omega_0}{Q}s+\omega_0^2} \tag{10.25}$$

图10.12所示为梳状叉指电容式加速度传感器及其等效模型,其动态特性可以用式(10.24)描述。下面考虑其静态特性。微机械结构的弹性刚度系数由下式决定

$$K=K_{\mathrm{m}}-K_{\mathrm{e}} \tag{10.26}$$

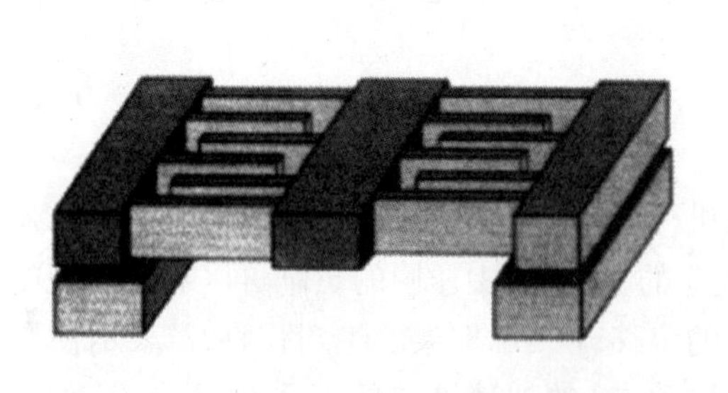

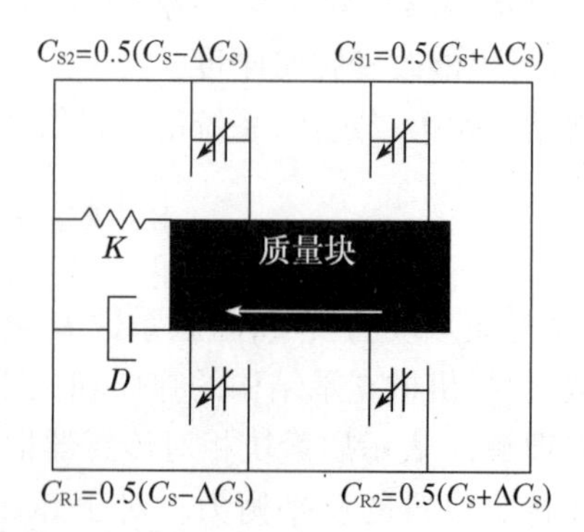

图10.12　梳状叉指电极加速度传感器结构及其等效模型

式中，机械刚度 K_m 和电刚度 K_e 分别为

$$K_m = 4Eh\left(\frac{\omega}{l}\right)^3,\quad K_e = \frac{1}{2}V_{dc}^2\frac{n\varepsilon_0 hl_0}{d^2} \tag{10.27}$$

式中，E 是硅的弹性模量；l、ω 和 h 分别为弹性梁的长、宽、高；n 和 l_0 分别是测量电极的总数和长度，d 和 V_{dc} 分别是电极间初始间距和直流偏置电压。选择合适的参数使 $K_e \ll K_m$，可以忽略电刚度的影响。

结构的阻尼对加速度传感器的性能有重要的影响。阻尼来自弹性结构的内摩擦产生的结构阻尼，以及结构周围环境气体对结构产生的气体阻尼。通常结构阻尼远小于空气阻尼，因此只考虑空气阻尼的作用。在没有阻尼的情况下，传感器的输出随着频率增加而增加，当达到谐振频率时，输出信号会使处理电路达到饱和甚至损坏机械结构。这要求传感器在整个工作频率内，响应曲线应尽量平坦。传感器结构周围的空气层能够在传感器运动中形成压膜阻尼，可以很好地实现能量损耗控制，以避免出现谐振。因此尽管真空封装器件的空气阻尼可以忽略，能够实现较高的 Q 值，但 MEMS 加速度传感器通常封装在气体环境中，以实现良好的阻尼控制。

空气阻尼的控制方程可以用雷诺方程表示，空气阻尼系数的计算可以通过将空气分子作用在弹性结构上的所有阻力积分，然后除以弹性梁的运动速度得到。对于微机械结构，当结构间隙在微米量级时，压膜空气阻尼系数为

$$D = n\eta_{eff} l_0 \,(h/d)^3 \tag{10.28}$$

式中，D 的单位为 $N \cdot s/m$；η_{eff}是有效空气粘度系数（$18.5\times10^6\ N \cdot s/m^2$）；$d$ 是空气间隙的高度；电极的长度 l 远大于高度 h。从式（10.27）和式（10.28）可以看出，弹性刚度和阻尼系数取决于结构的尺寸参数，不同的参数影响程度不同，例如阻尼系数 D 强烈依赖于叉指的高度和叉指间距，而对长度的依赖程度则只是线性关系。因此，可以通过调整优化参数获得需要的 MEMS 加速度传感器性能。

10.2.2　MEMS 压阻式加速度传感器

最早批量生产的 MEMS 加速度传感器都是压阻式的，目前 GE Novasensors、EG & GIC Sensors、CMN 等公司提供此类型的产品。MEMS 压阻式加速度传感器在弹性结构（一般是梁）的适当位置注入制造压阻，当质量块受到加速度时，弹性结构在质量块惯性力的作用下变形，改变了压阻阻值，通过电桥测量电阻实现加速度的测量。为了提高灵敏度，压阻一般放置在梁的边缘，以获得最大的应力和变形。

一般 MEMS 压阻式加速度传感器的量程为 20～50 g，灵敏度为 1～2 mV/g，灵敏度温度系数约为 0.2%/℃。当悬臂梁结构的质量块较小时，量程可以高达 1 000 g 以上，压阻加速度传感器的弹性梁设计形式很多，利用不同的组合可以同时实现 21 mV/g 的灵敏度、25 000 g 的量程和 1 kHz 以上的谐振频率，图 10.13 所示为两种典型的硅玻璃键合制造的加速度传感器。质量块和弹性梁利用 KOH 各向异性刻蚀实现，压阻注入在弹性梁的根部，质量块依靠限位装置实现过载保护。

MEMS 压阻式加速度传感器一般使用多层圆片键合封装，例如采用一层硅圆片刻蚀弹性结构和质量块，将其与作为上下封盖的两层玻璃键合，实现过载保护和阻尼控制的功能；

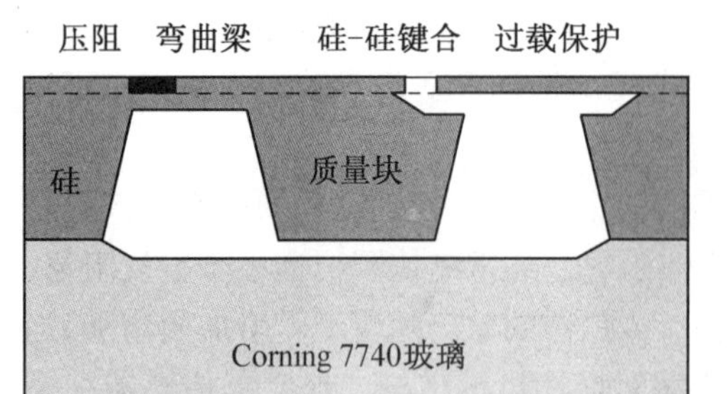

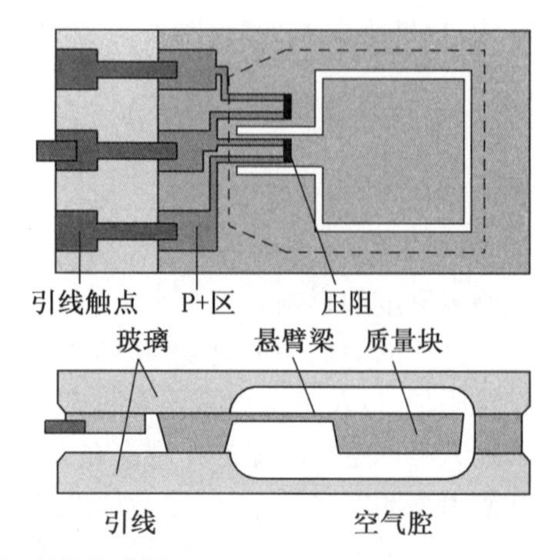

图 10.13　硅-玻璃键合的压阻加速度传感器

或者采用一个硅圆片刻蚀弹性结构,与另一个玻璃基板通过键合实现封装。为了实现处理电路与机械结构的单片集成,需要首先利用 CMOS 工艺完成信号处理电路和温度补偿电路,然后利用体加工技术从背面刻蚀弹性结构和质量块。

压阻传感器的温度系数较大,一般需要进行补偿。实现压阻传感器温度补偿的方法是使用温度传感器(如二极管)的输出信号对加速度信号进行修正,另外也可以通过恒温控制使压阻工作在恒定的温度上,以使灵敏度保持在一个常数。图 10.14 所示为带有温度控制系统的三轴压阻式加速度传感器。传感器由 SOI 制造,包括质量块和四个支承弹性梁,不同方向的加速度会使四个弹性梁产生不同的变形方向,通过测量压阻而对加速度的方向和大小进行测量。为了实现稳定的温度,在压阻的周围设置了多晶硅加热电阻,控制压阻的工作温度恒定在 300 ℃,即无论环境温度是 20 ℃还是 200 ℃,传感器工作时加热电阻始终把压阻加热到 300 ℃,这样就降低了温度变化对压阻温度系数的影响,使传感器的灵敏度温度系数降低 72%。

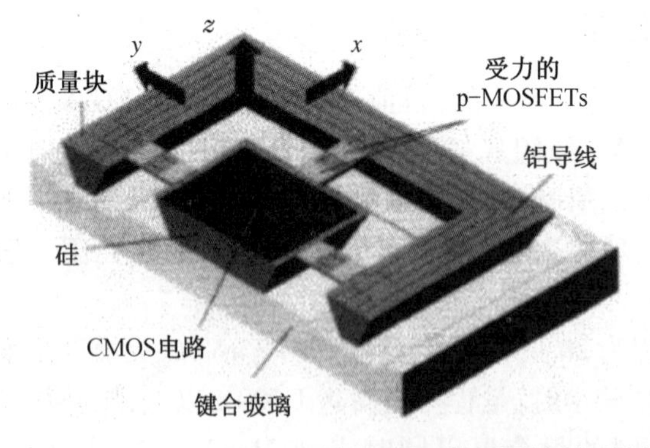

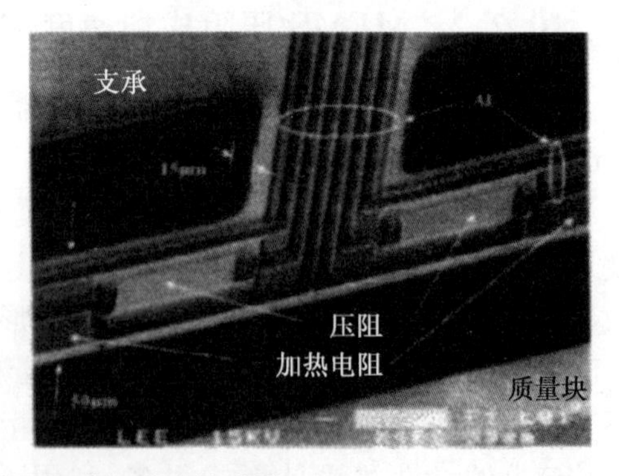

图 10.14　带恒温控制系统的压阻式加速度传感器

MEMS 压阻式加速度传感器的优点是设计和制造比较简单,压阻电桥的输出阻抗较小,检测电路易于实现,容易实现高量程的传感器;但是压阻传感器的温度稳定性较差,在要求较高的场合需要采用温度补偿。同时,压阻加速度传感器的灵敏度较低,满量程输出较小,因此需要较大的质量块。为了实现较大的质量块,需要使用体硅加工深刻蚀和键合等工艺。

10.2.3　MEMS电容式加速度传感器

电容检测是MEMS加速度传感器的主要测量方法，其基本结构是质量块与固定电极组成的电容。当加速度使质量块产生位移时，改变电容的重叠面积或者间距，通过测量电容实现加速度的测量。根据电容结构，可以将MEMS电容式加速度传感器分为平板电容式和叉指电容式。

平板电容式加速度传感器的质量块上和封装外壳内部各有一个电极，组成平板电容，两个极板间是很小的空气间隙，质量块运动时改变极板间距。平板电容式加速度传感器一般作为z轴（与衬底平面垂直）加速度传感器。叉指电容式加速度传感器的运动结构和固定结构分别组成叉指电容的两组叉指，当传感器受到水平加速度作用时，可动结构改变叉指电容的重叠长度或者叉指间距，适合测量平面（x轴和y轴）加速度。叉指电容还可以实现扭转结构的加速度传感器，即质量块非对称地固定在一个扭转梁上，垂直方向的加速度使质量块带动可动结构旋转，改变叉指的重叠面积，这种结构能够实现z轴加速度测量，容易实现过载保护、灵敏度高、下拉电压高。

1. 平板电容式加速度传感器

图10.15所示为三个硅片键合而成的平板电容式加速度传感器，现在多家公司提供基于此结构的加速度传感器产品，如VTI、Delphi、Colibryse、Hitachi等。中间硅片上利用体加工技术刻蚀悬臂梁和质量块，并在质量块的上下表面各有一个电极，分别与顶层硅片的下表面电极以及底层硅片上表面电极构成两个平板电容。当质量块在加速度的作用下沿着垂直衬底方向运动时，两个电容的变化量刚好相反，通过差动连接方式可以将灵敏度提高一倍。VTI的电容式加速度传感器的质量块为4.6 mg，电容极板间距2 μm，分辨率在0～100 Hz范围内优于1 μg/$\sqrt{\text{Hz}}$，零点温度系数30 μg/℃，灵敏度温度系数150×10^{-6}/℃。

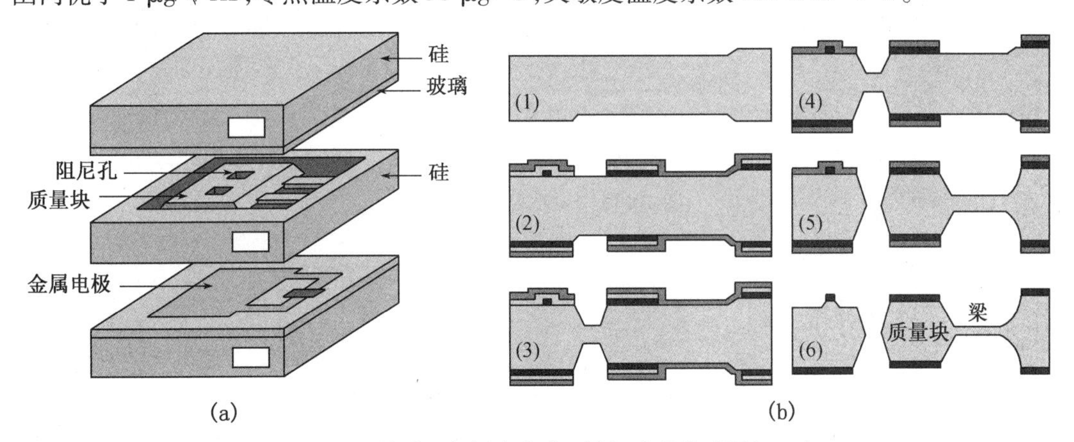

图10.15　差动平行板电容式z轴加速度传感器（VTI）

多数平板电容式加速度传感器使用体加工技术刻蚀弹性结构和质量块。体微加工技术制造的加速度传感器质量块较大，分辨率较高，已经达到了1 μg/$\sqrt{\text{Hz}}$的水平，但是一般需要键合技术才能进行封装或者实现电容的另一个电极，给制造带来较大的困难。硅-玻璃键合容易导致因热膨胀系数不同引起的封装应力，硅-硅键合时温度过高，很多工艺不能兼容。

另外，在厚的质量块上制造阻尼孔也比较困难，而且在使用过程中如果需要测量 x、y 轴的加速度，需要将传感器垂直固定，带来很大的不便。

2. 梳状叉指电容式加速度传感器

制造 x、y 轴加速度传感器的主要方法是使用表面微加工技术。这是因为表面微加工技术适合制造多晶硅梳状电容，有利于测量电容的平面内相对运动，并且易于与处理电路相集成。但是表面微加工技术制造的质量块厚度小、质量轻，因此，如果不是封装在真空微系统设计与制造环境中工作，传感器的热噪声较大，一般在$(100\ \mu g\sim 1\ mg)/\sqrt{Hz}$的水平。

ADI 公司的 ADXI dnn（d 表示敏感轴数量，nn 表示量程）系列加速度传感器是 MEMS 加速度传感器的典型代表。ADXL 采用表面工艺制造、闭环控制、处理电路与机械结构单片集成。图 10.16 所示为 ADXL202 加速度传感器的结构，芯片中间为梳状叉指电容测量结构，周围为集成的信号处理电路。传感器的可动部分由支承梁、质量块、可动叉指组成，通过两端的锚点固定和支承在衬底上；固定部分由固定叉指组成。可动叉指与固定叉指形成电容，以差动电容输出。传感器另有 12 组自检单元。图 10.17 为叉指电容的结构和工作原理示意图。以 V_i 表示输入电压信号，V_o 表示输出电压信号，C_1 与 C_3 分别表示固定臂与可动臂之间的两个电容，则输入信号和输出信号之间的关系可表示为

$$V_o=\frac{C_1-C_2}{C_1+C_2}V_i \tag{10.29}$$

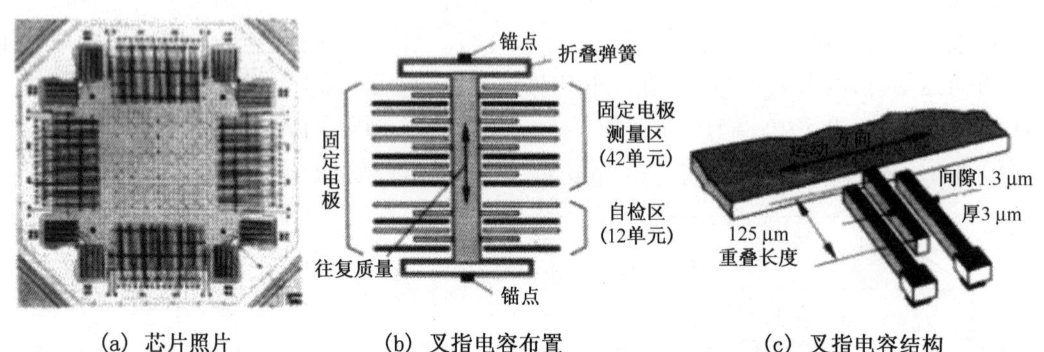

(a) 芯片照片　　(b) 叉指电容布置　　(c) 叉指电容结构

图 10.16　ADXL202 传感器

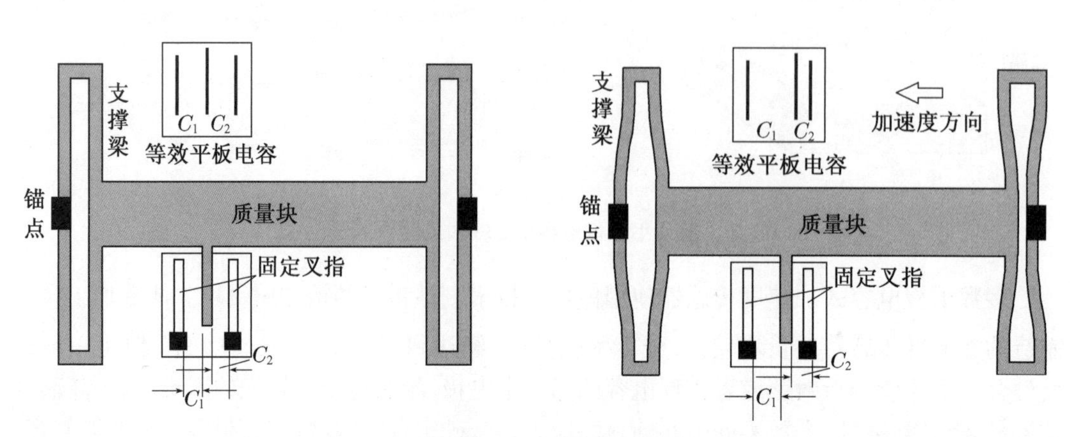

图 10.17　叉指电容加速度传感器工作原理

式(10.29)中的电容可以根据定义给出粗略的表达式(近似认为平板电容,忽略边缘效应)

$$C_{1,2}=42\frac{\varepsilon_0 h l_0}{g_0 \pm x}\approx 60\left(1\pm\frac{x}{g_0}\right)(\mathrm{fF}) \tag{10.30}$$

式中,h 是叉指电极的厚度;l_0 是重叠区域的长度;k_0 是叉指间距;x 是质量块和叉指的位移;42 为电极对数。

当没有加速度时,可动叉指位于两个固定叉指之间的中心线上,输出电压为零。当加速度作用时质量块的惯性力作用在支承梁上,使支承梁弯曲变形,可动叉指偏离中心位置 x,于是产生输出电压 $V_o=xV_i/g_0$。根据牛顿定律和支承梁的力学方程 $Kx=Ma$,得到加速度表示为输出电压的函数

$$a=\frac{Kx}{M}=\frac{Kg_0}{M}\frac{V_o}{V_i} \tag{10.31}$$

可见,在加速度传感器的结构和输入电压确定的情况下,输出电压与加速度成正比关系。对于单根长度为 L 的悬臂梁,弹性刚度系数为

$$K_0=\frac{E\omega h}{4L_0^3} \tag{10.32}$$

式中,E 是梁的弹性模量;ω 和 L_0 分别为弹性梁的宽度和长度。对于图 10.17 中的折叠梁结构,左端锚点固定的两个梁相当于两个长度为 $2L_0$ 的梁并联,弹性刚度系数为 $2\times(K_0/2)=K_0$。同样右端锚点固定的两个梁的弹性刚度系数也为 K_0。所有弹性梁对质量块是并联支承关系,因此所有弹性梁的刚度系数 $K=2K_0$。将弹性刚度系数代入式(10.32)后再代入式(10.31)可得

$$a=\frac{Kx}{M}=\frac{g_0}{2M}\frac{E\omega h}{L_0^3}\frac{V_o}{V_i} \tag{10.33}$$

ADXL 系列加速度传感器采用 iMEMS 技术制造,将多晶硅微机械结构与 CMOS 或者 BiMOS 电路集成。由于 LPCVD 淀积的多晶硅存在很大的残余应力,因此控制多晶硅应力使微机械结构平整是制造过程的核心内容。多晶硅结构的厚度为 2 ~ 3 μm,叉指间距为 1.3 μm,重叠长度为 100 ~ 150 μm。以 ADXL150 加速度传感器为例,提供 ±50 g 的测量范围,叉指电容部分的面积为 753 μm × 657 μm,采用 2 μm 厚的多晶硅作为叉指和支承梁材料,支承梁弹性刚度系数 5.4 N/m 梁与衬底间距为 1.6 μm,叉指重叠长度为 104 μm,静止时叉指间距为 1.3 μm。质量块为 0.1 ~ 0.2 μg,谐振频率为 10 ~ 22 kHz,差动电容每边电容值为0.1 pF,满量程电容变化为 10 fF,最小可检测电容变化量为 2×10^{-17} F,最小可检测位移为 0.02 nm,灵敏度为 4 mV/g,分辨率为 10 mg,带宽为 1 kHz,噪声为 1.0 mg/$\sqrt{\mathrm{Hz}}$,耐冲击为 200 g 。ADXL202 双轴加速度传感器,多晶硅厚为 2 μm,叉指间距为 1.3 μm,重叠为 125 μm,分辨率为 5 mg,噪声为 500 μg/$\sqrt{\mathrm{Hz}}$,带宽为 5 kHz,交叉轴灵敏度为 2% 。

采用开环电容测量电路的加速度传感器,灵敏度和带宽取决于材料、结构、阻尼等。由于加工误差和不一致性较大,导致传感器的一致性较差,零点偏移较大,对温度变化比较敏感。ADXL 系列加速度传感器利用闭环电容检测来测量电容的变化量,即把输出信号反馈

到敏感叉指电容，利用负反馈控制可动叉指保持位移为零，通过反馈信号的大小测量电容的变化。闭环测量的加速度传感器的基本性能参数取决于材料和尺寸，但加工误差和不一致性的影响降低到二阶，灵敏度、带宽和零点漂移等受温度影响很小，并能够获得更大的动态范围。

图 10.18 为 ADXL150 测量和信号调理电路。它由 1 MHz 方波振荡器、差动电容分压电路、跟随器、同步解调器、前置放大器、内部参考源、缓冲放大器和自检电路等组成。信号源用于驱动传感器并提供解调信号。梳状叉指电极组成的差动测量电容 C_1 和 C_2 串接，外侧的两个静止电极分别施加幅度相等但相位相差 180°的 1 MHz 方波电压，使其构成分压电路，中间可动电极作为抽头。输出电压输入到跟随器，其幅值正比于加速度，而相位取决于加速度的方向。输出电压经跟随器和同步解调器后再输入到前置放大器对传感器信号进行放大，放大后的输出电压通过隔离电阻反馈到跟随器的输入端，同时还产生静电力驱动可动电极。该静电力与惯性力相抵消，使可动电极保持在平衡位置。前置放大器还连接缓冲放大器，可以通过外接电阻调整输出量程。由于闭环反馈随动系统的回路带宽与反馈速度有关，故带宽可由外接解调电容调整，还提供了精密的内部参考源和自检电路。

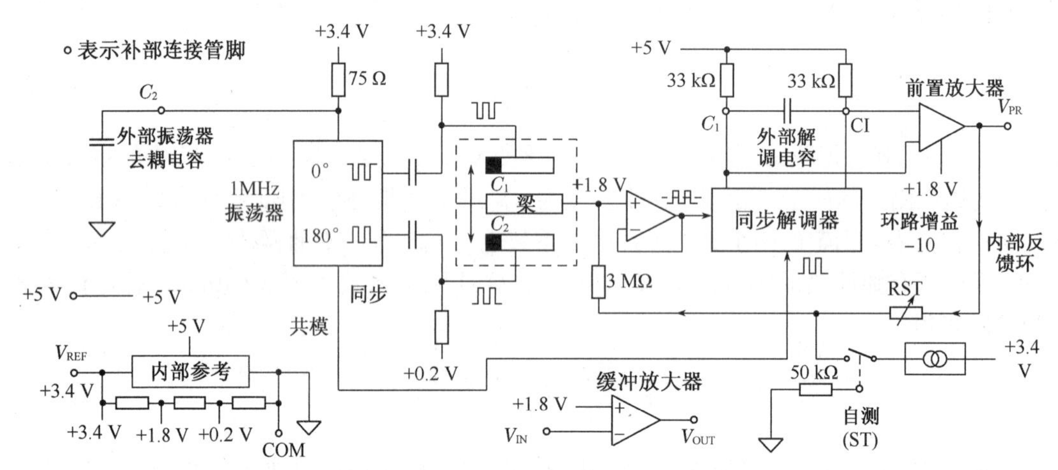

图 10.18　ADXL150 加速度传感器的闭环测量电路

高分辨率的电容式加速度传感器要求大质量块、高品质因数、小电极间距（即高深宽比的固定和可动电极间距）。为了解决表面微加工加速度传感器分辨率低的问题，DRIE 深刻蚀与 SOI 或键合相结合制造大质量块梳状叉指电容开始广泛应用于加速传感器。这些梳状电容利用 DRIE 刻蚀制造，质量块的高度为 20 ~ 125 μm，具有较大的质量和较高的分辨率。

图 10.19 所示为质量块厚度 120 μm 的 DRIE 刻蚀加速度传感器，采用 CMP 将硅片减薄到 20 μm，与带有凹槽的玻璃键合，然后利用 DRIE 从上面刻蚀，避免了横向刻蚀问题。该加速度传感器灵敏度为 40 mV/g，分辨率提高到了 100 kHz。DRIE 深刻蚀在一定程度上解决了分辨率低的问题，但是仍旧难以达到导航级的要求。尽管通过增加质量块的厚度可以继续提高分辨率，但是由于目前 DRIE 刻蚀深宽比的限制，叉指间隙随着刻蚀深度的增加而增大，导致电容减小阻抗增加，对寄生电容的处理和后续电路的要求很高。

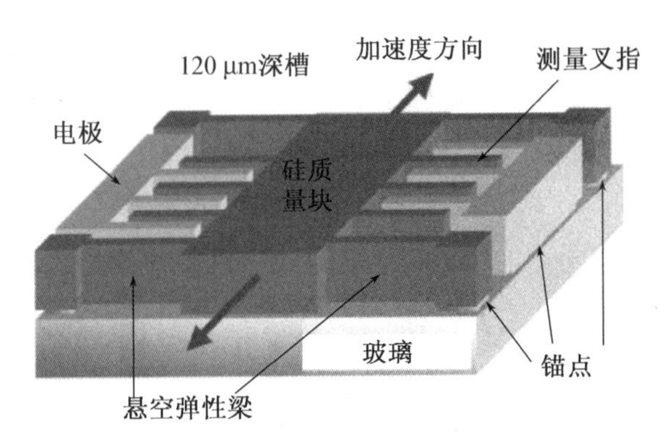

图 10.19　DRIE 高分辨率梳状电容加速度传感器

梳状叉指电容加速度传感器多为 x、y 轴加速度传感器,较少用于 x 轴加速度的测量。这是因为如果固定叉指与可动叉指的高度相同,方向相反的两个加速度作用在叉指电容上会产生相同的电容变化,无法分辨加速度的方向。对于表面微加工制造的多晶硅叉指,电极与衬底之间有很大的寄生电容,湮没了被测加速度引起的电容变化。同时,叉指厚度一般仅为 2 ~3 μm,测量时加速度使重叠面积减小,边缘效应引起的非线性严重。另外,体微加工技术制造的叉指与衬底的绝缘不是容易解决的问题。为了实现 z 轴梳状叉指电容加速度传感器,目前已经出现了利用垂直差动运动和扭转运动的梳状叉指电容,例如 CMOS-MEMS 工艺制造的垂直运动叉指电容轴加速度传感器。在横向加速度传感器中,介质层中的三层金属是导通连接在一起,与介质层共同形成叉指,作为多晶硅结构使用。如果将三层电极分开连接,使其偏压不同,则相邻两个叉指的侧壁之间就会形成电容。当 z 轴方向的加速度使可动叉指运动时,侧壁之间形成的电容面积发生了变化,可以实现 z 轴加速度的测量。在2 μm 的范围内,电容变化与 z 方向的位移基本是线性关系。加速度传感器尺寸为 500 μm × 700 μm,谐振频率为 9.4 kHz,空气的 Q 值为 3,灵敏度为 0.5 mV/g,交叉轴干扰 < −40 dB,线性区域为 27 g,噪声为 6 mg/$\sqrt{\text{Hz}}$。

图 10.20 所示为差动梳状电容测量 z 轴加速度的原理和制造工艺流程。差动电容的可动叉指与固定叉指的高度不同。图(a)左边所示的一组电容 C_1 的可动叉指高度小于固定叉指,图(a)右边所示的可动叉指的高度大于固定叉指的高度,并且左图的可动叉指和固定叉指的高度分别与右图的固定叉指和可动叉指的高度相同。当传感器没有加速度作用时,可动叉指处于图中的虚线位置,电容 C_1 与 C_2 相等。当传感器受到加速度的作用,可动叉指沿着 z 轴正方向运动时,C_1 由于重叠面积不变而保持不变,C_2 由于重叠面积减小而减小;当加速度方向相反使可动叉指沿着 x 轴的负方向运动时,C_1 由于重叠面积减小而减小,C_2 的重叠面积保持不变。因此,利用两组电容组合,可以判断加速度的方向并测量加速度的大小。

这种传感器的制造流程如图 10.20(b)所示。采用了 SOI 和双面 DRIE 刻蚀制造大高度的叉指电容,并利用两层掩膜刻蚀不同高度的叉指。(1) 在器件层硅表面形成铝金属互连;(2) 淀积并刻蚀二氧化硅形成第一层掩膜层;(3) 淀积第二层二氧化硅并刻蚀形成第二层掩膜层;(4) 进行第一次 DRIE 刻蚀,深度为高度较小的叉指的高度;(5) 去掉第二层掩膜层,将需要高度较小的叉指和深槽暴露出来;(6) 继续进行 DRIE 深刻蚀,达到二氧化硅埋

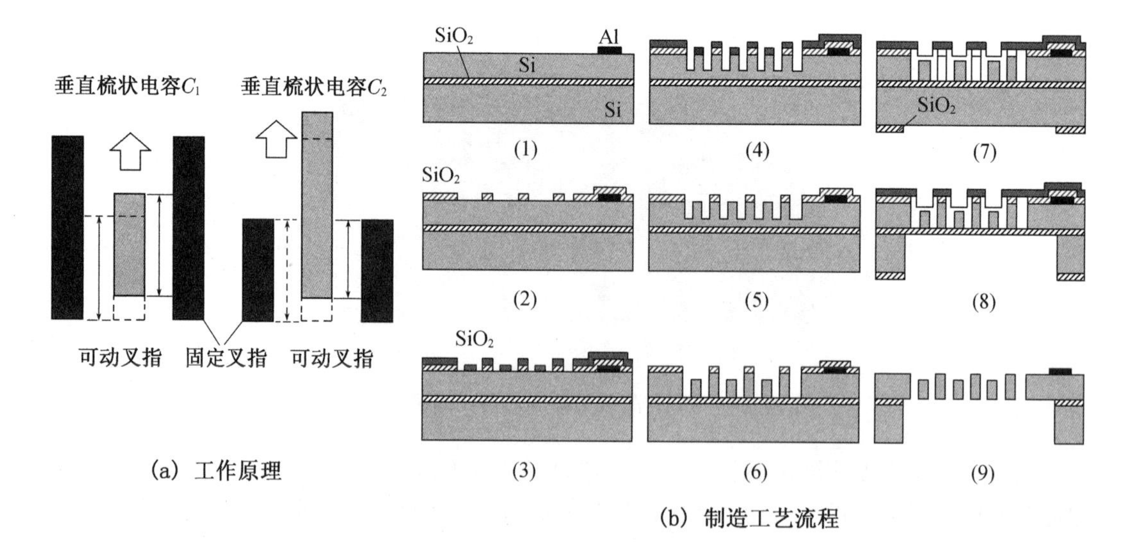

图 10.20 差动梳状电容 z 轴传感器

层停止,由第二次深刻蚀的高度决定两个叉指电容的高度差;(7) 正面淀积二氧化硅保护刻蚀的结构,背面淀积并刻蚀二氧化硅掩膜层;(8) 青面 DRIE 刻蚀硅衬底;(9) 最后利用 HF 去除二氧化硅埋层和保护层,释放体加工的结构。这种双层掩膜的思想适合于 DRIE 和 KOH 刻蚀不同高度的结构,在很多情况可以应用,主要难点在于如何精确控制刻蚀速度和刻蚀时间,以实现不同结构的高度差。

电容式微加速度传感器的优点是稳定性好、灵敏度高、噪声低、功耗小、适用温度范围广,甚至可以实现高精度的导航级微重力器件,但是电容的变化量极小,容易受到寄生效应的影响,对处理电路要求较高,需要在封装和电路上解决这些问题。

10.2.4 MEMS 压电式加速度传感器

压电式加速度传感器利用压电薄膜的压电效应进行测量,已经在地震监测等领域得到了实际应用。常用的压电材料包括 ZnO、AIN 以及 PZT 薄膜材料。一般压电传感器的分辨率和灵敏度都比较低,但是其具有便于传感器进行自检的优点。这是因为压电材料具有正逆压电效应,既可以作为传感器检测加速度,也能够作为驱动器产生运动和加速度。例如梁上的一个压电薄膜作为驱动器,驱动梁和质量块运动产生加速度;另一个压电薄膜作为传感器,即可以检测该压电薄膜是否处于正常状态。依次轮换作为传感器的压电薄膜,可以检测所有的压电薄膜是否正常。

图 10.21(a)所示为英国 Southampton 大学研制的基于 PZT 的压电加速度传感器。传感器的质量块由 4 个斜梁支承,梁上淀积电极和 PZT 薄膜组成。当传感器作用加速度时,质量块与框架的相对位移引起梁的弯曲,由 PZT 将梁的变形转换为电荷。质量块和梁采用 KOH 和干法刻蚀相结合制造,即先用 KOH 将质量块周围深度刻蚀大部分,然后采用干法刻蚀将质量块分离开。PZT 采用丝网印刷的方法淀积最大厚度可以高达 50 ~ 100 μm。实际淀积厚度 60 μm,150 ℃下 400 V 电压极化 1 小时。z 方向的加速度灵敏度为 16 pC/g,x 和 y 轴的交叉灵敏度为 0.64 pC/g,约为 z 轴灵敏度的 4%。

图 10.21(b)所示为利用压电材料 ZnO 制造的加速度传感器。传感器采用简单的桥式

结构，用来测量垂直轴的加速度。ZnO 为 PECVD 方法淀积，厚度 500 nm，质量块为 KOH 刻蚀形成，支承梁的厚度为 5 μm。根据桥式结构受力后的弯曲特点，可以知道结构不同位置的应力符号，因此排布电极的时候必须考虑应力的符号，以免将应力符号相反的区域（电荷极性也相反）用电极连接起来降低了灵敏度。ZnO 加速度传感器的灵敏度为 0.15 pC/g。

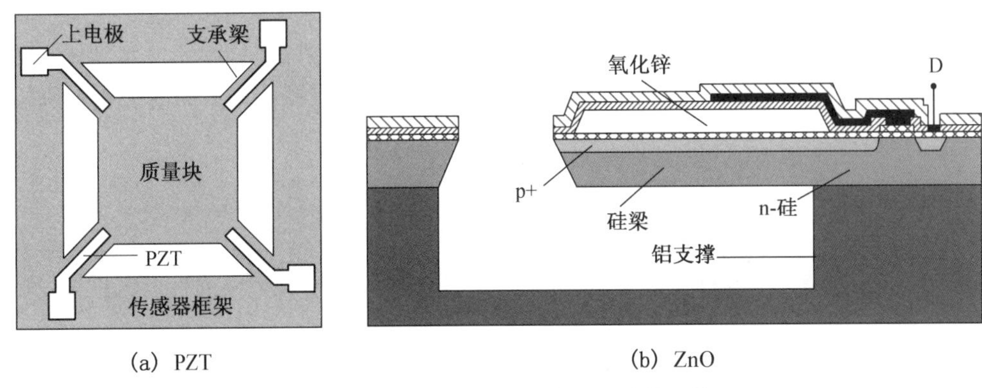

(a) PZT　　(b) ZnO

图 10.21　PZT 和 ZnO 压电加速度传感器

通常压电加速度传感器都工作在 d_{31} 模式，即应力方向在 x 方向，产生的电荷在 z 方向，因此需要一个垂直 z 轴的平板电极收集电荷。除了 d_1 模式，压电薄膜还可以工作在 d_3 模式，即应力和电荷都在 x 方向，此时电极为梳状叉指结构，并利用横向极化。d_1 模式的平板电极位于压电薄膜的上下表面，与压电薄膜组成电容，电容取决于压电薄膜的厚度；使用 d_3 模式时电极为叉指电极，电容和频率可以独立调整，具有更大的设计灵活性。使用 d_3 模式的缺点是电容减小对后续处理电路要求很高；另外 d_3 模式需要进行面内极化，要求较高的直流极化电压。

10.2.5　MEMS 热传导加速度传感器

热传导加速度传感器由一个密封的空气腔、一个加热器和四个热电偶温度传感器组成，如图 10.22 所示。密封腔的下半部分是刻蚀在硅衬底上的深槽，连接深槽对角线的两根梁交叉悬空在深槽上方，由铝和多晶硅组成的四个热电偶温度传感器等距离对称地制造在梁上。梁的交叉点是一个平台，平台上制造一个加热器作为热源，在加热器上方的腔体中有一个悬浮的气团。在未受到加速度时，加热的气团位于热源上方，温度的下降梯度以热源为中

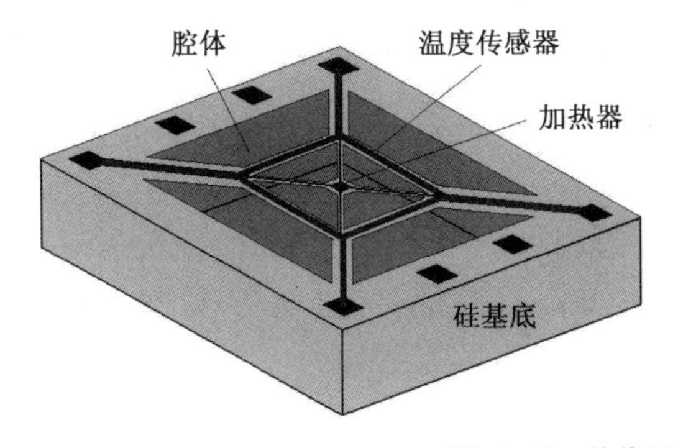

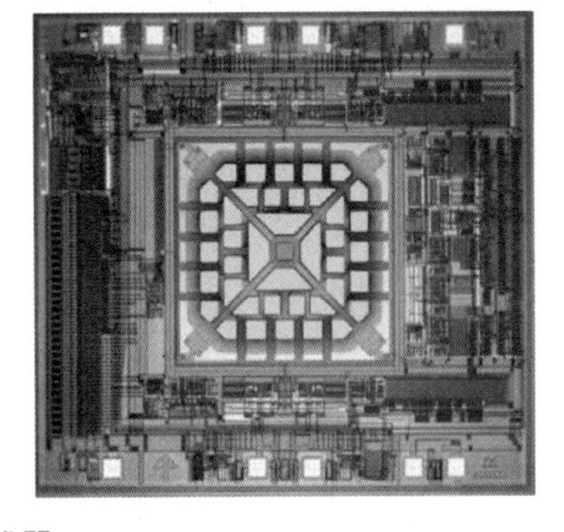

图 10.22　热传导加速度传感器

心完全对称,因此四个温度传感器的输出相同,如图 10.23 所示。任何方向的加速度都会导致热气团受到惯性力而产生位移,由于自由对流热场的传递性,热气团的位移扰乱了热场的分布,导致热场和温度分布不对称。四个热电偶温度传感器测量的温度(即热场分布)输出电压会出现差异,输出电压的差异与加速度成比例,从而实现加速度的测量。尽管热传导式加速度传感器的原理与普通质量块结构的加速度传感器不同,但是可以将热气团视为质量块,在加速度的作用下产生运动;将气团引起的热场变化视为质量块运动引起的弹性结构的应力或者位移的变化;将温度传感器测量的温度变化视为压阻器件测量的应力或者位移。

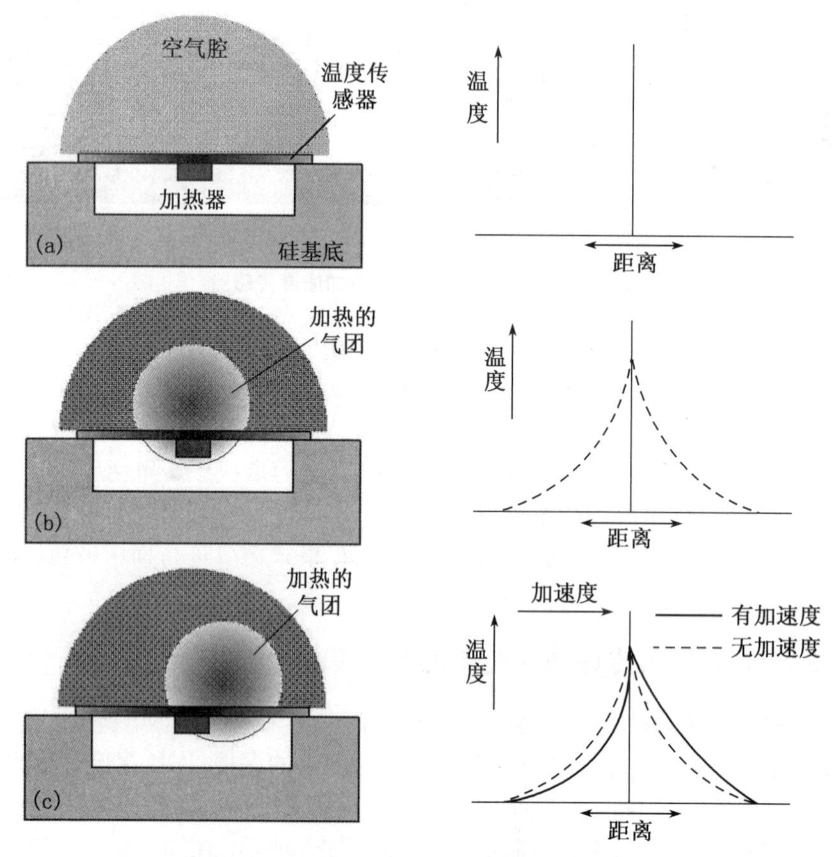

图 10.23　热传导加速度传感器原理(MEMSIC)

MEMSIC 公司的热传导加速度传感器基于单片 CMOS 集成电路制造工艺,是一个集成的平面内双轴加速度传感器。例如,MXR7210G/ML 采用标准亚微米 CMOS 工艺制造的双轴低噪声加速度传感器,通过内部的混合信号处理电路使其成为一个完整的传感系统。MXR7210GL/ML 的量程范围为 ±2 g,MEMSIC 加速度传感器的测量范围从 ±1 g 延伸至 ±10 g,既能测量动态加速度,也能测量静态加速度(如重力加速度)。灵敏度为 100 ~ 500 mV/g,在 1 Hz 低通带宽分辨率为 1 mg,典型噪声系数小于 1 mg/$\sqrt{\text{Hz}}$,非线性度为 0.5%,零点偏移为 2.5%,灵敏度温度系数为 200×10^{-6},频带为 30 Hz。MXR7210GL/ML 采用 LCC 表面贴装气密性封装形式,还包含一个内置的温度传感器和参考电压输出。

与质量块加弹性结构的加速度传感器相比,热传导加速度传感器有很多优点。首先,传感器的核心部件只有加热器和温度传感器,制造工艺简单、成品率高,能够与 CMOS 电路集成降低了成本；其次，不使用可动部件，因此不存在粘连、应力等问题，并能够承受5 000 g的冲击，传感器的可靠性非常高；再次，一个加热器和四个温度传感器可以测量平面内双轴的加速度，结构简单。这种传感器的主要缺点是由于空气团和温度场分布特点的限制温度测量的空间分辨率不高，因此加速度测量的分辨率也比较低；另外空气团在密封腔内的运动速度较慢，因此传感器的响应速度和动态范围受到限制。

热传导结构除了可以作为加速度传感器外，还可以作为倾角传感器和陀螺，都是利用了惯性力改变气流运动方向，从而改变热场分布，通过测量热场中温度点的变化进行测量。

除了利用气体惯性对热场分布的影响外，热传导传感器还可以通过测量惯性引起的固体热场的温度变化实现角速度的测量。例如在氮化硅表面上制造加热多晶硅电阻，上面悬浮着弹性梁支承的单晶硅质量块，通过热电偶测量多晶硅加热器和质量块吸热器之间的温度差。没有加速度时，多晶硅和质量块之间距离不变，热场稳定，温度差保持恒定；有加速度作用时，质量块与多晶硅之间距离和热场改变，导致温度差变化。

10.2.6　MEMS加速度传感器的制造

压阻式加速度传感器多采用体加工技术中的KOH刻蚀和DRIE刻蚀技术制造单晶硅弹性结构，或使用SOI或外延等方法与体加工技术相结合，以获得厚度均匀的支承弹性梁。例如在二氧化硅掩膜层上开窗口阵列后外延单晶硅，使外延层横向生长覆盖二氧化硅，形成网格状SOI结构，然后体加工刻蚀和压阻注入。利用这种横向外延的方法，可以实现10 μm厚的外延层弹性梁结构，灵敏度可达287 μV/g，非线性度在30 g内小于4%。

电容式加速度传感器可以采用表面微加工和体加工技术制造。平板电容式的加速度传感器多采用体加工技术，利用KOH或者DRIE刻蚀质量块和弹性结构，将质量块作为电容的一个极板，然后通过硅玻璃或者硅硅键合实现密封的腔体和另一个电极。对于SOI衬底，利用RE刻蚀埋层二氧化硅释放器件层，可以制造由质量块和衬底构成的平板电容。由于电容式传感器需要检测极其微小的电容变化量，为了降低寄生电容的影响，电容式传感器更倾向于微机械结构与处理电路集成的方式，因此表面微加工应用很多。

采用表面微加工技术制造的梳状叉指电容加速度传感器，通过多晶硅和牺牲层实现悬空的叉指和质量块。表面微加工制造的质量块比较小，机械噪声大，限制了传感器性能的提高。一般表面微加工制造的商业传感器的分辨率在100 μg ~ 1 mg的水平。通过抑制寄生电容和采用相关采样，表面微加工加速度传感器的分辨率可以达到2 $\mu g/\sqrt{Hz}$。在标准CMOS工艺以后利用DRIE刻蚀介质复合层的CMOS-MEMS工艺，也能够实现1 ~ 0.5 $mg/\sqrt{Hz}$水平的横向加速度传感器。

为了实现较高的分辨率，需要较大的质量块和较小的支承弹性梁刚度。但是刚度较小的支承梁使质量块容易在牺牲层释放过程中发生粘连，并且交叉轴干扰较大。为了提高大刚度结构的分辨率，可以利用静电力调整弹性梁在惯性力方向的刚度。利用静电力增加振动方向的等效惯性力，即通过电刚度降低总体刚度。由于总体刚度等于机械刚度与电刚度之差，通常对于1 N/m的弹性梁来说，电刚度的大小与机械刚度相当，因此频率调整范围相当大，可以从0调整到固有频率。与未调整刚度的同样结构相比，分辨率提高可达30 dB。

体微加工技术在梳状叉指加速度传感器中得到了广泛的应用，例如HARPSS工艺和SOI + DRIE技术。图10.24所示为两种采用SOI制造的加速度传感器，SOI的器件层作为叉指电容和质量块。图(a)为从硅片正面 DRIE 刻蚀 SOI 的器件层制造的三轴加速度传感器,面内两个方向的加速度依靠梳状叉指电极和质量块测量,垂直方向的加速度依靠折叠梁支承的平板电极测量。图(b)为单轴加速度传感器,利用 DRIE 从背面刻蚀硅衬底,直到二氧化硅埋层停止,然后从正面 DRIE 刻蚀器件层硅形成叉指和质量块。这种完全单晶硅结构、小电极间隙的加速度传感器可以实现 83 mV/mg 的灵敏度和 10 Hz 时 170 ng/$\sqrt{\text{Hz}}$的分辨率,与此类似,DRIE 和硅玻璃键合技术也用于制造高深宽比结构梳状电容和质量块的加速度传感器。

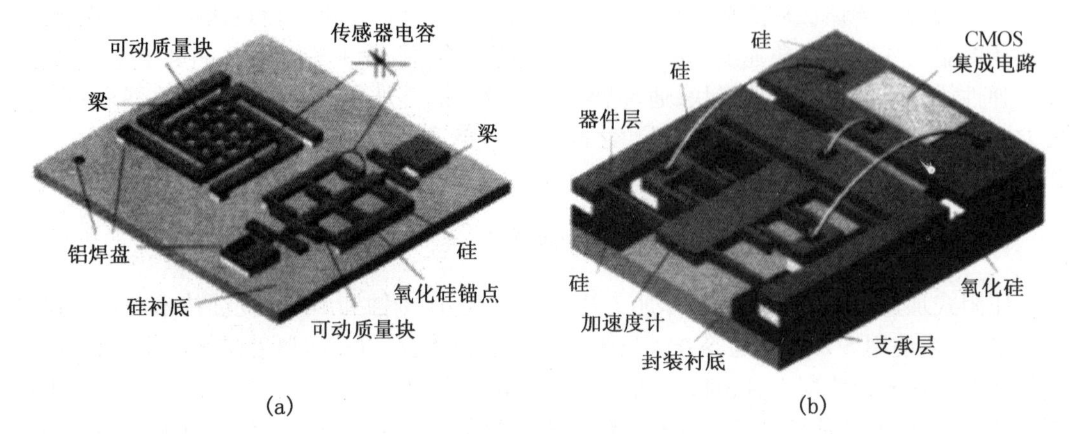

图 10.24　两种基于 SOI 的加速度传感器

改进的 HARPSS 工艺可以实现单晶硅的高深宽比结构,图 10.25 所示为制造梳状电容平面加速度传感器的工艺过程。(1) 在低阻硅衬底表面淀积 LPCVD 氮化硅作为绝缘层,然后 DRIE 刻蚀深槽;(2) 热生长二氧化硅作为牺牲层,由于二氧化硅的厚度小于单晶硅结构宽度的 20%,二氧化硅的应力不会对结构产生影响;(3) 将深槽内部填充硼掺杂多晶硅,回流激活,作为固定电极;(4) 刻蚀深槽多晶硅,边界由二氧化硅牺牲层决定;(5) 刻蚀二氧化硅并 DRIE 刻蚀单晶硅,形成单晶硅结构和支承梁;(6) 横向 RE 刻蚀结构下面的单晶硅,释放结构;(7) 最后去除二氧化硅。利用这种方法实现的加速度传感器,质量块和梳状电容厚 60 μm,动态范围 126 dB,等效噪声为 0.95 μg/$\sqrt{\text{Hz}}$。

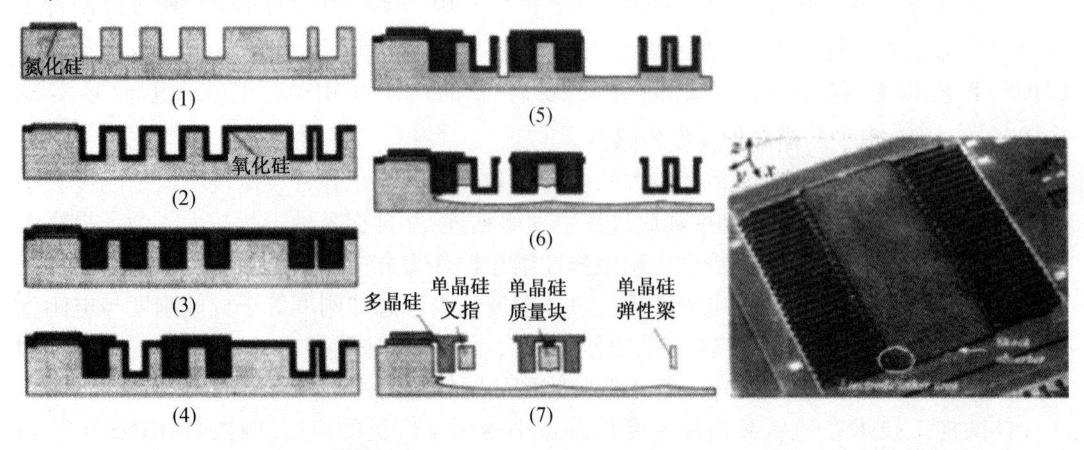

(a) 制造流程　　(b) 60 μm厚传感器的照片

图 10.25　改进的 HARPSS 制造加速度传感器

尽管DRIE刻蚀可以实现质量块厚度为20～120 μm的加速度传感器,但是由于DRIE刻蚀深宽比能力的限制,电极间距较大,电容较小。同时,为了制造电极和释放结构,制造流程也比较复杂。为了实现更厚的质量块,可以利用整个硅片的厚度,但是需要解决电极间距大的问题。利用HARPSS工艺的二氧化硅氧化层作为电极间距牺牲层、利用多晶硅作为电极、单晶硅作为结构,并结合KOH和DRIE刻蚀,可以实现全硅片厚度的加速度传感器。图10.26(a)和(b)所示分别为全硅片厚度的平面和z轴加速度传感器。传感器的质量块厚度为整个硅片的厚度,利用KOH双面刻蚀进行释放,并依靠多晶硅弹性梁支承。固定电极是填充的多晶硅,与之相对的质量块侧壁为DRIE刻蚀,以保证较小的间距,而间距的实际值由牺牲层二氧化硅的厚度决定。为了保证质量块运动时器件的增益,质量块只有一个侧壁与固定电极形成电容,另一个侧壁不用。

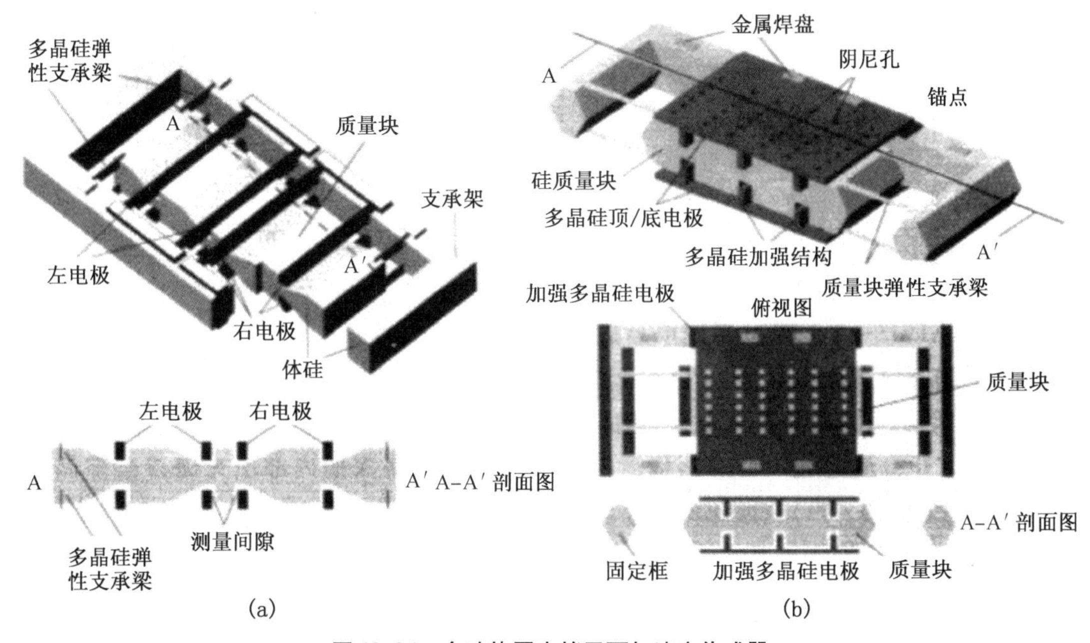

图10.26　全硅片厚度的平面加速度传感器

为了提高动态范围和带宽,很多加速度传感器利用反馈控制电路,即保持固定电极与可动电极的间距不变,通过测量反馈电压测量加速度。显然,当反馈电压作用在两个电极上时,它们之间的引力会使二者有接合的趋势,因此支承质量块的弹性梁必须有足够的刚度以防止静电引力使电极塌陷。在全硅厚度加速度传感器中,利用填充的多晶硅实现长2 mm、宽70 μm、高2.5 μm的桥式结构弹性梁,以降低交叉轴干扰。水平加速度传感器的质量块为2.4 mm×1 mm×0.475 mm,电极面积为70 μm×760 μm,共20个,电极间距为1.2 μm,电容为7.7 pF,谐振频率为0.5 kHz。微机械结构的噪声电平为0.7 $\mu g/\sqrt{Hz}$,灵敏度为5.6 pF/g,经过处理电路后为0.49 mV/g,1 Hz带宽时总分辨率为1.6 μg。z轴加速度传感器的结构与平面加速度传感器结构基本相同。将两个平面加速度传感器和一个z轴加速度传感器组合在一起就形成了三轴加速度传感器。x轴和y轴灵敏度为8 pF/g,z轴灵敏度为4.9 pF/g,三轴噪声约为0.7 $\mu g/\sqrt{Hz}$,包括处理电路后1.5 kHz时(x,y)轴噪声为1.6 $\mu g/\sqrt{Hz}$,600 Hz时z轴噪声为1.08 $\mu g/\sqrt{Hz}$。

除了硅结构以外，LIGA 和电镀也在加速度传感器的制造中得到了应用。

10.3 微机械陀螺

陀螺也称为角速率传感器，是用来测量物体旋转快慢的传感器。MEMS 微陀螺基本都是谐振式陀螺，由支承框架、谐振质量块以及激励和测量单元组成。陀螺的重要性能指标包括灵敏度、满量程输出、噪声、带宽(Hz)、分辨率(°/s)和动态范围(dB)等。白噪声决定了陀螺的分辨率，表示为每带宽平方根的等效旋转速率的标准均方差，也叫作随机漂移，单位为°/(s·$\sqrt{\text{Hz}}$)。根据谐振结构的不同，可以将微机械陀螺分为平衡谐振器(音叉)、谐振梁、圆形谐振器(酒杯、圆周、圆环式)、平衡架等类型。根据谐振的驱动方法，微机械陀螺可以分为静电式、电磁式、压电式等，而检测可以采用压阻、压电、隧道、光学、电容等多种方法。根据输入角速度的不同，可以将陀螺分为 x 轴陀螺、y 轴陀螺和 z 轴陀螺。由于柯氏力与质量块振动方向垂直，因此 x 轴和 y 轴陀螺的质量块的运动包括了面内和离面振动，而 z 轴陀螺质量块的两个运动方向都在面内，因此 x 和 y 轴陀螺比 z 轴陀螺更难实现。

MEMS 陀螺尺寸小、低成本、功耗小，适合微型系统和低成本的应用，如手持式导航器、汽车电子、消费电子等。硅微陀螺的研究主要集中在汽车和导航级的应用上，例如用于汽车领域的微陀螺要求满量程输出 50°~300°/s，分辨率在 100 Hz 带宽时 0.5°~0.05°/s，工作温度 -40~85 ℃。

体微加工技术和表面微加工技术都在微陀螺的制造中得到了广泛的应用。体微加工技术制造的陀螺谐振质量大、噪声低，例如 Murata 和 Samsung 2wm 利用单晶硅制造的 x 轴陀螺，分辨率分别达到了 0.07°/s 和 0.013°/s。20 世纪 90 年代中后期表面微加工技术开始应用于陀螺制造，HSG-IMIT、Michigan 大学、UC Berkeley 和首尔大学分别用表面微加工技术实现了多晶硅结构的 x 轴陀螺。ADI 公司的 ADXRS nnn(nnn 表示满量程的每秒度数)系列微陀螺采用表面工艺制造，噪声 0.05°/(s·$\sqrt{\text{Hz}}$)，具有完全电路集成、低功耗、抗振动和冲击等优点，代表了陀螺技术的飞越。MEMS 陀螺的性能平均每两年就会提高一个数量级，但是陀螺的成本却没有明显的降低，影响了陀螺的广泛应用。

10.3.1 谐振式陀螺工作原理及模型

1. 基本原理

站在旋转圆盘中心附近的人跟随圆盘转动，具有对地的相对线速度，该速度的方向为圆盘的切向方向，大小为圆盘在该位置的线速度，如图 10.27(a)所示。当他运动到圆盘边缘时，他的线速度方向为圆盘边缘位置的切向方向，大小为该位置的线速度大小。由于圆盘的线速度随着半径的增加而增加，因此他对地的相对速度也增加了。这个由于径向速度增加而引起的切向速度的增加，称为柯氏加速度。

图 10.27(b)中，如果角速度为 Ω，半径为 r，则切向的线速度为 Ωr。当半径以速度 v 改变时，切向加速度 $a_t=\lim\limits_{r\to0}\Delta v_t/t=\lim\limits_{r\to0}(r_1\Omega-r_0\Omega)/t=v\Omega$；同时，在半径变化的过程中，圆盘的旋转使径向速度的方向发生变化，引起径向加速度为 $a_r=\lim\limits_{t\to0}\Delta v_r/t=\lim\limits_{t\to0}[2v\sin(\Omega t/2)]=$

$v\Omega$。于是切向和径向的全部加速度为 $2v\Omega$。如果质量块 m 在圆盘上以 v 的速度沿着径向运动，圆盘必须能够对质量块产生 $2mv\Omega$ 的力，才能使质量块随圆盘一起运动。

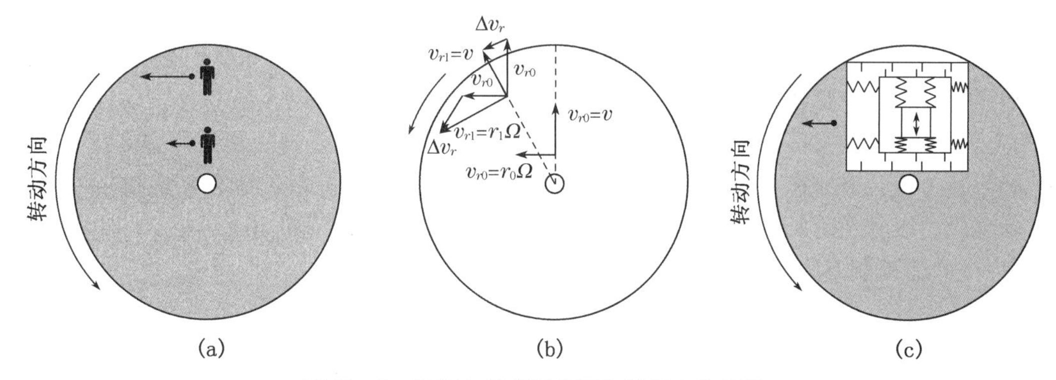

图 10.27　柯氏加速度示意图和陀螺工作原理

考虑极坐标 $z=re^{j\theta}$，式中 r 为半径，θ 为极角，对 $z=re^{j\theta}$ 求时间 t 的导数可以得到速度为

$$\frac{dz}{dt}=\frac{dr}{dt}e^{j\theta}+jr\frac{d\theta}{dt}e^{j\theta} \tag{10.34}$$

上式右边的两项分别为速度的径向和切向分量，切向分量是角速度引起的结果。对式(10.34)求时间的导数，可以得到加速度为

$$a=\frac{d^2z}{dt^2}=\left[\frac{d^2r}{dt^2}e^{j\theta}+i\frac{dr}{dt}\frac{d\theta}{dt}e^{j\theta}\right]+\left[j\frac{dr}{dt}\frac{d\theta}{dt}e^{j\theta}+jr\frac{d^2\theta}{dt^2}e^{j\theta}-r\left(\frac{d\theta}{dt}\right)^2e^{j\theta}\right] \tag{10.35}$$

式(10.35)的第一项是径向线加速度，第四项是角加速度引起的切向分量，最后一项是向心加速度。第二和第三项相同，但分别是径向速度的方向改变引起的加速度和切向速度改变引起的加速度。根据角速度 Ω 和径向线速度 v 的关系 $d\theta/dt=v$ 和 $dr/dt=v$，当 Ω 和 v 为常数时，第一项和第四项为零，则

$$\frac{d^2z}{dt^2}=2v\Omega je^{j\theta}-\Omega^2re^{j\theta} \tag{10.36}$$

式中，角分量 $e^{j\theta}$ 表示在正 θ 方向的柯氏加速度方向，柯氏加速度大小为 $2v\Omega$；$-e^{j\theta}$ 表示向心力方向，加速度大小为 Ω^2r。

由柯氏加速度引起的惯性力称为柯氏力，根据牛顿第二定律 $F=ma$ 可以得到柯氏力为

$$F_e=2m\Omega\times v \tag{10.37}$$

大小为 $2mv\Omega$，方向为角速度和速度的叉乘积方向。

在转动物体上固定一个沿径向振动的谐振器，相当于圆盘上的人在径向方向往复运动，如图 10.27(c)所示。当振动质量沿着直径方向向圆盘边缘运动时，它受到向右的加速度和柯氏力的作用，对支承框架产生向左的作用力，大小与柯氏力相等；当质量块向圆心运动时，它受到向左的加速度作用，对支承框架产生向右的作用力。如果支承框架用弹性刚度系数为 K 的切向弹簧限制在圆盘上，柯氏力将压缩弹簧，平衡时柯氏力 $2mv\Omega$ 与弹性回复力 Kx 相等，于是可得

$$\Omega = \frac{Kx}{2mv} \tag{10.38}$$

因此振动陀螺是通过测量柯氏力对径向主动谐振产生的切向位移实现角速度测量的。陀螺可以固定在旋转物体的任意位置和任意角度,但是要求敏感轴与物体的转动轴平行。

一般情况下,陀螺测量的角频率远小于陀螺的自然谐振频率,并且在一个微分时间段内认为是恒定的,另外在闭环控制中,线性加速度可以被输出反馈抵消。当只考虑围绕 z 轴的转动时,通过设计和制造可以实现轴的刚度远大于两个平面坐标轴的刚度。经过一定简化后,除柯氏力以外所有的惯性力都可以忽略(或者被补偿),于是直角坐标(x,y,z)中的两个平面内方向的控制方程表示为

$$\begin{aligned} \ddot{x} + \omega_0^2 x + 2\dot{\Omega} y = 0 \\ \ddot{y} + \omega_0^2 y + 2\dot{\Omega} x = 0 \end{aligned} \tag{10.39}$$

这两个方程带有柯氏力项 $-2\dot{\Omega}y$ 和 $-2\dot{\Omega}x$,只有将运动方程表示在非惯性坐标系中才会出现。柯氏力耦合了陀螺的两个运动模式,在它们之间产生了能量传递,即把沿 x 轴(主振动模式)的振动能量转移到 y 轴方向并产生振动(二阶振动模式)。柯氏力垂直于角速度和瞬时线速度方向,使质量块产生垂直于初始运动方向的位移。二阶模式与一阶模式的振幅之比为

$$\frac{y}{x} = 2Q\frac{\Omega}{\omega_n} \tag{10.40}$$

可见陀螺的响应正比于 Q 值,如果 Q 值恒定,角速度可以直接从二阶模式的振幅中获得。在闭环控制中,控制系统对驱动幅值反馈控制,使二阶振动模式的幅值从一个稳定值持续抑制为零。

微机械谐振陀螺的基本原理是利用柯氏力传递能量,将谐振器的一种振动模式激励到另种振动模式,后一振动模式的振幅与输入角速度成正比,通过测量振幅实现角速度的测量。陀螺是通过测量柯氏加速度实现角速度测量的,从本质上说陀螺也是加速度传感器。由于柯氏加速度只有当线速度与旋转同时存在时才出现,因此为了测量柯氏加速度需要加速度传感器在跟随物体旋转的同时运动起来。实现运动最简单的方法就是谐振,即增加一个激励单元使加速度传感器做往复振动。由于柯氏力正比于驱动谐振的运动速度,因此希望谐振频率和振幅都尽可能的大。

2. 动态模型

图 10.28 所示的振动陀螺可以用质量弹簧阻尼系统描述。质量块 m_1 通过弹性结构支承在框架上,弹性结构用弹性刚度系数 k_1 和阻尼系数 d_1 描述;框架 m_2 通过另外的弹性结构安装在底上,弹性结构用 k_2 和 d_2 描述。质量 m_1 和 m_2 被驱动电极激励沿着 y 方向振动,当陀螺围绕 k 轴旋转时,产生 x 方向的柯氏力。设坐标系 $x-y$ 随着陀螺共同旋转,坐标系 $X-Y$ 是固定坐标系,两者的夹角为 θ。

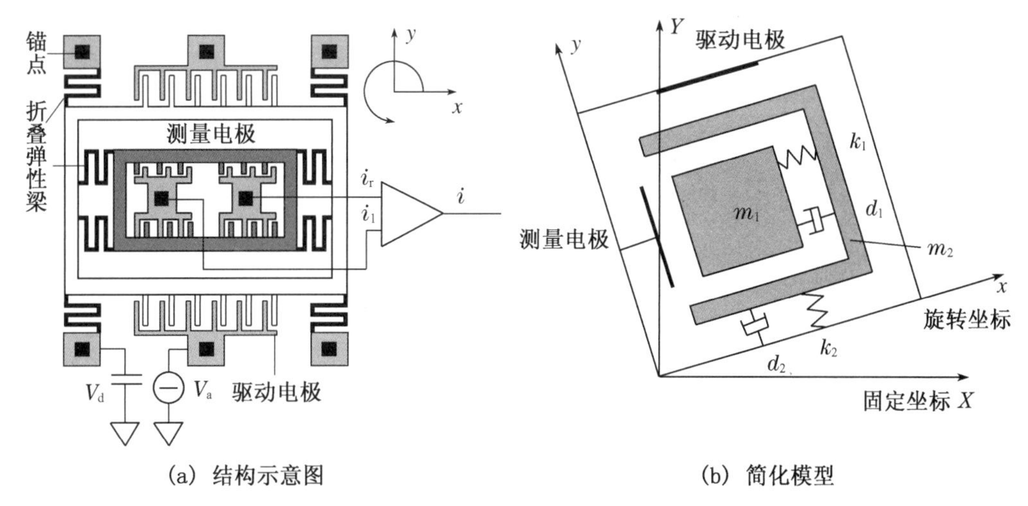

(a) 结构示意图　　(b) 简化模型

图 10.28　振动陀螺

利用坐标变换，质量 m_1 和 m_2 在固定坐标中表示为旋转坐标的关系为

$$\begin{pmatrix} X \\ Y \end{pmatrix} = \begin{bmatrix} \cos\theta & -\sin\theta \\ \sin\theta & \cos\theta \end{bmatrix} \begin{pmatrix} x \\ y \end{pmatrix} \tag{10.41}$$

采用能量法求动态特性，总动能等于 m_1 和 m_2 所有线性和角动能之和，总势能等于所有弹簧中的弹性势能以及测量电容和驱动电容中的电势能之和，于是总动能 T、总势能 U 和损耗能量 D 表示为

$$\begin{aligned} T &= \frac{1}{2}m_1[\dot{X}_1 \dot{Y}_1]\begin{bmatrix}\dot{X}_1 \\ \dot{Y}_1\end{bmatrix} + \frac{1}{2}m_2[\dot{X}_2 \dot{Y}_2]\begin{bmatrix}\dot{X}_2 \\ \dot{Y}_2\end{bmatrix} + \frac{1}{2}I\dot{\theta}^2 \\ U &= \frac{1}{2}k_1x^2 + \frac{1}{2}k_2y^2 + \frac{1}{2}\varepsilon A_s V_d^2\left(\frac{g_0}{g_0^2 - x^2} + \frac{g_1}{g_1^2 - x^2}\right) \\ D &= \frac{1}{2}d_1\dot{x}^2 + \frac{1}{2}d_2\dot{y}^2 \end{aligned} \tag{10.42}$$

式中，I 是 m_1 和 m_2 的转动惯量；g_0 和 g_1 表示测量电容和驱动电容的电极间距；A_s 是测量电容的有效面积；V_d 是施加在电容上的直流驱动电压。利用拉格朗日方程

$$\frac{\mathrm{d}}{\mathrm{d}t}\left[\frac{\partial(T-U)}{\partial \dot{q}_i}\right] - \frac{\partial(T-U)}{\partial \dot{q}_i} + \frac{\partial D}{\partial \dot{q}_i} = Q_i \tag{10.43}$$

式中，q_i 是广义坐标；Q_i 是广义力。将式(10.42)代入式(10.43)得到陀螺的运动方程

$$\begin{aligned} &m_1\ddot{x} + d_1\dot{x} + \left[k_1 - m_1\dot{\theta}^2 - \frac{\varepsilon A_s V_d^2 g_0}{(g_0^2 - x^2)^2} + \frac{\varepsilon A_s V_d^2 g_1}{(g_1^2 - x^2)^2}\right]x - m_1 y\ddot{\theta} - 2m_1\dot{y}\dot{\theta} = 0 \\ &(m_1 + m_2)\ddot{y} + d_2\dot{y} + [k_2 - (m_1 + m_2)]y - m_1 x\ddot{\theta} + 2m_1\dot{x}\dot{\theta} = \frac{\varepsilon nt}{g_0}(V_d - v_a)^2 \end{aligned} \tag{10.44}$$

如果采用梳状静电驱动器，则驱动力 f_d 近似为

$$f_d = \frac{\varepsilon nt}{g_0}(V_d - v_a)^2 \tag{10.45}$$

式中,n 是叉指电容个数;v_a 是交流驱动电压。为了计算式(10.42),将根据实际情况进行适当简化。由于陀螺测量的角频率远低于质量块的谐振频率,并且质量块 m_1 的位移远小于电极间距 g_0,于是利用以下假设

$$\dot{\theta} \ll \sqrt{k_1/m_1},\ \dot{\theta} \ll \sqrt{k_1/(m_1+m_2)},\ x \ll g_0,\ g_0 \ll g_1 \tag{10.46}$$

用 Ω 代替 $\dot{\theta}$,将式(10.46)的条件代入到式(10.44),得到

$$\begin{gathered} m_1\ddot{x}+d_1\dot{x}+\left(k_1-\frac{\varepsilon A_s V_d^2}{g_0^3}\right)x=2m_1\dot{y}\Omega \\ (m_1+m_2)\ddot{y}+d_2\dot{y}+k_2 y=2\varepsilon nt V_d v_s/g_0 \end{gathered} \tag{10.47}$$

当 m_1 振动时,测量电极的输出电流 i 是两个测量电容 C 和 C_1 的电流 i_r 和 i_1 的差

$$\begin{aligned} i=i_r-i_1 &= \left(\frac{\partial C_r}{\partial x}-\frac{\partial C_1}{\partial x}\right)\dot{x}V_d \\ &= \frac{\varepsilon A_s V_d \dot{x}}{2}\left[\frac{g_0^2+x^2}{(g_0^2-x^2)^2}-\frac{g_1^2+x^2}{(g_1^2-x^2)^2}\right] \approx \frac{\varepsilon A_s V_d^2 \dot{x}}{g_0^2} \end{aligned} \tag{10.48}$$

结合式(10.47)和式(10.48),在角速度 Ω 恒定时输出电压的幅值 V_0 为

$$V_0=\frac{4R_1 m_1 (\varepsilon\omega V_d \dot{x})^2 nt A_s V_s \Omega}{g_0^3\sqrt{\{[k_2-(m_1+m_2)\omega^2]^2+d_2\omega^2\}[(k_1-m_1\omega^2)+d_1\omega^2]}} \tag{10.49}$$

式中,R_0 是放大器的输出阻抗;V_a 为 v_a 的幅值。当旋转角速度 Ω 不是恒定时,角速度和驱动电压可以表示为

$$\begin{gathered} \Omega=\Omega_0\cos\delta t \\ v_a=V_a\sin\omega t \end{gathered} \tag{10.50}$$

式中,δ 是角速度的频率;Ω_0 和 V_a 是角速度和驱动电压的幅值。于是 m_2 的稳态振动 y 具有相同的频率,$y=Y_0\sin(\omega t-\varphi_0)$,式中幅值 Y_0 和相位 φ 分别为

$$Y_0=\frac{2\varepsilon nt V_d V_a}{g_0}\frac{1}{\sqrt{[k_2-(m_1+m_2)\omega^2]^2+d_2\omega^2}},\varphi=\arctan\left[\frac{d_2\omega}{k_2-(m_1+m_2)\omega^2}\right]$$

利用式(10.50)和式(10.51),作用在 m_1 上的柯氏力为

$$f_e=2m_1\dot{y}\Omega=m_1 y\omega\Omega_0\{\cos[(\omega+\delta)t-\varphi]+\cos[(\omega-\delta)t-\varphi]\} \tag{10.51}$$

可见 m_1 的振动包括两个频率 $\omega+\delta$ 和 $\omega-\delta$,振动幅值分别为

$$X_{\omega+\delta}=\frac{m_1\omega Y\Omega_0}{\sqrt{[k_1-m_1(\omega+\delta)^2]^2+d_1(\omega+\delta)^2}},\ X_{\omega-\delta}=\frac{m_1\omega Y\Omega_0}{\sqrt{d_1[k_1-m_1(\omega-\delta)^2]^2+d_1(\omega-\delta)^2}}$$

于是输出电压的最大幅值为

$$V_0=\frac{\varepsilon R_0 A_s V_d}{g_0^2}[(\omega+\delta)X_{\omega+\delta}+(\omega-\delta)X_{\omega-\delta}] \tag{10.52}$$

在式(10.52)中,参数可以根据结构尺寸、材料参数以及电路参数确定,利用该式可以得到陀螺的动态特性和带宽。这种基于能量的动态分析方法适合于多种结构形式陀螺的建

模分析，包括谐振梁式和圆形谐振陀螺。陀螺包括谐振器，因此影响谐振器阻尼的因素会对陀螺产生很大的影响，包括空气阻尼、支承点损耗、热弹性阻尼、电路阻尼等，这些阻尼的精确建模往往比较困难。

谐振式陀螺的 Q 值是重要的指标。高 Q 值使小驱动电压能够获得大的振动幅度，对降低微陀螺功耗非常重要；同时，高 Q 值可以降低结构的机械噪声，增加测量的灵敏度和分辨率，并增强抗干扰能力。由于 MEMS 陀螺的尺寸小，空气阻尼引起的损耗远大于材料内耗和支承点的机械损耗，考虑到惯性力的传递不需要直接接触介质，陀螺一般应密封在真空中。对于密封的陀螺，支承点的机械损耗是造成陀螺 Q 值下降的主要原因，因此振动结构的支承点需要仔细设计。

10.3.2　微机械陀螺的结构与工作模式

1. 音叉式微机械陀螺

音叉式陀螺由一个音叉构成，如图 10.29 所示，音叉的两个叉指振动在反相弯曲模式。当音叉旋转时，柯氏加速度使叉齿产生垂直于初始振动模式的振动位移，因此叉齿的实际运动轨迹为椭圆形而不是圆形。柯氏加速度激励出音叉的二阶扭转振动模式，使能量从一阶弯曲振动模式转为二阶扭转模式。音叉的优点是在工作过程中其中心是稳定的，并且能够补偿所有的片内力和力矩，敏感元件不需要特殊的处理就可以固定。

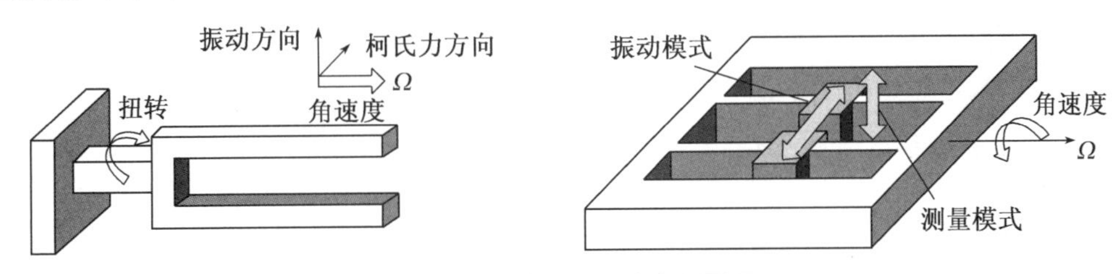

图 10.29　单端和双端音叉原理

图 10.30 所示为 Daimler Benz 公司生产的音叉式谐振陀螺。该陀螺由两片微加工的硅片键合而成，音叉前端在上下两片 AIN 压电薄膜驱动器的驱动下产生垂直主平面的振动。当音叉旋转时，作用在音叉前端的柯氏力使音叉受到扭矩的作用，使音叉前端相对音叉根部产生扭转，根部的压阻传感器产生输出电压，实现对角速度的测量。扭转产生的剪应力在根部的中心线上最大（扭矩最大），压阻的位置应该设置在应力最大的位置。

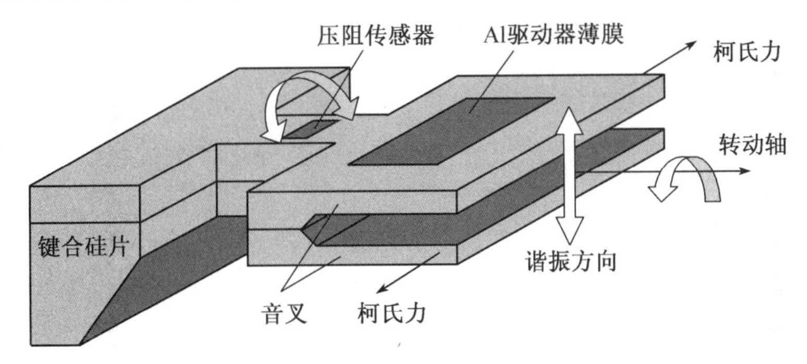

图 10.30　音叉式谐振陀螺结构示意图

该音叉陀螺采用SOI硅片制造，过程如图10.31所示。SOI硅片器件层单晶硅的厚度决定了音叉的厚度，从20～200 μm不等，取决于对陀螺性能的要求。(a)在TMAH中刻蚀出定义半个音叉的硅杯。(b)将两个相同的刻蚀好硅杯的SOI硅片熔融键合，形成硅片内部的腔体，腔体高度等于叉指距离。(c)在TMAH中继续刻蚀，将上面SOI的硅衬底全部去除。(d)刻蚀去除二氧化硅。(e)注入扩散压阻，在特定的氮气和氩气条件下溅射Al；溅射压电AIN薄膜，刻蚀AN，形成压电驱动器；淀积并刻蚀金属Al，作为电连接。(f)从背面刻蚀硅直到埋层二氧化硅停止，形成音叉的另一半，利用DRIE刻蚀将音叉释放。

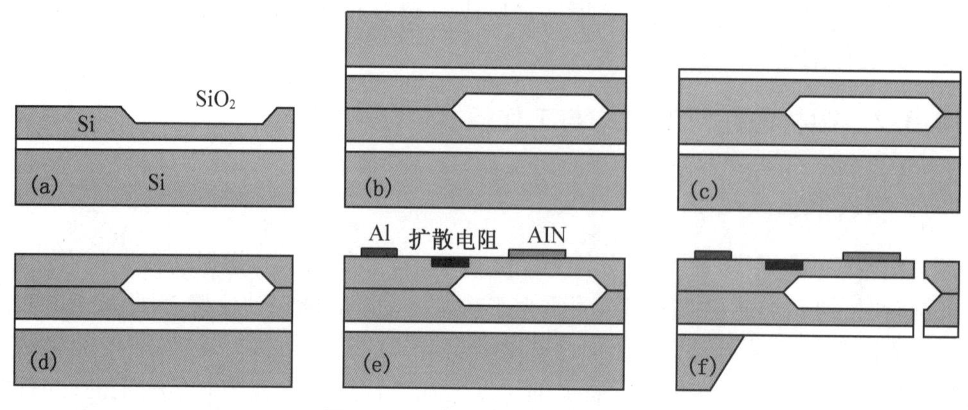

图10.31　音叉式陀螺工艺流程

音叉基频频率为32.2 kHz，扭转引起的二阶测量振动模式比一阶频率低245 Hz。对于键合的音叉，即使微加工的精度很高也难以保证音叉两个叉指的平衡，需要在键合以后利用激光烧蚀进行精密的微调。不平衡的音叉叉指会在激励和测量模式间产生耦合，严重影响灵敏度。在实际产品中，为了降低高阶振动模式的耦合，一阶和二阶振动频率与其他高阶振动频率之间至少相差10 kHz。音叉在1 Pa的环境中Q值高达7 000。

图10.32(a)所示为德国Bosch公司生产的电磁驱动电容检测的z轴陀螺。该陀螺是一个双端音叉结构，由两个用矩形弹性结构耦合的质量块和位于质量块中间的加速度传感器组成，质量块和加速度传感器用弹性梁支承在框架上。陀螺的工作原理如图10.32(b)所示，利用了弹簧耦合的两个质量块的自然谐振模式包括同相和反相振动的原理。加速度传感器的测量轴垂直于质量块的谐振方向，当陀螺围绕垂直的z轴旋转时，柯氏力方向与加速度传感器的测量方向相同，可以测量角速度。

如图10.32(b)所示，弹性结构的谐振包括同相和反相两个频率。在同相谐振模式，两个质量块在任意时刻的位移是同方向的，在反相模式，两个质量块在任意时刻的位移方向相反。反相谐振频率f_o和同相谐振频率f_i分别为

$$f_o=\frac{1}{2\pi}\sqrt{\frac{k_1+k_2}{m}},\ f_i=\frac{1}{2\pi}\sqrt{\frac{k_1}{m}} \tag{10.53}$$

可见弹性刚度系数k_2增加，反相谐振频率增加，因此通过优化弹性刚度系数和质量，可以将两个模式的振动分离开。实际器件的反相和同相谐振频率分别为2 kHz和1.6 kHz。谐振器的表面有两个电流回路，当其中一个回路中通以电流时，外部永磁体产生的磁场使谐振器受到洛仑兹力的作用激励谐振器振动在反相模式，类似于音叉的振动形态。在另一回

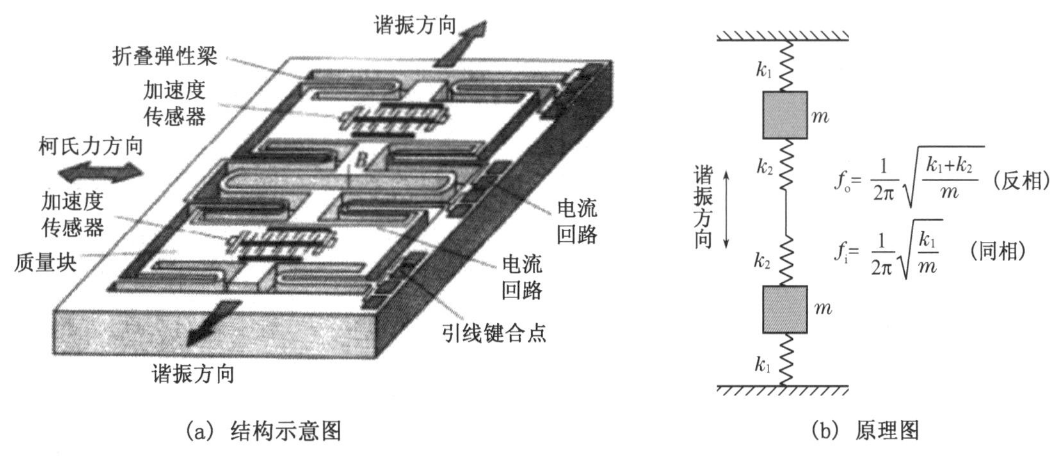

(a) 结构示意图　　(b) 原理图

图 10.32　音叉式谐振陀螺

路中，振动质量块切割磁力线，产生正比于振动速度的电压信号。当陀螺转动时，作用在两个质量块上的柯氏力方向相反，但都与谐振方向垂直。加速度传感器的敏感方向与柯氏力相同，测量每个质量块的柯氏加速度。两个加速度的差是转动的角速度，两个加速度的和正比于加速度传感器敏感轴方向的线性加速度。

陀螺的制造过程使用体加工技术，刻蚀埋层二氧化硅实现悬空结构，如图 10.33(a)所示。(1) 淀积2.5 μm 厚的二氧化硅作为后续刻蚀的停止层，外延 12 μm 厚的重掺杂 n 型多晶硅作为结构层；淀积并刻蚀铝作为电连接和键合盘。(2) 利用 KOH 从硅片背面将中心部位减薄至 50 μm，利用 DRIE 从正面刻蚀多晶硅形成叉指电容、质量块以及弹性梁。(3) 从正面用 HF 气体刻蚀外延层下的二氧化硅，释放 DRIE 刻蚀的结构。(4) 阳极键合玻璃密封盖。最后将键合好的传感器与电路和永磁体密封在金属外壳内，如图 10.33(b)所示。对于围绕 z 轴的偏转，当角速度达到 100°/s 时，最大的柯氏加速度也仅有 200 mg，因此支承梁刚度必须很小，以实现高灵敏度；另外这也要求加速度的测量方向和谐振方向必须严格垂直，对加工的要求很高。

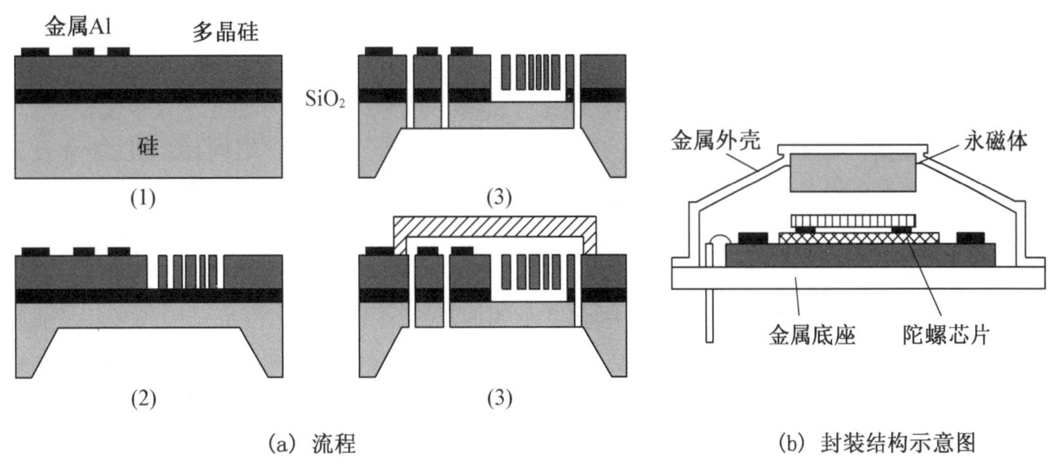

(a) 流程　　(b) 封装结构示意图

图 10.33　Bosch 陀螺

传感器反相谐振频率为 2 kHz，最大振幅 50 μm，常压下反相振动的 Q 值为 1 200，足够激励产生小幅洛仑兹力。陀螺采用闭环控制系统，加速度的带宽达到 10 kHz。加速度传感器的灵敏度在 2 kHz 时可以检测 1 mg 的加速度，陀螺的灵敏度 18 mV/(°/s)，量程为 100°/s，工作温度范围 −40 ~ 85 ℃。

图 10.34 所示的音叉式谐振陀螺与 Bosch 陀螺的基本原理类似，都包括两个反相振动的质量块、支承弹性梁，以及驱动电极和测量电极。不同的是 Bosch 陀螺采用电磁激励梳状电容检测，而图 10.34 采用梳状电容激励平板电容检测。图中给出了两个质量块在弹性梁支承和驱动电极激励下的反相振动模式。激励的反相振动沿着 x 方向，在柯氏力的作用下，质量块沿着 y 方向振动，改变了质量块与静止的平板电极之间的电容。

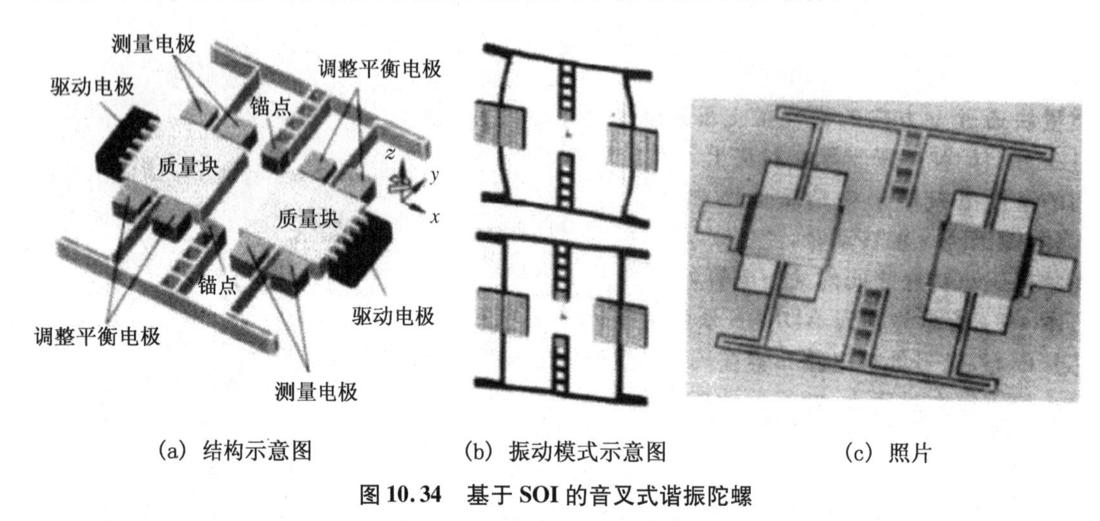

(a) 结构示意图　　(b) 振动模式示意图　　(c) 照片

图 10.34　基于 SOI 的音叉式谐振陀螺

陀螺用器件层为 40 μm 厚的 SOI 硅圆片制造，利用 DRIE 从背面刻蚀去除振动结构下面的硅衬底，埋层二氧化硅作为刻蚀停止层，然后利用 RE 将暴露出来的二氧化硅去除，最后从正面刻蚀结构。由于二氧化硅都已经去除，不会出现横向刻蚀的现象。陀螺的质量块为 400 μm × 400 μm × 40 μm，有效质量为 30 μg，陀螺的初始振动频率为 17.38 kHz，真空中谐振结构的驱动 Q 值高达 81 000，测量 Q 值达到 64 000，灵敏度为 1.25 mV/(°/s)，分辨率为 0.01°/s，理论机械噪声为 0.3°/(s · $\sqrt{\text{Hz}}$)，电路噪声为 0.02°/(s · $\sqrt{\text{Hz}}$)，温度系数为 -22×10^{-6}/℃。由于 DRIE 刻蚀深宽比的限制，电容的间隙无法很小，因此电容比较小，对电路的要求较高。这种陀螺既有音叉的优点，又实现了大厚度单晶硅结构，力学性能和质量块都比表面多晶硅结构有很大提高，是目前报道的性能最好的微谐振陀螺之一。

2. 谐振梁式微机械陀螺

图 10.35 所示为谐振梁(板)式陀螺质量块的振动方向平行于主平面，当围绕面内轴旋转时，产生垂直主平面的柯氏力，因此可以通过平板电容进行测量，见图(a)；当旋转轴垂直于主平面时，柯氏力平行于主平面且与振动方向垂直，通过梳状电容或者平板电容检测，见图(b)。由于这些特点，这种陀螺可以使用表面微加工技术制造，具有 CMOS 兼容性，并且容易制造 x、y、z 三轴陀螺。

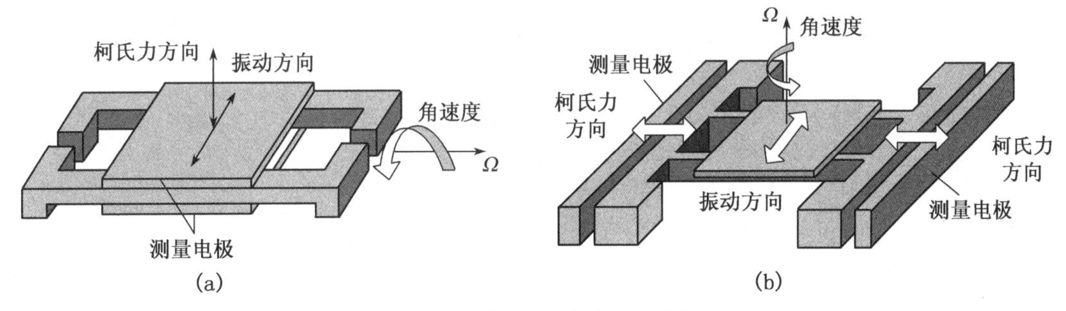

图 10.35　谐振式陀螺的工作原理

ADI 公司在 1998 年推出了第一个全集成的微加工陀螺 ADXRS 系列。ADXRS 陀螺利用制造 ADXL 加速度传感器的 iMEMS 集成技术制造,将微机械结构和处理电路集成在一块芯片上。图 10.36 所示为 ADXRS 系列陀螺的原理示意图,谐振质量块通过 y 方向的弹性梁支承在框架上,框架通过 x 方向的弹性梁支承在衬底上。质量块与框架之间的叉指电极用来激励质量块产生 y 方向的振动,当陀螺围绕 z 轴转动时,产生 x 方向的柯氏力,使支承框架和质量块沿着 x 轴运动,改变了支承框架与衬底之间的叉指电容,通过测量电容的变化可以得到角速度。

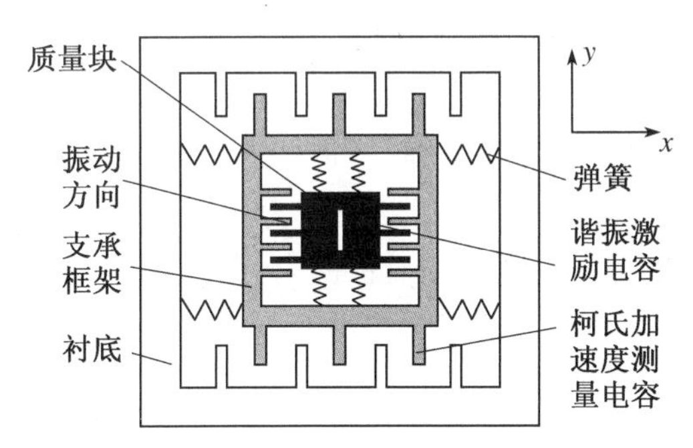

图 10.36　ADXRS 陀螺的原理示意图

图 10.37 所示分别为 ADXRS 系列的整体芯片照片和微机械结构照片。微机械结构布置在芯片中心,信号处理电路布置在周围。微机械结构包括多晶硅的弹性梁和叉指电容,其中两组静止梳固定在衬底上,两组可动梳固定在支承框架上。当衬底没有角速度时,框架处于静止状态。当衬底旋转时,柯氏力使质量块和支承框架相对衬底产生位移,因此叉指电极产生差动输出。如果总电容为 C,叉指间距为 g,则差动电容输出为

$$\Delta C = \frac{2\nu\Omega MC}{gK} \tag{10.54}$$

该差动电容直接正比于角速度。上式的非线性度很小,一般小于 0.1% 。

ADXRS 的电路系统具有极高的电容分辨率,可以分辨 12×10^{-21} F 的电容变化,相当于弹性梁产生 1.6×10^{-5} nm 的弯曲造成的电容变化。由于位移已经远小于原子,而表面单个原子的随机运动大于这个测量的位移,因此该测量位移实际上是电极表面的平均位置。ADXRS 叉指电容表面大约有 10^{12} 个原子,因此所有原子的统计平均位移只有单个原子随机位移的 10^{-6}。由于叉指电极工作在空气环境中,而空气分子对叉指产生的冲击很大,因此

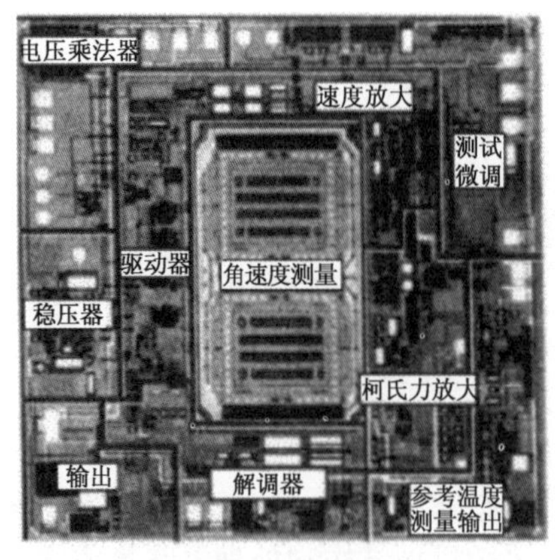

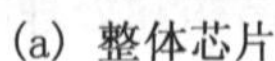
(a) 整体芯片

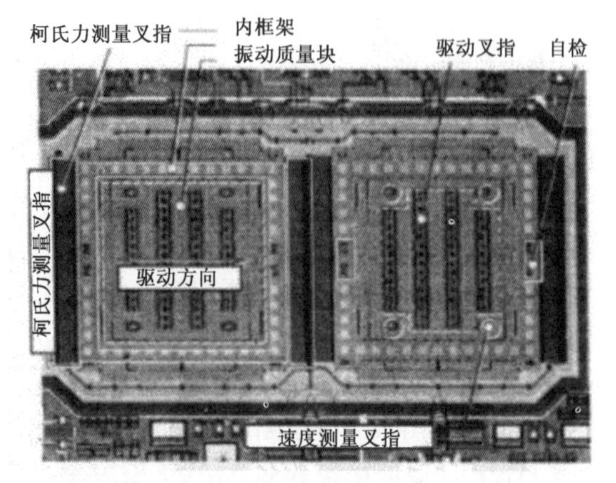

(b) 机械结构部分

图 10.37　ACXRS 系列陀螺照片

测量精度无法再进一步提高。叉指电极的尺寸和刚性都很小,整个叉指只有 4 μg,宽度只有 1.7 μm,周围的空气可以起到缓冲层的作用,防止器件受到冲击而损坏。差动电容信号为交流信号,频率等于质量块的振动频率,通过相关处理可以得到电容信号。

ADXRS 系列陀螺所具有的极高的电容和位移测量精度,只有在放大器、滤波器以及机械传感器等都集成在一个芯片上才有可能实现。ADXRS150 和 ADXRS300 陀螺结构为4 μm 厚的多晶硅,电路为 3 μm 的 BiCMOS 工艺,满量程电容变化为 12×10^{-18} F,电容分辨率为 12×10^{-21} F,灵敏度为 10.5 mV/(°/s),室温噪声为 0.01° ~ 0.05°/(s · $\sqrt{\text{Hz}}$),典型带宽为 20 Hz(可达1 kHz),工作状态和非工作状态抗冲击分别为 2 500 g 和 33 000 g,静态灵敏度为 0.2°/(s · g)。ADXRS 采用 BGA 封装,外形为 7 mm 方形,高度 3 mm,比具有同样精度水平的非微机械陀螺小 100 倍以上,功耗也只有 25 mW,远远低于同性能的其他陀螺。

图 10.37 所示的 ADXRS 系列采用了两个谐振器进行信号差动的角速度测量方法。两个谐振器为独立结构,以反相位工作,因此能够测量的角速度具有相同的幅值,但是方向相反;而外界共模信号(加速度)对两个谐振器作用的幅值和相位都相同,经过差动以后被消除,因此陀螺能够抗冲击和振动的干扰,输出只有角速度信号。这种双谐振器的方法要求两个谐振器具有完全相同的结构和尺寸,对制造的要求很高。

图 10.38(a)所示为 Toyota 公司开发的三层多晶硅谐振梁式陀螺。三层多晶硅中的第二层为梳状电容驱动的谐振梁和质量块,上层和下层多晶硅分别为平板电极,与中间层多晶硅质量块组成平板电容。谐振器的振动沿着 x 轴方向,当输入 y 轴的角速度时,产生 x 轴的柯氏力,使质量块与上下多晶硅组成的平板电容改变。通过测量平板电容实现对角速度的测量。制造采用表面微加工的多晶硅和二氧化硅牺牲层技术,质量块层多晶硅厚 2.4 μm,长 200 μm,支承梁长 300 μm,宽 2 μm,驱动频率为 9.07 kHz,幅度为 2.2 μm。灵敏度为 19 aF/(°/s),输出电压灵敏度 2.2 mV/(°/s),角速度分辨率为 1°/s。

图 10.38 图(b)所示为 UC Berkeley 研制的谐振梁式陀螺。陀螺采用表面工艺制造,利用梳状电容激励振动并利用梳状电容检测 k 轴的角速度这种梳状电容驱动的驱动力比较小,测量灵敏度较低。

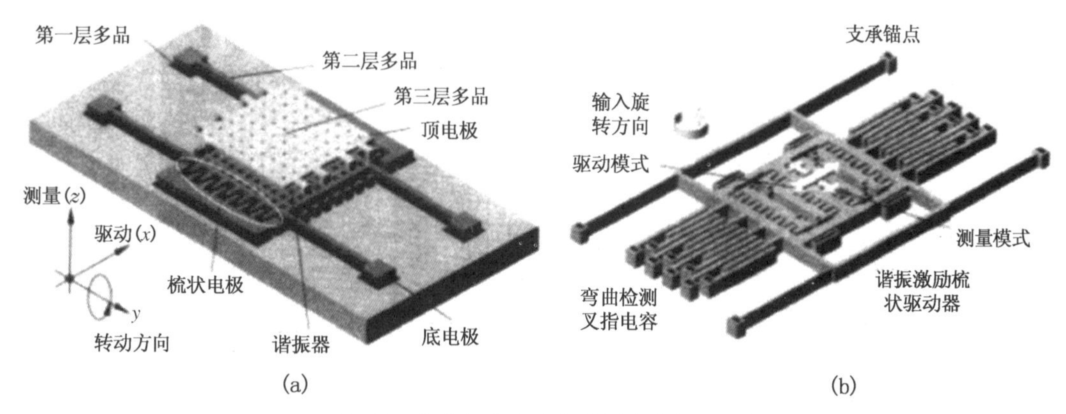

图 10.38　梳状电容驱动和检测的谐振式陀螺

图 10.39 所示为采用 CMOS-MEMS 工艺制造的谐振梁陀螺。激励电容驱动内框架沿着 y 轴运动，当输入角速度围绕 x 轴时，柯氏力的方向为 x 轴方向。因此，质量块的位移可以通过固定在基底上的叉指电容检测。CMOS-MEMS 工艺实现的弹性梁和叉指的厚度较小，陀螺工作在大气压下，驱动的谐振模式频率为 9.2 kHz，测量模式为 12 kHz，灵敏度 2.2 mV/(°/s)，20 Hz 带宽的噪声 $0.03°/(\mathrm{s}\cdot\sqrt{\mathrm{Hz}})$，±360°内的非线性度小于 1%。类似的结构，当采用 SOI 和改进的 SCREAM 工艺制造时，微结构层的厚度可以增加到 40 μm，噪声等效分辨率为 0.004 4°/s，带宽 13 Hz，噪声 $0.001\,2°/(\mathrm{s}\cdot\sqrt{\mathrm{Hz}})$，达到了相当高的水平。

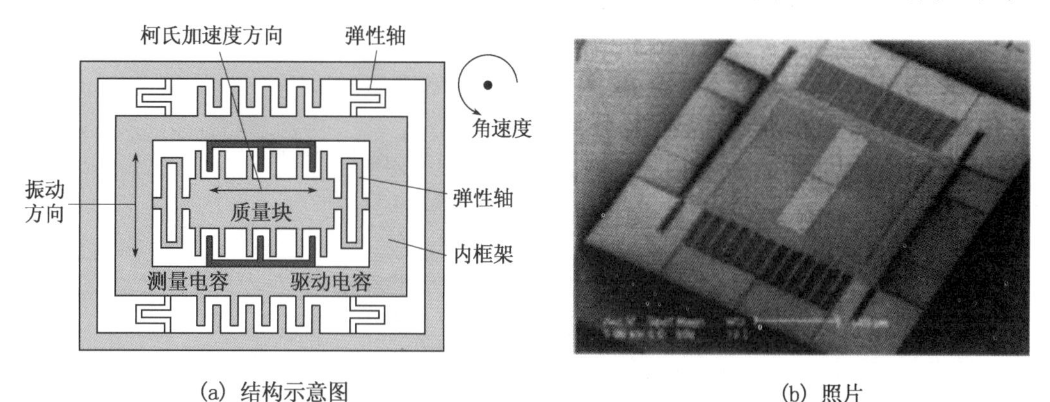

(a) 结构示意图　　(b) 照片

图 10.39　CMOS-MEMS 制造的微陀螺

图 10.40(a)和(b)所示为完全电路集成的表面微加工技术制造的 z 轴陀螺，由 UC Berkeley和 AD 研制。图(a)的结构将驱动电极和质量块布置在内部，测量电极和质量块布置在外部；图(b)将驱动电容和质量块布置在外部，测量电容和质量块布置在内部。陀螺的质量块由梳状驱动电容驱动沿着 x 方向横向振动，输入角速度为 z 轴方向，于是柯氏力产生的运动方向为 y 轴方向，通过框架与衬底固定的平板电极测量位移。不同的设置方式具有不同的性能表现，图(b)所示陀螺的正交误差为图(a)所示陀螺的 1/3，噪声为 1/5。制造过程利用 iMEMS 工艺，多晶硅结构层厚度为 6 μm，图(a)和图(b)结构的噪声分别为 $0.05°/(\mathrm{s}\cdot\sqrt{\mathrm{Hz}})$ 和 $0.01°/(\mathrm{s}\cdot\sqrt{\mathrm{Hz}})$。

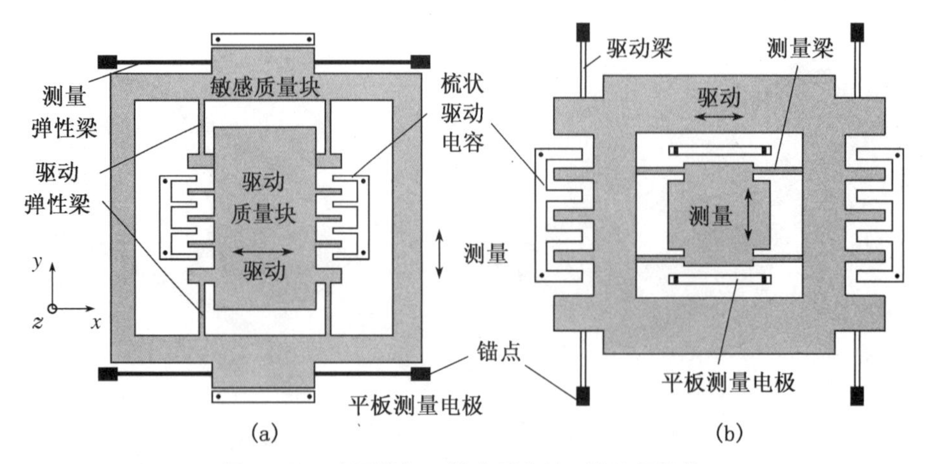

图 10.40　表面微加工技术制造的 z 轴陀螺结构

3. 圆形谐振器微机械陀螺

圆形谐振器包括圆盘、圆环、酒杯等几种形状的谐振器。图 10.41 所示为双轴谐振盘陀螺的结构示意图。圆盘被激励产生围绕 z 轴的振动，当陀螺围绕 x 轴旋转时，柯氏力产生围绕 y 轴的扭转，可以通过测量圆盘与衬底组成的平板电容测量扭转角度，从而确定角速度；相反，当圆盘围绕 y 轴旋转时，产生围绕 z 轴的扭转。因此这种结构可以作为双轴陀螺使用。圆盘谐振器的结构适合用表面微加工技术制造。

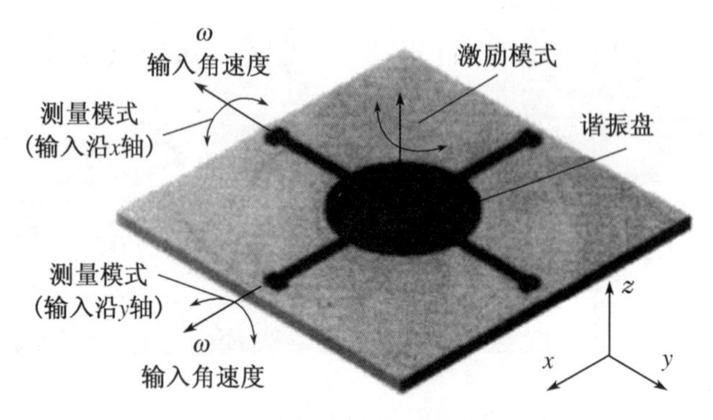

图 10.41　圆形谐振陀螺结构示意图

图 10.42 所示为圆环形谐振器陀螺的原理示意图。谐振环在驱动单元的激励下振动在一阶振动模式，圆环依次变为椭圆—圆—旋转 90°的椭圆—圆，完成一个周期。第一次椭圆的长轴为竖直轴，相当于圆环在水平方向被挤压；第二次椭圆形长轴为水平轴，相当于圆环在竖直方向被挤压，于是振动节点出现在 45°、135°、225°和 315°，二阶振动模式与一阶振动模式的频率相同，只是长轴旋转了 45°，即振动节点为 0°、90°、180°和 270°。振动过程中位移波腹和节点周期性出现，形成驻波。在驱动电压的激励下，谐振环只出现一阶振动模式；当谐振环旋转时，柯氏力激励谐振环的二阶振动模式，能量在两个模式间转换。因此，合成的振动模式是一阶和二阶振动模式的线性叠加，新的节点和波腹形成了新的振动模式，相当于一阶振动模式旋转了一个角度。在开环系统中，节点和波腹的转角正比于角速度。在闭

环系统中，测量电极的电压反馈到驱动电极使谐振环保持圆形不变，反馈电压的大小正比于角速度。

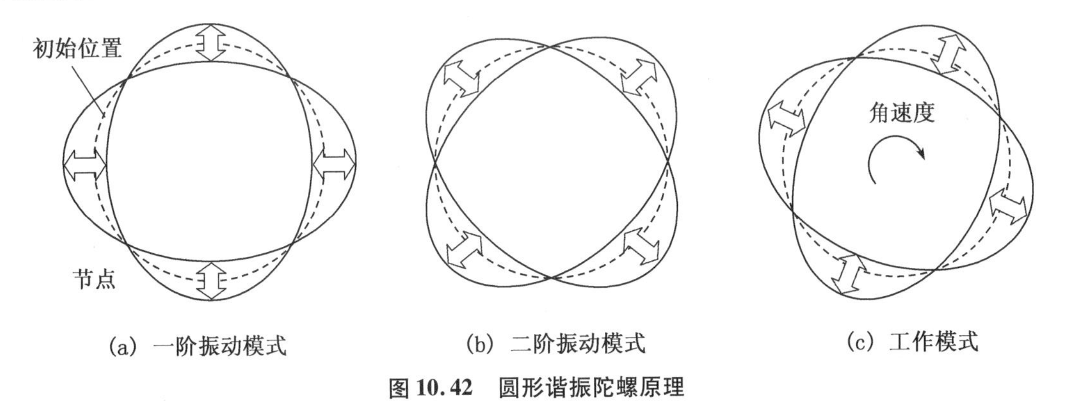

(a) 一阶振动模式　(b) 二阶振动模式　(c) 工作模式

图 10.42　圆形谐振陀螺原理

图 10.43 所示为 Delco 制造的谐振环式微陀螺，包括谐振环、柔性支承梁和静电驱动电极及测量电极。谐振环固定在中心的锚点上，由 8 个均匀分布的半圆形柔性支承梁支承，支承梁的直径是谐振环直径的一半，谐振环采用静电驱动和电容检测，共有 32 个驱动和测量电极，其中激励电极和控制电极为 24 个，测量电极为 8 个，分布在间隔 45°的节点或者波腹的位置。通过测量电极测量谐振环的变形，反馈给控制电极对圆环施加静电力以维持其节点位置不变，形成闭环控制。闭环控制增加传感器的带宽，并且较高的机械 Q 值可以增加闭环系统的增益和灵敏度。

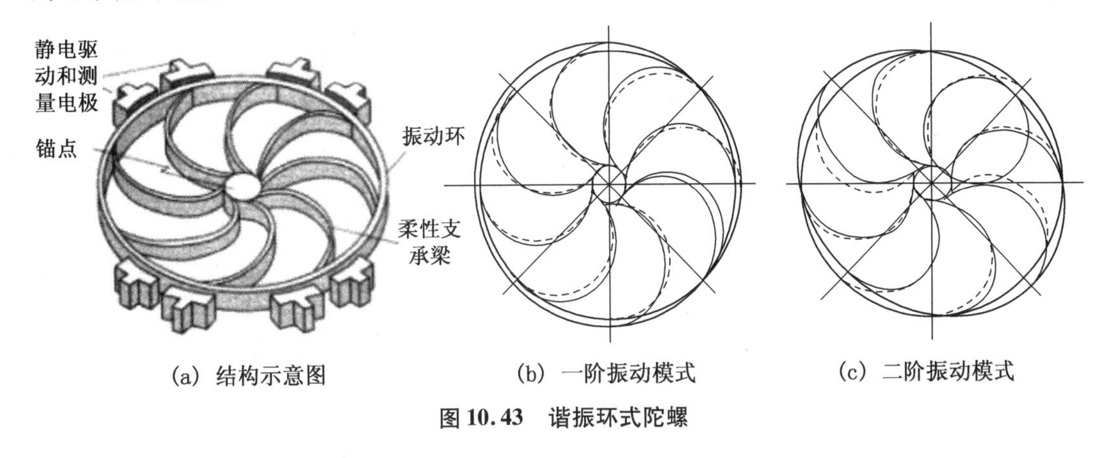

(a) 结构示意图　(b) 一阶振动模式　(c) 二阶振动模式

图 10.43　谐振环式陀螺

如果谐振的幅值和频率分别为 X_0 和 ω，振动位移 $x_d(t)$ 和速度 $v_d(t)$ 分别表示为 $x_d(t) = X_0 \sin \omega t$ 和 $v_d(t) = X_0 \cos \omega t$，由于柯氏加速度 a_c 为

$$a_c = 2\Omega X_0 \omega \cos\omega t \tag{10.55}$$

柯氏力 F_c 可以由牛顿第二定律和式(10.55)得到

$$F_c = ma_c = 2m\Omega X_0 \omega \cos\omega t \tag{10.56}$$

柯氏力与弹性结构变形产生的反作用力 F_c 平衡，当弹性结构的刚度为 k、变形为 x_c 时，根据式(10.56)可得 $F_c = kx_c = ma_c = 2m\Omega X_0 \omega \cos\omega t$，于是

$$x_c = \frac{2\Omega X_0 \omega \cos\omega t}{\omega^2} \tag{10.57}$$

当谐振环工作在谐振模式时,振动幅值被放大 Q 倍,因此式(10.57)变为

$$x_c = \frac{2\Omega Q X_0}{\omega}\cos\omega t \tag{10.58}$$

从式(10.58)可以看出,当其他参数都相同时,Q 值对分辨率有极大的影响。

除了激励、测量和控制电极外,平衡电极通过与谐振环之间产生的静电引力控制谐振环,相当于“电弹簧”的作用,改善加工等造成的谐振环的不对称性。驱动电路为锁相环控制的静电驱动,将谐振频率锁定在固定频率上,通过施加平衡电压,测量到的谐振频率 f_s 与固有机械频率 f_m 的关系为 $f_s = f_m\sqrt{1-g^2}$,式中,$g = V_b/V_p$,表示平衡电压 V_b 与下拉电压 V_p 的比值,$V_p = \sqrt{(8k_1 d_0^3)/(27\varepsilon\omega l_d)}$;$k_1$ 是等效弹性刚度;d_0 是平衡电极与谐振环的初始间距;ε 为真空介电常数;ω 是平衡电极宽度;l_d 是驱动电极长度。

图 10.44 所示为微加工电铸而成型制造谐振环陀螺的工艺流程。(1) 完成片上 MOS 缓冲器,并形成 Al 互连接触,淀积 PECVD 二氧化硅并刻蚀,然后淀积并剥离 Ti/W,在 Al 接触点上形成锚点的最下层。(2) 淀积并刻蚀 Al 作为牺牲层,Al 和结构金属 Ni 的刻蚀选择比很高,同时 Al 具有导电性,可作为后续电铸的种子层。(3) 涂覆厚胶并光刻,形成铸模,光刻胶暴露出来的窗口形状就是谐振环、支承梁以及驱动检测电极的形状,光刻胶的厚度决定 Ni 谐振环和支承梁的高度,因此需要光刻胶厚度达到几十微米。(4) 电镀 Ni 形成谐振环、支承梁和电极,由于电镀的种子层分别为 Ti/W 和 Al,其初始高度有差异,因此电镀后的高度不完全相同。(5) 湿法刻蚀 Al 去除牺牲层,使整个结构悬空,并去除光刻胶,完成全部工艺。

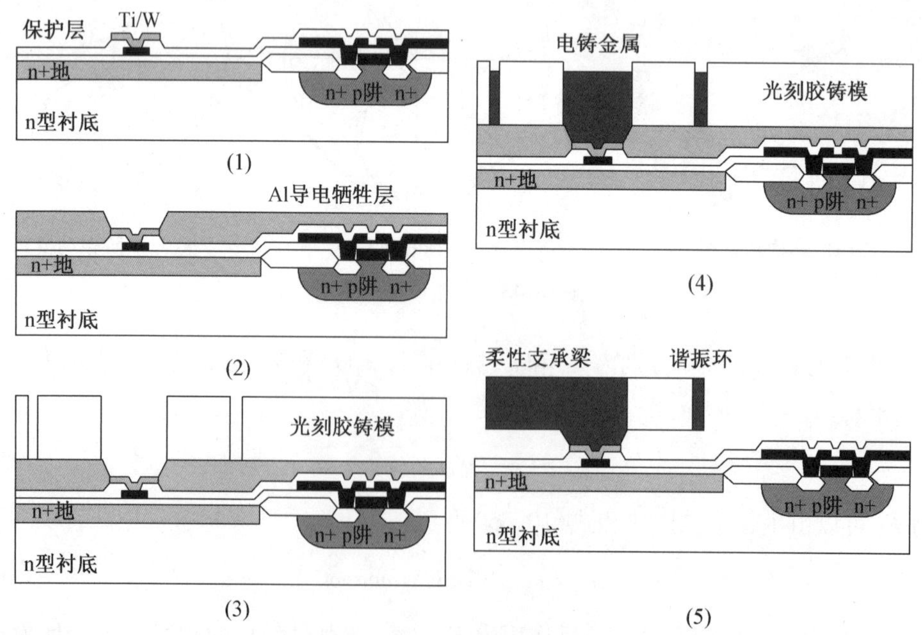

图 10.44 电铸 Ni 成型制造谐振环陀螺工艺流程

这种批量生产的微型陀螺分辨率为0.5°/s，带宽为25 Hz，主要受电路噪声的限制，非线性小于0.2%，承受冲击达到1 000 g。采用电镀的方法制造陀螺过程简单，但是电镀液的均匀性、电镀条件、金属应力和应力梯度等比较难以控制，谐振结构的 Q 值只能达到200，另外，金属 Ni 的热膨胀系数是硅的6倍，并且在温度循环后 Ni 的性能发生变化，因此会出现温度失配和长期稳定性的问题。

采用 HARPSS 工艺制造的谐振环式陀螺利用了单晶硅优异的机械性能，实现了高分辨率和稳定性。图10.45(a)所示为 HARPSS T 艺制造谐振环陀螺的工艺过程。(1) 淀积1 μm厚的二氧化硅以增加介质层的厚度，减小电极和衬底之间的寄生电容；LPCVD 淀积厚度250 nm 的氮化硅，刻蚀形成后续释放过程的阻挡层和绝缘层。利用厚光刻胶掩膜，DRIE 刻蚀6 μm 宽的深槽，深度要超过谐振器结构的高度。(2) LPCVD 淀积二氧化硅牺牲层，刻蚀氧化硅，开出氮化硅窗口，在105 ℃下对二氧化硅牺牲层掺硼1 h，使硼均匀地分布在二氧化硅的表面。(3) 淀积4 μm 厚的多晶硅，使深槽内部的二氧化硅上均匀覆盖多晶硅，然后高温推进2 h，使二氧化硅表面的硼进入多晶硅：去除表面的多晶硅并刻蚀下面的二氧化硅，形成多晶结构的错点；在表面淀积多晶硅，掺杂并刻蚀，形成表面需要的形状；在多晶硅表面淀积 Cr/Au，利用剥离形成电连接。(4) 使用厚胶掩膜 DRIE 刻蚀，深度比前面刻蚀结构的深度要深10～20 μm；达到刻蚀深度后只通入 SF。进行各向同性横向刻蚀；去除微结构下面的单晶硅，释放结构。刻蚀区域的侧壁由二氧化硅限制而成，而单晶硅电极和结构也利用二氧化硅保护；图中的弧线形二氧化硅表示陀螺的半圆形柔性支承梁，表面覆盖二氧化硅牺牲层。(5) 去除光刻胶掩膜和二氧化硅，释放微结构，形成电极和谐振结构之间的间隙和电容。

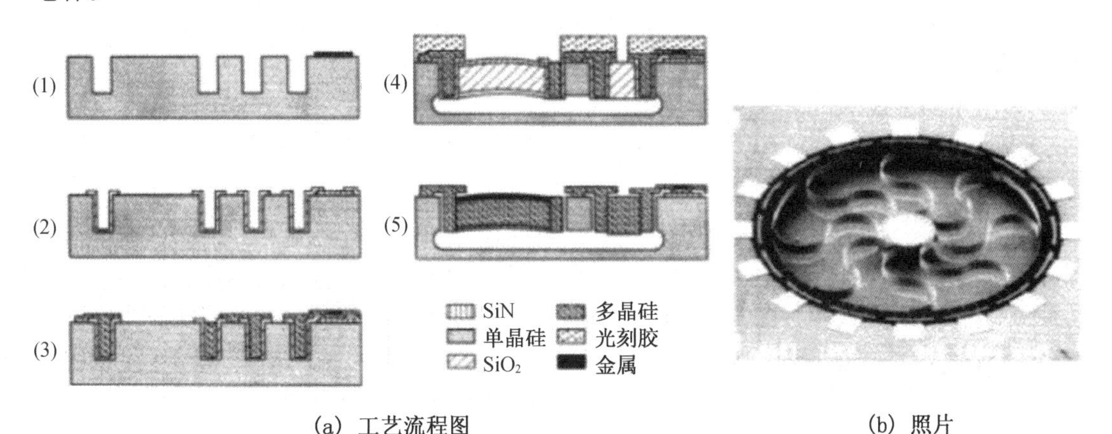

(a) 工艺流程图　　(b) 照片

图10.45　HARPSS 工艺制造谐振环式陀螺

图10.45(b)为 HARPSS 结构制造的谐振环式陀螺照片。谐振环的高度80 μm，直径2 mm，锚点支承柱直径400 μm，支承梁和谐振环的宽度均为4 μm。每个陀螺有16个电极。高度60 μm，长度150 μm，与谐振环的间隙1.2 μm。HARPSS 的优点是，可以实现几百微米高的陀螺，降低了布朗噪声；电极与谐振环的间隙由牺牲层的厚度决定，可以在较大范围内精确控制，甚至可以降低到几十纳米，从而增加了测量电容，提高了输出信号幅值；谐振环到驱动电极的间距可以远大于测量电极与谐振环的间距，从而增加驱动幅度，降低噪声电平；器件为可以精确控制的硅和多晶硅制造，具有优良的力学性能，实现了较高的灵敏度、长期

稳定性和较低的温度系数。因此,HARPSS 制造的谐振环陀螺比电铸 Ni 的陀螺具有更好的性能,两者的 Q 值分别为 40 000 和 200,10 Hz 带宽时的分辨率分别为 0.002 5°/s 和 0.5°/s。

图 10.46 所示为 Silicon Sensing Systems 生产的电磁驱动和测量的酒杯式陀螺。该陀螺使用永磁体产生磁场,谐振环流过电流时被激励,柯氏力使谐振环运动切割磁场产生感应电动势,通过测量电动势来测量角速度。陀螺的分辨率达到了 0.005°/s,带宽 70 Hz,噪声电平在 65 Hz 时小于 0.5°/s。

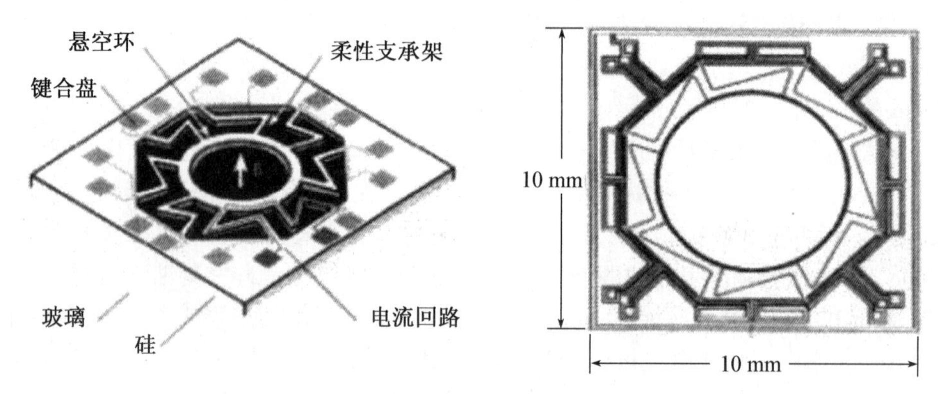

图 10.46 圆环形谐振陀螺(Silicon Sensing Systems)

谐振环式陀螺的优点是结构具有对称性,谐振频率匹配好,对寄生振动具有很好的抑制能力。用于驱动和测量的弯曲振动模式完全相同,因此灵敏度被放大了品质因数 Q 倍,并具有较小的温度系数。静电驱动和电容检测的方法易于实现,并且灵敏度高。在谐振环周围设置平衡电极对谐振环施加控制力,可以采用电路补偿谐振环质量和刚度的不均匀性,降低锚点的能量损耗,实现更高的 Q 值和频率对称性。整体结构除锚点外均为悬空结构,封装产生的应力对结构影响很小。

4. 频率匹配与振动模式解耦

对于谐振陀螺,当谐振结构的驱动模式频率与测量模式频率匹配(相等)时,测量灵敏度被放大为激励模式的 Q 倍。频率匹配只要两种谐振模式都有对称的支承结构即可实现。然而,对称结构会导致两种谐振模式的振动耦合,引起振动的不稳定和较高的零点漂移,因此两种谐振模式应该相互避免耦合(解耦合)。如果仅实现了机械振动的解耦合而没有对称的结构,又会造成较大的温度漂移。因此谐振陀螺需要实现对称结构的解耦合振动模式。

驱动与激励模式的谐振都可以用质量弹簧阻尼二阶系统来描述,其中阻尼主要来自空气阻尼。如果陀螺工作在真空中,空气阻尼可以忽略,能够实现 10 000 以上的高 Q 值。但是在工作现实环境下(温度范围以及环境影响),难以实现两种谐振模式的精确匹配(优于 1 Hz),因此经常通过施加静电力改变谐振结构的弹性刚度,使频率尽量达到匹配。

1996 年 HSG-IMIT 利用两种不同的弹性梁对驱动和测量振动模式解耦合,一种弹性梁限制驱动质量块只能沿着一个方向运动,另一种弹性梁限制测量质量块只能沿着另一个方向做一维运动。更进一步的解耦合需要三个质量块和四种一维运动的弹性梁,目前这种结构的陀螺仍在研究阶段。除了设计微机械结构分离耦合外,还可以通过外加静电力调整质量块的位置消除耦合。解耦合不仅能够提高微加工陀螺的性能,还发展出对制造误差具有鲁棒特性的设计方法。

图10.47所示为将主振动模式和二阶振动模式解耦合的环形谐振陀螺(MARS-RR)。陀螺包括一个谐振环(一阶谐振器)和用扭转梁与之相固定的矩形外框架(二阶谐振器),谐振环上有八组叉指,与固定在衬底上的另外八组叉指组成叉指电容,其中四组用来驱动谐振环振动,另外四组用来测量谐振环的主振动模式。在四组叉指电容的驱动下,谐振环围绕 z 轴振动,带动矩形框架随之围绕 z 轴摆动。当输入围绕 x 轴的转动时,柯氏力使谐振环产生围绕 y 轴的二阶振动模式。如果连接谐振环和锚点的内支承梁在 z 轴方向上具有足够的刚度,谐振环沿着 z 轴的振幅将很小,从而抑制了谐振环围绕 y 轴的二阶振动模式。而连接外部矩形框架与谐振环的扭转梁围绕 y 轴的扭转刚度较小,在柯氏力的作用下外圈的矩形框架将围绕 y 轴振动,于是通过衬底与外框架之间电容的变化,可以测量转动角速度。因此,内部的谐振环作为驱动质量块,被梳状电容驱动着围绕 x 轴振动,但是其 y 轴转动弹性刚度很大,柯氏力引起的驱动谐振环围绕 y 轴的振幅很小,可以认为谐振环只围绕 z 轴振动;而外部的矩形框架作为测量质量块,其驱动是由谐振环与外框架之间的扭转梁传递的,而扭转梁围绕 y 轴的弹性刚度较小,外框架能够在柯氏力的作用下围绕 y 轴振动。

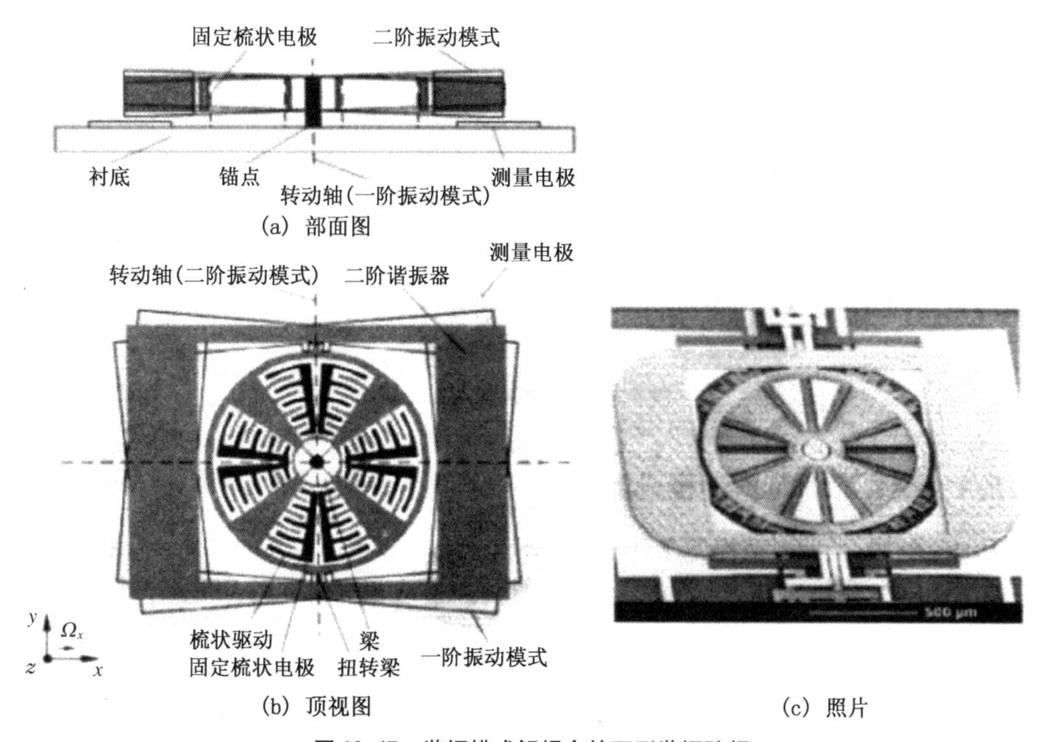

图10.47 谐振模式解耦合的环形谐振陀螺

实际上,谐振环可以视为驱动外框架的驱动部件和弹性部件,而只把外框架视为系统的质量块,即驱动模式通过谐振环产生围绕 z 轴的振动,而测量的是与谐振环一同振动的外框架围绕 y 轴的二阶振动模式。解耦意味着内部谐振环相对衬底只有一个自由度(例如围绕 z 轴的旋转),而外部的框架除了具有一个相同方向的自由度外(围绕 z 轴旋转),还有另外一个自由度(围绕 y 轴的旋转),因此,二阶谐振不影响一阶驱动。抑制谐振环的围绕 y 轴的二阶谐振模式,可以消除谐振环二阶振动引起的叉指电容重叠面积的变化,消除由此造成的驱动力的变化和输出的非线性寄生效应,例如升举现象可以被有效地抑制。另外,通过使用八组梳状叉指,并且仔细设计对称结构,可以补偿托举效应的一阶项,从而达到降低托举效应的效果;通过隔离和提高支承梁在 z 轴方向的刚度,可以进一步抑制高阶项。

该陀螺采用 Bosch 表面工艺制造。通过外延淀积厚达 10 μm 的多晶硅结构层,制造高深宽比的大质量结构。在结构层下面淀积埋层多晶作为电互连或者电极使用,并与外延多晶用牺牲层二氧化硅绝缘,与衬底通过另一层二氧化硅绝缘。陀螺的噪声 0.024°/(s · $\sqrt{\text{Hz}}$),在 50 Hz 时噪声等效速率为 0.025°/s,动态范围 300°,灵敏度 8 mV/(°/s),分辨率为 0.005°/s,非线性小于 0.3%,可承受 1 000 g 的加速度冲击。这是目前分辨率最高的微机械陀螺之一。

采用内外不同的支承弹性梁,也可以将陀螺的激励振动和测量振动模式解耦合,图 10.48(a)和(b)所示为谐振梁式解耦合陀螺。支承激励振动的四个弹性梁位于外部,支承测量模式的四个弹性梁位于内圈,支承两种振动的弹性梁不同,支承梁在振动方向上弹性刚度较小,而在垂直方向上刚度较大,以提高灵敏度并降低耦合。图 10.48(c)为有限元模拟的激励和测量模式的振动情况。沿着 x 方向的激励振动与 y 方向的柯氏力引起的振动被隔离开。陀螺采用 SOI 硅圆片制造,质量块的长宽高分别为 1200 μm、800 μm 和 50 μm,外部支承梁宽 5 μm,厚 50 μm,内圈弹性梁宽 20 μm,厚 10 μm,耦合只有 1%,10 Hz 带宽时分辨率为 0.07°/s。

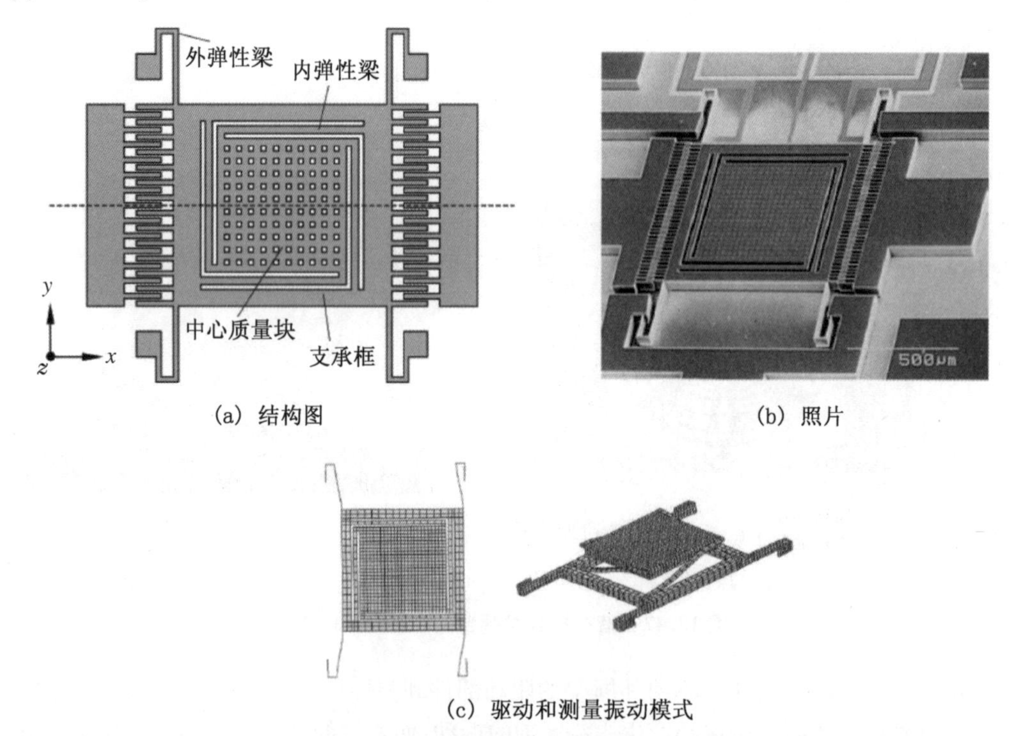

(a) 结构图　　(b) 照片

(c) 驱动和测量振动模式

图 10.48 解耦合模式的谐振梁式陀螺

图 10.49 所示为对称结构解耦合谐振梁式陀螺。谐振器的振动方向为 x 轴,输入角速度为 z 轴,产生与 x 轴振动相同频率的 y 轴柯氏力。如果谐振器的 y 轴谐振频率与 x 轴相等,则柯氏力激励 y 轴产生谐振,将获得最大的灵敏度输出,利用电容可以实现高灵敏度的

角度测量。通过设计两种振动模式的支承弹性梁使其对称,可以实现两种模式的频率匹配;然而对称的支承梁会产生驱动和测量模式间的耦合,引起较大的零点漂移。图 10.49 的陀螺将支承锚点设置在支承架的最外边,并且驱动电极和测量电极的连接方式使驱动电极不影响测量电极,从而使用对称结构并消除了耦合。FEM 模拟表明耦合小于 2%。传感器采用溶硅和玻璃键合技术制造,结构层采用 DRIE 刻蚀,厚度 12 μm,深宽比为 10∶1。闭环控制的陀螺的分辨率在 50 Hz 带宽时为 0.017°/s,工作环境为真空。

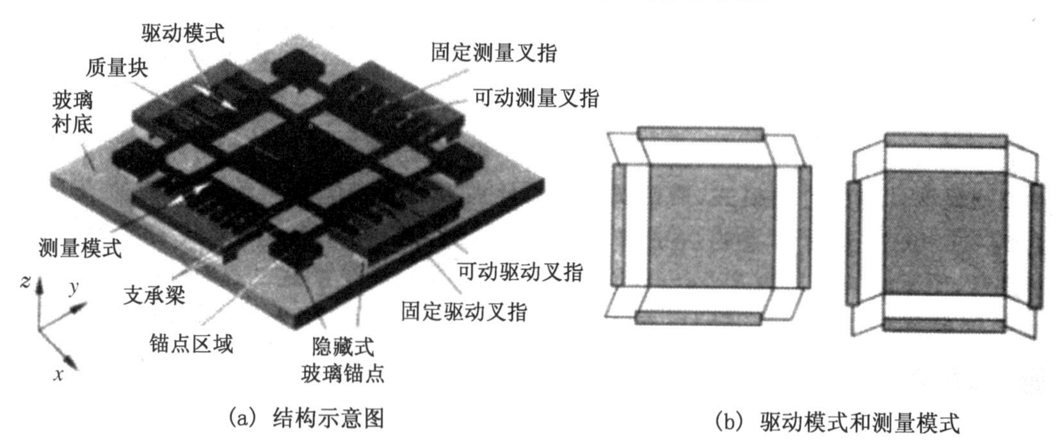

(a) 结构示意图　　(b) 驱动模式和测量模式

图 10.49　对称结构解耦合谐振梁式陀螺

10.3.3　陀螺的微加工技术

尽管 MEMS 陀螺已经商品化并在多个领域得到了应用,但由于微加工器件的相对误差较大,造成驱动和测量模式不能很好地匹配,总体上 MEMS 陀螺的性能与宏观陀螺相比还有很大的差距。虽然陀螺比加速度传感器复杂,但陀螺本质上是可以驱动谐振的加速度传感器,因此陀螺的制造与加速度传感器基本类似。陀螺的制造技术可以分为多晶硅表面微加工技术、单晶硅体微加工技术、混合技术等几种。

表面微加工适合制造谐振梁(板)式结构的谐振陀螺,并容易与 CMOS 电路集成,但是表面微加工制造的陀螺谐振质量小、噪声大,一般噪声在 $0.1° \sim 1°/(s \cdot \sqrt{Hz})$。除了 ADXRS 系列外,UC Berkeley、Samsung、Bosch、LG 等都开发了基于表面微加工技术的陀螺,包括单轴 z 轴和双轴(x,y)轴陀螺。图 10.50 所示为 UC Berkeley 设计、AD 公司制造的双轴陀螺,采用 2 μm 厚的多晶硅谐振环结构,集成放大器。当多晶硅厚度增加到 5 μm 时,在 0.1 Pa 的真空中驱动和测量模式的 Q 值分别达到 2 800 和 1 600,噪声 $2°/(s \cdot \sqrt{Hz})$。采用 6 μm多晶硅和抗环境干扰结构的平面梳状电容驱动的微陀螺,分辨率为 0.1°/s。采用外延多晶硅工艺,结构层的厚度可以增加到 12 μm,可以进一步降低表面微加工陀螺的噪声。图 10.50 右所示为 UC Berkeley BSAC 设计、Sandia 制造的惯性测量单元(IMU),包括(x,y)轴陀螺、x 轴陀螺、(x,y,z)三轴加速度传感器和信号处理控制电路。

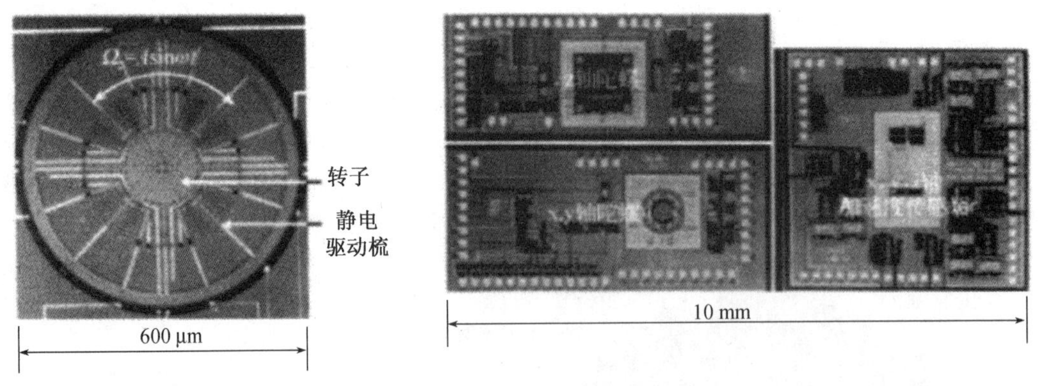

图 10.50　UC Berkeley 的双轴陀螺和 IMU 系统

表面微加工技术制造的陀螺以面内谐振为主，包括 x 轴振动、y 轴角速度、z 轴测量的谐振板式陀螺，以及围绕 z 轴振动、y 轴角速度输入、x 轴测量的圆环式谐振陀螺。图 10.51 所示为 UC Berkeley 和 AD 开发的解耦合的 z 轴振动平面测量陀螺。陀螺的质量块沿 z 轴方向振动，角速度为 x 或 y 轴方向，测量方向也在面内。陀螺采用了激励振动与测量振动解耦合的模式，质量块和框架分别为不同的弹性梁支承，并且垂直方向的刚度达到 25 : 1。陀螺采用 AD 的 6 μm 多晶硅表面微加工技术制造，集成了 Sigma-Delta 反馈控制电路，质量块的面积为 300 μm × 500 μm，驱动模式和测量模式的振动质量分别为 1.6 μg 和 2.8 μg，谐振频率分别为 14.5 kHz 和 16.2 kHz，激励的 z 轴振幅为 0.18 μm。常压环境下驱动和测量模式的 Q 值分别为 2 和 20，噪声为 $8°/(\mathrm{s} \cdot \sqrt{\mathrm{Hz}})$。当质量块的振动方向不同时，可以测量面内不同方向的角速度，因此采用两个垂直的质量块，可以实现面内 x 和 y 轴陀螺。

体加工工艺容易实现较大的质量块，能够降低机械噪声，提高陀螺的灵敏度、分辨率和稳定性，如 DRIE、SOI 溶硅技术和玻璃键合技术等都得到了广泛的应用。利用 SOI 和 DRIE 相结合制造陀螺是很好的选择，根据释放微机械结构的方向不同，可以分为正面 DRIE 刻蚀和双面 DRIE 刻蚀。正面 DRIE 刻蚀 SOI 的器件层单晶硅，形成微机械结构，然后去除埋层二氧化硅，释放微结构。双面 DRIE 刻蚀首先从背后将衬底的单晶硅去除，然后从背面将埋层二氧化硅去掉，最后从正面 DRIE 刻蚀结构。正面直接刻蚀会出现 RIE-lag 和横向刻蚀等问题，另外由于埋层二氧化硅较薄，释放时容易出现粘连。双面刻蚀方法首先从背面去掉了二氧化硅停止层，正面 DRIE 时不存在横向刻蚀的问题，通过增加刻蚀时间可以解决 RIE-lag。这是在加速度和陀螺制造中常用的体加工方法。

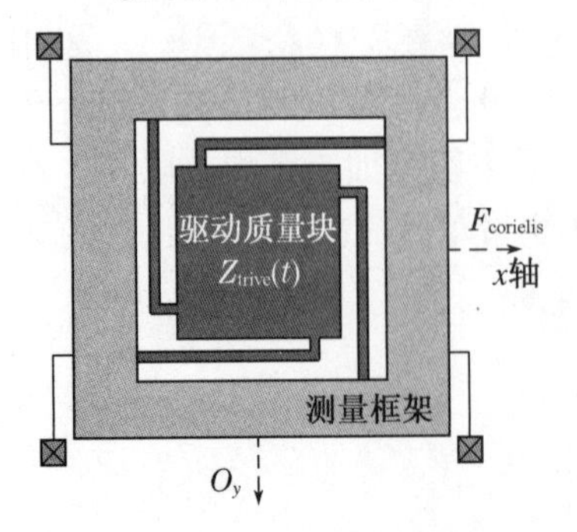

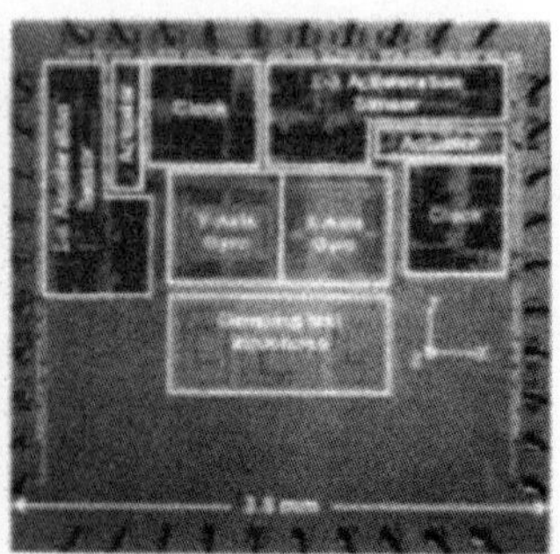

图 10.51　解耦合的 z 轴振动平面测量陀螺(UC Berkeley)

利用 DRIE 深刻蚀、硅-硅键合以及硅-玻璃技术相结合也是制造高性能陀螺的重要方法。利用 100 μm 的厚质量块和 30∶1 的间隙作为电容，DRIE 制造的陀螺可以达到 0.008°/(s・$\sqrt{Hz}$)的噪声电平、3.7 mV/(°/s)的灵敏度和 0.08% 的非线性。真空封装下，利用 SOG 的梳状电容陀螺噪声电平更下降到 0.00(s・$\sqrt{Hz}$)，非线性 0.6%，采用单晶硅 HARPSS 技术制造的音叉式陀螺，质量块和弹性梁均为单晶硅材料，与多晶硅相比性能有较大提高。电镀 Ni 除了实现的圆环式谐振陀螺，利用电镀还可以实现其他结构方式的陀螺，如谐振梁振动叉指电容检测陀螺。利用改进的 CMOS-MEMS 工艺，在介质和金属复合层下面留一定厚度的单晶硅，也可以实现大质量块，对于复合弹性梁的厚度为 1.8 μm，质量块厚度为 60 μm 的陀螺，噪声电平为 0.02°(s・$\sqrt{Hz}$)。

图 10.52(a)所示为牺牲体加工(sacrificial bulk micromachining，SBM)工艺制造的 x 轴陀螺结构示意图。陀螺的驱动和检测均采用叉指电极，固定电极和可动电极的高度不同，如图 10.52(b)所示，从而实现 x 轴的驱动。当 x 轴输入角速度时，产生 y 轴方向的谐振，通过梳状电容检测可动电极的位移。驱动电容在外框架上，检测电容位于内框架，两者的弹性梁采用了解耦合设计，使 c 轴的振动不会影响 y 轴的振动。

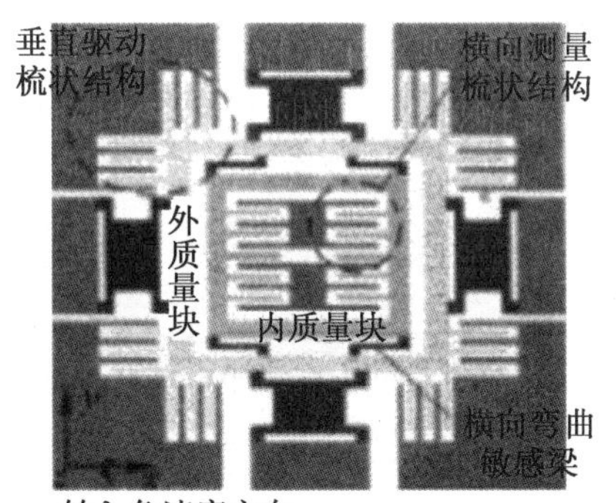

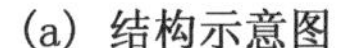
(a) 结构示意图

(b) 有高度差的叉指电容

图 10.52　SBM 工艺制造的 x 轴陀螺

图 10.53 所示为 SBM 制造 x 轴陀螺的过程，主要利用 DRE 深刻蚀和双层掩膜实现高度不同的叉指电容，以及 KOH 横向刻蚀(121)硅片进行释放。(1) 在(121)硅片上淀积第一层掩膜，如二氧化硅或氮化硅，结构的关键尺寸如固定电极、可动电极和电极间距都由第一层掩膜定义。在保证后续 DRE 刻蚀的情况下尽量地薄，以降低应力的影响。(2) 淀积第二层掩膜，如光刻胶或者二氧化硅，部分区域覆盖第一层掩膜，部分区域不覆盖，其中重叠区域在后续 DRIE 刻蚀中形成了高位电极，而只有第一层掩膜的区域成为低位电极。(3) 刻蚀暴露的第一层掩膜，使暴露出来的厚度小于第二层掩膜覆盖着的厚度。(4) DRIE 深刻蚀 d_1。(5) 去除第二层掩膜，露出第一层掩膜。(6) 第二次 DRIE 深刻蚀，刻蚀深度 d_2。(7) 淀积保护层，如二氧化硅或者氮化硅，然后利用各向异性刻蚀将深槽底部的保护层去掉，只保留侧壁的保护层。(8) 第三次 DRIE 深刻蚀，刻蚀深度 d_3 大于 d_1。(9) 进行 KOH 刻蚀。由于 KOH 刻蚀在(121)衬底只沿着横向方向进行，因此释放了 DRIE 刻蚀的结构。(10) 刻蚀第一层掩膜，将暴露在第二层掩膜外的第一层掩膜全部去除，由于被第二层覆盖的厚度较大，刻蚀时保留这部分掩膜。(11) 第四次 DRIE 深刻蚀，刻蚀深度 d_4。把全部去

除了第一层掩膜的区域刻蚀为低位结构，而仍旧保留第一层掩膜的区域不被刻蚀，成为高位结构。(12) 于是高位结构的厚度 $t_1 = d_2$，低位结构的厚度 $t_2 = d_1 + d_2 - d_4$，高位与低位结构的垂直重叠厚度 $g_v = d_2 - d_4$，最厚的结构 $t_3 = d_1 + d_2$，低位结构与衬底的间距 d_3。为了实现静电驱动和测量，单晶硅的电极必须与衬底绝缘，一般可以采用 SOI 衬底。

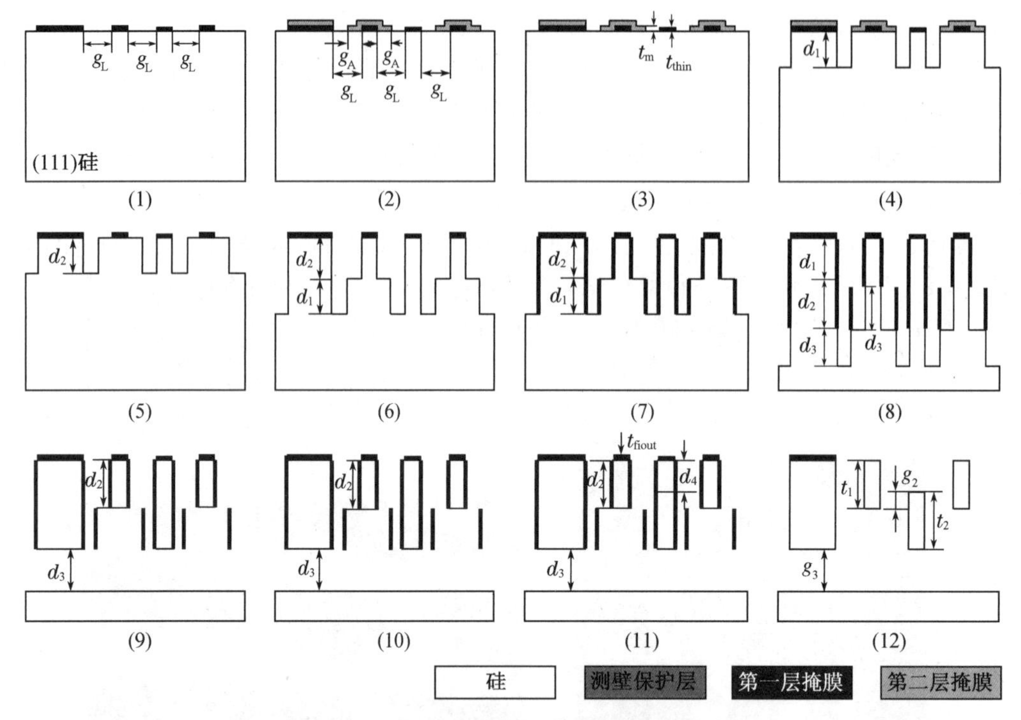

图 10.53　SBM 制造的 x 轴陀螺的工艺流程

微机械谐振陀螺是依靠柯氏力将驱动模式的能量耦合到检测模式，因此陀螺的 Q 值越高，测量灵敏度就越高。与谐振式传感器类似，陀螺可以封装在真空环境中以提高 Q 值。为了提高灵敏度，需要将驱动模式和测量模式尽量匹配，但是由于制造误差，两个谐振频率都会偏离理论值。为了解决这个问题，需要对陀螺进行微调，例如采用选择性刻蚀、局部淀积或激光烧蚀等方法调整两种模式的频率。更具灵活性的方法是利用直流偏压调整谐振器的等效刚度，从而改变谐振频率，或者利用电阻对局部加热改变应力状态改变谐振频率。

10.4　微执行器

执行器(actuator)，也称为驱动器或致动器，是将控制信号和能量转换为可控运动和功率输出的器件，使 MEMS 在控制信号的作用下对外做功。微执行器是一种重要的 MEMS 器件，在光学、通信、生物医学、微流体等领域有着广泛的应用。微执行器开始于 20 世纪 70 年代末的扫描微镜和 80 年代初期的压电和气动微泵；表面微加工技术的发展使 80 年代末出现了更加复杂的执行器结构，如弹簧、铰链、齿轮以及极具影响的梳状叉指电容执行器和微静电马达，基于不同原理和工艺、面向不同应用的微执行器的快速发展，极大地扩充了 MEMS 的功能范围和应用领域。

微执行器的核心包括把电能转换为机械能的换能器,以及执行能量输出的微结构。一方面,利用执行器可以对MEMS系统外输出功率和动作,实现对外部系统的控制,例如硬盘磁头的伺服控制器、扫描探针显微镜的控制、打印机微喷墨头,以及操作细胞的微型镊子和测量微结构的加载微器件等。另一方面,执行器可以控制其他的MEMS器件,实现所需要的复杂功能,例如RF开关和反射微镜等器件广泛使用执行器对电信号、光信号进行控制,微型执行器构成了这些器件的核心。根据能量的来源,执行器可以分为电、磁、热、光、机械、声,以及化学和生物执行器,常用的驱动方式包括静电、电磁、电热、压电、记忆合金,电致伸缩、磁致伸缩等。执行器还可以根据力的来源分为外力和内力两类:前者利用固定与可动结构之间的相对运动产生外力,例如静电、电热执行器等;后者利用材料内力作为驱动力,例如压电、记忆合金、磁致伸缩和电致伸缩等。

不同工作原理的执行器具有不同的特性和优缺点,适用的范围不同,表10.2为几种常用执行器的典型特点。等比例缩小对微执行器的性能有重要影响。例如静电执行器距离增大后驱动力迅速下降,而磁执行器随着尺度的缩小,其输出迅速减小。因此,静电执行器间距不能太大,而磁执行器尺寸不能太小。尽管不同执行器具有不同的比例效应,但总体上微型执行器的能量转换效率比较低,输出的功率、位移、驱动力都很小,只能控制另一个MEMS微结构,或改变外界环境的微观状态、控制外界环境中的微小物体,以及通过物理原理对输出产生的微小扰动进行放大。衡量执行器性能的指标包括线性、重复性、滞后、速度、功率效率、漂移以及阈值等,其中最重要的指标是输出力和位移的大小。

表10.2　不同驱动方式的比较

驱动方式	能量密度(J/cm^2)	力	速度	幅度	能源	兼容性	重复性	应用
压电驱动	$\frac{1}{2}(d_M E)^2(\sim 0.2)$	大	快	小	电压:10~100 V量级 电流:nA~μA	差	好	连续动作,微泵、微阀,硬盘伺服系统
磁驱动	$\frac{1}{2}\frac{B^2}{\mu}(\sim 1)$	大	慢	大	电压:约1 V 电流:几百mA	差	好	连续动作,微中继器,微泵,微阀
热驱动	$\frac{1}{2}E(\alpha T)^2(\sim 5)$	大	慢	大	电压:1~10 V量级 电流:几~几十mA	好	差	连续/组装,微泵、微阀、微镊子、喷头、开关
静电驱动	$\frac{1}{2}\varepsilon E^2(\sim 0.1)$	小	快	较小	电压:10~100 V量级 电流:nA~μA	好	好	连续/组装,微马达,微镜,微扫描器,开关

微执行器的分析设计通常利用强耦合方法或能量法建立耦合系统方程。前者将各个物理场的参数作为变量,给出交叉耦合的平衡方程然后求解这些方程。重点要理解耦合对不同系统的作用,研究能量耦合机理。这种方法的优点是物理意义清楚,但是建立和求解过程都比较复杂;另外,对于多变量的多场耦合系统,需要良好的背景知识和判断力。能量法是将耦合系统的所有能量表示为运动参量,然后根据能量与参量的关系和能量守恒,并利用求导和变分等运算方式进行求解。重点要了解能量转换和能量存储的过程。能量法建立方程比较容易,适合解决多变量多物理场耦合的问题;但是物理意义不够清楚,求解过程只是机械地计算。本部分重点介绍静电驱动的原理、平板和梳状叉指驱动器的分析计算方法,以及

电磁。压电以及电热等执行器的基本原理和常规分析计算方法。

10.4.1 静电执行器

静电执行器利用带电导体之间的静电引力实现驱动。静电驱动在小尺寸(1～10 μm)时效率很高,并且容易实现、控制精确、不需要特殊材料,是应用最广泛的驱动方式。静电执行器的主要缺点是随着距离的增加,静电力以平方的速度减小,因此驱动距离有限。驱动电压在绝缘层击穿和应用环境等条件的限制下不能很高,很难在 10 μm 的长距离内输出 100 μN 的力。为了获得几微牛的力,需要高达几十伏至上百伏的驱动电压,不但难以与 IC 电路兼容,而且高电压产生的大场强,容易吸附粉尘等物质,导致下拉电压降低和执行器失效。另外,静电执行器难以在导电流体中应用。

静电执行器包括平板电容结构、梳状叉指结构、旋转静电马达以及线性长距离执行器等,分别利用垂直和平行方向的静电力。为了实现大的驱动距离,需要设计特殊的执行器,例如挠动执行器等。挠动执行器能够在 6 μm 的行程内输出 1 mN 的力。为了避免相对运动产生的摩擦问题,采用弹性支承梁等结构是静电驱动首选的结构方式。

1. 平板电容执行器

平板电容执行器是常用的静电执行器,如图 10.54 所示。电容的下极板固定,上极板在弹性结构的支承下可以移动。当上下极板间施加驱动电压时极板间的静电引力驱动上极板运动实现输出。平板电容执行器制造简单、控制和使用容易;但是驱动距离较小,输出力也较小,输出的驱动力与电容为非线性关系,并且在电压控制时容易产生下拉现象,限制了有效驱动距离。另外,在动态时平板电容压膜阻尼较大,限制了动态范围。

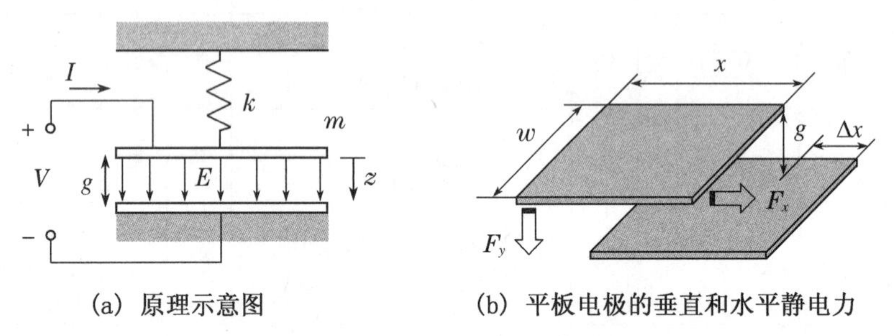

(a) 原理示意图 (b) 平板电极的垂直和水平静电力

图 10.54 平板电容静电执行器

2. 梳状叉指电极执行器

梳状叉指电极执行器包括一组固定在衬底的静止梳状结构和一组由弹性结构支承的可动梳状结构,两者间隔交叉形成叉指结构,分别用作固定电极和可动电极,如图 10.55 所示。梳状叉指执行器也是利用电极间的静电力实现输出。与平行板电容不同的是,执行器的静止和可动电极为阵列结构,可动叉指的运动方向一般沿着叉指的长度方向,电容的变化与叉指位移成正比。梳状执行器的优点是电压与位移之间为线性关系,有较高的 Q 值和较高的激发电压,衬底与悬空的执行器结构之间的库埃特流降低了平板结构中的压膜阻尼,能够提高动态范围。梳状执行器的典型输出位移和驱动力分别为 10 μm 和 10 μN,采用 LIGA 技术制造的厚梳状执行器能够产生 1 mN 的输出。

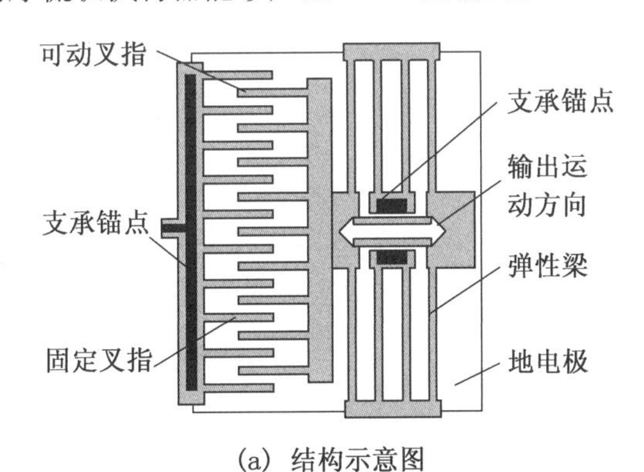

(a) 结构示意图

(b) Sandia制造的梳状执行器

图 10.55　梳状执行器

梳状执行器最早出现于 1989 年,已经在加速度传感器、陀螺、光学微镜开关、微机械滤波器等领域得到了广泛的应用。梳状叉指执行器可以产生沿着叉指长度方向改变重叠长度的面内纵向运动模式,沿着叉指横向方向改变叉指间距的横向运动模式,沿着叉指厚度方向改变重叠高度的面外垂直运动方式,以及旋转运动。

3. 静电马达

静电马达是 MEMS 领域的标志性器件之一。最早的静电马达是 UC Berkeley 在 1988 研制成功的侧驱动静电马达,如图 10.56(a)所示。该马达通过对定子与转子侧壁之间间隙施加静电力驱动转动。转子一共 8 个,驱动电压相同;定子一共 12 个,均匀分布在转周围,分为三组依次滞后 120°的相位,对每组定子同时施加驱动电压,如图 10.56(b)所示。由定子和转子结构的对称性,每组 4 个定子与转子之间径向的静电力相互平衡,转子与中心轴有偏心;定子与转子个数的差异导致两者之间存在切向的静电力,拉动转子围绕中心轴旋转。旋转马达采用多晶硅表面工艺制造,由于转子与衬底以及中心轴之间存在着较大的摩擦力,马达的转速只有 500 r/min 左右,并且输出功率很小。

(a) UCB的静电马达

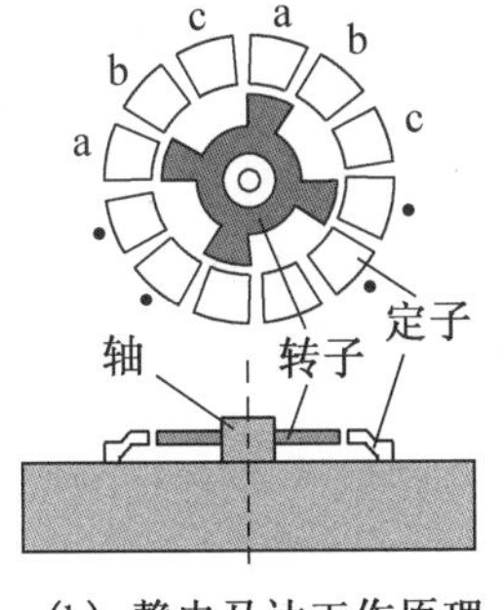

(b) 静电马达工作原理

(c) 清华大学微电子所的静电马达

图 10.56　旋转静电马达

图 10.56(c)所示为清华大学微电子学研究所研制的低驱动电压的旋转静电马达,采用多晶硅表面微加工技术制造。旋转马达带有降低摩擦的结构,集成了转速测量光电器件,转

子直径 100 μm,定子电极驱动电压 12 V,初始启动电压 60 V,转速 1 400 r/min。制造采用了PSG 和氧化硅结合的双层结构牺牲层,在湿法横向刻蚀轴承套时在双层结构界面处会出现斜面,使与转子接触的轴承套也具有一个斜面,减少了转子与轴承套之间的接触面积和摩擦力。

为了解决摩擦的问题,MIT 在 1990 年研制成功能够长期工作的晃动静电马达,利用定子与转子侧壁间的静电力驱动转子旋转。晃动马达的主要结构与旋转静电马达类似,也包括 12 个均匀分布的定子,与旋转马达不同的是晃动马达的转子是一个光滑的圆环,如图 10.57(a)所示。图 10.57(b)所示为晃动马达的工作原理,与旋转马达同时对 4 个对称定子施加驱动电压不同,晃动马达的驱动电压只施加在一个定子上,由于静电场的不对称,轴向的静电力将转子向定子方向吸引,将其压在中心轴上同时切向的静电力拉动转子围绕转动轴旋转。晃动马达降低了转子和轴承间隙,转子与中心轴成偏心位置围绕中心轴转动,降低了摩擦,并在转子下设置了三个凸点提供支承,以减小转子与衬底的摩擦并提高电连接性能。这种马达的转速达到了 15 000 r/min,能够连续工作一周,并且在低速时有较大的扭矩输出。图 10.57(c)为清华大学研制的晃动马达,转子直径 120 μm,定子 4 个,转速在 0 ~ 1 000 r/min 内连续可调,启动电压 25 V。

(a) MIT的晃动马达

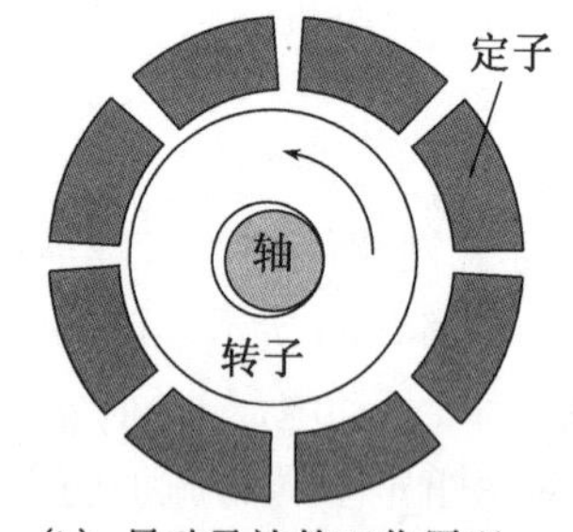

(b) 晃动马达的工作原理

(c) 清华大学微电子所的晃动马达

图 10.57　晃动静电马达

旋转静电马达的驱动能力有限,输出扭矩在 5 ~ 67 pN · m 之间,需要 10 ~ 100 V 的驱动电压。侧壁驱动的静电马达的驱动力来自定子和转子侧壁间隙的静电力,侧壁间隙越小、厚度越大,驱动力就越大,因此增加马达的厚度或者减小间距可以提高驱动力。例如使用厚的 SOI 硅片,并利用 DRIE 进行刻蚀,或者采用 LIGA 技术,都能够实现大厚度的静电马达。然而由于工艺能力在制造高深宽比结构方面的限制,在实现大厚度的同时,电极的间距难以缩小。尽管由于输出功率、摩擦、可靠性等问题,迄今为止静电马达仍旧没有实际应用,但是在 20 世纪 80 年代末静电马达为 MEMS 展示了一个美好的前景,促进了世界各国对 MEMS 研究的重视。

10.4.2　压电执行器

压电驱动利用压电材料的压电效应实现换能作用,将输入电信号转换为机械能输出,是 MEMS 领域常用的驱动方法之一。压电材料具有较大的能量密度和应力输出,较小的变形和位移,能量转换效率较高。MEMS 中常用的压电材料包括锆钛酸铅(PZT)、氧化锌(ZnO)、氮化铝(AIN)、聚偏氟乙烯(PVDF)等,其中 PZT 的压电系数较大,具有较高的转换效率，PVDF 是高分子材料，制造较为容易。

压电执行器一般由支承材料（如硅、二氧化硅等）和压电薄膜组成复合结构，压电薄膜的上下表面各有一个金属电极，组成三明治结构。由于 MEMS 中集成大厚度的体材料较为困难，因此常用溶胶凝胶和溅射等方法制造薄膜压电材料。多数压电材料在制备好以后并不具有压电特性，必须通过高压极化（100 ~ 300 V）使其内部分子规则排列以获得压电特性。在居里温度点以下，极化电压随着温度的升高而降低。溶胶凝胶或溅射淀积的压电薄膜存在较大的应力，一般需要将厚的压电薄膜分解为多次淀积，并在淀积过程中多次退火减小应力。即使如此，压电膜仍旧难以实现较大的厚度，通常在 1 ~ 10 μm。薄膜压电材料的性能比体材料有较大差距，机电耦合系数比较低、弹性性能差，加上厚度的限制，压电驱动的输出功率有限。即使如此，与其他微型执行器相比，压电执行器仍具有能量密度大、效率高、输出力大、位移小等特点。压电执行器的缺点是制造 CMOS 兼容的高性能压电执行器有较大的困难，另外压电执行器的驱动电压较高，一般在十伏至几百伏，但是驱动电流较小，一般在纳安至微安量级。

压电执行器的能量密度与静电执行器的能量密度 $w_e=\varepsilon_0\varepsilon_r E^2/2$ 具有相同的形式，其最大能量密度取决于压电材料的介电常数 ε_r，和材料被击穿以前的最大场强。对于高质量的 PZT、ZnO 和 PVDF 薄膜，其相对介电常数分别约为 1 300、8.2 和 4，击穿场强均约为 3×10^8 V/m，因此其能量密度分别约为 5.2×10^8 J/m^3、3.3×10^6 J/m^2 和 1.6×10^6 J/m^3。压电材料的最大能量密度并不是全部能够输出的能量密度，将压电材料作为执行器时，输出的最大能量密度还取决于压电执行器的机械能量密度，即压电材料的最大应变能密度 $w_p=T_iS_j/2$（应力和应变的乘积）。当压电薄膜与上下表面的电极组成三明治结构时，驱动电压在压电薄膜内产生的电场垂直于薄膜的主平面，沿着薄膜的厚度方向，此时压电薄膜工作在 d_{31} 模式，即沿着厚度方向施加电场 E_3，产生沿着长度方向的伸缩 S_j，并且 $S_j=d_{31}E_3$。于是应变能密度为

$$w_p=\frac{S_1^2}{2_{s_{11}}}=\frac{(d_{31}E_3)^2}{2_{s_{11}}} \tag{10.59}$$

图 10.58 为线性压电执行器的结构和原理示意图。如果压电薄膜的极化方向为厚度方向，并沿着厚度方向施加驱动电压，执行器中输入应力为 0，即 $T_i=0$，并且电场只在 x_3 方向，即 $E_1=E_2=0$，此时产生的应变只有 S_1，因此压电执行器会产生沿着 x_l 轴方向的伸缩；当 $V>0$ 时，压电执行器伸长；当 $V<0$ 时，压电执行器缩短。为了尽量提高压电执行器的能量密度，需要提高驱动电压，使电场强度在击穿场强以下尽量高，因此压电执行器的驱动电压在 10 ~ 100 V 量级。通常不考虑压电执行器的电极材料对力学性质的影响，实际上一般电极为溅射的金属薄膜，其厚度远小于压电薄膜的厚度，通常可以忽略电极的影响。

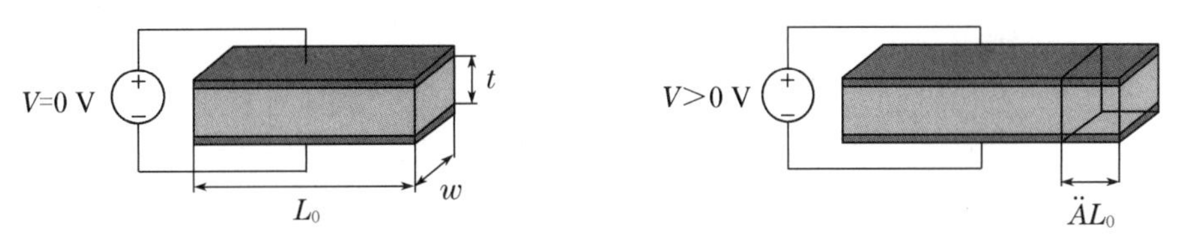

图 10.58　线性压电执行器

利用线性压电执行器可以实现压电步进马达,如图 10.59(a)所示。步进马达包括输出梁和分布在梁两侧的 3 组压电执行器,其中中间一组产生横向伸缩运动,两侧的两组产生垂直伸缩运动。交替对 3 组执行器施加驱动电压,利用两侧的两组执行器夹持输出梁,中间的执行器伸长驱动输出梁,实现步进马达。图 10.59(b)为采用静电执行器固定、压电执行器驱动的方法。压电执行器两端的两个电极与衬底电极形成电容执行器,通过施加静电压利用静电力将压电执行器的一端固定,利用压电执行器的伸长实现驱动。

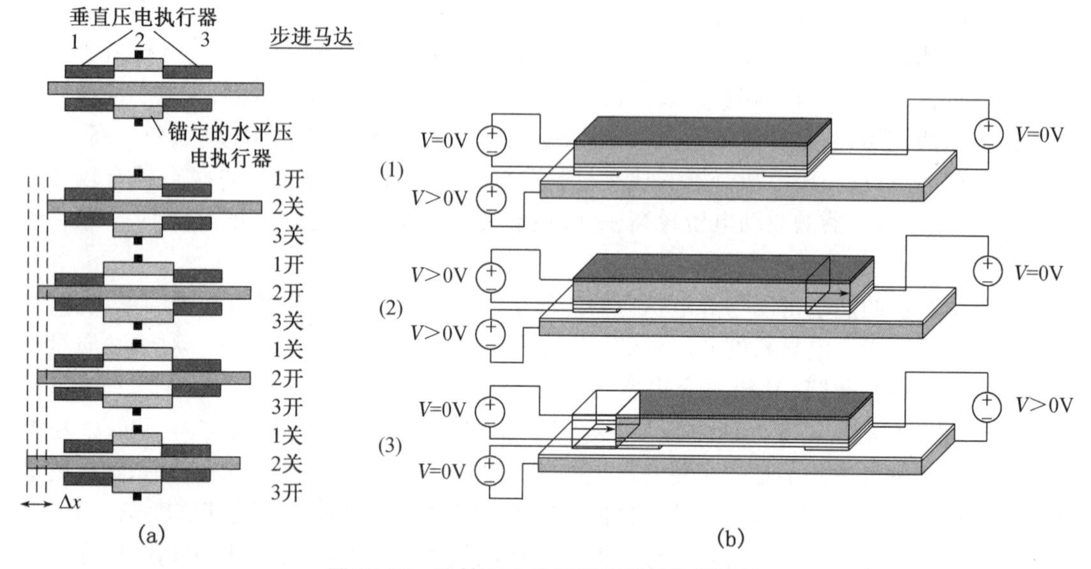

图 10.59　线性压电执行器实现的步进马达

10.4.3　磁执行器

磁执行器利用电磁或者永磁体产生的磁场力进行驱动。根据磁力的来源,磁执行器可以分为洛仑兹力类型和双极子类型。洛仑兹力类型是执行器内部的电流在外磁场(一般是固定磁场)的作用下产生洛仑兹力对外输出功率,一般不需要在微执行器中集成磁性薄膜材料,制造比较容易;双极子执行器是执行器内部的磁材料在外部变化的电场下产生的作用力,需要制造磁性材料。根据执行器位移的方向,磁执行器可以分为间隙型和面积型,如图 10.60 所示。

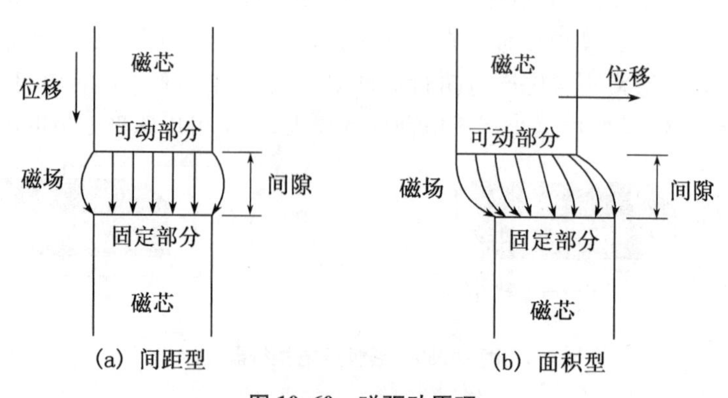

图 10.60　磁驱动原理

间隙型执行器的位移方向垂直于间隙,动作过程中重叠面积不变,间距改变。面积型磁执行器的运动方向与间距方向垂直,动作过程中间距不变,重叠面积改变。在宏观磁执行器中,由于磁路间隙的磁阻远大于磁芯本身的磁阻,磁场几乎都集中在间隙处。在微型执行器中,磁芯磁阻与间隙磁阻相当,甚至大于间隙磁阻,因此磁场能分布在整个磁芯和间隙上。当磁芯的磁场能和间隙的磁场能相等时,磁执行器能够输出最大的能量和驱动力。

硅和衍生材料不具有磁化性质,但是由于这些材料不影响磁场(对磁场是透明的),因此磁执行器可以通过在硅结构上制造磁性材料实现,使磁驱动在微执行器领域得到了广泛的应用。微型磁执行器的优点是作用距离大,能够把微系统与宏观世界联系起来,同时,在尺寸较大的情况下,磁执行器具有较大的输出能力。磁执行器还可以在不对硅器件施加任何能量的情况下驱动系统,避免了衬底热损耗。由于常用的MEMS材料对磁场是透明的,磁场能够穿透介质施加到被驱动物体,因此磁驱动可以用外部磁场通过真空对器件进行驱动,避免使用直接的物理连线,这对真空封装非常有利。使用磁性材料可以容易地实现双稳态设计,从而实现自锁机构,使驱动过程只需要一个脉冲能量,保持过程不需要能量,降低驱动功率。磁执行器为电流控制的器件,通常驱动电流为几毫安以上,驱动电压可以低于1 V。在无法使用高电压的情况下,外界环境为导电流体,以及环境灰尘较多时,磁驱动可以替代静电驱动。

由于磁场力和磁体的体积有关,随着磁体尺度的缩小,电流密度随之缩小,驱动力急剧下降,下降速度超过了静电执行器的下降速度。多数磁驱动器需要使用铜以及磁性材料(软磁性、硬磁性,或者磁弹性材料),不仅大多数材料对IC是污染的,而且磁性材料需要淀积厚膜(10~100 μm)以增大磁体体积,这对普通工艺而言也是比较困难的。尽管LIGA技术可以制造较大体积的磁体,但是LIGA的成本制约了其应用范围。另外,电磁驱动中用到多种导体材料,在较大的电流通过时会产生焦耳损耗并引起散热问题;磁器件需要很大的驱动功率,要求较小的电压和很大的电流,导致能量转换效率较低,而且大电流和高功率是和IC不一致的。在有些应用中,磁场可能引起生物体的变性,限制了应用范围。

磁执行器的形式很多。磁体可以分为永磁体和电磁,磁体材料包括坡莫合金和普通磁性材料。坡莫合金是一类由镍铁(~70% Ni+30% Fe)组成的软磁性材料,非常容易被磁化,各向异性较小,制造过程不能施加应力和弯曲变形等。执行器的结构分为悬臂梁结构(输出弯曲)和扭转梁结构(输出扭转),输出位移的方向可以为面内或面外。通常磁体采用电镀制造,输出力矩为0.1~1 nN·m。

线性执行器一般依靠磁力驱动支承梁弯曲实现运动。图10.61为利用磁通量产生驱动的执行器结构示意图。执行器工作时,流经螺旋导体线圈的电流在磁芯内产生磁通量,线圈的缠绕方法使两个平行线圈产生的磁通量在中心线上叠加。中心线上是一个磁性材料制造的悬臂梁,悬空在磁性基板上方。因此,流经磁性悬臂梁的磁通量通过悬臂梁和磁性基板之间的空气间隙对悬臂梁施加磁力,下拉悬臂梁减小空气间隙,以降低整个磁回路的磁阻。

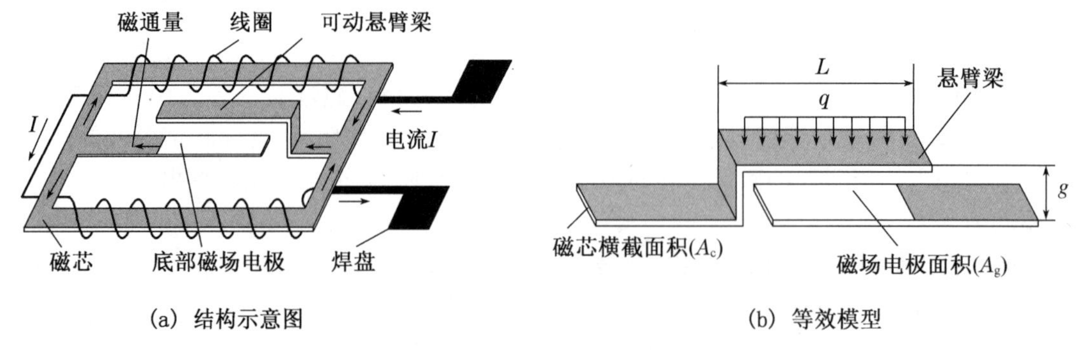

(a) 结构示意图　　(b) 等效模型

图 10.61　悬臂梁式磁执行器

10.4.4　电热执行器

电热驱动通过换能器将电能转换为热能,再转换为机械能输出。电热驱动可分为电热双层片驱动、形状记忆合金驱动和热气动驱动等。电热双层片通过加热电阻对热传导性能不对称的结构加热,由于热膨胀不同,加热产生的膨胀差异使结构变形,从而输出力或位移。形状记忆合金是一种特殊的合金,在低于马氏体相变温度(一般是室温)变形后,能够在加热到奥氏体温度(高于室温)后回复到变形前的形状,这种效应称为形状记忆效应,例如 TiNi 合金即具有形状记忆功能。低温时形状记忆合金比较柔软容易变形,高温下性能与普通金属类似,强度很高。形状记忆合金在加热回复过程中输出力或位移,大小与合金的形状和加热程度有关。加热形状记忆合金一般需要几十伏的电压和毫安量级的电流。

电热微执行器最早出现在 1992 年,目前基于单晶硅、多晶硅和复合材料(双膜片)的热执行器应用广泛。MEMS 中常用多晶硅或者单晶硅电阻作为加热器,具有优良的导电性和导热性。由于材料热膨胀的固有特性,电热驱动器单位面积的输出功率和应力大、输出位移和变形小,并且制造容易,易于与电路集成;但是通过空气和衬底的热损耗大,能量转换效率低、功耗大(一般超过 50 mW),并且由于热传导速度的限制,升温较快、降温较慢,响应时间较长,一般在 1 ms 的水平。

在传导、辐射和对流这三种传热方式中,一般在温度高于 700 ℃时加热器的辐射才比较明显,而通常对流在气体和流体中比较明显,因此传导是 MEMS 热执行器的主要热传递方式。三维热传导方程与扩散方程具有相同的形式

$$\frac{\partial}{\partial x}\left(K\frac{\partial T}{\partial x}\right)+\frac{\partial}{\partial y}\left(K\frac{\partial T}{\partial y}\right)+\frac{\partial}{\partial z}\left(K\frac{\partial T}{\partial z}\right)+q'''=\rho C_p\frac{\partial T}{\partial t} \tag{10.60}$$

式中,K 表示材料的热传导率,单位为 W/(mK);ρ 是材料的密度,C_p 为热容量,单位为 J/(kg·K),$q''=I^2R/V$ 表示单位体积产生的热量。对于稳态情况,温度不再发生变化,因此 $\partial T/\partial t=0$;对于恒定热产生系统,q'' 为常数。对于一维情况,$\partial T/\partial y=\partial T/\partial z=0$,只剩下 x 方向。用 α 表示热膨胀系数,一维热传导方程的通解形式为

$$T(x)=-\frac{q'''}{2\alpha}x^2+Bx+C \tag{10.61}$$

图 10.62 所示为 MEMS 中常用的一维电阻桥和一维电阻悬臂,以及两者对应的归一化

温度随长度的分布情况。对于图中给出的边界条件,容易得到两者的温度分布分别为

$$T(x)=T_0-\frac{q'''}{2\alpha}x^2+\frac{q'''L}{2\alpha}x,T(x)=T_0-\frac{q'''}{2\alpha}x^2+\frac{q'''L}{\alpha}x \tag{10.62}$$

当温度分布不均匀时,由温度变化引起的热膨胀可以由微单元体的积分获得,即

$$\Delta L=\int_0^L \alpha\Delta T(x)\mathrm{d}x \tag{10.63}$$

对于二维平面结构和三维立体结构,加热变形后面积和体积分别为

$$A=L^2=(L_0(1+\alpha\Delta T))^2\approx L_0^2(1+2\alpha\Delta T)$$
$$V=L^3=(L_0(1+\alpha\Delta T))^3\approx L_0^3(1+3\alpha\Delta T) \tag{10.64}$$

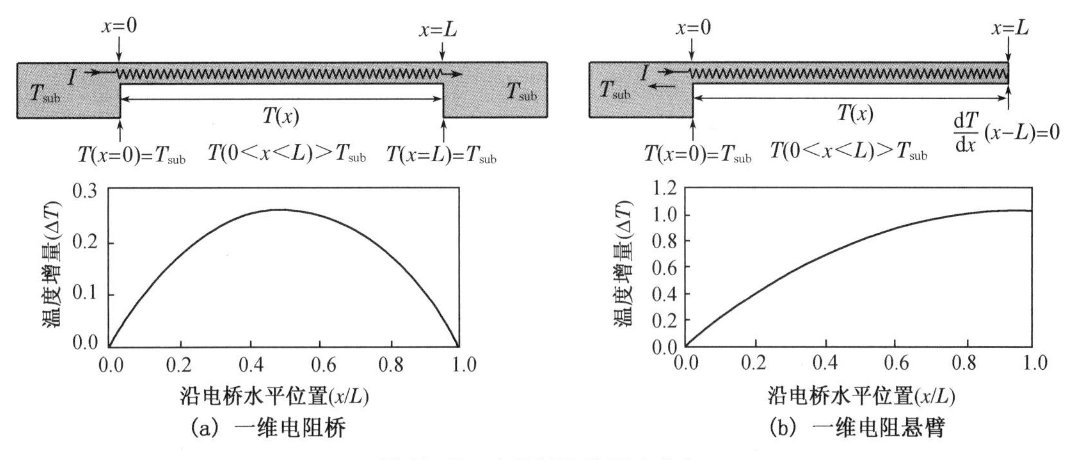

(a) 一维电阻桥　　(b) 一维电阻悬臂

图 10.62　电热结构的温度分布

冷热臂执行器利用同种材料但是不同结构调整不同区域的功耗和热容量而形成温度差,进而由于温度的不同导致热膨胀的差异。图 10.63(a)为输出平面内运动的 U 形冷热臂执行器。这种执行器由一个不对称的 U 形冷热臂组成,U 形的一个臂是细长的热臂,另一个臂由粗大的冷臂和细短的柔性区组成。热臂尺寸小,热容量低、电阻大,冷壁热容量大、电阻小。当驱动电流流经 U 形结构时,热臂由于消耗功率大、热容量低而能够迅速升温,而冷

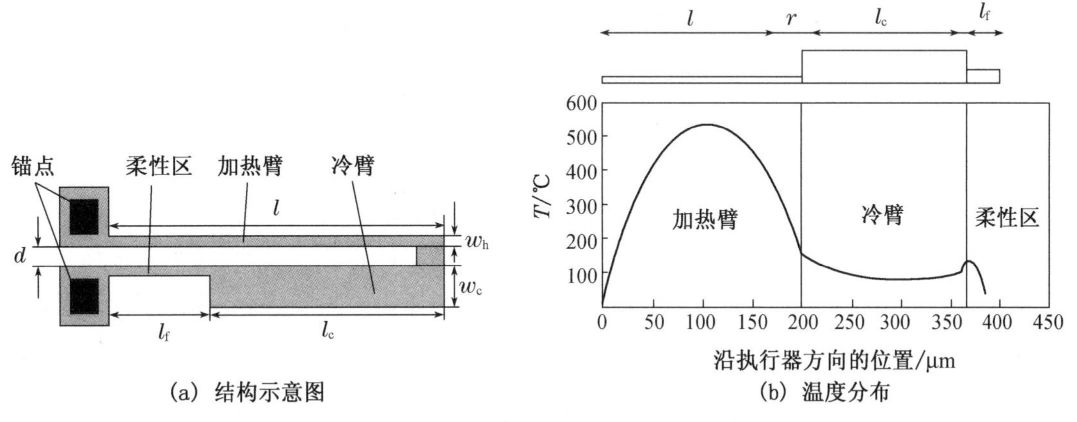

(a) 结构示意图　　(b) 温度分布

图 10.63　冷热臂执行器结构和温度分布

臂由于消耗功率小、热容量大而升温慢,因此能够快速实现温度差。由于柔性区的弹性刚度较小,热膨胀产生的两臂长度差驱动末端沿着水平方向运动。在 3 ~ 10 V 驱动电压下,工作时的升温高达 400 ~ 700 ℃。工作过程中执行器的温度分布如图 10.63(b)所示。

10.4.5 微泵

微泵是驱动流体克服阻力产生流动的执行器件,广泛应用于生化反应和分析微系统、IC器件冷却、体内治疗试剂释放、微型飞行器推进系统、喷墨打印机喷头等流体系统。微泵的流量范围很大,小到每分钟几皮升,大到每分钟几百微升。

根据产生流动和压力的方式不同微泵可以分为位移式和动力式,如图 10.64 所示。位移式微泵通过对流体腔边界面上施加外力使其变形产生的压力驱动流体;动力微泵持续对流体施加能量,以增加其动量(如离心泵)或压力(如电渗流)来驱动流体。许多位移微泵采用周期运动方式,并结合流量方向控制器件形成单向流动。

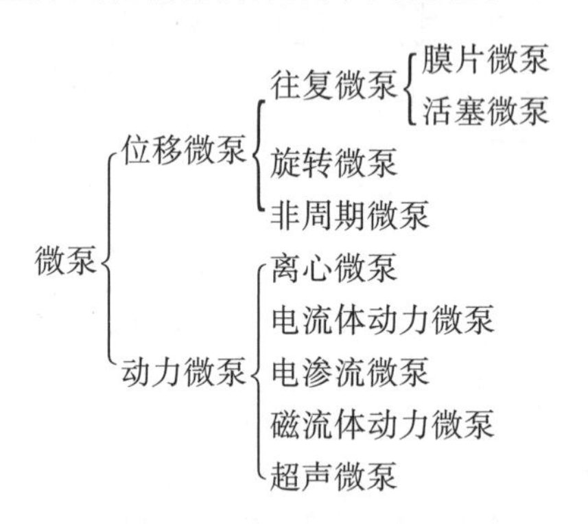

图 10.64 微泵的分类

周期运动的位移微泵又可以分为往复运动微泵(如活塞和膜片微泵)和旋转微泵(如齿轮和叶片微泵)。目前研究较多的是膜片变形驱动的往复位移微泵。位移微泵也包括非周期微泵,即流体腔体的驱动是非周期式的,例如注射器式微泵。动力微泵包括机械动力微泵(如离心式微泵)和电动力微泵等,前者利用离心力对流体驱动,但是对于低雷诺数流体其驱动效果有限;后者利用电磁场与流体直接作用驱动流动,包括电动力、电渗流和磁流体动力等驱动方式。

机械微泵能够产生较大的驱动力,对流体的性质没有严格要求,能够输运黏度很大的流体,适用范围广,致动方式较多,选择较灵活。机械微泵的主要缺点包括:(1) 机械微泵的制造较为困难、寿命短;(2) 机械微泵存在着较大的死体积,造成较大的浪费;(3) 机械微泵只能实现连续流动,对流体总量造成浪费,并难以控制较小或者精确的体积;(4) 机械微泵只能实现脉冲式的流动,并且存在背压低、泄漏等缺点;(5) 对于长度达到几米的微流体通道,机械微泵的驱动力难以克服通道的流体阻力;(6) 机械微泵对很多含有生物分子的流体不够友好,往往会因为机械微泵的作用而使生物分子受到破坏或变性。因此,机械微泵在微流体驱动中,特别是生物领域的应用逐渐减少。

图 10.65 为典型的由止回阀作为整流器的位移式微泵。当微泵处于泵出状态时,膜片受到驱动力作用变形,腔体体积缩小,压力增大,使右侧止回阀被冲开,液体排出。由于左边

的止回阀受到结构的限制不会打开，在泵出状态时没有液体补给。当微泵处于吸液状态时，膜片回复使微泵腔体扩大，内部压力下降，进液口外部压力大于内部压力，阀被压力冲开，液体进入腔内。由于右边的止回阀在压差下降的方向上被结构限制无法打开，因此液体在吸入状态时不会泵出。

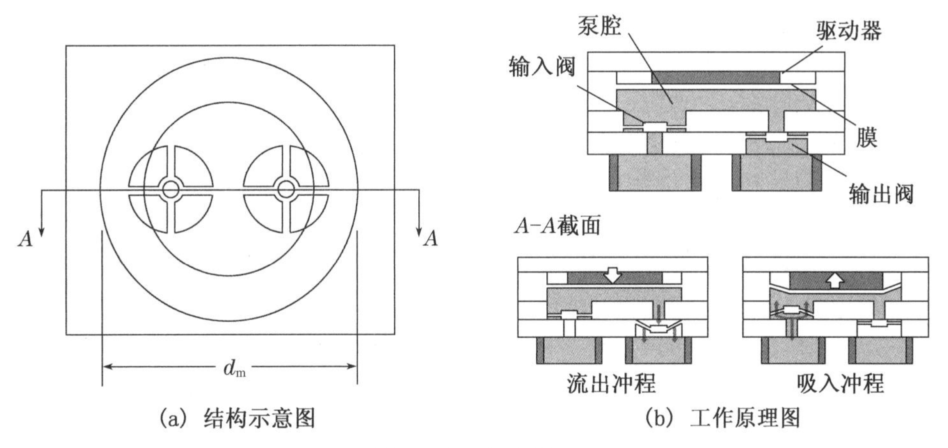

(a) 结构示意图　　(b) 工作原理图

图 10.65　位移微泵

思考题与习题

10.1　金属压阻的电阻变化和单晶硅压阻的电阻变化的原因分别是什么？

10.2　除了 MEMS 传感器以外，还有哪些手段可以获得信息？

10.3　写出可变间距和可变面积的平板电容传感器的灵敏度表达式，并比较两者的优缺点。

10.4　电容压力传感器的薄膜为周围固支的单晶硅，厚度为 5 μm，直径为 500 μm，与另一个极板的间距为 20 μm。硅的断裂强度为 1 GPa，视为各向同性。当压力使薄膜产生变形时，计算：① 该压力传感器的灵敏度表达式；② 压力为 1 kPa 时电容的大小；③ 传感器的最大量程。

10.5　分析压阻式和电容式加速度传感器的电学噪声和热力学噪声，比较两种测量模式在噪声方面的特点。

10.6　谐振质量为 100 ng 和 10 ng 的两个微陀螺，在驱动振幅、频率、测量结构弹性刚度等条件相同的情况下，其热力学噪声相差多少。

10.7　一个半径为 a、初始间距为 d_0 的圆形平板电容执行器，下极板完全固定，上极板由圆周上均匀分布的 4 个梁支撑，梁长宽厚分别为 l、w 和 t，一端连接上极板，另一端完全固支。当施加恒定的电压 V 驱动时，上极板保持平面不变，计算能够产生下拉现象时 V 最小为多少。

参考文献

[1] 陈荷娟. 机电一体化系统设计(第2版). 北京:北京理工大学出版社,2013.
[2] 王喆垚. 微系统设计与制造(第2版). 北京:清华大学出版社,2015.
[3] 王喆垚. 微系统设计与制造. 北京:清华大学出版社,2008.
[4] 孙卫青,李建勇. 机电一体化技术(第二版). 北京:科学出版社,2019.
[5] 梁景凯,刘会英. 机电一体化技术与系统(第2版). 北京:机械工业出版社,2020.
[6] 俞竹青,朱目成. 机电一体化系统设计(第2版). 北京:北京理工大学出版社,2020.
[7] 李道华. 传感器电路分析与设计. 武汉:武汉大学出版社,2000.
[8] 凌云,王勋,费玉莲. 智能技术与信息处理. 北京:科学出版社,2003.
[9] 陈淑凤,马蔚宇,马晓庆. 电磁兼容试验技术. 北京:北京邮电大学出版社,2001.
[10] 凌云,王勋,费玉莲. 智能技术与信息处理. 北京:科学出版社,2003.
[11] 钱照明,程肇基. 电力电子系统电磁兼容设计基础及干扰抑制技术. 杭州:浙江大学出版社,2000.
[12] 张建民. 机电一体化系统设计(第三版). 北京:高等教育出版社,2007.
[13] 叶晖著,工业机器人实操与应用技巧(第2版). 北京:机械工业出版社,2017.
[14] 魏宏森,曾国屏. 系统论——系统科学哲学. 北京:清华大学出版社,1995.